Florian und Stefan Lipsky

Die Schatzkammern der Seefahrt

Schiffahrtsmuseen, Museumsschiffe, Traditionsschiffe, Projekte

Florian und Stefan Lipsky

Die Schatzkammern der Seefahrt

Schiffahrtsmuseen, Museumsschiffe, Traditionsschiffe, Projekte

Fotohinweis:
Titelbild: VICTORY bei Trafalgar (Gerhard Geidel),
Wissenschaftliches Institut für
Schiffahrts- und Marinegeschichte GmbH, Hamburg
Marinemuseum Varna (S. 14, 15)
Eesti Meremuseum, Tallinn (S. 121)
Sammlung Gert Uwe Detlefsen (S. 123, 264, 273, 295)
Sammlung Il Vittoriale degli Italiani, Gardone (S. 206)
Heinz Stockinger, Wien (S. 264)
Sammlung Elbschiffahrtsmuseum, Lauenburg (S. 273)
Alle anderen Aufnahmen stammen von den Autoren.

Ein Gesamtverzeichnis der lieferbaren Titel der Verlagsgruppe Koehler/Mittler schicken wir Ihnen gern zu. Sie finden es aber auch im Internet unter: www.koehler-mittler.de

Bibliografische Information Der Deutschen Bibliothek
Die Deutsche Bibliothek verzeichnet diese Publikation in der Deutschen Nationalbibliografie; detaillierte bibliografische Daten sind im Internet über http://dnb.ddb.de abrufbar.

ISBN 3-7822-0849-8

Druck und Bindung: Druckerei zu Altenburg, Altenburg
Printed in Germany

INHALT

Vorwort 6

Belgien
Schiffahrtsmuseen 9
Museumsschiffe 11
Stationäre Veteranen 13
Restaurierungsprojekt 13
Aktive Veteranen 13

Bulgarien
Schiffahrtsmuseum 15
Museumsschiffe 15
Stationäre Veteranen 15

Dänemark
Schiffsporträts 17
Schiffahrtsmuseen 18
Dänemark-Grönland 24
Museumsschiffe 25
Stationäre Veteranen 32
Restaurierungsprojekte 32
Nachbauten 32
Aktive Veteranen unter Segeln 34
Aktive Veteranen unter Dampf oder Motor 45

Deutschland
Schiffsporträts 48
Schiffahrtsmuseen 49
Museumsschiffe 68
Stationäre Veteranen 85
Restaurierungsprojekte 90
Nachbauten 92
Aktive Veteranen unter Segeln 93
Aktive Veteranen unter Dampf oder Motor 106

Estland
Schiffahrtsmuseum 122
Museumsschiffe 122

Finnland
Schiffahrtsmuseen 124
Museumsschiffe 126
Stationäre Veteranen 127
Aktive Veteranen unter Dampf oder Motor 128

Frankreich
Schiffahrtsmuseen 135
Museumsschiffe 145
Stationäre Veteranen 149
Restaurierungsprojekte 151
Aktive Veteranen unter Segeln 151
Aktive Veteranen unter Dampf oder Motor 155

Griechenland
Schiffahrtsmuseen 157
Museumsschiffe 158
Aktive Veteranen 158

Großbritannien
Schiffahrtsmuseen 160
Museumsschiffe 177
Stationäre Veteranen 192
Restaurierungsprojekte 194
Aktive Veteranen 195

Irland
Schiffahrtsmuseen 204
Museumsschiffe 205
Aktive Veteranen 205

Island
Schiffahrtsmuseen 205

Italien
Schiffahrtsmuseen 207
Museumsschiffe 212
Stationäre Veteranen 215
Restaurierungsprojekte 215
Aktive Veteranen 215

Kroatien
Schiffahrtsmuseen 217
Museumsschiff 217
Stationärer Veteran 217
Aktiver Veteran 217

Malta
Schiffahrtsmuseen 217
Aktive Veteranen 217

Monaco
Schiffahrtsmuseen 217

Niederlande
Schiffahrtsmuseen 219
Museumsschiffe 226
Stationäre Veteranen 231
Aktive Veteranen unter Segeln 232
Restaurierungsprojekte 240
Aktive Veteranen unter Dampf oder Motor 240

Norwegen
Schiffahrtsmuseen 245
Museumsschiffe 254
Restaurierungsprojekte 258
Aktive Veteranen 259

Österreich
Schiffahrtsmuseen 265
Museumsschiffe 266
Stationäre Veteranen 266
Restaurierungsprojekte 266
Aktive Veteranen 266

Polen
Schiffahrtsmuseen 267
Museumsschiffe 268
Stationärer Veteran 268
Aktive Veteranen 268

Portugal
Schiffahrtsmuseen 270
Museumsschiffe 271

Rumänien
Schiffahrtsmuseen 272
Museumsschiff 272
Stationärer Veteran 272

Russland
Schiffahrtsmuseen 274
Museumsschiffe 275
Aktive Veteranen unter Segeln 276
Aktiver Veteran unter Dampf oder Motor 277

Slowakei
Schiffahrtsmuseum 277

Schweden
Schiffahrtsmuseen 279
Museumsschiffe 283
Stationäre Veteranen 286
Restaurierungsprojekte 287
Aktive Veteranen 287
Nachbauten 295

Schweiz
Schiffahrtsmuseen 297
Museumsschiffe 298
Stationäre Veteranen 298
Restaurierungsprojekte 298
Aktive Veteranen – Segelschiffe 299
Aktive Veteranen – Passagierschiffe 299

Spanien
Schiffahrtsmuseen 302
Museumsschiffe 304
Stationäre Veteranen 305
Aktive Veteranen 305

Tschechien
Aktive Veteranen 306
Restaurierungsprojekte 306

Ukraine
Schiffahrtsmuseen/ Maritime Gedenkstätten 307
Museumsschiffe 307

Ungarn
Schiffahrtsmuseen 308

Quellenverzeichnis 309

SCHATZKAMMERN DER SEEFAHRT

Von den eisigen Gletschern Grönlands bis zur sonnigen Mittelmeer-Insel Sizilien wird in über tausen Museen das maritime Erbe Europas bewahrt. Vom hölzernen Peilstab der Wikinger bis zum modernen Brennstoffzellen-Antrieb bewahren diese Schatzkammern der Seefahrt alles, was die mehrere tausend Jahre alte Seefahrtsgeschichte unseres Kontinents dokumentiert. Ihre Forschungen erschließen Schiffbau, Handel und Navigation vergangener Jahrhunderte.
Höhepunkte dieser Sammlungen sind historisch einmalige Schiffe

- wie die Bremer Hansekogge von 1380, die noch vor ihrer Fertigstellung in einer gewaltigen Flutwelle kenterte und für fast 600 Jahre im Schlick der Weser verschwand,
- wie das schwedische Königsschiff VASA von 1628, das so prunkvoll und mit Zierrat überladen erbaut wurde, daß es bei der Jungfernfahrt kenterte, erst 300 Jahre später gehoben werden konnte und heute Mittelpunkt eines Museums in Stockholm ist,
- wie die dänische Fregatte JYLLAND, die bereits in der Schlacht bei Helgoland 1864 gegen Preußen und Österreicher kämpfte, in späteren Jahren mehrfach dem unmittelbar bevorstehenden Abwracken entging und heute in Ebeltoft als das mit 95 Metern Länge weltweit größte Holz-Kriegsschiff ausgestellt wird,
- wie das älteste erhaltene Unterseeboot, das BRANDTAUCHER von 1850, das bei seiner Jungfernfahrt versank, Jahrzehnte später wieder geborgen werden konnte und heute in Dresden präsentiert wird.

Bei den Traditionsschiffen, den aktiven Veteranen, läßt sich manche Besonderheit aufspüren: So sind das Fahrgastschiff REICHSFORSTMEISTER GÖRING als ALTWARP, die SOWJETFREUNDSCHAFT als MECKLENBURG oder die J.W. STALIN als THÜRINGEN immer noch im Einsatz. Und in Ribnitz-Damgarten ist der älteste Hamburger Alsterdampfer aus dem Jahr 1872 unter dem schönen Namen MOCAMBO beheimatet.

Das Buch
Mit diesem Handbuch erscheint zum ersten Mal ein Leitfaden zu europäischen Schiffahrtsmuseen, Museums- und Traditionsschiffen. Auf eine Auswertung oder Analyse des Bestandes wurde in dieser Ausgabe verzichtet. Ziel dieser Veröffentlichung ist eine möglichst umfassende Registrierung von maritim-historischen Institutionen und Fahrzeugen.

Datenaufbau
Neben den spezialisierten Schiffahrtsmuseen sind in diesem Buch auch zahlreiche Museen oder Sammlungen erfaßt worden, in denen Exponate zu Teilaspekten der Seefahrt, zum Beispiel zur Fischerei oder Flößerei, gezeigt werden.

Museums-Daten
- Stadt
- Name des Museums
- Adresse
- Telefonnummer
- Internet-Adresse
- Stichwort
- Museumschiffe (falls vorhanden)

Die in diesem Buch erfaßten historischen Schiffe sind mindestens etwa fünfzig Jahre alt und zehn Meter lang (ohne klassische Yachten). Es wird nach folgenden Kategorien unterschieden:

– Museumsschiffe
Historische Schiffe, die stationär von einem Museum der Öffentlichkeit präsentiert werden.

– Stationäre Veteranen
Historische Schiffe an einem festen Liegeplatz, die nicht museal präsentiert, sondern zum Beispiel als Restaurantschiffe genutzt werden.

– Aktive Veteranen oder Traditionsschiffe
(unter Segeln, mit Dampfmaschine oder Motor)
Historische Schiffe, die von privaten Eignern oder von Institutionen in Fahrt gehalten werden. Diese Fahrzeuge stehen der Öffentlichkeit nicht jederzeit zur Verfügung, werden aber häufig für Charterfahrten angeboten.

– Projekte
Historische Schiffe, deren Restaurierung bei Drucklegung dieses Buches im Sommer 2003 nicht abgeschlossen war.

Schiffs-Daten
- Name des Schiffes (Kennzeichen)
- Heimathafen/Museum
- Schiffstyp
- Baujahr
- Bauwerft
- Abmessungen
  (Länge über alles (Rumpflänge) x Breite x Tiefgang)
- Tonnage (BRT, tons)

- Segelfläche
- Maschine/Leistung in PS, ev. max. Geschwindigkeit in Knoten (kn)
- (falls zutreffend) Passagierkapazität
- Stichworte zur Schiffsgeschichte

Daten speziell bei U-Booten
- Bootstyp
- Baujahr
- Bootsklasse
- Bauwerft
- Verdrängung an der Oberfläche und getaucht
- Abmessungen
- Motoren
- Aktionsradius an der Oberfläche und getaucht
- Geschwindigkeit an der Oberfläche und getaucht
- Tauchtiefe
- Besatzung
- Bewaffnung

Internet
Dieses Werk soll als maritim-historischer Internet-Führer dienen. Zu den vorgestellten Museen wurde versucht, die entsprechenden Internet-Seiten zur Vertiefung der Informationen anzubieten, die aus Gründen des Umfangs in diesem Buch nicht dargestellt werden können. Da sich das Internet-Angebot immer noch sehr schnell wandelt, neue Adressen hinzukommen, alte Seiten entfallen, kann hier von einer Vollständigkeit nicht ausgegangen werden.

Fehler
Alle in diesem Buch veröffentlichten Daten wurden mit größter Sorgfalt recherchiert, dennoch auftretende Fehler bitten die Autoren zu entschuldigen. Ebenso kann eine Vollständigkeit der Daten nicht garantiert werden.

Redaktionsschluß
Die letzten Ergänzungen und Korrekturen am Manuskript dieses Buches wurden im Juni 2003 vorgenommen.

Florian und Stefan Lipsky
Januar 2004

Segelschulschiff MERCATOR, Oostende

SCHIFFSPORTRÄTS

MERCATOR
Oostende, Yachthafen

Havarie auf der Jungfernfahrt

MERCATOR, das dritte belgische Segelschulschiff, folgte auf die Vorgänger Vollschiff COMTE DE SMET DE NAEYER, das 1906 verloren gegangen war und die 1908 von der Rickmers-Werft gebaute L'AVENIR. Im Jahr 1931 bestellte der belgische Staat für neun Millionen Franc sein neues Segelschulschiff auf der schottischen Werft Ramage & Ferguson in Leith. Den Namen erhielt der Segler nach dem bekannten belgischen Kartographen Gerard Mercator (1512–1594, Mercator ist die lateinische Übersetzung seines Familiennamens Kremer). Bereits auf der Jungfernfahrt im Jahr 1932 hatte das Schiff Grundberührung, schlug leck und trug schwere Schäden an der Takelage davon. Der Segler wurde auf einer Reparaturwerft in der Normandie als Barkentine getakelt und führte von nun an 15 Segel mit 1600 qm Fläche. Nach sieben erfolgreichen Ausbildungsfahrten mit rund 162.000 Seemeilen wurde die MERCATOR nach Ausbruch des Zweiten Weltkriegs 1940 auf der Reise nach Südamerika in Afrika festgehalten. Das Schiff wurde 1943 von der britischen Admiralität als SUBMARINE DEPOT SHIP bis 1945 in Freetown (Sierra Leone) genutzt. Nach der Rückkehr 1947 nach Antwerpen unternahm der Segler von 1951 bis 1960 41 Reisen als Schulschiff. 1961 ging die MERCATOR in Antwerpen als Museumsschiff vor Anker. Seit 1964 liegt sie im Yachthafen von Oostende und wurde dort von bisher drei Millionen Menschen besichtigt.

Nähere Informationen: www.oostende.net/oostende/musea

VINDICTIVE
Oostende, Hafen

Als Blockschiff gegen U-Boote

Allein der Bug des britischen Blockschiffs VINDICTIVE ist in der belgischen Hafenstadt Oostende als Mahnmal erhalten geblieben. Die VINDICTIVE war ein Geschützter Kreuzer (5750 tons) der Arrogant-Klasse, der 1899 in Chatham gebaut wurde. Das Schiff hatte seine besseren Tage längst hinter sich, als die Marineleitung im April 1918 beschloß, den Veteranen beim Angriff auf Zeebrugge einzusetzen und wenig später als Blockschiff in der Hafeneinfahrt von Oostende zu opfern.
Von den Stützpunkten Zeebrugge und Oostende aus führte die deutsche Marine seit Januar 1917 einen uneingeschränkten U-Boot-krieg und fügte den alliierten Flotten schwere Verluste zu. Allein im April 1917 versenkten 75 deutsche Unterseeboote über 600.000 Tonnen gegnerischen Schiffsraums. Diese Stützpunkte sollten durch das Versenken von Blockschiffen ausgeschaltet werden.
Obwohl der Kreuzer unter schwerem Artillerie-Beschuß 60 Mann sowie die meisten seiner Aufbauten und Schornsteine verlor, kehrte das Schiff nach dem Gefecht nach England zurück. Drei Wochen später wurde dieser Schiffstorso auf seine letzte Reise geschickt. Unter schwerem deutschen Sperrfeuer versuchte die VINDICTIVE die Hafeneinfahrt von Oostende anzusteuern. Durch schlechtes Wetter und Navigationsfehler erreichte sie ihre geplante Blockade-Position jedoch nicht und strandete östlich der Oostender Pier- ohne die Hafeneinfahrt zu blockieren. Nach dem Krieg sollte die VINDICTIVE von der englischen Marine zunächst geborgen werden, was aber aufgegeben wurde, als der Rumpf in der Brandung zerbrach. Die Überreste wurden 1920 in den Hafen von Oostende geschleppt und abgebrochen.

SCHIFFAHRTSMUSEEN

ANTWERPEN

Nationaal Scheepvaartmuseum
Steenplein 1, 2000 Antwerpen
Tel.: 2 32 08 50
www.dma.be/cultuur/scheepvaartmuseum

Nationales Schiffahrtsmuseum, Geschichte der belgischen Schiffahrt, Schiffsmodelle, nautische Instrumente, Überreste des Bootes von Brügge aus dem 1.–2. Jahrhundert n. Chr.

Museumsschiffe
AMICAL, Schlepper, 1914
BRU 24, Hoogaars/Fischerboot, 1903
BRUNELLA, Rettungsboot
CEEPHEE, Kanal-Barge, 1937
GERARD, Binnenschiff, 1917
HET GILDE, Kajütyacht, 1906
LAURANDA, Kanal-Barge, 1928
LICHTSCHIP No. 3, Feuerschiff, 1950
MARIE, Hamsejol/Fischerboot, 1941
OUDENAARDE, Minensuchboot, 1958
REDDINGBOOT 2, Rettungsboot, 1949
SCHELDE (P 905), Flußschnellboot, 1949
ST. ANTONIUS, Binnenschiff, 1914
WILLIWAW, Yacht, 1968
Projekt
DOLFYN II, Hoogaarsjacht, 1929
DE TROTTER, Segler
Stationäre Schiffe
HÅKON JARL, Passagierschiff, 1952, Liegeplatz: Bonapartedok
ST. JOSEPH, Leichter, 1942, Kirchenschiff

Rijn- en Binnenvaartmuseum van Antwerpen
Kaai 10, Bonapartedok, 2000 Antwerpen
Ausstellung zur Schiffahrt, Schlepp- und Flußschiffahrt, Navigationsinstrumente, Karten, Modelle, Motoren

Museumshafen Bonapartedok
ALLEGONDA, Spitzgatt-Salonkreuzer, 1911, Amstel-Thiebout, 14,88 m x 3,05 m x 0,9 m, 13 tons
WESTPORT, luxemotor/Binnenschiff, 1929, Mulder en Gavermeyer, Foxhol, NL, 34,0 m x 5,07 m x 1,6 m
LIOMAR, spits/Binnenschiff, 1958, Ledeberg, 30,5 m x 5,5 m x 0,5 m, 375 tons
ANGÈLE, motorkastje/Binnenschiff, 1923, Langerbrugge, 29,0 m x 4,82 m x 0,4 m, 175,5 tons
MON DESIR, spits/Binnenschiff, 1913, Harelbeke, 38,3 m x 5,01 m x 0,5 m, 371 tons
SANTO ANTONIO (M 318), spits/Binnenschiff, Van Garsse, Moerbeke, 38,55 m x 5,08 m x 0,5 m, 330 tons
DE ZWARTE MADAM, vistreiler, 1962, Hillebrant, Oostende, 23,0 m x 6,0 m x 3,0 m
LAMME GOEDZAK, spits/Binnenschiff, 1919, Van Praet, Baasrode, 38,49 m x 5,05 m x 0,45 m, 354 tons

ATH

Espace Gallo-Romain
Rue de Nazareth 2, 7800 Ath
Tel.: 0 68 - 26 92 33 - 35
www.ath/be/espace_gallo_romain

Ausstellung von zwei in Pommeroeul gefundenen römischen Booten.

Museumsschiffe
POMMEROEUL 1, Frachtkahn, ca. 200 n. Chr.
POMMEROEUL 2, Einbaum, ca. 200 n. Chr.

BRÜSSEL

Musée Royal de l'Armée et d'Histoire Militaire/Koninklijk Museum van het Leger en de Krijgsgeschiedenis
Parc du Cinquantenaire 3/Jubelpark 10
1000 Bruxelles/Brussels
Tel.: 02 - 7 37 78 33
www.klm-mra.be

Museumsschiffe
AVILA (A 981), Motoryacht, 1963
MEUSE (P 903), Flußschnellboot, 1953

DENDERMONDE

Scheepvaartmuseum Baasrode
St. Ursmarusstraat 137
9200 Dendermonde-Baasrode
Tel.: 0 52 - 34 25 69
www.baasrode.net

Ausstellung zur belgischen Binnenschifffahrt und zum Schiffbau in Flandern

Museumswerft
Scheepswerfen van Praet-Dansaert, Sint Ursmarusstraat

HOUDENG GOEGNIES/ LA LOUVIERE

Waals Museum voor Binnenscheepvaart
7110 Houdeng-Goegnies

Museumsschiffe
ANTOINE, Wohnschiff, 1917
BENJAMINE, Binnenschiff, 1897
COCKERILL. Binnenschiff, 1888
DIDIER, Binnenschiff, 1930
LAURE, Binnenschiff, 1892
LES DEUX SOEURS, Binnenschiff, 1912
MARIA, Binnenschiff, 1916
TOWER OF OKAPI, Binnenschiff, 1907

KNOKKE/HEIST

Heemkundig Museum »Sincfala« voor Polder en Visserij
Pannestraat 140, 8301 Knokke/Heist
Tel.: 0 50 - 63 08 72
www.atraxions.be

Fischerei-Ausstellung

OOSTDUINKERKE

Nationaal Visserijmuseum
Pastoor Schmitzstraat 5
8458 Oostduinkerke
Tel.: 51 24 68
www.visserijmuseum.be

Nationales Fischereimuseum, Schiffsmodelle, Fanggeräte, nautische Instrumente

Museumsschiffe
MARTHA (OD 1), Fischkutter, 1942
ONS GEDACHT, Fischkutter, 1906
REDDINGBOOT 3, Rettungsboot, 1946
MOED EN VERTROUWEN (N 788), Fischkutter, 1942

OOSTENDE

Museum »D'Ostensjhe Ieslandvisjherie«
Vindictivelaan 35, 8400 Oostende
Tel.: 0 59 23 43 01
Hochseefischerei

Museumsschiff
AMANDINE (O 129), Fischkutter, 1962
MERCATOR, Segelschulschiff, 1932, Liegeplatz: Yachthafen
www.oostende.net/oostende/musea

VLETEREN

Stationäres Schiff
ISERA, Binnenlander of billander/Binnenschiff, 1928, heutige Nutzung: Ausstellungsschiff

ZEEBRUGGE

SEAFRONT-Museum
Oude Vismijn, Albertdok I
Vismijnstraat 7, 8380 Zeebrugge
Tel.: 0 50 - 55 14 15
www.seafront.be

Schiffahrtsausstellung im alten Hafen von Zeebrugge

Museumsschiffe
LICHTSCHIP No. 2, Feuerschiff, 1950
U-480 (B 143), Unterseeboot, 1960

Bugsektion HMS VINDICTIVE, Oostende

MUSEUMSSCHIFFE

AMANDINE (O. 129)

Oostende

Museum »D'Ostensjhe Ieslandvisjherie«

Fischkutter, 1962, R. Panesi, Oostende, 188 BRT, 36,0 m x 6,9 m x 2,9 m, 510-PS-Diesel.
Dieser letzte flämische Fischkutter, der von 1962 bis 1995 mit acht Mann Besatzung auf Island-Fahrt gegangen ist, wurde im Jahr 2000 als Museumsschiff auf der Hafenpromenade von Oostende aufgestellt.

AMICAL

Antwerpen

Nationaal Scheepvaartmuseum

Dampfschlepper, 1914, Dordrecht, 32 BRT, 18,7 m x 4,2 m, 140-PS-Dampfmaschine.
Der Dampfschlepper AMICAL war bis 1964 aktiv und wurde vor allem zum Verschleppen von antriebslosen Binnenkähnen eingesetzt, wie z.B. LAURANDA und CEPHÉE, die ebenfalls im Nationalen Schiffahrtsmuseum gezeigt werden.

ANTOINE

Houdeng Goegnies/La Louviere

Waals Museum voor Binnenscheepvaart

Binnenschiff, 1917, Ombret-Nouveau, 19,6 m x 2,9 m x 0,9 m, kein eigener Antrieb.
Dieses Schiff wurde als Wohn- und Büroschiff bei Baggerarbeiten auf belgischen Flüssen und Kanälen genutzt.

AVILA (A 981)

Brüssel

Koninklijk Museum van het Leger en de Krijgsgeschiedenis

Motoryacht, 1963, Astilleros Udondo, Bilbao/Spanien, 49 tons, 19,7 m x 4,6 m x 1,5 m, 2 x 270-PS-Diesel.
Die Motoryacht AVILA wurde für den belgischen König Baudouin 1963 in Spanien gebaut und von der Königsfamilie über dreißig Jahre lang – meist vom spanischen Hafen Motril aus – zu Fahrten im Mittelmeer genutzt. Nach dem Tod des Königs wurde das Schiff dem Brüsseler Armeemuseum übergeben, wo es am 18. Juli 1996 eintraf.

BENJAMINE

Houdeng Goegnies/La Louviere

Waals Museum voor Binnenscheepvaart

Binnenschiff/spits, 1897, Schoten, 347 tons, 38,1 m x 5,1 m x 0,4 m, ohne eigenen Antrieb.
Als eines der ersten eisernen Binnenschiffe wird BENJAMINE zur Erinnerung an die industrielle Entwicklung Walloniens in La Louviere gezeigt. Dieser Schiffstyp war nicht motorisiert und mußte von Mensch oder Tier gezogen (getreidelt) werden.

BRU 24

Antwerpen

Nationaal Scheepvaartmuseum

Hoogaars/Fischerboot, 1903, Stam, Nieuw-Lekkerland, 14,0 m x 4,5 m, Segel.
Der hölzerne Hoogaars BRU 24 ist ein seeländisches Fischerboot und wurde vor allem an Ooster- wie Westerschelde gebaut. Dieser »Fischermann« genannte Schiffstyp wurde zum Muschel- oder Austernfang wie auch als Frachtsegler eingesetzt. Wegen ihrer guten Segeleigenschaften sind zahlreiche Hoogaars später zu Privatyachten oder Charterschiffen umgebaut worden. BRU 24 (BRU = Bruinisse) ist 1991 restauriert worden.

BRUNELLA

Antwerpen

Nationaal Scheepvaartmuseum

Rettungsboot, Atelier de Constructions Navales et d'Application Mécaniques, 8,5 m x 3,0 m x 1,2 m, 73 Plätze.
Die Schraube des Rettungsbootes vom panamesischen Frachtschiff BRUNELLA konnte durch eine Reihe von Handkurbeln im Bootsinneren bewegt werden.

CEPHÉE

Antwerpen

Nationaal Scheepvaartmuseum

Kanal-Barge, 1937, Prévost, Merville, Frankreich, 396 tons, 38,5 m x 5,0 m x 2,0 m.
Dieser aus Holz gebaute Binnenschiffstyp »Waal« ist eines der letzten Exemplare, das um die Jahrhundertwende in Belgien und Nordfrankreich eingesetzt wurde. Diese Kähne hatten ein hohes Ladevermögen und wurden von Pferden gezogen. Diese wurden abends über eine Planke an Bord geholt und übernachteten auf dem Schiff.

COCKERILL

Houdeng Goegnies/La Louviere

Waals Museum voor Binnenscheepvaart

Binnen-Passagierschiff/Mouche, 1888, Cockerill, Ougree, 55 tons, 31,2 m x 4,6 m x 1,0 m, kein eigener Antrieb, ex MEUSE IV

DIDIER

Houdeng Goegnies/La Louviere

Waals Museum voor Binnenscheepvaart

Binnenschiff/péniche pontée, 1930, Merville, 391 tons, 38,7 m x 5,0 m x 0,3 m, 60-PS-Diesel.
Das letzte schwimmende Binnenschiff mit Holzrumpf vom Typ Wallon, dessen konstruktive Besonderheit eine mittschiffs plazierte Eignerkabine ist.

GERARD

Antwerpen

Nationaal Scheepvaartmuseum

Spitsbek of Mignolle/Binnenschiff, 1917, Ombret, 20 tons, 19,4 m x 2,8 m, Lister Dieselmotor.
GERARD ist ein kleines Tankschiff, das als Aak für die Fahrt auf dem Fluß Ourthe gebaut wurde. Zum Motorschiff umgebaut, wurde es als Tankschiff auf der Samber eingesetzt und 1983 in LEONIE umgetauft.

HET GILDE

Antwerpen

Nationaal Scheepvaartmuseum

Kajütyacht, 1906.
HET GILDE war ursprünglich ein Rettungsboot des Frachters »BELGENLAND« der Red Star Line und wurde später zur Yacht umgebaut.

LAURANDA

Antwerpen

Nationaal Scheepvaartmuseum

Sleepspits/Kanal-Barge, 1928, Van Praet-Dansaert, Baasrode, 380 tons, 38,5 m x 5,1 m x 2,1 m.
Dieser eiserne Schleppkahn ist ein typisches belgisches Binnenschiff, das durch seine günstigen Abmessungen auf den meisten europäischen Wasserstraßen einsetzbar war. Bis 1920 wurden diese antriebslosen Schiffe entweder von Menschen, Pferden, Traktoren oder Schleppern gezogen. Danach wurden sie durch Motorkähne ersetzt. Im Innenraum der LAURANDA finden regelmäßig Ausstellungen des Nationalen Schiffahrtsmuseums statt.

LAURE

Houdeng Goegnies/La Louviere

Waals Museum voor Binnenscheepvaart

Binnenschiff/Herna, 1892, Ombret, 283 tons, 38,7 m x 5,0 m x 0,4 m, Dieselmotor

LES DEUX SOEURS

Houdeng Goegnies, La Louviere

Waals Museum voor Binnenscheepvaart

Baquet de Charleroi/Binnenschiff, 1912, Willebroeck, 63 tons, 19,3 m x 2,6 m x 0,5 m.
Das Binnenschiff LES DEUX SOEURS vom Typ »Baquet de Charleroi« ist eine spezielle Konstruktion mit Eisenrumpf für den ersten Kanal, der Charleroi mit Brüssel verband. Diese kleinste der Penichen wurde gesegelt oder von Mensch oder Tier gezogen.

LICHTSCHIP No. 2 (WESTHINDER)

Zeebrugge

Seafront-Museum

Feuerschiff, 1950, Beliard-Crighton, Oostende, 419 BRT, 42,2 m x 7,9 m x 3,2 m, 230-PS-Diesel.
Das Feuerschiff mit neun Mann Besatzung wurde 1993 außer Dienst gestellt und im April 1996 vom Schwimmkran NORMA im alten Fischereihafen von Zeebrugge an Land gesetzt. Es dient jetzt als Blickfang am Eingang des SEAFRONT-Museums, zu dem auch das russische U-Boot U-480 (siehe dort) gehört.

LICHTSCHIP No. 3 (WESTHINDER)

Antwerpen

Museumhaven, Bonapartedok

Feuerschiff, 1950/1, Beliard-Crighton, Oostende, 419 BRT, 42,5 m x 7,8 m x 3,2 m, 200-PS- Diesel.
LICHTSCHIP 3 wurde 1994 außer Dienst gestellt und hat nach einer mehrmonatigen Aufliegezeit in Oostende im Antwerpener Bonapartedok festgemacht – nahe dem Hotelschiff HÅKON JARL. Dieses dritte Feuerschiff mit der Bezeichnung WESTHINDER lag 17 Meilen nordwestlich von Oostende auf Station – ebenfalls mit neun Mann Besatzung. Es war das letzte bemannte Feuerschiff auf der Nordsee.

MARIA

Houdeng Goegnies/La Louviere

Waals Museum voor Binnenscheepvaart

Binnenschiff/Baquet de Charleroi, 1916, Halle, 19,4 m x 2,6 m, kein eigener Antrieb.
Binnenschiffe vom Typ »Baquet de Charleroi« (siehe LES DEUX SOEURS und TOWER OF OKAPI) sind spezielle Eisen-Konstruktionen für den Kanal, der Charleroi mit Brüssel verbindet.

MARIE (A 21)

Antwerpen

Nationaal Scheepvaartmuseum

Hamsejol/Fischerboot, 1941, Ch. Meert – De Decker, Boom, 7 tons, 8,5 m x 3,0 m, 15-PS-Diesel, Segel.
MARIE wurde für die Garnelenfischerei um Bath, Walsoorden und Hansweert gebaut. 1951 wurde sie an J.F. Vergauwen verkauft, der den Segler zur Yacht umbaute und BOUBOULE nannte. 1984 wurde das Fischerboot restauriert.

MARTHA (OD 1)

Oostduinkerke

Nationaal Visserijmuseum

Fischkutter, 1942, Crabeels, Oostende, 7,88 tons, 10,6 m x 3,2 m, 20-PS-Diesel.
Dieser Garnelenfischer fuhr mit drei Mann Besatzung und wurde 1942 zunächst als GILBERT-ROBERT (Z 53) registriert. 1946 erhielt der Kutter die Kennung Z 451, nach seinem Verkauf im gleichen Jahr nach Nieuwpoort die Nummer N 451. Nach 1964 wurde MARTHA als Schleppboot unter dem Namen MARIE-HELENE eingesetzt, bis 1974 der sechste Eigner das Boot dem Museum schenkte.

MERCATOR

Oostende

Yachthafen

Segelschulschiff, 1932, Ramage & Ferguson, Leith, 770 BRT, 78,5 m x 10,6 m x 5,1 m, 1260 qm Segel, 500-PS-Dieselmotor. (Siehe Schiffsportrait)
www.oostende.net/oostende/musea

MEUSE (P 903)

Brüssel

Koninklijk Museum van het Leger en de Krijgsgeschiedenis

Fluß-Schnellboot, 1953, Th. Hitzler, Regensburg, 30 tons, 24,3 m x 3,8 m x 0,9 m, 2 x 220-PS-Diesel, 19 kn.

Dieses Fluß-Schnellboot war das erste einer Zehner-Serie für die belgische Rhein-Esquadrille (siehe auch SCHELDE P 905), die von 1953 bis 1961 in Niehl bei Keulen stationiert war. Ihre wichtigste Aufgabe in Deutschland war die polizeiliche Aufsicht auf dem Rhein während der Besatzungszeit. In Belgien fungierte die MEUSE als Verbindungsboot und Gewässeraufsicht auf der Schelde. Am 12. Juni 1987 wurde das Boot außer Dienst gestellt.

MOED EN VERTROUWEN (N 788)

Oostduinkerke

Toekomstlaan/Nieuwstraat

(Nationaal Visserijmuseum), Fischkutter, 1942, S. Denye, Oostende, 36 tons, 15,0 m x 4,3 m.
Der aus Holz gebaute Nieuwpoorter Garnelenfischer wurde von seinem letzten Eigner Jean Schallier 1988 der Gemeinde Koksijde geschenkt, um als optische Werbung für das Fischereimuseum nahe der Autobahn Oostende – Calais aufgestellt zu werden.

ONS GEDACHT (BOU 3)

Oostduinkerke

Nationaal Visserijmuseum

Tholense hoogaars/Yacht/Fischkutter, 1906, Arnemuiden/NL, 15 tons, 12,5 m x 4,2 m x 1,2 m, Segel, Heimathafen: Boekhoute, ex NOOIT GEDACHT.
Dieser Hoogaars ist als Yacht gebaut worden und später ausgebrannt. Das Boot wurde dem Museum geschenkt und ist als Fischerboot restauriert worden.

OUDENAARDE (M 477)

Antwerpen

Nationaal Scheepvaartmuseum

Minensuchboot, 1958/9, Mercantile Marine Yacht, Kruibeke, 160 tons, 34,5 m x 6,7 m x 2,1 m, 1260-PS-Dieselmotoren, zwei Schrauben.
Der Minensucher OUDENAARDE war bis zum 26. September 1989 dreißig Jahre im Dienst der belgischen Marine.

POMMEROEUL 1

Ath

Espace Gallo-Romain

Frachtkahn/chaland, ca. 200 n. Chr., 12,7 m x 3,0 m x 0,8 m, Eichenrumpf, 1975 in Pommeroeul geborgen.

POMMEROEUL 2

Ath

Espace Gallo-Romain

Einbaum/pirrogue monoxyle, ca. 200 n. Chr., ca. 11,5 m x 0,5 m, Eichenholz-Rumpf, 1975 in Pommeroeul geborgen.

REDDINGBOOT 2

Antwerpen

Nationaal Scheepvaartmuseum

Minensuchboot, 1958/9, Mercantile Marine Yacht, Kruibeke, 160 tons, 34,5 m x 6,7 m x 2,1 m, 1260-PS-Dieselmotoren, zwei Schrauben.

Drei dieser in England konstruierten und gebauten Rettungsboote vom Typ »Watson« mit Holzrumpf und stählernem Kiel, die in Belgien Dienst getan haben, werden heute als Museumsboote erhalten:
REDDINGBOOT 1, eingesetzt in Zeebrugge, steht heute im Rettungsmuseum in Hoek van Holland
REDDINGBOOT 2, eingesetzt in Nieuwpoort, wird heute im Nationalen Schifffahrtsmuseum in Antwerpen gezeigt
REDDINGBOOT 3, eingesetzt in Oostende, steht heute im Nationalen Fischereimuseum in Oostduinkerke.

REDDINGBOOT 3

Oostduinkerke

Nationaal Visserijmuseum

Motorrettungsboot, (Watson III), 1946, J. Samuel White & Co, Cowes, Isle of Wight, 25 tons, 14,2 m x 3,9 m x 1,3 m, 2 x 45-PS-Diesel, 8-9 kn (s. REDDINGBOOT 2).

SCHELDE (P 905)

Antwerpen

Nationaal Scheepvaartmuseum

Fluß-Schnellboot, 1949, Th. Hitzler, Regensburg, 25,5 tons, 25,0 m x 3,8 m x 0,9 m, 2 x 220-PS-Diesel, 19 kn.
Dieses Flußpatrouillenboot gehörte mit sieben Mann Besatzung seit 1953 zur belgischen Rheinflottille bei Köln. Es wurde zur Kontrolle des belgischen Rheinsektors und ab 1960 von Kallo auf der Schelde eingesetzt (s. MEUSE P 903).

ST. ANTONIUS

Antwerpen

Nationaal Scheepvaartmuseum

Klipperaak/Binnenschiff, 1914, Merelbeke, 124 tons, 27,1 m x 4,8 m x 1,6 m, Segel.
Die Klipper-Aak repräsentiert einen seinerzeit weit verbreiteten Schiffstyp – im Jahr 1914 gab es allein in Belgien 300 dieser Schiffe. Sie übernahmen z. B. Ladung von Seeschiffen, um sie nach Brüssel zu transportieren oder fuhren für die Ziegelindustrie von Boom. ST. ANTONIUS war bis 1969 in Fahrt.

TOWER OF OKAPI

Houdeng Goegnies/La Louviere

Waals Museum voor Binnenscheepvaart

Binnenschiff/Baquet de Charleroi, 1907, Baesrode, 76 tons, 19,5 m x 2,7 m x 0,4 m.
Binnenschiffe vom Typ »Baquet de Charleroi« (siehe LES DEUX SOEURS und MARIA) sind spezielle Eisen-Konstruktionen für den Kanal, der Charleroi mit Brüssel verbindet.

U-480 (B 143)

Zeebrugge

Seafront-Museum

Unterseeboot, 1960, sowjetische Foxtrot-Klasse (Projekt 641), Sudomekh., Leningrad (No. 780), UdSSR, Verdrängung: 1.950 tons über, 2.475 tons unter Wasser, 91,3 m x 7,5 m x 5,1 m, drei Dieselmotoren mit 5956 PS und drei E-Motoren mit 5400 PS, Aktionsradius an der Oberfläche: 20.000 sm bei 8 kn, getaucht: 350 sm bei 2 kn, Geschwindigkeit an der Oberfläche: 15,5 kn, getaucht: 18 kn, Tauchtiefe 280 m, Besatzung: 75 Mann, Bewaffnung: 10 Torpedorohre (6 vorne, 4 achtern), 22 Torpedos oder 44 Minen.
Im Januar 1996 machte das russische Unterseeboot U-480 im Fischereihafen von Zeebrugge fest. Es war von zwei Seeschleppern aus St. Petersburg, wo es als letzte Fahrt an der jährlichen Flotten-Parade teilgenommen hatte, an die belgische Küste geschleppt worden. Die Foxtrot-Klasse war die erfolgreichste U-Bootserie der ehemaligen Sowjetunion, die in den sechziger und siebziger Jahren häufig im Mittelmeer und im Nordatlantik eingesetzt wurde.

WILLIWAW

Antwerpen

Nationaal Scheepvaartmuseum

Museumhaven Bonapartedok
Yacht, 1968, Michot Freres, Thuin, 20 tons, 14,5 m x 3,8 m x 2,0 m, Segel, Dieselmotor.
1977 gelang dem belgischen Segler Willy de Roos mit dieser Yacht die nordwestliche Passage von Grönland zur Beringstraße.

STATIONÄRE VETERANEN

HÅKON JARL

Antwerpen

Bonapartedok

Passagierschiff, 1952, Ålborg Vaerft, Dänemark, 2.173 BRT, 83,2 m x 12,6 m x 4,6 m, 3.040-PS-Diesel.
Das norwegische Hurtigrutenschiff HÅKON JARL wurde bis 1983 fast dreißig Jahre lang auf der Route Bergen-Kirkenes eingesetzt. Danach lag es als Hotel- und Restaurantschiff (»Christian V.«) in Oslo, bis es 1991 nach Belgien verkauft wurde und jetzt mit weißem Rumpf ebenfalls als Hotel und Restaurant im Antwerpener Bonapartedok liegt. Ende 1996 wurde das Restaurant geschlossen und total renoviert. Ein Jahr später eröffnete es unter dem Namen »Diamond Princess«.

ISERA

Vleteren

Kanal

Binnenlander of billander, Binnenschiff, 1928, 75 tons, 38,9 m x 5,1 m x 1,3 m, 165-PS-Diesel.
Das Binnenschiff ISERA (ex T'ROOIE ROER) liegt auf der Ijzer bei Elzendamme als touristisches Informations-Zentrum für die Region.

LICHTSCHIP No. 1

Brügge/Gent

Feuerschiff, 1950, ex WANDELAAR

MAYFLOWER

Brügge

Brügge-Gent-Kanal

Feuerschiff, 1883, Rijkswerf, Amsterdam, 34,2 m x 6,5 m x 3,5 m, 331 tons, Besatzung: 11 Mann, ex LICHTSCHIP No. 3, ex HAAKS, ex HOLLANDS GLORIE.
Einsätze: 1884–1885 Station Terschellingerbank, 1889–1890 Station Schouwenbank, 1890–1903 Station Haaks, 1917–1921 Station Doggersbank-Zuid, 1921–1924 Station Terschellingerbank, 1925–1929 Station Haaks, 1930–09/1933 Station Haaks, 1935 außer Dienst gestellt und als Reserveschiff aufgelegt. 1939 zur Verschrottung verkauft. Weiterverkauf an »Socials Jeugdzorg« in Dordrecht, Umbenennung in »Hollands Glorie« und Verwendung als Internat in Dordrecht. Weiterverkauf 1975. Heutige Verwendung: Bar-Schiff

ST. JOSEPH

Antwerpen

Hafen

Leichter, Betonrumpf, 1942, Rotterdam, 3.800 tons, 108 m Länge, ex CITITANK 7, Nutzung: Kirchenschiff

RESTAURIERUNGSPROJEKT

(-) Kogge von Doel

Antwerpen

Wrack einer Kogge, ca. 1350, 21,0 m x 7,0 m x 2,5 m

AKTIVE VETERANEN

BLANKENBERGSE SCUTE

Blankenberge

Zweimast-Plattbodenschiff, 2000, 11,8 m x 5,0 m x 0,6 m, 20 tons

Torpedoboot Tk-301, Varna

Dampftorpedoboot DRASKI, Varna

RAGNBORG

Lüttich

Dreimast-Schoner, 1948, Sibbo, Finnland, 42,40 m (33,0 m) x 8,1 m x 2,8 m, 300 BRT, 516 qm Segel, 250-PS-Diesel, 20 Mann Besatzung

SCHIFFAHRTS-MUSEUM

VARNA

Marinemuseum Varna/
Woennomorski Museum Varna
Bvd. Primorski 2, 9000 Varna
Tel.: 0 03 59 - 52 63 20 18
www.digsys.bg/tourinfo/statieweb/cities/varna/museums

Bulgarisches Marinemuseum, Modelle, Uniformen, Orden, Schiffs- und Küstenwaffen

MUSEUMS-SCHIFFE

DRASKI

Varna

Dampftorpedoboot, 1907, Schneider Creusot & Co., Toulon/Frankreich, 98 tons, 38,0 m x 3,0 m x 2,6 m, 1.950-PS-Dampfmaschine, 26 kn, Bewaffnung: Drei Torpedos (450 mm) und zwei 47 mm-Kanonen, 22 kn.
DRASKI, heute Exponat im Museumspark, ist ein Boot aus einer Sechser-Serie von Torpedobooten, die zwischen 1906 und 1908 in Frankreich gebaut wurden. Das Boot war bis 1954 in der bulgarischen Kriegsflotte im Einsatz.

DJU IV
Varna

Forschungsboot/Rettungsboot

KEBROS

Varna

Forschungskatamaran

KOR KAROLI

Varna

Yacht (Kreuzer 30), Polen, 9,1 m x 3,1 m, 55 qm Segel, Hilfsmotor.
Mit dieser Yacht segelte Kapitän Georgi Georgijev 1976/77 als erster Bulgare einhand um die Welt.

MCHK-3

Varna

Minensuchboot, 1942, 17,3 m x 3,0 m, 25 tons, Minensuchgerät MPG, Bewaffnung: 7,9 mm-Kanone.
Dieses Boot wurde im Zweiten Weltkrieg nach bulgarischen Entwürfen gebaut.

TK-301

Varna

Torpedoboot (Projekt 123 K), 1954, Marinearsenal, Varna, 22 tons, 19,1 m x 3,3 m x 1,5 m, 50 kn, Bewaffnung: zwei Torpedos (457 mm), eine Kanone, Wasserbomben.

STATIONÄRE VETERANEN

VESLETS

Segelschulschiff, 1943, Kavalla, Griechenland, ex VOLA, ex MILKA

PATRIOT

Dreimastschoner, 1943, Michurin, Bulgarien, ex N.I.VAPTSAROV, ex GORIANIN

Minensuchboot MCHK-3, Varna

Fregatte JYLLAND, Ebeltoft

SCHIFFSPORTRÄTS

Fregatte JYLLAND
Ebeltoft

Dreimal vor dem Untergang gerettet

Die Fregatte JYLLAND ist das heute weltweit längste Kriegsschiff aus Holz, und es ist zugleich das letzte Holzschiff, das für die dänische Marine gebaut worden ist. Die Konstruktion des Eichenrumpfes stellt den Höhepunkt einer vierhundertjährigen Schiffbau-Entwicklung in Dänemark dar. Achtzig Zimmerleute benötigten vier Jahre um 1600 aus etwa 200 Jahre alten Eichenholz-Stämmen den Schiffskörper zu zimmern.
Die Fregatte entstand in einer Zeit großen technischen Wandels – Stahl ersetzte im Schiffbau das Holz, Dampf verdrängte die Segel als Antriebskraft, und in der Waffentechnik wurden gezogene Hinterladerkanonen anstatt glattläufiger Vorderlader eingesetzt.
Die 95 Meter lange JYLLAND (2.450 Tonnen) wurde am 11. Juni 1857 als Baunummer 48 auf dem Kopenhagener Nyholm auf Kiel gelegt, lief am 20. November 1860 vom Stapel und wurde am 15. Mai 1862 in Dienst gestellt. Ihren ersten und einzigen Kriegseinsatz erlebte die JYLLAND, die unter einer 400-PS-Dampfmaschine 12 Knoten schnell laufen konnte und außerdem 1.881 qm Segel trug (44 Kanonen, 437 Mann Besatzung), am 9. Mai 1864 in der Schlacht bei Helgoland. Dort stieß das Schiff mit seinem Schwesterschiff NIELS JUEL und der Korvette HEJMDAL auf ein preußisch-österreichisches Geschwader und bekämpfte dies erfolgreich.
Die übrige Dienstzeit der Fregatte verlief mit Einsätzen im Nordatlantik, der Ostsee und im Mittelmeer dagegen friedlich. 1874 wurde die JYLLAND zum Königsschiff umgebaut, um König Christian IX. zur Tausendjahrfeier nach Island zu bringen. Achtzehn Jahre später, im Jahr 1892, wurde die JYLLAND außer Dienst gestellt und bis zum 14. Mai 1908 als Exerzier- und Kasernenschiff genutzt. Das Schiff war bereits zum Abbruch bestimmt, Masten und Rahen entfernt worden, als man sich kurzfristig entschloß, die Fregatte für die Nachwelt zu retten. In den darauffolgenden Jahren lief die JYLLAND mit einer viel zu kleinen Takelage von der Korvette DAGMAR zahlreiche Häfen als Ausstellungsschiff an. 1912 wurde das Schiff von einem dänischen Gutsbesitzer gekauft und nach Juelsminde verlegt, wo am 9. Mai 1914 der 50. Jahrestag der Helgoland-Schlacht auf der JYLLAND gefeiert wurde. Im Ersten Weltkrieg lag die Fregatte in Nørresundby als Funkerschule. Im Jahr 1925 wurde sie nach Kopenhagen verlegt, wo umfangreiche Restaurierungsarbeiten begannen, die durch den Ausbruch des Zweiten Weltkriegs unterbrochen wurden. Am Ende des Krieges bewohnten das Schiff deutsche Flüchtlinge, danach britische Soldaten. Durch eine Leckage sank die JYLLAND 1947 an ihrem Liegeplatz. Nach der Bergung begannen wieder jahrelange Sanierungs-Bemühungen. Bis 1951 diente der Veteran als Wohnschiff, dann gab es erneut Abwrack-Pläne. Durch ein Gutachten konnte das Schiff zum dritten Mal vor dem Ende gerettet werden. Am 20. September 1960 wurde die Fregatte schließlich nach Ebeltoft verlegt, wo sie ihren endgültigen Liegeplatz erhalten hat. Seit 1984 liegt sie dort in einem eigenen Trokkendock. 1994 konnte die Restaurierung abgeschlossen und die JYLLAND als Museumsschiff feierlich eingeweiht werden.

Nähere Informationen: www.fregatten-jylland.dk

Skuldelev-Schiffe
Roskilde, Vikingeskibsmuseet

Eine ganze Flotte gehoben

Die alten Fischer aus Skuldelev wußten seit Generationen, daß in ihren Gewässern das sagenumwobene Schiff von Königin Margrethe lag. Einige von ihnen besaßen sogar ein Stück Holz vom Rumpf des Seglers, irgendwann wurde sogar das Kielschwein geborgen. Mitte des vergangenen Jahrhunderts begannen sich dann auch die Forscher des Nationalmuseums für diese Geschichte zu interessieren. Sie hegten keine großen Erwartungen an die Überreste des Schiffes. Zu oft hatten Hobbyforscher und Fischer am alten Wrack gegraben, das in früher Vorzeit als Schiffssperre in die Fahrrinne gelegt worden war. Um so größer die Überraschung, als sich im Verlauf der Ausgrabung 1962 ergab, daß es sich um eine kleine Flotte aus der Wikingerzeit, um weit ältere Fahrzeuge als zunächst erwartet, handelte. Diese Schiffe, die heute im Wikingerschiffsmuseum in Roskilde zu sehen sind, repräsentieren das Schiffbau-Wissen von vor tausend Jahren:
SKULDELEV 1 ist ein kräftiges Lastschiff (ca. 16,0 m x ca. 4,8 m x ca. 1,3 m) mit einem Rumpf aus Kiefernholz, das um das Jahr 1030 vermutlich in West-Norwegen gebaut wurde. Es besaß ein Vorder- und Achterdeck, einen offenen Laderaum und fuhr mit 6–8 Mann Besatzung. Das Schiff, das maximal 36 Tonnen wog und 24 Tonnen Fracht tragen konnte, war für die Fahrt sowohl auf Nord- und Ostsee wie auf dem Nordatlantik geeignet. Es hatte ca. 90 qm Segelfläche und erreichte vermutlich eine Geschwindigkeit von 5–6 Knoten. SAGA SIGLAR, eine originalgetreue Kopie, segelte sogar die doppelte Geschwindigkeit.
SKULDELEV 2/4 ist ein langes, schmales Kriegsschiff (Langschiff, ca. 25 Tonnen Gewicht, voll ausgerüstet) mit Eichenholz-Rumpf, ausgelegt für 70–80 Mann Besatzung. Es ist ca. 1042 vermutlich in der Gegend von Dublin gebaut worden. Die schlanke Schiffsform (ca. 30 m x ca. 3,8 m x ca. 0,9 m) ermöglichte außerordentlich hohe Geschwindigkeiten von bis zu 20 Knoten. Dieses Boot hatte ca. 60 Riemen und ca. 120 qm Segelfläche.
SKULDELEV 3 ist ein kleines Fracht- und Reiseboot mit Eichenrumpf (ca. 14 m x ca. 3,3 m x ca. 0,9 m), das vermutlich um 1040 in Dänemark gebaut worden ist. Die Besatzung bestand aus 5–6 Mann. Das 9,6 Tonnen schwere Schiff (4,6 Tonnen Nutzlast) war für Fahrten in Küstengewässern und auf der Ostsee geeignet. Unter Segeln (45 qm) fuhr das Boot (5 Riemen) vermutlich eine Geschwindigkeit von vier Knoten. Die originalgetreue Kopie ROAR EGE hat acht Knoten erreicht.
SKULDELEV 5 ist ein kleines Kriegsschiff (6 Tonnen Gewicht, voll ausgerüstet) mit einem Rumpf aus Eiche, Kiefer und Esche, wobei ein Teil des Holzes aus anderen Schiffen wiederverwendet wurde. Es wurde in der Zeit um das Jahr 1040 vermutlich in der Gegend von Roskilde gebaut. Mit seinen 26 Riemen und einer Bemannung von ca. 30 Bewaffneten gehörte es zu den kleinsten Einheiten (ca. 17,3 m x ca. 2,5 m x 0,5 m) der Verteidigungsflotte. Es konnte mit ca. 45 qm Segelfläche sechs Knoten fahren, erreichte im Maximum aber vermutlich eine Geschwindigkeit von 15 Knoten.
SKULDELEV 6 ist ein kombiniertes Ruder- und Segelboot (ca. 11,2 m x 2,5 m x 0,6 m) für den Fischfang mit einem Rumpf aus Kiefer und Birke. Es wurde vermutlich um das Jahr 1040 in West-Norwegen gebaut.

Nähere Informationen: www.vikingeskibsmuseet.dk

SCHIFFAHRTSMUSEEN

ÅBENRÅ

Åbenrå Museum
H.P. Hansen Gade 33, 6200 Åbenrå
Tel.: 74 62 26 45
www.sja.dk/institutioner.nsf

Schiffahrt und Schiffbau, Modelle und Gemälde

Rundemølle
Rundemøllevej, Løjt, Kirkeby
6200 Åbenrå
Tel.: 74 61 78 04
Schiffahrt, Flaschenschiffe

ÅLBÆK

Simons Raalling - Egnssamling
Engvej 4, 9982 Ålbæk
Tel.: 98 48 84 03
Fischerei

ÅLBORG

Marinemuseum
Vestre Fjordvej 81, 9000 Ålborg
Tel.: 98 11 78 03
www.aalborgmarinemuseum.dk

Dänische Marinegeschichte, Handelsschifffahrt, Rettungswesen, Bootssammlung, darunter zwei Segeljollen aus dem Königshaus

Museumsschiffe
SEHESTEDT (P 547), Flugkörperschnellboot, 1977
SØBJØRNEN, Torpedoboot, 1964
SPRINGEREN, U-Boot, 1963
(-) Marder, Klein-U-Boot, 1944/45
(-) Segeljolle von Königin Margrethe, 5,5 m, 1948
(-) Rettungsboot, 5,5 m
(-) Motorboot der königlichen Yacht DANNEBROG, 7,0 m

Stationäres Schiff
PRINSES JULIANA, Schulschiff/Restaurant, 1931, Liegeplatz: Ved Limfjordbroen

ÅRHUS

Den Gamle By
Viborgvej 2, 8000 Århus C
Tel.: 86 12 31 88
www.dengamleby.dk/

Zollwesen, Schiffbau, Hafenwesen

Museumsschiffe
FYLLA, Fischerboot/Fiskekvasen, 1888
(-) Eisboot vom Großen Belt, 1883

Stationäres Schiff
BROEN, Motorfähre, 1952, Liegeplatz im Hafen als Restaurant und Diskothek

ÆRØSKØBING

Ærø Museum
Brogade 3–5, 5970 Ærøskøbing
Tel.: 62 52 29 50
www.dmol.dk

Seefahrt-Sammlung

Flaskeskibssamlingen
Smedegade 22, 5970 Ærøskøbing
Tel.: 62 52 29 51
www.bottle-peter.de

Ausstellung von über 1700 Flaschenschiffen und Modellen

ASAA HAVN

Fiskerimuseet
Havnegade, 9340 Asaa
Tel.: 98 85 13 88
www.daenemark.dt.dk

Fischerei, Seefahrt

ASSENS

Willemoesgaardens Mindestuer
Østergade 36, 5610 Assens
Tel.: 64 71 11 90
www.assens.dk

Schiffahrt, Schiffbau, Wrackteile des Linienschiffes »Prins Christian Frederik«

BLÅVAND

Blåvand Museum
Blåvandsvej, 6857 Blåvand
Tel.: 75 22 08 77
Fischerei, Navigation, Seenotrettung

Blåvand Redningsbådsmuseum
Fyrvej 25, 6857 Blåvand
Tel.: 75 22 08 77
www.bte.dk
Seenotrettung

Museumsschiff
RB 96, Ruderrettungsboot, 1913

BROVST

Præstegårdsladen
Østerbyvej 1, Øland, 9460 Brovst
Tel.: 98 23 62 36
Fischerei

DRAGØR

Dragør Museum
Havnepladsen 2–4, 2791 Dragør
Tel.: 32 53 41 06
www.dragoer-information.dk
Seefahrt, Fischerei, Lotsenwesen

EBELTOFT

Den Selvejende Institution Fregatten Jylland
Strandvejen 4, 8400 Ebeltoft
Tel.: 86 34 10 99
www.fregatten-jylland.dk

Museumsschiffe
JYLLAND, Dampf-Fregatte, 1860
(-) Ruderbarkasse der Fregatte JYLLAND, Nachbau 1996, 34 ft x 10 ft x 2 ft.
FYRSKIB XXI, Feuerschiff, 1911
MHV 67, Marinekutter, 1929
MRB 22, Motorrettungsboot, 1935
MRB 23, Motorrettungsboot, 1936

ESBJERG

Fiskeri- og Søfartsmuseet
Tarphagevej, 6710 Esbjerg
Tel.: 75 15 06 66
www.fimus.dk

Fischerei, Rettungswesen, Schiffahrt und Schiffbau, umfangreiche Bootssammlung

Museumsschiffe
ANE CATHERINE, Frachtewer, 1887
DANA (S 49), Fischkutter, 1922
DE TRE BRØDRE (K 1213), Treibquatze, 1898
ERON (T 117), Fischkutter, 1947
HANNE LENE (A 168) Fischkutter, 1938
HELLAS (E 718), Fischkutter, 1943
JOHANNE, Seepram, 1895
RB 89, Ruderrettungsboot, 1900
(-) Bergungsboot, 1876
(-) Bæltjolle, 1903, Thurø, Boot für die Treibnetzfischerei auf Heringen
(-) Sjægt, 1909, Sillerslev, Mors
(-) Fischerboot, 1800–1830
1865 wurde dieses Boot zum Schließen eines Dammbruchs verwendet und ist deshalb als einziges seiner Art erhalten geblieben.
(-) Blüsenprahm, 1921, Jyllinge, Aalfang
(-) Fjordboot, 1880, Ringkøbing Fjord, Fischerei mit Stellnetzen

Aktives Museumsschiff
CLAUS SØRENSEN (E 1), Fischkutter, 1922

Museumsschiff im Hafen
MOTORFYRSKIB No. 1 (HORNS REV), 1913, Liegeplatz: Kullerkaj

ESPERGÆRDE

Flynderupgard museet
Agnetevej 9, 3060 Espergærde
Tel.: 49 28 19 00
www.helsingor.dk/museum

Fischerei im Öresund

Museumsschiff

FREM, Fischerboot, 1933

FÅBORG

Den gamle Gaard
Holkegade 1–3, 5600 Fåborg
Tel.: 62 61 33 38
www.faaborg.dk/turist

Einer der ältesten und bestbewahrten dänischen Kaufmannshöfe ist zum Museum umgewandelt worden. Es werden Schiffsmodelle und Marinemalerei gezeigt.

FANØ

Fanø Skibsfarts- og Dragtsamling
Hovedgaden 28, Nordby, 6720 Fanø
Tel.: 45 75 16 22 72
www.fanoe.dk

Seefahrt-Ausstellung

Sønderho Gamle Redningsstation
Sønderho, Strandvej, 6720 Fanø
Tel.: 75 16 40 98
Fischerei, Seefahrt, Rettungswesen

Museumsschiff

RB 22, Ruderrettungsboot, 1887

FREDERIKSHAVN

Bangsbo-Museum
Dronning Margarethesvej 6
9900 Frederikshavn
Tel.: 98 42 31 11
www.bangsbo-museum.dk/

Seefahrt, Modelle, Gemälde

Museumsschiff

ELLINGÅ-Schiff, Lastschiff in nordischer Klinkerbauweise, ca. 1163

GILLELEJE

Gilleleje Museum
Rostgårdsvej 2, 3250 Gilleleje
Tel.: 48 30 16 31
www.holbo.dk/museum

Fischerei-Ausstellung

Gilleleje Museums Skibshaller
Fiskerhuset på Gilleleje Museum,
Hovedgaden 49, 3250 Gilleleje
Tel.: 48 30 16 31

Museumsschiffe

RAP (H 384), Fischerjolle, 1857
(-) Sekskjeiping/Bergungsjolle, 1850
THORA, Fischerboot, 1880
VILHELM (H 458), Segelboot, 1888

Nakkehoved Østre Fyr
Fyrvejen 27, 3250 Gilleleje
Tel.: 48 30 16 31
Kohlenbefeuerter Leuchtturm (1772), Seefahrt-Sammlung

GRENÅ

Dansk Fiskerimuseum
Søndergade 1, 8500 Grenå
Tel.: 86 32 48 00
www.djurslands-turistforening.dk

Ausstellung zur dänischen Fischereigeschichte

HADERSLEV

Haderslev Museum
Dalgade 7, 6100 Haderslev
Tel.: 74 52 75 66
www.haderslev-museum.dk

Wrackteile des Ejsbøl-Bootes (Typ Nydam-Boot) und eines mittelalterlichen 12 bis 21 Meter langen klinkergebauten Seglers von 1220 mit einer Breite von 5,0 m und einem Tiefgang von mehr als 0,9 Metern. Gefunden und ausgegraben 1954.

Museumsschiff

(-) BARSØ-Boot, wikingerzeitlicher Einbaum

HADSUND

Hadsund Egns Museum
Rosendals Allee 8, 9560 Hadsund
Tel.: 98 57 43 88
www.hadsund-museum.dk

Limfjord-Fährschiffahrt

HANSTHOLM

MuseumsCenter Hanstholm
Tarnvej 23, 7730 Hanstholm
Tel.: 97 96 17 36
www.hanstholmhavn.dk/turistbureau

Das Museum besteht aus einer Festungsanlage aus dem Zweiten Weltkrieg und mehreren denkmalgeschützten Häusern am Leuchtturm, in denen Ausstellungen über Küstenfischerei, das Rettungswesen und den Hafen Hanstholm gezeigt werden.

Museumsschiff

Skibningsbåd/Ruderrettungsboot, 1902

HARBOØRE

Flyvholm Redningsstation
Flyvholmvej 31, 7673 Harboøre
Tel.: 97 83 13 22
Älteste dänische Retttungsstation aus dem Jahr 1847

Museumsschiff

RB 101, Ruderrettungsboot, 1922

HASLE

Silderøgerierne i Hasle
Søndre Bæk 16, 3790 Hasle, Bornholm
Tel.: 56 96 44 11
Fischerei

HELSINGØR

Handels- og Søfartsmuseet på Kronborg Slot
3000 Helsingør
Tel.: 49 21 06 85
www.helsingor.dk/museum

Ältestes dänisches Schiffahrtsmuseum. Ausstellung zur dänischen Schiffahrts-Geschichte mit zahlreichen Modellen und Gemälden

HEMMET

Fahl Kro
Oblingvej 34, 6893 Hemmet
Ausstellung zu Fischerei und Bootsbau, Nachbau eines Gokstad-Bootes

Bork Vikingehavn
Fjordvej 2B, 6893 Hemmet
Tel.: 75 28 05 97
www.skjern-egvad-museum.dk

Archäologisches Museum, Wikingerzeit

HIRTSHALS

Nordsømuseet
Willemoesvej, 9850 Hirtshals
Tel.: 98 94 44 44
www.nordsoemuseet.dk

Nordseefischerei

Stationäres Museumsschiff

LISSY (FN 164), Fischkutter, 1936

Skudehandelsmuseum
Vintergækvej 11, 9850 Hirtshals
Tel.: 98 94 97 91
Seefahrt- und Fischerei-Sammlung

Hirtshals Museum
Sophus Thomsengade 6, 9850 Hirtshals
Tel.: 98 99 17 60
www.hirtshals.dk

Museumsschiffe
MARRY (HG 185), Fischerjolle, 1927
(-) Hirtshals-Pram, 1888

HOBRO

Museet for Danske Lystfartøjer
Sdr. Kajgade 14, 9500 Hobro
Tel.: 98 51 08 88
www. sydhimmerlandsmuseum.dk

Ausstellung zum Segelsport, Bootssammlung mit Jollen, Spitzgattern und Nordischen Folkebooten

Museumsschiffe
BAJADS, Jolle, 1975
FRU JENSEN, Spitzgatter, 1940
HALALI, Spitzgatter, 1936
NINETTO, Jolle, 1966
RYLEN, Klasseboot B (SSB), 1922
SILVANA, Yacht, 1895
SYVSTJERNEN, Folkeboot, 1949

HORSENS

Glud Museum
Museumsvej 44, 8700 Horsens
Tel.: 75 68 30 82
www.gludmuseum.dk/

In dem Freilichtmuseum ist ein Fischerhaus aus dem Jahr 1750 zu besichtigen

HUNDESTED

Spodsbjerg Fyr
Fyrstien 1, 3390 Hundested
Tel.: 47 93 70 86
Seefahrt, Seezeichen

HURUP THY

Limfjordscentret Doverodde Købmandsgård
Fjordstræde
1 Doverodde, 7760 Hurup Thy
Tel.: 97 95 92 66
www.limfjordscenter.dk

Fischerei

HVIDE SANDE

Fiskeriets Hus
Nørregade 2B, 6960 Hvide Sande
Tel.: 97 31 26 10
www.hvidesande.dk/fiskeriets_hus/312610_d

Sammlung zu Fischerei und Seefahrt

Museumsschiffe
(-) Havskib, Fischerboot, 1850
MRB 21, Motorrettungsboot, 1933
URDA, Fischkutter

Abelines Gaard
Sdr. Klitvej 87, 6960 Hvide Sande
Tel.: 97 31 51 27
Fischerei-Sammlung

JEGINDØ/THYHOLM

»Æ Fywerhus«
Havnegade 26, Jegindø, 7790 Thyholm
www.struermuseum.dk/fywerhus

Fischerei am Limfjord, Bootssammlung

JYLLINGE

Fjordmuseet
Bygaden 28, 4400 Jyllinge
Tel.: 46 73 17 28
www.roskildemuseum.dk/filial

Fjord-Fischerei, Schiffahrt, Bootssammlung

KALVEHAVE

Kalvehave Veteranbådelaug
Strandvej 1, 4771 Kalvehave
Tel.: 55 38 88 20

Bootssammlung
AMANDA, Heldingørjolle, 1967, Brandt-Møller, Frederiksund
HAVØRNEN (43), Aalborgjolle, 1945, Petersvaerft
ANNE LISE, Smakkejolle, 1932, L. Jørgensen, Udby, Møn
PINGO, offenes Fischerboot, ein Mast Badelaugen Udsigten, Viemose
STEVNS, Fischerboot, 1936

KERTEMINDE

Ladbyskibsmuseet
Vikingevej 123, Ladby, 5300 Kerteminde
Tel.: 65 32 16 67
www.kert-mus.dk/ladbyskibeti

Museumsschiff
LADBY-Schiff, Wikingerschiff (Grabschiff), ca. 900 n. Chr.

KØBENHAVN

Nationalmuseet
Ny Vestergade 10, 1471 København K
Tel.: 33 13 44 11
www.natmus.dk

Ausstellung zur Wikingerzeit, Wikingerboote

Museumsschiff
HJORTSPRING-Boot, Kriegskanu aus Lindenholz, ca 350 v . Chr.

Museumsschiffe im Nyhavn
FYRSKIB XVII, Feuerschiff, 1895
NO. 19, Hafenprahm, 1907

Orlogsmuseet
Overgaden oven Vandet 58
1415 København K
Tel.: 32 54 63 63
www.orlogsmuseet.dk

Dänische Marinegeschichte, Seefahrts-Ausstellung

Museumsschiffe
KONGECHALUP, Ruderbarkasse, 1780
SPÆKHUGGEREN, U-Boot-Kommandozentrale, 1957
(-) Russische Schaluppe, 1871
(z.Zt. nicht ausgestellt)

Post & Tele Museum
Købmagergade 37, 1150 København
Tel.: 33 41 09 00
www.ptt-museum.dk

Postverkehr über den Belt mit Ruder-, Segel- und Dampfbooten

Museumsschiff
EISBOOT vom Großen Belt, 1927

B&W Museum
Strandgade 4, 1401 København K
Tel.: 31 54 02 27
Ausstellung von historischen Schiffsantrieben

Told-Skat Museet
Østbanegade 123, 2100 København
Tel.: 35 28 23 27
Schiffahrtssammlung

Fregatte PEDER SKRAM
Elefanten, Marinestation Nyholm
1439 København K
Tel.: 32 95 99 55
www.pederskram.dk

Marinegeschichte

Stationäre Schiffe
FYRSKIB XI,
Feuerschiff, 1878, heutige Nutzung: Wohnschiff, Liegeplatz: Frederikholms Kanal
FYRSKIB XII,
Feuerschiff, 1880, heutige Nutzung: Wohnschiff, Liegeplatz: Overgaden neden Vandet
FYRSKIB XIII, (ARK XIII),
Feuerschiff, 1880, heutige Nutzung: Wohnschiff
MOTORFYRSKIB No. 2,
Motorfeuerschiff, 1916, Nutzung: Restaurant, Liegeplatz: Nyhavn

Projekte
BJØRN, Schlepper, 1908
NALLE PUH, Schlepper, 1923

KORSØR

Korsør By- og Overfartsmuseum
Søbatteriet 3, 4220 Korsør
Tel.: 58 37 47 55
www.sjaelland.com

Fährschiffahrt über den Großen Belt

Museumsschiff
NO 38, Eisboot, 1880

Isbådsmuseet
Storebæltsvej 122, Revet/Halsskov Odde, 4220 Korsør
Tel.: 58 37 47 55
Eisbootverkehr über den Großen Belt zwischen 1795 und 1946, Schiffbau

LÆSØ

Læsø Museum
Søfarts- og Fiskerimuseet
Vesterø Havnegade 5, 9940 Læsø
Tel.: 98 49 94 97
www.image.dk/laesoemn

Museumsschiff
ELLEN (FN 162), Fischkutter, 1906

LEMVIG

Lemvig Museum
Vestergade 44, 7620 Lemvig
Tel.: 97 82 00 25
www.lemvigturist.dk

Strandungen, Rettungswesen

LØGSTØR

Limfjordsmuseet
Kanalvejen 40, 9670 Løgstør
Tel.: 98 67 18 05
www.limfjordsmuseet.dk

Ausstellung zur Seefahrt, Fischerei und Bootssammlung

Museumsschiffe
NORA (A 533), Fischerboot, 1936
INGA, Motorjolle, 1950
NØRGAARD-P., Sjægt, 1910

LØKKEN

Kystfiskerimuseet
Det gamle redningshus, Ndr. Strandvej
9480 Løkken
Tel.: 98 99 18 47
www.visitdenmark.com

Fischerei- und Seefahrtausstellung im historischen Rettungsschuppen

Museumsschiff
BENT II (LN 10), Fischkutter, 1944

LØNSTRUP

Lønstrup Lokalhistoriske Forening
Bugten 4, Lønstrup, 9800 Hjørring
Tel.: 98 96 01 27
Seefahrt, Fischerei, Rettungswesen

MANDØ/RIBE

Mandøhuset et Skipperhjem
Mandøbyvej 5, 6760 Mandø/Ribe
Tel.: 75 44 51 80
www.ribeturist.dk

Schiffahrts- und Fischerei-Exponate

MARSTAL

Marstal Søfartsmuseum
Prinsengade 1, 5960 Marstal
Tel.: 62 53 23 31
www.marstal-maritime-museum.dk

Sammlung von 200 Schiffsmodellen, maritimer Malerei, Bootsbau-Exponaten, Segelmacherei

Aktiver Veteran
ANNE-KAROLINE, Fischerboot, 1901

MIDDELFART

Henner Friisers Hus
Middelfart Museum
Brogade 8, 5500 Middelfart
Tel.: 64 41 47 41
www.dmol.dk

Museumswerft
Lillebaelt-Vaerft,
Havnegade 98, 5500 Middelfart
www.middelfartturist.dk

NÆRUM

Sommers Veteranbil Museum
Nærum Hovedgade 1, 2850 Nærum
Tel.: 45 56 56 56
Ausstellung von Bootsmotoren

NÆSTVED

Næstved Museum
Hellingåndshuset, Ringstedgade 4
4700 Næstved
Tel.: 55 77 08 11

Aktiver Veteran
ANNA, Smakkejolle, 1910,
Liegeplatz: Karrebæksminde

NAKSKOV

Nakskov Skibs- og Søfartsmuseum
Havnegade 2, 4900 Nakskov
Tel.: 54 95 39 09
www.skibsmuseum-nakskor.de

Schiffahrts-, Fischerei- und Schiffbau-Ausstellung

Museumsschiff im Hafen
U 359, sowjet. U-Boot, 1956
Skibsværftsvej, 4900 Nakskov
Tel.: 54 95 20 16
www.u359.com

NEXØ

Nexø Museum
Havnen 3, 3730 Nexø
Tel.: 56 49 25 56
www.bornholmsmuseer.dk

Seefahrt- und Fischerei-Ausstellung

Museumsschiff
RB 93, Ruderrettungsboot, 1907

NIBE

Nibe Museum
Torvet 2, 9240 Nibe
Tel.: 98 35 35 20
Fischerei

NØRRE NEBEL/BLÅBJERG

Blåbjerg Egnsmuseum
Sdr. Allee 21, 6830 Nørre-Nebel
Tel.: 75 28 71 18
www.blaabjergturist.dk

Fischerei-Ausstellung

NØRRE NEBEL/NYMINDEGAB

Nymindegab Redningsbådsmuseum
Redningsvejen 71, Nymindegab
6830 Nørre-Nebel
Tel.: 75 22 08 77
Rettungswesen, Schiffahrt

Museumsschiff
RB 69, Ruderrettungsboot, 1890

NORDBORG

Hjortspringbåden
Dyvigvej 11, Holm, 6430 Nordborg
Tel.: 74 45 15 83
Historischer Schiffbau

Museumsschiff
TILIA, Nachbau Hjortspring-Boot

NYBORG

Nyborg og Omegns Museet
Slotsgade 11, 5800 Nyborg
Tel.: 65 31 02 07
www.nyborg.byportalen.dk

Aktives Museumsschiff
JOHANNE, Jolle, 1910 (Marina Nyborg, Liegeplatz 422)

NYKØBING/FALSTER

Middelaldercentret
Ved Hamborgskoven 2, Sundby
4800 Nykøbing/F.
Tel.: 54 86 19 34
www.middelaldercentret.dk

Wikinger-Ausstellung, Bootssammlung

Museumsschiffe
AGNETE, Nachbau Gedesby-Schiff
ASK, Nachbau, Ruderboot, Faröer
BEINTA, Nachbau, Ruderboot, Faröer
HAVMANDEN, Nachbau einer Fischerjolle aus Kalmar
(-) Egernsund-Prahm, ca. 1250, Nachbau, Originalteile wurden 1967 an der Flensburger Förde gefunden.

NYKØBING/MORS

Dueholm Kloster
Dueholmgade 7 7900 Nykøbing M
Tel.: 97 72 34 21
www.dueholmkloster.dk

Fischerei, Seefahrt

ODDER

Odder Museum
Rosensgade 84, 8300 Odder
Tel.: 86 54 01 75
www.oddermuseum.dk

Fischerei

ODDESUND/THYHOLM

Bunker- og Kuttermuseum
Hovedvejen 1D, Oddesund
7790 Thyholm
Tel.: 97 87 14 47
www.struermuseum.dk/bunkermu

Museumsschiff
KOMPAS, Fischkutter, 1971
Liegeplatz: An der Brücke, A 1

ODENSE

Danmarks Jernbanemuseum
Dannebrogsgade 24, 5000 Odense C
(Im Bahnhof)
Tel.: 66 13 66 30
www.jernbanemuseum.dk

Eisenbahn-Fährschiffahrt, Modelle

RIBE

Ribes Vikinger
Dagmarsgade, 6760 Ribe
Tel.: 75 42 22 22
www.ribesvikinger.dk

Reproduktion einer historischen Hafenszene, Wrackteile des Schiffes von Gredstedbro, 700 n. Chr., 20–25 m lang

Museumsschiff
JOHANNE DAN, Frachtewer, Nachbau 1972, Liegeplatz: Skibbroen.

RINGKØBING

Ringkøbing Museum
Østerport, 6950 Ringkøbing
Tel.: 97 32 16 15
www.dmol.dk

Austellung zu dänischen Grönland-Expeditionen 1906–1908

RØDVIG

Rødvig Skibsmotormuseum
Havnevej 7, 4673 Rødvig/Stevns
Tel.: 53 70 63 4
Schiffsmotoren-Sammlung von 1903 bis 1973, Fischerei, Schiffbau

RØMØ

Kommandørgaard
Toftum, 6792 Rømø
Tel.: 74 75 52 76
Kapitänshaus (1748), Walfang

RØNNE/BORNHOLM

Bornholms Museum
Sct. Mortensgade 29, 3700 Rønne
Tel.: 56 95 07 35
www.bornholmsmuseer.dk

Seefahrt, Zoll-Archiv

ROSKILDE

Nationalmuseets Marinarkaeologiske Forskningscenter
Havnevej 7, 4000 Roskilde
Tel.: 46 35 64 29

Vikingeskibsmuseet
Vindeboder 12, 4000 Roskilde
Tel.: 46 30 02 00
www.vikingeskibsmuseet.dk

Eines der weltweit bedeutendsten Wikingermuseen mit zahlreichen Original-Exponaten.

ROSKILDE-Fund:
Alle neun Schiffe, die 1997 in Roskilde beim Bau der neuen Museumsinsel geborgen wurden, waren mittelalterlichen Ursprungs. Darunter Roskilde 6 aus dem Jahr 1025, das mit 36 Metern Länge längste je gefundene Wikingerlangschiff. Außerdem ein 20,5 Meter langer Frachtsegler aus der Zeit zwischen 1000 und 1200 sowie kleinere lokale Boote aus der Zeit zwischen 1171 und 1336. Diese Schiffe werden z. Zt. restauriert.

Museumsschiffe in der Halle
SKULDELEV 1, Lastschiff, ca. 1030
SKULDELEV 2+4, Langschiff, ca. 1042
SKULDELEV 3, Küstenfrachtsegler, ca. 1040
SKULDELEV 5, Kriegsschiff, ca. 1040
SKULDELEV 6, Ruder- und Segelboot, ca. 1040

Museumsschiffe im Hafen
ANNE STINE, Oselver færing, 1970
BJØRNEFJORD, Oselver tolværing, 1998
BLAKMAN, Ottemannafarer, Faröer, 1970
BRUDPIGA, Kirchenboot, 1944
EDVARD, Skötbad, Finnland, 1910
EMBLA, Seksæring, Faröer-Inseln, 1992
ESPING, Finnland, 1976
ESTRID, Nachbau eines Bootes aus der Zeit von 1130–1150
GITTE, Limfjord skiff, 1902
HELGE ASK, Wikinger-Langschiff, Skuldelev 5
HOLMSBU, Norweg. Pram, 1970
JOANNA, Gokstad-Schiff
(-) Jukunk-Boote aus Borneo, 2000
(-) Kayak aus Grönland, 1991
KRAKA FYR, Wikinger-Boot, Skuldelev 6
KRAKAN, Attmannafar, 1993
LENE, Smakkejolle
LIV, Åfjordsfæring aus Trøndelag, 1987
LYNÆS, Jolle, 1960
MARCUS NOER, Frederikssundjolle
OSELVEN, Oselver færing, Nachbau, 1999
OTTAR, Wikinger-Boot, Skuldelev 1
RANA, Nordlandboot, 1892
RAVNUR, Ottemannafarer von den Faröer-Inseln, 1984
ROAR EGE, Wikingerboot, Skuldelev 3
RUTH, Frachtsegler/Sloop, 1854
(-) Salui, Kanu aus Borneo, 1986, 7,7 m
SOLIDARITÉ, Ruderboot
SUNNFJORD, Sekskeiping, 1860
(-) Tijman, Canadisches Kanu, 1981, 4,7 m
TINE, Fischerboot, 1980
(-) Tomoko, Kriegs-Kanu von den Salomonen, 1993
TROLLE, Attamannafar, 2000
(-), Umiaq, Grönlänisches Ruderboot, 1980, Roskilde, 11 Meter lang
VIKTORIA, Fischkvase, 1904
XLNT (Excellent), Eissegler, 1905
(-) Yampu, Bolivianisches Reetboot, 1990, 5,8 m lang

Projekt
SKULDELEV 2
Wikinger-Langschiff aus dem Jahr 1040, geplanter Nachbau von Skuldelev 2
Stapellauf im Jahr 2004, 29,4 m x 3,8 m x 1,0 m, 118 qm Segel, 60-68 Riemen, 60–100 Mann Besatzung, max. 20 kn.

ROSLEV

Sallingsund og Omegns Museum
Durupvej 9, Glyngøre, 7870 Roslev
Tel.: 97 73 10 67
Fischerei

RUDKØBING

Langelands Museum
Jens Winthersvej 12, 5900 Rudkøbing
Tel.: 62 51 13 47
www.rudkom.dk

Seefahrt-Ausstellung

Aktives Museumsschiff
MJØLNER, Fracht-Motorsegler, 1922

Fiskeri- og Søfartssamlingerne
Østergade 25, 5900 Rudkøbing
Tel.: 62 51 13 47
Fischerei- und Seefahrts-Exponate

Stationärer Veteran
INGOLF (RU 61), Fischkutter, Liegeplatz: Lystbådehavn

RY

Ferskvandsmuseet
Poul Steffensensvej, 8680 Ry
Tel.: 86 89 01 99
www.ferskvandsmuseet.dk

Fischerei, Arbeitsboote

Museumsschiff
GAMLE TURISTEN, Ausflugsschiff, 1922

SÆBY

Sæby Museum
Ørums Gard, Alsgade 1–3
9300 Sæby
Tel.: 98 46 10 7
www.saeby-turist.dk

Ausstellung zur Küstenfischerei

SKÆLSKØR

Skælskør Bymuseum
Algade 2, 4230 Skælskør
Tel.: 58 19 20 75
Seefahrt und Fischerei

SKAGEN

Skagen By- og Egnsmuseum
P.K. Nielsens Vej 8–10, 9990 Skagen
Tel.: 98 44 47 60
www.skagen-bymus.dk

Fischerei, Rettungswesen, Seefahrt, Strandungen

Museumsschiffe
HANSA, Kutter, 1924, Liegeplatz: Hafen,
RRB 103, Ruderrettungsboot, 1910
(-) Fischerei- und Rettungsboot, ca. 1852

SPØTTRUP

Jens Væver Museet
Ginnerupvej 5, Krejbjerg
7860 Spøttrup
Tel.: 97 56 31 46
www.ahorn.dk/vaever
Fischerei

STENBJERG/SNEDSTED

Stenbjerg Landingsplads
7752 Snedsted
Tel.: 97 97 70 88
www.skovognatur.dk/thy

Fischerei, Seenotrettung

Museumsschiff
Ruderrettungsboot, 1892

STORE-HEDINGE

Stevns Museum
Højerup Bygade 38, Højerup
4660 Store-Hedinge
Tel.: 56 50 28 06
Fischerei und Seefahrt

STRUER

Struer Museum
Søndergade 23, 7600 Struer
Tel.: 97 85 13 11
www.struermuseum.dk

Regionale Seefahrt

Det gamle Klubhus
Str. Lystbådehavn, 7600 Struer
Tel.: 97 85 13 11
www.struermuseum.dk

Ausstellung zur Hafengeschichte, Segelsport, Fischerei, Flaschenschiffe, Marinemalerei

STRYNØ/RUDKØBING

Øhavets Smakkecenter/ Langelands Museum
Strynø Brovej 12, Strynø
5900 Rudkøbing
Tel.: 62 51 55 9
www.smakkecenter.dk

Bootssammlung
SG 82, Motordamjolle, 1949
M. Jørgensen, Lohals, 30-PS-Diesel, Länge: 23 ft, Breite: 8,4 ft
(-) Garnjolle, 1900, Fünen, Länge: 19 ft, Segel, Heringsfischerei
(-) Pram, 1930, Dyhr/Tåsinge, Länge: 12 ft, ohne Antrieb
(-) Tosmakke, Länge: 13 ft, zwei Masten, Segel, Skaarupøre Strand
(-) Smakkejolle, 1918, Jensen, Rudkøbing, Länge: 16 ft, Segel, Fischerei im Svendborgsund

SVANEKE

Christiansø Museum
Lilletårn, Frederiksø, 3740 Svaneke
Tel.: 56 46 20 71
Fischerei

SVENDBORG

Søfartssamlingere i Troense
Strandgade 1, Troense
5700 Svendborg
Tel.: 62 21 02 61
www. svendborgmuseum.dk

Seefahrt, Segelsport

Aktives Museumsschiff
VIKING (No. XVI), Zollkutter, 1897

Stationäres Schiff
ORANJE AF SVENDBORG, Tjalk, 1898, heutige Nutzung: Restaurant
www.oranje.dk

Tåsinge Skipperhjem og Folkemindesamling
Kirkebakken1, Bregninge
5700 Svendborg
Tel.: 62 22 71 44

Danmarks Museum for Lystsejlads
Valdemars Slot, Slotsalleen 100, Troense,
5700 Svendborg
Tel.: 62 22 50 04
www.valdemarsslot.dk

Bootssammlung
(-) BB-Jolle, 1955, 4,5 m x 1,6 m, 9 qm Segel
CARAMBA, Sejlkarak, 1943, S. Frandsen, Hellerup, 4,8 m x 0,7m, 5,5 qm Segel
CUTTY (6 D 42), 6mR-Yacht, 1931, Nordbaerg, København, 10,9 x 1,9 m, 45 qm Segel, Mahagoni-Rumpf
(-) Oslo-Jolle, 1936
EH, Motorboot, 1936, Jans Dragør, 18 kn
(-) Finn-Jolle, 1959, Fairley, England, 4,5 m x 1,5 m, 10 qm Segel, seit 1952 olympische Klasse
FLICKAN (5 D 8), Intern. 5m-Yacht, 1943, K. Reimers, 8,8 m x 1,9 m, 22 qm Segel

FREJA, Skolebåd, 1914, J. Svendsen, Refshaleøen, 7,5 m x 2,6 m, 42 qm Segel
GILL (FD-2), Nordisches Folkeboot, ca. 1941, Svea-Varvet, Göteborg, 7,6 x 2,2 m
(-) Hydroplan, Rennboot, ca. 1960, Nordison Speedboot, 16 ft, Typ Nereid, Nordborg Kanoe og Bådbyggeri, 4,9 m x 1,8 m, 250 kg ohne Motor, Holzrumpf
(-) Intern. 14 ft Dinghy (14 D 3), 1937, Sørensens Vaerft, Aalborg, 4,3 m x 1,4 m, 12 qm Segel
(-) Internat. Moth-Jolle, 1975, Henrik Jensen, Svendborg, 3,4 m, 7,3 qm Segel
(-) Isbåd/Eissegler, 1912, Schweden, Gaffelrigg
JAN (D 8), SSB, 1934, C. M. Nielsen Co., Nykøbing/F., 9,6 m x 2,2 m, 40 qm Segel
MISS SELANDIA, Motorboot, 1930, Hacker Craft, Detroit/Michigan (USA), 200-PS-Diesel, 40 km, Mahagoni-Rumpf
MARCO II, Riva-Motorboot, 1962, Rivawerft Sarnico, 6,9 m x 2,2 m, Chris Craft V, 235-PS-Diesel
(-) OK-Jolle, 1962, 4,0 m x 1,4 m, 8,3 qm Segel
(-) Olympia-Jolle, Einmann-Jolle, 1936, 5,0 m x 1,7 m, 10 qm Segel, Mahagoni-Rumpf
(-), Optimist-Jolle, Jugendboot, 1960, Oddersborg, Gudme, 2,3 m x 1,1 m, 3,5 qm Segel
(-) Oslo-Jolle, 1936, Norwegen, 5,5 m x 1,6 m, 7,5 qm Segel, Luggerrigg
(-) Pirat-Jolle (Nr. 767), 1963, Nielsen, Randers, 5,0 m x 1,6 m, 10 qm Segel
STORMY II, Spitzgatter, 5,9 m x 2,4 m x 1,1 m, 1,2 tons, 21 qm Segel, 8-PS-Diesel
SVEND VI, SSA-Kutter
WEB IV (5,5 D 12), Intern. 5,5-m-Yacht, 1966, Norwegen, 9,9 m x 1,9 m, 28 qm Segel, Mahagoni-Rumpf
(-) 12 ft. National (Firefly), Jolle, 3,7 m x 1,4 m, 8,4 qm Segel. Mit diesem Boot gewann der dänische Segler Poul Elvstrøm seine erste olympische Goldmedaille.
(-) 12 ft. National, Uffa King, N 39, 1946, 3,7 m x 1,4 m, 8,4 qm Segel

THISTED

Thisted Museum
Museet for Thy og Vesterhanherred, Jernbanegade 4, 7700 Thisted
Tel.: 97 92 05 77
www.dmol.dk

Opferfund: Fünf Goldboote von Nor und Küstenfischerei um Vorupør

THORSMINDE/ULFBORG

Strandingsmuseum »St. George« og Marinarkeologisk Center
Vesterhavsgade 1 E, Thorsminde
6990 Ulfborg
Tel.: 97 49 73 66
www.strandingsmuseum.dk

Überreste des englischen Linienschiffs DEFENCE und des Admiralsschiffs ST. GEORGE, die 1811 vor Thorsminde gestrandet sind (1.400 Tote).

Turm des deutschen Unterseeboots U-20, das im Ersten Weltkrieg das US-Passagierschiff LUSITANIA versenkte und später selbst vor der jütländischen Küste strandete.

THYBORØN

Thyborøn Fiskeri- og Redningsmuseum
Nørdre Inderhavn, 7680 Thyborøn
Tel.: 97 83 25 03
Seefahrt, Rettungswesen, Fischerei

Museumsschiff
MRB 20, Motorrettungsboot, 1933

Sneglehuset
Klitvej 9, 7680 Thyborøn
Tel.: 97 83 11 67
Flaschenschiff-Sammlung, Seefahrt- und Fischerei-Exponate

TORNBY

Außenstelle des Vendsyssel Historiske Museum, (Museumsgade 3, 9880 Hjørring), Strandvejen, 9850 Tornby

Museumsschiff
TORNBY-Boot, Ruderrettungsboot, 1880

UGGERBY

Museumsschiff
UGGERBY-Schiff
Wrack einer Sloop, ca. 1800, Liegeplatz: Im Bootshaus am Strand

ULFBORG

Strandgården
Husby Klitvej 5, 6990 Ulfborg
Tel.: 97 33 10 20
www.ulfborg-turist.dk

Fischerei, Rettungswesen

VARDE

Varde Museum
Lundvej 4, 6800 Varde
www.varde-turist.dk

Schiffahrt

VORUPØR/THISTED

Fiskeri- og Redningsmuseet
Vesterhavsgade 123, Nr. Vorupør
7700 Thisted
Tel.: 97 93 82 00
www.thymus.dk

Fischerei und Rettungswesen

Museumsschiffe
MRB 19, Motorrettungsboot, 1925
(-) Rettungsboot vom Schulschiff DANMARK

Vorupør Museum
Vesterhavsgade 21, Nr. Vorupør
7700 Thisted
Tel.: 97 93 88 50
www.vorupoermuseum.dk

Schiffbau, Fischerei, Bootssammlung

DÄNEMARK-GRÖNLAND SCHIFFAHRTSMUSEEN

AMMASSALIK (TASIILAQ)

Tasiilaq Museum
Boks 112, DK 2913 Tasiilaq
Tel.: 2 29 - 98 13 11
www.greenland-guide.dk

Fischerei

AASIAAT

Aasiaat Katersugaasiviat
Boks 41, DK 3950 Aasiaat
Tel.: 2 99 - 4 25 97
Fischerei-Sammlung

GODTHAB

Aktiver Veteran
KIVIOQ, Galeasse/Expeditionsschiff, 1933, Frederikssund, 52 ft x 14 ft x 5 ft, 26 BRT, 160-PS-Diesel

SISIMIUT

Sisimiuni Katersugaasivik
Boks 308, DK 3911 Sisimiuni
Tel.: 2 99 - 1 50 87
Schiffbau, Schiffahrt, Walfang

Aktiver Veteran
N.V. USSING, Galeasse, 1939, Christiansen, Rødvig, 12,9 m x 4,5 m x 1,9 m, 19 BRT, 144-PS-Diesel

MUSEUMSSCHIFFE

AGNETE
Nykøbing/Falster
Middelaldercenter
Mittelalterliches Handelsschiff, 1996, 12,5 m x 5,0 m x 1,0 m, 13,2 tons, 60 qm Segel, 9 kn, 5 Mann Besatzung, 12 Passagiere
Nachbau des Gedesbyschiffs, eines Handelsschiffes aus dem 13. Jahrhundert, dessen Wrackteile 1989 bei Gedesby auf der Insel Falster gefunden wurden,

ANE CATHERINE
Esbjerg
Fiskeri- og Søfartsmuseet
Frachtewer, 1887, Nordby, 15 BRT, 13,8 m x 3,8 m x 0,9 m

ANNA MØLLER
Svendborg
Nationalmuseum
Galeasse/Frachtsegler, 1906
P. Larsen, Randers, 49 BRT, 28,0 m (20,1 m) x 5,7 m x 1,5 m, 220 qm Segel, ohne Motor, Holzrumpf, ex ESTHER af Lohals, Eigner: Nationalmuseet

ANNE KAROLINE
Marstal
Marstal Søfartsmuseum
Fischerboot/Åledrivkvase, 1901, Fjellebroen, 6,8 m x 2,3 m x 0,7 m, 2 BRT, 6-PS-Diesel

ANNE STINE
Roskilde
Vikingeskibsmuseet/Museumshafen
Oselver færing, 1970 Nachbau bei Kollveit, Hardanger, Norwegen, 5,5 m x 1,6 m x 0,2 m, 10 qm Segel, 2–3 Mann Besatzung, 4 Riemen, max. 5 kn

ASK
Nykøbing/Falster
Middelaldercentret
Nachbau eines Ruderbootes von den Faröer-Inseln, Rahsegel, 12 Passagiere

BAJADS
Hobro
Museet for Danske Lystfartøjer
Lynæs-Jolle, 1975, Henrik Jensen, Faaborg, Länge: 14 ft

BEINTA
Nykøbing/Falster
Middelaldercentret
Nachbau eines Ruderbootes von den Faröer-Inseln

BENT II (LN 10)
Løkken
Kystmuseum
Fischkutter, 1944, P. N. Thomsen, Nr. Vorupør, 7,8 BRT, 10,6 m x 4,1 m x 1,4 m, 36-PS-Diesel.
BENT II wurde nach 44 Dienstjahren 1988 Museumsschiff in Løkken.

(-) BERGUNGSBOOT
Esbjerg
Fiskeri- og Søfartsmuseet
Bergungsboot, 1876, A. Jensen, Mosevrå. Dieses Boot wurde für die Bergungsgilde in Blåvand gebaut, blieb bis 1919 im Einsatz und ist seit 1963 Museumsschiff.

BJØRNEFJORD
Roskilde
Vikingeskibsmuseet/Museumshafen
Oselver tolværing, 1998, Konstruktion: Dalland und Solbakken, Os, 10,2 m x 2,6 m x 0,5 m, 25 qm Segel, 12 Riemen, 8–13 Mann Besatzung, max. 11 kn

BLAKMAN
Roskilde
Vikingeskibsmuseet/Museumshafen
Attamannafar, Faröer-Inseln, Nachbau 1970, Niclas, Koltri, 7,8 m x 1,9 m x 0,3 m, zwei Masten, 10 qm Luggersegel, 8 Riemen, 9 Mann Besatzung, max. 6 kn

BONAVISTA
Marstal
Nationalmuseum
Zweimast-Gaffelschoner, 1914, L. Johansen, Marstal, 35,0 m (25,6 m) x 7,2 m x 2,6 m, 95 BRT, 450 qm Segel, 230-PS-Motor, drei Mann Besatzung, 24 Passagiere, ex SYVEREN, ex THOMAS, ex BONAVISTA

BRUDPIGA
Roskilde
Vikingeskibsmuseet/Museumshafen
Schwedisches Kirchenboot, 1944, Bondesen, Sollerön, Schweden, 18,0 m x 2,2 m x 0,3 m, 20–22 Riemen, 22 Mann Besatzung, bis zu 60 Mitfahrer, max. 6 kn

CLAUS SØRENSEN (E 1)
Esbjerg
Fiskeri- og Søfartsmuseet
Fischkutter, 1922, 17 BRT, Länge: 11,5 m, Motor

DANA (S 49)
Esbjerg
Fiskeri- og Søfartsmuseet
Fischkutter, 1922, Skagen, 16,6 BRT, 13,5 m x 4,3 m x 2,4 m, 45-PS-Motor. Dieser aus Eichenholz gebaute Schnurrewadenkutter war auch für die Schleppnetz-Fischerei ausgelegt.

DANMARK
Nr. Vorupør
Fiskeri- og Redningsmuseum
Rettungsboot vom Segelschulschiff DANMARK, 7,2 m x 2,3 m, Holzboot, 29 Mann

DE TRE BRØDRE (K 1213)
Esbjerg
Fiskeri- og Søfartsmuseet
Treibquatze, 1898, Vennike, Stege, Segel, 8-PS-Motor, Einbau 1927

EDVARD
Roskilde
Vikingeskibsmuseet/Museumshafen
Finnisches Fischerboot, 1910, Malax, 7,0 m x 2,0 m x 0,4 m, zwei Masten, 16 qm Segel, 4 Riemen, 3–5 Mann Besatzung, max. 7 kn
EDVARD wurde dem Museum 1990 vom finnischen Kvarken Boot-Museum geschenkt.

(-) Eisboot
Århus
Den Gamle By
Eisboot, vor 1883, 6,5 m x 2,0 m x 1,1 m, 4 Riemen
Dieses Eisboot für den Post- und Personenverkehr über den Großen Belt aus der zweiten Hälfte des 19. Jahrhunderts war bis 1883 von der Eisstation Halskov aus im Einsatz. Es konnte maximal fünf Mann Besatzung und fünf Passagiere tragen (siehe auch No. 38).

(-) Eisboot
København
Post & Telemuseum
Eisboot vor 1927, Holmen, København, 5,2 m x 1,8 m x 0,7 m, sechs Riemen. Dieses Boot wurde auf dem Öresund eingesetzt.

ELLEN (FN 162)
Læsø
Museum
Fischkutter, 1906, Dolmers Værft,Vesterø, 10,9 BRT, 9,9 m x 3,9 m x 1,7 m, Segel, mit Hilfsmotor (Petroleum)

(-) Ellingå-Schiff
Frederikshavn
Bangsbo-Museet
Nordisches Lastschiff, Klinkerbau, 1163, ca. 14,5 m x ca. 4,2 m x ca. 1,1 m, ca. 20 Tonnen Verdrängung, ca. 13,5 Tonnen Tragfähigkeit

Es gibt Hinweise in der Konstruktion, daß das Ellingå-Boot mit Schiffsfunden bei Galtabäk aus dem 12. und 13. Jahrhundert, sowie mit denen bei Sjøvollen (13. Jahrhundert) und in Bergen (ca. 1248) Ähnlichkeiten besitzt. Diese Schiffbaudetails sind aus der Wikingerzeit nicht bekannt und kommen in Süd-Dänemark sonst nicht vor. Das Schiff wurde 1922 in der Elling Å, fünf Kilometer nördlich von Frederikshavn, gefunden und 1968 geborgen.

EMBLA
Roskilde
Vikingeskibsmuseet/Museumshallen
Seksæring von den Faröer-Inseln, Nachbau 1992, Wolles, Eidi, Faröer-Inseln, 9,8 m x 2,4 m x 0,3 m, 20 qm Segel, 12 Riemen, 13–14 Mann Besatzung, 3–4 Tonnen Ladekapazität, max. 7,5 kn

ERON (T 117)
Esbjerg
Fiskeri- og Søfartsmuseet
Fischkutter, 1947, Bonde, Stenbjerg, 9,1 BRT, 30-PS-Motor, Holzrumpf. Das Boot ging mit vier Mann Besatzung auf Fangfahrt und war mit Hummerkasten, Schnurrewade und Langleinen ausgerüstet.

ESPING
Roskilde
Vikingeskibsmuseet/Museumshallen
Finnisches Ruderboot, Nachbau 1976, Nordlund, Pomark, Finnland, 4,2 m x 0,7 m x 0,4 m, 1–2 Mann

ESTRID
Roskilde
Vikingeskibsmuseet/Museumshallen
Arbeitsboot, 1995 Nachbau dieses Bootes aus dem Jahr 1130–1150 auf der Museumswerft, 7,7 m x 1,6 m x 0,3 m, 10 qm Segel, 6 Riemen, 2–4 Mann Besatzung, 6 kn

FREM
Espergærde
Flynderupgaard Museet
Smakkejolle/Fischerboot, 1933, Svendsen, Snekkersten, 5,5 m x 1,9 m x 0,8 m, 1,3 tons, Segel

FRU JENSEN
Hobro
Museet for Danske Lystfartøjer
Spittsgatter, ca. 1940, 6,7 m x 2,3 m x 1,3 m, 26 qm Segel

FULTON
Marstal
Nationalmuseum
Dreimast-Gaffelschoner, 1915, C. L. Johansen, Marstal, 102 BRT, 34,7 m x 6,9 m x 2,6 m, 483 qm Segelfläche, 250-PS-Dieselmotor, 9 kn, elf Mann Besatzung, 34 Trainees, seit 1970 aktives Museumsschiff des Nationalmuseums

FYLLA
Århus
Den Gamle By
Fiskekvase, 1888, Christoffersen, Assens, 20 BRT, ex AGNES JØRGENSEN

FYRSKIB XVII
København
Nyhavn, Nationalmuseet
Feuerschiff, 1895, Hansen, Odense, 169 BRT, 35,3 m x 6,4 m, 135-PS-Diesel, Museumsschiff seit 1975

FYRSKIB XXI
Ebeltoft
Museumshafen bei der Fregatte JYLLAND
Feuerschiff, 1910, R. Møllers Værft, Faaborg, 166,7 BRT, 36,8 m x 6,3 m x 3,3 m, 1988 außer Dienst gestellt und seit 1991 Museumsschiff

GAMLE TURISTEN
Ry
Ferskvandsmuseet
Passagiermotorschiff, 1922, Villumsen, Ry, 14,0 m x 3,4 m x 1,0 m, 18,4 BRT, 44-PS-Diesel, ex LINE, seit 1991 Museumsschiff

GITTE
Roskilde
Vikingeskibsmuseet/Museumshafen
Limfjord Skiff aus dem Jahr 1902, Nachbau 1999 in der Museumswerft, 6,6 m x 1,9 m x 0,6 m, 22 qm Segel, 4 Riemen, max. 4 Mann Besatzung, max. 6 kn

HALALI
Hobro
Museet for Danske Lystfartøjer
Spittsgatter, 1936, Thomsen, Kalundborg, 6,7 m x 2,3 m x 1,3 m, 26 qm Segel

HANNE LENE (A 168)
Esbjerg
Fiskeri- og Søfartsmuseet
Fischkutter, 1938, P.N. Thomsen, Nr. Vorupør, 7,53 BRT, Eichen- und Kiefernrumpf, ex REX (LN8). Der Fischkutter war für die Schnurrewaden-Fischerei mit 80-m-Leinen ausgerüstet und besitzt eine Bünn für lebende Fische

HANSA
Skagen
Skagen By- og Egnsmuseum
Fischkutter, 1924, Brd. Nipper, Skagen, 13,6 m x 3,4 m x 1,9 m, 19,9 BRT, 80-PS-Diesel, ex S 126 HANSA, ex S 126 VITA WEST

HAVMANDEN
Nyköbing/Falster
Middelaldercentret
Nachbau einer Fischerjolle aus Kalmar, deren Teile 1937 gefunden wurden.

(-) Havskib
Hvide Sande
Fiskeriets Hus
Fischerboot, 1850, Bådebygger Jens Lauridsen, Lausten, ca. 5–6 tons, ca. 10,0 m x ca. 3,0 m x ca. 1,6 m, Segel. Das Boot wurde zur Küstenfischerei und zum Warentransport genutzt.

HELGE ASK
Roskilde
Vikingeskibsmuseet/Museumshafen
Wikinger-Kriegsschiff, 1991 Nachbau des Skuldelev-Bootes 5 aus dem Jahr 1040 in der Museumswerft, 50 qm Segel, 26 Riemen, 17,5 m x 2,5 m x 0,6 m, 30 Mann Besatzung, Geschwindigkeit bis 15 kn

HELLAS (E 718)
Esbjerg
Fiskeri- og Søfartsmuseet
Fischkutter, 1943, Bdr. Lauersens, Esbjerg, 40 BRT, Segel, 140-PS-Diesel.
Der Fischkutter HELLAS war für die Schnurrewadenfischerei ausgerüstet, hatte einen Trockenraum für geeisten Fisch, sowie Kombüse und Funkgerät.

(-) Hirtshals-Pram
Hirtshals
Nordsjømuseet
Pram, 1888, Jens Kongerslev, 14 ft x 5 ft x 1 ft

(-) Hjortspring-Boot
København
Nationalmuseet
Boot aus der Zeit der Germanen, ca. 350 n. Chr., ca. 17,0 m x ca. 0,7 m (ursprüngliche Abmessungen: 19.0 m x 1,9 m x 0,7 m) – siehe TILIA, Nachbau des Hjortspringboots

Dieses älteste aus Planken gebaute Boot, das bisher in Nordeuropa entdeckt wurde, fand man 1921 auf der Insel Alsen, in einem Moor bei Hirschsprung/Hjortspring. Die Planken des kanuartigen Bootes sind aus Lindenholz gefertigt und mit Lindenbast zusammengenäht.

HOLMSBU
Roskilde
Vikingeskibsmuseet/Museumshafen
Norwegisches Prahm-Dinghy, Nachbau 1970, 4,9 m x 1,4 m x 0,2 m, 2 Riemen, Besatzung bis max. 5 Mann

INGA
Limfjordsmuseet
Løgstør
Motorjolle, 1950, Pedersen, Skive, 5,7 m x 1,9 m, Diesel

JOANNA
Roskilde
Vikingeskibsmuseet
Beiboot des norwegischen Gokstad-Schiffes aus dem Jahr 895, Nachbau 1997 auf der Museumswerft, 6,5 m x 1,4 m x 0,2 m, vier Riemen, 2–3 Mann Besatzung, 4 kn

JOHANNE
Esbjerg
Fiskeri- og Søfartsmuseet
Seeprahm aus Søndervig/Hanstholmklit, 1895, Mogensen, Klegod. Das Boot war bis 1950 in der Fischerei eingesetzt.

JOHANNE
Nyborg
Nyborg og Omegns Museet
Jolle, 1910, Nyborg Skibs- og Bådebyggeri, 6,1 m x 2,4 m x 1,1 m, Segel

JOHANNE DAN
Ribe
Skibbroen
Frachtewer, Original: 1867
Dieser 1972 nachgebaute Ewer mit flachem Schiffsboden und Seitenschwertern war besonders für die Fahrt in seichten Gewässern geeignet, da er trockenfallen konnte. Dennoch waren diese Segler seetüchtig genug, um Fahrten nach Norwegen, Schweden und Holland unternehmen zu können. Die JOHANNE DAN ist eine originalgetreue Kopie eines Schiffes, das 1867 für den Holzhändler Jørgen Lauritzen gebaut worden ist.

JYLLAND
Ebeltoft
Dampf-Fregatte, 1860, Orlogsværftet, Holmen, København, 2456 Tonnen, 95,0 m (71,0 m) x 13,2 m x 6,0 m, 400-PS-Dampfmaschine, 12 kn, 1881 qm Segelfläche, Eichenholzrumpf, 437 Mann Besatzung, 44 Kanonen
(siehe Schiffsporträt)

KDL-LODSBÅDEN
Holbæk
Holbæk Museum
Lotsenboot, 1922 Frederiksund, 27 ft x 11 ft x 5 ft, 10 BRT

KOMPAS
Oddesund
Fischkutter, 1971, Hobro Skibsværft, 97 BRT, 165 tons, 9 kn, 3 Mann Besatzung, ex PER LØKKE, ex CHR. HUSTEDT.
Dieser Fischkutter wurde zum Fang von Industrie- und Konsumfisch in Nord- und Ostsee sowie im Skagerak gebaut. Seit Juli 1993 wird das Boot an der Oddesund-Brücke als Museum und Tourist-Information genutzt.

(-) Kongechalup
København
Orlogsmuseum
Ruderbarkasse, ca. 1780, Holmen, København, 12,8 m x 2,1 m x 1,1 m, 12 Riemen. Offizielles Zeremonien-Fahrzeug, das vom Königshaus von 1780 bis 1919 genutzt wurde.

KRAKA FYR
Roskilde
Vikingeskibsmuseet/Museumshafen
Wikingerboot aus dem Jahr 1030, Nachbau von Skuldelev 6 im Jahr 1998 auf der Museumswerft, 12,0 m x 2,5 m x 0,5 m, 14 Riemen (als Frachtsegler nur 4 Riemen), 25 qm Segel, 15 Mann Besatzung (5–6 Mann als Frachtsegler), bis 12,5 kn

KRAKAN
Roskilde
Vikingeskibsmuseet/Museumshafen
Attamannafar von den Faröer-Inseln, 1993, Museumswerft, 7,9 m x 1,9 m x 0,3 m, 10 qm Segel, 8 Riemen, 9 Mann Besatzung, max. 6 kn

(-) Ladby-Schiff
Kerteminde
Wikingerschiff (Grabschiff), ca. 900 n. Chr., ca. 21,6 m x ca. 2,9 m x ca. 1,0 m. Vom Ladby-Schiff ist nur der Abdruck des Rumpfs im Erdreich erhalten geblieben. Es war ein langes, schlankes Schiff mit niedriger Bordwand, flachem Boden und schmalem Kiel. Die Schiffseiten bestanden aus acht Plankengängen, die mit Schnüren aus Tierhaaren abgedichtet wurden.

LENE
Roskilde
Vikingeskibsmuseet/Museumshafen
Smakkejolle aus dem Jahr 1907, Nachbau 1995 in der Museumswerft, 6,3 m x 2,2 m x 0,8 m, drei Masten, 25 qm Segel, 4 Riemen, 2 Mann, Besatzung, max. 6 kn

LISSY (FN 164)
Hirtshals
Nordsømuseet
Fischkutter, 1936, Andersen & Ferdinandsen, Gilleleje, 19,8 BRT, 13,5 m x 4,2 m x 1,7 m, Dieselmotor. Seit 1989 Museumsboot

LIV
Roskilde
Vikingeskibsmuseet/Museumshafen
Åfjordsfæring aus Trøndelag, Nachbau 1987, Haastad, Stadsbygd, Norwegen, 5,9 m x 1,5 m x 0,3 m, 7 qm Segel, 4 Riemen, 2 Mann Besatzung, max. 6 kn

LYNÆS
Roskilde
Vikingeskibsmuseet/Museumshafen
Dinghy, 1960, Madsen, Lynæs, 4,0 m x 1,6 m x 1,0 m, 4 qm Segel, 1–2 Mann Besatzung, 2 Riemen, max. 4 kn

MARCUS NOER
Roskilde
Vikingeskibsmuseet/Museumshafen
Frederikssund Dinghy aus dem Jahr 1900, Nachbau 1980 in Sletten, 5,4 m x 2,2 m x 0,8 m, 27 qm Segel, 2–4 Riemen, 2 Mann Besatzung, max. 6 kn

MARRY (HG 185)
Hirtshals
Nordsømuseum
Jolle zur Hummerfischerei, 1927, Thomsen, Tornby, 2,9 tons, 6,7 m x 2,4 m x 1,2 m, Dieselmotor

MHV 67
Ebeltoft
Museumshafen bei der Fregatte JYLLAND
Marinekutter (Heimwehr), 1929, C. Nielsen, Frederikshavn, 35 BRT, 18,4 m x 5,2 m x 2,3 m, 165-PS-Dieselmotor, ex VENDSYSSEL III, ex P 8, ex J NY 35, ex Y 341, ex GEMINI
Der Marinekutter MHV 67 war bis 1992 in Vordingborg stationiert.

MJØLNER
Rudkøbing
Langelands Museum
Fracht-Motorsegler, 1922, Ring Andersen, Svendborg, 19,8 BRT, 15,8 m x 5,0 m x 1,5 m, 170 qm Segelfläche, 55-PS-Dieselmotor. Seit 1990 Museumsschiff

MOTORFYRSKIB No. 1
(HORNS REV)
Esbjerg
Feuerschiff, 1913, R. Møllers Værft, Faaborg, 181 BRT, 33,6 m x 6,8 m
Liegeplatz: Fischereihafen, Kullerkaj

MRB 19
Nr. Vorupør
Fiskeri- og Redningsmuseum
Motorrettungsboot, 1925, Orlogsværft, København, 5,5 tons, 10,3 m x 2,9 m, 6,7 kn

MRB 20
Thyborøn Havn
Fiskeri- og Redningsmuseum
Motorrettungsboot, 1933, Orlogsværft, København, 12,3 m x 3,6 m, 7,2 kn.
MRB 20 war das erste Motorrettungsboot an der dänischen Westküste. Es war von 1933 bis 1963 im Einsatz. In dieser Zeit wurden 116 Menschen mit diesem Boot aus Seenot gerettet.

MRB 21
Hvide Sande
Fiskeriets Hus
Motorrettungsboot, 1933, Orlogsværft, København, 12,3 m x 4,0 m, 58-PS-Motor.
Das Boot wurde an der Nordseeküste vor Hvide Sande eingesetzt, wo 1951 bei einer Rettungsaktion fünf der acht Besatzungsmitglieder ums Leben kamen. Seit 1991 ist MRB 21 Museumsboot.

MRB 22
Ebeltoft
Museumshafen bei der Fregatte JYLLAND
Motorrettungsboot, 1935, Orlogsværft, København, 10,3 m x 2,9 m, 6,3 BRT, 32-PS-Diesel, 6,5 kn, ex TØSEN.
MRB 22 war bis 1973 in Thorsminde, danach in Grenaa bis 1983 im Einsatz und liegt seit 1989 in Ebeltoft als Museumsboot.

MRB 23
Ebeltoft
Museumshafen bei der Fregatte JYLLAND
Motorrettungsboot, 1936, Orlogsvaerft, København, 10,3 m x 2,9 m, 6,3 BRT, 32-PS-Diesel, 6,5 kn

(-) Marder
Aalborg
Marine-Museum
Kleinkampfmittel, 1945, Konstruktion: Torpedoversuchsanstalt, Eckernförde, Verdrängung an der Oberfläche: 5 tons, 7,7 m x 0,5 m, Antrieb: E-Motor (12 PS), Aktionsradius an der Oberfläche: 30 sm bei 3 kn, Geschwindigkeit an der Oberfläche: 4,2 kn, getaucht: 3,2 kn, Besatzung: 1 Mann, Bewaffnung: 1 Torpedo.

Deutsche »Kleinkampfmittel« wurden gegen Kriegsende als letzte Mittel gegen eine erdrückende alliierte Übermacht eingesetzt. Der Typ MARDER bestand aus zwei aneinander gekoppelten Standard torpedos G7e. Bei dem Trägertorpedo wurde die Sprengladung entfernt und Platz für einen Steuermann geschaffen, der unter der von innen lösbaren Plastik-Kuppel das Fahrzeug navigierte. Der MARDER konnte für kurze Zeit bis auf zehn Meter Wassertiefe tauchen. In normaler Fahrt ragte die Plastik-Kuppel aus dem Wasser, wodurch diese Fahrzeuge leicht zu orten waren.

NINETTO
Hobro
Museet for Danske Lystfartøjer
Jolle, Pirat Nr. 855, 1966, Jørgen Larsen, Thisted, 5,0 m x 1,6 m, 10 qm Segel und 10 qm Spinnacker, 218 kg Gewicht

NØRGAARD-P.
Løgstør
Limfjordsmusset
Limfjord-Sjægt, ca. 1920, A. P. Andersen, Nøreng, 1 BRT, 5,6 m x 1,7 m x 0,8 m, Segel, ohne Motor

NORA (A 533)
Løgstør
Limfjordmuseet
Fischerboot/Pennalhus, 1936, Johannes Kristensen, Struer, 4,9 BRT, 9,3 m x 3,0 m x 1,3 m, 30-PS-Dieselmotor, ex DAGNY, ex LISSA (T 280). Bis 1987 zur Fischerei eingesetzt

No. 19
København
Nationalmuseet
Prahm, 1907, A. Jensen, Svendborg, 26,2 m x 7,9 m x 2,1 m, 63 BRT, ohne eigenen Antrieb, Holzrumpf

NR. 38
Korsør
By- og Overfartsmuseum
Eisboot, 1880.
45 Boote dieses Typs wurden für Eisfahrten über den Großen Belt gebaut – siehe auch Eisboote in Århus und København.

OSELVEN
Roskilde
Vikingeskibsmuseet/Museumshafen
Oselver tolværing, Nachbau 1999, Dalland, Os, 10,2 m x 2,6 m x 0,5 m, 12 Riemen, 25 qm Segel, 8–13 Mann Besatzung, max. 11 kn

OTTAR
Roskilde
Vikingeskibsmuseet/Museumshafen
Hochseegehendes Wikingerschiff aus dem Jahr 1030, Nachbau von Skuldelev 1 im Jahr 1999 auf der Museumswerft, 16,5 m x 4,5 m x 1,3 m, 90 qm Segel, 4 Riemen, 6–15 Mann Besatzung, max. 12,5 kn

PEDER SKRAM (F 352)
København
Nyholm
Fregatte, 1964, Elsinor, 2030 tons, 113,0 m x 12,0 m x 4,3 m, 178 Mann Besatzung, 30 kn

RANA
Roskilde
Vikingeskibsmuseet/Museumshafen
Nordlandboot/Storåttring, 1892, Hemnessberget, Ranfjorden, Norwegen, 10,8 m x 2,7 m x 0,55 m, 33 qm Segel, 10 Riemen, 5 Mann Besatzung, max. 12,5 kn

RAP (H 384)
Gilleleje
Museums Skibshallerne
Fischerjolle, 1857, Svendsen, Espergærde, 20 ft x 6,1 ft x 2,1 ft, 23/100 tons, Segel, 6 Riemen, Segel, ex 357, H 384, ex H 77. Das Boot wurde mit drei Mann Besatzung zum Heringsfang genutzt. 1900 erhielt es eine neue Kennung (H 77), 1947 wurde es Museumsboot.

RAVNUR
Roskilde
Vikingeskibsmuseet/Museumshafen
Attamannafar von den Faröer-Inseln, Nachbau 1984, Hansen, 8,3 m x 2,1 m x 0,3 m, 15 qm Segel, 8 Riemen, 9 Mann Besatzung, 6,5 kn

RRB 22
Fanø
Sønderho Rettungsmuseum
Ruderrettungsboot, 1887, Orlogsværft, København

RB 69
Nr Nebel/Nymindegab
Rettungsmuseum
Ruderrettungsboot, 1890, Orlogsværft, København.
Ältestes dänisches Ruderrettungsboot, dessen Bootsrumpf aus zwei Zentimeter dicken Eichenplanken gebaut wurde (12 Mann Besatzung).

RB 89 (VESTER AGGER)
Esbjerg
Fiskeri- og Søfartsmuseet
Ruderrettungsboot, 1900, Orlogsværft, København

RB 93
Nexø, Bornholm
Museum
Ruderrettungsboot, 1907, Orlogsværft, København, 9,5 m x 2,5 m, Rumpf: Lärche auf Eiche, elf Mann Besatzung

RB 96
Blåvand
Rettungsstation
Ruderrettungsboot, 1913, Orlogsværft, København, 9,5 m x 2,5 m x 0,3 m, 1725 kg Gewicht, 12 Mann Besatzung, seit 1977 Museumsboot

RB 101
Harboøre
Rettungsstation
Ruderrettungsboot, 1922, Orlogsværft, København, 9,4 m x 2,5 m x 0,3 m, 850 kg Gewicht.
Harboøre ist die älteste dänische Rettungsstation (gegründet im Jahr 1847), von der aus mit RB 101 von 1922 bis 1968 700 Menschen gerettet wurden.

ROAR EGE
Roskilde
Vikingeskibsmuseet/Museumshafen
Wikingerboot, 1984 Nachbau von Skuldelev 3 aus dem Jahr 1030 in der Museumswerft, 14,0 m x 3,4 m x 0,85 m, 46 qm Segel, 6 Riemen, 5 Tonnen Ladekapazität, 5–8 Mann Besatzung, bis 8,5 kn

RRB 103
Skagen
By- og Egnsmuseum
Ruderrettungsboot, 1910, Orlogsværft, København, 0,85 Tonnen, 9,0 m x 2,5 m x 0,8 m, 10 Riemen, 12 Mann Besatzung, ex RRB 104 KANDESTERNE.
Nach einer Strandung wurde dieses Boot 1967 außer Dienst gestellt.

(-) Russische Schaluppe
København
Orlogsmuseum
Ruderboot, 1871, Rußland, 14,4 m x 3,0 m, 24 Riemen

RUTH
Roskilde
Vikingeskibsmuseets Museumshavn
Frachtsegler/Sloop, 1854, P. Willumsen, Svinør/Norwegen, 20,2 m (14,3 m) x 4,9 m x 1,8 m, 19 BRT, 150 qm Segel, 50 Tonnen Tragfähigkeit, 3–4 Mann Besatzung, max. 8 kn, Holzrumpf, seit 1968 Museumsschiff, ex FAMILIEN, ex FAMILIENS MIND, ex CARL BANG, ex MARIE
Eigner: Nationalmuseum

RYLEN
Hobro
Museet for Danske Lystfartøjer
Sydskandinavik Klassebåd B (SSB), 1929, 9,6 m x 2,2 m x 1,3 m, 2,9 tons, 40 qm Segel

RYLEN
København
Johannes Larsen Museet
Fischerboot, 1907, Andersen, Frederikssund, 7,5 m x 2,1 m x 0,9 m, 8-PS-Diesel

SEHESTEDT (P 547)
Ålborg
Marinemuseum
Flugkörper-Schnellboot, Willemoes-Klasse, 1977, Frederikshavn Værft, 46,0 m x 7,5 m x 2,5 m, 260 tons, 3 Gasturbinen (12.750 PS, 38 kn), 2 Diesel (800 PS, 12 kn), 26 Mann Besatzung, 2 Torpedorohre, 4 Harpoon-Flugkörper

(-) Sekskjeiping
Gilleleje
Museums Skibshaller
Bergungsjolle, 1850, Nordfjord/Norwegen, 6,6 m x 1,7 m x 0,5 m, Segel, Riemen

SG 82
Strynø
Øhavets Smakkecenter
Motordamjolle, 1949, M. Jørgensen, Lohals, 30-PS-Diesel, 23 ft x 8,4 ft

SILVANA
Hobro
Museet for Danske Lystfartøjer
Yacht, 1895, Gustasson, Raa (Schweden), 12,8 BRT, 10,4 x 4,2 m x 1,6 m, Segel

(-) Skibningsbåd
Hanstholm
MuseumsCenter Hanstholm
Ruderrettungsboot, 1902, P. Chr. Fost Petersen, 11,9 m x 3,8 m.
Das Boot diente als Leichter für größere Frachtschiffe oder als Rettungsboot. Es wurde in Klittmøller bis 1921 eingesetzt.

(-) Skibningsbåd
Skagen
By- og Egnsmuseum
Gerudertes Fischerboot, um 1850, 8,3 m x 2,7 m. Das Boot wurde auch als Rettungsboot verwendet.

(-) Skuldelev 1
Roskilde
Vikingeskibsmuseet
Wikinger-Lastschiff/Knarr, ca. 1030, vermutlich West-Norwegen, max. 36 tons (24 Tonnen Fracht), ca. 16,0 m x ca. 4,8 m x ca. 1,3 m, zwei Riemen, ca. 90 qm Segelfläche.
SKULDELEV 1 ist ein kräftiges Lastschiff mit einem Rumpf aus Kiefernholz.

(-) Skuldelev 2+4
Roskilde
Vikingeskibsmuseet
Wikinger-Langschiff, 1042, in der Gegend von Dublin/Irland, 25 Tonnen voll ausgerüstet, ca. 30 m x ca. 3,8 m x ca. 0,9 m, 60 Riemen, 120 qm Segelfläche.
SKULDELEV 2 ist ein langes, schmales Kriegsschiff mit Eichenholz-Rumpf für 70–80 Mann Besatzung. Die Schiffsform ermöglichte Geschwindigkeiten von bis zu 20 Knoten.

(-) Skuldelev 3
Roskilde
Vikingeskibsmuseet
Wikingerboot/Fracht- und Reiseboot, ca. 1040 in Dänemark, 9,6 tons (davon 4,6 Tonnen Nutzlast), ca. 14 m x ca. 3,3 m x ca. 0,9 m, ca. 5 Riemen, ca. 45 qm Segelfläche.
SKULDELEV 3 ist ein kleines Fracht- und Reiseboot mit Eichenrumpf, das in Dänemark gebaut worden ist. Die Besatzung bestand aus 5–6 Mann.

(-) Skuldelev 5
Roskilde
Vikingeskibsmuseet
Wikinger-Kriegsschiff, ca. 1040, in der Gegend von Roskilde gebaut, 6 Tonnen Gewicht voll ausgerüstet, ca. 17,3 m x ca. 2,5 m x 0,5 m, 26 Riemen, ca. 45 qm Segelfläche.
SKULDELEV 5 ist ein kleines Kriegsschiff mit einem Rumpf aus Eiche, Kiefer und Esche, wobei ein Teil des Holzes vermutlich aus anderen Schiffen wiederverwendet wurde. Mit seinen 13 Riemenpaaren und einer Bemannung von ca. 30 Bewaffneten gehörte es zu den kleinsten Einheiten der Verteidigungsflotte.

(-) Skuldelev 6
Roskilde
Vikingeskibsmuseet
Wikingerboot, kombiniertes Ruder- und Segelboot, ca. 1040, ca. 11,2 m x 2,5 m x 0,6 m.
SKULDELEV 6 ist ein kleines Segelboot mit einem Rumpf aus Kiefer und Birke. Es wurde vermutlich in West-Norwegen gebaut.

SØBJØRNEN (P 512)
Ålborg
Marine-Museum
Torpedoboot, 1964, Orlogsværft, København, 100 tons, 27,4 m x 7,8 m x 2,2 m, drei Gasturbinen mit 12.750 PS, 54 kn Geschwindigkeit, 27 Mann Besatzung, Einsatzradius: 300 Seemeilen.
Das Boot gehörte weltweit zu den ersten mit Gasturbinen ausgerüsteten Torpedobooten. Es wurde 1990 außer Dienst gestellt.

SOLIDARITÉ
Roskilde
Vikingeskibsmuseet/Museumshafen
Französisches Ruderschiff aus dem Jahr 1796, Nachbau 1990 auf der Museums-Werft, 11,6 m x 2,0 m x 0,3 m, drei Masten, 45 qm Segel, 12 Riemen, 13 Mann Besatzung, 12 kn

SPÆKHUGGEREN (S 327)
København
Orlogsmuseum
U-Boot, 1957, Delfinen-Klasse, Orlogsværft, Verdrängung an der Oberfläche: 574 tons, getaucht: 649 tons, 53,9 m x 4,7 m x 4,0 m, Antrieb: 2 Diesel- (1200 PS) und 2 Elektro-Motoren (2100 PS), Aktionsradius an der Oberfläche: 4.000 sm bei 8,5 kn, Geschwindigkeit an der Oberfläche: 13,5 kn, getaucht: 16 kn, Tauchtiefe: 100 m, Besatzung: 33 Mann, Bewaffnung: 8 Torpedos, 4 Torpedorohre.
SPÆKHUGGEREN wurde als zweites von vier Booten der dänischen Delfinen-Klasse in Zusammenarbeit mit den USA gebaut. Es blieb bis 1989 im Dienst und wurde 1992 in Nakskov verschrottet. Die Kommandozentrale wird im Orlogsmuseum ausgestellt, während das Schwesterboot SPRINGEREN im Ålborger Marinemuseum zu besichtigen ist.

SPRINGEREN (S 329)
Ålborg
Marinemuseum
U-Boot, Delfinen-Klasse, 1963, Orlogsværft, København, Verdrängung: 575 tons an der Oberfläche, 646 tons unter Wasser, 53,9 m x 4,7 m x 4,2 m, 2 Dieselmotoren (1200 PS), 2 Elektromotoren (2100 PS), Geschwindigkeit an der Oberfläche: 17 kn, unter Wasser: 17 kn, Aktionsradius an der Oberfläche: 4000 sm bei 8 kn, Tauchtiefe: 250 m, 33 Mann Besatzung, Bewaffnung: vier 53-cm-Bugtorpedorohre, 8 Torpedos.
Dieses letzte in Dänemark gebaute U-Boot war 26 Jahre lang im Dienst, bevor es ins

Museum »versetzt« wurde. Von den 33 Besatzungsmitgliedern waren 19 im Torpedoraum des Bootes untergebracht, weitere 19 schliefen im Bug über den Torpedorohren. Nur für sieben Offiziere standen Kabinen zur Verfügung. SPRINGEREN wurde 1989 außer Dienst gestellt.

STORMY
Troense
Danmarks Museum for Lystsejlad
Spitzgatter, 5,9 m x 2,4 m x 1,1 m, 1,2 tons, 21 qm Segel, 8-PS-Diesel

SUNNFJORD
Roskilde
Vikingeskibsmuseet/Museumshafen
Norwegische Sekskeiping aus dem Jahr 1860, Nachbau 1995 in der Museumswerft, 9,1 m x 2,3 m x 0,5 m, 17 qm Segel, 12 Riemen, 8–13 Mann Besatzung, max. 9 kn

SYVSTJERNEN
Hobro
Museet for Danske Lystfartøjer
Nordisches Folkeboot, (Nr. 81), 1949, Svendborg, 7,6 m x 2,2 m 1,2 m, 21 qm Segel

THORA
Gilleleje
Museums Skibshallerne
Fischerboot, 1880, Hornbæk, 22,0 ft x 8,3 ft x 2,3 ft, Segel, ohne Motor, 6–7 Mann Besatzung.
1924 wurde THORA nach Humlebaek verkauft, 1980 schenkten Henry und Aage Petersen, Espergaerde, das Boot dem Museum.

TILIA
Holm/Alsen
Gepaddeltes Kriegskanu aus dem Jahr 350 n. Chr. (Nachbau des Hjortspring-Bootes, Original im Nationalmuseum, Kopenhagen), Nachbau 1999, Lindeværft, Alsen, 19,0 m x 2,0 m x 0,7 m, 22 Mann, Boot aus mit Bast vernähten Lindenholz-Planken, ca. 500 kg Gewicht, Tragfähigkeit 2 Tonnen.

TINE
Roskilde
Vikingeskibsmuseet/Museumshafen
Fischkutter, 1980, Willumsen, Holbæk, 6,6 m x 2,3 m x 1,2 m, 36-PS-Diesel, 1–2 Mann Besatzung, max. 7 kn

(-) Tornby-Boot
Tornby Strand
Flachboot, Ruderrettungsboot, 1880, Vadsager, Tornby, 10,4 m x 3,4 m x 0,8 m, 12 Riemen
Die Tornby-Bergungsinnung übernahm 1930 sowohl das Rettungsboot wie auch das Packhaus und sorgt für deren Erhaltung.

TROLLE
Roskilde
Vikingeskibsmuseet/Museumshafen
Attamannafar von den Faröer Inseln, 2000, Museumswerft, 7,6 m x 2,0 m x 0,3 m, 10 qm Segel, 8 Riemen, 9 Mann Besatzung, max. 6 kn

U-359
Nakskov
Yachthafen
U-Boot (Whiskey V-Klasse, Projekt 613), 1956, Bauwerft: Krasnoye Somovo, Gorkij (No. 315), Verdrängung an der Oberfläche: 1.080 tons, unter Wasser: 1.350 tons, 75,2 m x 6,3 m x 4,8 m, zwei Diesel- (4.600 PS) und zwei Elektro-Motoren (2.500 PS), Geschwindigkeit an der Oberfläche: 17 kn, getaucht 13,5 kn, Reichweite (aufgetaucht): 15.000 sm, Tauchtiefe: 200–250 m, 58 Mann Besatzung, Bewaffnung: 6 Torpedorohre (4 vorne, 2 achtern), 10 Torpedos oder 24 Minen.
Ende der achtziger Jahre überließ der letzte Staatschef der Sowjetunion, Michail Gorbatschow, einer dänischen Arbeitslosen-Initiative ein ausrangiertes U-Boot. Arbeitslose Jugendliche wollten es restaurieren und zu einer Kultur- und Begegnungsstätte ausbauen. Das Boot machte am 13. April 1994 im Koldinger Hafen fest. Schon im März 1997 wurde es jedoch wegen interner Schwierigkeiten der Initiative nach Nakskov auf der Insel Lolland weitergegeben, wo es seitdem als Touristen-Attraktion ausgestellt wird. In den kommenden Jahren soll rund um U-359 ein Unterseeboot-Zentrum entstehen.

(-) Uggerby-Schiff
Strand von Uggerby
Bootshaus
Wrack einer Sloop, ca. 1800, Süd-Norwegen (?), 11,5 m x 3,6 m x 2,2 m, Segel. Das Wrack dieses hölzernen Frachtseglers aus Eichen- und Kiefernholz, der früher zwischen Südnorwegen und Nordjütland fuhr, wurde 1984 bei Uggerby geborgen.

URDA
Hvide Sande
Fiskeriets Hus
Fischkutter, O. Christensen, Thyborøn, 14 BRT, 45-PS-Dieselmotor

VIKING (No. XVI)
Svendborg
Svendborg & Omegns Museum
Zollkutter, 1897, Hansen, Odense, 19,57 BRT, 21,0 m (13,8 m) x 4,3 m x 2,3 m, 19 BRT, 115 qm Segel, 90-PS-Diesel, spitzgattige Yacht mit Pfahlmast und Bugspriet, seit 1979 Museumsschiff

VIKTORIA
Roskilde
Vikingeskibsmuseet/Museumshafen
Fischerboot/Drivkvase (Treibquatze), 1904, Nielsen, Fejø, 8,3 m x 2,7 m x 1,7 m, 4 BRT, 68 qm Segel, 2 Mann Besatzung, max. 8 kn

VILHELM (H 458)
Gilleleje
Gilleleje Museum
Isefjordsbåd, 1888, Peter Madsen, Lynæs, 11,2 BRT, 10,3 m x 4,4 m x 1,4 m, Segel, 30-PS-Motor, 3–5 Mann Besatzung, Liegeplatz: Gilleleje-Hafen

XLNT (EXCELLENT)
Roskilde
Vikingeskibsmuseet/Museumshafen
Schwedischer Eissegler, 1905, Carlsson, Schweden, 10,7 m x 5,3 m, 45 qm Segel, 2 Mann Besatzung, max. 20 kn, ex THE X

STATIONÄRE VETERANEN

BROEN
Århus
Motorfähre, 1952, Frederikshavn Værft & Flydedok, 1.582 BRT, 80,16 m x 13,2 m x 5,2 m 5.200-PS-Diesel, 16 kn, 600 Pass., 60 PKW, ex KALUNDBORG.
Das Schiff ist von 1966–1992 als Autofähre auf den Routen Korsør-Nyborg und Kalundborg-Århus eingesetzt gewesen.
Nutzung: Restaurant und Diskothek.

FYRSKIB XI
København
Frederikholms Kanal
Feuerschiff, 1878, Sparre, Nystedt, 138 BRT, 31,5 m x 5,8 m.
Das Feuerschiff bis 1977 im Dienst, Nutzung: Wohnschiff

FYRSKIB XII
København
Overgaden neden Vandet
Feuerschiff, 1880, De Forende Oplagspladser og Værfter, København, 137 BRT, 31,5 m x 5,8 m, Nutzung: Wohnschiff

FYRSKIB XIII (ARK XIII)
København
Feuerschiff, 1880, De Forende Oplagspladser og Værfter, København, 136 BRT, 31,6 m x 5,9 m.
Dieses Feuerschiff war bis 1979 im Dienst.
Nutzung: Wohnschiff

INGOLF (RU 61)
Rudkøbing
Lystbådehavn
Fischkutter auf einem Spielplatz

MOTORFYRSKIB No. II
København
Nyhavn
Motorfeuerschiff, 1916, Rasmus Møllers Værft, Faaborg, 179 BRT, 35,3 m x 7,0 m.
Heutige Nutzung: Restaurant

ORANJE AF SVENDBORG
Svendborg
Tjalk, 1898, Groningen, 78 ft x 16 ft x 7 ft, 79 BRT, 120-PS-Diesel, heutige Nutzung: Restaurant, Liegeplatz: Jessens Mole

PRINSES JULIANA
Ålborg
Ved Limfjordbroen
Schulschiff, 1931, Scheepswerf Gideon Jn. Koster, Groningen, 223 BRT, 37,4 m x 6,4 m x 1,9 m. Heutige Nutzung: Restaurantschiff. Ehemaliges Schulschiff der niederländischen Handelsflotte, das 1969 außer Dienst gestellt wurde. Danach war es als Clubschiff und Hafenmeister-Büro in Medemblik im Einsatz.

RESTAURIERUNGS-PROJEKTE

BJØRN
Helsingør
Schlepper/Eisbrecher, 1908, Sdeebeck AG, Geestemünde, 135 BRT, 26,2 m x 7,9 m x 3,3 m, 350-PS-Dampfmaschine, 9,5 kn, Dansk Veteranskibsklub

SKULDELEV 2
Roskilde
Vikingeskibsmuseet
Wikinger-Langschiff aus dem Jahr 1042, geplanter Nachbau von Skuldelev 2, Stapellauf im Jahr 2004 im Vikingeskibsmuseet in Roskilde, 29,4 m x 3,8 m x 1,0 m, 118 qm Segel, 60–68 Riemen, 60–100 Mann, Besatzung, max. 20 kn

NACHBAUTEN

AGNETE
Nyköbing/Falster
Middelaldercenter
1996, Nachbau des Gedesbyschiffs, eines Handelsschiffes aus dem 13. Jahrhundert, dessen Wrackteile 1986 bei Gedesby auf der Insel Falster gefunden wurden, 11,8 m x 5,1 m x 1,1 m, 60 qm Segel, 9 kn, 5 Mann Besatzung, 12 Passagiere

ANNE STINE
Roskilde
Vikingeskibsmuseet/Museumshafen
Oselver færing, 1970 Nachbau bei Kollveit, Hardanger, Norwegen, 5,5 m x 1,6 m x 0,2 m, 10 qm Segel, 2–3 Mann Besatzung, 4 Riemen, max. 5 kn

BJØRNEFJORD
Roskilde
Vikingeskibsmuseet/Museumshafen
Oselver tolværing, 1998, Konstruktion: Dalland und Solbakken, Os, 10,2 m x 2,6 m x 0,5 m, 25 qm Segel, 12 Riemen, 8–13 Mann Besatzung, max. 11 kn

BLAKMAN
Roskilde
Vikingeskibsmuseet/Museumshafen
Attamannafar, Faröer-Inseln, 1970, Niclas, Koltri, 7,8 m x 1,9 m x 0,3 m, zwei Masten, 10 qm Luggersegel, 8 Riemen, 9 Mann Besatzung, max. 6 kn

EMBLA
Roskilde
Vikingeskibsmuseet/Museumshallen
Seksæring von den Faröer-Inseln, 1992, Wolles, Eidi, Faröer-Inseln, 9,8 m x 2,4 m x 0,3 m, 20 qm Segel, 12 Riemen, 13–14 Mann Besatzung, 3–4 Tonnen Ladekapazität, max. 7,5 kn

ESTRID
Roskilde
Vikingeskibsmuseet/Museumshallen
Arbeitsboot, 1995 Nachbau dieses Bootes aus dem Jahr 1130–1150 auf der Museumswerft, 7,7 m x 1,6 m x 0,3 m, 10 qm Segel, 6 Riemen, 2–4 Mann Besatzung, 6 kn.

FREJA
Roskilde
Nachbau eines Kriegsschiffs um 900 n. Chr. 1998, Frederiksværk, 13,7 m x 2,5 m x 0,4 m, 3 Tonnen, 8 Riemen, 24 qm Segel

FREJA BYRDING
Hejlsminde
Nachbau Skuldelev 3, 1984, Hadersleben, 5–6 tons, 47 qm Segel, 13,8 m x 3,3 m, ex FREJA

GITTE
Roskilde
Vikingeskibsmuseet/Museumshafen
Limfjord Skiff aus dem Jahr 1902, Nachbau 1999 in der Museumswerft, 6,6 m x 1,9 m x 0,6 m, 22 qm Segel, 4 Riemen, max. 4 Mann Besatzung, max. 6 kn

HELGE ASK
Roskilde
Vikingeskibsmuseet/Museumshafen
Wikinger-Langschiff, 1040, 1991 Nachbau des Skuldelev-Bootes 5 in der Museumswerft, 50 qm Segel, 26 Riemen, 17,5 m x 2,5 m x 0,6 m, 30 Mann Besatzung, Geschwindigkeit bis 14 kn

HUGIN
Pegwell Bay
Ramsgate/Großbritannien
Nachbau des Gokstad-Schiffes, 1949, Frederiksund Traeskibsvaerft, 32 Riemen, 40 qm Segel, 23,8 m x 5,1 m

IMME AROS
Aarhus
Marelisborg Yachthafen
Nachbau des Ellingå-Schiffes, 1969, Aarhus, 8–10 Tonnen, 72 qm Segel, 14,5 m x 3,5 m

IMME DRØPNER
Nachbau Gokstad-Seksøring, 1970, Hadersleben, 6 Riemen, 9,8 m x 6,5 m

IMME GRAM
Kalvø
Nachbau Ladby-Schiff, 1963, Gram, 21,6 m x 3,1 m x 0,7 m, 8 Tonnen, 32 Riemen, 75 qm Segel

IMME HEIDRUN
Skjelskør
Nachbau eines Gokstad-Seksøring, 1969, Frederiksværk, 9,8 m x 1,9 m, 6 Riemen, 16 qm Segel

IMME SÆRIMMER
Gokstad-Færing
Nachbau 1974, Frederiksvaerk, 4 Riemen, 9 qm Segel, 6,5 m

IMME SKINFAXE
Kopenhagen
Tuborg-Hafen
Skuldelev 3, Nachbau 1982, Frederiksvaerk, 2–4 Tonnen, 33 qm Segel, 13,8 m x 3,4 m x 0,8 m

IMME SLEIPNER
Kalvø
1981, Rødding, 24 Riemen, 39 qm Segel, 15,2 m x 3,3 m

JELLING ORM
Jellinge
Wikingerboot

JOANNA
Roskilde
Vikingeskibsmuseet/Museumshafen
Beiboot des norwegischen Gokstad-Schiffes aus dem Jahr 895, Nachbau 1997 auf der Museumswerft, 6,5 m x 1,4 m x 0,2 m, vier Riemen, 2–3 Mann Besatzung, 4 kn

KRAKAN
Roskilde
Vikingeskibsmuseet/Museumshafen
Attamannafar von den Faröer Inseln, 1993, Museumswerft, 7,9 m x 1,9 m x 0,3 m, 10 qm Segel, 8 Riemen, 9 Mann Besatzung, max. 6 kn

KRAKA FYR
Roskilde
Vikingeskibsmuseet/Museumshafen
Wikingerboot aus dem Jahr 1030, Nachbau von Skuldelev 6 im Jahr 1998 auf der Museumswerft, 12,0 m x 2,5 m x 0,5 m, 14 Riemen (als Frachtsegler nur 4 Riemen), 25 qm Segel, 15 Mann Besatzung (5–6 Mann als Frachtsegler), bis 12,5 kn

LENE
Roskilde
Vikingeskibsmuseet/Museumshafen
Smakkejolle aus dem Jahr 1907, Nachbau 1995 in der Museumswerft, 6,3 m x 2,2 m x 0,8 m, drei Masten, 25 qm Segel, 4 Riemen, 2 Mann Besatzung, max. 6 kn

LINDHEIM SUNDS
Svendborg
Nachbau von Skuldelev 5, 1977, Olderup, 24 Riemen, 60 qm Segel

LIV
Roskilde
Vikingeskibsmuseet/Museumshafen
Åfjordsfæring aus Trøndelag, Nachbau 1987, Haastad, Stadsbygd, Norwegen, 5,9 m x 1,5 m x 0,3 m, 7 qm Segel, 4 Riemen, 2 Mann Besatzung, max. 6 kn

MARCUS NOER
Roskilde
Vikingeskibsmuseet/Museumshafen
Frederikssund Dinghy aus dem Jahr 1900, Nachbau 1980 in Sletten, 5,4 m x 2,2 m x 0,8 m, 27 qm Segel, 2–4 Riemen, 2 Mann Besatzung, max. 6 kn

OSELVEN
Roskilde
Vikingeskibsmuseet/Museumshafen
Oselver tolværing, 1999, Dalland, Os, 10,2 m x 2,6 m x 0,5 m, 12 Riemen, 25 qm Segel, 8–13 Mann Besatzung, max. 11 kn

OTTAR
Roskilde
Vikingeskibsmuseet/Museumshafen
Hochseegehendes Wikingerschiff aus dem Jahr 1030, Nachbau von Skuldelev 1 im Jahr 1999 auf der Museumswerft, 16,5 m x 4,5 m x 1,3 m, 90 qm Segel, 4 Riemen, 6–15 Mann Besatzung, max. 12,5 kn

RAVNUR
Roskilde
Vikingeskibsmuseet/Museumshafen
Attamannafar von den Faröer-Inseln, 1984, Hansen, 8,3 m x 2,1 m x 0,3 m, 15 qm Segel, 8 Riemen, 9 Mann Besatzung, max. 6,5 kn

ROAR EGE
Roskilde
Vikingeskibsmuseet/Museumshafen
Küstensegler der Wikingerzeit, 1030, Nachbau von Skuldelev 3, 1984, 14,0 m x 3,4 m x 0,9 m, 46 qm Segel, 6 Riemen, 5 Tonnen Ladekapazität, 8 Mann Besatzung, max. 8,5 kn

RØSKVA
9/10 Nachbau von Skuldelev 3, 12,5 m x 3,3 m, 2 Tonnen, 40 qm Segel

SEBBE ALS
Augustenborg
Yachthafen
Nachbau von Skuldelev 5, 1969, Augustenborg, 24 Riemen, 42 qm Segel, 17,0 m x 2,6 m

SIF EGE
Nachbau von Skuldelev 3, 1990, Frederiksund, 5–6 tons, 14,0 m x 3,3 m

SOLIDARITÉ
Roskilde
Vikingeskibsmuseet/Museumshafen
Französisches Ruderschiff aus dem Jahr 1796, Nachbau 1990 auf der Museums-Werft, 11,6 m x 2,0 m x 0,3 m, drei Masten, 45 qm Segel, 12 Riemen, 13 Mann Besatzung, max. 12 kn

SOPHIE
Nykøbing
Nachbau (2001), Skude/Frachtsegler aus dem 17. Jahrhundert, 13,5 m x 5,0 m x 0,6 m

SUNNFJORD
Roskilde
Vikingeskibsmuseet/Museumshafen
Norwegische Sekskeiping aus dem Jahr 1860, Nachbau 1995 in der Museumswerft, 9,1 m x 2,3 m x 0,5 m, 17 qm Segel, 12 Riemen, 8–13 Mann Besatzung, max. 9 kn

TILIA
Holm/Alsen
Gepaddeltes Kriegskanu aus dem Jahr 350 n. Chr. (Nachbau des Hjortspring-Bootes, Original im Nationalmuseum, Kopenhagen), Nachbau 1999, Lindeværft, Alsen, 19,0 m x 2,0 m x 0,7 m, 22 Mann, Boot aus mit Bast vernähten Lindenholz-Planken, ca. 500 kg Gewicht, Tragfähigkeit 2 Tonnen

TROLLE
Roskilde
Vikingeskibsmuseet/Museumshafen
Attamannafar von den Faröer Inseln, 2000, Museumswerft, 7,6 m x 2,0 m x 0,3 m, 10 qm Segel, 8 Riemen, 9 Mann Besatzung, max. 6 kn

AKTIVE VETERANEN UNTER SEGELN

ÅRON
Svendborg
Zweimast-Gaffelschoner, 1906, L.J. Bager, Marstal, 32,5 m (21,2 m) x 5,7 m x 2,7 m, 61,3 BRT, 320 qm Segelfläche, 110-PS-Diesel, zwei Mann Besatzung, 12 Passagiere

ÅSE
Middelfart
Danske Jagt, 1904, N.F. Hansen, Odense, 11 BRT, 12,5 m x 3,8 m x 1,9 m, 48-PS-Diesel

ÅSE
Kolding
Drivkvase, 1912, Christensen, Kolding

ADA-MARIE
Hobro
Galeasse, 1906, Marstal, 37 ft x 12 ft x 5 ft, 16 BRT, 45-PS-Diesel

AGAPE
Strandby
Galeasse, 1942, Nyborg, 64 ft x 18 ft x 10 ft, 40 BRT, 270-PS-Diesel

AGNETE
København
Sundboot/sundbåd, 1924, L.Svendsen, Snekkersten, 6 BRT, 12,0 m (8,5 m) x 3,2 m x 1,2 m, Segel, 10-PS-Motor

AKLAND
København
Fiskeskøjte/Galeasse, 1930, Røed Båtbyggeri, Risør/Norwegen, Konstruktion: Colin Archer, 38 ft x 14 ft x 6 ft, 14 BRT, 50-PS-Diesel

AKSEL
Sletten
Smakkejolle, 1908, Svendsen, Snekkersten, 18 ft x 6 ft x 2 ft, 1 BRT

ALBATROS
København
Jagt, 1935, Länge: 19,0 m

ALBATROS
Dyreborg
Fischkutter, 1934, Bønnerup, 9,8 m x 3,8 m x 1,7 m, 10 BRT, 65-PS-Diesel

ALEXA
Haikutter, 1938, Nipper, Skagen, 48 ft x 15 ft x 7 ft, 25-PS-Diesel

ALINA
Struer
Fischkutter, 1944, Chr. Madsen, Lynæs, 11,3 m x 4,2 m x 2,1 m, 15 BRT, 220-PS-Diesel

ALVILDA
Svendborg
Drivkvase, 1912, Hundige, 22 ft x 8 ft x 5 ft, 2,5 BRT

ALVILDE (FN 26)
Århus
Fischkutter/snurrevodskutter, 1897, J. N. Olsen, Frederikshavn, 26 BRT, 22,0 m (16,0 m) x 5,0 m x 2,0 m, 195 qm Segel, 26-PS-Diesel

ALVUR
Skopun
Fischkutter/snurrevodskutter, 1946, Bogense, 19,0 m x 5,9 m x 2,3 m, 32 BRT, 90-PS-Diesel

ANNA
Bøgeskov
Jagt, 1928, Jensen, Køge, 13,8 m x 4,2 m, 12 BRT, 100-PS-Diesel

ANNA
Århus
Fischerboot/Åledrivkvase, 1904, H.C. Christensen, Kolding, 45 ft x 12 ft x 5 ft, 17 BRT, 80-PS-Diesel

ANNA
Egå
Fischkutter, 1944, 11,5 m x 4,1 m x 1,8 m, 13 BRT, 80-PS-Diesel

ANNA
Karrebæksminde
Smakkejolle, 1910, M. Jakobsen, Karrebæksminde, 6,9 m x 0,9 m, 1 BRT, Eigner: Næstved Museum

ANNA BANG
Frederikshavn
Nordseekutter, 1931, M. Mortensen, Frederikshavn, 18,8 m x 5,6 m x 2,6 m, 38 BRT, 115-PS-Diesel

ANNA ELISE
København
Nordseekutter/snurrevodskutter, 1932, J. Christoffersen, Nordby, 37 BRT, 61 ft x 17 ft x 8 ft, 110-PS-Diesel

ANNA MØLLER
Kopenhagen, Nyhavn
Galeasse/Frachtsegler, 1906, P. Larsen, Randers, 49 BRT, 28,0 m (20,1 m) x 5,7 m x 1,5 m, 220 qm Segel, ohne Motor, Holzrumpf, ex ESTHER, Eigner: Nationalmuseet

ANNA NYBORG

Nordseekutter, 1929, Nyborg, 36 ft x 14 ft x 5 ft, 45-PS-Motor

ANNA SOFIE

Nyhavn

Haikutter, 1912, M. Mortensen, Frederikshavn, 13,3 m x 4,2 m x 2,0 m, 18 BRT, 120-PS-Diesel

ANNE HEDVIG

Marstal

Fischerboot, 1922, Dyhr, Lundby, 6,9 m x 2,5 m x 0,7 m, 3 BRT, 10-PS-Diesel

ANNE KAROLINE (M 172)

Marstal

Fischerboot/Åledrivkvase, 1901, Fjellebroen, 6,8 m x 2,3 m x 0,7 m, 2 BRT, 6-PS-Diesel, Eigner: Marstal Sjøfartsmuseum

ANNE MARGRETHE

Assens

Fischerboot, 1929, Madsen, Lynæs, 9,6 m x 3,5 m x 1,3 m, 30-PS-Diesel

ANNE MARIE

Roskilde

Galeasse, 1890, S. Christensen, Assens, 18 BRT, 43 ft x 14 ft x 6 ft, Segel, 92-PS-Diesel

ANNE MARIE

Frederikssund

Fischerboot, 1948, Andersen & Ferdinansen, Gilleleje, 9,8 m x 3,7 m x 1,3 m, 10 BRT, 39-PS-Diesel

APOLLO

Århus

Danske Jagt, 1931, Länge: 10,3 m

ATHENE

Egå

Haikutter, 1917, 21,0 m (14,9 m) x 4,0 m x 2,2 m, 135 qm Segel

ATHENE

Korsør

Fischerboot, 1944, 11,0 m x 4,3 m x 2,0 m, 12 BRT, 45-PS-Diesel

ATLANTA

Brønby

Fischerboot, 1916, Nielsen, Bogense, 10,8 m x 4,3 m x 1,8 m, 9 BRT, 90-PS-Diesel

AVENTURA

Galeasse, 1914, Kolding

BENTE IRENE

Helsingør

Fischkutter, 1902, N. Olsen, Frederikshavn, 56 ft (22.0 m) x 16 ft x 7 ft, 31 BRT, 135-PS-Diesel

BERTA

Glyngøre

Fischkutter, 1932, Ustrup, Brønsodde, 11,0 m x 4,0 m x 1,9 m, 10 BRT, 80-PS-Diesel

BETH

Bregnør

Fischerboot/drivkvase, 1905, Damme, Møn, 9,0 m x 3,3 m x 1,2 m, 4 BRT, 45-PS-Diesel

BETTA DAN

Svendborg

Gaffelsegler, 1952, Petersen, Nyborg, 8,3 m x 2,9 m x 1,2 m, 4 BRT, 20-PS-Diesel

BETTY

Karrebæksminde

Haikutter, 1913, Hansen & Nielsen, Esbjerg, 14,8 m x 4,0 m x 1,9 m, 18 BRT, 75-PS-Diesel

BIRGITTE HELLE

København, Nyhavn

Haikutter, 1923, Nipper, Skagen, 28 BRT, 24,0 m (16,0 m) x 4,7 m x 2,5 m, 160 qm Segel, 155-PS-Diesel

BOLETTE

Storvorde

Gaffelkutter, 1930, 20.9 m x 4,3 m x 2,0 m

BOLETTE

Ålborg

Fischkutter, 1939, Nipper, Skagen, 16,3 m x 4,5 m 2,2 m, 19 BRT, 105-PS-Diesel

BONA GRATIA

Århus

Fischkutter, 1903, J. Olsen, Frederikshavn, 33 BRT, 58 ft x 16 ft x 7 ft, 120-PS-Diesel

BONAPART

Næstved

Lotsenkutter, 1877, Bornholm, 9,4 m x 3,6 m x 1,2 m, 67 qm Segel

BONAVISTA

Marstal

Zweimast-Gaffelschoner, 1914, L. Johansen, Marstal, 35,0 m (25,6 m) x 7,2 m x 2,6 m, 97 BRT, 450 qm Segel, 230-PS-Motor, drei Mann Besatzung, 24 Passagiere, ex SYVEREN, ex THOMAS, ex BONAVISTA, Eigner: Nationalmuseet

BRITA LETH

Århus

Zweimast-Gaffelschoner, 1911, Øxenbjerg, Svendborg, 33,0 m (22,9 m) x 6,5 m x 2,6 m, 87 BRT, 420 qm Segel, 230-PS-Motor, vier Mann Besatzung, 12 Passagiere, ex HILFRED, ex M. A. FLYVBJERG, ex BRITA

BROAGERLAND

Nybøl Nor

Drivkvase, 1948, 9,5 m (8,8 m) x 2,9 m x 0,9 m, 35 qm Segel

BRØDRENE

Aså

Fischkutter, 1898, Nielsen, Frederikshavn, 11 BRT, 38 ft x 12 ft x 6 ft, Segel, 80-PS-Diesel

CARENE STAR

Rømø

Dreimast-Toppsegelschoner, 1945, J. Ring Andersen, Svendborg, 40,8 m (30,2 m) x 7,0 m x 3,0 m, 116 BRT, 540 qm Segel, 230-PS-Diesel, fünf Mann Besatzung, zehn Passagiere, ex MISTRALEN, ex CARENE, ex ARGUS, ex KARNA, ex HANNE HANSEN, ex MONA, ex LARS

CARLA

Troense

Jagt, 1922, Ærøskøbing, 14,0 m x 4,9 m x 1,9 m, 14 BRT, 75-PS-Diesel

CASTOR

Bogense

Fischkutter, 1937, Jensen & Lauridsen, Esbjerg, 21,8 m x 5,9 m x 2,9 m, 39 BRT, 190-PS-Diesel

CENTA

København

Snurrewadenkutter, 1925, K. Andersen, Frederikshavn, 17,0 m (13,5 m) x 5,0 m x 2,0 m, 140-PS-Diesel, 160 qm Segel

CHRISTIANE

Fejø

Fischerboot/dæksbåd, 1917, Nielsen, Fejø, 8.9 m x 3,6 m x 1,9 m, 7 BRT, 22-PS-Diesel

CHRISTINA

Kolding

Galeasse, Entwurf: Colin Archer, 1916, Frederikstad/Norwegen, 12,8 m x 4,2 m x 1,9 m, 14 BRT, 110-PS-Diesel

CONCORDIA

Christianshavn

Fischerboot, 1927, Fejø, 9,2 m x 3,2 m x 1,0 m, 5 BRT, 48-PS-Diesel

CONNIE

Ærøskøbing

Lynæsboot, 1939, Lynæs, 17,5 m (12,5 m) x 4,9 m x 2,0 m, 100 qm Segel, Glühkopfmotor

CONSTANCE

Sønderborg

Frachtsegler/Jagt, 1912, Schweden, 18,0 m (14,5 m) x 5,3 m x 2,0 m, 19 BRT, 100-PS-Diesel, 130 qm Segel

DAN

Askø

Drivkvase/Treibquatze, 1908, Fejø, 5 BRT, 27 ft x 10 ft x 3 ft, Segel

DANA

Bogense

Fischkutter, 1938, Andersen & Ferdinandsen, Gilleleje, 13,0 m x 4,3 m x 1,9 m, 15 BRT, 126-PS-Diesel

DANA

Kolding

Fischkutter, 1932, Jacobsen, Langø, 11,3 m x 4,3 m x 1,8 m, 11 BRT, 150-PS-Diesel

DANMARK

København

Segelschulschiff/Vollschiff, 1932, Nakskov Skibsværft, Lolland, 77,0 m (64,0 m) x 10,0 m x 4,2 m, 790 BRT, 1636 qm Segel, 486-PS-Dieselmotor, 9,5 kn, 80 Kadetten

DANNEBROG (RU 375)

Middelfart

Beltboot, 1872, C. Rasmussen, Skabohuse, Nyborg, 33 ft x 10 ft x 5 ft, 9 BRT, Segel, 10-PS-Diesel, Beltboot aus Fünen zur Heringsfischerei

DE TO SØSKENDE

Middelfart

Frachtsegler, 1910, Jensen, Nyborg, 13,3 m x 4,2 m x 1,3 m, 11 BRT, 75-PS-Diesel

DEN STORE BJØRN

Nyborg

Dreimast-Gaffelschoner, 1902, F.N. Hansens Skibsværft, Odense, 47,0 m x 6,4 m x 4,0 m, 169 BRT, 210-PS-Diesel, 525 qm Segelfläche, Segelzeichen TSD 516, ex FYRSKIB XVIII

DIDA

Ebeltoft

Jagt, 1916, Fejø, 41 ft (9,6 m) x 11 ft x 4 ft, 7 BRT, 35-PS-Diesel

D'OLLY

Rudkøbing

Fischkutter, Entwurf: Colin Archer, 1919, 16 BRT, 15,0 m (11,0 m) x 4,5 m x 1,8 m, 101 qm Segel, 50-PS-Diesel

DONKEY

Kohave

Smakkejolle, 1930, Rudkøbing, 21 ft x 7 ft x 2 ft, 3 BRT, 6-PS-Diesel, Segel

DONNA WOOD

København, Nyhavn

Zweimast-Schoner, 1918, R. Møller, Faaborg, 132 tons, 31,2 m (21,5 m) x 5,6 m x 2,8 m, 400 qm Segel, 190-PS-Diesel, ex MOTORFYRSKIB No. 3

DORTHE II

Løgstør

Kragejolle, 1929, Svendsen, Kastrup, 8,3 m x 2,3 m x 1,5 m, 7 BRT, 48 qm Segel, 20-PS-Diesel

DREYFUS

Lynæs

Kattegatbåd, 1903, Madsen, Lynæs, 11,8 m x 4,3 m x 1,9 m, 10 BRT, 62-PS-Diesel

DROGDEN

Kalundborg

Lotsenboot, 1884, Orlogsværftet, Kopenhagen, 9,2 m x 3,1 m x 1,3 m, 7 BRT, 38-PS-Diesel

DUNFIN

Esrum Sø

Lynæsboot, 1901, Madsen, Lynæs, 1 BRT, 13 ft x 5 ft x 1 ft, 1 BRT, o. Motor, Segel

EJNO

Rudkøbing

Lotsenboot, 1898, H.V. Buhl, Frederikshavn, 7 BRT, 13,0 m (9,6 m) x 3,3 m x 1,6 m, 46-PS-Diesel, bis 1950 in Slipshavn, danach bis 1990 in Rudkøbing stationiert

ELFRIDA

Faaborg

Beltboot, 1925, Marstal, 28 ft x 10 ft x 5 ft, 8 BRT, o. Motor

ELIDA

Århus

Schoner, 1875, Kockums Mekaniska Verkstad, Malmö, 120 BRT, 24,8 m x 6,1 m x 2,3 m, Segel, 135-PS-Motor, 7 kn, 12 Passagiere, ex SUNDIA, ex FRITHJOF, ex MØLLE, ex MØN

ELINOR

København

Dreimast-Gaffelschoner, 1906, O. Hansen, Stubbekøbing, 36,0 m (25,0 m) x 6,0 m x 2,1 m, 71 BRT, 450 qm Segelfläche, 155-PS-Dieselmotor, 12 Passagiere, ex ALTA, ex SØRKYST, ex FUUR, ex AGNETE, ex ELINOR

ELISA

Kolding

Fischkutter, 1913, Boberg & Olsen, 9,0 m x 3,6 m x 1,5 m

ELISE

København

Lastsegler/Jagt, 1907, Chr. Andersen, Svendborg, 40 ft x 13 ft x 5 ft, 13 BRT, 113-PS-Diesel

ELKA
Snekkersten
Fischerboot, 1942, Helsingør, 6,9 m x 2,7 m x 0,8 m, 1 BRT, 10-PS-Diesel

ELLEN
Kalundborg
Fischerboot, 1922, Mortensen, Fejø, 8,9 m x 3,3 m x 0,9 m, 5 BRT, 20-PS-Diesel

ELNA MARIE
Motorsegler, 1906, Risør, Norwegen, 38 ft x 13 ft x 7 ft, 10 BRT, 22-PS-Diesel

ELSA MARGRETHE
Kolding
Fischkutter/snurrevodskutter, 1926, Esbjerg, 20,1 m x 5,2 m x 2,6 m, 33 BRT, 120-PS-Diesel

ELSE CONSTANCE
Marstal
Hochsee-Kutter, 1936, Gebr. Nipper, Skagen, 19 BRT, 19,0 m (14,4 m) x 4,2 m x 2,35 m, 142 qm Segel, 120-PS-Diesel

EMANUEL
Lynæs
Jagt, 1902, L. Christiansen, Rødvig, 30 BRT, 22,5 m (17,1 m) x 5,1 m x 2,0 m, 155 qm Segel, 156-PS-Diesel

EMANUEL
Helsingør
Galeasse, 1887, Møller, Troense, 14,5 m x 3,9 m x 1,8 m, 19 BRT, 30-PS-Diesel

EMMA
Egernsund
Haikutter, 1931, Skelskør, 19,5 m (14,5 m) x 4,4 m x 2,2 m, 135 qm Segel

ESTER
Nykøbing
Fischkutter, 1942, Hansen, Søby, 13,0 m x 4,3 m x 2,6 m, 12 BRT, 75-PS-Diesel

ESPINA EHLERS
Postboot, 1951, Petersen, Hov, 32 ft x 12 ft x 5 ft, 10 BRT, 30-PS-Diesel

FALKEN
Vedbæk
Fischerboot, 1931, Magnussen, Humlebæk, 9,8 m x 3,3 m x 1,9 m, 6 BRT, 8-PS-Diesel

FAUNA
Rudkøbing
Beltboot, 1935, Nørregaard, Nyborg, 17,0 m (11,3 m) x 4,0 m x 1,8 m, 13 BRT, 85-PS-Diesel, 91 qm Segel, Einsatz bis 1973

FEJBATTINGEN
Næstved
Fischkutter, 1953, Mortensen, Fejø, 9,9 m x 3,2 m x 1,3 m, 5 BRT, 30-PS-Diesel

FIE
Frederikshavn
Fischkutter, 1936, Chr. Hjørnet, Strandby, 44 ft x 14 ft x 7 ft, 18 BRT, 230-PS-Diesel

FREIA
Svendborg
Zweimast-Gaffelschoner, 1897, Bornholms Maskinfabrik, Rønne, 32,3 m (22,6 m) x 5,9 m x 2,2 m, 67 BRT, 310 qm Segel, 90-PS-Diesel, 10 Passagiere

FREJA
Egå
Fischerboot, Mortensen, Faxe Landeplads, 11,2 m x 4,2 m x 2,3 m, 15 BRT, 115-PS-Diesel

FREM
Kolding
Galeasse, 1939, Nykøbing/Mors, 99 BRT, 38,6 m x 6,8 m x 3,0 m, 350 qm Segel, 236-PS-Diesel

FREM
Aalborg
Galeasse, 1934, Länge: 20,0 m (16,5 m)

FREM
Holbæk
Galeasse, 1934, Mortensen, Fejø, 17,8 m x 4,9 m x 2,5 m, 33 BRT, 120-PS-Diesel

FREM
Fischerboot, 1933, Svendsen, Snekkersten, 18 ft x 6 ft x 1 ft, 1 BRT, Eigner: Flynderupmuseet Espergærde

FREMAD
Middelfart
Fischerboot, 1905, Skibhusene, Odense, 11,1 m x 2,9 m x 1,1 m, 4 BRT, 20-PS-Diesel

FRIGG
Orø
Fischerboot, 1940, Orlogsværft, Kopenhagen, 6,5 m x 1,9 m x 0,3 m, 1 BRT, zwei Masten

FULTON
Marstal
Dreimast-Gaffelschoner, 1915, C. L. Johansen, Marstal, 34,7 m (26,4 m) x 6,9 m x 2,6 m, 98 BRT, 483 qm Segelfläche, 250-PS-Diesel, 9 kn, elf Mann Besatzung, 34 Trainees, seit 1970 Museumsschiff des Nationalmuseums

FYLLA
Svendborg
Dreimast-Gaffelschoner, 1922, Dreyer, Nyborg, 42,0 m (28,3 m) x 7,4 m x 2,5 m, 122 BRT, 480 qm Segel, 235-PS-Diesel, 7 kn, drei Mann Besatzung, 33 Passagiere, ex POLAR FREEZER, ex ARCTIC FREEZER, ex FYLLA, ex FYN

GEFION
Lemvig
Galeasse, 1910, Andersen, Frederiksund, 12,1 m x 4,9 m x 1,7 m, 23 BRT, 120-PS-Diesel

GEORG STAGE (II)
København
Dreimast-Vollschiff/Schulschiff, 1935, Frederikshavn Værft & Flydedok, 41,0 m x 8,4 m x 3,8 m, 298 BRT, 860 qm Segel, 120-PS-Diesel, 5 kn, Segelschulschiff für 65 Kadetten.
Der dänische Reeder Carl F. Stage gründete 1882 eine Stiftung, in die er das Schulschiff GEORG STAGE einbrachte. Dieses Schiff liegt heute als Museumsschiff in den USA unter dem Namen JOSEPH CONRAD. Die heutige GEORG STAGE (II) wird seit 1935 als Schulschiff eingesetzt.

GERDA
Moorn
Fischkutter, 1930, Henningsen, Rantzausminde, 9,9 m x 3,1 m x 1,7 m, 5 BRT, 70-PS-Diesel

GIMLI
Jyllinge
Fischerboot, 1918, Stralsund, 9,0 m x 2,4 m x 1,1 m, 4 BRT, 40-PS-Diesel

GITTE PRIES
Sæby
Fischerboot/drivkvase, 1945, Ring-Andersen, Svendborg, ex KATHRINE PETERSEN

GRETHE
Gilleleje
Jolle, 1918, Nielsen, Fejø, 6,9 m x 2,1 m x 0,9 m, 2 BRT

GRETHE CARLSEN
Havnsø
Jagt, 1918, Andersen, Gilleleje, 10,9 m x 4,0 m x 1,7 m, 12 BRT, 56-PS-Diesel

GRØNNE ERNA
København
Nordsee-Fischkutter/snurrevodskutter, 1908, Abrahamsen, Esbjerg, 36 BRT, 56 ft x 17 ft x 9 ft, Segel, 80-PS-Diesel, ex ERNA

GULDBORGSUND
Hvide Sande
Fischkutter, 1905, Dolmer, Vesterø, 13,1 m x 4,2 m x 1,9 m, 12 BRT, 50-PS-Diesel

HAABET
Svendborg
Galeasse, 1914, Christiansen, Rødvig, 32,8 m x 6,5 m x 2,7 m, 72 BRT, ex TUT

HAABET
Roskilde
Fischkutter, 1931, Hansen, Svaneke, 10,8 m x 3,8 m x 1,5 m, 9 BRT, 16-PS-Diesel

HAABET
København
Fischkutter, 1933, Andersen, Fåborg, 10,8 m x 3,8 m x 1,5 m, 12 BRT, 38-PS-Diesel

HAABET
Steinfischer/Jagt, 1913, Bandholm

HALMØ
Kopenhagen
Zweimast-Gaffelschoner, 1900, R. Møller, Faaborg, 32,0 m (21,0 m) x 6,0 m x 2,2 m, 58 BRT, 353 qm Segel, 110-PS-Diesel, drei Mann Besatzung, 12 Passagiere, ex MARIE AF SÆBY, ex HALMØ

HANNE METTE
Svendborg
Sildebåd, 1916, Chr. Hansen, Svaneke, 13,5 m (10,0 m) x 3,8 m x 1,3 m, 8 BRT, 85 qm Segel, 50-PS-Diesel

HANNE MUNK
Gråsten
Limfjord-Boot, 1920, Ustrups, Brønsodde, 13,0 m (9,6 m) x 3,4 m x 1,5 m, 8 BRT, 55 qm Segel, 55-PS-Diesel

HANSA
Skagen
Fischkutter/snurrevodskutter, 1924, Nipper, Skagen, 13,6 m x 4,4 m x 1,9 m, 19,8 BRT, 80-PS-Diesel, ex S 126 HANSA, ex S 126 VITA WEST, Eigner: Skagen By- og Egnsmuseum

HANSINE
Svendborg
Fischerboot, 1911, Rasmussen, Karrebæksminde, 5,9 m x 1,9 m x 0,9 m, 1 BRT

HARALD
Christianshavn
Fischerboot, 1936, Lundeborg, 10,8 m x 4,1 m x 1,9 m, 11 BRT, 136-PS-Diesel

HAVET
Helsingør
Galeasse, 1954, Skibs- & Bådebyggeri, Holbæk, 37,5 m x 7,1 m x 2,4 m, 122 BRT, 450 qm Segel, 142-PS-Dieselmotor, 9 kn, 14 Passagiere, ex EDV. HANSEN

HAVFRUEN
København
Galeasse, Entwurf: Colin Archer, 1928, Gergersen & Sønner, Risør, 7,9 m x 2,0 m x 1,3 m, 5 BRT, 10-PS-Diesel

HAVGASSEN
Sletten/Humlebæk
Galeasse, 1898, R. Møller, Faaborg, 18 BRT, 48 ft x 13 ft x 6 ft, Segel, 64-PS-Diesel, ex HAABET

HELENE
Kalundborg
Jagt, 1919, Nielsen & Gedde, Kerteminde, 12,6 m (10,0 m) x 3,0 m x 1,6 m, 10 BRT, 36-PS-Diesel, 85 qm Segel

HELENE
København
Beltboot, 1903, Carstensen, Korsør, 25 ft x 10 ft x 4 ft, Segel, 5 BRT, 10-PS-Dieselmotor

HERA
Beltboot, 1920, Jensen, Nyborg, 40 ft x 10 ft x 5 ft, 10 BRT, 20-PS-Diesel

HERMES
Ålborg
Fischerboot, 1917, Svendsen, Holbæk, 9,5 m x 3,8 m x 1,5 m, 9 BRT, 40-PS-Diesel

HJÆLPEREN
Nyborg
Lotsenboot, 1903, Länge: 11,0 m

HJALM
Holbæk
Galeasse, 1901, Assens, 49 BRT, 20,4 m x 5,5 m x 2,6 m, Segel, 180-PS-Diesel, ex DYKKEREN, ex MAGDA, ex HJALM, ex CHR. JENSEN

HUMLE
Svendborg
Fischkutter, 1908, Jensen, Lundby, 9,8 m x 2,8 m x 1,1 m, 6 BRT, 48-PS-Diesel

INGA (SE 106)
Odense
Bornholmer Lachskutter, 1942, Larsen, Nexø, Bornholm

INGER
Marstal
Fischkutter, 1942, Kerteminde, 11,9 m (10,9 m) x 4,5 m x 2,0 m, 56 qm Segel

ISEFJORD
København
Zweimast-Gaffelschoner, 1874, H. V. Buhl, Fredrikshavn, 25,0 m (17,5 m) x 4,6 m x 1,9 m, 29 BRT, 290 qm Segelfläche, 65-PS-Diesel, ex MINNA, ex SKAGEN

ISIDORE
Nykøbing/S.
Fischkutter, 1942, Christensen, Ærøskøbing, 12,5 m x 4,0 m x 1,5 m, 14 BRT, 92-PS-Diesel

JANE SOPHIE

Fischkutter, Snurrevodskutter, 1919, Nørregaard & Petersen, Nyborg, 45 ft x 13 ft x 6 ft, 16 BRT, 200-PS-Diesel

JENS KROGH

Ålborg

Fischkutter, Snurrevodskutter, 1899, H.V. Buhl, Frederikshavn, 24,2 m (18,6 m) x 5,0 m x 2,2 m, 34 BRT, 215 qm Segel, 170-PS-Dieselmotor, drei Mann Besatzung, 16 Passagiere, Segelzeichen: TSD 145, ex ULLA VITA, ex IDA, ex JENS KROGH

JENS MUNK

Kalundborg

Lotsenboot/Risør Skøyte, 1912, Colin Archer, Länge: 14,0 m (10,3 m)

JENSINE

Haderslev

Frachtsegler/Jagt, 1852, J.W. Riis, Ålborg, 31 BRT, 26,0 m (15,6 m) x 4,6 m x 1,9 m, 154 qm Segel, 100-PS-Diesel. Ältestes aktives Segelschiff in Dänemark

JETTE

Åbenraa

Rettungsboot, 1910, Länge: 11,0 m (9,4 m)

JOHANNA (TG 326)

Vagur

Fischerboot, 1884, Hoad, Rye, Großbritannien, 26,5 m x 5,8 m x 2,9 m, 92 BRT, 240-PS-Diesel

JOHANNE

Kolding

Fischkutter, 1932, Hals, 8,2 m x 3,1 m x 1,3 m, 5 BRT, 43-PS-Diesel

JOHANNE

Langø

Zweimast-Schoner, 1895, Øxenbjerg, Svendborg, 23,0 m x 5,7 m x 3,1 m, 55 BRT, 165-PS-Diesel

JOHANNE (TG 326)

Ebeltoft

Fischkutter, 1884, 35,0 m x 6,0 m x 4,4 m, 93 BRT

JOHANNE

Nyborg

Fischerboot, 1910, Nyborg, 6,8 m x 2,3 m x 0,9 m, Eigner: Nyborg og Omegns Museer

JOHANNE

Århus

Jagt, 1919, Länge: 10,0 m

JOSEFINE

Thisted

Haikutter, 1931, 25,0 m (19,0 m) x 4,3 m x 2,0 m, 19 BRT, 144 qm Segel, 100-PS-Diesel

JULIE

Sillerslev

Fischerboot, 1934, Pedersen, Sæby, 12,5 m x 4,1 m x 1,3 m, 12 BRT, 200-PS-Diesel

JUTLANDIA

Havnsø

Fischkutter, 1916, Rødvig, 11,1 m x 4,1 m x 1,8 m, 13 BRT, 72-PS-Diesel

JYDEN

Gilleleje

Fischerboot, 1952, Mortensen, Faxe Landeplads, 8,9 m x 3,1 m x 1,1 m, 6 BRT, 26-PS-Diesel

K.D.F. & V. 81

København

Beiboot FYRSKIB XVII, 1941, Orlogsværftet, København, 3,0 m x 0,9 m

KÅDEN

Marstal

Fischerboot/Smakkejolle, 1927, Dyphr, Lundby, 6,2 m x 1,9 m x 0,8 m, 1 BRT, 10-PS-Diesel

KAREN

Christianshavn

Fischerboot, 1921, Andersen, Kalvehave, 6,9 m x 2,5 m x 0,9 m, 4 BRT, 20-PS-Diesel

KAREN

København

Smakkejolle, 1938, Rudkøbing, 6,1 m x 2,3 m x 0,9 m, 1 BRT, 3-PS-Diesel

KAREN MARIE

Kragenæs

Jagt, 1935, Andersen, Gilleleje, 13,6 m (10,5 m) x 4,4 m x 1,6 m, 11 BRT, 109-PS-Diesel, 115 qm Segel

KAROLINE SOFIE

Bandholm

Fischerboot, 1913, Poulsen, Svendborg, 9,9 m x 3,9 m x 1,6 m, 10 BRT, 70-PS-Diesel

KAROLINE SVANE

Galeasse, 1885, Humlebæk

KDL-LODSBÅDEN

Holbæk

Lotsenboot (Kongelig Dansk Lodsvæsen), 1922, Frederiksund, 12,0 m x 3,5 m x 1,5 m, 10 BRT, 43 qm Segel, Eigner: Holbæk Museum

KLAJE

Kerteminde

Beltboot, 1915, 11,0 m (8,5 m) x 3,3 m x 1,1 m, 40 qm Segel, 20-PS-Diesel

KOMMANDØREN

Rømø

Jagtgaleasse, 1891, Kaerrebeksminde, 27,0 m (20,0 m) x 5,1 m x 2,0 m

KRAKA

Hundige

Galeasse, 1922, Nielsen, Kalundborg, 19,0 m (15,0 m) x 5,1 m x 1,9 m, 19 BRT, 96-PS-Diesel, 150 qm Segel

KYRI

Jagt, 1900, Horten/Norwegen, 11,9 m x 3,9 m x 1,8 m, 18 BRT, 60-PS-Diesel, Konstruktion: Colin Archer

LAMPRENEN

Struer

Jagt, 1935, Hadsund, 10,1 m x 3,5 m x 1,5 m, 10 BRT, 22-PS-Diesel

LAPPEDYKKEREN II

Haikutter, 1929, Gilleleje

LAURA

Christianshavn

Fischerboot/Åledrivkvase, 1907, R. Rasmussen, Nysted, 13,5 m (9,2 m) x 3,1 m x 1,3 m, 7 BRT, 39-PS-Diesel, 75 qm Segel

LET

Gilleleje

Fischerboot, 1888, Nielsen, Skovshoved, 7,1 m x 2,2 m x 0,9 m, 3 BRT, 10-PS-Diesel

LEO
Logger, 1919, Niederlande

LIFE
Fischerboot, 1926, Frederikssund, 39 ft x 15 ft x 6 ft, 17 BRT

LILLA DAN
Kogtved/Svendborg
Zweimast-Toppsegelschoner, 1950, J. Ring Andersen, Svendborg, 32,5 m (25,8 m) x 6,2 m x 2,5 m, 95 BRT, 85-PS-Diesel, 280 qm Segelfläche, 18 Kadetten/Passagiere

LILLESAND
Aalborg
Fischkutter, 1924, Nipper, Skagen, 16,9 m x 4,0 m x 2,1 m, 29 BRT, 174-PS-Diesel

LILLY
Kalvehave
Fischerboot/Åledrivkvase, 1914, Fejø, 8,9 m x 3,2 m x 1,0 m, 6 BRT

LIVØ
Aalborg
Galeasse, 1903, Thorsen, Løgstør, 12,3 m x 3,5 m x 1,2 m, 13 BRT, 50-PS-Diesel

LODSEN
Kastrup
Lotsenboot, 1899, København, 9,5 m x 2,9 m x 1,5 m, 6 BRT, 2-PS-Diesel

LOFOTEN
Venø
Lofotkutter, 1927, Mo i Rana, Norwegen, 9,9 m x 3,9 m x 2,2 m, 11 BRT, 60-PS-Diesel

LONE
Dyvig
Fischkutter 1930, Nielsen, Langø, 10,1 m x 3,9 m x 1,2 m, 10 BRT, 30-PS-Diesel

LOTTE BRINK
København
Fischkutter, 1922, Dolmer, Vesterø, 8 BRT, 9,9 m x 3,6 m x 1,3 m, Segel, 100-PS-Diesel

MAAGEN
Faaborg
Jagd, 1934, 9,9 m x 4,0 m x 2,0 m

MAAGEN
Fynshav
Fischerboot, 1918, Skrol, Kerteminde, 10,1 m x 3,8 m x 1,3 m, 6 BRT, 36-PS-Diesel

MAAGEN AWINA
Kolding
Spitzgatter, 1887, Länge: 9,4 m

MADONNA
København
Dreimast-Toppsegelschoner/Galeasse, 1942, Ring Andersen, Svendborg, 40,4 m (27,1 m) x 7,2 m x 2,9 m, 104 BRT, 405 qm Segel, 240-PS-Diesel, vier Mann Besatzung, 12 Passagiere,
ex ELSE DOROTHEA BAGER,
ex MERCANTIC II,
ex JACQUELINE,
ex TALATA,
ex KARIS

MÆFIKKEN
Faborg
Drivkvase/Treibquatze, 1917, Chr. Mortensen, Fejø, 7 BRT, 8,9 m x 3,0 m x 0,9 m, 90 qm Segel, 16-PS-Dieselmotor

MÅGEN
Christianshavn
Fischerboot, 1927, Borberg & Olsen, Fakse Landesplads, 8,7 m x 3,6 m 1,2 m, 8 BRT, 46-PS-Diesel

MAJA
Hobro
Dreimast-Toppsegelschoner, 1918, Boot a. Alphen/Niederlande, 39,1 m x 6,9 m x 2,2 m, 141 BRT, 292-PS-Diesel

MA-RI
København, Nyhavn
Galeasse, 1920, Warnemünde, 15 BRT, 12,0 m x 3,0 m x 2,2 m, 100 qm Segel, 128-PS-Diesel

MARIA-DRES
Bork Havn
Fischkutter, 1933, Christoffersen, Nordby, 12,5 m x 4,1 m x 1,5 m, 16 BRT, 85-PS-Diesel

MARIE
Hvidovre
Kragejolle, 1924, Svendsen, Refshaleøen, 10,9 m (8,9 m) x 3,2 m x 1,5 m, 4 BRT, 65 qm Segel

MARIE
Korsør
Fischerboot, 1916, Jensen, Nyborg, 8,8 m x 6,5 m x 1,9 m, 4 BRT, 20-PS-Diesel

MARIE
Fischkutter, 1919, Sæby

MARIE NIELSEN
Århus
Fischkutter/Bornholmer Kutter, 1937, H.P. Hansen, Svaneke, 12,0 m x 3,9 m x 1,1m, 8 BRT, 22-PS-Diesel,
ex VEGA, ex MÅGEN

MARILYN ANNE
Struer
Dreimast-Gaffelschoner, 1919, E. Eriksen, Marstal, 38,1 m (29,2 m) x 7,6 m x 2,7 m, 135 BRT, 480 qm Segel, 256-PS-Dieselmotor, ex VEST,
ex VESTVÅG, ex FREM

MARINA
Kolding
Fischkutter, 1919, Aalborg Vaerft, 14,0 m x 3,3 m x 1,5 m, 19 BRT, 110-PS-Diesel

MARIUS
Haderslev
Fischerjolle, 1930, Svendsen, Snekkersten, 7 BRT, 12,0 m (9,5 m) x 3,5 m x 1,5 m, 43 qm Segel, 22-PS-Diesel

MARNA (SG 100)
Faaborg
Fischerboot, 1940, Andersen, Faaborg, 11,8 m x 4,1m, 12 BRT, 50-PS-Diesel

MARTA
Aarhus
Segler, 1950, Hardanger, Norwegen, 9,0 m x 2,5 m x 1,3 m, 4 tons, 60 qm Segel, 22-PS-Diesel

MARTHA
Vejle
Zweimast-Schoner, 1899, Lindtners Værft, Vejle, 51 BRT, 32,8 m (21,0 m) x 5,5 m x 2,1 m, 335 qm Segel, 115-PS-Dieselmotor, bis 1971 als Küstensegler im Einsatz.

MARUSKA
Svendborg
Fischkutter, 1926, Länge: 9,4 m

MARY

Fejø

Jagt, 1945, Orlogsværftet, København, 7,6 m x 2,4 m x 0,9 m, 4 BRT, 10-PS-Diesel

MARY

Rødvig

Fischkutter, 1912, Esbjerg, 11,8 m x 3,8 m x 1,8 m, 14 BRT, 30-PS-Diesel

MATHILDE

Dageløkke

Fischkutter, 1906, Nexø, 8,5 m x 2,9 m x 1,5 m, 5 BRT, 17-PS-Diesel

MESTER

Rønne

Galeasse, 1903, Hansen, Odense, 15,5 m x 4,9 m x 1,9 m, 19 BRT, 126-PS-Diesel

META

Rudkøbing

Schoner, 1884, Christophersen, Assens, 19 BRT, 21,0 m (15,0 m) x 4,6 m x 1,8 m, 136 qm Segel, 120-PS-Diesel, 20 Passagiere, 12 Kojen

MIDSOMMER

Troense

Zweimast-Gaffelschoner, 1910, Windt, Vlaardingen/Niederlande, 35,5 m (27,0 m) x 6,1 m x 3,0 m, 94 BRT, 550 qm Segel, 150-PS-Diesel, drei Mann Besatzung, ex HELENE, ex JOHANNA JACOBA

MIK PEDERSEN

Åbenraa

Fischkutter, 1912, Nipper, Skagen, 15,8 m x 4,1 m x 1,9 m, 19 BRT, 230-PS-Diesel

MILLE

København

Haikutter, 1908, Jensen, Tasinge, 30 ft x 10 ft x 4 ft, 6 BRT, 49-PS-Diesel

MINERVA

Ålekvase, 1908, Karrebaeksminde, ex KR 862

MIRA

København

Zweimast-Schoner, 1897, R. Møller, Faaborg, 41 BRT, 25,0 m (18,5 m) x 4,9 m x 1,9 m, 40 BRT, 270 qm Segel, 130-PS-Diesel

MJØLNER

Ærøskøbing/Rudkøbing

Fracht-Motorsegler, 1922, Ring Andersen, Svendborg, 19,8 BRT, 15,8 m x 5,0 m x 1,5 m, 170 qm Segelfläche, 55-PS-Dieselmotor. Seit 1990 aktives Museumsschiff, Eigner: Langelands Museum

MONA-LISA

København

Fischkutter, 1933, Andersen, Faborg, 9,9 m x 3,8 m x 1,9 m, 12 BRT, 115-PS-Diesel

MORAY-FIRTH

Århus

Haikutter, 1937, Kjeldsen, Esbjerg, 21,0 m (17,0 m) x 4,5 m x 2,1 m, 31 BRT, 52-PS-Diesel

NANNE

Skærbæk

Fischkutter, Fanø Skibsværft, Nordby, 18,1 m x 4,9 m x 1,9 m, 39 BRT, 175-PS-Diesel

NAVARANA

Køge

Fischkutter, 1947, Lund, Kalundborg, 10,2 m x 3,9 m x 2,1 m, 19 BRT, 80-PS-Diesel

NEPTUN

Nyborg

Risørskøjte, 1904, Thorsen, Risør, 9,8 m x 2,9 m x 1,5 m, 8 BRT

NEPTUN

Nørrekaas

Lotsenboot, 1927, Jans, Dragør, 9,8 m x 3,0 m x 1,5 m, 8 BRT, 63-PS-Diesel

NESTOR

København

Zweimast-Schoner, 1905, Glasow, Eckernförde, 20,2 m x 5,7 m x 2,2 m, 63 BRT, 90-PS-Diesel

NG 259

Kerteminde

Damjolle, 1886, Kerteminde, 20 ft x 6 ft x 1 ft

NIELAN

Hobro

Haikutter, 1925, 16,3 m x 4,7 m x 2,2 m, 32 tons, 178 qm Segel, 230-PS-Diesel

NIKOLINE

Nexø

Lachskutter, 1911, Länge: 13,5 m (9,9 m)

NORDBOEN

Skagen

Zweimast-Gaffelschoner, 1933, J. Ring-Andersen, Svendborg, 28,3 m (21,0 m) x 5,3 m x 3,1 m, 38,6 BRT, 405 qm Segel, 415-PS-Diesel

NORDKAPEREN

København

Galeasse, 1905, Stettin, 58 ft x 11 ft x 8 ft, 19 BRT, 90-PS-Diesel

NORDLYSET

Galeasse, 1934, Lilleø Skibsvaerft

NORDSTJERNEN

København

Jagt, 1872, Illum, Middelfart, 16,5 m x 4,2 m x 1,9 m, 19 BRT, 80-PS-Diesel

NORDSØEN

Hirtshals

Fischerboot/Vestkystbåd, 1939, Bonde, Stenbjerg,, 8,5 m x 3,9 m x 0,9 m, 7 BRT, 40-PS-Diesel

NØRGAARD-P.

Løgstør

Limfjord-Sjægt, 1910, A. P. Andersen, Nøreng, 1 BRT, 5,6 m x 1,7 m x 0,8 m, Segel, ohne Motor, Eigner: Limfjordsmusset

OLE RØMER

Galeasse/Grönlandsegler, 1946, Holbæk, 66 ft x 17 ft x 9 ft, 69 BRT

OLGA

Kerteminde

Jagt, 1933, Bdr. Rasmussen, Agersø, 13,0 m (10,3 m) x 3,6 m x 1,8 m, 83 qm Segel, 30-PS-Diesel

OLINE

Egernsund

Dorschquaze, 1878, H.V. Buhl, Frederikshavn, 22,0 m (18,0 m) x 5,0 m x 1,8 m, 120 qm Segel

OPAL

Grenaa

Schoner/ehemaliger Fischkutter, 1952, Boden, Damgarten/Deutschland, 80 ft x 26 ft x 9 ft, 73 BRT

OTTO MATHIASEN

Århus

Jagt, 1898, Poulsen, Frederikssund, 19 BRT, 18,5 m (12,5 m) x 5,9 m x 1,5 m, Segel, 120-PS-Diesel, ex OTTO RUD

OTWI

Schoner, 1911, Deutschland, ex SCHWALBE

PALNATOKE

Bogense

Galeasse, 1894, Jensen, Humlebæk, 19 BRT, 22,0 m (15,8 m) x 5,2 m x 1,9 m, 185 qm Segelfläche, 85-PS-Dieselmotor, 12 Kojen, 24 Passagiere

PANEERAQ

Kolby Kas

Fischkutter, 1936, Øster, Ballen, Samsø, 12,5 m x 3,9 m x 1,9 m, 16 BRT, 130-PS-Diesel

PANOPE

Århus

Fischerboot, 1880, ex SKIBET

PLI

Stege

Marinekutter, 1929, Nipper, Skagen, 16,5 m x 4,3 m x 2,2 m, 28 BRT, 165-PS-Diesel, Stützsegel

PLUSLI

Kastrup

Fischerboot/smakkejolle, 1930, Dragør, 4,3 m x 1,3 m x 0,5 m

POLARSTJERNEN

Skagen

Fischkutter, 1925, Karstensen, Skagen, 15,5 m x 4,3 m x 2,4 m, 30 BRT, 230-PS-Diesel

PROVIDER

København

Galeasse, 1922, Danzig, 13,8 m x 3,8 m x 1,5 m, 18 BRT, 75-PS-Diesel

RAGNHILD

Hundested

Fischerboot, 1935, Rasmussen, Frederiksværk, 10,1 m x 4,1 m x 1,9 m, 13 BRT, 45-PS-Diesel

RAMSØYFJORD

Øster Hurup

Fischkutter, 1939, Aure/Norwegen, 9,9 m x 4,1 m x 1,9 m, 18 BRT, 120-PS-Diesel

RANA

Roskilde

Vikingeskibsmuseet/Museumshafen

Nordlandboot/Storåttring, 1892, Hemnæsberget, Ranfjorden, Norwegen, 10,8 m x 2,7m x 0,6, m, 33 qm Segel, 10 Riemen, 5 Mann Besatzung, max. 12,5 kn, 33 qm Segel, Geschwindigkeit unter Segeln bis zu 12,5 kn

RANA

Hadsund

Zweimast-Schoner, 1919, R. Møller, Fåborg, 78 BRT, 21,1 m x 5,8 m x 3,2 m, 350 qm Segelfläche, 180-PS-Motor, ex MOTORFYRSKIB No. 4

RANI II

Egernsund

Kutter, 1931, Länge: 10,0 m

REBEKKA

Nordby, Fanø

Zweimast-Ewer, 1921, Christoffersen, Nordby, 15,2 m x 4,8 m x 1,3 m, 19 BRT

REX

Ærøskøbing

Fischerboot, 1913, Svendsen, Snekkersten, 7,9 m x 2,8 m x 0,9 m, 5 BRT, 18-PS-Diesel

RØRET

Nyord

Postboot, 1902, 1902, Hansen, Nykøbing/F., 10,2 m x 2,9 m x 0,9 m, 12 BRT, 20-PS-Diesel

ROSALINA

Svendborg

Åledrivkvase, 1918, Fejø, 6,9 m x 2,1 m x 1,2 m, 3 BRT, 12-PS-Diesel

ROSEN AF STRUER

Struer

Haikutter, 1918, Esbjerg Skibsværft, Länge: 20,5 m (14,5 m), ex MYLA, (F 36), ex ANNA (E 304), ex HANNE (RI 30), ex ANNY GRETHE (RI 30), ex RÅBJERG (S 107), ex KRÆN WESTER II

ROSINANTE

Strynø

Aak, 1909, Moerdijk/Niederlande, 19,8 m (14,7 m) x 4,0 m x 0,8 m, 92 qm Segel

ROSITA

Fischkutter, 1931, Frederikshavn

RUTH

Roskilde

Vikingeskibsmuseet/Museumshafen

Frachtsegler/Sloop, 1854, P. Willumsen, Svinør/Norwegen, 20,2 m (14,3 m) x 4,9 m x 1,8 m, 19 BRT, 150 qm Segel, 50 Tonnen Tragfähigkeit, 3–4 Mann Besatzung, max. 8 kn, Holzrumpf, Eigner: Nationalmuseum, seit 1968 Museumsschiff, ex FAMILIEN

RYLEN

Brunshuse

Fischerboot/bæltbåd, 1896, Kerteminde, 9,5 m x 2,9 m x 1,5 m, 48-PS-Diesel Eigner: Johannes Larsen Museet

RYLEN

København

Fischerboot, 1907, Andersen, Frederikssund, 7,5 m x 2,1 m x 0,9 m, 3 BRT, 8-PS-Diesel,

SAGA

Nykøbing/Mors

Zweimast-Schoner, 1935, Martinsaari, Finnland, 24,8 m x 5,8 m x 2,3 m, 39 BRT, 280 qm Segel, 212-PS-Diesel

SANDORMEN

Sletten

Skutsje, 1904, V.d.Verf, Warga, Niederlande, 16,5 m x 3,2 m x 0,7 m, 13 BRT, 46-PS-Diesel

SCHRØDERS MINDE
Kerteminde
Fischkutter, 1907, Andersen, Dyreborg, 11 BRT, 34 ft x 12 ft x 5 ft, Segel, 45-PS-Dieselmotor

SEJR
Kærgård
Jagt/Kystbåd, Mortensen, Klitmøller, 8,9 m x 4,1 m x 1,1 m, 9 BRT, 40-PS-Diesel

SIGNE RINK
København
Kutter, 1953, Holbæk, 64 ft x 16 ft x 8 ft, 44 BRT, 182-PS-Diesel

SILVERMOON
Esbjerg
Kutter, 1936, Jensen, Esbjerg, 16,5 m x 4,8 m x 2,3 m, 36 BRT, 130-PS-Diesel

SKARVEN
Rudkøbing
Risørskøjte/Zollkreuzer, 1923, Chr. Jensen, Risør/Norwegen, 12,1 m x 4,1 m x 2,4 m, 18 tons, 70 qm Segel, 75-PS-Diesel

SKIBET
Århus
bæltbåd, 1880, Hansen, Dyrehaugen, 9,9 m x 3,1 m 0,9 m, 9 BRT, 85-PS-Diesel

SKIBLADNER II
København
Galeasse, 1897, N.F. Hansen, Odense, 43 BRT, 27,0 m (18,5 m) x 5,5 m x 2,1 m, 240 qm Segelfläche, 160-PS-Dieselmotor, Rumpf: Eiche auf Eiche, 18 Passagiere, Segelzeichen: TSD 500

SKØDSHOVED
Nappedam Havn
Galeasse, 1907, Schrøder, Horsens, 15 BRT, 41 ft x 12 ft x 5 ft, Segel, 100-PS-Dieselmotor

SLEJPNER
Gilleleje
Fischkutter, 1929, Karstensen, Skagen, 16,1 m x 4,6 m x 2,4 m, 16 BRT, 96-PS-Diesel

SOLVANG (F.60.B)
Abenraa
Lofotenkutter, 1930, Kristoffersen, Rognan, Norwegen, 17,5 m (12,9 m) x 4,3 m x 2,0 m, 18 BRT, 280-PS-Diesel, 120 qm Segel

SOMMERFLID
Frederikssund
Fischerboot/halvdæksbåd, 1915, Andersen, Frederikssund, 9,1 m Länge, Eigner: Egnsmuseet Færgegården, Jægerspris

SOPHIE
Nykøbing
Nachbau eines Frachtseglers aus dem 17. Jahrhundert (skude, Bredfjed-Fund), 2001, Fejø, 13,5 m x 5,0 m

SORGENFRI
Holbæk
Jagt, 1924, Christiansen, Rødvig, 14,6 m x 5,1 m x 1,8 m, 19 BRT, 42-PS-Diesel

SPROGØ
Åbenraa
Galeasse, 1937, Jensen, Nyborg, 13,9 m x 3,9 m, 15 BRT, 64-PS-Diesel

STJERNEN AF BAGENKOP
Bagenkop
Fischkutter, 1938, P. Jacobsen, Langø, 15,0 m (11,8 m) x 4,0 m x 1,8 m, 15 tons, 100 qm Segel, 105-PS-Diesel

STUMPEDE DORETTE
Neder Draby
Isefjordboot, 1916, Frederiksund, 10,0 m (7,2 m) x 2,8 m x 0,9 m, 3 tons, 25 qm Segel, 30-PS-Diesel

STYRVOLT
Vejle
Haikutter, 1943, Borberg & Olsen, Fakse, 18,0 m (12,6 m) x 4,0 m x 2,0 m, 15 BRT, 120-PS-Diesel

SVALAN
Gaffelsegler, 1924, Jungfrusund, Schweden, 66 ft x 17 ft x 8 ft, 43 BRT

SVALEN
Hjarbæk
Fischerboot/Kattegatbåd, 1906, Olsen, Kikhavn/Hundested, 18,0 m (11,6 m) x 4,9 m x 1,8 m, 14 BRT, 110 qm Segel, 65-PS-Diesel

SVANEN
København/Hobro
Haikutter, 1913, Ringkøbing, 16,3 m (12,0 m) x 4,0 m x 1,7 m, 14 BRT, 115-PS-Diesel

TALASSA
Stubbekøbing
Kutter, 1900, H.V. Buhl, Frederikshavn, 20,0 m (15,5 m) x 4,5 m x 1,8 m, 19 BRT, 85 qm Segel, 40-PS-Diesel

TERNE
Mullerup
Skøjte, 1928, Petersen, Hou, 8,8 m x 2,8 m x 1,4 m, 20-PS-Diesel

TERNEN
Rødbyhavn
Isefjordboot, 1916, Ferdinandsen, Gilleleje, 9,9 m x 3,8 m x 1,8 m, 16 BRT, 39-PS-Diesel

TERNEN AF FEJØ
Fejø
Åledrivkvase, 1933, Chr. Petersen, Viemose, 10,0 m x 2,5 m x 0,8 m, 42 qm Segel, 10-PS-Diesel

THAI
København
Fischkutter, 1905, Mortensen, Frederikshavn, 12 BRT, 13,5 m (12,0 m) x 3,8 m x 1,9 m, Segel, 58-PS-Diesel

THAI
Frederiksværk
Fischkutter, 1933, Madsen, Hobro, 10,7 m x 3,8 m x 1,8 m, 12 BRT, 78-PS-Diesel

THYRA
Ishøj
Fischkutter, 1913, Poulsen, Ringkøbing, 15,0 m x 4,1 m x 1,8 m, 16 BRT, 116-PS-Diesel

THYRA
København
Isefjordboot, 1893, Hagemann, Wiken, 11,1 m x 4,1 m x 1,1 m, 11 BRT, 85-PS-Diesel

TILIKUM
Dyvig
Lotsenkutter, 1924, Siegfried, Eckernförde, 10,0 m x 3,1 m x 1,9 m, 10 BRT, 36-PS-Diesel

TINA
Gedser
Lotsenboot, 1898, 7,9 m x 2,9 m x 1,2 m, 12-PS-Diesel

TINA
Helsingør
Zweimast-Schoner, 1904, Kofoed, Faxe Landeplads, 20,1 m x 6,5 m x 2,1 m, 55 BRT, 200-PS-Diesel

TINNA
Haderslev
Kutter, 1924, Jespersen, Middelfart, 8,8 m x 2,6 m x 1,3 m, 42-PS-Diesel

TOLDEREN
Kastrup
Isefjordboot, 1887, Rørvig, 8,9 m Länge, 8 BRT

TRE-VENNER
Fur
Hummerkvase, 1902, Dolmer, Vesterø, 10,0 m x 3,7 m x 1,7 m, 30-PS-Diesel

ULYSSE
København
Lynæsjolle, 1944, Knudsen, Jyllinge, 16 ft x 6 ft x 3 ft, 1 BRT

URSA
Ålborg
Galeasse, 1939, Petersen, Hou, 14,5 m x 4,3 m x 1,5 m, 105-PS-Diesel

VALBORG
Kolding
Fischkutter, 1935, Rasmussen, Frederiksværk, 14 BRT

VEGA
Kolding
Drivkvase, 1901, Lundt's Værft, Assens

VERA
Assens
Fischerboot, 1931, Andersen, Faaborg, 9,3 m x 2,9 m x 1,2 m, 30-PS-Diesel, 6 BRT

VERITAS
Køge
Fischkutter, 1931, Borberg & Olsen, Faxe Landeplads, 9,9 m x 3,8 m x 1,5 m 12 BRT, 45-PS-Diesel

VESTA
Sundboot, 1918, Holm, Sletten

VIGGOLINE
Hjarnø
Finkenwerder Kutter, 1892, Hamburg-Finkenwerder, 13,8 m (10,8 m) x 3,5 m x 1,3 m, 7 tons, 87 qm Segel, 22-PS-Diesel

VIKING
Hobro
Haikutter, 1933, Frederikssund, 16,0 m (13,5 m) x 4,1 m x 1,7 m, 16 BRT, Segel, 100-PS-Diesel

VIKING (No. XVI)
Svendborg
Zollkutter, 1897, Hansen, Odense, 19,57 BRT, 21,0 m (13,8 m) x 4,3 m x 2,3 m, 19 BRT, 115 qm Segel, 90-PS-Diesel, spitzgattige Yacht mit Pfahlmast und Bugspriet, seit 1979 Museumsschiff, Eigner: Svendborg & Omegns Museum

VIKING II
København
Haikutter, 1932, Länge: 21,0 m (15,0 m)

VIKING
Kolding
Fischerboot, 1914, Rasmussen, Nysted, 6,8 m x 2,8 m x 0,8 m, 25-PS-Diesel

VIKTORIA
Roskilde
Vikingeskibsmuseet, Museumshafen
Fischerboot/Drivkvase, 1904, Nielsen, Fejø, 8,3 m x 2,7 m x 1,7 m, 4 BRT, 68 qm Segel, 2 Mann Besatzung, max. 8 kn

VIKTORIA
Christianshavn
Kutter, 1918, Jørgensen, Lohals, 10,1 m x 4,2 m x 1,6 m, 110-PS-Diesel

VILHELM (H 458)
Gilleleje
Isefjordsbåd, 1888, Peter Madsen, Lynæs, 11,2 BRT, 10,3 m x 4,4 m ft x 1,4 m, Segel, 30-PS-Motor, 3-5 Mann Besatzung, Eigner: Gilleleje Museum

VINDPØSEN
Nappedam
Skøjte, 1945, Jærens Rev, 8,9 m x 3,1 m x 1,2 m, 5 BRT, 10-PS-Diesel

VØLVEN
Christianshavn
Fischkutter, 1920, Esbjerg, 14,8 m x 4,1 m x 1,7 m, 100-PS-Diesel

WAHINE
København
Beltboot, 1930, Chr. Nørregaard, Nyborg, 14,0 m (10,6 m) x 4,1 m x 1,3 m, 11 tons, 96 qm Segel, 62-PS-Diesel

WESTWIND
Århus
Kosterboot, 1900, J. Petterson, Hälsö, Schweden, 15,0 m (12,0 m) x 4,0 m x 1,7 m, 13 tons, 86 qm Segel, 60-PS-Diesel

W. KLITGAARD
Frederikshavn
Fischkutter, 1891, Olsen, Frederikshavn, 38 BRT, 26,2 m (20,8 m) x 5,3 m x 2,6 m, Segel, 140-PS-Diesel

YUKON
Dragør
Haikutter, 1930, Hjørne & Jacobsen, Frederikshavn, 20,0 m (14,9 m) x 4,6 m x 2,2 m, 29 tons, 98 qm Segel, 155-PS-Diesel

ZENIT
Århus
Kutter, 1941, Nipper, Skagen, 15,8 m x 4,3 m x 2,2 m, 19 BRT, 200-PS-Diesel

AKTIVE VETERANEN UNTER DAMPF ODER MOTOR

ÆRØBOEN
Motorfähre, 1932, Svendborg

ÆRØSUND
Motorfähre, 1960, Husumer Schiffswerft

ALBA II.
Inspektionsboot, 1944, Nakskov
ex GORM

CAPTAIN HOOK
København
Eisbrecher, 1956, Göteborgs Skibsværft, 120 BRT

CAROLINE SAMSØ
Ballen
Küstenmotorschiff, 1959, H.C. Christensen, Marstal, 150 BRT, 240 tdw, 33,5 m x 6,5m, 265-PS-Dieselmotor, 9 kn, ex JANE, ex JANTO,
Eigner: Foreningen Caroline Samsø

CASSIOPEIA
Heimwehrkutter, 1938, Frederikssund, ex MHV 63

CATRINE K
Svendborg
Sundfähre, 1950, 50 Personen

CLAUS SØRENSEN (E 1)
Esbjerg
Fiskeri- og Søfartsmuseet,
Fischkutter, 1922, 17 BRT,
Länge: 11,5 m, Motor

CYCLUS
Fischerei-Inspektionsboot, 1890, Malmö, ex FALKEN

DANNEBROG
København
Yacht der königlichen Familie, 1931/32, Orlogsværft, København, 1.130 tons, 80,0 x 10,4 m, Diesel-Motoren (2x 930 PS), 13 kn, 51 Mann Besatzung

EDDERFUGLEN
Ærøsund
Motorboot, 1936, Wennicke, Stege, 24 ft x 8 ft x 3 ft, 45-PS-Diesel

EGESKOV
Marstal
Fähre, 1937, Svenborg, 98 ft x 22 ft x 9 ft, 201 BRT, 280-PS-Diesel

ELLEN FEJØ
Dybvig
Fähre, 1933, Christensen, Ærø, 108 ft x 19 ft x 7 ft, 99 BRT, 50-PS-Diesel

ELLEN MARGRETHE
Nekselø
Fähre, 1923, Nordbjerg, Fåborg, 40 ft x 16 ft x 6 ft, 19 BRT, 96-PS-Diesel

EMMA
Heimwehrkutter, 1944, Frimodt & Husmer, ex MHV 73 HERCULES

FRIGG
Vordingborg
Fischereiaufsichtsfahrzeug, 1939, Laursen, Struer, 11 BRT, 46 ft x 9 ft x 5 ft,
ex FISKERIKONTROLFARTØJ Nr. 3

FYRHOLM
Inspektionsboot, 1945, Orlogsvaerft

GL. TURISTEN
Ry
Passagierschiff, 1922, Villumsen, Ry, 14,0 m x 3,4 m x 1,0 m, 18,4 BRT, 44-PS-Diesel, ex LINE, ex TURISTEN,
Eigner: Ferskvandsmuseet

GL. LUNA
Gedser
MHV-Kutter, 1938, Andersen, Gilleleje, 19,5 m x 4,9 m x 2,3 m, 28 BRT, 165-PS-Diesel

HAMMER
Rettungsboot, 1950, Banke, Fjællebroen, 31 ft x 10 ft x 3 ft, 4 BRT

HELGE
Svendborg
Passagierschiff, 1924, J. Ring Andersen, Svendborg, 27 BRT, 18,6 m x 5,3 m x 1,5m, 180-PS-Diesel, 10 kn, 100 Passagiere

HJEJLEN
Silkeborg
Raddampfer, 1861, Baumgarten & Burmeister, København, 39 BRT, 26,9 m x 3,8 m x 1,7 m, 25-PS-Dampfmaschine, 8 kn, Eisenrumpf, 175 Passagiere.
Eines der drei weltweit ältesten aktiven Dampfschiffe

H.V. RAVN
København
Seezeichen-Inspektionsschiff, 1938, Nakskov Skibsværft, 42 Meter Länge, 279 BRT

JAVA
Rudkøbing
Küstenfrachtschiff, 1899, Holland, als Heringslogger gebaut

JØRGEN BRØNLUND
Polizeifahrzeug, 1952, Rantzausminde

KAJA
Fährschiff, 1923, Tåsinge

KAJAMA
Odense
Küstenmotorschiff, 1930, Nobiskrug, Rendsburg, 450 tdw, ex WILFRIED

KATTEGATT
Fischkutter, 1939, Ebeltoft

LIVØ
Køge
Fähre, 1925, Ring Andersen, Svendborg, 45 ft x 13 ft x 7 ft, 18 BRT, 165-PS-Diesel

LYØ
Svendborg
Minensuchboot, 1941, Korsør, 49 tons, ex MS 4, ex MHV 86

MARIAN
Holbæk
Minensuchboot, 1941, Holbæk, 78 ft x 14 ft x 4 ft, 330-PS-Diesel

MARIANNE-F
Holbæk
Minensuchboot, 1941, Holbæk, 78 ft x 14 ft x 4 ft, 70 BRT, 330-PS-Diesel

METEOR
København
Beiboot der Kaiserlichen Yacht HOHENZOLLERN, 1909, Max Oertz, Hamburg, 7,0 m x 1,7m, Mahagoni-Rumpf, eine 60-PS-Dampfmaschine, 1892, später in Dänemark eingebaut

MIDDELGRUNDEN
Heimwehrkutter, 1926, Schweden, ex MHV 66

MIRA III
Middelfart
Ausflugsschiff, 1915, Morgens Hansen, Frederikssund, 55 ft x 14 ft x 6 ft, 41 BRT, 125-PS-Diesel

MØN
Motorfähre, 1923, Nakskov

MOLLYHAWK
København
Minensuchboot, 1945, Frederikssund, 68 ft x 17 ft x 8 ft, 118-PS-Diesel

Nr. 10
Fischereikontrollboot, 1938, Frederikssund Skibsværft, 55 ft x 9 ft x 5 ft, 11 BRT, 165-PS-Diesel

Nr. 48
København
Prahm, 1926, Burmeister & Wain, København, 73 ft x 21 ft x 7 ft, 87 BRT

NAKSKOV HAVN I
Schlepper, 1914, Rasmussen, Nakskov, 41 ft x 13 ft x 6 ft, 18 BRT, 150-PS-Diesel

PRAM 48
Lastpram, 1925, B&W

ROLF (P. 131)
Fredensborg
Fahrgastschiff, 1909, Andersen, Frederikssund, ex HERMAN, ex ODIN

SAGAFJORD
Roskilde
Passagierschiff, 1957, Holmens Værft, Risør, 238 BRT, 38,7 m x 6,9 m x 3,1 m, 2 x 420-PS-Dieselmotoren, 11,5 kn, 150 Passagiere, ex HALSNØY, ex STRILBORG, ex DEEPSEA INSPECTOR, ex PARTY

SAMKA
Marstal
Küstenfrachtschiff, 1956, H.C. Christensen, Marstal, 149,5 BRT, 33,5 m x 6,7 m x 3,0 m, 233-PS-Dieselmotor

SAMKA ist eines von 23 Schiffen einer Serie, die »Carolinere« nach dem erstgebauten Schiff CAROLINE benannt und die auf eine Größe von unter 150 BRT ausgelegt waren.

SKJELSKØR
Frederikssund
Passagier-Dampfschiff, 1915, J. Ring Andersens Skibsværft, Svendborg, 49 BRT, 20,6 m x 4,3 m x 1,9 m, 75-PS-Dampfmaschine, 7 kn, Stahlrumpf, 125 Passagiere, 3 Mann Besatzung,
Eigner: Dansk Veteranskibsklubb

SONTE
Minensuchboot, 1941, Frederikssund

SORTE LOUIS
Ringkøbing
Fähre, 1959, Andersen & Ferdinandsen, Gilleleje, 100 BRT

STEVNS
Kalvehave
Fischkutter/bundgarnsjolle, 1936, Boeberg & Olsen, Faxe Landeplads, 7,8 m x 3,0 m x 1,3 m, 5 BRT, 15-PS-Diesel, Badelaugen Udsigten

TERNEN
Fischerei-Inspektionsboot, 1937, Svendborg

TERTIA
Ambulanzboot, 1929, København

TINNA
Fährboot, 1924, Middelfart

VALLEKILDE
Vallekilde
Rettungsboot, 1922, Holmen

VIKING
Esrum Sø
Fahrgastschiff, 1916, Skælskør

Wikingerboote, Roskilde

Hansekogge, Bremerhaven

SCHIFFSPORTRÄTS

BRANDTAUCHER
Dresden, Militärhistorisches Museum

Wilhelm Bauers erstes Tauchboot

Als Erfinder war Wilhelm Bauer seiner Zeit weit voraus. Doch es erging ihm wie manch klugem Kopf: Sein Weg zum Erfolg war lang und kostete viel Hartnäckigkeit. Trotz seines aufsehenerregenden BRANDTAUCHERs, der heute als Urahn der deutschen Unterseeboot-Entwicklung gilt, erhielt er erst Jahre später in Rußland Anerkennung und Aufträge. Der gelernte Drechsler und bayerische Unteroffizier der Artillerie entwickelte als erster Deutscher Pläne zum Bau eines Tauchbootes, die auch in die Praxis umgesetzt wurden.
Während des Deutsch-Dänischen Krieges, am 13. April 1849 in der Schlacht von Düppel bei Sonderburg, hatte Bauer die Vision, mit einem Tauchboot – »so beweglich wie ein Seehund« – unbemerkt Sprengladungen an feindlichen Schiffen und Brükken zu befestigen und zur Explosion bringen zu können. Bereits Anfang 1850, nach Beendigung seines Militärdienstes in Bayern trat der am 23. Dezember 1822 in Dillingen an der Donau geborene Wilhelm Bauer in die Schleswig-Holsteinische Armee ein, wurde in der Garnisonsstadt Rendsburg stationiert und legte dort einer Armee-Kommission seine ersten Entwürfe sowie ein Modell vor. Beides wurde positiv beurteilt, und nach einer landesweiten Spendenaktion konnte das Tauchboot in Auftrag gegeben werden. Der Rumpf des BRANDTAUCHERs (8,1 m x 2,1 m x 2,6 m) wurde von der Kieler Maschinenfabrik Schweffel & Howaldt aus circa sechs Millimeter starkem Eisen genietet. Als Antrieb dienten Treträder, über die die Besatzung mit Muskelkraft eine Schraube bewegte. Umstritten ist, ob Konstruktionsfehler oder Geldmangel zu folgenschweren Fehlplanungen, zum Verzicht auf Flut- und Reglerzellen und damit zu frei durch den Kielraum strömendem Ballastwasser geführt haben.
Am 18. Dezember 1850 wurde das Eisenschiff zu Wasser gelassen. Eine Gedenktafel an der Kieler Kaistraße, wo sich einst die Fabrik von Schweffel & Howaldt befand, weist noch heute darauf hin. Schon die Erprobungen des BRANDTAUCHERs veranlaßten das dänische Blockadegeschwader – in Sorge vor der neuen Unterseewaffe – sich aus der Kieler Förde zurückzuziehen. Am 1. Februar 1851 startete Bauer mit seiner Mannschaft, dem Schmied Thomsen und dem Zimmermann Witt, im »Submarineapparat« zu einer Tauch-Probefahrt. Zunächst verlief dieses Unternehmen planmäßig, dann begannen sich die konstruktiven Mängel verhängnisvoll auszuwirken. Rumpfplatten verformten sich unter wachsendem Wasserdruck, das Boot ließ sich nicht mehr steuern und sackte über das Heck auf den Grund der Kieler Förde. In etwa fünfzehn Metern Wassertiefe wartete Wilhelm Bauer mit seiner Mannschaft in Dunkelheit und Kälte auf den Druckausgleich. Erst nach Stunden gelang es ihm, sich und seine Besatzung in einer Luftblase an die Wasseroberfläche zu retten.
Trotz dieses Fehlschlags entwickelte Bauer neue, technisch anspruchsvollere Tauchboote. Bereits im März 1852 führte er das Modell eines verbesserten BRANDTAUCHERs dem österreichischen Kaiser Franz Joseph I. im Hafen von Triest vor. Im August präsentierte er seine Erfindung der englischen Königin Victoria und Prinz Albert auf der Isle of Wight. Aber erst drei Jahre später erhielt er einen neuen Auftrag: Großadmiral Großfürst Konstantin von Rußland, Sohn von Zar Nikolaus I., bestellte ein Tauchboot bei Bauer – eine »Wunderwaffe« zum Einsatz im Krimkrieg gegen Großbritannien, Frankreich und die Türkei. Nach nur fünf Monaten Bauzeit wurde der SEETEUFEL, der mit 16 Metern doppelt so lang wie der BRANDTAUCHER war, getauft und in Dienst gestellt. Dieses Boot brachte Bauer den Durchbruch: Es absolvierte im Laufe der Zeit 133 Tauchfahrten. Nach seiner Rückkehr nach Bayern im Jahr 1858 beschäftigte sich Wilhelm Bauer auch mit Techniken für die Arbeit unter Wasser und mit Fragen der Schiffsbergung. Wilhelm Bauer starb am 20. Juli 1875 in München. Der BRANDTAUCHER wurde erst 36 Jahre nach seinem Untergang, im Jahr 1887, bei Baggerarbeiten in der Kieler Förde zufällig gehoben und auf Wunsch von Kaiser Wilhelm II. im Berliner Museum für Meereskunde ausgestellt. Die Universität Rostock restaurierte das Boot 1964/65. Heute ist der BRANDTAUCHER Exponat im Dresdner Militärhistorischen Museum.

Nähere Informationen: www.geschichte.schleswig-holstein.de/ronabisz/brandtaucher

Hanse-Kogge
Bremerhaven, Deutsches Schiffahrtsmuseum

Historische Lücke geschlossen

Die Hanse war ein nordeuropäischer Städtebund und die Kogge ihr wichtigstes Transportmittel, das auch auf zahlreichen Münzen und Siegeln abgebildet wurde. In Bremen wurde vor über vierzig Jahren zum ersten Mal ein solches Schiff entdeckt. Die Hanse-Kogge aus dem Jahr 1380, die 1962 aus der Weser geborgen wurde, zählt zu den wichtigsten Schiffsfunden Europas. Sie schließt die schiffbauhistorische Lücke zwischen den Wikingerschiff-Funden in Skandinavien des 9. bis 11. Jahrhunderts n. Chr. und der schwedischen Fregatte VASA von 1628, die in Stockholm ausgestellt wird. Hanse-Koggen waren der verbreiteteste Frachtschiff-Typ zwischen dem 12. und dem 14. Jahrhundert. Ein Bagger hatte ein hölzernes Wrack (23,3 m x 7,6 m x 1,7 m) freigelegt, das Experten als Hanse-Kogge identifizieren konnten. Es handelte sich um ein werftneues, noch nicht völlig fertiggestelltes Schiff. Im Rumpf wurden Handwerkzeuge von Schiffszimmerern und ein Teerfaß gefunden. Jeglicher Ballast fehlte noch. Offensichtlich war das Schiff bei einem Hochwasser von seiner Helling gerissen worden, weserabwärts getrieben und gesunken. In über 2000 Einzelteilen wurde der einzigartige Fund geborgen, in einem Tränkverfahren mit Polyäthylenglykol konserviert und in achtjähriger Arbeit wieder aufgebaut. Dieser Segler ist seit Mai 2000 das zentrale Exponat des Deutschen Schiffahrtsmuseums.

Nähere Informationen: www.dsm.de

Römer-Boote
Mainz, Museum für Antike Schiffahrt

Flottenschutz für römische Legionen

Im Jahr 260 nach Christus hatten sich die römischen Legionen wieder hinter den Rhein zurückgezogen. Eine gefährdete Grenze, die mit zahlreichen Kastellen und Festungen gesichert wurde. Zusätzlich setzten die Römer schnelle Segel- und Ruderschiffe als Patrouillenboote und Truppentransporter ein. Im vierten Jahrhundert gelang den Germanen der Durchbruch, wodurch die römische Grenzverteidigung zusammenbrach. Die sechs 1981 in Mainz gefundenen Boote lagen zu jener Zeit im Stadthafen, sind vermutlich in den Wirren gesunken und über die Jahrhunderte von Flußschlamm konserviert worden:

Mainz 1,
Römisches Ruder-Segelschiff zum Truppentransport (Typ MAINZ A), ca. 380 n. Chr. gebaut,

Mainz 2,
Römisches Ruder-Segelschiff zum Truppentransport (Typ MAINZ A), ca. 300–400 n. Chr. gebaut,

Mainz 3,
Römisches Ruder-Segelschiff, militärisches Patrouillenboot, (Typ MAINZ B), ca. 300 n. Chr. gebaut

Mainz 4
Römisches Ruder-Segelschiff zum Truppentransport (Typ MAINZ A), ca. 300–400 n. Chr. gebaut,

Mainz 5
Römisches Ruder-Segelschiff zum Truppentransport (Typ MAINZ A), ca. 400 n. Chr. gebaut,

Mainz 6
Römischer Prahm (Typ Zwammerdam), ca. 100 n. Chr.,

Mainz A,
Nachbau eines römischen Ruder-Segelschiffs zum Truppentransport,

Mainz B,
Nachbau eines römischen Ruder-Segelschiffs, das als militärisches Patrouillenboot eingesetzt wurde.

Nähere Informationen:
www.mainz.de/kultur oder www.waterland.net/navis

Nydam-Boot
Schleswig, Archäologisches Landesmuseum

Hightech-Schiff der Germanen

Dieses hochseegehende Eichenboot aus der Zeit um 320 n. Chr. gilt als das älteste erhaltene Ruderschiff aus der Epoche der Germanen. Es soll an der westlichen oder mittleren Ostsee gebaut worden sein und konnte 45 Krieger mit Waffen und Ausrüstung tragen. Auf jeder Schiffsseite hatten 18 Ruderer Platz.
Das Holz, von dem 70 Prozent im Original erhalten ist, ist im Laufe der Zeit um etwa 15% geschrumpft. Die Abdichtung zwischen den Planken bestand aus Wolle und einer zähklebrigen Masse. Zur Verbindung zwischen Planken und Spanten wurden Bastschnüre verwendet.
Aufgrund seiner schlanken Konstruktion erreichte dieses Boot circa 8 Knoten Geschwindigkeit. Mit seiner guten Manövrierfähigkeit und seiner starken Besatzung ist es vermutlich für Überfälle auf feindliche Küstensiedlungen eingesetzt worden.
Bemerkenswert ist die Odyssee des Nydam-Bootes: Am 18. August 1863 hatte der Flensburger Archäologe Conrad Engelhardt das Ruderschiff im Nydam-Moor auf der Insel Alsen entdeckt und nach Flensburg auf den Dachboden des Gerichtsgebäudes schaffen lassen. Nach dem dänisch-österreichisch-preußischen Krieg wurde das Eichenboot in das Kieler »Museum vaterländischer Alterthümer« verlagert. Im Zweiten Weltkrieg wurde es wegen alliierter Bombenangriffe in einer Holzgitter-Konstruktion im Kieler Hafen auf eine Schute verladen, über den Nord-Ostsee-Kanal und die Elbe zum Möllner See geschleppt. Während das Kieler Museum vollständig zerstört wurde, überstand das Boot den Krieg im Bauch der Schute. Nur neun Tage nach der deutschen Kapitulation ermittelten Beauftragte der englischen Militärregierung den Verbleib dieses bedeutenden schiffsarchäologischen Exponats. Bereits im Juni 1945 wurde Schleswig als neuer Standort für das Nydam-Boot festgelegt. Im Oktober 1946 unternahm es seine letzte Seereise – in der Schute wurde das Boot zurück an die Schlei transportiert und fand in der alten Exerzierhalle des Schlosses Gottorf seinen letzten Liegeplatz.

Nähere Informationen:
www.schloss-gottorf.de

SCHIFFAHRTSMUSEEN

AKEN/Elbe

(Sachsen-Anhalt)

Heimatmuseum
Schulstraße 1, 06385 Aken
Tel.: 03 49 09 - 24 55 03
www.aken.de oder www.mvweb.de/museen

Elbschiffahrt, Schiffbau

ANKLAM

(Mecklenburg-Vorpommern)

Museum am Steintor
Köthener Straße 15, 06385 Anklam
Tel.: 0 39 71 - 24 55 03
www.anklam.de/kultur

Regionale Schiffahrt

BAD OEYNHAUSEN

(Nordrhein-Westfalen)

Motor Technica Museum
Weserstraße 225
32547 Bad Oeynhausen
Tel.: 0 57 31 - 99 60

Stationäres Schiff
(-) BIBER, Klein-U-Boot, 1944/45

BAD SCHANDAU/Elbe

(Sachsen)

Heimatmuseum
Badallee 10, 01812 Bad Schandau
Tel.: 03 50 22 - 4 21 73
www.bad-schandau.de

Elbschiffahrt

BAD WILDBAD

(Baden-Württemberg)

Heimat- und Flößermuseum
Bergstraße 1, 75323 Bad Wildbad
Tel.: 0 70 81 - 93 01 11
www.bad-wildbad-tourismus.de

Flößerei

BALJE/Elbe

(Niedersachsen)

Natureum Niederelbe
Neuenhof 8, 21730 Balje
Tel.: 0 47 53 - 84 21 10
www.natureum-niederelbe.de

Museumsschiff
ERNA BECKER (HF 348),
Fischkutter, 1892

BEESKOW

(Brandenburg)

Regionalmuseum
Drankfurter Str. 23, 15848 Beeskow
Tel.: 0 33 66 - 35 27 12
www.beeskow.de

Fischerei, Bootsbau, Einbaum

BERGSTADT LAUTENTHAL

(Niedersachsen)

Niedersächsisches Bergbau-Museum Lautenthals Glück
Wildemanner Str. 11
38685 Bergstadt Lautenthal
Tel.: 0 53 25 - 44 90
www.sehenswert.de/bwerk/nieders.m

Erz-Schiffahrt

BERLIN

Deutsches Technikmuseum
Trebbiner Str. 9, 10963 Berlin
Tel.: 0 30 - 90 25 40
www.dtmb.de

Schiffahrt, Wasserbau, Marine

Museumsschiffe
(-) Kaffenkahn, ca. 1850
KURT-HEINZ, Schleppdampfer, 1901

Aktive Veteranen
KAISER FRIEDRICH,
Fahrgastschiff, 1899
VOLLDAMPF, Schlepper, 1896

Völkerkunde-Museum
Arnimallee 27, 14195 Berlin
Tel.: 0 30 - 83 0 12 26
www.smb.spk-berlin.de

Südsee-Bootssammlung

Museumsboote
(-) Auslegerboot von Niutao, Tuvalu (Ellice-Inseln), 7,9 m lang
(-) Auslegerboot von den Gilbert-Inseln, 4,9 m lang
(-) Segelboot von den Santa-Cruz-Inseln, 7,1 m lang
(-) Reise-Segelboot von Luf, 15,0 m lang
(-) Bonito-Boot, Samoa, 8,2 m lang

Märkisches Museum
Am Köllnischen Park 5, 10179 Berlin
Tel.: 0 30 - 30 86 60
www.stadtmuseum.de

Lokale Schiffahrt, steinzeitlicher Einbaum

Grünauer Wassersportmuseum
Regattastraße 141, 12527 Berlin
Tel.: 0 30 - 6 74 40 02
Wassersport in Berlin und BranSegel,
520-PS-Diesel,
10-12 Mann Besatzung, geplante Fertigstellung: 2004

LÜNEBURG
(Niedersachsen)

Museum für das Fürstentum Lüneburg
Wandrahmstraße 10, 21335 Lüneburg
Tel.: 0 41 31 - 43 8 91
www.lueneburg.de/tourist
Regionale Schiffahrt

LÜNEBURG
(Schle912,
Restaurant, Havelchaussee 107
AMOR, Ausflugsschiff, Restaurant, Oberbaumbrücke
CAPT'N SCHILLOW, Ausflugsschiff, Restaurant, Straße des 17. Juni
CHARLOTTE, Motorboot, 1916, sozialistisches Mahnmal, Liegeplatz: Ziegenhals
FRITZ-GERHARD, Schleppkahn, 1929, Vereinsheim, Schiffahrtsufer
HANSEAT, Saale-Maßkahn, Restaurant, Märkisches Ufer
HOPPETOSSE, Passagierschiff, Restaurant, Eichenstraße, Treptow
KLIPPER, Tjalk, Restaurant, Treptower Ufer
MARIE, Maßkahn, Restaurant, Märkisches Ufer
PIK AS, Ausflugsschiff, Restaurant, Urbanhafen
RHEINPFALZ, Ausflugsschiff, Restaurant, Urbanhafen
ROLAND, Binnenkahn, Restaurant, Neue Roßstraße
THEATERSCHIFF TAU, Liegeplatz: Urbanhafen
VAN LOON, Tjalk, 1914, Restaurant, Liegeplatz: Urbanhafen

BLECKEDE/Elbe
(Niedersachsen)

Heimatmuseum
Schloßstraße 1, 21354 Bleckede
Tel.: 0 58 52 - 25 81
Schiffahrt, Fischerei, Hafen

BODENWERDER/Weser
(Niedersachsen)

Heimatmuseum
Münchhausenplatz 3, 37619 Bodenwerder
Tel.: 0 55 33 - 405 - 41
Weserschiffahrt

BODSTEDT
(Mecklenburg-Vorpommern)

Traditionshafen Bodstedt
c/o E. Rammin, 18356 Bodstedt

Tel.: 03 82 31 - 44 14
www.entdeckemv.de
Ca. 30 Veteranenschiffe

BOIZENBURG/Elbe
(Brandenburg)

Elbfischerei-Museum
Am Hafen, 19258 Boizenburg

Tel.: 03 88 47 - 5 23 30

www.boizenburg-elbe.de
Elbfischerei
Museumsschiffe
(-) Fährbarkasse, 1917, 9,1 m x 2,0 x 0,4 m, 2,3 tdw
(-) Fährprahm, 1914, 20,7 m x 4,0 m x 0,6 m, 11,8 tdw, Liegeplatz: Stadthafen

Heimatmuseum Boizenburg
Kirchplatz 13, 19258 Boizenburg
Tel.: 03 88 47 - 5 20 74
www.boizenburg-elbe.de

Regionaler Schiffbau

BORKEN

(Nordrhein-Westfalen)

Stationäres Schiff
KW 18, Küstenwachboot, 1952

BORKUM/Nordsee

(Niedersachsen)

Heimat-Museum »Dykhus«
Roeloff-Gerritst-Meyer Str.
26757 Borkum
Tel.: 0 49 22 - 48 60
www.borkum.de

Schiffshavarien, Fischerei

Museumsschiff
OTTO HASS, Rettungsboot, 1894

Schiffahrtsmuseum
Uferpromenade, 26757 Borkum
Tel.: 0 49 22 - 21 39
Schiffsmodelle

Nationalparkschiff »Feuerschiff Borkumriff«
Am Neuen Hafen, 26757 Borkum
Tel.: 0 49 22 - 20 30
www.borkum.de

Museumsschiff
BORKUMRIFF, Feuerschiff, 1956

BRAKE/Weser

(Niedersachsen)

Schiffahrtsmuseum der Oldenburgischen Weserhäfen
Breite Str. 9, 26919 Brake
Tel.: 0 44 01 - 67 91
www.tourist-info.de/museum

Lokale Schiffahrtsgeschichte, Segelschiffahrt, Schiffsausrüstung, Wrackteile vom gesunkenen Frachtsegler PAMIR

BRANDENBURG/Havel

(Brandenburg)

Museum im Frey-Haus
Ritterstraße 96
14770 Brandenburg/Havel
Tel.: 0 33 81 - 52 20 48
www.stadt-brandenburg.de

Havelschiffahrt

BREMEN/Weser

Übersee-Museum
Bahnhofsplatz 13, 28 195 Bremen
Tel.: 04 21 - 3 61 91 76
www.uebersee.museum.com

Bremer Schiffahrt, Hafengeschichte, Bootsammlung aus Übersee

Museumsschiff
ANJA, Treidelkahn, Nachbau 1995

Deutsche Gesellschaft zur Rettung Schiffbrüchiger
Werderstraße 2, 28199 Bremen
Tel.: 04 21 - 5 37 07–0
www.dgzrs.de

Geschichte der Seenotrettung in Deutschland

Focke-Museum/Bremer Landesmuseum für Kunst- und Kulturgeschichte
Schwachhauser Heerstraße 240
28213 Bremen
Tel.: 04 21 - 3 61 35 75
www.bremen.de/besucher

Nordamerikafahrt, Marine, Walfang, Schiffsmodelle, nautische Geräte

Heimatmuseum Schloß Schönebeck
Im Dorfe 3, 28757 Bremen
Tel.: 04 21 - 62 34 32
Schiffbau, Walfang, Yachtbau, Reepschlägerei, Seenotrettung

Info Center Weser
Auf dem Teerhof 34, 28199 Bremen
Tel.: 04 21 - 59 82 90
Schiffahrt

Stationäre Schiffe
REGINA, Schlepper, 1966, Liegeplatz: Südtor ehem. Bremer Vulkan

SCHULSCHIFF DEUTSCHLAND
Dreimast-Vollschiff, 1927, Liegeplatz: Vegesack, Lürssen-Pier, Lesum-Mündung
www.bremen.de/besucher

BREMERHAVEN/Weser

(Bremen)

Deutsches Schiffahrtsmuseum
Hans-Scharoun-Platz 1, 27568 Bremerhaven
Tel.: 04 71 - 48 20 70
www.dsm.de

Deutsche Schiffahrts- und Schiffbaugeschichte

Museumsschiffe im Freigelände
DIVA, Hochseeyacht, 1985
(-) Donau-Wagenfähre, 1954
ELBE 3, Feuerschiff, 1909
EMMA, Großfinow-Maßkahn, 1929
HELMUT, Hafenschlepper, 1925
KRANICH, Schnellboot, 1958
PAUL KOSSEL, Betonschiff, 1920
RAU IX, Walfangschiff, 1939
SEEFALKE, Hochsee-Schlepper, 1924
SEUTE DEERN, Bark, 1919
STIER, Schlepper, 1954
WSS 10, Tragflächenboot, 1953

Bootssammlung im Museum
GEHEIMRAT H. GERLACH, Rettungsboot, 1913
GOT 12, Blockkahn
HANS LÜKEN, Seenotrettungskreuzer, 1969
HANSEKOGGE, mittelalterlicher Frachtsegler, 1380
MÖVENORT, Seenotrettungsboot, 1971
SCHLE 12, Blockkahn
(-) SEEHUND, Klein-U-Boot, 1944/45
SOLVEIG III, Segelyacht, 1967
SPIEKEROOG, Ruderrettungsboot, 1907
SUMBA, Fischerboot
(-) Walfangschaluppe, 1885
(-) Torfkahn vom Teufelsmoor, 10,0 m x 1,9 m
(-) Einbaum vom Mondsee/Österreich, 1937, 9,2 m x 1,0 m
(-) Chiemseeplätte T 24, 7,1 m x 1,5 m
(-) Eisboot vom Bodensee MZ 119, 5,9 m x 1,3 m, Kufen
(-) Zuggarnschiff, Bodensee MZ 46, ca. 1920, Beck, Mittelzell, 10,7 m x 1,9 m
(-) Jülle vom Großen Meer/Ostfriesland, Ihlowerfehn, 4,7 m x 1,1 m, Eiche
(-) Kahn, Steinhuder Meer, 8,2 m x 1,2 m
(-) Pflugkahn, St. Margarethen, 6,7 m x 1,8 m
(-) Oberländer, ca. 1040, 1,5 Tonnen
(-) Nordlandboot
(-) Hjortspringboot (Nachbau)
(-) Flußschiff aus der Karolingerzeit, ca. 810, 11,5 m (ursprüngliche Länge: 16–20 m) x 2,4 m

Historisches Museum Bremerhaven/ Morgenstern-Museum
An der Geeste, 27570 Bremerhaven
Tel.: 04 71 - 2 01 38
www.historisches-museum-bremerhaven.de

Schiffbau, Hochseefischerei

Museumsschiff
GERA (ROS 223), Fischereimotorschiff/Seitentrawler, 1959, Liegeplatz: Am Fischkai

Technikmuseum Wilhelm Bauer
Columbusstraße, 27568 Bremerhaven
Tel.: 04 71 - 48 20 70
www.dsm.de/

Museumsschiff
U 2540 »Wilhelm Bauer«, U-Boot, 1945

Historische Lehrsammlung
Marineoperationsschule,
Eibestraße 1001, 27570 Bremerhaven
Tel.: 04 71 - 9 26 70

Museumshafen im Alten und Neuen Hafen
Schiffahrtsgeschichtliche Gesellschaft
Bremerhaven/Schiffergilde Bremerhaven
Tel.: 04 71 - 9 46 46 48

BREMERVÖRDE

(Niedersachsen)

Bachmann-Museum
Amtsallee 8, 27432 Bremervörde
Tel.: 0 47 61 - 8 13 47
www.bremervoerde.de

Schiffsmodelle

BRUNSBÜTTEL/Elbe

(Schleswig-Holstein)

Heimatmuseum Brunsbüttel
Markt 4, 25541 Brunsbüttel
Tel.: 0 48 52 - 72 12
www.brunsbuettel.de

Seefahrt, Walfang

Atrium an der Schleuse
Informationszentrum an der Kanalschleuse
An den Neuen Schleusen (Nordseite)
25535 Brunsbüttel
Tel.: 0 48 52 - 88 50
www.nok-wsa.de

Kanalbau, Schiffahrt, Lotsenwesen

BÜCHEN

(Schleswig-Holstein)

Priesterkate
Gudower Straße 1, 21514 Büchen
Tel.: 0 41 55 - 61 14
Geschichte der Stecknitzfahrt von Lüneburg nach Lübeck (1398–1896)

BÜSUM/Nordsee

(Schleswig-Holstein)

Museum am Meer
Am Fischereihafen 19, 25761 Büsum
Tel.: 0 48 34 - 67 34
www.museum-am-meer.de

Küstenfischerei

Museumsschiff
LEONORE JOHANNA, Kutter, 1920

Museumshafen
DITHMARSIA, Fischkutter
MARGARETHA VON FINKENWERDER (HF 316),
Besan-Ewer, 1911
RICKMER BOCK, Motorrettungsboot, 1944
SPIKE, Börteboot
VERENA, Fischkutter

Stationäres Schiff
WAPPEN VON BÜSUM, Hafenfähre, 1959

BURG/Fehmarn

(Schleswig-Holstein)

Heimatmuseum »Peter Wiepert«
Breite Straße 49, 23769 Burg
Tel.: 0 43 71 - 62 57
www.museen-sh.de

Fischerei, Seefahrt

BURGTHANN

(Bayern)

Heimat- und Kanalmuseum Burgthann
Burg, 90559 Burgthann
www.burgthann-gemeinde.de

Kanalbau- und Betrieb

Museumsschiff
ELFRIEDE, Treidelkahn, ca. 1922

BUTJADINGEN/Nordsee

(Niedersachsen)

Nationalparkhaus Fedderwardersiel
Am Hafen 4, 26969 Butjadingen
Tel.: 0 47 33 - 85 17
www.touristik.butjadingen.de

Küstenschiffahrt, Fischerei

Museumsschiff
WILHELMINE WIESE, Rettungsboot, 1945, (Liegeplatz im Rettungsschuppen)

CAROLINENSIEL/Nordsee

Deutsches Sielhafenmuseum
Pumphusen 3, 26409 Carolinensiel
Tel.: 0 44 64 - 4 56/84 33
www.deutsches-sielhafenmuseum.de

Schiffahrt, Fischerei, Museumshafen

Museumsschiffe
GEBRÜDER (AZ:5), Fischkutter, 1929
IMMANUEL, Tjalk, 1912
MARIE VAN'T SIEL, Fähre, 1895

Buddelschiffmuseum Carolinensiel
Am Hafen Ost 9, 26409 Carolinensiel
Tel.: 0 44 64 - 94 22 80
www.buddelschiff-carolinensiel.de

150 Buddelschiffe

COSWIG

(Sachsen-Anhalt)

Museum Coswig
Schloßstraße 57, 06869 Coswig
Tel.: 03 49 03 - 61 00
www.coswig.de/museum

Schiffahrt auf der mittleren Elbe

CUXHAVEN/Elbe

(Niedersachsen)

Wrackmuseum
Dorfstraße 80, 27476 Cuxhaven
Tel.: 0 47 21 - 2 33 41
www.cuxhaven.de

Schiffsuntergänge, Schiffsbergung, Seenotrettung, Wrackteile

Museumsschiff
(-) SEEHUND, Klein-U-Boot, 1944

Stadtmuseum
Südersteinstraße 38, 27472 Cuxhaven
Tel.: 0 47 21 - 6 22 13
Hafen von Cuxhaven, Fischerei, Lotsenwesen, Bergung, Marine, Geschichte des Cuxhavener Schiffbaus

Lütt Schiffsmuseum Duhnen
Wehrbergsweg 7, 27476 Cuxhaven
Tel.: 0 47 21 - 4 81 58
Modelle, Navigation, Gemälde

Museumsschiff
ELBE 1, Feuerschiff, 1939
Eigner: Förderverein Schiffahrtsgeschichte Cuxhaven - Feuerschiff ELBE 1

Stationäres Schiff
HERMINE, Schoner, 1904

DAMP/Ostsee

(Schleswig-Holstein)

Stationäres Schiff
ALBATROS, Passagierdampfer, 1908

DÖMITZ

(Mecklenburg-Vorpommern)

Museum Festung Dömitz
An der Festung, 19303 Dömitz
Tel.: 03 87 58 - 2 24 01
www.doemitz.de

Elbschiffahrt

DORSTEN

(Nordrhein-Westfalen)

Museum im Alten Rathaus
Markt 1, 46282 Dorsten
Tel.: 0 23 62 - 25 7 25
Lippe-Schiffahrt

DORTMUND

(Nordrhein-Westfalen)

Altes Hafenamt
Sunderweg 130, 44147 Dortmund
Tel.: 02 31 - 9 83 95
Binnenschiffahrt, Hafengeschichte

DRESDEN/Elbe

(Sachsen)

Militärhistorisches Museum der Bundeswehr
Olbrichtplatz 3, 01099 Dresden
Tel.: 03 51 - 8 23 28 30
www.MilHistMuseum.de

Marine-Geschichte

Museumsschiffe
ATLANTIS, Minensuchboot, 1967
BRANDTAUCHER, Tauchboot, 1850
NARWAL, Unterwassertransportgerät für Kampfschwimmer, 1989
(-) Hecht, Klein-U-Boot, 1944
(-) Molch, Klein-U-Boot, 1944/45
(-) Seehund, Klein-U-Boot, 1944/45
(-) DDR-Kleines Torpedoschnellboot, 1975
(-) DDR-Leichtes Torpedoschnellboot, 1959

Verkehrsmuseum
Augustusstraße 1, 01067 Dresden
Tel.: 03 51 - 8 64 40
www.verkehrsmuseum.sachsen.de

Schiffahrts-Geschichte

Dresdner Raddampfer-Flotte, Terrassenufer
www.saechsische.dampfschiffahrt.de

Stationäre Schiffe
PILLNITZER PRACHTGONDEL, Ruderschiff, Liegeplatz: Schloßpark Pillnitz
PÖPPELMANN, Raddampfer, heutige Nutzung: Jugendherberge, Liegeplatz: Neustädter Winterhafen

DÜSSELDORF/Rhein

(Nordrhein-Westfalen)

Schiffahrtsmuseum im Schloßturm
Burgplatz 30, 40213 Düsseldorf
Tel.: 02 11 - 9 41 95
www.duesseldorf.de

Rheinschiffahrt

Stadtmuseum
Berger Allee 2, 40213 Düsseldorf
Tel.: 02 11 - 89 96 170
www.düsseldorf.de

Rheinschiffahrt, Dampfschiffahrt

Stationäres Schiff
HANSA, Passagier-Raddampfer, 1886

DUISBURG/Rhein

(Nordrhein-Westfalen)

Museum der Deutschen Binnenschiffahrt
Apostelstraße 84, 47119 Duisburg
Tel.: 02 03 - 80 88 90
www.binnenschifffahrtsmuseum.de

Binnenschiffahrt

Museumsschiffe
BIBO/BILGENENTÖLER II, Bilgenentöler, 1932
GOEDE VERWACHTING, Frachtsegler, 1913
(-) Großer Einbaum, 15 m lang
(-) Krefelder Kahn, ca. 800 n. Chr., 14,6 m x 3,4 m
(-) Boot von Kalkar-Niedermörmter, flachbodiger Lastkahn, 9. Jahrundert
(-) Wrack einer Aak von Düsseldorf, 1873, gesunken 1894, Teil des Mittelschiffs

Museumsschiffe
Liegeplatz Dammstraße 11:
MINDEN, Eimerketten-Dampfbagger, 1882
OSCAR HUBER, Radschleppdampfer, 1922

Haniel-Museum
Franz-Haniel-Platz 1, 47119 Duisburg
Tel.: 02 03 - 80 62 42
Schiffsmodelle, Binnenschiffahrt

ECKERNFÖRDE/Ostsee

(Schleswig-Holstein)

U-Boot-Ausbildungszentrum, Eckernförde

Stationäres Schiff
(-) MOLCH, Klein-U-Boot, 1944/45

EISENHÜTTENSTADT

(Brandenburg)

Städtisches Museum
Löwenstraße 4
15890 Eisenhüttenstadt
Tel.: 0 33 64 - 21 46
Binnenschiffahrt, Schiffbau, Fischerei

ELISABETHFEHN

(Niedersachsen)

Moor- und Fehnmuseum
Oldenburger Str. 1
26676 Elisabethfehn
Tel.: 0 44 99 - 22 22
www.fehnmuseum.de

Museumsschiff
JANTINA, Tjalk, 1900

EMDEN

(Niedersachsen)

Pelzerhaus
Pelzerstr. 2, 26721 Emden
Tel.: 0 49 21 - 2 53 35
Hafengeschichte, Schiffahrt

Museumshafen Emden
Ratsdelft, 26712 Emden
Tel.: 0 49 21 - 5 66 23
www.agdm.de

Museumsschiffe
AE 7 STADT EMDEN, Logger, 1908
www.heringslogger.de

AMRUMBANK/DEUTSCHE BUCHT, Feuerschiff, 1914
www.amrumbank.de

GEORG BREUSING, Seenotrettungskreuzer, 1963
www.amrumbank.de/breusing.htm

Revierzentrale Knock
Wasser- und Schiffahrtsamt Emden
Am Eisenbahndock 3, 26704 Emden
Tel.: 0 49 27 - 301

Stationäres Schiff
NAUTILUS, Plattbodenschiff, Restaurant

EMMERICH/Rhein

(Nordrhein-Westfalen)

Rheinmuseum Emmerich
Martinikirchgang 2, 46446 Emmerich
Tel.: 0 28 22 - 7 54 00
www.emmerich.de

Rhein-Schiffahrt

Museumsschiffe
(-) Klein-U-Boot, Typ Biber, 1944
BISMARCKSTEIN, Rettungsboot

EUTIN

(Schleswig-Holstein)

Schloßmuseum
Schloß, 23701 Eutin
Tel.: 0 45 21 - 23 12
www.museen-sh.de

Schiffsmodelle

FEDDERWARDERSIEL

- siehe Butjadingen

FISCHERHÜTTE/ Nord-Ostsee-Kanal

(Schleswig-Holstein)

Stationäres Schiff
FISCHERHÜTTE (F 6005),
Motorfährprahm, 1950

FLENSBURG

(Schleswig-Holstein)

Flensburger Schiffahrtsmuseum
Schiffbrücke 39, 24939 Flensburg
Tel.: 04 61 - 85 29 70
www.schiffahrtsmuseum.flensburg.de

Dioramen, Modelle, Bilder, Schwerpunkt: Dampfschiffahrt, Rum-Museum

Museumshafen Flensburg an der Schiffbrücke
Herrenstall 11, 24939 Flensburg
Tel.: 04 61 - 2 22 58
www.museumshafen.de

Museumswerft Flensburg
Schiffbrücke 43-45, 24937 Flensburg
Tel.: 04 61 - 18 22 47
www.museen-sh.de

Wehrgeschichtliches Ausbildungszentrum
Marineschule Mürwik,
Kelmstraße 14, 24944 Flensburg
Tel.: 04 61 - 3 17 27 34
www.deutsche.marine.de

Ausstellung zur Marinegeschichte

FRANKFURT/Main

(Hessen)

Deutsches Postmuseum
Schaumannkai 53
60596 Frankfurt/M.
Tel.: 0 69 - 6 06 00
www.wiwi.uni-frankfurt.de/frankfurt/museum

Postschiffahrt, Überseekabel

FÜRSTENBERG/Havel

(Brandenburg)

Heimatmuseum
Brandenburger Straße 60
16798 Fürstenberg
Tel.: 03 30 93 - 3 72 24
Regionale Schiffahrt

FÜRSTENWERDER

(Brandenburg)

Uckermärkische Heimatstuben
Ernst Thälmann Straße 17
17291 Fürstenwerder
Tel.: 03 98 59 - 2 30
www.guru.de/uckermark/museum

Fischerei

FULDA

(Hessen)

Deutsches Feuerwehr-Museum
St. Laurentius-Str. 3, 36041 Fulda
Tel.: 06 61 - 75 0 17
www.fulda.de/inhaltsseiten/kultur_freizeit

Feuerlöschboote

Museumsschiff
EMDEN I, Feuerlöschboot, 1953

GLASHÜTTE

(Sachsen)

Uhrenmuseum
Altenberger Straße 1
01768 Glashütte
Tel.: 03 50 53 - 4 62 81
www.uhrenmuseum-glashuette.de

Marine-Chronometer

GEISELHÖRING

(Bayern)

Museum der Seefahrt
Stadtplatz 7, 94333 Geiselhöring
Tel.: 0 94 23 - 31 05
www.museen-in-bayern.de/geiselhoering-seefahrt.htm

Modelle, Antiquitäten

GEMÜNDEN/Main

(Bayern)

Unterfränkisches Verkehrsmuseum
Huttenschloß, Frankfurter Str. 2
97737 Gemünden
www.stadt-gemuenden.de

Tel.: 0 93 51 - 80 01 50
Main-Binnenschiffahrt

GENGENBACH

(Baden-Württemberg)

Flößerei- und Verkehrsmuseum
Am Bahnübergang
77723 Gengenbach
Tel.: 0 78 03 - 17 67
www.flösserei-museum.de

GERNSHEIM/Rhein

(Hessen)

Stationäres Schiff
EVA, Aalschocker, Liegeplatz: Am Hafen

GERMERSHEIM/Rhein

(Rheinland-Pfalz)

Stationäres Schiff
HANNELORE, Aalschocker, 1936,
Liegeplatz: Am Rheinufer

GLÜCKSTADT/Elbe

(Schleswig-Holstein)

Detlefsen-Museum
Am Fleth 43, 25348 Glückstadt
Tel.: 0 41 24 - 93 76 30
www.museen-sh.de

Walfang, Fischerei

GÖHREN/Rügen

(Mecklenburg-Vorpommern)

Mönchguter Heimatmuseum
Strandstraße, 18586 Göhren
Tel.: 03 83 08 - 21 75
www.goehren-ruegen.de

Fischerei, Schiffahrt, Lotsen

Museumsschiff
LUISE, Plattbodenschiff, 1906

GRÄBENDORF/Lausitz

(Brandenburg)

Wassermuseum der Lausitz

Museumsschiff
GRÄBENDORF, Lastkahn, 1920

GREETSIEL

(Niedersachsen)

Buddelschiff-Museum
Mühlenstraße 23, 26736 Greetsiel
Über 600 Buddelschiffe aus aller Welt

GREIFSWALD/Ostsee

(Mecklenburg-Vorpommern)

Museumshafen Greifswald
Hafenstraße 31, 17489 Greifswald
Tel.: 0 38 34 - 51 24 44
www.agdm.de

GROSS-RADEN

(Mecklenburg-Vorpommern)

Archäologisches Landesmuseum Mecklenburg-Vorpommern Freilichtmuseum Groß-Raden
Kastanienallee, 19406 Groß-Raden
Tel.: 0 38 47 - 22 52
www.gross-raden.de
oder
www.archaeologie-mv.de

Museumsschiffe
BIALY KON, Nachbau, altslawisches Boot, 1998
DZIKI KON, Nachbau, altslawisches Boot, 2000

GROSSEFEHN-WESTGROSSEFEHN

(Niedersachsen)

Fehnmuseum Eiland
Leerer Landstr. 59
26629 Großefehn-Westgroßefehn
Tel.: 0 49 45 - 91 29 06
www.fehntouristik-eiland.de/fehnmuseum

Kanalschiffahrt

HAITHABU/Schlei

(Schleswig-Holstein)

Wikinger-Museum – siehe Schleswig
www.schloss-gottorf.de/haithabu

HAMBURG

Wissenschaftliches Institut für Schiffahrts- und Marinegeschichte
Elbchaussee 277, 22605 Hamburg
Tel.: 0 40 - 82 13 41
Eine der größten maritimen Sammlungen, nautische Bibliothek
(Besichtigung nur nach Anmeldung)

Museumsschiffe
925, DDR-Torpedoschnellboot, 1975
UMMA, Motorrettungsboot, 1971
(-) Molch, Klein-U-Boot, 1944/45
(-) Seehund, Klein-U-Boot, 1944/45, in Restaurierung

Museum für Völkerkunde
Rothenbaumchaussee 64
20148 Hamburg
Tel.: 0 40 - 44 195 - 524
www.voelkerkundemuseum.com

Südsee-Bootsammlung

Museum für Hamburgische Geschichte
Holstenwall 24, 20355 Hamburg
Tel.: 0 40 - 4 28 41 - 23 80
www.hamburgmuseum.de

Hafengeschichte, Schiffahrt, Schiffbau

Altonaer Museum
Norddeutsches Landesmuseum,
Museumstraße 23, 22765 Hamburg
Tel.: 0 40 - 42 81 15 14
www.hamburg.de/Altonaer-Museum

Schiffahrt und Fischerei

Museumsschiff
Grabenkahn aus dem Alten Land, 1900, 7,3 m x 1,3 m

Hamburger Museum für Archäologie und Geschichte Harburgs Helms-Museum
Museumsplatz 2
21073 Hamburg
Tel.: 0 40 - 4 28 71 36 09
www.helmsmuseum.de

Harburger Hafengeschichte, Gemälde

Museumshafen Oevelgönne
Ponton Neumühlen, 22763 Hamburg
Tel.: 0 40 - 39 73 83
www.agdm.de
www.museumshafen-oevelgoenne.de

Stationäre Schiffe im Museumshafen
BERGEDORF, Hafenfähre, 1955
ELBE 3, Feuerschiff, 1888

Finkenwerder Gaffel-Consortium
Museumshafen Köhlfleet-Hauptdeich
Tel.: 0 40 - 7 42 79 92

Museum der Arbeit
Maurienstraße 19, 22305 Hamburg
Tel.: 0 40 - 4 28 32 - 23 64
www.museum-der-arbeit.de

Außenstelle im Hafen
Schuppen 50, Australistraße

Aktive Veteranen
ELBE 1, Polizeibarkasse, 1965
ELBE 27 (Alfred Wachholz) Polizeibarkasse, 1959
H 11347, Schute, 1913
SAATSEE, Schwimmkran, 1917
SAUGER IV, Schutensauger, 1909

Deutsches Zollmuseum
Alter Wandrahm 16, 20457 Hamburg
Tel.: 0 40 - 30 08 76 10
www.deutsches-zollmuseum.de

Zollwesen

Museumsschiff
GLÜCKSTADT, Zollkreuzer, 1954

Museum für Post und Kommunikation
Stephansplatz 5, 20354 Hamburg
Tel.: 0 40 - 3 57 63 60
www.museumsstiftung.de/hamburg.html

Schiffsfunk, Schiffspost

Museum der Elbinsel Wilhelmsburg
Kirchdorfer Straße 163
21109 Hamburg
Tel.: 0 40 - 7 60 30 88
Schiffbau der Region

Alstertal-Museum
Wellingsbütteler Weg 79a
22391 Hamburg
Tel.: 0 40 - 5 36 66 79
Oberalster-Schiffahrt

U-Bootmuseum Hamburg
Baakenhafen, Versmannstraße
(Schuppen 23), Hamburg
www.u-434.de

Museumsschiff
U 434,
sowjetisches Unterseeboot, 1974

Museumsschiffe an der Überseebrücke
CAP SAN DIEGO,
Motorfrachtschiff, 1962
www.capsandiego.de

RICKMER RICKMERS, Bark, 1896
www.rickmer.rickmers.de

Aktive Veteranen auf der Alster (»Alsterdampfer«)
AMMERSBEK (H 18554), 1938
BREDENBEK (H 6039), 1938
EILBEK, 1951
GOLDBEK (H 6037), 1951
ISEBEK, 1935
OSTERBEK (H 16479), 1936
RODENBEK (H 6041), 1956
SASELBEK (H6043), 1937
SIELBEK, 1938
SUSEBEK (H 6033), 1937
TARPENBEK, 1935

Stationäre Schiffe
DAS SCHIFF,
Küstenmotorschiff, 1912, Theaterschiff,
Liegeplatz: Nikolaifleet
www.das-schiff-Hamburg-kulturdampfer.de

FLUSS-SCHIFFERKIRCHE, Leichter, 1915, Liegeplatz: Billwerder Bucht
GALATEA, Alsterdampfer, 1931, Liegeplatz: Binnenalster
LV 13, Feuerschiff, 1952, Liegeplatz: Überseebrücke
NIXE, Minensuchboot, 1962, Liegeplatz: Müggenburger Zollhafen
THESPIS-KAHN, Binnenkahn, Liegeplatz: Nikolaifleet
TREUE, Betonschiff, 1943, Liegeplatz: Harburger Bahnhofskanal

Restaurierungs-Projekte
AUE, Alsterdampfer, 1926
PROVIDENTIA (HF 42), Ewer, 1895
SEEHUND, Klein-U-Boot, 1944/45
TAUCHER FLINT III, Bergungsschiff, 1912
WINTERHUDE, Alsterdampfer, 1879

HAMELN/Weser

(Niedersachsen)

Stationäres Schiff
PLUTO, Minensuchboot, 1960
Liegeplatz: Weserpromenade

HANAU

(Hessen)

Museum Großauheim
Pfortenwingert 4, 63457 Hanau
Tel.: 0 61 81 - 57 37 63
www.hanau.de

Maritime Dampfmaschinen

HANNOVER/Leine

(Niedersachsen)

Historisches Museum
Pferdestraße 6, 30159 Hannover
Tel.: 05 11 - 168 - 23 52
www.hannover.de

Schiffsmodelle

HAREN/Ems

(Niedersachsen)

Schiffahrtsmuseum
Kanalstraße, 49733 Haren/Ems
Tel.: 0 59 32 - 58 43
www.haren.de

Museumsschiffe
AUGUST, Schlepper, 1910
HAREN I, Pünte, 1982
HELENE, Spitzpünte, 1984
THEA-ANGELA, Binnenschiff, 1929

HASSMERSHEIM

(Baden-Württemberg)

Schiffermuseum des Schiffervereins »Germania«
Friedrichstraße 2
74855 Haßmersheim
Tel.: 0 62 66 - 4 24
www.hassmersheim.de

Binnenschiffahrt

HAVELBERG

(Sachsen-Anhalt)

Prignitz-Museum
Am Dom, 39538 Havelberg
Tel.: 03 93 87 - 2 14 22
www.prignitz-museum.de

Regionale Schiffahrt, Schiffbau

HEIDELBERG/Neckar

(Baden-Württemberg)

Völkerkunde-Museum
Hauptstraße 235, 69117 Heidelberg
Tel.: 0 62 21 - 2 20 67
Bootssammlung

HEIKENDORF/Kieler Förde

(Schleswig-Holstein)

Stationäres Schiff
FYRSKIP XV (LÆSØ RENDE),
Feuerschiff, 1886, Yachthafen

HEILBRONN/Neckar

(Baden-Württemberg)

Neckarschiffahrts-Museum
Frankfurter Str. 75, 74072 Heilbronn
Tel.: 0 71 31 - 56 28 86
http://webmuseen.de/Heilbronn/Staedtische-Museen/Schiff.html

Neckarschiffahrt, Flößerei, Schiffbau

HEILIGENHAFEN/Ostsee

(Schleswig-Holstein)

Heimatmuseum Heiligenhafen
Thulboden 11a, 23774 Heiligenhafen
Tel.: 0 43 62 - 38 76
www.heiligenhafen.de

Schiffahrt, Schiffbau, Fischerei

HEINSEN/Weser

(Niedersachsen)

Heimat- und Schiffahrtsmuseum
Weserstraße 22, 37649 Heinsen
Tel.: 0 55 35 - 14 34
Oberweser-Schiffahrt

HELGOLAND/Nordsee

(Schleswig-Holstein)

Museum Helgoland
Kurpromenade, 27498 Helgoland
Tel.: 0 47 25 - 12 92
www.museum-helgoland.de

Fischerei

HEMMOOR

(Niedersachsen)

Deutsches Zement-Museum
Cuxhavener Straße (B 73)
21745 Hemmoor
Tel.: 0 47 71 - 71 96
www.hemmoor.de/museen

Museumsschiff
HEMMOOR 3, Schute

HITZACKER/Elbe

(Niedersachsen)

Walther-Honig-Heimatmuseum
Zollstraße 2, 29456 Hitzacker
Tel.: 0 58 62 - 88 38
www.hitzacker.de

Regionale Schiffahrt,
1400 Jahre alter Einbaum

Museumsschiff
HITZACKER, Zollboot, 1956

HOHNSTORF/Elbe

(Niedersachsen)

Elbfischerei-Museum
Dorfstraße 22, 21522 Hohnstorf
Tel.: 0 41 39 - 66 32
Fischerei

HOLZMINDEN/Weser

(Niedersachsen)

Stadtmuseum
Bahnhofstraße 31, Holzminden
Tel.: 0 55 31 - 62 02
Regionale Schiffahrt

Stationäre Schiffe
ANNA VON AMRUM,
Eiderschnigge, 1891
STÖR, Motorschiff, 1937
Liegeplatz: An der Weserbrücke

HOOKSIEL

(Niedersachsen)

Stationäres Schiff
MUDDERBOOT, 1925
Liegeplatz im Alten Hafen

HORUMERSIEL

(Niedersachsen)

Stationäres Schiff
KW 19, Küstenwachboot, 1952,
Liegeplatz: Parkplatz in der Ortsmitte

HUSUM/Nordsee

Schiffahrtsmuseum Nordfriesland
Am Zingel 15, 25813 Husum
Tel.: 0 48 41 - 52 57
www.schiffahrtsmuseum.nf.de

Schiffbau, Fischerei

Museumsschiffe
(-) Schiff von Uelvesbüll,
Wrack eines Frachtseglers aus dem
16. Jahrhundert,
ELTJE, Seenotrettungsboot, 1981
HILDEGARD, Tonnenleger, 1907
MOIN-MOIN, Fischerkahn

Stationäres Schiff
NORDERTOR, Personenfährschiff,
1936, Liegeplatz: Hafen

INGOLSTADT/Donau

(Bayern)

Bayerisches Armeemuseum
Paradeplatz 4, 85049 Ingolstadt
Tel.: 08 41 - 93 77 0
www.bayerisches-armeemuseum.de

Ausstellung zur Marinegeschichte

Museumsschiffe:
(-) BIBER, Klein-U-Boot, 1944/45
(-) MARDER, Kleinkampfmittel, 1945
(-) MOLCH, Klein-U-Boot, 1944/45
(-) SEEHUND, Klein-U-Boot, 1944/45

ITZEHOE

(Schleswig-Holstein)

Stationäres Schiff
HERMANN, Frachtewer, 1905,
Liegeplatz: Vor dem Rathaus

JORK/Elbe

(Niedersachsen)

Museum Altes Land
Westerjork 49, 21635 Jork
Tel.: 0 41 62 - 57 15
www.jork.de/kultur/museum

Schiffahrt im Alten Land

JUIST/Nordsee

(Niedersachsen)

Küstenmuseum
Loogster Pad, 26571 Juist
Tel.: 0 49 35 - 14 88
www.juist.de/kuestenmuseum

Seezeichen, Schiffahrt, Fischerei,
Rettungswesen

KALKAR-GRIETH/Rhein

(Nordrhein-Westfalen)

Heimatmuseum Grieth
Sonnenstraße 13
47546 Kalkar-Grieth
Tel.: 0 28 23 - 71 26
www.heimatmuseum-grieth.de

Fischer und Schiffer auf dem Rhein

KAMP-BORNHOFEN/Rhein

(Rheinland-Pfalz)

Flößer- und Schiffermuseum
Rheinuferstraße 34
Rathaus, 56341 Kamp-Bornhofen
Tel.: 0 67 73 - 5 63 41
www.rhein-lahn-info.de/museumsstrasse

Rheinschiffahrt, Flößerei

KAPPELN/Schlei

(Schleswig-Holstein)

Schlei-Museum
Mittelstraße 7, 24376 Kappeln
Tel.: 0 46 42 - 14 28
www.museen-sh.de

Schiffahrt der Schlei, Fischerei, Modelle

Museumshafen Kappeln
Nestléweg, 24376 Kappeln
Tel.: 0 46 42 - 46 64

KEITUM/Sylt

(Schleswig-Holstein)

Altfriesisches Haus
Am Kliff 13, 25980 Keitum
Tel.: 0 46 51 - 3 28 95
www.museen-sh.de

Walfang, Schiffahrt

Sylter Heimatmuseum
Am Kliff 19, 25980 Keitum
Tel.: 0 46 51 - 3 28 05
www.museen-sh.de

Schiffsmodelle, Navigation, Instrumente

KELHEIM

(Bayern)

Archäologisches Museum
Ledergasse 11, 93309 Kelheim
Tel.: 0 94 41 - 1 04 92
www.museen-in-bayern.de

Regionaler Schiffbau

KETZIN

(Brandenburg)

Heimatmuseum
Rathausstraße 30, 14669 Ketzin
Tel.: 03 32 33 - 7 20 12
Regionale Schiffahrt

KIEL

(Schleswig-Holstein)

Kieler Schiffahrtsmuseum
Wall 65, 24103 Kiel
Tel.: 04 31 - 9 01 - 34 28
www.kieler-altstadt.de

Schiffahrt und Schiffbau

Museumsschiffe
BUSSARD,
Dampf-Tonnenleger, 1905
HINDENBURG,
Seenotrettungskreuzer, 1944
KIEL, Feuerlöschboot, 1941
(-) SEEHUND, Wrack eines
Klein-U-Boots, 1944/45

Kanalausstellung des Wasser- und Schiffahrtsamtes
Schleuseninsel 2, 24159 Kiel-Holtenau
Tel.: 04 31 - 3 60 34 07
www.wsa-ki.wsd-nord.de

Kanalschiffahrt, Nord-Ostsee-Kanal

KLINGENBERG/Main

(Bayern)

Weinbau- und Heimatmuseum
Wilhelmstraße 13, 63911 Klingenberg
Tel.: 0 93 72 - 2 03 66
www.klingenberg-main.de

Mainschiffahrt, Fischerei, Schiffsmodelle

KOBLENZ/Rhein

(Rheinland-Pfalz)

Wehrtechnische Studiensammlung des Bundesamtes für Wehrtechnik und Beschaffung
Mayener Str. 85, 56070 Koblenz
Tel.: 02 61 - 400-79 99
Marine-Exponate

Museumsschiff
(-) SEEHUND, Klein-U-Boot, 1944/45

Rhein-Museum
Charlottenstr. 53a, 56077 Koblenz
Tel.: 02 61 - 70 34 50
www.rhein-museum.de

Rheinschiffahrt

Museumsschiff
WETZLAR, Aufsichtsboot der
Schiffahrtsverwaltung

KÖLN/Rhein

(Nordrhein-Westfalen)

Kölnisches Stadtmuseum
Zeughausstr. 1, 50667 Köln
Tel.: 02 21 - 2 21 - 2 57 89
www.koeln.de

Rheinschiffahrt

Römisch-Germanisches Museum
Roncalliplatz 4, 50667 Köln
Tel.: 02 21 - 2 21 44 38
www.koeln.de

Museumsschiff
(-) Rheinkahn,
ca. 800 n. Chr. 13,7 m x 2,0 m

Stationäres Schiff
RÜDESHEIM, Raddampfer, 1926,
Liegeplatz: Frankenwerft

KÖNIGSWINTER/Rhein

(Nordrhein-Westfalen)

Stationäres Schiff
ALTE LIEBE, Passagierschiff, 1906,
Liegeplatz: Rheinufer

KONSTANZ/Bodensee

(Baden-Württemberg)

Archäologisches Landesmuseum Baden-Württemberg
Benediktinerplatz 5, 78467 Konstanz
Tel.: 0 75 31 - 9 80 40
www.konstanz.alm-bw.de

Einbäume, früher Bootsbau

Museumsschiff
(-) Schiff von Immenstaad, Segner,
ca. 1325 - 1350

Aktives Museumsschiff
ST. JODOK/Bodensee
(-) Lädine, Nachbau, 1999

KRAIBURG/Inn

(Bayern)

Heimatmuseum
Jettenbacher Straße 5
84559 Kraiburg am Inn
Tel.: 0 86 38 - 720 - 33
www.museen-in-bayern.de/Kraiburg-Heimatmuseum.htm

Inn-Schiffahrt

KREFELD

(Nordrhein-Westfalen)

Museum Burg Linn
Rheinbabenstraße 85, 47809 Krefeld
Tel.: 0 21 51 - 57 00 36
www.krefeld.de

Museumsschiff
(-) Krefelder Kahn aus dem Jahr
800 n. Chr.

KRIPP

(Nordrhein-Westfalen)

Schiffahrtsmuseum
Nelkenweg 10, Kripp
www.oberwinter.de

Regionale Schiffahrt

LABOE/Kieler Förde

(Schleswig-Holstein)

Marine-Ehrenmal
Strandstraße 92, 24233 Laboe
Tel.: 0 43 43 - 4 27 00
www.deutscher.marinebund.de/laboe

Marine-Geschichte

Museumsschiff
U 995, U-Boot, 1943

Freunde alter Schiffe Laboe
Ellernbrook, 24235 Laboe
Tel.: 0 43 43 - 42 16 30
www.museumshafen.probstei.de

LANDAU/Isar

(Bayern)

Stationäres Schiff
MK LANDAU, Küstenwachboot, 1951

LANGENESS/Nordsee

(Schleswig-Holstein)

Kapitän-Tadsen-Museum
Ketelswarft, 25863 Hallig Langeness
Tel.: 0 46 84 - 2 17
www.museen-sh.de

Fischerei

LANGEOOG/Nordsee

(Niedersachsen)

Schiffahrtsmuseum
Im Kurzentrum, 26465 Langeoog
Tel.: 0 49 72 - 69 32 11
www.langeoog.de

Schiffahrt

Museumsschiff
LANGEOOG, Motorrettungsboot, 1944
Liegeplatz: Kurzentrum

LAUENBURG/Elbe

(Schleswig-Holstein)

Elbschiffahrtsmuseum
Elbstraße 59, 21481 Lauenburg
Tel.: 0 41 53 - 5 12 51
www.elbschiffahrtsmuseum.de

Elbschiffahrt

Aktiver Veteran
KAISER WILHELM, Raddampfer, 1900

LEER/Ems

(Niedersachsen)

Heimatmuseum
Neue Straße 12, 26789 Leer
Tel.: 04 91 - 20 19
www.leer.de/Sehenswürdigkeiten

Binnenschiffahrt

Museumshafen Achter de Waag
Schipper-Klottje, 26789 Leer
Tel.: 04 91 - 26 67

LEMBRUCH

(Niedersachsen)

Dümmer Museum
Rönnekers-Hof 15a, 49459 Lembruch
Tel.: 0 54 47 - 3 41
Wassersport, Fischerei

LEMGO/Weser

(Nordrhein-Westfalen)

Weserrenaissance-Museum
Schloß Brake, Schloßstraße 18
32657 Lemgo
Tel.: 0 52 61 - 9 45 00
www.wrm.lemgo.de

Museumsschiffe
(-) Weser-Lastzug - Kahn A und B, zwischen 1750–1769

LIEBENWALDE

(Brandenburg)

Liebenwalder Heimatmuseum
Marktplatz 20, 16559 Liebenwalde
Tel.: 03 30 54 - 6 48 55
www.liebenwalde.de

Regionale Schiffahrt auf Oder und Havel

LIMBURG

(Hessen)

Marinemuseum
Katzenturm am Lahnufer
65549 Limburg
Tel.: 0 64 31 - 5 33 21
Marine-Sammlung

LOHR/Main

(Bayern)

Spessartmuseum
Schloßplatz1, 97816 Lohr am Main
Tel.: 0 93 52 - 20 61
www.lohr.de/kultur/spesmuse

Mainschiffahrt, Schiffbau, Kettenschiffahrt

LÜBBENAU

(Brandenburg)

Freilandmuseum Lehde/ Spreewaldmuseum Lübbenau
03222 Lübbenau
Tel.: 0 35 42 - 24 72
www.luebbenau-online.de

Regionaler Bootsbau

LÜBECK/Trave

(Schleswig-Holstein)

Museum Holstentor
Holstentorplatz, 23552 Lübeck
Tel.: 04 51 - 12 2 41 - 29
www.museen-sh.de

Schiffahrt, Navigation

Museumshafen zu Lübeck
An der Untertrave, 23554 Lübeck
Tel.: 04 51 - 79 18 91

Museumsschiff
FEHMARNBELT, Feuerschiff, 1908

Stationäre Schiffe
PAMIR 2
Wrack eines Ruderrettungsboot des 1957 gesunkenen Seglers PAMIR
Mahnmal, Liegeplatz: Jacobikirche
TITAN, Schlepper, 1910
WALTER, Binnenschiff, 1901
WELS, Eimerkettenbagger, 1936

Projekt
LISA VON LÜBECK
Nachbau eines Dreimasters (Kraweel) aus dem Jahr 1420, 30,0 m x 8,3 m x 2,4 m, 265 qm Segel, 520-PS-Diesel, 10-12 Mann Besatzung, geplante Fertigstellung: 2004

LÜNEBURG

(Niedersachsen)

Museum für das Fürstentum Lüneburg
Wandrahmstraße 10, 21335 Lüneburg
Tel.: 0 41 31 - 43 8 91
www.lueneburg.de/tourist

Regionale Schiffahrt

Ostpreußisches Landesmuseum
Ritterstraße 10, 21335 Lüneburg
Tel.: 0 41 31 - 75 99 50
www.ostpreus.landesmuseum.luene-info.de

Schiffahrt und Fischerei in Ostpreußen

LYCHEN

(Brandenburg)

Flößereimuseum Lychen
Stargarder Straße, 17279 Lychen
Tel.: 03 98 88 - 22 55
Flößerei

Historisches Faltbootkabinett
Stargardner Straße 23, 17279 Lychen
Tel.: 03 98 88 - 5 21 60
Faltbootbau und -sport

MAGDEBURG/Elbe

(Sachsen-Anhalt)

Museumsschiff Württemberg/Schiffsmuseum
Heinrich-Heine-Platz 1, 39104 Magdeburg
Tel.: 03 91 - 5 41 12 83
www.magdeburg-tourist.de/kultur/museen

Museumsschiff
WÜRTTEMBERG, Seitenrad-Schleppdampfer, 1908, Liegeplatz: Am Elbufer im Stadtpark Rotehorn

MAINZ/Main

(Rheinland-Pfalz)

Museum für antike Schiffahrt des Römisch-Germanischen Zentralmuseums
Neutorstraße 6, 55116 Mainz
Tel.: 0 61 31 - 2 86 63 09
www.mainz.de/kultur

Römische Rheinschiffahrt

Museumsschiffe
MAINZ 1, Römisches Ruder-Segelschiff, ca. 380 n. Chr.,
MAINZ 2, Römisches Ruder-Segelschiff, ca. 300–400 n. Chr.
MAINZ 3, Römisches Ruder-Segelschiff, ca. 300 n. Chr.
MAINZ 4, Römisches Ruder-Segelschiff, ca. 300–400 n. Chr.
MAINZ 5, Römisches Ruder-Segelschiff, ca. 400 n. Chr.
MAINZ 6, Römischer Prahm, ca. 100 n. Chr.
MAINZ A, Nachbau eines römischen Ruder-Segelschiffs
MAINZ B, Nachbau eines römischen Ruder-Segelschiffs

MAINZ/Main

(Rheinland/Pfalz)

Stationäre Schiffe
AVENTURA, Küstenmotorschiff, 1938, Liegeplatz: Stresemannufer, Anleger 7
PIETER VAN AMSTEL, Dreimast-Logger, 1964, Liegeplatz: Mainz-Kastel, Rheinufer

MANNHEIM/Rhein

(Baden-Württemberg)

Landesmuseum für Technik und Arbeit
Museumsstraße 1, 68165 Mannheim
Tel.: 06 21 - 4 29 88 39
www.landesmuseum-mannheim.de

Schiffahrtsabteilung im Museumsschiff

Museumsschiffe
MANNHEIM, Fahrgastschiff/Raddampfer, 1928, Liegeplatz: Kurpfalz-Brücke, Neckar
(-) Aalschokker, Neckarufer
HANS-PETER, Schlepper, 1928
WASSERSCHUTZPOLIZEI 10, Patrouillenboot, 1957
WILLI, Schleppkahn/Peniche, 1909

MARKTRODACH

(Bayern)

Flößermuseum Unterrodach
Kirchplatz 8, 96364 Marktrodach
Tel.: 0 92 61 - 2 05 11
www.museen-in-bayern.de/
Marktroddach-Floessermuseum

Flößerei

MELDORF

(Schleswig-Holstein)

Dithmarscher Landesmuseum
Bütjestr. 2, 25704 Meldorf
Tel.: 0 48 32 - 60 00 60
www.museen-sh.de

Küstenschiffahrt, Fischerei

Museumsschiff
(-) Wrack einer Galiote, ca. 1690, ca. 31 tdw, 1,3 m Tiefgang, 2–3 Mann

MILDENBERG

(Mecklenburg-Vorpommern)

Ziegeleipark Mildenberg
Ziegeleiweg 10, 16775 Mildenberg
Tel.: 0 33 07 - 31 04 10
www.ziegeleipark.de

Museumshafen

Museumsschiff
ALTER FRITZ, Schleppkahn, 1911

MILTENBERG

(Bayern)

Museum der Stadt Miltenberg
Marktplatz 169, 63897 Miltenberg
Tel.: 0 93 71 - 40 41 53
www.miltenberg.de

Schiffahrt, Fischerei

MINDEN/Weser

(Nordrhein-Westfalen)

Informationszentrum des Wasser- und Schiffahrtsamtes Minden
Am Hohen Ufer 1, 32425 Minden
Tel.: 05 71 - 6 45 80
www.wsa-minden.de

Binnenschiffahrt, Mittellandkanal

Pott's Park
Bergkirchener Straße 99
32429 Minden

Stationäres Schiff
BIBER, Klein-U-Boot, 1944/45

MÜHLBERG/Elbe

(Sachsen)

Stadtmuseum Mühlberg
Klosterstraße 9, 04931 Mühlberg
Tel.: 03 53 42 - 7 06 87
Elbschiffahrt

MÜHLDORF/Inn

(Bayern)

Kreismuseum
Tuchmacherstr. 7, 84453 Mühldorf
Tel.: 0 86 31 - 23 51
Innschiffahrt

MÜHLHAUSEN

(Bayern)

Aktiver Veteran
ALMA VIKTORIA, Treidelschiff, 1933, eingesetzt auf dem historischen Ludwig-Donau-Kanal (1846)
Tel.: 0 84 60 - 5 29

MÜLLROSE

(Brandenburg)

Heimatmuseum
Kietz 5, 15299 Müllrose
03 36 06 - 49 67
Schiffbau

MÜNCHEN/Isar

(Bayern)

Deutsches Museum
Museumsinsel, 80358 München
Tel.: 089-21791
www.deutsches-museum.de

Schiffahrts- und Marinegeschichte

Museumsschiffe
A 593M, portugiesischer Frachtsegler
FLYING MAGIC, Katamaran
HOHER GÖLL, Elektroschiff, 1911
MARIA (HF 31), Fischewer, 1880
NATALIE, Dampfbarkasse, 1905
RENZO, Dampfschlepper, 1931
(-) SEEHUND, Klein-U-Boot, 1944/45
TEDJE, Tochterboot, 1960
THEODOR HEUSS, Seenotrettungskreuzer, 1960
U 1, Küstentauchboot, 1906
SRA BOA VIAGEM, Dory/Segelkahn
X 21, Speedboot
(-) Motorboot, 1885, Daimler-Maybach-Motor

(-) Rennjolle, 1926, Abeking & Rasmussen
(-) Gondel, Venedig
(-) Einbaum, Starnberger See
(-) Ausleger-Boot, Sri Lanka
(-) Forschungs-Tauchkugel, 1960/70

MÜNSTER

(Nordrhein-Westfalen)

Westpreußisches Landesmuseum
Schloß Wolbeck, Am Steintor 5
48167 Münster
Tel.: 0 25 06 - 25 50
www.westpreussisches-landesmuseum.de

Preußische Schiffahrtsgeschichte, Danziger Schiffbau

NEBEL/Insel Amrum

(Schleswig-Holstein)

Amrumer Heimatmuseum
Uaÿaat 4, 25946 Nebel/Amrum
Tel.: 0 46 82 - 8 72
www.museen-sh.de

Schiffahrt

NECKARGEMÜND/Neckar

(Baden-Württemberg)

Museum im Alten Rathaus
Hauptstraße 25
69151 Neckargemünd
Tel.: 0 62 23 - 80 41 86
www.neckargemuend.de

Neckar-Schiffahrt und -Fischerei

NEUBURG

Heimat- und Schiffahrtsmuseum

Hauptstraße 50, 76776 Neuburg/Rhein
Tel.: 0 72 73 - 12 26
Regionale Schiffahrt

NEUENDORF

(Schleswig-Holstein)

Historische Fähre Kronsnest
25335 Neuendorf
Tel.: 0 48 24 - 39 16 39
www.musseen-sh.de

NEUHARLINGERSIEL

(Niedersachsen)

Buddelschiff-Museum
Am Hafen-Westseite
26427 Neuharlingersiel
Tel.: 0 49 74 - 2 24 (Janssens Hotel)
www.esens.de/neuharlingersiel

Über 100 Flaschenschiffe

Museum für Seenotrettungsgeräte
Heinrich-Steffens-Station
26427 Neuharlingersiel
Tel.: 0 49 74 - 4 30

Museumsschiff
ULRICH STEFFENS, Motorrettungsboot, 1945

NEUÖTTING

(Bayern)

Stadtmuseum
Ludwigstraße 12, 84524 Neuötting
Tel.: 0 86 71 - 88 26 69
www.neuötting.de

Regionale Schiffahrt

NEUSTADT/H./Ostsee

(Schleswig-Holstein)

Ostholstein-Museum
Kremper Tor, 23730 Neustadt/H.
Tel.: 0 45 61 - 55 84 24
www.oh-museum.de

Schiffsmodelle, Fischerei, Einbaum

Cap-Arcona-Museum
Am Markt 1, Neustadt/H.
Tel.: 0 45 61 - 61 90
www.topographie.de/gedenkstaettenforum.de

Museum zum Gedenken an den Untergang der Häftlingsflotte am 3. Mai 1945 in der Lübecker Bucht und den Verlust von über 7.000 Menschen

NIENBURG/Weser

(Niedersachsen)

Museum Nienburg
Leinstraße 48, 31582 Nienburg
Tel.: 0 50 21 - 1 24 61
www.museum-nienburg.de

Weserfischerei

NIERSTEIN/Rhein

(Rheinland-Pfalz)

Stationäres Schiff
RENÉ SIEGFRIED, Schubboot, 1963, Liegeplatz: Rheinallee 4
55283 Nierstein
Tel.: 0 61 33 - 5 90 94

NORDDEICH

(Niedersachsen)

Maritim Museum
Backersweg 2
26506 Norden-Norddeich
Tel.: 0 49 31 - 8 21 62
Buddelschiffe

Museumsschiff
ROLAND, Rettungsboot, 1957, Liegeplatz: Rettungsschuppen

NORDERNEY/Nordsee

(Niedersachsen)

Fischerhaus-Museum
Im Agonnerwäldchen
26548 Norderney
Tel.: 0 49 32 - 17 91
www.ostfriesischelandschaft.de/museum

Schiffbruch, Fischerei

Rettungsbootschuppen
Am Weststrand 5, 26548 Norderney
Tel.: 0 49 32 - 6 01 (DGzRS)

Museumsschiff
FÜRST BISMARCK, Ruderrettungsboot, 1893

NORDHORN

(Niedersachsen)

Schiffahrtsmuseum
Lingener Straße 132, 48531 Nordhorn
Regionale Schiffahrt

OBERAUDORF/Inn

(Bayern)

Heimatmuseum
Im Burgtor 2, 83080 Oberaudorf
Tel.: 0 80 33 - 3 01 20
Innschiffahrt

OBERWESEL/Rhein

(Rheinland-Pfalz)

Heimatmuseum
Rathausstraße 6, 55430 Oberwesel
Tel.: 0 67 44 - 15 21
Rheinschiffahrt

OBERWINTER/Rhein

(Nordrhein-Westfalen)

Stationäres Schiff
BELLEVUE, Passagierschiff, 1938

ODERBERG

(Brandenburg)

Binnenschiffahrts-Museum
Herrmann-Seidel-Str. 44, 16248 Oderberg
Tel.: 03 33 69 - 4 70
www.technikmuseum.de/oderberg

Binnenschiffahrt

Museumsschiffe
EBERSWALDE, Strommeister- und Schleppboot, 1968
PFEIL, Tragflügelboot, 1973
RABAS, Wasserstraßen-Aufsichtsboot, 1911
RIESA, Seitenraddampfer, 1897

OLDENBURG/Holstein

(Schleswig-Holstein)

Wallmuseum
Prof.-Struve-Weg, 23758 Oldenburg
Tel.: 0 43 61 - 49 81 03
www.museen-sh.de

Museumsschiff
STARIGARD, Slawisches Handelsschiff, 1. Jahrtausend n. Chr., Nachbau 1994

ORANIENBURG

(Brandenburg)

Kreismuseum Oberhavel
Breite Straße 1, 16515 Oranienburg
Tel.: 0 33 01 - 38 63
www.reiseland-brandenburg.de/d

Märkische Binnenschiffahrt, Modelle

OSTERHOLZ-SCHARMBECK

(Niedersachsen)

Museum für Schiffahrt und Torfabbau
Bördestraße 42
27711 Osterholz-Scharmbeck
Tel.: 0 47 91 - 1 31 05
www.kulturstiftung-ohz.de

Schiffahrt, Bootssammlung

Museumsschiffe
(-) Bockschiff/Torfschute, ca. 1900
(-) Halb-Hunt-Torfschiff, 1938

PAPENBURG/Ems

(Niedersachsen)

Emslandmuseum Papenburg
Museum für Industrie und Technik
Ölmühlenweg 21 (beim Forum Alte Werft) 26871 Papenburg
Tel.: 0 49 61 - 99 22 66
www.papenburg.de/fremdenverkehr/museen

Heimatmuseum
Hauptkanal rechts 13
An der Marktkirche 6, 26871 Papenburg
Tel.: 0 49 61 - 91 64 77
Regionaler Schiffbau

Museumsschiffe
ANGELA VON PAPENBURG, Spitzmutte, Liegeplatz: Von-Velen-Anlage, Splittingskanal
ANNA VON PAPENBURG, Spitzmutte, Nachbau 1978, Liegeplatz: Hauptkanal, Wiek
CATHARINA VON PAPENBURG, Schoner, Nachbau 1982, Liegeplatz: Hauptkanal Wiek
FRIEDERIKE VON PAPENBURG, Brigg, Nachbau 1986, Liegeplatz: Hauptkanal
MARGARETHA VON PAPENBURG, Kuff, Nachbau 1982, Liegeplatz: Hauptkanal Wiek
THEKLA VON PAPENBURG, Tjalk, Nachbau 1977, Liegeplatz: Hauptkanal Wiek

Aktives Museumsschiff
GESINE VON PAPENBURG, Smack, Nachbau, 1986, Liegeplatz: Eisenbahn-Dock

PASSAU/Donau

(Bayern)

Oberhausmuseum
Oberhaus 125, 94034 Passau
Tel.: 08 51 - 4 93 35 - 12
www.oberhausmuseum.de

Donau- und Innschiffahrt

PEENEMÜNDE/Ostsee

(Mecklenburg-Vorpommern)

Historisch-Technisches Informationszentrum
Bahnhofstraße 28
17449 Peenemünde
Tel.: 03 83 71 - 2 05 73
www.peenemuende.de

Museumsschiff
575, Raketenschiff, 1983

Maritim Museum
Haupthafen, 17449 Peenemünde
www.peenemünde-info/de

Museumsschiff
U 461, Unterseeboot, 1962
www.u-461.de

Stationäres Schiff
VIDAR, Gaffelschoner, 1877, Restaurant

PELLWORM/Nordsee

(Schleswig-Holstein)

Schiffahrtsausstellung
Im alten Dampferschuppen am Hafen
25849 Pellworm

PETERSHAGEN/Weser

(Nordrhein-Westfalen)

Heimat- und Heringsfänger-Museum Heimsen
Am Mühlenbach 11
32469 Petershagen
Tel.: 0 57 68 - 4 79
www.petershagen.de/tourismus

Heringsfang

PREMNITZ/Havel

(Brandenburg)

Stationäres Schiff
DORA, Passagierschiff, 1875,
Liegeplatz: Havelufer

PREROW/Ostsee

(Mecklenburg-Vorpommern)

Darß-Museum
Waldstraße 48, 18375 Prerow
Tel.: 03 82 33 - 6 97 50
www.entdecke-mv.de

Fischerei, Segelschiffahrt

Museumsschiff
AHR 6, Zeesboot, 1938

PRIEN/Chiemsee

(Bayern)

Heimatmuseum
Valdagnoplatz 2, 83209 Prien
Tel.: 0 80 51 - 69 05 42
www.chiemgau.com/museen/prien

Chiemsee-Fischerei, Einbaum

PRORA/Rügen

(Mecklenburg-Vorpommern)

Rügen-Museum
Museumsmeile, Block 3, 18609 Prora
Tel.: 03 83 93 - 3 26 96
www.insel-ruegen.de/kultur/
museumsfuehrer/ruegenmuseum-prora

Modelle, Hafenanlage

PUTTGARDEN/Fehmarn

(Schleswig-Holstein)

Stationäres Schiff
Fischkutter, Liegeplatz: Fährbahnhof

RADOLFZELL/Bodensee

(Baden-Württemberg)

Stadtmuseum
Tegginger Str. 16, 78315 Radolfzell
Tel.: 0 77 32 - 8 13 90
www.bodenseemuseen.org

Bodenseeschiffahrt

RASTATT

(Baden-Württemberg)

Wehrgeschichtliches Museum
Karlstraße 1, 76406 Rastatt
Tel.: 0 72 22 - 3 42 44
www.wgm.rastatt.de

Exponate zur Marinegeschichte, Modelle

RATZEBURG

(Schleswig-Holstein)

Haus Mecklenburg/Kreismuseum
Domhof 41, 23909 Ratzeburg
Tel.: 0 45 41 - 8 36 68
www.museen-sh.de

Schiffahrt, Fischerei

Museumsschiff
(-) Fischerkahn, 1780

RHAUDERFEHN

(Niedersachsen)

Fehn- und Schiffahrtsmuseum Westrhauderfehn
Rajen 5, 26817 Rhauderfehn
Tel.: 0 49 52 - 90 32 80
www.ostfriesischelandschaft.de/museen

Schiffbau, Schiffahrt, Navigation,
historische Schiffsapotheke

Museumsschiffe
EBENHAEZER, Tjalk, 1908
ENGELINA, Tjalk, Nachbau, 1981

RECKLINGHAUSEN

(Nordrhein-Westfalen)

Schiffahrtsmuseum
Sachsenstraße 121
45665 Recklinghausen
Tel.: 0 23 61 - 8 18 67
Binnenschiffahrt

REES/Rhein

(Nordrhein-Westfalen)

Stationäres Schiff
BILL, Motorschlepper, 1944,
Liegeplatz: Am Rhein-Deich

REGENSBURG/Donau

(Bayern)

Donau-Schiffahrts-Museum
Werftstraße, 93059 Regensburg
Tel.: 09 41 - 5 25 10
www.museen-in-bayern.de/

Regensburg_Schiffahrts.htm

Museumsschiffe
FREUDENAU, Motorzugschiff, 1942
RUTHOF/ÉRSEKCSANÁD,
Radzugdampfer, 1923

Brückturmmuseum
Weiße Lamm-Gasse 1
93047 Regensburg
Tel.: 09 41 - 5 67 60 13
www.regensburg.de

Elektrische Schiffstreidel-Anlage

REICHENAU/Bodensee

(Baden-Württemberg)

Heimatmuseum
Ergat 1, 78479 Reichenau
Tel.: 0 75 34 - 2 76
www.reichenau.de/reichenau.asp

Fischerei, Bodenseeschiffahrt

RENDSBURG/Nord-Ostsee-Kanal

(Schleswig-Holstein)

Museen im Kulturzentrum Rendsburg
Arsenalstraße 2–10, 24768 Rendsburg
Tel.: 0 43 31 - 33 13 86
www.rendsburg.de/museen.htm

Rendsburger Schiffahrtsgeschichte und
Nord-Ostsee-Kanal

RHEINAU/Rhein

(Baden-Württemberg)

Heimatmuseum
Hauptstraße 16, 77866 Rheinau
Tel.: 0 78 44 - 46 41
Geschichte der Rheinschiffahrt,
Schiffsmodelle

ROSENHEIM/Inn

(Bayern)

Heimatmuseum
Ludwigsplatz 26, 83022 Rosenheim
Tel.: 0 80 31 - 79 89 87
www.museen-in-bayern.de

Innschiffahrt

Klepper-Faltbootmuseum
Klepperstraße 18, 83026 Rosenheim
Tel.: 0 80 31 - 21 67 14
www.museen-in-bayern.de

Faltboote

Inn-Museum, Wasserbau- und Schiffahrtstechnische Sammlung
Innstraße 74, 83022 Rosenheim
Tel.: 0 80 31 - 3 15 11
www.bayern.de/wwa-ro

Innschiffahrt, Flößerei

Museumsschiffe
(-) Inn-Plätte, Kuchlschiff-Plätte
(-) Zement-Plätte

ROSTOCK/Ostsee

(Mecklenburg-Vorpommern)

Schiffahrtsmuseum
August-Bebel-Straße 1
18106 Rostock
Tel.: 03 81 - 25 20 60

Schiffbaumuseum auf dem »Traditionsschiff Typ Frieden«
Schmarl, 18106 Rostock
www.rostock.de/stadtverwaltung/kultur

Segelschiffahrt, DDR-Schiffahrt

Museumsschiffe
CAPELLA, Beton-Leichter, 1943
LANGER HEINRICH, Schwimmkran, 1905
SATURN, Schlepper, 1907
TRADITIONSSCHIFF, Typ Frieden, Frachtschiff, 1957
WISMAR (KAR 45), Fischkutter, 1949
1. MAI, Hebeschiff, 1895

Stationäre Schiffe
GEORG BÜCHNER, Frachtschiff, 1950, heutige Nutzung: Hotelschiff

LIKEDEELER, Frachtschiff, 1962, Liegeplatz: Rostock-Schmarl

Museumshafen Rostock
Lessingstraße 9, 18055 Rostock
Stadthafen/Hedge-Halbinsel
Tel.: 03 81 - 49 01 317

Traditionskabinett Rostocker Fischereihafen
Fischerweg 408, 18069 Rostock
Tel.: 03 81 - 81 1 27 28

ST. GOAR/Rhein

(Rheinland-Pfalz)

Wahrschau- und Lotsenmuseum
am Rhein (km 555,43), am Bankeck mit Lotsenschaluppe
Tel.: 0 67 41 - 79 97

Stationäres Schiff
ST. GOAR, Schlepper, Liegeplatz: Freizeitpark Leiningen

ST. PETER-ORDING/Nordsee

(Schleswig-Holstein)

Eiderstedter Heimatmuseum
Olsdorfer Str. 6
25826 St. Peter-Ording
Tel.: 0 48 63 - 14 16
Schiffahrt, Fischerei

SASSNITZ/Rügen

(Mecklenburg-Vorpommern)

Fischerei- und Hafenmuseum
Im Stadthafen, 18 546 Sassnitz
Tel.: 03 83 92 - 5 78 46
www.mvweb.de/museen

Fischerei, Schiffahrt

Museumsschiff
HAVEL, Fischkutter, 1956

Museum für Unterwasserarchäologie
Alter Fährhafen, 18546 Sassnitz
Tel.: 03 83 92 - 3 23 00
www.archeologie-mv.de

Museumsschiffe
(-) Wrack der Gellenkogge, ca. 1330
(-) Wrack des Ralswieck-Schiffes II

Erlebniswelt U-Boot
Hafenstraße 12, 18546 Sassnitz
Tel.: 0 30 83 92 - 3 15 16
Info: www.hms-otus.com

Museumsschiff
OTUS, englisches U-Boot, 1963

SCHILTACH

(Baden-Württemberg)

Schüttesägemuseum
Hauptstraße 1, 77761 Schiltach
Tel.: 0 78 36 - 58 75
www.schiltach.de

Flößerei

SCHLESWIG/Schlei

(Schleswig-Holstein)

Archäologisches Landesmuseum
Schloß Gottorf, 24837 Schleswig
Tel.: 0 46 21 - 813 - 300
www.schloss-gottorf.de

Museumsschiff
(-) NYDAM-Boot, Germanisches Ruderschiff, 320 n. Chr

Wikinger Museum Haithabu
24837 Haddeby
Tel.: 0 46 21 - 813 - 300
www.schloss-gottorf.de/haithabu

Museumsschiff
Wikinger - Langschiff, ca. 950 n. Chr.

Volkskundliche Sammlungen,
Hesterberg, 24837 Schleswig
Tel.: 0 46 21 - 96 76 16
www.schloss-gottorf.de/hesterberg

Museumsschiffe
GOT 35, Block-Kahn, 1926
KIE 8, Ellerbeker Fischerboot, ca 1920
SCHLE 47, Schleikahn, 1945

SCHÖNEBECK/Elbe

(Sachsen-Anhalt)

Kreismuseum Schönebeck
Pfännerstr. 41, 39218 Schönebeck
Tel.: 0 39 28 - 6 94 17
www.landkreis-schoenebeck.de

Elbschiffahrt, Kajüte eines Kaffenkahns

SEEBURG

(Sachsen-Anhalt)

Stationäres Schiff
SEEPERLE, Raddampfer, 1892, Liegeplatz: Am Süßen See

SIERKSDORF/Ostsee

(Schleswig-Holstein)

Stationäres Schiff
HANSA, Motorfischkutter (MFK), 1938, Liegeplatz: Hansapark

SIMBACH/Inn

(Bayern)

Heimatmuseum
Innstraße 21, 84359 Simbach
Tel.: 0 85 71 - 6 06 - 27
www.museen-in-bayern.de

Inn-Schiffahrt

SPEYER/Rhein

(Rheinland-Pfalz)

Technik-Museum
Geibstraße, 67346 Speyrer
Tel.: 0 62 32 - 6 70 80
www.technik-museum.de

Exponate zur Schiffahrtsgeschichte

Museumsschiffe
(-) BIBER, Klein-U-Boot, 1944/45
(-) NEGER, Klein-Kampfmittel, 1944/45
(-) SEEHUND, Klein-U-Boot, 1944/45
TIGER-HAI, Forschungs-Tauchboot, 1960/70
U 9, Unterseeboot, 1966
WSS-12, Tragflächenboot, 1965
WILHELM MAYBACH, Motor-Yacht, 1893
(-) Polizei-Barkasse

Historisches Museum der Pfalz
Domplatz, 67324 Speyer
Tel.: 0 62 32 - 1 32 50
Rheinschiffahrt

SPIEKEROOG/Nordsee

(Niedersachsen)

Inselmuseum Spiekeroog
Noorderpad 1, 26474 Spiekeroog
Tel.: 0 49 76 - 9 10 26
www.ostfriesischelandschaft.de/museum

Strandungen

STADE/Elbe

(Niedersachsen)

Schwedenspeicher-Museum
Am Wasser West 39, 21682 Stade
Tel.: 0 41 41 - 32 22
www.schwedenspeicher.de

Hafengeschichte, Modelle, Elbschiffahrt

Aktiver Veteran
GREUNDIEK, Küstenmotorschiff, 1950, Liegeplatz: Stadthafen

STARNBERG

(Bayern)

Heimatmuseum Stadt Starnberg
Possenhofener Str. 5
82319 Starnberg
Tel.: 0 81 51 - 7 72 - 1 32
Höfische Schiffahrt, Dampfschiffahrt

Museumsschiffe
DELPHIN, Ruderschiff, ca. 1820
FUNTENSEE, Elektroboot, 1919
KLOSTER-RENNER, Lastkahn, 1951
MICHAEL, Barkasse, 1910

Förderverein Südbayerisches Schiffahrtsmuseum
Starnberg, Postfach 1221
82302 Starnberg

STEINKIRCHEN/Elbe

(Niedersachsen)

Stationäres Schiff
LÜHE, Personen-Fährschiff, 1927

STRALSUND/Ostsee

(Mecklenburg-Vorpommern)

Deutsches Meeresmuseum
Museum für Meereskunde und Fischerei
Katharinenberg 14, 18439 Stralsund
Tel.: 0 38 31 - 2 65 00
www.meeresmuseum.de

Meereskunde, Fischerei, Bootssammlung

Museumsschiffe
ADOLF REICHWEIN (SAS 95), Fischkutter, 1949
ERIKA (BREG 13), Strandboot

NAUTINEUM Dänholm
Kleiner Dänholm, 18439 Stralsund
Tel.: 0 38 31 - 28 80 10

Museumsschiffe
ARE 003, Reusenboot, um 1935, Alt Reddevitz, Mönchgut, 6,1 m x 2,3 m
BAH 1, Unterwasserstation 1967
BAR 2, Fischerboot, 6,2 m x 1,8 m
BOS SK 600, wissenschaftliches Tauchfahrzeug, 3,1 m Länge, 600 m Tauchtiefe, 0,9 tons
BOS SK 1000, wissenschaftliches Tauchfahrzeug, 3,8 m Länge, 1.000 Meter Tauchtiefe, 1,4 tons
FRI 8, Spitzkahn, 5,9 m x 1,1 m, Gartz, Oder
GLO 008, Strandboot, 1967, Glowe, Husmann, Babe, 8,4 m x 2,9 m, Motor
HELGOLAND, Unterwasserlabor, 1968,
KHA 006, Reusenboot, Kleinhagen, Mönchgut, 5,3 m x 1,9 m
K.-Zi 011, Reusenboot, ca. 1955, 5,3 m x 2,0 m
MARGARETE, Ostseekutter, 1930
O 56, Reusenboot, Kleinhagen, 5,1 m x 2,0 m
PRU 1, Polt/Bodenplankenboot, 1950, Gräbert, Barth, 5,0 m x 1,4 m
PRU 4, Polt/Bodenplankenboot, 1985
SEESCHWALBE (HER 8), Strandboot, 1980
STÖR (FRE 71), Strandboot, 1943
STOLTERA, Heuer/Bodenplankenboot, ca. 1900
STR 9, Zeesboot, 1870/ Nachbau 1986
STR 10, Reusenboot, 6,3 m x 2,0 m
STR 18, Reusenboot, 5,6 m x 1,7 m
ZECH 5, Bodenplankenboot, 1929, Kratzwieck/Oder, 7,0 m x 1,4 m
(-) Bodenplankenboot, Ribnitz, 6,9 m x 1,4 m
(-) Kanalschute, 1890–1910 8,6 m x 2,3 m x 1,1m
(-) Polt, 1947, Gänseberg, Anklam, 6,0 m x 1,6 m
(-) Reusenboot, um 1935, 6,1 m x 2,3 m
(-) Reusenboot, 5,5 m x 2,1 m
(-) Rostocker Kahn, 6,5 m x 1,6 m
(-) Rostocker Kahn, 1890, Rostock, 5,8 m x 1,5 m
(-) Zeesboot, ca. 1920, Motor

Marinemuseum Dänholm
Sternschanze 7, Dänholm
18439 Stralsund
Tel.: 0 38 31 - 29 73 27
www.mvweb.de/museen

Marinegeschichte, Seefliegerei, Seenotrettung, Bootssammlung

Museumsschiffe
924, DDR- Kleines Torpedoschnellboot, 1972
(-), DDR-Leichtes Torpedoschnellboot, ca. 1961
FREUNDSCHAFT, Schulboot, 1918
H-91, Motor-Dingi, Bootswerft Barth
HFG-61, Hohlstab-Fernräumgerät, 18,0 m x 1,5 m x 1,0 m, 17 tons
(-) SEEKUH, Fernräumgerät aus dem 2. Weltkrieg

Kulturhistorisches Museum der Hansestadt Stralsund
Mönchstraße 25-27, 18439 Stralsund
Tel.: 0 38 31 - 2 87 90
Historische Schiffahrt, Ruderblatt einer Kogge, Mitte 13. Jahrhundert

Museumshafen
Strolsunner Klüverboom Commün
Gustav-Ewald-Straße 5
18437 Stralsund
Tel.: 0 38 31 - 49 57 29

STUTTGART

(Baden-Württemberg)

Mercedes-Benz-Museum
Mercedesstraße 137, 70327 Stuttgart
Tel.: 07 11 - 1 72 25 78
www.mercedes-benz.com/d/mbclassic/museum

Museumsschiff
MARIE, Motorboot, 1888

TANGERMÜNDE/Elbe

(Sachsen-Anhalt)

Heimatmuseum
Am Markt, 39590 Tangermünde
Tel.: 03 93 22 - 32 16
www.mv-sachsen-anhalt.de

Elbschiffahrt

TESSENOW

(Mecklenburg-Vorpommern)

Schiffahrt- und Marinemuseum
Schloß Tessenow
19376 Tessenow
Tel.: 03 87 29 - 2 04 44
www.schiffahrtsmuseum-schloss-tessenow.de

Schiffahrts- und Marinegeschichte

THIESSOW

(Mecklenburg/Vorpommern)

Lotsenausstellung Thiessow
Hauptstraße 36
18586 Ostseebad Thiessow
Tel.: 03 83 08 - 82 80
www.mv-web.de/museen

Geschichte des örtlichen Lotsenwesens, Navigationsinstrumente

TÖNNING/Nordsee

(Schleswig-Holstein)

Stationäres Schiff
PORNSTROM (TÖN 4), Krabbenkutter, 1959, Liegeplatz am Hafen

TORGELOW

(Mecklenburg-Vorpommern)

Freilichtmuseum Ukranenland
Borkenstraße 22, 17358 Torgelow
Tel.: 0 39 76 - 20 23 97
Rekonstruktion einer Slawensiedlung aus dem 9. und 10. Jahrhundert

Museumsschiffe
SVANTEVIT (Nachbau), Slawenschiff
SVAROG (Nachbau), Slawenschiff

TRAVEMÜNDE/Ostsee

(Schleswig-Holstein)

Museumsschiff
PASSAT, Viermast-Bark, 1911, Liegeplatz: Priwall

TREUCHTLINGEN

(Bayern)

Karlsgraben-Ausstellung
Fossa Carolina
91757 Graben bei Treuchtlingen
Tel.: 0 91 42 - 31 21
Geschichte des Rhein-Main-Donau-Kanals, Kanalschiffahrt

TRIER/Mosel

(Rheinland-Pfalz)

Rheinisches Landesmuseum
Weimarer Allee 1, 54290 Trier
Tel.: 06 51 - 4 35 88
www.landesmuseum-trier.de

Historische Mosel- und Rheinschiffahrt

Stationäres Schiff
URANUS TREVERORUM, Minensuchboot, 1960

UECKERMÜNDE

(Mecklenburg-Vorpommern)

Haffmuseum
Am Rathaus 3, 17373 Ueckermünde
Tel.: 03 97 71 - 2 84 42
www.ueckermuende.de/haffmuseum

Fischerei, regionale Schiffahrt

URMITZ/Rhein

(Rheinland-Pfalz)

Stationäres Schiff
ST. GEORG, Aalschocker, 1923, Liegeplatz: Rheinwiesen

UTTING/Ammersee

(Bayern)

Stationäres Schiff
ANDECHS, Passagierdampfer, Liegeplatz: Ammersee

VIETZE/Elbe

(Niedersachsen)

Heimatmuseum
Hauptstraße 1, 29478 Höhbeck/Vietze
Tel.: 0 58 46 - 5 32
www.wendland-net.de/tourismus/museum.html

Elbschiffahrt

VÖLKLINGEN/Saar

(Saarland)

Stationäres Schiff
NEPTUN, Minensuchboot, 1960, Liegeplatz: Saarschleuse Rehlingen

WALTROP

(Nordrhein-Westfalen)

Westfälisches Industriemuseum
Altes Schiffshebewerk Henrichenburg
Am Hebewerk 2, 45731 Waltrop
Tel.: 0 23 63 - 97 07-0
www.schiffshebewerk-henrichenburg.de

Museumsschiffe
CERBERUS, Polizei- und Feuerlöschboot, 1930
CROSSEN, Dampfbagger, 1928
EXPRESS, Fahrgastschiff, 1884
FORTUNA, Dampfschlepper, 1909
FRANZ-CHRISTIAN, Binnenschiff, 1929
HERBERT, Barkasse, 1923
JUDITH, Barkasse, 1906
M.PK.86, Kohlenpram, 1926
NIXE, Bereisungsdampfer, 1939
OSTARA, Schleppkahn, 1926
PHENOL, Tankschiff, 1904
PORTA, Dampf-Bagger, 1925
RIESENBECK, Typboot, 1952
RODDE, Typboot, 1958
SR 13, Dampframme, 1935
TENIERS, Schlepper, 1909

WANGEROOGE/Nordsee

(Niedersachsen)

Inselmuseum Alter Leuchtturm
Zideliusstr. 3, 26486 Wangerooge
Tel.: 0 44 69 - 83 24
www.ostfriesischelandschaft.de/museum

Schiffahrt, Navigation

Museumsschiff
GESINE, Strandrettungsboot

WARNEMÜNDE/Ostsee

(Mecklenburg-Vorpommern)

Heimatmuseum
Alexandrinenstraße 30/31
18119 Rostock
Tel.: 03 81 - 5 26 67
www.warnemünde.de/kultur

Fischerei, Seenotrettung, Lotsen

WASSERBURG/Inn

(Bayern)

Städtisches Museum im Heimathaus
Herrengasse 15
83512 Wasserburg a. Inn
Tel.: 0 80 71 - 92 52 90
www.heimatmuseum-wasserburg.de

Innschiffahrt und Salzhandel

WEDEL/Elbe

(Schleswig-Holstein)

Buddelschiff-Museum
Im Schulauer Fährhaus, 22880 Wedel
Tel.: 0 41 03 - 9 20 00
www.willkommhoeft.de

200 Flaschenschiffe

Stationäres Schiff
BATAVIA, ehem. Flußkanonenboot, 1892, heutige Nutzung: Theaterschiff

WILHELMSHAVEN/Jadebusen

(Niedersachsen)

Deutsches Marine Museum
Südufer 125, 26382 Wilhelmshaven
Tel.: 0 44 21 - 4 10 61
www.marinemuseum.de

Museumsschiffe
LANGENESS, Schlepper, 1959
(-) SEEHUND, Klein-U-Boot, 1944/45
U 10, U-Boot, 1967
WEILHEIM (M 1077), Minensuchboot, 1959
952, Kleines Torpedoschnellboot, 1973

Neues Küsten-Museum
Weserstraße 58
26382 Wilhelmshaven
Tel.: 0 44 21 - 40 09 40
www.wilhelmshaven.de

Schiffahrt, Schiffbau, Walfang

Nationalpark-Zentrum Wilhelmshaven
Das Wattenmeerhaus,
Südstrand 110 b
26382 Wilhelmshaven,
Tel.: 0 44 21 - 9 10 70
www.wattenmeerhaus.de

Museumsschiff
DAGGI (BÜS 6), Krabbenkutter, 1956

Marine-Arsenal
26384 Wilhelmshaven

Stationäres Schiff im Arsenal
(-) SEEHUND, Klein-U-Boot, 1944/45

Stationäre Schiffe im Hafen
ARCONA, Minensuchboot
STEINBOCK, Minensuchboot, 1958
WESER, Feuerschiff, 1907, Liegeplatz: Bontekai

WISCHHAFEN

(Niedersachsen)

Kehdinger Küstenschiffahrtsmuseum
Unterm Deich 7, 21737 Wischhafen
Tel.: 0 47 70 - 71 79
www.kuestenschiffahrtsmuseum.de

Küstenschiffahrt

Museumsschiff
IRIS-JÖRG, Küstenmotorschiff, 1956

WISMAR/Ostsee

(Mecklenburg-Vorpommern)

Schabbelhaus - Stadtgeschichtliches Museum
Schweinsbrücke 8, 23966 Wismar
Tel.: 0 38 41 - 28 23 50
www.wismar.de

Schiffahrt, Hafen

Stationäres Schiff
BLEIB TREU (DAS 1), Fischkutter, Liegeplatz: Alter Hafen

Alter Hafen Wismar
Tel.: 0 38 41 - 25 95 41

WITTEN

(Nordrhein-Westfalen)

Westfälisches Industriemuseum
Zeche Nachtigall, 58452 Witten
www.lwl.org/LWL/Kultur/wim

Kohlenschiffahrt auf der Ruhr

Museumsschiff
(-) Lastkahn aus dem Jahr 1840, Nachbau 2001/2002, Mülheim, 34,0 m x 5,0 m

WITTENBERGE/Elbe

(Brandenburg)

Stadtmuseum Alte Burg
Putlitzstraße 2, 19322 Wittenberge
Tel.: 0 38 77 - 31 82
www.wittenberge.de

Elbschiffahrt

WITTOWER FÄHRE

(Mecklenburg-Vorpommern)

Stationäres Schiff
WITTOW, Auto- und Personenfähre, 1895

WÖRTH/Main

(Bayern)

Schiffahrts- und Schiffbaumuseum
Rathausstraße 72, 63939 Wörth a. M.
Tel.: 0 93 72 - 7 29 70
www.museen-in-bayern.de/Woerth-Schiffahrtsmuseum

Mainschiffahrt, Dampfschiffahrt

WOLFACH

(Baden-Württemberg)

Flößer- und Heimatmuseum
Hauptstraße 40, 77709 Wolfach
Tel.: 0 78 34 - 83 53 53
www.wolfach.de

Flößerei

WOLGAST/Ostsee

(Mecklenburg-Vorpommern)

Museum der Stadt Wolgast
Rathausplatz 6, 17438 Wolgast
Tel.: 0 38 36 - 25 10
www.wolgast.de

Museumsschiff
STRALSUND, Eisenbahnfähre, 1890

Maritime Ausstellung Alter Speicher
Hafenstraße 4, 17438 Wolgast
Tel.: 0 38 36 - 20 02 28

Museumsschiff
WOG 01, Fischkutter, 1936

WORPSWEDE

(Niedersachsen)

Torfschiffswerft Schlußdorf
Schlußdorfer Straße 22
27726 Worpswede
Tel.: 0 47 92 - 27 50
www.worpswede.de

Schiffbau, Torfgewinnung, Torfschiff

WREMEN

(Niedersachsen)

Museum für Wattenfischerei
Wurster Landstraße 118
27638 Wremen
Tel.: 0 47 05 - 12 17
www.wursterland.de/freizeittips/museenm

Entwicklung des Fischfangs, Lebensbedingungen der Fischer, Fischverarbeitung

Museumsschiff
KORALLE, Krabbenkutter, 1961

WÜRZBURG/Main

(Bayern)

Stationäres Schiff
ARTE NOVA, Binnenschiff, 1935, Liegeplatz: Oberer Mainkai

WUNSTORF-STEINHUDE

(Niedersachsen)

Fischer- und Webermuseum
Neuer Winkel 8
31515 Wunstorf-Steinhude
Tel.: 0 50 33 - 55 99
www.steinhuder-meer.de/fischermuseum

Fischerei

WYK/Insel Föhr

(Schleswig-Holstein)

Dr. Carl-Haeberlin-Friesenmuseum
Rebbelstieg, 25938 Wyk/Föhr
Tel.: 0 46 81 - 25 71
www.friesen-museum.de

Walfang, Schiffsbilder

ZEHDENICK

(Brandenburg)

Schiffermuseum Zehdenick
Schleusenstraße 22, 16792 Zehdenick
Tel.: 0 33 07 - 31 01 73
www.fremdenverkehrsbuero-zehdenick.de/kultur

Regionale Schiffahrt

Museumsschiff
CAROLA, Großfinow-Maßkahn, 1916

ZINGST/Ostsee

(Mecklenburg-Vorpommern)

Heimatmuseum »Haus Morgensonne«
Strandstraße 19, 18374 Zingst
Tel.: 03 82 32 - 1 55 61
www.zingst.de

Schiffahrt

ZONS

(Nordrhein-Westfalen)

Kreismuseum
Schloßstraße 1, 41541 Dormagen

Museumsschiff
CAMILLA, Aalschocker, 1900

MUSEUMSSCHIFFE

ADOLF REICHWEIN (SAS 95)

Stralsund/Ostsee

Deutsches Meeresmuseum

Fischkutter, 1949, Typ D, Boddenwerft, Damgarten, 89 BRT, 17,6 m x 5,0 m x 2,3 m, 80-PS-Diesel, 3-4 Mann Besatzung, ex WOG 115
Von diesem Küstenfischkutter-Typ wurden in der DDR 355 Einheiten gebaut, mehr als 260 wurden in die ehemalige Sowjetunion geliefert.

AE 7 STADT EMDEN

Emden, Ratsdelft

Logger/Galeasse, 1908, Scheveningen/Niederlande, 36,3 m x 6,5 m x 2,9 m, 105 BRT, Segel, Hilfsmotor, ex SCH 29 WILHELMINA, ex VÄRGRY, ex OLD LADY

Dieser letzte hölzerne Segellogger in Deutschland fuhr bis 1931 unter niederländischer Flagge, wurde bis 1977 als Küstenfrachtsegler in Norwegen eingesetzt, kam 1987 nach Emden und ist seit 1995 Museumsschiff. Im ehemaligen Laderaum wird eine Ausstellung zur Emder Heringsfischerei gezeigt.

AHR 6

Prerow

Darß-Museum

Zeesboot, 1938, 10,2 m x 3,3 m x 0,8 m, ca. 80 qm Segel, 10-PS-Glühkopfmotor. Das Boot lag bis in die achtziger Jahre einsatzklar im Hafen.

ALTER FRITZ

Mildenberg

Schleppkahn, 1911, Sonntag, Rogatz, 40,6 m x 4,6 m x 1,8 m, 248,5 tons, ex VINETA

AMRUMBANK (DEUTSCHE BUCHT)

Emden, Ratsdelft

Feuerschiff, 1914, Meyer-Werft, 630 BRT, 52,5 m x 8,1 m, 330-PS-Dieselmotor. Dieses Feuerschiff lag bis 1963 als AMRUMBANK vor Nordfriesland und wurde später als Reserve-Feuerschiff genutzt. Seit 1984 dient es als Museumsschiff in Emden.

ANGELA VON PAPENBURG

Papenburg

Heimatmuseum

Spitzmutte (Replik) 12 tons, 10,0 m x 2,5 m.
Spitzmutten mit Seitenschwertern und umlegbaren Masten wurden zum Torftransport auf ostfriesischen Kanälen gesegelt oder getreidelt.

ANJA

Bremen

Übersee-Museum

Treidelkahn (Replik, 1995, Bremer Bootsbau, Vegesack), 9,7 m x 1,9 m x 0,5 m, 2 tons, Segel.
Nachbau eines offenen Treidelkahns in traditioneller Holzbauweise mit einem Luggersegel aus Flachs. Dieser Bootstyp wurde im 19. Jahrhundert für den Warenverkehr zwischen dem Teufelsmoor, Bremer Packhäusern und den Seeschiffen genutzt.

ANNA VON PAPENBURG

Papenburg

Heimatmuseum

Spitzmutte (Replik, 1978), Meyer-Werft, Papenburg, 11,4 m x 3,2 m, Segel.
Dieses typische Papenburger Torfschiff wurde im Emsland als Frachtsegeler für Torf, Steine, Schlick und Sand benötigt. Es konnte 12 Tonnen (= ein Tagewerk = 10.000 Stück Torf) transportieren.

ATLANTIS

Dresden

Militärhistorisches Museum

Binnenminensuchboot, 1967, Kröger, Rendsburg, 38,0 m x 7,7 m x 1,7 m, zwei Dieselmotoren mit je 735 kw, 252 tons, Bewaffnung: eine 40-mm-Flak, ex M 2679, ex Y 1660, ex M 2666
Das Boot (7. Minensuchgeschwader) wurde 1995 außer Dienst gestellt.

AUGUST
Haren
Schiffahrtsmuseum
Schlepper, 1910, Gebr. Wiemann, Brandenburg, 17,5 m x 3,6 m x 1,4 m, 14 tons, 180-PS-Dampfmaschine.
Schlepper AUGUST, der vor allem auf der Ems und den nordwestdeutschen Kanälen beschäftigt war, wurde 1944 durch einen Bombentreffer in Emden schwer beschädigt. Von 1948 bis 1977 kam er wieder in Fahrt. Die Dampfmaschine ist 1961 gegen einen 375 PS starken Dieselmotor ausgetauscht worden. Seit 1980 ist AUGUST Museumsschiff.

BAH 1
Stralsund
Nautineum
Unterwasserstation, 1967, Babcock, 16 tons, 6,0 m x 4,0 m x 4,8 m

(-) Klein-U-Boot Typ Biber
Speyer
Technik-Museum
Klein-U-Boot, 1944, Verdrängung an der Oberfläche: 6,2 tons, 9,0 m x 1,6 m x 1,6 m, Sechs-Zylinder-Benzinmotor (32 PS)/Torpedo-E-Motor (13 PS), Max. Aktionsradius an der Oberfläche: 130 sm bei 6 kn, getaucht: 8,6 sm bei 5 kn, Geschwindigkeit an der Oberfläche: 6,5 kn, getaucht: 5,3 kn, Tauchtiefe: 25 m, Besatzung: 1 Mann, Bewaffnung: 2 Torpedos.
Die deutsche Kriegsmarine begann im Zweiten Weltkrieg erst spät mit der Entwicklung von Klein-U-Booten, die für den massenhaften Einsatz gegen alliierte Invasionsflotten geplant wurden. Vom Bootstyp Biber wurden 324 Einheiten gebaut. Das erste Exemplar wurde am 15. März 1944 bei den Lübecker Flenderwerken fertiggestellt (Baukosten: 29.000 Reichsmark). Zum ersten Großeinsatz liefen am 29. August 1944 sechzehn Boote von Fécamp (bei Le Havre/Frankreich) aus. Bis Anfang 1945 kamen über 110 Biber an der belgischen Scheldemündung zum Einsatz. Von Norwegen aus sollten Biber mit VII-C-Booten in das Operationsgebiet vor Murmansk transportiert und gegen russische Einheiten eingesetzt werden. Streng geheim waren auch die Pläne, nach denen Biber in den Suez-Kanal »geschmuggelt« werden sollten, um durch die Versenkung von Frachtschiffen die Wasserstraße zu blokkieren. Der Biber, der heute in Speyer gezeigt wird, wurde 1976 bei Rotterdam beim Ausbaggern einer Fahrrinne gefunden.

(-) Klein-U-Boot Typ Biber
Emmerich
Rheinmuseum
Dieser Biber sollte im November 1944 in einer Flotille von vier Booten von Emmerich aus rheinabwärts die Straßen- und Eisenbahnbrücke im niederländischen Nijmegen sprengen. Das Boot wurde nach Kriegsende am Rheinufer bei Emmerich geborgen.

(-) Klein-U-Boot Typ Biber
Ingolstadt
Bayerisches Armeemuseum

BILGENENTÖLER II
Duisburg
Museum der Deutschen Binnenschiffahrt
Bilgenentöler, 1932, 12 tons, 17,0 m x 2,5 m, 37-PS-Dieselmotor.
Das Schiff, ursprünglich ein antriebsloser Aalschokker, wurde 1954 zum ersten Bilgenentöler auf dem Rhein umgebaut und war bis 1988 im Dienst.

BISMARCKSTEIN
Emmerich
Rheinmuseum
Rettungsboot, ein Mast, Holzboot, Heimathafen Hamburg, acht Personen

(-) Bockschiff
Osterholz-Scharmbeck
Museum für Schiffahrt und Torfabbau
Torfschute, ca. 1900, 21,0 m x 5,0 m x 1,5 m.
Diese Torfschute wurde im Stichkanal der Beeke im Teufelsmoor 1984 geborgen und in einer fünfjährigen chemischen Behandlung konserviert.

BORKUMRIFF
Borkum/Nordsee
Feuerschiff, 1956, Norderwerft, Hamburg, 629 BRT, 53,7 m x 9,0 m x 4,4 m, Diesel, 9,5 kn, Eigner: Förderverein Feuerschiff Borkumriff.
Letzter deutscher Neubau eines bemannten Feuerschiffes, 1988 außer Dienst gestellt, dient seit 1989 als schwimmendes Informationszentrum und Museum für Umwelt- und Naturschutz.

BRANDTAUCHER
Dresden
Militärhistorisches Museum
Tauchboot, 1850, Schweffel & Howaldt, Kiel, Verdrängung an der Oberfläche: 28,2 tons, getaucht: 30,9 tons, 8,1 m x 2,1 m x 2,6 m, Antrieb über zwei Treträder und Getriebe, Geschwindigkeit: ca. 3 kn, Reichweite: max. 1 sm, Tauchtiefe: 9 m vom Konstrukteur geplant, 27m von der Marine-Kommission errechnet, Besatzung: 3 Mann, Geplante Bewaffnung: Sprengladung (50 kg Pulver).
Am 18. Dezember 1850 wurde der BRANDTAUCHER als erstes Eisenschiff an der Ostsee zu Wasser gelassen. Am 1. Februar 1851 startete Bauer mit seiner Mannschaft im »Submarineapparat« zu einer Tauch-Probefahrt, bei der das Boot sank.
Der BRANDTAUCHER wurde erst im Jahr 1887 bei Baggerarbeiten in der Kieler Förde gehoben. Zum 150. Jubiläum seiner Jungfernfahrt kehrte das Tauchboot in den Jahren 1999–2002 in das Kieler Schiffahrtsmuseum zurück.
(siehe Schiffsporträt)

BUSSARD
Kiel
Schiffahrtsmuseum
Dampftonnenleger, 1905, Jos. L. Meyer, Papenburg, 247 BRT, 40,6 m x 7,8 m x 3,3 m, 540-PS-Dampfmaschine.
Eines der letzten seegehenden, kohlebefeuerten Dampfschiffe Deutschlands. Der Tonnenleger BUSSARD (Baukosten: 230.000 Goldmark) wurde mit Heimathafen Sonderburg auf der Flensburger Förde und später mit Heimathafen Kiel auf der Ostsee eingesetzt, wo er 75 Jahre lang seinen Dienst versah. Häufig wurde der BUSSARD als Start- und Zielschiff auf der Kieler Woche benötigt. Seit 1981 liegt der Tonnenleger in Kiel.

CAMILLA
Zons
Kreismuseum
Aalschokker, 1900, 18,0m x 4,2 m x 0,8 m Segel

CAPELLA
Rostock
Schiffahrtsmuseum
Seeleichter (Betonrumpf), 1943, Schalenbau KG, Ostswine, 337 tdw, 40,5 m x 7,0 m x 2,9 m, Diesel.
CAPELLA ist ein aus Beton gebauter Seeleichter vom Typ »Wiking«, ein Küstenfrachtschiff mit 300 Tonnen Tragfähigkeit. Von diesem Typ wurden im Zweiten Weltkrieg mehr als 50 Einheiten für die »Transportflotte Speer« gebaut. Die Rümpfe wurden kieloben in einer Baugrube in Schalenbauweise erstellt und

beim Fluten der Baugrube aufgerichtet. Betonschiffe wurden in der Mitte des 19. Jahrhunderts in Frankreich »erfunden« und später in Kriegszeiten aus Stahlmangel gebaut. CAPELLA diente überwiegend als Lagerschiff im Rostokker Hafen und wurde 1988 als technisches Denkmal anerkannt. PAUL KOSSEL ist ein weiteres restauriertes Betonschiff und liegt im Bremerhavener Deutschen Schiffahrtsmuseum.

CAP SAN DIEGO

Hamburg

Überseebrücke

Motorfrachtschiff, 1962, Deutsche Werft, Hamburg, 9998 BRT, 159,4 m x 21,5 m x 8,5 m, 11.650-PS-Dieselmotoren, 20 kn, 49 Mann Besatzung, 12 Passagiere, ex SANGRIA.
Mitte der fünfziger Jahre ließ die Reederei Hamburg-Süd eine Serie von sechs erstmalig mit Laderaumkühlung und Tieftanks für pflanzliche Öle ausgerüstete Stückgutfrachter bauen.
Die CAP SAN DIEGO (»Der weiße Schwan des Südatlantiks«) absolvierte 120 Reisen von Europa an die südamerikanische Ostküste. Im Jahr 1986 kaufte der Hamburger Senat das Schiff für 2,5 Millionen Mark, um es als Museumsschiff für die Hansestadt zu bewahren.
Die besondere Gestaltungs-Linie der eleganten Cap-San-Schiffe entwarf der Hamburger Architekt Cäsar Pinnau: weiße yachtähnliche Rümpfe mit gestreckten Linien, keine der üblichen Schornsteine, eine gediegene Innenausstattung. 1988 wurde das Schiff der Stiftung Hamburger Admiralität übertragen.

CAROLA

Zehdenick

Schiffermuseum

Großfinow-Maßkahn, 1916, 48 Meter Länge

CATHARINA VON PAPENBURG

Papenburg

Heimatmuseum

Schoner (Replik, 1982), Meyer-Werft, Papenburg, 129 tons, 19,7 m x 5,2 m x 1,5 m, 275 qm Segel.

CERBERUS

Waltrop

Westfälisches Industriemuseum

Altes Schiffshebewerk Henrichenburg

Polizei- und Löschboot, 1930, Scheepswerf Hubertina, Haarlem/Niederlande, 121 tons, 20,8 m x 4,7 m x 1,7 m, 180-PS-Dampfmaschine, ex HAVENPOLITIE I.
Dieses mehr einem Schlepper ähnelnde Fahrzeug wurde als Polizei- und Feuerlöschboot gebaut und sogar als Eisbrecher eingesetzt. Es war bis Ende der sechziger Jahre im Hafen von Amsterdam im Einsatz, ging danach in private Hände über, bevor es nach Henrichenburg kam.

CROSSEN

Waltrop

Westfälisches Industriemuseum

Altes Schiffshebewerk Henrichenburg

Dampfbagger, 1928, Wollheim, Cosel, 21,5 m x 7,2 m x 0,8 m, 27-PS-Dampfmaschine, drei Mann Besatzung.
Der Bagger wurde vom Wasserstraßen-Maschinenamt Minden zu Arbeiten auf Flüssen und an Böschungen eingesetzt.

D 2154

Bremerhaven

Deutsches Schiffahrtsmuseum

Freifallrettungsboot, Fassmer, Berne, 6,0 m x 2,4 m x 1,1 m.
Geschlossene Freifallrettungsboote gehören zum modernen Sicherheitsstandard in der Schiffahrt. Diese Boote verfügen über einen besonders festen Doppelrumpf und gelten als unsinkbar.

DAGGI (BÜS 6)

Wilhelmshaven

Wattenmeerhaus

Krabbenkutter, 1956, Dawartz, Tönning, 13 BRT, 12,8 m x 4,4 m, 170-PS-Diesel, Holzrumpf, ex FRIEDRICH DAWARTZ (TÖN 34).
Dieser Krabbenkutter war vierzig Jahre an der deutschen Nordseeküste im Einsatz, bis er 1994 vom Wilhelmshavener Nationalparkzentrum als Exponat übernommen wurde.

DELPHIN

Starnberg

Heimatmuseum

Ruderschiff mit Kabinett, 1820, 11,5 m x 2,7 m, sechs Ruder.
Das Ruderschiff DELPHIN stammt aus dem Bayerischen Königshaus und soll von König Ludwig I. genutzt worden sein.

DIVA

Bremerhaven

Deutsches Schiffahrtsmuseum

Hochseeyacht, 1985, Denninger & Melle/Niederlande, Entwurf: Judel und Vrolijk, Wedel, 7,8 tons, 13,3 m x 4,4 m x 2,2 m, zwölf Mann Besatzung.
Die Hochseeyacht DIVA gehörte mit ihrem Skipper Bernd Beilken 1985 zu den deutschen Siegerbooten im Admirals Cup, der zweijährlich vor England ausgesegelt wird.

(-) Donau-Wagenfähre

Bremerhaven

Deutsches Schiffahrtsmuseum

Wagenfähre, 1954, Kainz, Niederalteich, 15,7 m x 4,4 m x 0,9 m, Holzrumpf.
Die hölzerne Wagenfähre von der Donau wurde an einem Seil, das an den beiden Ufern an Pfählen befestigt war, über den Fluß gezogen bzw. von der Strömung gedrückt.

EBENHAEZER

Rhauderfehn

Seetjalk, 1908, v. d. Werf, Leeuwarden, Niederlande, 35,5 BRT, 26,0 m (19,8 m) x 4,3 m x 1,1 m, 110-PS-Diesel, 178 qm Segel, 1986 restauriert, Eigner: Schiffergilde Rhauderfehn.
In seiner wechselvollen Geschichte fuhr das friesische Plattbodenschiff EBENHAEZER unter niederländischer, belgischer, deutscher und englischer Flagge – bis 1949 als niederländisches Binnenfrachtschiff, danach als belgisches, später als englisches Wohnschiff, 1986 erwarb es die Gemeinde Rhauderfehn von einem deutschen Eigner.

EBERSWALDE

Oderberg

Binnenschiffahrts-Museum

Barkasse/Strommeister- und Schleppboot, 1958, Berlin, 12,0 m x 3,1 m x 1,6 m, 66-kw-Diesel.

ELBE 1

Cuxhaven

Zollkaje/Marina

Feuerschiff, 1943, Meyer-Werft, Papenburg, 641 BRT, 51,4 m x 9,6 m x 4,5 m, 505-PS-Diesel, 8 kn, ex BÜRGERMEISTER O'SWALD, Eigner: Förderverein Schiffahrtsgeschichte Cuxhaven.
Nachdem der Vorgänger dieses Feuerschiffs 1936 mit seiner 15köpfigen Besatzung im Orkan gesunken war, wurde ein besonders stabiles Feuerschiff auf der

Papenburger Werft bestellt. Dieses Feuerschiff mußte im Zweiten Weltkrieg an seiner Bauwerft aufgelegt werden. Gegen Kriegsende versenkten Werftarbeiter das Feuerschiff vor den anrückenden alliierten Truppen. Nach 1945 wurde ELBE 1 gehoben, 1948 abgeliefert und für vierzig Jahre auf Station vor der Elbmündung gelegt. 1988 wurde es zum Reserveschiff in Cuxhaven und liegt dort seit 1990 als fahrfähiges Museumsschiff.

ELBE 3

Bremerhaven

Deutsches Schiffahrtsmuseum

Feuerschiff, 1909, Eiderwerft, Tönning, 450 BRT, 44,0 m x 7,0 m x 2,7 m, 16 Mann Besatzung, ex EIDER, ex BÜRGERMEISTER ABENDROTH. ELBE 3 wurde bis 1914 vor der Eidermündung eingesetzt, während des Ersten Weltkriegs diente es als Sperrfeuerschiff auf der Nordsee, danach verlegte man es wieder auf die alte Position. Unter dem Namen BÜRGERMEISTER ABENDROTH wurde es ab 1925 als Reserveschiff für die Positionen Elbe 2 und Elbe 4 sowie als Stammfeuerschiff auf Elbe 3 genutzt. Seit 1967 ist ELBE 3 Museumsschiff in Bremerhaven.

ELBE 3

Hamburg

Museumshafen Oevelgönne

Feuerschiff, 1888, Lange, Vegesack, 256 BRT, 45,1 m x 7,2 m x 4,0 m, 300-PS-Diesel, 8,8 kn, 14 Mann Besatzung, ex WESER. Ursprünglich als Dreimast-Schoner getakelt wurde ELBE 3 in der Wesermündung eingesetzt. Seit 1966 bis zu seiner Außerdienststellung lag das Schiff auf der Position Elbe 3. Anläßlich des 790. Hamburger Hafengeburtstages schenkte das Bundesverkehrsministerium ELBE 3 dem Museumshafen.

ELFRIEDE

Burgthann

Heimat- und Kanalmuseum

Treidelkahn, ca. 1922, 21,2 m x 3,9 m x 0,7 m, 19 tons, ohne eigenen Antrieb, gezogen von Pferdegespann am Ufer, 110 Passagiere. ELFRIEDE war bis 1945 als Lastschiff im Einsatz. Seit 1995 ist es nach einer Sanierung wieder als Bau- und Treidelschiff im Einsatz.

ELTJE

Husum

Nordfriesisches Schiffahrtsmuseum

Seenotrettungsboot, 1981, 6,9 m x 2,3 m x 0,6 m, 54-PS-Diesel, 10 kn, 2 Tonnen Gewicht, seit 1999 in Kiel-Schulksee eingesetzt

EMDEN I

Fulda

Deutsches Feuerwehr-Museum

Feuerlöschboot, 1953, Jastram, Hamburg-Bergedorf, 16,4 m x 3,8 m x 1,3 m, 155-PS-Diesel. Dieses Boot wurde 1963 in Emden zum Feuerlöschboot umgerüstet und ist seit 1994 Museumsschiff in Fulda.

EMMA

Bremerhaven

Deutsches Schiffahrtsmuseum

Großfinow-Maßkahn, 1929, Pölitz, Stettin, 280 tons, 41,4 m x 5,1 m x 0,5 m, 240 qm Segel, drei Masten, ohne Motor, Beiboot (»Stoßer«) mit 120-PS-Diesel, zwei Mann Besatzung, genieteter Stahlrumpf. Die Abmessungen von Großfinow-Maßkähnen mußten nach der kleinsten Schleuse des Oder-Kanals ausgelegt sein. Diese pommerschen Frachtkähne wurden von kleinen Schubbooten »gestoßen« oder segelten in der Küstenfahrt unter eigenen Segeln. EMMA war bis 1992 im Einsatz und liegt seit 1994 im Museum.

ENGELINA

Rhauderfehn

Fehn- und Schiffahrtsmuseum Westrhauderfehn

Seetjalk (Replik, 1981), Meyer-Werft, Papenburg, 17,4 m (13,5 m) x 3,5 m x 0,3 m, 10 tons, ohne Maschine. ENGELINA ist der Nachbau einer eisernen Tjalk, die sowohl als Lastensegler auf dem Tehn als auch auf kleiner Fahrt auf Nord- und Ostsee eingesetzt wurde.

EPAULARD

Peenemünde

Unbemanntes Tauchboot, 4,0 m x 3,0 m, 2,9 tons, Elektro-Motor, Geschwindigkeit: 1 m/sek, Autonomie: 6 Stunden, Titanium-Hülle, Max. Tauchtiefe: 6.000 m.

ERIKA (BREG 13)

Stralsund

Deutsches Meeresmuseum

Strandboot, 9,0 m x 2,5 m, Segel.

ERNA BECKER (HF 348)

Balje/Elbe

Natureum Niederelbe

Fischkutter, 1892, Sietas, Neuenfelde, 12,9 m x 4,9 m x 1,4 m, 60-PS-Diesel, ex ANNA HELENE, ex ELISABETH. Der Finkenwerder Fischkutter ERNA BECKER (Eichenholzrumpf) erhielt 1923 – 31 Jahre nach dem Stapellauf – seinen ersten 15-PS-Motor. 1945 wurde der Kutter durch Bombentreffer schwer beschädigt, kam wieder in Fahrt, wurde 1992 auf der Elbe von einem Frachtschiff gerammt und versenkt. Nach der Bergung kam das Schiff als Mahnmal der Elbfischer ins Natureum in Balje.

EXPRESS

Waltrop

Westfälisches Industriemuseum

Altes Schiffshebewerk Henrichenburg Fahrgastschiff, 1884, Forges et Ateliers de Paris, 29,3 m x 5,1 m x 1,8 m, 80-PS-Dampfmaschine, 275 Fahrgäste

FEHMARNBELT

Lübeck

Holstenhafen

Feuerschiff, 1908, Thyen, Brake, 486 BRT, 45,4 m x 7,1 m x 3,7 m, 300-PS-Diesel, bis 1986 im Dienst, Eigner: Verein Feuerschiff für Lübeck. Bis 1954 lag dieses Feuerschiff auf der Position Außeneider, danach war es auf der Ostsee im Einsatz. Ab 1965 lag es auf der Position Fehmarnbelt, nach 1984 wurde die FEHMARNBELT fahrfähiges Museumsschiff in Lübeck.

FORTUNA

Waltrop

Westfälisches Industriemuseum

Altes Schiffshebewerk Henrichenburg

Dampfschlepper, 1909, Gebr. Wiemann, Brandenburg, 17,5 m x 3,7 m x 1,6 m, 65 tons, 75-PS-Dampfmaschine, ex HELGOLAND, ex ZUFALL, ex MIDGARD, ex MAX. Diese typischen Kanalschlepper gab es noch bis in die fünfziger Jahre des vorigen Jahrhunderts zu Hunderten auf deutschen Binnengewässern. Sie schleppten Leichter oder bugsierten in Häfen größere Schiffe. FORTUNA war bis 1965 auf norddeutschen Wasserstraßen im Einsatz. 1985 wurde das Schiff nach Henrichenburg verkauft und 1999 an Land aufgestellt.

FRANZ-CHRISTIAN

Waltrop

Westfälisches Industriemuseum

Altes Schiffshebewerk Henrichenburg

Binnenschiff, 1929, Hitzler, Lauenburg, 50,3 m x 5,0 m x 2,0 m, 319 tdw, 180-PS-Diesel.
Selbstfahrende Binnenschiffe gehörten bis Anfang der siebziger Jahre zum Rückgrat der deutschen Binnenfrachtschiffs-Flotte – 1969 erreichte deren Bestand 5.586 Einheiten. FRANZ-CHRISTIAN war in Lauenburg beheimatet und fuhr zwischen Breslau, Berlin und Hamburg. Seit 1986 ist FRANZ-CHRISTIAN Museumsschiff in Henrichenburg.

FREUDENAU

Regensburg/Donau

Donau-Schiffahrtsmuseum

Motorzugschiff/Typ N, 1942, Schiffswerft Linz, 308 tons, 48,3 m x 7,2 m x 1,5 m, 2 x 550-PS-Diesel.
Motorzugschiff FREUDENAU, das zu einer Serie von 22 Einheiten gehörte, wurde von der Ersten Donau-Dampfschiffahrts-Gesellschaft meist zwischen Linz und dem Schwarzen Meer für Schleppfahrten eingesetzt. Es war 1993 aufgelegt worden, bevor es 1995 nach Regensburg verlegt wurde und seit 1999 als Museumsschiff dient.

FREUNDSCHAFT

Stralsund

Nautineum

Schulboot, Orlogsværft, Kopenhagen, 28,8 m x 6,3 m x 2,7 m, Diesel, ex SIXTUS, ex FÜRSTENBERG.
Dieses Schiff wurde als MARINE-KRAN VI in Dänemark gebaut und 1943 von den Dänen vor anrückenden deutschen Truppen versenkt. Nach dem Zweiten Weltkrieg wurde das Boot in FÜRSTENBERG umbenannt und als Schulboot für die DDR-Seepolizei genutzt.

FRIEDERIKE VON PAPENBURG

Papenburg

Heimatmuseum

Brigg (Replik, 1986), Meyer-Werft, Papenburg, 225 tons, 38,3 m x 6,7 m x 2,2 m, 225 tons, 660 qm Segel, 12–15 Mann Besatzung.
Dieses Schiff wurde in verkleinertem Maßstab nach den Plänen der Brigg BERGE gebaut, die 1865 in Papenburg vom Stapel lief und im Jahr 1871 auf einer Reise von Canada nach England verschollen ist.

FÜRST BISMARCK

Norderney/Nordsee

Rettungsschuppen

Ruderrettungsboot, 1893, 9,0 m x 2,5 m, Ruder, Segel, Eigner: DGzRS.
FÜRST BISMARCK ist ein Ruderrettungsboot mit Hilfssegeln und einem galvanisch verzinktem Stahlblech-Rumpf, das auf einem von Pferden gezogenen Strandwagen ins Wasser gezogen wurde. Das Boot hat in 34 Jahren (bis 1927) 94 Menschen gerettet.

FUNTENSEE

Starnberg

Heimatmuseum

Elektroboot, 1919, Rambeck, Starnberg, 8,7 m x 2,2 m, 6-PS-E-Motor, Holzrumpf, 25 Passagiere, bis 1980 im Einsatz.

(-) Galiote

Meldorf

Dithmarscher Landesmuseum

Wrack eines Handelsseglers, ca. 1690, ca. 31 tons, 1,3 m Tiefgang, 2–3 Mann Besatzung.
Dieser Frachtsegler wurde bei der großen Weihnachtsflut am 25. Dezember 1717, die 540 Menschen und 6.500 Stück Vieh das Leben kostete, nach einen Dammbruch auf Land gespült. 1969 wurden die Reste des Schiffsrumpfes entdeckt.

GEBRÜDER (AZ 5)

Carolinensiel/Nordsee

Sielhafenmuseum

Fischkutter, 1929, Schlömer-Werft, Oldersum, 15,0 m x 4,9 m x 1,6 m, 100 qm Segel, 145-PS-Diesel.
GEBRÜDER ist der letzte erhaltene Segelkutter mit Hilfsmotor in Ostfriesland.

GEHEIMRAT GERLACH

Bremerhaven

Deutsches Schiffahrtsmuseum

Rettungsboot, 1913, Havighorst, 10,0 m x 3,4 m x 1,0 m, Segel, 50-PS-Diesel (seit 1930), 10 Mann Besatzung, ex THEODOR GRUNER
Dieses Strandrettungsboot mit Holzrumpf und Besegelung wurde von 1913 bis 1921 im Kurischen Haff (Ostpreußen) eingesetzt, danach von 1921 bis 1942 im Dorumertief (Nordsee), wo 247 Menschen gerettet wurden. Ab 1943 war es Schulfahrzeug der Luftwaffen-Seefahrtschule auf Rügen. Erst 1970 wurde das Deutsche Schiffahrtsmuseum auf das letzte deutsche Segelrettungsboot aufmerksam und stellt das restaurierte Boot seit 1975 aus.

(-) Gellenkogge

Sassnitz

Museum für Unterwasser-Archäologie

Koggen-Wrack, ca. 1330, ca. 30 Meter lang

GEO

Stralsund

Deutsches Museum für Meereskunde und Fischerei, Forschungs-Tauchboot, drei Meter Länge, zwei Tonnen Gewicht.

GEORG BREUSING

Emden

Ratsdelft

Seenotrettungskreuzer, 1963, Abeking & Rasmussen, Lemwerder, 72 tons, 26,7 m x 5,6 m x 1,6 m, 3 Motoren (2400 PS), 19 kn, Tochterboot, Eigner: Förderkreis Rettungskreuzer Georg Breusing.
Der Seenotrettungskreuzer GEORG BREUSING war von 1963 bis 1988 von Borkum aus im Einsatz. In diesen Jahren wurden mit GEORG BREUSING (und mit Tochterboot ENGELKE) 1.672 Menschen aus Seenot gerettet. Seit 1988 liegt der der Kreuzer als Museumsschiff in Emden.

GERA (ROS 223)

Bremerhaven

Historisches Museum Bremerhaven

Fischtrawler Typ III, 1959/60, VEB Peenewerft, Wolgast, 943 BRT, 65,5 m x 10,3 m x 4,6 m, 1420-PS-Diesel, 13 kn, 29 Mann Besatzung.
Der letzte deutsche Seitenfänger GERA ist das dritte Schiff einer Fünfer-Serie, das 1961 vom Stapel lief. Da die Seitenfängerei aber zu dieser Zeit technisch bereits als überholt galt, wurde GERA überwiegend als Transportschiff eingesetzt und 1990 komplett ausgerüstet an das Morgenstern-Museum übergeben.

GESINA

Wangerooge

Inselmuseum Alter Leuchtturm

Seenotrettungsboot, 1971, Schweers, Bardenfleth, 7,0 m x 2,3 m x 0,6 m, 54-PS-Diesel, seit 1997 Museumsboot

(-) GLO 008

Stralsund

Deutsches Meeresmuseum

Strandboot, 1967, Husmann, Babe, 8,4 m x 2,9 m, Motor.

GLÜCKSTADT

Hamburg

Deutsches Zollmuseum

Zollmotorboot, 1954, Th. Buschmann, Hamburg, 106 BRT, 32,0 m x 5,2 m x 1,6 m, 2 x 1.265-PS-Diesel, 19 kn, sechs Mann Besatzung, ex JADE, ex ANGELN, ex BRUNSBÜTTEL, ex HELGOLAND, ex HIDDENSEE. Zollboot GLÜCKSTADT war 34 Jahre auf Nord- und Ostsee, zunächst in Emden, später in Kiel, ab 1964 in Glückstadt und ab 1991 in Hiddensee im Einsatz. Seit 1992 ist es Museumsschiff.

GOEDE VERWACHTING

Duisburg

Museum der Deutschen Binnenschiffahrt

Skutje, 1913, Niederlande, 28 tons, 15,9 m x 3,4 m.
Der holländischer Plattbodensegler GOEDE VERWACHTING von der Zuiderzee ist seit 1997 Mittelpunkt des Museums.

GOT 12

Bremerhaven

Deutsches Schiffahrtsmuseum

Blockkahn, Burgdorf, Mölln, vor 1944, 6,9 m x 1,4 m x 0,7 m, Gothmunder Fischerkahn zur Netz- und Schnurfischerei.

GOT 35

Schleswig

Volkskundliche Sammlungen

Block-Kahn, 1926, Burgdorf, Mölln, 4-PS-Benzinmotor, 2 Ruder, 7 qm Segel, Schnurfischerei, Gothmunder Fischerkahn zur Netz- und Schnurfischerei.

GRÄBENDORF

Gräbendorf/Lausitz

Wassermuseum

Lastkahn, 1920, Länge: 23,0 m.
Der Kahn machte Schlagzeilen, als ihn der Aktionskünstler Ben Wargin als »Klimaboot Gräbendorf« in Berlin Unter den Linden im Vorfeld einer Weltklima-Konferenz aufstellen ließ. Er liegt heute in Gräbendorf.

H 11347

Hamburg

Museum der Arbeit

Liegeplatz: Deichstraße

Schute, 1912, Lütgens, Hamburg, 105 tdw, 22,0 m x 5,4 m x 1,7 m, ohne eigenen Antrieb.
Mit mehreren tausend dieser geschleppten Hamburger Spitzschuten wurden Waren zwischen den Hafenschuppen und den im Strom liegenden Schiffen transportiert. Im Laderaum befindet sich eine Ausstellung über die Arbeit im Hamburger Hafen.

(-) Halb-Hunt-Torfschiff

Osterholz-Scharmbeck

Museum für Schiffahrt und Torfabbau

Torfschute/Bockschiff, ca. 1938, 1987 freigelegt, 10,0 m x 2,0 m, Fassungsvermögen: 6 cbm Torf.

(-) Halb-Hunt-Torfschiff

Worpswede

Torfschiffwerft Schlußdorf

Torfkahn, ca. 1900, 10,0 m Länge, 10 qm Segel.

HANS LÜKEN

Bremerhaven

Deutsches Schiffahrtsmuseum

Seenotrettungskreuzer, 1969, Schweers, Bardenfleth, 18.9 m x 4,3 m x 1,7 m, 18 kn, 3–6 Mann Besatzung. Nach 33 Dienstjahren und 1.200 Einsätzen wurde der Rettungskreuzer 2002 mit Tochterboot ABELIUS außer Dienst gestellt.

HANS-PETER

Mannheim

Landesmuseum für Technik und Arbeit

Schlepper, 1928, Gebr. Wiemann, Brandenburg, 50 tons, 32,0 m x 5,6 m, vormals 212-PS-Dampfmaschine, jetzt 800-PS-Diesel, ex DEUTSCHLAND, ex FRIESLAND, ex FRANKEN.
Schlepper HANS-PETER wurde überwiegend auf dem Oberrhein von verschiedenen Reedern eingesetzt.

(-) Hansekogge

Bremerhaven

Deutsches Schiffahrtsmuseum

Hansekogge, 1380, 23,3 m x 7,3 m x 1,7 m, 52 tons, 192 qm Segel.
Dieser einzigartige Schiffsfund wurde 1962 in 10.000 Einzelteilen aus der Weser geborgen und 1981 für zehn Jahre zur Konservierung des Eichenholzes in ein Kunststoff-Bad gelegt. Die Kogge schließt die schiffbauhistorische Lücke zwischen den Wikingerschiff-Funden in Skandinavien und der schwedischen VASA von 1628. (Siehe Schiffsporträt)

HAREN I

Haren

Schiffahrtsmuseum

Emspünte (Replik, 1982), Meyer-Werft, Papenburg, 160 tons, 26,5 m x 5,5 m x 2,0 m, Holzrumpf, ohne Maschine.
Im emsländischen Raum lag der Anfang der Versorgungs- und Bauernschiffahrt. Handwerker, Händler und Bauern brachten mit ihren geschleppten und segelnden Kähnen Produkte auf die Märkte der Umgebung. Die Fahrensleute kauften Ware an der Küste auf und transportierten sie ins Landesinnere, um sie mit entsprechendem Gewinn zu verkaufen. 37 Harener Püntenfahrer (Püntker) werden bereits in einer Urkunde aus dem Jahre 1575 erwähnt. Um 1850 waren in Haren noch 80 Pünten mit einer Ladefähigkeit von 50–100 t beheimatet. »Lewer en lütt Herr – äs en groot Knecht« war das Motto des selbständigen Püntkers. Der Boden der Pünten ist aus 6 cm starken Pitchpineplanken flach gebaut und die Seitenwände, meistens aus 5 cm starkem Eichenholz, neigten sich nur geringfügig nach außen. Das Vorschiff war stumpf geformt, und achtern liefen die Seitenplanken spitz zusammen.
Mit der Umstellung von Holz- auf Eisenschiffe zu Beginn des 20. Jahrhunderts nahte das Ende der hölzernen Pünten; die letzte wurde 1938 auf der Kötter-Werft in Haren gebaut und 1959 abgewrackt.

HAVEL

Saßnitz

Fischerei- und Hafenmuseum

Fischkutter, 1956, VEB Schiffbau- und Reparaturwerft, Stralsund, 133 BRT, 84 tdw, 26,5 m x 6,7 m x 3,7 m, 250-PS-Diesel, 9 kn, ex SAS 274.
Zu einer der größten Schiffbau-Serien der DDR gehörte der Fischkutter HAVEL, von dessen Typ fünfzig Einheiten in Stralsund und Boizenburg gebaut wurden. Nach der letzten Fangreise 1990 wurde das Schiff vom Museum, ehemals Traditionskabinett des VEB Fischkombinat Saßnitz, übernommen.

(-) Klein-U-Boot Hecht

Dresden

Militärhistorisches Museum

Klein-U-Boot, 1944, Bootstyp: XXVII A, Germania-Werft, Kiel, Verdrängung an der Oberfläche: 11,8 tons, 10,4 m x 1,3 m x 1,4 m, Elektromotor AEG (12 PS), Max. Aktionsradius an der Oberfläche: 78 sm bei 3 kn, 40 sm bei 6 kn, getaucht: 22 sm bei 6 kn, 45 sm bei 3 kn, Geschwindigkeit an der Oberfläche: 5,7 kn, getaucht: 6 kn, Tauchtiefe: 50 m, Besatzung: 2 Mann, Bewaffnung: 1 Torpedo oder 1 Mine.
Das Klein-U-Boot Hecht wurde wegen seiner schlechten See-Eigenschaften überwiegend zur Ausbildung verwendet. Das seit 1990 in Dresden ausgestellte Boot war nach dem Krieg in der Neustädter Bucht gehoben worden und bis 1986 in Pelzerhaken am Strand aufgestellt. Von diesem Typ wurden 53 Boote gebaut. Es ist das letzte museal erhaltene Exemplar dieser Baureihe.

HELENE

Haren

Schiffahrtsmuseum

Spitzpünte (Replik, 1984), Meyer-Werft, Papenburg, 220 tons, 42,0 m x 6,0 m x 2,0 m.
Spitzpünten sind die Weiterentwicklung der Emspünten – sie konnten mehr Fracht transportieren, waren stabiler gebaut und besaßen eine größere Besegelung.
Einen fühlbaren Schlag erhielt die Schiffahrt in Haren im Jahre 1856 durch die Eröffnung der Hannoverschen Westbahn. Viele Güter wanderten jetzt von der Wasserstraße auf die Schiene. Die Zahl der Schiffe ging fast auf die Hälfte zurück. Die Krise wurde erst überwunden, als man das Verkehrsgebiet der Schiffe erheblich ausweitete und die Ladefähigkeit der Fahrzeuge stetig steigerte. Vom Jahr 1870 an segelten Spitzpünten auch auf Nord- und Ostsee. Das Charakteristikum dieses Schiffstyps war der spitz zulaufende Bug. Da der Boden der Spitzpünte flach war, benötigte das Fahrzeug Seitenschwerter oder Kimmkiele, um nicht zu kentern.

HELGOLAND

Stralsund

Deutsches Museum für Meereskunde

Unterwasserlabor (UWL), 1968, Dräger, Lübeck, 110 tons, 14,0 m x 7,0 m, vier Mann Besatzung.
Dieses technisch einzigartige Exponat ist das weltweit erste stationäre Kaltwasser-Labor, das von den Lübecker Dräger Werken für die Biologische Anstalt Helgoland gebaut wurde. Es diente Merresbiologen und Ozeanographen in Wassertiefen bis 25 Metern bis 1981 als Forschungsstätte in Nord- und Ostsee sowie vor der amerikanischen Ostküste. 1998 wurde das UWL vom Forschungszentrum Geesthacht an das Museum übergeben.

HELMUT

Bremerhaven

Deutsches Schiffahrtsmuseum

Schlepper, 1925, Wollheim, Cosel, 10,3 BRT, 19,1 m x 4,6 m x 1,1 m, 345-PS-Dieselmotor.
Bis 1957 waren noch 48 dieser Schlepper auf der Elbe beschäftigt, 1970 war HELMUT bereits das letzte Exemplar. 1986 wurde der Schlepper an das Museum abgegeben.

HEMMOOR 3

Hemmoor

Deutsches Zement Museum

Zementschute, 215 tdw, Länge 26,0 m

HERBERT

Waltrop

Westfälisches Industriemuseum

Altes Schiffshebewerk Henrichenburg

Barkasse, 1923, Menzer, Hamburg-Bergedorf, 7,7 tdw, 13,2 m x 3,2 m x 0,9 m, 60-PS-Diesel, ex EUROTANK I, ex BP OLEX 3, ex BP 3.
Typische Hamburger Hafenbarkasse zum Transport von Hafenarbeitern und kleinen Frachtgütern mit genietetem Stahlrumpf.

HILDEGARD

Husum

Nordfriesisches Schiffahrtsmuseum

Tonnenleger, 1907, Stocks & Kolbe, Kiel, 22,2 m x 5,0 m x 1,8 m, 59 tons, 90-PS-Diesel, 8,5 kn.
Unter dem Namen EIDER wurde dieser Tonnenleger ab 1907 noch als Segler zur Markierung der Schiffahrtswege in der Eidermündung und im Wattenmeer eingesetzt. Nach seinem Verkauf 1958 nach Amrum wurde das Schiff in HILDEGARD umbenannt und zwischen der dänischen Grenze bis zur Hallig Gröde eingesetzt. Nach der Außerdienststellung 1978 kaufte das Nordfriesische Schiffahrtsmuseum den Tonnenleger und stellte ihn im Jahr 2000 auf der Slipanlage der alten Husumer Schiffswerft auf – direkt vor dem neuen Husumer Rathaus.

HINDENBURG (IV)

Kiel

Schiffahrtsmuseum

Motorrettungsboot, 1944, Pahl, Hamburg-Finkenwerder, 60 tons, 17,5 m x 5,0 m x 1,4 m, 2 x 150-PS-Dieselmotoren.
Nach 36 Dienstjahren im Hafen von List/Sylt wurde dieser Seenotrettungskreuzer 1980 an das Kieler Schiffahrtsmuseum abgegeben.

HITZACKER

Hitzacker/Elbe

Walther-Honig-Heimatmuseum

Zollboot, 1956, Schless-Werft, Wesel, 14,9 tdw, 17,2 m x 3,6 m x 1,0 m, 2 x 150-PS-Diesel, 18 kn, ex LIPPE.
Das Zollboot HITZACKER wurde bis 1965 auf dem Rhein, danach bis 1989 auf der Elbe eingesetzt.

HOHER GÖLL

München

Deutsches Museum

Elektroboot, 1911, Lürssen, Vegesack, 18,7 m x 3,4 m x 0,9 m, 18 kw, Gleichstrom-Elektromotor, 95 Passagiere.
Das Elektroboot vom Königsee hat in 78 Dienstjahren über 1,7 Millionen Touristen befördert und dabei 630.000 Kilometer zurückgelegt.
Es wird im Museums-Magazin aufbewahrt.

IMMANUEL
Carolinensiel
Deutsches Sielhafen-Museum
Tjalk, 1912, Barkmeijer, Dokkum, Niederlande, 15,0 m x 3,5 m x 0,8 m, 18 tons, 110 qm Segel, 80-PS-Diesel, ex DE JONGE PIET

(-) Inn-Plätte
Rosenheim
Inn-Museum
Kuchlschiff-Plätte, Länge: 15,0 m

IRIS-JÖRG
Wischhafen
Kehdinger Küstenschiffahrtsmuseum
Küstenmotorschiff, 1956, Nobiskrug, Rendsburg, 45,4 m x 8,0 m, 435 tons, ex EILENBURG, ex SEESTERN

JANTINA
Elisabethfehn
Moor- und Fehnmuseum
Tjalk, 1900, Dokkum/Niederlande, 28,7 tons, 14,9 m x 3,4 m x 1,0 m

JUDITH
Waltrop
Westfälisches Industriemuseum
Altes Schiffshebewerk Henrichenburg
Dampfbarkasse, 1906, Brooke, Lowestoft/Großbritannien, 5,2 m x 1,7 m x 0,6 m, 8-PS-Dampfmaschine.
Die Barkasse war bis 1978 im Marinehafen von Portsmouth im Einsatz und wurde anschließend von einem privaten Eigner restauriert.

(-) Kaffenkahn
Berlin
Deutsches Technikmuseum
Frachtsegler, ca. 1830 gebaut und ca. 1850 gesunken, 33,0 m x 4,6 m

KARL FRIEDRICH STEEN (HHLA 1)
Hamburg-Oevelgönne
Museum für Hamburgische Geschichte
Schwimmkran, 1928, Deutsche Werft, Hamburg, 26,5 m x 15,1 m x 1,4 m, 2 x 154-PS-Diesel, ex HHLA 1.
In 58 Dienstjahren erreichte der selbstfahrende Schwimmkran HHLA 1 über 100.000 Betriebsstunden, in denen er mehr als das Tausendfache seines eigenen Gewichtes von 375 Tonnen gehoben hat. 1986 wurde der Kran vom Museum übernommen.

(-) KHA 009
Stralsund
Deutsches Meeresmuseum
Reusenboot, Kleinhagen, Mönchgut, 5,3 m x 1,9 m

KIE 8
Schleswig
Volkskundliche Sammlungen
Ellerbeker Fischerboot, ca 1920

KIEL
Kiel
Schiffahrtsmuseum
Feuerlöschboot, 1941, Pahl, Hamburg-Finkenwerder, 54 BRT, 19,0 m x 4,1 m x 1,5 m, 200-PS-Diesel, 10,5 kn.
Feuerlöschboot KIEL war bis 1986 im Dienst. Als Reserveboot wird das Feuerlöschboot in einsatzfähigem Zustand gehalten.

KLOSTER-RENNER
Starnberg
Heimatmuseum
Lastkahn auf dem Chiemsee, 1951, 2 tons, 11,0 m x 2,4 m, Riemen

KORALLE
Wremen, Museum für Wattenfischerei
Krabbenkutter, 1961, Bültjer, Ditzum, 20 BRT, 15,0 m x 4,6 m x 1,5 m, 150-PS-Dieselmotor.
Der Kutter KORALLE wurde bis 1992 eingesetzt, seitdem ist er gegenüber dem Museum an Land aufgestellt.

KRANICH
Bremerhaven
Deutsches Schiffahrtsmuseum
Schnellboot, 1958, Lürssen, Vegesack, 163 tons, 42,0 m x 7,6 m x 1,5 m, 4 x 3.000-PS-Dieselmotoren, 42 kn, 39 Mann Besatzung, Bewaffnung: 2 Kanonen, 4 Torpedorohre.
Schnellboote vom Typ Jaguar (Holzrumpf auf Alu-Spanten, elf wasserdichte Abteilungen) gehörten 1958 zu den ersten Einheiten der neu gebildeten Bundesmarine. Das Boot KRANICH wurde 1972 ausgemustert

(-) Krefelder Lastkahn
Museum Burg Linn
Kahn aus dem 13.–14. Jahrhundert, ursprüngliche Länge: 14,5 m, vorhandene Länge: 6,0 m, Breite: 3,4 m, fünf Tonnen Gewicht, Zuladung: 5–7 Tonnen, ein Mast, 1972 ausgegraben

(-) Krefelder Oberländer
Museum Burg Linn
Oberländer/Fischereifahrzeug, aus dem 13.–14. Jahrhundert, 5,9 m x 2,0 m, 1973 ausgegraben.

(-) Krefelder Kahn
Museum Burg Linn
Lastkahn aus dem 8. Jahrhundert, ursprüngliche Länge: 16,0 m, erhaltene Länge: 13,5 m, Breite: 2,6 m, 1973 ausgegraben. Dieses Boot ist – neben dem Utrecht-Boot – der einzige europäische Schiffsfund aus der Karolingerzeit.

KURT-HEINZ
Berlin
Deutsches Technikmuseum
Dampfschlepper, 1901, Gebr. Maas, Neustrelitz, 20,0 m x 4,5 m x 1,6 m, 167-PS-Dampfmaschine, ex SIDONIE, ex FORTUNA.
Der Schlepper KURT-HEINZ fuhr auf Berliner Gewässern und ist seit 1997 Exponat im Deutschen Technikmuseum.

LANGENESS
Wilhelmshaven
Deutsches Marine Museum
Hafenschlepper, 1959, Braun, Speyer, 46,5 tons, 14,5 m x 5,1 m x 2,1 m, 2 x 150-PS-Diesel, 8 kn, Voith-Schneider-Antrieb, vier Mann Besatzung, ex Y 819.
Marine-Schlepper LANGENESS war in Kiel von 1959 bis 1987 im Dienst und ist seit 1988 Museumsschiff.

LANGEOOG
Langeoog/Nordsee
Motorrettungsboot, 1944, Pahl, Hamburg-Finkenwerder, 35 tons, 14,0 m x 4,5 m x 1,4 m, 150-PS-Diesel, 8 kn.
Mit der LANGEOOG wurden 705 Menschen aus Seenot gerettet. Das Boot ist seit 1980 Museumsschiff und liegt vor dem Kurzentrum.

LANGER HEINRICH
Rostock
Schiffahrtsmuseum
Schwimmkran, 1905, Bechem & Keetmann, Danzig, 900 tons, 29,6 m x 20,5 m x 2,9 m, 2 x 75-PS-Dampfmaschinen.
Schwimmkran LANGER HEINRICH wurde von 1905 bis 1945 als Kran auf der Danziger Schichau-Werft eingesetzt und bei Kriegsende nach Rostock geschleppt. Das Fahrzeug wurde 1978 außer Dienst gestellt und ist seit 1981 Museumsschiff.

LEONORE JOHANNA (BÜS 95)
Büsum
Museum am Meer
Fischkutter, 1920, 15,0 m lang, 35-PS-Diesel, ex PEL 1.
Typischer Nordsee-Kutter, der in den zwanziger Jahren nach Büsum kam. Das Schiff ist 1981 im Hafen auf Grund gelaufen und seit 2001 Museumsschiff.

LUISE
Göhren/Rügen
Mönchgut-Museum
Ewer/Segelschute, 1906, Bodewes, Martenshoek/Niederlande, 43 BRT, 61 tdw, 19,5 m x 4,8m x 0,7 m, 37 kw Glühkopfmotor

M. PK. 86
Waltrop
Westfälisches Industriemuseum
Altes Schiffshebewerk Henrichenburg
Kohlenprahm, 1926, Pape, Bodenwerder, 38,7 tdw, 17,0 m x 3,6 m, ohne Antrieb. Der Prahm diente zur Versorgung von Dampfmaschinen.

(-) Mainz 1
Mainz
Museum für Antike Schiffahrt
Römisches Ruder-Segelschiff zum Truppentransport (Typ MAINZ A), ca. 380 n. Chr., 8,2 m x 1,8 m, Eiche, 1981 entdeckt

(-) Mainz 2
Mainz
Museum für Antike Schiffahrt
Römisches Ruder-Segelschiff zum Truppentransport (Typ MAINZ A), ca. 300-400 n. Chr., erhalten: 10,8 m x 1,8 m, Eiche

(-) Mainz 3
Mainz
Museum für Antike Schiffahrt
Römisches Ruder-Segelschiff, militärisches Patrouillenboot, (Typ MAINZ B), ca. 300 n. Chr., erhalten: 13,8 m x 3,4 m

(-) Mainz 4
Mainz
Museum für Antike Schiffahrt
Römisches Ruder-Segelschiff zum Truppentransport (Typ MAINZ A), ca. 300–400 n.Chr., erhalten: 10,8 m x 1,2 m, 1981 entdeckt.

(-) Mainz 5
Mainz
Museum für Antike Schiffahrt
Römisches Ruder-Segelschiff zum Truppentransport (Typ MAINZ A), ca 400 n. Chr., erhalten: 8,7 m x 2,0 m, ursprünglich: 16,0 m x 2,0 m, 1981 entdeckt

(-) Mainz 6
Mainz
Museum für Antike Schiffahrt
Römischer Prahm (Typ Zwammerdam), ursprünglich: 11,2 m x 2,8 m, erhalten. 2,1 m x 2,8 m Eiche, ca. 100 n. Chr.

(-) Mainz A
Mainz
Museum für Antike Schiffahrt
Nachbau eines römischen Ruder-Segelschiffs zum Truppentransport, 21,5 m x 2,8 m x 0,9 m, 32 Ruderer

(-) Mainz B
Mainz
Museum für Antike Schiffahrt
Nachbau eines römischen Ruder-Segelschiffs, militärisches Patrouillenboot, 17,5 m x 3,7 m x 1,3 m, 14 Ruderer, Pfeilgeschütze (siehe Schiffsporträt)

MANNHEIM
Mannheim
Landesmuseum für Technik und Arbeit
Raddampfer, 1928, Chr. Ruthof, Mainz, 83,6 m x 16,2 m x 1,5 m, 586 tons, 900-PS-Dampfmaschine, 1.760 Passagiere, ex MAINZ.
Als Raddampfer MAINZ war die heutige MANNHEIM zwischen 1929 und 1981 das längste und schnellste Passagierschiff auf dem Rhein. Nach dem Krieg diente es zunächst als Ausflugsschiff alliierter Truppen, danach wurde es Hotelschiff in Düsseldorf.

(-) Kleinkampfmittel Marder
Ingolstadt
Bayerisches Armeemuseum
Deutsches Kleinkampfmittel, 1945, Konstruktion: Torpedoversuchsanstalt, Eckernförde, Verdrängung an der Oberfläche: 5 tons, 7,7 m x 0,5 m, Antrieb: E-Motor (12 PS), Aktionsradius an der Oberfläche: 30 sm bei 3 kn, Geschwindigkeit an der Oberfläche: 4,2 kn, getaucht: 3,2 kn, Besatzung: 1 Mann, Bewaffnung: 1 Torpedo (Weitere Informationen: siehe Marder – Dänemark).

MARGARETE
Stralsund
Deutsches Meeresmuseum
Ostseekutter, 1937, Jarling, Freest, 13,7 m x 4,9 m x 1,8 m, 33 tons, 60-PS-Diesel

MARGARETHA VON PAPENBURG
Papenburg
Heimatmuseum
Kuff (Replik, 1982), Meyer-Werft, Papenburg, 22,0 m (17,4 m) x 4,3 m x 2,8 m, 105 tons, 232 qm Segel, 4 bis 5 Mann Besatzung

MARIA (HF 31)
München
Deutsches Museum
Fischewer, 1880, Sietas, Cranz, 35,9 BRT, 19,2 m x 5,9 m x 1,8 m, 173 qm Segel.
Fischkutter MARIA wurde 1880 vom Seefischer August Bahde für 7.000 Goldmark bei Sietas in Cranz, vor den Toren von Hamburg, in Auftrag gegeben. Das Schiff sank jedoch schon 1882, wobei der Eigner und zwei Fischer ihr Leben verloren. Nach der Bergung ging MARIA bis 1929 auf Fangfahrt. 1930 sank der Kutter im Hafen von Helgoland zum zweiten Mal. Nach seiner erneuten Bergung blieb er bis 1950 in Fahrt und gehört seit 1957 dem Deutschen Museum.

MARIE
Stuttgart
Mercedes-Benz-Museum
Motorboot, 1888, Andersen, Neckarsulm, 0,9 tons, 5,5 m x 1,5 m 1,5-PS-Einzylinder-Motor, 6 kn.
Als eines der ersten mit Motor ausgerüsteten Boote wurde MARIE 1889 an Reichskanzler Otto von Bismarck übergeben. 1922 gaben die Erben von Bismarcks das Boot an die Daimler-Motoren-Gesellschaft zurück. 1985 fertigte die Tönninger Dawartz-Werft einen exakten Nachbau für Mercedes-Benz in Stuttgart.

MICHAEL
Starnberg
Heimatmuseum
Barkasse, 1910, Escher-Wyss, Zürich, 8 tdw, 12,0 m x 2,4 m, 50 Plätze, 35-PS-Diesel

MINDEN

Duisburg

Museum der Deutschen Binnenschiffahrt

Bagger, 1882, Schulz, Mainz, 23,3 m x 6,2 m x 1,1 m, 16-PS-Dampfmaschine.
Der Eimerkettenbagger MINDEN ist ein seltenes Exponat der Technikgeschichte – zahllose Bagger dieser Art waren im Einsatz, um deutsche Flüsse und Kanäle instand zu halten und auf die notwendige Wassertiefe zu bringen. Der Bagger wurde 1882 durch die Königliche Wasserstraßenbauverwaltung für die Provinz Hannover in Dienst und 1979 außer Dienst gestellt.

MÖVENORT (IV)

Bremerhaven

Deutsches Schiffahrtsmuseum

Seenotrettungsboot, 1971, Schweers, Bardenfleth, 6,9 m x 2,3 m x 0,6 m, 10 kn, ex UMMA, ex NORDDEICH.
Kleine Strandrettungsboote werden vor allem in flachen Küstengewässern eingesetzt. Die Stationen der MÖVENORT waren Helgoland, Eckernförde, Damp, Norddeich, Freest bei Wolgast und Breege auf Rügen.

MOIN-MOIN

Husum

Nordfriesisches Schiffahrtsmuseum

Fischerboot.

(-) Klein-U-Boot Molch

Dresden

Militärhistorisches Museum

Klein-U-Boot, 1944, AG Weser, Bremen oder Flenderwerke, Lübeck,Verdrängung an der Oberfläche: 11 tons, 10,8 m x 1,8 m x 1,4 m, Torpedo-Elektromotor (13 PS), Aktionsradius an der Oberfläche: 50 sm bei 4,3 kn, getaucht: 45 sm bei 5,0 kn, Geschwindigkeit an der Oberfläche: 4,3 kn, getaucht: 5 kn, Tauchtiefe: 25–30 m, Besatzung: 1 Mann, Bewaffnung: 2 Torpedos.
Von diesem Bootstyp wurden 383 Stück abgeliefert, die in fünf Flottillen in Italien, im Englischen Kanal, vor der niederländischen Küste, vor Norwegen (Harstad) und von Helgoland aus eingesetzt werden sollten. Die erste Flottille mit 60 Molch-Booten kam 1944 in Italien zum Einsatz. Bei der zweiten Flottille in Holland gingen 1945 zahlreiche Boote verloren. Die für Norwegen vorgesehene Flottille lief nicht mehr aus. Der Dresdener Molch war bei Kriegsende vor Wilhelmshaven selbstversenkt und nach seiner Bergung nach Flensburg transportiert worden. Dort wurde er Anfang der siebziger Jahre im Altmetall entdeckt und von 1975 bis 1996 als Exponat im Eingang des Flensburger Marine-Stützpunktes Mürwik bis zu dessen Schließung aufgestellt.

(-) Klein-U-Boot Molch

Hamburg

Wissenschaftliches Institut für Schiffahrts- und Marinegeschichte

Dieses Boot wurde 1983 vor Brunsbüttel geborgen und 2002 vom Wissenschaftlichen Institut übernommen.

(-) Klein-U-Boot Molch

Ingolstadt

Bayerisches Armeemuseum

Das Boot liegt im Magazin.

NARWAL

Dresden

Militärhistorisches Museum

Unterwassertransportgerät für Kampfschwimmer, 1989/1996, STN Atlas, Bremen, 13,3 m x 2,5 m, Elektromotor, ein Antriebspropeller und zwei Steuerpropeller.

NATALIE

München

Deutsches Museum

Dampfbarkasse, 1905, Truscott, Michigan/USA, 4,9 m x 1,5 m, 2-PS-Dampfmaschine

(-) Kleinkampfmittel Neger

Speyer

Technik-Museum

Deutsches Kleinkampfmittel, 1944/45, Torpedoversuchs-Anstalt, Eckernförde, Verdrängung an der Oberfläche: 5 tons, davon Trägertorpedo 2,7 tons, 7,65 m x 0,53 m, Torpedo-Elektromotor (12 PS), max. Aktionsradius an der Oberfläche: 30 sm bei 3 kn, Geschwindigkeit an der Oberfläche: 4,2 kn, getaucht: 3,2 kn, Besatzung: 1 Mann, Bewaffnung: 1 Torpedo G7e.
Insgesamt wurden 200 der Ein-Mann-Torpedos vom Typ Neger gebaut. Dieses Kleinkampfmittel bestand aus zwei aneinander gekoppelten Standardtorpedos G7e. Bei dem Trägertorpedo wurde die Sprengladung entfernt und Platz für einen Steuerer geschaffen, der unter der von innen lösbaren Plastik-Kuppel das Fahrzeug navigierte. Neger konnten nicht tauchen und mußten deshalb knapp unter der Wasseroberfläche operieren. Dabei ragte die Plastik-Kuppel aus dem Wasser, wodurch diese Fahrzeuge leicht zu orten waren. Neger wurden vorzugsweise nachts eingesetzt. Der Prototyp wurde im März 1944 erprobt. Ein erster Einsatz von 23 Negern gegen alliierte Invasionskräfte bei Anzio und Nettuno in Italien brachte im April 1944 keinen Erfolg, nur 13 Boote kehrten zurück. Bei Aktionen von 26 Negern gegen Landungsflotten in Nordfrankreich konnten zwar zwei Minensuchboote torpediert werden, es gingen jedoch 23 Neger verloren. Da der Einsatz von bemannten Torpedos immer gefährlicher und erfolgloser wurde, unternahm man kurz vor Kriegsende Tests, um diese Fahrzeuge mit U-Booten in die Nähe ihrer Ziele zu transportieren. Insgesamt gingen 140 Neger erloren.

NIXE

Waltrop

Westfälisches Industriemuseum

Altes Schiffshebewerk Henrichenburg

Bereisungsdampfer, 1939, Nobiskrug, Rendsburg, 38 tons, 24,3 m x 4,6 m x 0,9 m, 2 x 55-PS-Dampfmaschinen, 58 Passagiere.
Das Bereisungsboot wurde bis 1941 auf dem Mittellandkanal, zwischen 1941 und 1945 auf französischen Flüssen und Kanälen und bis 1977 auf der Elbe eingesetzt. Danach wurde das Schiff nach Zaandam/Niederlande verkauft und ist jetzt Museumsschiff in Henrichenburg.

(-) Nydam-Boot

Schleswig

Archäologisches Landesmuseum

Ruderschiff, 320 n. Chr., 22,8 m x 3,3 m x 0,5–1,1 m, Ruder, geklinkerter Rumpf, bis zu 45 Mann Besatzung, davon 36 Ruderer.
Dieses hochseegehende Eichenboot aus der Zeit um 320 nach Christi gilt als das älteste erhaltene Ruderschiff aus der Epoche der Germanen. Es soll an der westlichen oder mittleren Ostsee gebaut worden sein und konnte 45 Krieger mit Waffen und Ausrüstung tragen.
(siehe Schiffsporträt)

OSCAR HUBER

Duisburg

Museum der Deutschen Binnenschiffahrt

Radschleppdampfer, 1922, Berninghaus, Duisburg, 200 tons, 75,0 m x 20,7 m x 1,6 m, 1.550-PS-Dampfmaschine, ex H. P. DISCH VIII – WILHELM VON OSWALD, ex RÄDERBOOT RK XIV, ex FRITZ THYSSEN.
Das Schiff wurde vor allem auf dem Rhein zwischen Basel und Rotterdam eingesetzt. 1945 wurde es auf Grund gesetzt und 1947 wieder in Fahrt genommen. 1968 gründete sich ein Förderverein zur Erhaltung der OSCAR HUBER. Der Schleppdampfer ist seit 1974 im Schiffahrtsmuseum.

OSTARA

Waltrop

Westfälisches Industriemuseum

Altes Schiffshebewerk Henrichenburg

Schleppkahn ohne eigenen Antrieb, 1926, de Haan, Heusden/Niederlande, 879 tdw, 67,0 m x 8,2 m x 2,3 m

OTTO HASS

Borkum

Heimat-Museum

Rudolf-Akkermann-Halle

Ruderrettungsboot, 1894, Havinghorst, Bremen, 8,5 m Länge, Segel.
Das Geld zur Beschaffung des neuen Rettungsbootes kam aus Berlin und deshalb wurde es auf den Namen des Berliner Regierungsrats Otto Hass getauft. Der herausragende Tag in der Geschichte des Bootes war der 26. November 1899: Die Männer der OTTO HASS retteten an diesem Tag die jeweils 14köpfigen Besatzungen der Fischkutter NORDSEE und HEINRICH DANIEL. 1922 wurde OTTO HASS außer Dienst gestellt und ist seit 1958 Museumsboot auf Borkum.

OTUS

Sassnitz

U-Boot, britische Oberon-Klasse, 1963, Scotts, Greenock, Verdrängung an der Oberfläche: 2.030 tons, getaucht: 2.410 tons, Abmessungen: 89,9 m x 8,1 m x 4,5 m, 2 Diesel- (3.680 PS) und zwei E-Motoren (6.000 PS), Aktionsradius: 6.000 sm bei 10 kn, Geschwindigkeit an der Oberfläche: 12 kn, getaucht: 17 kn, max. Tauchtiefe: 300 m, Besatzung: 68 Mann, Bewaffnung: 8 Torpedorohre (6 vorne, 2 achtern), 18–30 Torpedos.
Das Unterseeboot OTUS ist das erste britische Kriegsschiff, das auf dem Kontinent zu besichtigen ist. OTUS war im Falkland-Krieg und im Persischen Golf im Einsatz.

PASSAT

Travemünde

Priwall

Viermast-Bark, 1911, Blohm + Voss, Hamburg, 3.181 BRT, 115,0 m x 14,3 m x 6,7 m, 4.100 qm Segel, 900-PS-Diesel, bis 90 Mann Besatzung und Kadetten.
Der in Hamburg gebaute Viermaster gehörte zur legendären Flotte der P-Liner. Das Schiff wurde nach wechselvoller Geschichte 1957 fest nach Travemünde gelegt.

PAUL KOSSEL

Bremerhaven

Deutsches Schiffahrtsmuseum

Eisenbetonschiff, 1920, Paul Kossel & Companie/Roland-Werft, Bremen, 12,8 BRT, 14,3 m x 3,0 m x 1,1 m, 50-PS-Glühkopf-Motor, 9 kn, ex ANNEMARIE.
Die Reederei Paul Kossel erhoffte sich von diesem Schiffstyp neue Aufträge, die aber ausblieben. So wurde der Motorschlepper für Kanalfahrt nach dem Zweiten Weltkrieg zum Fischereifahrzeug umgerüstet. Seit 1976 liegt das Betonschiff im Museum.

PFEIL

Oderberg

Binnenschiffahrts-Museum

Tragflügelboot, 1973, Typ Wolga, Schiffswerft Gomel, Sowjetunion, 7,8 m x 1,8 m x 0,4 m, 5,9 BRT, Benzinmotor, bis 70 km/h

TDS PHENOL

Waltrop

Westfälisches Industriemuseum

Altes Schiffshebewerk Henrichenburg

Tank-Dampfschiff, 1904, Wilton, Schiedam, 262 tdw, 43,5 m x 6,1 m x 1,1 m, 163-PS-Dampfmaschine.
Bis Mitte der fünfziger Jahre war das Schiff auf dem Niederrhein und in Belgien im Einsatz, danach wurde es aufgelegt und Mitte der achtziger Jahre vom Museum übernommen.

PORTA

Waltrop

Westfälisches Industriemuseum

Altes Schiffshebewerk Henrichenburg

Bagger, 1925, Wollheim, Cosel, 24,0 m x 6,2 m x 0,8 m, 38-PS-Dampfmaschine.
Eimerbagger PORTA wurde vom Wasser- und Schiffahrtsamt Hannoversch-Münden zur Vertiefung der Weser-Fahrrinne eingesetzt.

RABAS

Oderberg

Binnenschiffahrts-Museum

Wasserstraßen-Aufsichtsboot, 1911, 10,0 m x 2,5 m x 0,8 m, Diesel

(-) Wrack des Ralswieck-Schiffes II

Sassnitz

Museum für Unterwasser-Archäologie

Wrack eines slawischen Bootes, ca. 997 n. Chr., ursprünglich ca. 9,5 m Länge, jetzt 7,5 m x 2,5 m x 1,0 m, Riemen und Segel, 1968 entdeckt, Nachbau BIALY KON s. Gross Raden

RAU IX

Bremerhaven

Deutsches Schiffahrtsmuseum

Walfangschiff, 1939, Deschimag, Bremerhaven, 380 BRT, 46,1 m x 8,2 m x 4,0 m, 1600-PS-Dampfmaschine, 15 kn, 15 Mann Besatzung, ex UJ D, ex UJ 1212, ex KRUTT, ex HVALAR V, ex HEYKUR.
Für das Walfang-Mutterschiff WALTER RAU (13.750 BRT) wurde RAU IX (380 BRT) als eines der Fangboote von der Deschimag in Bremerhaven geliefert. Im Zweiten Weltkrieg kam das Boot als U-Bootjagdschiff und Vorpostenboot zum Einsatz. Danach wurde RAU IX nach Norwegen ausgeliefert, von wo es im Walfang vor der Antarktis vor Island und den Faröer-Inseln eingesetzt worden ist. Seit 1969 liegt RAU IX im Museum.

RENZO

München

Deutsches Museum

Dampfschlepper, 1931, Lucchese, Venedig, 48 BRT, 19,5 m x 4,5 m x 1,3 m, 122-PS-Dampfmaschine.
Der Schlepper liegt seit 1984 im Museum.

RICKMER BOCK

Büsum

Motorrettungsboot, 1944, Pahl, Hamburg, 35 tons, 14,0 m x 4,6 m x 1,4 m, 150 PS Motor, 8,5 kn, ex GEHEIMRAT GERLACH (bis 1950).
RICKMER BOCK ist eines der vier Boote der 14-m-Klasse. Mit ihm wurden in 37 Jahren bei 230 Einsätzen 1.223 Menschen gerettet.

RICKMER RICKMERS

Hamburg

Überseebrücke

Bark, 1896, Rickmers-Werft, Bremerhaven, 1980 BRT, 97,0 m x 12,2 m x 6,0 m, 3.500 qm Segel, 2 x 350-PS-Diesel, 10,0 kn, ex SAGRES, ex FLORES, ex MAX.
Nach 16 Jahren Frachtfahrt wurde die RICKMER RICKMERS 1912 als MAX nach Hamburg verkauft. Im ersten Weltkrieg übernahmen die Portugiesen das Schiff als Prise und nannten es FLORES. 1924 wurde es unter dem Namen SAGRES Schulschiff der portugiesischen Marine. Nach 1962 lag der Segler in Lissabon unter dem Namen SANTO ANDRE als Lagerschiff auf. Der Verein Windjammer für Hamburg erwarb den abgetakelten Rumpf 1975, nannte das Schiff wieder RICKMER RICKMERS und legte es an die Hamburger Überseebrücke.

RIESA

Oderberg

Binnenschiffahrts-Museum

Raddampfer, 1897, Blasewitz, Dresden, 94 tons, 55,7 m x 10,2 m x 1,2 m, 140-PS-Dampfmaschine, 741 Passagiere, ex HABSBURG.
Der Raddampfer liegt seit 1979 vor dem Museum an Land.

RIESENBECK

Waltrop

Westfälisches Industriemuseum

Altes Schiffshebewerk Henrichenburg

Typboot, 1952, Dieselantrieb

RODDE

Waltrop

Westfälisches Industriemuseum

Altes Schiffshebewerk Henrichenburg

Typboot, 1958, Dieselantrieb

ROLAND

Norddeich/Rettungsschuppen

Rettungsboot, 1957, Schweers, Bardenfleth, 6,5 m x 2,2 m x 0,6 m, 32-PS-Diesel, ex TEDJE.
Als Tochterboot des Seenotrettungskreuzers THEODOR HEUSS bis 1985 im Einsatz.

RUTHOF/ÉRSEKCSANÁD

Regensburg

Donau-Schiffahrts-Museum

Radzugdampfer, 1923, Chr. Ruthof, Werk Regensburg, 503 tons, 61,6 m x 16,6 m x 1,4 m, 800-PS-Dampfmaschine, ex RUTHOF.
Dieser Radzugdampfer gehörte zu einer Fahrzeug-Generation, die ihren Dienst auf der Donau mit noch mit 26 Mann Besatzung tat – inklusive Köchin und Küchenmädchen. Von 1923 bis 1944 fuhr das Schiff für den Bayerischen Lloyd. Ein Jahr vor Kriegsende lief es in Ungarn auf eine Mine. Es wurde erst 1956 gehoben, repariert und als ERSEKCSANAD bis 1975 in Fahrt gesetzt. In Regensburg liegt das Schiff seit 1975 als Museumsschiff.

SATURN

Rostock

Schiffahrtsmuseum

Dampfschlepper, 1908, Schiffswerfte- und Maschinenfabrik, vorm. Janssen & Schmilinsky, Hamburg, 26 tons, 16,0 m x 5,0 m x 2,0 m, 140-PS-Dampfmaschine, 6 kn, vier Mann Besatzung, ex GEBR. WULFF IV.
Hafenschlepper SATURN versah in Stettin und Warnemünde ebenso wie auf der Peene fast siebzig Jahre seinen Dienst. 1979 wurde das Schiff ins Rostocker Museum gelegt.

(-) Schiff von Immenstaad

Konstanz/Bodensee

Archäologisches Landesmuseum

Segner, ca. 1325–1350, ca. 20,0 m x ca. 2,6 m x ca. 1,0 m, 6,8–8,2 tons, 17–20 Tonnen Ladekapazität, Segel, Ruder.
Das Schiff ist 1991 vor Immenstaad aus dem Bodensee geborgen worden.

(-) Schiff von Uelvesbüll

Husum

Nordfriesisches Schiffahrtsmuseum

Wrack eines Frachtseglers, ca. 16. Jahrhundert, 12,0 m x 3,3 m
In den Jahren zwischen 1600 und 1650 treibt ein holländischer Frachtsegler im Sturm auf einen Holzdeich, schlägt Leck und sinkt. Das Schiff wurde 1994 bei Sielbauarbeiten am Deich bei Uelvesbüll in Nordfriesland entdeckt und in 90.000 Litern 70prozentiger Zuckerlösung konserviert. Das zweischalig gebaute Eichenschiff sowie das reichhaltige Inventar geben Aufschluß über Schiffbautechnik, Leben an Bord und Fracht im 17. Jahrhundert. Das Museum zeigt den gut erhaltenen Rumpf seit 1998.

SCHLE 12

Bremerhaven

Deutsches Schiffahrtsmuseum

Blockkahn, 8,7 m x 1,8 m x 0,6 m, Eichenrumpf. Bis in die Gegenwart wird dieser flachbodige Bootstyp auf der Schlei als Fischerboot eingesetzt.

SCHLE 47

Schleswig

Volkskundliche Sammlungen

Fischerkahn, 1945, Matthiessen & Paulsen, Arnis, zwei Riemen, Motor, 6 qm Segel

SEEFALKE

Bremerhaven

Deutsches Schiffahrtsmuseum

Hochsee- und Bergungs-Schlepper, 1924, Tecklenborg, Geestemünde, 619 BRT, 58,5 m x 9,0 m x 4,2 m, 3.000-PS-Dieselmotoren, 19 Mann Besatzung.
SEEFALKE war bei seiner Indienststellung 1924 der erste Hochseeschlepper der Welt mit Dieselmotor und gehörte zu den leistungsfähigsten und seetüchtigsten Schleppfahrzeugen. Das Schiff lag in Cuxhaven, Brest, La Coruna, Dover, auf den Azoren, Tanger und in der Karibik auf Station. SEEFALKE wurde 1970 – nach 46 Dienstjahren – Museumsschiff.

(-) Klein-U-Boot Seehund
Bremerhaven

Deutsches Schiffahrtsmuseum

Klein-U-Boot, 1944, Typ XXVII B (127), Verdrängung an der Oberfläche: 14,9 tons, getaucht: 16,9 tons, 11,9 m x 1,8 m x 1,8 m, Dieselmotor, 60 PS, AEG-Elektromotor, 25 PS, Aktionsradius an der Oberfläche: 500 sm bei 7,0 kn, getaucht: 63 sm bei 3 kn/19 sm bei 6 kn, Geschwindigkeit an der Oberfläche: 7,7 kn, getaucht: 6,0 kn, Tauchtiefe: 70 m, Besatzung: 2 Mann, Bewaffnung: 2 Torpedos.
Der Seehund war das technisch am weitesten entwickelte deutsche Klein-U-Boot des Zweiten Weltkriegs. Es wies alle Merkmale großer U-Boote, wie z. B. einen Diesel-Elektro-Antrieb sowie eine Bewaffnung mit zwei Torpedos auf. Die Besatzung bestand aus dem Kommandanten, der Sehrohr und Steuerknüppel bediente sowie einem Ingenieur, der die Torpedos abfeuerte. Etwa 90 Seehunde wurden Anfang Januar 1945 vom niederländischen IJmuiden aus zur Störung des alliierten Nachschubverkehrs eingesetzt. In dieser Zeit wurden insgesamt neun Handelsschiffe und ein Zerstörer durch Seehunde versenkt. Bis Kriegsende ist jede dritte Besatzung gefallen oder in Gefangenschaft geraten. Von diesem Bootstyp wurden 285 Einheiten gebaut. Etwa 50 Boote kamen zum Einsatz, von denen 35 verlorengingen. Das im Deutschen Schiffahrtsmuseum gezeigte Boot wurde 1969 in Wilhelmshaven gehoben.

(-) Klein-U-Boot Seehund
München

Deutsches Museum

Das Boot wurde 1958 in der Lübecker Bucht gehoben.

(-) Klein-U-Boot Seehund
Ingolstadt

Bayerisches Armeemuseum

Dieser Seehund stammt aus dem niederländischen IJmuiden und befindet sich heute im Museums-Magazin.

(-) Klein-U-Boot Seehund
Kiel

Schiffahrtsmuseum

Dieses Boot wurde 1995 bei Baggerarbeiten im Kieler Hafen gefunden. Es soll 1945 bei Bombenangriffen gegen die Germaniawerft versenkt worden sein. Es wird die stark deformierte Mittelsektion gezeigt.

(-) Klein-U-Boot Seehund
Koblenz

Wehrtechnische Studiensammlung

Das Boot wurde 1962/63 aus dem Wilhelmshavener Westhafen geborgen.

(-) Klein-U-Boot Seehund
Speyer

Technik-Museum

Bei Kriegsende wurde dieser Seehund von den Niederländern in IJmuiden übernommen. Anschließend wurde er in Rotterdam zu Untersuchungszwecken in drei Teile zerlegt. Diese Sektionen wurden von einem Privatmann erhalten. Das Boot wurde 1984 nach Sinsheim, später Speyer, abgegeben.

(-) Klein-U-Boot Seehund
Cuxhaven

Wrackmuseum

Dieser Seehund wurde im Mai 1945 in der Schleimündung selbstversenkt, 1981 gehoben und im Cuxhavener Museum aufgestellt.

(-) Klein-U-Boot Seehund
Wilhelmshaven

Deutsches Marine Museum

Im Jahr 1999 wurde dieses Boot in der Mecklenburger Bucht aus 13 Metern Tiefe geborgen. Vermutlich ist dieser Seehund auf einer Ausbildungsfahrt gesunken.

(-) Klein-U-Boot Seehund
Dresden

Militärhistorisches Museum

Dieses Boot wurde 1945 von seiner Besatzung selbstversenkt. Im Jahr 2000 ist es sechs Seemeilen westlich von Darßer Ort in 16 Metern Tiefe gefunden und geborgen worden.

(-) Fernräumgerät Seekuh
Stralsund

Marine-Museum

Fernräumgerät (FRG), 2. Weltkrieg, Freest, Wolgast, Räumtiefe bis 20 m, Räumfahrt bis 3 kn.
Das Fernräumgerät Seekuh diente zur Vernichtung von Fernzündungsminen mit magnetischen oder induktiven Zündgeräten mittels Erzeugung eines Magnetfeldes durch einen stabförmigen Elektromagneten, der durch das Schleppfahrzeug gespeist wurde. Einzeln oder als Troika eingesetzt. Dieses Boot wurde nach 1945 in Dranske auf Rügen als Fischkutter genutzt.

SEESCHWALBE (HER 8)
Stralsund/Ostsee

Deutsches Meeresmuseum

Strandboot, 1964, Freude, Anklam, 8,4 m x 3,2 m, 8,6 BRT, 65-PS-Diesel

SEUTE DEERN
Bremerhaven

Deutsches Schiffahrtsmuseum

Viermast-Gaffelschoner, 1919, Gulfport/USA ab 1938: Bark, 767 BRT, nach Umbau 1938: 75,5 m x 11,3 m x 4,6 m, 815 BRT, 1418 qm Segel, 28 Mann Besatzung, ex ELISABETH BANDI, ex BANDI, ex SEUTE DEERN, ex PIETER ALBRECHT KOERTS
Nahe der Mississippi-Mündung wurde der Viermast-Gaffelschoner als ELIZABETH BANDI 1919 in Gulfport gebaut. Auf der Jungfernreise verschwand der Kapitän spurlos – sein Tod blieb ein Rätsel. 1925 wurde das Schiff an einen Reeder in Bath (USA) verkauft, 1931 ging es in finnische Hände als BANDI über, bis es 1938 die Hamburger Reederei John T. Essberger als Schulschiff erwarb. Der Segler wurde bei Blohm + Voss zur Bark umgebaut und SEUTE DEERN genannt. Nach dem Zweiten Weltkrieg lag der Segler als schwimmendes Hotel im Hamburger Hafen, 1954 ging er als Jugendherberge ins niederländische Delfzijl, danach 1965 nach Emden, bis er 1966 in Bremerhaven vor Anker ging. Seit 1972 gehört die SEUTE DEERN zur Museumsflotte des Deutschen Schiffahrtsmuseums.

SOLVEIG III
Bremerhaven

Deutsches Schiffahrtsmuseum

Segelyacht, 1967, Stöberl-Werft, Chiemsee, 1,6 tons, 7,3 m x 2,3 m x 1,3 m, 26 qm Segel, 9-PS-Maschine.
Mit diesem kleinen Fahrtenkreuzer segelte Rollo Gebhard 1967 von Italien aus um die Welt, legte 30.000 Seemeilen zurück und betrat im Juli 1970 auf Helgoland wieder deutschen Boden. Während seiner zweiten Reise mit SOLVEIG III segelte er 1975 sogar 80.000 Seemeilen. Seit 1988 gehört die Yacht dem Museum.

SPIEKEROOG
Bremerhaven

Deutsches Schiffahrtsmuseum

Ruderrettungsboot, 1909, Havighorst, 8,5 m x 2,5 m, ex ALEXANDER, ex WALTER WOLFGANG ERNST.
Dieses Ruderrettungsboot war auf der Insel Spiekeroog stationiert.

STARIGARD

Oldenburg/Holstein

Wallmuseum

Slawischer Segler (Replik, 1994), Jusza, Wollin, 10,7 m x 2,9 m, 30 qm Segel.
Der erste Nachbau eines Slawen-Handelsschiffes aus dem 1. Jahrhundert n. Chr. mit Werkzeugen und Materialien dieser Zeit (2000 Holznägel halten den Rumpf zusammen) gilt als archäologisches Experiment.
Als Vorlage dienten Wrackteile eines Slawenschiffes, das in der Eckernförder Bucht entdeckt worden war. Die Testfahrten der STARIGARD knüpften an die Aussage Adam von Bremens an, der von der Seeverbindung Starigards (Oldenburg), der großen Handelsstadt der Obodriten, mit Wollin spricht.

STIER

Bremerhaven

Deutsches Schiffahrtsmuseum

Schlepper, 1954, Jadewerft, Wilhelmshaven, 67 BRT, 19,9 m x 6,2 m x 3,1 m, 2 x 350-PS-Diesel.
Die technische Besonderheit dieses Schleppers ist der Voith-Schneider-Propeller unter dem Vorschiff sowie die Stabilisierungsflosse unter dem Heck. Schlepper STIER hat 23 Jahre lang Seeschiffe in den Bremer Häfen bugsiert, bis er 1978 Exponat des Museums wurde.

STÖR (FRE-71)

Stralsund/Ostsee

Deutsches Meeresmuseum

Strandboot, 1941, Menge, Lassan, 8,5 m x 2,5 m x 1,1 m, 20-PS-Diesel, ex CHRISTEL (KRÖ 1)

STOLTERA

Stralsund

Deutsches Meeresmuseum

Bodenplankenboot, ca. 1900, 6,9 m x 1,6 m, Segel

SR 13

Waltrop

Westfälisches Industriemuseum

Altes Schiffshebewerk Henrichenburg

Dampframme, 1935

STR 9

Stralsund/Ostsee

Deutsches Meeresmuseum

Zeesboot, Replik des Bootes AHR-1 aus dem Jahr 1870 (1986), Dinse, Stralsund, 4 tons, 10,7 m x 3,5 m x 0,8 m, 80 qm Segel.
Das ursprüngliche Zeesboot AHR-1 befand sich 1985 in keinem restaurierungswürdigen Zustand mehr, so daß ein Nachbau nach den Maßen des Originals erstellt wurde.

STRALSUND

Wolgast

Museen der Stadt Wolgast

Eisenbahn-Trajekt, 1890, Schichau, Elbing, 193 tons, 37,5 m x 9,8 m x 1,9 m, 2 x 113-PS-Dampfmaschinen, 8 kn, 300 Personern, 32 m Gleis.
Das Eisenbahn-Trajekt STRALSUND ist die älteste noch existierende Eisenbahnfähre der Welt. Sie befuhr vor allem die nur 400 Meter lange Strecke zwischen der Insel Usedom und dem Festland. Das Schiff wurde 1990 außer Dienst gestellt und 1996 zum technischen Denkmal erklärt.

SÜDPERD

Rügen

Freiluftmuseum Kap Arkona

Seenotrettungsboot, 1971, Evers, Niendorf, 6,9 m x 2,3 m x 0,6 m, 54-PS-Diesel, 10 kn, ex KAATJE, ex BRUNTJE, seit 1999 im Museum

(-) Tauchkugel

München

Deutsches Museum

Forschungs-Tauchkugel, 1958, Verdrängung an der Oberfläche: 1,5 tons, 5,3 m x 0,91 m x 0,8 m, E-Motor, 2 PS, Max. Aktionsradius: 12 Stunden Einsatzdauer, Tauchtiefe: 35 m, Besatzung: 2 Mann.
Dieser Druckkörper wurde für das Tiefsee-Forschungsboot TRIESTE, das heute im Navy–Museum in Washington ausgestellt ist, entwickelt. Das 1953 gebaute Tauchboot TRIESTE erreichte mit einem weiterentwickelten Schwimmkörper und dieser von Krupp hergestellten Druckkugel mit dem Forscher Jacques Piccard am 23. Januar 1960, am Südende des Marianengrabens, dem Challenger-Tief im Pazifik, mit 10.916 Metern die größte je erreichte Tauchtiefe.

TEDJE

München

Deutsches Museum

Tochterboot des Seenotrettungskreuzers THEODOR HEUSS, 1960, Schweers, Bardenfleth, 6,5 m x 2,2 m x 0,6 m, 32-PS-Diesel, ex ROLAND, seit 1987 Museumsboot

TENIERS

Waltrop

Westfälisches Industriemuseum

Altes Schiffshebewerk Henrichenburg

Dampfschlepper, 1909, Smit, Rotterdam, 123 tons, 20,2 m x 4,8 m x 1,8 m, 154-PS-Dampfmaschine, ex VILLE DE LIÈGE, ex NO. 1.
Schleppdampfer dieser Bauart waren nicht nur in den Niederlanden, sondern auch auf westdeutschen Flüssen und Kanälen häufig zu sehen.

THEA-ANGELA

Haren

Schiffahrtsmuseum

Binnenschiff, 1929, Volthuis, Veendam/ Niederlande, 258 tons, 33,6 m x 6,1 m x 2,0 m, 100-PS-Diesel.
Das Binnenschiff war für die Fahrt auf kleinen Kanälen im Emsland ausgelegt, später kam nach Einbau eines 100-PS-Diesels die Genehmigung für die Wattfahrt und zu den Ostfriesischen Inseln hinzu. Die Abmessungen zeigen, daß das Schiff speziell für den Ems-Jade-Kanal, die linksemsischen Kanäle und kleine Kanäle in den Niederlanden gebaut wurde. THEA-ANGELA transportierte hauptsächlich Kohle vom Ruhrgebiet nach Wilhelmshaven für die zu der Zeit noch mit Dampf angetriebenen Schiffe der Kriegsmarine.
1965 wurde THEA-ANGELA um 55 cm erhöht und erhielt einen neuen Boden; die Tragfähigkeit vergrößerte sich auf 331 tons. Das Fahrtgebiet änderte sich nicht: Versorgung der Ostfriesischen Inseln mit Brennstoffen und Baumaterialien, auf der Rückreise Getreide und Erz von Emden, Papier und Zellulose von Bremen oder nach der Ernte Weizen und Raps von Norddeich ins Ruhrgebiet.
1972 wurde ein gebrauchter 230-PS-Deutz-Motor eingebaut und das Schiff mit 299,8 t neu vermessen. Dem Heimatverein Haren gelang es 1990, mit Erlaubnis der EG und des deutschen Verkehrsministers, die THEA-ANGELA aus der Abwrackaktion herauszunehmen, zu erwerben und als Museumsschiff zu nutzen.

THEKLA VON PAPENBURG

Papenburg

Heimatmuseum

Binnenschiff, 1929, Volthuis, Veendam/ Niederlande, 258 tons, 33,6 m x 6,1 m x 2,0 m, 100-PS-Diesel. Nachbau einer ursprünglich friesischen Tjalk mit geringem Tiefgang und umlegbaren Mast.

THEODOR HEUSS

München

Deutsches Museum

Seenotrettungskreuzer, 1960, Schweers, Bardenfleth, 60 tons, 23,2 m x 5,3 m x 1,4 m, 3 Motoren mit 1.750-PS-Diesel, 20 kn, acht Mann Besatzung, ex H.H. MEIER, mit Tochterboot TEDJE (s.d.).
Dieser Rettungskreuzer ist Typschiff eines Quartetts, das Ende der fünfziger Jahre an der Weser entstand und bis Mitte der achtziger Jahre eingesetzt wurde. Auf dem Weg ins Museum fuhr THEODOR HEUSS 1987 über Rhein, Main und Rhein-Main-Donau-Kanal auf eigenem Kiel nach Nürnberg, von wo aus das Schiff per Tieflader nach München rollte.

TIGER-HAI 2

Speyer

Technik-Museum

Klein-U-Boot, 1960, Silverstar, Wertheim, Verdrängung an der Oberfläche: 1,5 tons, 5,3 m x 0,91 m x 0,8 m, E-Motor, 2 PS, Aktionsradius: 12 Stunden Einsatzdauer, Geschwindigkeit an der Oberfläche: 10 km/h, getaucht: 7 km/h, Tauchtiefe: 35 m, Besatzung: 2 Mann.
Dieses 1963/64 in einem Stück aus Kunstharz gebaute Boot wurde für die Untersuchungen von Unterwasser-Anlagen konzipiert. Es wurden 17 Einheiten produziert.

(-) Traditionsschiff Typ Frieden

Rostock

Schiffahrtsmuseum

Frachtschiff, 1957, VEB Warnow-Werft, Warnemünde, 6.629 BRT, 10.070 tdw, 157,6 m x 20,0 m x 8,4 m, 4 x 1.800-PS-Dieselmotoren, 17 kn, 56 Mann Besatzung, 12 Passagiere, ex DRESDEN.
Die ehemalige DRESDEN war das fünfte Schiff einer 15er Serie, das von 1958 im Liniendienst nach Fernost und Mittelamerika fuhr. Seit 1979 dient es als schwimmendes Museum.

U 1

München

Deutsches Museum

U-Boot, 1906, Friedr. Krupp-Germaniawerft, Kiel,Verdrängung an der Oberfläche: 238 tons, getaucht: 283 tons, 42,3 m x 3,7 m x 3,1 m, 2 Petroleum- (400 PS), 2 Elektro-Motoren (400 PS), max. Aktionsradius an der Oberfläche: 1.500 sm bei 10 kn, getaucht: 50 sm bei 5 kn, Geschwindigkeit an der Oberfläche: 10,8 kn, getaucht: 8,7 kn, Tauchtiefe: 30 m, Besatzung: 12 Mann, Bewaffnung: 1 Bugtorpedorohr, 3 Torpedos.

Die Reichsmarine bestellte ihr erstes Unterseeboot U 1 am 3. Dezember 1904 (Geplante Baukosten: 1,5 Millionen Reichsmark). Am 4. August 1906 lief das Zweihüllen-Küstentauchboot U 1 vom Stapel. Bei anschließenden Werfttests wurde das Boot ohne Besatzung auf 30 Meter Tiefe abgesenkt, ohne daß Verformungen des Bootsrumpfes feststellbar waren. Im September des gleichen Jahres ging U 1 in die See-Erprobung, am 14. Dezember 1906 wurde es feierlich in Dienst gestellt. Bis zu seiner Außerdienststellung am 19. Februar 1919 wurden zahlreiche technische Nachbesserungen vorgenommen. Obwohl die Siegermächte des Ersten Weltkrieges die Zerstörung auch von U 1 verlangten, gelang es dem Deutschen Museum in München, das Boot als Exponat zu erhalten. Es wurde 1921 in drei Teilen aus Kiel an die Isar transportiert und ist seitdem im Untergeschoß des Museums ausgestellt.

U 9

Speyer

Technik-Museum

U-Boot, 1966, Typ 205, HDW, Kiel, Verdrängung an der Oberfläche: 370 tons, getaucht: 450 tons, 45,7 m x 4,5 m x 4,0 m, 2 Diesel- (1.200 PS)/2 Elektro-Motoren (1.500 PS), Aktionsradius an der Oberfläche: 4.100 sm bei 5 kn, getaucht: 228 sm bei 4 kn, Geschwindigkeit an der Oberfläche: 10 kn, getaucht: 17 kn, Tauchtiefe: 100 m, Besatzung: 22 Mann, Bewaffnung: 8 Bugtorpedorohre, 8 Torpedos, Seeminen.
Der Unterseeboot-Typ 205 war die erste deutsche Neuentwicklung nach dem Zweiten Weltkrieg. Baubeginn für U 9 war der 10. Dezember 1964, der Stapellauf erfolgte am 20. Oktober 1966, und am 11. April 1967 fand die Indienststellung statt. Das Boot legte in seiner Dienstzeit 174.850 Seemeilen zurück, wobei es 16.478 Stunden auf Tauchfahrt verbrachte. Am 3. Juni 1993 wurde U 9 außer Dienst gestellt und als Museumsschiff an das Technikmuseum in Speyer abgegeben. Die Reise ins Binnenland führte über die Nordsee nach Rotterdam, wo das Boot auf einen Ponton gesetzt wurde. Die 606 Kilometer lange Schleppfahrt über den Rhein dauerte vier Tage. Tausende von Schaulustigen säumten die Flußufer. Der anschließende Straßentransport des 529 Tonnen schweren Konvois auf einem Zwanzig-Achsen-Tieflader am 21. August 1993 glich einem Festumzug.

U 10

Wilhelmshaven

Deutsches Marine Museum

U-Boot, 1967, Typ 205, Bauwerft: HDW, Kiel.
U 10, Schwesterboot von U 9, wurde am 28. November 1967 in und am 4. März 1993 nach 26 Jahren wieder außer Dienst gestellt. Das Boot ist seit 1996 in Wilhelmshaven ausgestellt.

U 434 (B 515)

Hamburg

Baakenhafen

Jagd-U-Boot, sowjetische Tango-Klasse (Projekt 641 B), 1974, Krasnoye Sormovo (No. 112), Gorkiy (Nishniy Novgorod), Verdrängung an der Oberfläche: 2.800 tons, getaucht: 3.630 tons, 90,1 m x 8,7 m x 6,6 m, 3 Diesel mit 5.250 PS-/ 3 Elektro-Motoren mit 5.400 PS, Geschwindigkeit an der Oberfläche: 13 kn, getaucht: 15 kn, Tauchtiefe: 300 m, Besatzung: 82 Mann, Bewaffnung: 6 Bug-Torpedorohre, 18 Reserve-Torpedos.

U 461

Peenemünde/Ostsee

Maritim Museum

Raketen-U-Boot, 1962, sowjetische Juliett-Klasse (Projekt 651), Krasnoye Sormovo (No. 112), Gorkij (Nishniy Novgorod), Verdrängung an der Oberfläche: 3.228 tons, getaucht: 3.950 tons, 85,9 m x 9,7 m x 6,9 m, 2 x 4.000-PS-Diesel-/ 2 x 6.000-PS-Elektro-Motoren, Aktionsradius an der Oberfläche: 9.000 sm bei 8 kn, getaucht: 810 sm bei 2,8 kn, Geschwindigkeit an der Oberfläche: 15 kn, getaucht: 18 kn, Tauchtiefe: 300 m, Besatzung: 78–82 Mann, Bewaffnung: 4 SSN-3a Raketen 10 Torpedorohre (6 vorne, 4 achtern), 18 Torpedos.
Die konventionell angetriebene Juliett-Klasse, von der zwischen 1961 und 1969 sechzehn Boote (je vier SSN-3a Nuklearraketen, Marschflugkörpern, 450 Kilo-

meter Reichweite) gebaut wurden, war Teil des »Anti-Carrier-Programms« der sowjetischen Flotte. Zum Abfeuern ihrer Raketen mußten die Boote auftauchen, um die Abschußrampen sowie das Raketen-Radarleitsystem auszufahren.
U 461 wurde im Juli 1991 von der Baltischen Rotbannerflotte außer Dienst gestellt und hatte seit 1994 in Kopenhagen als U-Boot-Museum geöffnet. Seit dem April 1999 ist es in Peenemünde zu besichtigen. An Deck wird ein Modell eines Rettungs-U-Bootes (»17«) gezeigt.

U 995

Laboe

Marine-Ehrenmal

U-Boot, 1943, Bootsklasse: VII C, Blohm + Voss, Hamburg, Verdrängung an der Oberfläche: 769 tons, getaucht: 871 tons, 67,2 m x 6,2 m x 4,8 m, 2 Diesel-(2.800 PS)/2 Elektro-Motoren (750 PS), Aktionsradius an der Oberfläche: 8.800 sm bei 10 kn, 3.850 sm bei 17 kn, getaucht: 80 sm bei 4 kn, 130 sm bei 2 kn,Geschwindigkeit an der Oberfläche: 17,3 kn, getaucht: 7,6 kn, Tauchtiefe: 240 m, Besatzung : 44 Mann, Bewaffnung: 4 Bugtorpedorohre, 1 Hecktorpedorohr, 12 Torpedos, bis zu 39 Minen, 3 Flakgeschütze.
Bereits 1935 wurde auf der Kieler Germaniawerft mit dem Bau des ersten Boots der VIIer-Reihe begonnen, von der 693 Einheiten zum Einsatz kamen. U 995 lief am 2. Juli 1943 in Hamburg bei Blohm + Voss vom Stapel. Bei einem Bombenangriff auf die Werft wurde das Boot zwar schwer beschädigt, konnte aber dennoch am 16. September in Dienst gestellt und im Seegebiet vor Norwegen eingesetzt werden. Bei Angriffen auf Nordmeer-Geleitzüge versenkte U 995 mehrere Handelsschiffe. Bei Kriegsende lag das Boot in Trondheim zum Einbau eines Schnorchels. Es wurde dort von Norwegen – zusammen mit U 926 und U 1212 – übernommen und von 1952 bis 1962 unter dem Namen KAURA als Schulboot verwendet. Die Rückgabe dieses letzten noch existierenden VII C-Bootes an die Bundesrepublik Deutschland erfolgte im Jahr 1965. Nach der Instandsetzung wurde der Veteran am 13. März 1972 vor dem Marine-Ehrenmal in Laboe aufgestellt und für Besichtigungen freigegeben.

U 2540 (WILHELM BAUER)

Bremerhaven

Technikmuseum Wilhelm Bauer

U-Boot, 1945, Bootsklasse: XXI, Blohm + Voss, Hamburg, Verdrängung an der Oberfläche: 1.621 tons, getaucht: 1.819 tons, 76,7 m x 8,0 m x 6,3 m, 2 Diesel-(4.000 PS)/2 E-Motoren (4.200 PS), Aktionsradius an der Oberfläche: 15.500 sm bei 10 kn/5.100 sm bei 15,6 kn, getaucht: 365 sm bei 5 kn/110 sm bei 10 kn, Geschwindigkeit an der Oberfläche: 18,1 kn, getaucht: 17,2 kn, Tauchtiefe: 240 m, Besatzung: 57 Mann, Bewaffnung: 6 Bugtorpedorohre, 23 Torpedos oder 14 Torpedos und 12 Minen, 4 Flak-Geschütze.
Unterseeboote dieses Typs (geplante Baukosten pro Boot: 5,7 Mio. RM) konnten theoretisch unbegrenzt unter Wasser fahren, da die zum Aufladen der Batterien benötigten Dieselmotoren ihre Frischluft über einen aus dem Wasser ragenden Schnorchel ansaugten. Sie waren damit dem Ideal eines Unterseebootes, das erst mit den Atom-U-Booten tatsächlich erreicht wurde, bereits sehr nahe.
U 2540 wurde als eines der letzten deutschen Unterseeboote im Zweiten Weltkrieg am 13. Januar 1945 fertig- und Ende Februar in Dienst gestellt. Es kam nicht mehr zum Einsatz und wurde am 4. Mai 1945 von seiner Besatzung nahe des Flensburger Feuerschiffs versenkt. Die Bergung aus 18 Metern Wassertiefe erfolgte im Juni 1957. Nach einer Instandsetzung setzte die Bundesmarine U 2540 vom 1. September 1960 bis zum 15. März 1982 unter dem Namen WILHELM BAUER als Ausbildungs- und Erprobungsboot ein. Auf private Initiative wurde das Boot am 27. April 1984 in Bremerhaven als Technik-Museum für die Öffentlichkeit geöffnet.

ULRICH STEFFENS

Neuharlingersiel/Rettungsschuppen

Motorrettungsboot, 1945, Abeking & Rassmussen, Lemwerder, 10,0 m x 2,8 m x 0,7 m, 6 tons, 60-PS-Diesel, 8 kn.
ULRICH STEFFENS gehörte zu einer Serie von sieben Strandrettungsbooten, deren Bau kurz vor dem Zweiten Weltkrieg begonnen wurde. Es war zunächst auf Spiekeroog und von 1948 bis 1973 in Neuharlingersiel stationiert, wo es heute ausgestellt wird. Insgesamt wurden mit dem Boot auf 54 Einsatzfahrten 192 Menschen aus Seenot gerettet.

UMMA

Hamburg

Wissenschaftliches Institut für Schiffahrts- und Marinegeschichte

Seenotrettungsboot, 1972, Evers-Werft, Niendorf, 1,7 tons, 6,9 m x 2,3 m x 0,6 m, 54-PS-Diesel, 10 kn, ex GRIETJE, ex SWANTE.
Von 1972 bis 1990 als GRIETJE in Schilksee und bis 1993 als SWANTE auf Hiddensee stationiert. Seit 1993 Museumsboot.

UNS EILAND

Wustrow

Museum im Rettungsschuppen

Ruderrettungsboot, 1907, 8,5 m Länge, Holzboot, ex DIE BEIDEN OLLINGS.
Dieses älteste Ruderrettungsboot an der Ostsee wurde 1908 in Binz stationiert und wechselte später nach Prerow. Seit 2000 Museumsboot.

(-) Walfangschaluppe

Bremerhaven

Deutsches Schiffahrtsmuseum

Walfangboot, 1885, Beetle, New Bedford/USA, 8,9 m lang.
Dieses amerikanische Walfangboot gehörte zur Bark WANDERER, die 1878 bei New Bedford vom Stapel lief. Es wurde zur Jagd auf Pottwale eingesetzt. Nachdem die Bark auf Klippen aufgelaufen war und aufgegeben werden mußte, wurde das gerettete Inventar, darunter diese Schaluppe verkauft. Über das Kendall Whaling Museum kam das Boot 2000 nach Bremerhaven.

WEILHEIM (M 1077)

Wilhelmshaven

Deutsches Marine Museum

Minenjagdboot, 1959, Lindau-Klasse 331 B, Burmester, Bremen, 488 tons, 47,1 m x 8,3 m x 2,3 m, 488 tons, 2 x 2000-PS-Diesel, 43 Mann Besatzung.
Das Boot wurde im Januar 1959 in Dienst und im Juni 1995 außer Dienst gestellt.

(-) Weser-Lastkähne

Lemgo

Weserrenaissance-Museum

Flachbodige Lastkähne, zwischen 1750 und 1769, an der Weser oder in Vlotho gebaut,
Kahn A, ca. 40 m, erhalten 24,4 m x 2,1 m
Kahn B, ca. 30 m, erhalten 17,2 m x 1,1 m.
Zwei Lastkähne aus Eichenholz, die mit einer Ladung von 120 Tonnen Obernkirchener Sandstein in der Weser gesunken waren, werden im Museum Schloß Brake seit 1999 als Dokumente für die wirtschaftliche Prosperität des Weserraums und der europäischen Vernetzung während der frühen Neuzeit konserviert.

(-) Wikingerboot

Schleswig

Wikinger Museum Haithabu

Langschiff, ca. 950 n. Chr., ca 28,0 m x 3,0 m, Segel, 24-25 Paar Ruder, bis 55 Mann Besatzung.
Dieses skandinavische Kriegsschiff (Wrkck 1) wurde im Hafen von Haithabu 1953 entdeckt und 1979 geborgen.
Die Eichenplanken sind von auffallender Qualität und Länge, die Bauweise verrät handwerkliches Können. Achterschiff und Steuerbordseite dieses schmalen Bootes waren jedoch beschädigt.
Verkohlte Planken an der Backbordseite belegen, daß das Schiff gebrannt hat, bevor es sank. Zur Zeit befindet es sich in Rekonstruktion im Museum.

WILHELM MAYBACH

Speyer

Technik-Museum

Barkasse, 1893, Daimler-Motor, 6,5-PS-Diesel.
Dieses Boot hat einen im Jahr 1893 von Wilhelm Maybach entwickelten Daimler-Motor.

WILHELMINE WIESE

Butjadingen/Fedderwardersiel

Rettungsschuppen

Motorrettungsboot, 1945, Abeking & Rasmussen, Lemwerder, 6 tons, 10,0 m x 2,8 m x 0,7 m, 60-PS-Motor.
Von 1945 bis 1977 war WILHELMINE WIESE auf der Station Fedderwardersiel, 1972–1975 in Horumersiel, danach bis zur Außerdienststellung 1977 wieder in Fedderwardersiel eingesetzt. Von 1978 bis 1985 diente es als Verkehrsboot bei Abeking & Rasmussen. Von 1986 bis 1994 war das Boot in Kiel eingelagert und ist seit 1994 Exponat im Rettungsschuppen.

WILLI

Mannheim

Landesmuseum für Technik und Arbeit

Binnenschiff/Peniche, 1909, Deest/Niederlande, 370 tons, 39,0 m x 5,0 m x 2,1 m, Diesel.
Der ursprünglich antriebslose Schleppkahn wurde 1962 motorisiert, seit 1983 ist er Museumsschiff in Mannheim.

WISMAR (KAR 45)

Rostock

Schiffahrtsmuseum

Fischkutter, 1949, VEB Boddenwerft, Damgarten, 31,1 BRT, 17,6 m x 5,0 m x 2,4 m, 80-PS-Diesel, 8 kn, vier Mann Besatzung, 26 tons.
Die WISMAR gehört zum gleichen, 216 mal gebauten Fischkutter-Typ wie ADOLF REICHWEIN (s.d.) und ist seit 1981 im Museum.

WOG 01

Wolgast

Maritime Ausstellung Alter Speicher

Teilgedecktes Fischerboot, 1936, Gager, Rügen, 8,8 m x 3,0 m x 1,4 m

WSS 10

Bremerhaven

Deutsches Schiffahrtsmuseum

Tragflügelboot, 1953, Stülcken, Hamburg, 4 tons, 9,2 m x 4,3 m x 2,1 m, 4 tons, 140-PS-Motor, 25 kn.
WSS 10 ist ein Versuchsfahrzeug, mit dem zwischen 1953 und 1958 der Tragflügel-Einsatz bei Schiffen erprobt wurde. Das Verfahren hat sich in Deutschland nicht durchgesetzt. Das Boot wurde 1972 von seinem Konstrukteur F. H. Wendel dem Museum gestiftet.

WSS 12

Speyer

Technik-Museum

Tragflügelboot, 1965, 12,9 m lang, 300-PS-Motor 42 kn, Konstrukteur: F.H. Wendel.
Versuchsboot der Marine mit ganzgetauchten Tragflächen, da diese schneller und ruhiger im Wasser als halbgetauchte Tragflächenboote lagen.

WÜRTTEMBERG

Magdeburg

Stadtmuseum

Seitenradschleppdampfer, 1908, Gebr. Sachsenberg, Roßlau, 103 tons, 63,8 m x 15,2 m x 0,9 m, 825-PS-Dampfmaschine, 10 Mann Besatzung.
Als letzter Elbe-Seitenradschlepper schied die WÜRTTEMBERG 1974 aus dem Dienst aus – in 65 Jahren legte der Schlepper 800.000 km auf der Elbe zurück – und liegt seitdem in Magdeburg an Land als Restaurant und Museum.

(-) Zementplätte

Rosenheim

Inn-Museum

Zement-Plätte, 19. Jahrhundert, ca. 30 m x ca. 7,5 m x ca. 0,5 m, 125 tons, ohne Motor

1. MAI

Rostock

Schiffahrtsmuseum

Hebeschiff, 1898, Lübecker Maschinenbau-Gesellschaft, Lübeck, 412 tons, 47,0 m x 9,1 m x 1,2 m, ex SWINEMÜNDE.
Nach dem Zweiten Weltkrieg wurde der antriebslose Bagger als Wrack-Hebeschiff bis 1990 eingesetzt und gehört seit 1994 zum Museum.

575

Peenemünde

Historisch-Technisches Informationszentrum

Kleines Raketenschiff, (Projekt 1241 A), sowjetische Tarantul I-Klasse, 1983, Petrovskij, Leningrad, 56,1 m x 10,2 m x 3,4 m, 420 tons, vier Turbinen mit 30.000 PS, 35-40 kn, 16 Raketen, 50 Mann Besatzung, ex HANS BEIMLER, ex 775.
Das Raketenschiff der Klasse Tarantul I gehörte bis zur Wende 1990 zur 6. Flottille der DDR-Volksmarine in Dranske.
Das Schiff konnte mit Raketen und Geschützen Flug- und Überwasserobjekte sowie Landziele bekämpfen.

924

Stralsund

Marinemuseum

DDR-Kleines Torpedoschnellboot Typ »Libelle« (Projekt 131), 1972, VEB Peenewerft, Wolgast, 28 tons, 18,9 m x 4,5 m x 1,7 m, 28 tons, 3 x 1.200-PS-Diesel, ca. 50 kn, zwei Torpedorohre, zwei Minen, bis zu 16 Kampfschwimmer, 1 Zwillingsflak, fünf Mann Besatzung

925

Hamburg

Wissenschaftliches Institut für Schiffahrts- und Marinegeschichte

DDR-Kleines Torpedoschnellboot Typ »Libelle« (Projekt 131), VEB Peenewerft, Wolgast, 18,9 m x 4,5 m x 1,7 m, 28 tons, 5.300-kw-Motoren, ca. 50 kn, 2 Torpedorohre, 1 Zwillingsflak, 2 Ausstoßrohre für Minen, fünf Mann Besatzung, bis zu 16 Kampfschwimmer

952

Wilhelmshaven

Deutsches Marine Museum

DDR-Kleines Torpedoschnellboot Typ »Libelle«, 1973 (Projekt 131), VEB Peenewerft, Wolgast, 18,9 m x 4,5 m x 1,7 m, 28 tons, zwei Torpedorohre, zwei Minen, ca. 50 kn, bis 1984 im Dienst, 5 Mann Besatzung, bis zu 16 Kampfschwimmer

961

Dresden

Militärhistorisches Museum

DDR-Kleines Torpedoschnellboot Typ »Libelle«, Projekt 131/4, 1975, VEB Peenewerft, Wolgast, 18,9 m x 4,5 m x 1,7 m, 28 tons, drei Dieselmotoren, je 26.437 kw, ca. 50 kn, 2 Torpedorohre, 1 Zwillingsflak, 2 Ausstoßrohre für Minen, fünf Mann Besatzung, bis zu 16 Kampfschwimmer, ex 981

(Ohne Bezeichnung)

Dresden

Militärhistorisches Museum

DDR-Leichtes Torpedoschnellboot Typ »Hydra«, Versuchsboot Minentransport-Variante, Projekt 68.2, 1959, VEB Yachtwerft Berlin, 17,1 m x 3,6 m x 0,9 m, 15,7 tons, 2 Dieselmotoren je 1.765 kw, 1 Torpedorohr, ein Abrollgestell für Minen, 1962/63 außer Dienst gestellt

(Ohne Bezeichnung)

Stralsund

Marinemuseum

DDR-Leichtes Torpedoschnellboot Typ »Iltis«, Peenewerft Wolgast, zwischen 1961 und 1965, 14,9 m x 3,6 m x 0,6 m, 17,4 tons, 52 kn, drei Mann Besatzung, bis 1977 im Dienst, von diesem Typ wurden 36 Stück gebaut.

(Ohne Bezeichnung)

Boizenburg

Elbfischerei-Museum

Fährbarkasse, 1917

(Ohne Bezeichnung)

Boizenburg

Elbfischerei-Museum

Fährprahm, 1914

(Ohne Bezeichnung)

Ratzeburg

Kreismuseum

Fischerkahn, 1780, Bug und Heck aus einem Holzblock, Mittelteil aus Planken, aus dem Ratzeburger See geborgen. Dieser Schiffsfund belegt, daß bereits seit Jahrhunderten der Fischreichtum des Ratzeburger Sees ausgebeutet wurde.

(Ohne Bezeichnung)

Speyer

Technik-Museum

Polizeimotorboot, 1942, 12,7 m x 2,7 m x 0,9 m, 150-PS-Diesel

STATIONÄRE VETERANEN

ALBATROS

Damp/Ostsee, Hafenmole

Fahrgastschiff, 1908, Meyer-Werft, Papenburg, 214 BRT, 36,5 m x 6,3 m x 2,3 m, ehemals Dampfmaschine, 260 PS, 10 kn, 5 Mann Besatzung, 405 Fahrgäste oder 100 Rinder.
Dampfer ALBATROS wurde im Sommer für Ausflugsfahrten auf der Flensburger Förde eingesetzt, im Winter für den Viehtransport. Seit 1971 liegt das Schiff im Hafen von Damp an Land.

ALTE LIEBE

Königswinter/Rheinufer

Rheinfähre, 1906, Koblenz, 27,0 m x 8,0 m, 220 Plätze.
Das Schiff diente bis 1985 als Personenfähre über den Rhein und liegt seitdem als Restaurantschiff in Königswinter am Rheinufer.

ALTE LIEBE

Berlin, Havelchaussee

Passagierschiff, 1912, Wichhorst, Hamburg, 23,9 m x 6,6 m x 1,8 m, 276-PS-Maschine, ex GODEFFROY.
Der Hamburger Ausflugsdampfer wurde 1970 ohne Maschine nach Berlin verkauft, wo er seitdem als Restaurantschiff auf der Havel liegt.

AMOR

Berlin, Oberbaumbrücke

Fahrgastschiff, 1907, Gebr. Wiemann, Brandenburg, 32,0 m x 5,9 m x 1,0 m, 250-PS-Diesel, 250 Passagiere, ex ILTIS, ex NIEDERBARNIM, heutige Nutzung: Restaurant

ANDECHS

Utting/Ammersee

Raddampfer, 1908, Maffei, München, 39,8 m x 10,1 m, heutige Nutzung: Vereinsheim, Eigner: Bayerische Seglervereinigung. Seit 1956 schwimmendes Vereinsheim

ANNA VON AMRUM

Holzminden/Weser, Medem-Kaserne

Eiderschnigge, 1891, Kremer, Elmshorn, 22 BRT, 15,3 m x 5,1 m, Segel, 35-PS-Diesel.
Eine der letzten Eiderschniggen ist nach wechselvollem Schicksal 1974 vor Hörnum gesunken. Ein Pionier-Bataillon sollte das Wrack beseitigen. Die Soldaten

bargen das Schiff jedoch und brachten es in ihre Heimatkaserne in Holzminden, wo der Segler restauriert wurde.

ARCONA

Wilhelmshaven, Bontekai

Minensuchboot, 1943, Rutleof, Mainz, ex Y '809 heutige Nutzung:
Heimschiff, Eigner: Marinekameradschaft Wilhelmshaven von 1894

ARTE NOVA

Würzburg/Main, Oberer Mainkai

Binnenschiff, 1935, 25,0 m x 5,0 m, 500 tdw, ex IRIS, heutige Nutzung: Kulturschiff (seit 1995)

ASGARD

Bollwerk Baabe/Greifswald

Gaffelschoner, 1881, Whitstable/Großbritannien, 29,0 m x 5,3 m x 2,6 m, heutige Nutzung: Restaurant

AVENTURA

Mainz, Stresemannufer

Küstenmotorschiff, 1938, Brandt, Oldenburg, 197 BRT, 37,8 m x 6,5 m x 2,3 m, 150-PS-Diesel, ex LAT 5, ex H 464, ex DC 5.
Bis 1992 war die AVENTURA als Motorfrachtschiff im Einsatz, danach wurde sie als Segelschulheim nach Mainz abgegeben. Das Schiff wird heute als Restaurant genutzt.

BAD CANNSTADT

Stuttgart

Fahrgastschiff, 1923, heutige Nutzung: Büroschiff

BATAVIA

Wedel/Elbe

Flußkanonenboot, 1892, Stettin, 48,0 m x 8,0 m x 0,8 m, 223 tons, 13 kn, 45 Mann Besatzung.
Über die Herkunft dieses Schiffs wird folgende Legende kolportiert:
Vermutlich lief das Boot 1892 als VATERLAND vom Stapel. Zwanzig Jahre lang versahen Flußkanonenboote ihren Dienst für die Kaiserliche Kriegsmarine im südchinesischen Meer und waren an der Niederschlagung des Boxeraufstandes beteiligt. Die VATERLAND strandete 1916 im Taifun vor Vietnam. Ein niederländischer Kaufmann soll das Schiff erworben und in BATAVIA umbennant haben. Im Zweiten Weltkrieg entdeckte eine gestrandete U-Boot-Besatzung das heruntergekommene Boot auf Bali und schaffte mit dem Veteranen die Reise um die halbe Welt zurück nach Hamburg, wo die BATAVIA von einer Fliegerbombe versenkt wurde. 1951 wurde das Schiff gehoben und diente als Clubhaus für den Altonaer Ruderverein Phönix. Seit 1972 liegt die BATAVIA als Theater- und Kneipenschiff in Wedel.

BELLEVUE

Oberwinter/Rhein, Schiffswerft

Fahrgastschiff, 1938, Berninghaus, Köln, 70,2 m x 12,6 m 1,2 m, 900-PS-Diesel, 224 Fahrgäste, ex KÖLN, ex GENERAL MANGIN, ex RHEIN.
Dieser Rhein-Schnelldampfer war bis 1991 im Einsatz, wurde danach mit Maschinenschaden aufgelegt, kam nach Ludwigshafen als Restaurantschiff, wurde 1995 Asylanten-Wohnheim in Mannheim und liegt seit 1995 in Oberwinter auf.

BERGEDORF

Hamburg – Oevelgönne, Museumshafen

Hafenfähre, 1959, Stülcken, Hamburg, 266 tons, 30,1 m x 8,2 m x 3,2 m, Diesel-Elektro-Antrieb, 10 kn, max. 607 Fahrgäste, heutige Nutzung: Restaurant.
BERGEDORF prägte wie ihre dreizehn Schwesterschiffe das Bild des Hamburger Hafens über Jahrzehnte. Das Schiff war fast vierzig Jahre, bis 1997, im Dienst und ist seit 1998 schwimmendes Cafe im Museumshafen Oevelgönne.

(-) Klein-U-Boot Biber

Minden/Weser, Pott's Park

(-) Klein-U-Boot Biber

Bad Oeynhausen, Motor Technica Museum

BILL

Rees/Rhein

Schlepper auf dem Niederrhein, 1944, 75-PS-Diesel, heutige Nutzung: Exponat

BLEIB TREU (DAS 1)

Wismar/Ostsee

Am Alten Hafen

Fischkutter, heutige Nutzung: Exponat

BLIV SINNIG

Bremervörde,

Galeasse, 1898, Möller, Krautsand, 22,9 m x 5,8 m x 1,9 m, 60-PS-Diesel, heutige Nutzung: Vereinsheim des Seglervereins

BRETTL

Dresden

Treibkahn, 1900, ohne eigenen Antrieb, heutige Nutzung: Theaterschiff

CAPT'N SCHILLOW

Berlin, Straße des 17. Juni

Binnenschiff, heutige Nutzung: Restaurant

CHARLOTTE

Ziegenhals bei Berlin

Motorboot, 1916, Jacobi, Dolgenbrodt, Nutzung als sozialistisches Denkmal.
Das Motorboot CHARLOTTE liegt auf einem Ufergrundstück am Krossin-See bei Berlin unter einem Reetdach-Unterstand: »Während der hier am 7. Februar 1933 illegal durchgeführten Tagung des ZK der KPD wurde Gefahr gemeldet. Eine Gruppe der Teilnehmer wurde mit diesem Boot über den See in Sicherheit gebracht«, steht auf einem Schild. Im benachbarten Sporthaus Ziegenhals soll sich seinerzeit die KPD-Führungsriege mit Ernst Thälmann, Wilhelm Pieck, Herbert Wehner und Walter Ulbricht getroffen haben und vor der Polizei über den See geflüchtet sein. Angeblich soll CHARLOTTE dann versenkt und erst nach dem Krieg wieder gehoben worden sein. 1982 ließ die SED dieses »Traditions«-Boot aufwendig restaurieren.

DAS SCHIFF

Hamburg, Holztwiete

Küstenmotorschiff, 1912, v. Diepen, Waterhuizen/Niederlande, 251 BRT, 34,5 m x 5,3m x 4,8 m, 180-PS-Diesel, ex SEEMÖVE. Das Kümo ist seit 1976 Theaterschiff in Hamburg.

DAS SCHIFF

Ulm, Gänslände

Ausflugschiff, 1949, Schmidt, Oberwinter, 24,5 m x 4,7 m, 200-PS-Diesel, Nutzung: Restaurant

DORA

Premitz/Havel, Havelufer

Fahrgastschiff, 1875, Reiherstiegwerft, 18,7 BRT, 21,4 m x 4,9 m, 75-PS-Dampfmaschine, ex NIXE, ex GILDA.
Der ursprüngliche Schleppdampfer wurde zum Passagierschiff umgebaut und liegt heute als schwimmende Gaststätte am Havelufer.

DORDRECHT

Mannheim

Niederländischer Raddampfer, Nutzung: Vereinsheim, Seglervereinigung Mannheim

ENGELKE OP DE MUERE

Emden/Ems, Außen-Yachthafen

Küstenmotorschiff, 1909, Thormählen, Elmshorn, 145 BRT, 33,3 m x 5,6 m x 2,3 m, 132-PS-Diesel, ex META, ex ANNA MARIE, ex META, ex OSTEN, ex EILAND.
Dieser ehemalige Küstensegler war bis 1990 in Fahrt und dient seitdem als schwimmendes Clubheim des Emder Yachtclubs.

EVA

Gernsheim/Rhein, Hafen

Aalschokker, Erinnerungsstätte an die ehemals größte, in Gernsheim beheimatete Aalschokker-Flotte auf dem Rhein.

FISCHERHÜTTE (F 6005)

Fischerhütte/Nord-Ostsee-Kanal

Motorfährpram, 1950, Saatsee, Rendsburg, 90 tons, 23,5 m x 9,2 m x 0,7 m, 2 x 30-PS-Diesel, Kettenantrieb, Nutzung: Exponat.
Nach 40 Jahren Dienstzeit wurde die Motorfähre 1990 außer Dienst gestellt und am Ufer des Nord-Ostsee-Kanals als maritimes Exponat aufgestellt.

FLUSSCHIFFERKIRCHE

Hamburg, Billwerder Bucht

Küstenleichter, 1915, 26,1 m x 7,1 m, 138 Plätze, ex WK 6.
Der ehemalige Leichter wurde 1950 in eine schwimmende Kirche mit Orgel, Kanzel, Taufbecken und Glockenturm und Platz für 150 Menschen umgebaut. Das Schiff gehört heute der Hamburger Flußschiffer-Gemeinde.

FRITZ-GERHARD

Berlin-Spandau, Schiffahrtsufer

Schleppkahn, 1929, Delfzijl, 827 tdw, 67,0 m x 8,2 m, Nutzung: Vereinsheim, Eigner: Berliner Schifferverein Gute Fahrt

FYRSKIB XV (LÆSØ RENDE)

Heikendorf/Kieler Förde, Yachthafen

Feuerschiff, 1887, Orlogsværft, Kopenhagen, 127 BRT, 34,0 m x 6,4 m x 3,2 m. Das ursprünglich dänische Feuerschiff lag auf Station in der Nordsee und im Kattegatt (Læsø Rende), wurde 1971 außer Dienst gestellt und ab 1973 in Hadersleben aufgelegt. Nutzung: Seit 1986 Clubheim des Heikendorfer Yachtclubs.

GALATEA

Hamburg – Binnenalster, Ballindamm

Alsterdampfer, 1931, Oelkers, Hamburg, 22,9 m x 4,5 m x 1,1 m, 66-PS-Dampfmaschine, 219 Plätze, ex ALSTER, ex HEINRICH DRECKMANN, ex ALSTER, ex LA BARCA.
Der Alsterdampfer war bis 1951 in Fahrt, kam dann nach Brunsbüttel und liegt seit 1962 wieder auf der Binnenalster als Restaurantschiff.

GEORG BÜCHNER

Rostock/Ostsee

Passagierschiff, 1950, Cockerills, Hoboken, 153,7 m x 19,6 m x 8,4 m, 248 Passagiere, ex CHARLESVILLE, heutige Nutzung: Jugendherberge, Hotel

GOYATZ

Schwielochsee, Brandenburg

Gleitboot, Typ Sarja, 1973, Moskau, 22,0 m x 3,7 m x 0,6 m, 145-PS-Diesel, Nutzung: Hausboot

GROSSER MICHEL

Hamburg, Hafen, Kehrwieder

Hafenfähre, 1957, 30,0 m lang, 299 BRT, 10 kn, bis 1990 im Dienst, ex MOORBURG, Nutzung: Restaurant

HANNELORE

Germersheim/Rhein, Hafen

Aalschokker, Schiffswerft, Nutzung: Exponat.

HANSA

Köln-Mülheim, Rheinufer

Raddampfer, 1886, Smit, Kinderdijk/Niederlande, 67,0 m x 7,1 m, 550-PS-Dampfmaschine, Nutzung: Restaurant.
HANSA war bis 1924 im Dienst, wurde danach als Restaurantschiff genutzt, 1945 durch Artillerietreffer versenkt, gehoben und seitdem überwiegend wieder als Restaurantschiff eingesetzt.

HANSA

Sierksdorf/Ostsee, Hansapark

Fischkutter, 1938, Stolpmünde, 43 BRT, 13,0 m x 4,5 m x 1,9 m, Diesel, ex MÖWE.
Der aus Eichenholz gebaute Kutter wurde 1938 für einen Fischer in Pommern gebaut. Der Kiel wurde einem Fischereifahrzeug entnommen, das bereits etwa 1900 gebaut worden war. Im Frühjahr 1945 wurden mit dem Schiff Flüchtlinge aus Pommern nach Kappeln evakuiert, wo es bis 1951 blieb. Nach seiner Instandsetzung lief die MÖWE auf eine Mine und sank. 1953 wurde der Kutter in Maasholm repariert und fuhr bis 1976 in der Ostseefischerei. Heute wird er im Freizeitpark als maritimes Exponat gezeigt.

HANSA

Bremerhaven

Schlepper- und Flußeisbrecher, 1960, VEB Elbewerft, Rosslau, 38,4 m x 8,1 m x 2,6 m, 10 kn, ex PUMA, zukünftige Nutzung: Kartoffel-Restaurant, Bremerhavener Schiffergilde

HANSEAT

Berlin, Historischer Hafen

Märkisches Ufer, Saale-Maßkahn, 1907, Naumburg, 401 tdw, 51,5 m x 6,0 m, heutige Nutzung: Restaurant

HERMANN

Itzehoe, vor dem Rathaus

Besanewer, 1905, Witt, Wewelsfleth, 27,5 BRT, 16,1 m x 4,3 m x 1,4 m, Segel, Maschine.
Besanewer gehörten zu den meistgebauten Segelfrachtschiffen ihrer Zeit – noch 1900 existierten auf der Elbe über 1000 dieser Segler. HERMANN ist heute der letzte erhaltene hölzerne Frachtewer Deutschlands.

HERMINE

Cuxhaven, Am Schleusenpriel

Gaffelschoner, 1904, Behrens, Finkenwerder, 80 tons, 25,5 m x 6,8 m, ex EMMA, ex WEGA, Nutzung: Exponat

HOPPETOSSE

Berlin, Eichenstraße, Treptow

Fahrgastschiff, 1934, Atlas-Werke, Bremen, 285 BRT, 46,0 m x 7,6 m x 2,3 m, 525-PS-Motor, 13 kn, 634 Fahrgäste, ex DEUTSCHLAND.
Dieses Schiff wurde bis 1991 auf der Weser eingesetzt, danach auf der Warnow und der Ostsee. Seit 1994 dient das Schiff als Restaurant – zunächst in Greifswald und seit 2000 unter neuem Namen in Berlin.

JESENIKY

Berlin

Heckrad-Motorschlepper, 1956, Prag, 58,9 m x 9,3 m x 0,9 m, 68 tons, 550-PS-Diesel, Nutzung: Restaurant

KLIPPER

Berlin, Treptower Ufer

Tjalk, Nutzung: Restaurant

KW 18 (Y 832)

Borken, Singliser See

Küstenwachboot, 1952, Abeking & Rasmuseen, Lemwerder, 68 BRT, 28,9 m x 4,7 m x 1,4 m, ex USN 55, ex H 18.
Das Boot war bis 1993 zunächst für die US-Navy und danach für die Bundesmarine im Einsatz. Nutzung: Seit 1994 Vereinsheim, Marinekameradschaft Borken.

KW 19 (Y 833)

Horumersiel, Ortsmitte

Küstenwachboot, 1952, Schweers, Bardenfleth, 70 tons, 29,8 m x 4,9 m x 1,6 m, 2 x 1.000-PS-Diesel, 25 kn, ex USN 59.
Das Boot war bis 1980 zunächst für die US-Navy und danach für die Bundesmarine im Einsatz. Nutzung: seit 1985 Vereinsheim, Marinekameradschaft Horumersiel.

LIEKEDEELER

Rostock/Ostsee, Schmarl

Frachtmotorschiff, 1962, Neptun-Werft, Rostock, 1743 BRT, 82,5 m x 12,6 m x 5,8 m, Dieselantrieb, 24 Mann Besatzung, ex CONDOR, ex IMMER BEREIT, Nutzung: Freizeitheim

LÜHE

Mittelnkirchen, Hafen

Fahrgastschiff, 1927, Stader Schiffswerft, 22,8 m x 5,3 m, 180-PS-Diesel, 9 kn.
Bis 1992 im Liniendienst zwischen Lühe und Schulau, danach Restaurantschiff.

LV 13

Hamburg, Vorsetzen, Überseebrücke

Feuerschiff, 1952, Philip, Dartmouth, 550 tdw, 42,0 m x 7,6 m 3,3 m, ohne Antrieb.
LV 13 lag bis 1988 vor der englischen Ostküste auf Station, ab 1993 diente es als Restaurantschiff in Stade, seitdem im Hamburger Hafen.

MAA 2

Maasholm

Fischkutter, ca. 1960, 6,5 m Länge

MARGARETHA VON BUXTEHUDE

Buxtehude, Ewer

1887, Kremers, Elmshorn, 1897, 17,0 m x 4,1 m x 0,8 m, 34,3 tons, Nutzung: seit 1991 Exponat

MARIE

Berlin, Märkisches Ufer

Binnenschiff, Nutzung: Restaurant

MK LANDAU

Landau/Isar

Küstenwachboot, 1951, Lürssen, Bremen, 28,5 m x 4,7 m x 1,2 m, 1600-PS-Diesel, 45 tons, ex H11, ex FL 5

(-) Klein-U-Boot Molch

Eckernförde/Ostsee

U-Boot-Ausbildungszentrum

(-) Mudderboot

Hooksiel/Nordsee, Alter Hafen

Arbeitsboot zum Entschlammen der Fahrrinne, 1925, 9,0 m x 2,8 m, Räumbreite: 12,0 m.
Das Boot war bis 1956 im Einsatz.

NEPTUN (M 1054/M 1093)

Fürstenhausen

Minensuchboot, 1960, Schlichting-Werft, Travemünde, Schütze-Klasse, 241 tons, 47,4 m x 7,2 m x 2,2 m, 2 x 2250-PS-Diesel, 24 kn, 31 Mann Besatzung, Nutzung: Restaurant, Marinekameradschaft Völklingen

NIXE

Hamburg, Veddel

Binnen-Minensuchboot, 1962, Ariadne-Klasse, Kröger, Rendsburg, 38,0 m x 8,3 m x 1,9 m, 250 tons, 24 Mann Besatzung, 15 kn, Nutzung: Übungsschiff der Hamburger Feuerwehr

NORDERTOR

Husum, Hafen

Personenfähre, 1936, Germania-Werft, Kiel, 168 BRT, 26,2 m x 7,0 m x 2,5 m, 300-PS-Diesel, ex KITZEBERG, Nutzung: Restaurant.
Bis 1962 als Kieler Fördedampfer, danach als NORDERTOR auf der Flensburger Förde eingesetzt, seit 1979 Restaurantschiff und Clubheim in Husum.

ORION

Aschaffenburg

Minensuchboot, ex M 1052, Nutzung: Heimschiff

PAMIR 2

Lübeck, Jacobi-Kirche

Rettungsboot, 6,5 m, 25 Personen.
Die 1905 auf der Hamburger Werft Blohm + Voss gebaute Viermastbark PAMIR (3.020 BRT) sank am 21. September 1957 südwestlich der Azoren im Orkan. Sechs der 86 Besatzungsmitglieder wurden gerettet. Auf dem völlig überfluteten Rettungsboot PAMIR 2 überlebte allein der Leichtmatrose Günther Haselbach. Dieses Boot wurde 1960 als Gedenkstätte für die auf See Gebliebenen in der Lübecker Kirche St. Jacobi aufgestellt.

PIETER VAN AMSTEL

Mainz, Rheinufer

Logger, 1964, Scheveningen, 318 BRT, 40,6 m x 7,2 m x 3,8 m, 1300-PS-Diesel, ex URK, ex KONIGIN WILHELMINA (SCH 35).
Der ehemals holländische Seitenfänger wurde 1977 als Restaurantschiff umgebaut und kam über mehrere Zwischenstationen nach Mainz.

PILLNITZER PRACHTGONDEL

Dresden/Elbe, Schloßpark Pillnitz

Geruderte Prachtgondel des sächsischen Königs August dem Starken, Holzrumpf, Nutzung: Exponat

PIK AS

Berlin, Urbanhafen

Passagierschiff, Nutzung: Restaurant

PLUTO (M 1092)

Hameln/Weser, Weserpromenade

Minensuchboot, 1960, Gebr. Schürenstedt, Bardenfleth, Schütze-Klasse, 240 tons, 44,1 m x 7,0 m x 2,2 m, Diesel, 25 kn, Eigner: Marinekameradschaft Hameln.
PLUTO war bis 1987 im Dienst und wurde im gleichen Jahr an die Marinekameradschaft als Vereinsheim abgegeben.

PÖPPELMANN

Dresden, Neustädter Winterhafen

Raddampfer, 110 Betten, Nutzung: Jugendherberge

POMERIA

Greifswald

Dampfeisbrecher, 1907, Berlin, 25,0 m x 6,2 m, Nutzung: Restaurant

PORNSTROM (TÖN 4)

Tönning/Nordsee, Am Hafen

Krabbenkutter, 1959, Dawartz, Tönning, 13,5 m x 4,1 m, 72-PS-Diesel,

REGINA

Bremen/Weser, Südtor ehem. Werft Bremer Vulkan

Schlepper, 1966, Bremer Vulkan, Vegesack, 11 tdw, 17,5 m x 6,3 m x 2,8 m, 600-PS-Voith Schneider Antrieb, 10 kn, Nutzung: Exponat

RENÉ SIEGFRIED

Nierstein/Rhein, Rheinufer

Schubboot, 1963, Biesbosch, Dordrecht/Niederlande, 470 tons, 32,0 m x 11,3 m x 1,6 m, 2 x 1.650-PS-Diesel, Nutzung: Restaurant/Ausstellungsschiff. Nach dem Zweiten Weltkrieg stieg der Transport von Massengütern auf dem Rhein so stark an, daß herkömmliche Schleppkähne die Nachfrage alleine nicht mehr befriedigen konnten und Schubschiffe und –verbände eingeführt wurden.

ROLAND

Berlin, Neue Ross Straße

Binnenkahn, Nutzung: Restaurant

RÜDESHEIM

Köln/Rhein, Franken-Werft

Raddampfer, 1926, Gebr. Sachsenberg, Köln, 79,1 m x 8,3 m, 750-PS-Dampfmaschine, 1.700 Plätze, ex RHEINLAND, Nutzung: seit 1983 Restaurantschiff

RUDOLF DIESEL (Y 889)

Senheim/Mosel

Minensuchboot, 1943, Grebe, Chicago, USA, 42,1 m x 7,5 m x 2,8 m, 267 tons, 2 x 500-PS-Diesel, 15 kn, 15 Mann Besatzung, ex YMS 279, ex BYMS 2279, ex MSC 2279, Nutzung: Heimschiff Marinekameradschaft Daun

ST. GEORG

Urmitz/Rhein, Rheinwiesen

Aalschokker, 1923, Niederlande, 16,0 m x 4,5 m x 0,8 m, Nutzung: Exponat

ST. GOAR

St. Goar, Freizeitpark Leiningen

Schlepper, 22,6 m Länge, 30 tons, 420-PS-Diesel, Nutzung: Restaurant

SCHULSCHIFF DEUTSCHLAND

Bremen-Vegesack, Weserbrücke

Vollschiff, 1927, Tecklenborg, Geestemünde, 1257 BRT, 88,2 m x 11,9 m x 5,3 m, 1900 qm Segel, 20 Mann Besatzung, 120 Kadetten, o. Motor, Eigner: Deutscher Schulschiff-Verein.
SCHULSCHIFF DEUTSCHLAND ist das einzige erhaltene deutsche Vollschiff. Bis zum Zweiten Weltkrieg wurde der Segler als Schulschiff, 1945 als Lazarettschiff in Lübeck und im Minenräumdienst in Cuxhaven, 1949 als Jugendherberge in Bremen, 1952 als schwimmende Ausbildungsstätte des Deutschen Schulschiff-Vereins in Bremen eingesetzt.

(-) Klein-U-Boot Seehund

Wilhelmshaven, Marine-Arsenal

Auf der Germania-Werft in Kiel gebaut und durch seine Besatzung im Mai 1945 im Westhafen von Wilhelmshaven selbstversenkt, wurde dieser Seehund am 14. August 1969 durch das Marinearsenal geborgen und am Haupttor aufgestellt.

SEEPERLE

Seeburg, Am Süßen See

Raddampfer, 1892, Blasewitz, Dresden, 54,7 m x 4,8 m, 621 Fahrgäste, 110-PS-Dampfmaschine, ex GRAF MOLTKE, ex KÖNIGIN MARIA, ex LOBOSITZ, ex KÖNIGSTEIN

SEUTE DEERN

Hamburg-Harburg

Seebäderschiff, 1961, Rheinstahl Nordseewerke, Emden, 64,2 m x 10,1 m x 2,4 m Länge, 16 kn, Nutzung: Konferenz- und Tagungsschiff

STADT WIEN

Neu-Ulm

Ulmer Schachtel, 1963, bis 1982 aktiv, Liegeplatz: Donau-Ufer, Nutzung: Exponat

STEINBOCK

Wilhelmshaven

Minensuchboot, 1958, Abeking & Rasmussen, Lemwerder, 47,2 m x 7,2 m x 2,3 m, 240 tons.
Das Boot wurde 1960 beim 5. Minensuchgeschwader in Neustadt/H. in Dienst, 1974 außer Dienst gestellt und 1976 von der Marinejugend Wilhelmshaven übernommen.

STÖR

Holzminden, Weserbrücke

Fahrgastschiff, 1937, Hameln, 30,9 m x 5,2 m x 0,8 m, 120-PS-Dieselmotoren. Das Schiff wurde bis 1983 auf der Weser eingesetzt. 1987 wurde an Bord das erste deutsche Tourismus-Museum eröffnet.

STURMVOGEL

Potsdam

Havel-Lastkahn, 1924, 52,0 m x 6,0 m, heutige Nutzung: Restaurant

THEATERSCHIFF HEILBRONN

Heilbronn, Neckarstraße

Binnenschiff/peniche, 28 m lang, Nutzung: Theaterschiff seit 1995

THEATERSCHIFF TAU

Berlin, Urbanhafen

Nutzung: Theaterschiff

THESPIS-KAHN

Hamburg, Holztwiete

Kranschute/Umbau zum Elbewer, 1903, LMG, Lübeck, 27,0 m x 6,0 m, ex OLLE PAULA.
Die zum Elb-Ewer umgebaute Kranschute wird als Kultur- und Begegnungsstätte eingesetzt.

TREUE

Hamburg-Harburg, Bahnhofskanal

Betonschiff, 1943, Swinemünde, 276 BRT, 39,7 m x 7,1 m x 3,3 m, 214-PS-Diesel, Nutzung: Wohnschiff/ Galerie/Kunstwerkstatt

URANUS TREVERORUM

Trier/Mosel, Saarufer bei Konz

Minensuchboot, 1960, Schürenstedt, Bardenfleth, 267 tons, 47,4 m x 7,2 m x 2,2 m, 4.760-PS-Diesel, 31 kn, ex URANUS (M 1099), Nutzung: Vereinsheim, Marinekameradschaft Trier

URSULA B.

Stralsund

Küstenmotorschiff, 1964, Sietas, Hamburg, heutige Nutzung: Schwimmende Bühne

VAN LOON

Berlin, Baerwaldbrücke, Urbanhafen

Tjalk, 1914, v. Wyk, Veendam/Niederlande, Nutzung: Restaurant

VIDAR

Peenemünde

Dreimast-Gaffelschoner, 1877, Selsvik, Hardangerfjord/Norwegen, 61 BRT, 40,0 m x 6,9 m x 3,0 m, 560 qm Segel, 320-PS-Diesel, 30 Kojen, Restaurant

WALTER

Lübeck, Museumshafen

Binnenschiff, 1901, Droescher, Rathenow, 60,3 m x 6,2 m, 558 tdw, 320-PS-Diesel, ex FRITZ, Nutzung: Exponat

WAPPEN VON BÜSUM

Büsum/Nordsee, Hafen

Hafenfähre, Typ III, 1959, Hanseatische Werft, Harburg, 274 BRT, 30,1 m x 8,2 m x 3,2 m, 120-PS-Diesel, 130 Fahrgäste, Nutzung: Cafe und Ausstellung, ex WOHLTORF

WBR 7

Offenbach/Main

Minenräumboot, 1943, Abeking & Rasmussen, Lemwerder, 37,8 m x 5,8 m x 1,3 m, zwei Diesel mit 1.836 PS, 20 kn, 34 Mann Besatzung, ex R 127, ex USN 141, ex DENEB (M 1062), 1961 außer Dienst gestellt, Nutzung: Heimschiff

WELS

Lübeck, Museumshafen

Eimerkettenbagger, 1936, Lübecker Maschinenbau-Gesellschaft, 20,4 m x 4,8 m x 0,8 m, Nutzung: Exponat

WESER

Wilhelmshaven, Bontekai

Feuerschiff, 1907, AG Weser, Bremen, 382 BRT, 52,5 m x 8,0 m x 4,7 m, 330-PS-Diesel, ex NORDERNEY I. Das Feuerschiff lag bis 1981 vor der Wesermündung auf Station, danach wurde es nach Wilhelmshaven als Ausstellungs- und Restaurantschiff gelegt.

WITTOW

Wittower Fähre

Dampffähre, 1895, Vulkan, Stettin, 24,0 m x 5,3 m x 1,2 m, 52 BRT, ursprünglich 45-PS-Dampfmaschine

(-) Ohne Bezeichnung

Puttgarden/Ostsee, Fährbahnhof, Fischkutter, heutige Nutzung: Exponat

RESTAURIERUNGSPROJEKTE

ALTENWERDER

Hamburg-Finkenwerder

Hafenfähre, 1953, Umbau zum Finkenwerder »Kulturdampfer«, Liegeplatz am Finkenwerder Kutterhafen Am Kanalstack

ARTEMIS

Hamburg

Kreuzeryacht, 1900, Summers & Payne, Southampton, 37,7 m x 5,0 m x 3,5 m, 60 BRT, 110 tons, 484 qm Segel, Holzrumpf

AUE

Hamburg

Alsterbarkasse, 1926, Oelkers, Hamburg, 16,0 m x 4,1 m x 1,4 m, 25-PS-Diesel, 14,5 kn, 91 Passagiere, ex KLAUS

BECKUM

Rendsburg

Minensuchboot, 1960, Schütze-Klasse, Abeking & Rasmussen, 230 tons, 47,2 m x 7,2 m x 2,1 m, 2 x 2.250-PS-Diesel, 24 kn (45 km/h), 39 Mann Besatzung, im Jahr 2002 Auflieger

(-), Einbaum

Stralsund

Einbaum, ca. 6000-7000 Jahre alt, 12,0 m x 0,6 m, Lindenholz, vier Mann Besatzung, Bergung: 2002, eine Konservierung im Archäologischen Museum in Schwerin ist geplant.

ELBE

Hamburg

Eisbrecher/Schlepper, 1911, Gebr. Wiemann, Brandenburg, 30,8 m x 7,5 m x 2,6 m, 280-PS-Dampfmaschine

ELLA

Hamburg

Schute, 1903, Röger, 17,2 m x 4,2 m, 42,1 tons

(-) Fährprahm
Schleswig, Haddebyer Noor
Fährprahm, ca. 1184, 14,5 m x 2,7 m, Bergung wird erwogen.

GAUSS
Lübeck
Forschungsschiff, ex TRAVE

GEHEIMRAT GARBE
Plaue
Doppelschrauben-Schleppdampfer, 1902, Wichhorst, Hamburg, 107 tons, 21,8 m x 4,7 m x 1,7 m, 2 x 75-PS- Dampfmaschinen, ex FORELLE, ex EINTRACHT

HETI
Hamburg
12-Meter-Rennyacht, 1912, Oertz, Hamburg, 19,2 m x 3,5 m x 2,3 m, 35 tons, 263 qm Segel, Holzrumpf, als Gaffelkutter getakelt

HOHWACHT (TV 3)
Bremerhaven
Torpedofangboot, 1942, v. Hacht, Hamburg, 21,5 m x 3,7 m, 40 tons, 13 kn, ex P 6037

LIBELLE
Flensburg
Fahrgastschiff, 1934, Flensburger Schiffbau-Gesellschaft, 23,0 m x 4,8 m x 1,8 m, 54 BRT, 149 Passagiere

LISA VON LÜBECK
Lübeck, Wallhalbinsel
Nachbau einer dreimastigen Kraweel aus dem Jahr 1420, 35,0 m (29,6 m) x 8,0 m x 2,4 m, 270 tons, 272 qm Segel, 520-PS-Diesel, 10–12 Mann Besatzung, Baubeginn: 1999, geplante Fertigstellung: 2004

MARIE
Flensburg, Museumshafen
Frachtlogger, 1913, Boot, Leiderdorp/NL, 27,3 m x 6,6 m x 3,1 m, 92 tons, 300 qm Segel, 340-PS-Diesel, ex SVANEN, ex AGILIS, ex HIRSHOLM, ex LÆSØ FISK

MEERSBURG
Lochau/Bodensee
Autofähre, 1928, Bodan-Werft, Kressbronn, ex KONSTANZ

POELER KOGGE
Schwerin
Archäologisches Museum
Kogge aus dem Jahr 1354, 29,0 m x 8,4 m x 4,8 m, 200 tons, Original wird in 250 Einzelteilen konserviert

POELER KOGGE
Wismar
Nachbau einer Kogge aus dem Jahr 1354, 29,0 m x 8,5 m, 200 tons, Bauplatz: Alter Stadthafen, geplante Ablieferung: 2004

PRINZ HEINRICH
Leer
Fahrgastschiff, 1909, Meyer-Werft, Papenburg, 212 BRT, 41,6 m x 7,0 m, 430-PS-Diesel, 11 kn, 350 Passagiere, 11 Mann Besatzung, ex MISSISSIPPI, ex HESEEN.
Nach sechzig Jahren Liniendienst zwischen Emden und Borkum war dieses Schiff von 1969 bis 2002 Museums- und Ausstellungsschiff in Lübeck. Es ist der älteste Schraubendampfer der Emsschiffahrt.

(-) Typ SEEHUND
Kiel/HDW
Klein-U-Boot, 1944/45, Eigner: Wissenschaftliches Institut für Schiffahrts- und Marinegeschichte, Hamburg

SIEGLINDE
Bremerhaven
Schlepper, 1960, Peene-Werft, Wolgast, 38,5 m x 8,4 m, ex HAI, künftige Nutzung: Restaurant

TAUCHER FLINT III
Hamburg
Motorlose Kufftjalk/Bergungsschiff, 1888/1912, Flint, Hamburg, 24,1 m x 4,9 m x 2,1 m, 69 BRT, 180-PS-Dampfmaschine, ex WEELFART

(-) Tjalk
Emden
Nachbau einer holländischen Tjalk aus dem 19. Jahrhundert, 21,4 m x 5,7 m x 1,5 m, 110 tons, 215 qm Segel

TOWARISCHTSCH
Stralsund
Bark, 1933, Blohm + Voss, Hamburg, 1392 BRT, 82,1 m x 12,0 m x 5,2 m, 1.750 qm Segel, 550-PS-Diesel, 51 Mann Besatzung, 135 Kadetten, ex GORCH FOCK

UNDINE
Rostock
Seebäderschiff, 1910, Neptunwerft, Rostock, 34,5 m x 6,7 m x 2,4 m, 151 BRT, 250-PS-Dampfmaschine, ab 1953 Dieselmotor, 12,3 kn, 450 Fahrgäste, ex KRONPRINZ WILHELM, ex KRONPRINZ

WALTRAUD
Dresden
Alberthafen
Plauer-Maß-Schleppkahn, 1913, Havelberg, Elbe, 755 tons

WELLE
Bremen
Bereisungs- und Schlepp-Dampfschiff, 1915, Atlas-Werke, Bremen, 37,4 m x 7,2 m, 2 x 300-PS-Dampfmaschinen

(-) Weserlastkahn
Bremen
Nachbau Weserlastkahn 2003/4, 18,0 m x 3,3 m x 0,5 m, 15 tons, Diesel, 50 Fahrgäste

WIETZE (BV 26)
Bremen-Vegesack
Logger, 1902, Bremer Vulkan

WINTERHUDE
Peenemünde
Alsterdampfer, 1879, Reiherstiegwerft, Hamburg, 20,0 m x 4,2 m x 1,2 m, 49 tons

(-) Wrack von Karschau
Schlei
Handelssegler aus dem Jahr 1138, 25,0 m x 6,5 m x 1,5 m, 60 tons

NACHBAUTEN

BEEKE SELMER
Laboe
Heimatmuseum Probstei
Wadenboot, Nachbau 2001, 9,0 m x 2,8 m x 0,7 m

BIALY KON (Weißes Pferd)
Gross Raden
Freilichtmuseum
Klinkerboot aus Eiche, Nachbau des slawisches Bootsfundes Ralswiek-2 von Rügen, 10. Jahrhundert, 1998, Groß Raden, 9,1 m x 2,6 m x 0,5 m, 1,2 Tonnen, 10 Riemen, 22 qm Segel, 650 kg Gewicht

CYRKIR
Wilhelmshaven
Wikingerboot, 2001, 15,0 m Länge

DZIKI KON (Wildes Pferd)
Gross Raden
Freilichtmuseum, Nachbau (2000), Daten siehe BIALY KON

GESINE VON PAPENBURG
Papenburg
Friesische Smack
Nachbau 1986, Meyer-Werft, Papenburg, 28,5 (18,5 m) m x 5,4 m x 1,5 m, 100 tons, 200-PS-Diesel, 220 qm Segel,

HANSEKOGGE
Kiel
Hansekogge, Nachbau 1989, Rathje, Kiel, 23,7 m (15,6 m) x 7,8 m x 2,3 m, 60 tons, 190 qm Segel, 145-PS-Diesel, 15 Mann Besatzung, 9 kn

IMME
Schleswig
Wikingerboot (Nachbau), 1995, 6,7 m x 1,4 m, Ruder, Segel

ST. JODOK
Bodensee
Lädine, Nachbau, 1999, Länge 17,0 m

JAMES CAIRD II
Flensburg
Nachbau eines Walfangboots, 1914, ca. 7,0 m Länge x 2,0 m Breite. Mit dem Originalboot, das heute im Londoner Dulwich College ausgestellt wird, rettete Kapitän Shackleton sich und seine Mannschaft in der Antarktis.

MOORHEXE
Osterholz-Scharmbeck
Torfkahn/Halb-Hunt-Schiff, 1999, 11,9 m x 1,9 m, 12 qm Segel, 8-PS-Diesel, 19 Personen, Liegeplatz Segelklub Hamme

MOORTEUFEL
Osterholz-Scharmbeck
Torfkahn/Halb-Hunt-Schiff, 1999, 11,9 m x 1,9 m, 12 qm Segel, 8-PS-Diesel, 19 Personen, Liegeplatz Segelklub Hamme

MÜWI
Mühlheim/Ruhr
Wikingerboot, 2001, 12,0 m x 2,5 m

ROLAND VON BREMEN
Bremen
Nachbau einer Hansekogge, 2000, Bremer Bootsbau Vegesack, 23,2 m x 7,8 m x 1,9 m, 190 qm Segel, 90 tons

(-) Ruhrnachen
Westfälisches Industriemuseum
Zeche Nachtigall, Witten, Lastkahn aus dem Jahr 1840, Nachbau 2001/2002, Mülheim, 34,0 m x 5,0 m

STARIGARD
Oldenburg/Holstein, Wallmuseum
Slawischer Segler (Replik, 1994), Jusza, Wollin, 10,7 m x 2,9 m, 30 qm Segel

SVANTEVIT
Torgelow
Freilichtmuseum Ukranenland
Slawenschiff aus dem 11. oder 12. Jahrhundert (Nachbau 1997), 13,2 m x 3,3 m x 0,5 m, 40 qm Segel, 5 Mann Besatzung

SVAROG
Torgelow
Freilichtmuseum Ukranenland
Slawisches Kriegsschiff aus dem 8. oder 9. Jahrhundert (Nachbau 1997), 10,0 m x 2,5 m, 30 qm Segel, 5 Mann Besatzung

TYRKIR
Wilhelmshaven
Nachbau einer Wikinger-Knorre, 2001, Harbers, Wilhelmshaven, 14,5 m x 3,5 m x 0,8 m, 12 Ruder, Segel

UBENA VON BREMEN
Bremerhaven
Hansekogge von 1380, Nachbau 1988, Hanse-Koggewerft, Bremerhaven, 23,2 m (15,6 m) x 7,6 m x 2,2 m, 120 tons, 200 qm Segel, 350-PS-Diesel, 10 Mann Besatzung

WIKTHOR
Ratzeburg, Wikingerschiff, Nachbau 1999, Alte Schule, Mölln, 14,0 m x 2,9 m x 0,8 m, 38 qm Segel, 14 Riemen

NACHBAUTEN AUF DER DONAU

DONAUSPATZ
Ulm
Ulmer Schachtel/Zille, 10–12 m Länge und 2,2 bis 2,5 m Breite, Diesel

ELCHINGEN
Ulm
Ulmer Schachtel/Zille, 10–12 m Länge und 2,2 bis 2,5 m Breite, Diesel

SCHWABEN
Ulm
Ulmer Schachtel/Zille, 10–12 m Länge und 2,2 bis 2,5 m Breite, Diesel

STADT LINZ
Ulm
Ulmer Schachtel/Zille, 1972, 20,0 m x 3,0 m, Diesel

STADT ULM
Ulm
Ulmer Schachtel/Zille, 1958, 20,0 m x 3,0 m, Diesel

ULM
Ulm, Ulmer Schachtel/Zille, 1982, 19,9 m x 2,9 m, 12 tons, Diesel, 32 Passagiere

ULMA
Ulm
Ulmer Schachtel/Zille, 10–12 m Länge und 2,2 bis 2,5 m Breite, Diesel

AKTIVE VETERANEN UNTER SEGELN

(Maße: Länge über Alles (Rumpflänge) x Breite x Tiefgang)

AASA
Strande
Postsegler, 1923, Dickie, Tarber, 13,0 m (9,8 m) x 2,7 m x 1,6 m, 70 qm Segel

ABSALON AF LYNÆS (H 561)
Flensburg
Museumshafen
Isefjord-Kutter, 1903, Poulsen, Frederiksund, Dänemark, 15,7 m (10,9 m) x 5,0 m x 1,7 m, 19,7 BRT, 103 qm Segel, 80-PS-Diesel

ADONIS
Berlin
Großfinow-Maßkahn, 1929, 41,3 m x 5,0 m, 274 tons, 103 qm Segel

ADRIANE
Orth/Fehmarn
Gaffelkutter, 1935, 15,0 m (13,0 m) x 5,3 m x 2,3 m, 90 qm Segel

AENNA TE GONDERN
Greifswald
Kuff/Seetjalk, 1890, Gouda/Niederlande, 18,8 m x 4,8 m x 1,1 m, 50 tons, 160 qm Segel, Diesel

AGGEWARS
Schleswig
Schleikahn, 1940, Länge: 9,5 m

AGIA PARASKEVI
Kappeln
Kaiki, 1935, Samos, 17,0 m (14,8 m) x 4,9 m x 1,7 m

ALBATROS
Bremerhaven
Dreimast-Toppsegelschoner, 1942, Tommerup, Hobro/Dänemark, 35,7 m (24,9 m) x 6,9 m x 3,0 m, 109 BRT, 292 qm Segel, 120-PS-Diesel, fünf Mann Besatzung, 27 Passagiere, ex ESTHER LOHSE, ex DAGMAR LARSSEN, ex IRIS THY

ALBATROS (FZ 24)
Greifswald
Zeesboot, ca. 1901, Jarling-Werft, Freest, 14,0 m x 3,1 m x 0,7 m, 60 qm Segel

ALBATROS
Greifswald
Seetjalk, 29,1 m x 5,1 m x 1,7 m

ALBIN KÖBIS
Kiel
Galeasse, 1948, Sanitz, Barth, 24,5 m (17,9 m) x 5,0 m x 2,2m, 38 BRT, 240 qm Segel, 140-PS-Diesel, zwei Mann Besatzung, 12 Passagiere, ex KARL KRULL

ALEXA
Laboe
Haikutter, 1938, Nipper, Skagen, 22,0 m (16,0 m) x 4,8 m x 2,4 m, 200 qm Segel, 136-PS-Diesel

ALEXANDER VON HUMBOLDT (TSG 404)
Bremerhaven
Bark/ex Feuerschiff, 1906, AG Weser, Bremen, 62,6 m (54,0 m) x 8,0 m x 4,8 m, 829 tdw, 1035 qm Segel, 510-PS-Maschine, 9 kn, 20 Mann Besatzung, 35 Passagiere, ex CONFIDENTIA, ex FEUERSCHIFF KIEL, ex RESERVE HOLTENAU, ex RESERVE SONDERBURG

ALFRED
Lübeck
Fischkutter, 1936, Götz, Rügenwalde, 22,0 m (17,5 m) x 5,7 m x 2,0 m, ex HELENE

ALFRED
Greifswald
Besanewer, 1913, Gebr. v. Diepen, Waterhuizen, Groningen, 45 BRT, 24,0 m (18,3 m) x 4,8 m x 1,0 m, 180 qm Segel, 125-PS-Diesel, ex HELENE

ALIADO
Kiel
Lynaes-Boot, 1916, 12,5 m (9,5 m) x 3,8 m x 1,5 m, 65 qm Segel

ALK (FZ 49)
Bodstedt
Zeesboot, 1950, 7,8 m x 2,6 m x 0,7 m, 55 qm Segel

ALMA
Heiligenhafen
Lachskutter, 1928, 13,6 m (10,6 m) x 3,9 m x 1,9 m, 100 qm Segel

ALTE LIEBE
Eckernförde
Boier-Tjalk, 1952, 16,5 m (12,1 m) x 4,0 m x 1,0 m, 89 qm Segel

ALVIS (FZ 62)
Bodstedt
Zeesboot, 1948, 8,5 m x 2,9 m x 0,7 m, 50 qm Segel, ex POE 10

AMAZONE
Wischhafen
Ewer, 1909, Jacobs, Moorege, 31,0 m (24,6 m) x 5,1 m x 2,3 m, 50-PS-Diesel, 300 qm Segel, ex GÜNTHER

AMBULANT (ZL 9)
Bremerhaven
Ijsseltjalk/Plattbodenschiff, 1914, v. Suylekom, Amsterdam, 25,0 m x 5,0 m x 1,0 m, 180 qm Segel

AMPHITRITE
Bremen
Dreimast-Gaffelschoner, 1887, Camper & Nicholson, Gosport/England, 42,3 m (29,0 m) x 5,7 m x 3,7 m, 111 BRT, 534 qm Segel, 2 x 180-PS-Diesel, 29 Kojen, ex DOLORES, ex JOY FARER, ex HINEMOA

AMUNDSEN (FZ 74)
Bodstedt
Zeesboot, ca. 1922, 10,9 m x 3,6 m x 0,8 m, 100 qm Segel

ANEMOR
Hamburg-Finkenwerder
Lotsenkutter, 1929, Risør/Norwegen, 13 tons, 15,5 m (10,5 m) x 4,0 m x 1,8 m, 101 qm Segel, 22-PS-Diesel, Finkenwerder Gaffel-Consortium

ANGELA VON BARSSEL
Barßel
Tjalk, 1896, Mulder, Stadskanaal, Niederlande, 21 BRT, 23,4 m (18,1 m) x 4,6 m x 1,0 m, 55-PS-Diesel, 128 qm Segel, ex KARL-HEINZ, ex ST. GEORG, ex GEERTJE, ex ZELDENRUM

ANNA (FZ 44)
Greifswald
Zeesboot, 1956, 8,0 m x 3,5 m x 0,6 m, 42 qm Segel, Diesel

ANNA
Berlin
Plauer Maßkahn, 1914, Bresekau, Brettin, 684 tons, 64,6 m x 7,9 m, ohne Antrieb

ANNA MARIA SOPHIA
Greifswald
Besan-Gaffelkutter, 1938, 13,0 m x 2,6 m x 1,4 m, 50 qm Segel, 38-PS-Diesel

ANNA SUSANNA
Greifswald
Gaffelkutter, 1936, 11,0 m x 2,6 m x 1,3 m, 60 qm Segel, 35-PS-Diesel, ex HOHE WEG

ANNA VON OTTERNDORF
Hamburg-Oevelgönne
Besanewer, 1910, Junge, Wewelsfleth, 24,0 m (18,5 m) x 4,1 m x 1,4 m, 32 BRT, 75-PS-Diesel, 146 qm Segel

ANNA-LISA VON STADE
Stade
Besan-Ewer, 1906, Junge, Wewelsfleth, 41 BRT, 28,0 m x 5,0 m x 1,0 m, 200 qm Segel, 60-PS-Diesel, ex MATHILDE, ex ANNA-LISA VON WILSTER

ANNEGRET (FZ 48)
Warnemünde
Zeesboot, 1947, Scharper, Kirchdorf, 9,0 m x 3,0 m x 0,8 m, 60 qm Segel

ANNELIESE
Berlin
Finow-Maßkahn, 1906, Eberswalde, 40,0 m x 4,6 m

ANNEMARIE
Arnis
Dreimast-Segler, 1930, Nobiskrug, Rendsburg, 32,0 m lang

ANNY VON HAMBURG
Hamburg/Madeira
Dreimast-Gaffelschoner, 1914, Lühring, Brake, 38,0 m x 7,0 m x 2,4 m, 124 tons, 280-PS-Diesel, 520 qm Segel, ex ANNY, ex ANNA JENSEN, ex HANNA, ex KURT BOTH, ex RINGØ

ANTHEA
Hamburg
Lystskojte, 1922, Greggersen, Risør, Norwegen, Konstruktion: Colin Archer, Länge: 13,0 m (9,5 m)

ANTIGUA
Wismar
Dreimast-Galeasse, 1949, Ribnitz-Damgarten, 21,5 m x 5,5 m x 2,4 m, 174 qm Segel, 175-PS-Diesel

ARANKA
Bad Honnef
Aalschokker, 1917

ARGO (LAB 41)
Kiel-Laboe
Fischkutter

ARKONA (FZ 61)
Bodstedt
Zeesboot, 1950, Lauterbach, 9,0 m x 2,8 m x 0,8 m, 45 qm Segel

ARKONA
Kiel
Gaffelketsch/Einheitskutter, 1947, Stralsund, 25,0 m (17,6 m) x 5,5 m x 2,5 m, 240 qm Segel

ARNY MAUD
Kappeln
Museumshafen, Robbenfänger/Zweimast-Stagsegelschoner, 1904, Dagarfjord/Bergen, Norwegen, 28,4 m (18,0 m) x 5,9 m x 2,6 m, 206 qm Segel, 330-PS-Diesel, ex FINKAMPEN, ex LAKSEN, ex ARNY MAUD

ASTARTE (HF 244/TSG 126)
Bremerhaven
Finkenwerder Hochsee-Kutter, 1903, Albers, Hamburg-Finkenwerder, 36,8 m (28,8 m) x 6,1 m x 2,1 m, 37 BRT, 288 qm Segel, 150-PS-Diesel, vier Mann Besatzung, 10 Passagiere

ATALANTA
Wismar
Zweimast-Gaffelschoner, 1901, Peters, Wewelsfleth, 36,1m (24,6 m) x 6,2 m x 3,2 m, 86 BRT, 330 qm Segel, 200-PS-Diesel, fünf Mann Besatzung, 12 Passagiere, ex CUXHAVEN (Lotsenschoner No. 1)

ATLANTIC (TSG 391)
Bremerhaven
Zweimast-Gaffelketsch, 1871, Norddeutsche Schiffbau AG, Kiel, 29,0 m x 5,1 m x 3,2 m, 160-PS-Diesel, 245 qm Segel, Diesel, 10 Passagiere

ATLANTIK
Kiel
Rügenwalder Kutter, 1934, 16,0 m (12,0 m) x 4,0 mx 1,5 m, 100 qm Segel

AUGUST IBSEN
Rostock
Krabbenkutter, 1937, Finningstedt, 17,0 m (12,8 m) x 4,0 m, 16 tons

AUGUSTE
Hamburg-Finkenwerder
Giekewer, 1900, Kremer,Elmshorn, 19,0 m (16,5 m) x 4,0 m x 1,1 m

AURORA VON ALTONA
Flensburg, Museumshafen
Rügenwalder Kutter, 1934, Götz, Rügenwalde, 14 BRT, 18,5 m (13,2 m) x 4,5 m x 1,8 m, 120 qm Segel, 20-PS-Diesel, ex HANS VON KOLBERG, ex GLÜCKAUF II, ex LIANE II

AVISO II
Greifswald
Netzboot, 1932, Menge, Lassan, 13,0 m x 3,1 m x 1,5 m, 7,5 tons, 52 qm Segel

BÄRBEL-MARLIES
Berlin
Finowmaßkahn, 1918, 40,7 m x 4,8 m, 272 tdw, 97,5 qm Segel

BARTELE RENSINK
Rostock
Plattbodenschiff/Dreimast-Toppsegelschoner, 1910, Scheepswerf Industrie, Alphen a.d. Rijn, Niederlande, 46,0 m (35,2 m) x 6,6 m x 2,4 m, 168 BRT, 244-PS-Diesel, 690 qm Segel, ex URSEL BEATE, ex LOTTE NAGEL, ex HEINZ HELMUT, ex GRETA, ex LUCHTSTRAAL

BASTEI
Berlin
Finowmaßkahn, 1923, 40,7 m x 4,8 m, 279 tdw, 96 qm, Segel

BELLIS
Flensburg, Museumshafen
Haikutter, 1924, Karstensen & Henriksen, Skagen/Dänemark, 30 BRT, 23,5 m (18,0 m) x 4,7 m x 2,0 m, 165 qm Segel, 206-PS-Diesel, ex VESTKYSTEN

BERTA VON DESSAU
Greifswald/Dessau
Besan-Ewer, 1910, Junge, Wewelsfleth, 24,0 m (18,3 m) x 5,0 m x 1,7 m, 59 tons, 179 qm Segel, 9 Mann Besatzung

BERTHA (FLE 1FF)
Lübeck-Teerhofinsel
Seequatze, 1928, Siegfried, Eckernförde, 17,5 m x 5,8 m, 26 BRT, 120-PS-Diesel

BERTHA AUGUSTE
Munkmarsch/Sylt
Plattbodenschiff/Wieringer Aak, 1914, de Koop, Workum, 12,0 m x 4,2 m x 0,7 m, 81 qm Segel, 22-PS-Diesel

BETTY OF COLCHESTER (CK 145)
Hamburg-Finkenwerder
Austernsmack, 1906, Aldous, Brightlingsea, Essex, Großbritannien, 15,0 m (10,7 m) x 2,9 m x 1,3 m, 9,5 tons, 92 qm Segel, 35-PS-Diesel

BIBER 3
Uetersen
Pommerscher Treibnetzkutter, 1890, 15,0 m x 3,9 m x 1,5 m, 70 qm Segel

BILL (FZ 4)
Bodstedt
Zeesboot, ca. 1920, Breege, 10,4 m x 3,6 m x 0,8 m, 80 qm Segel

BIRGITTE (TSG 348)
Lübeck, Museumshafen
Galeasse, 1957, Andersen, Vildsund, Dänemark, 23,7 m (17,7 m) x 5,4 m x 2,5 m, 220 qm Segel, 150-PS-Diesel

BLONDINE (FZ 16)
Mönkebude
Zeesboot, 1930, Jarling, Freest, 11,5 m x 3,7 m x 1,0 m, 90 qm Segel

BLUE SIRIUS
Lübeck, Museumshafen
Zweimast-Gaffelschoner, 1907, Alvdal, Brekke, Risne-Fjord, Norwegen, 28,0 m (22,0 m) x 5,0 m x 2,9 m, 37 BRT, 245 qm Segel, 290-PS-Diesel

BLUME
Dessau
Giekewer, 1919, Jacobs, Moorege, 13,5 m (10,5 m) x 3,2 m x 1,2 m, 65 qm Segel, 36-PS-Diesel

BODIL
Flensburg, Museumshafen
Zweimast-Haikutter, 1924, Karstensen & Henriksen, Skagen, 24,0 m (17,8 m) x 4,7 m x 2,1 m, 30 tons, 180 qm Segel, 210-PS-Diesel, ex BODILSAND, ex PATRIA

BORSGRIEPER (FZ 5)
Bodstedt
Zeesboot, 1904, Jarling, Freest, 11,4 m x 3,6 m x 0,8 m, 80 qm Segel, Diesel

BOTKOL
Hamburg-Oevelgönne
Hoogars, 1946, Dordrecht, 7,9 m x 2,9 m x 0,4 m, 10-PS-Diesel, 27 qm Segel

BUTT (FZ 11)
Wustrow
Zeesboot, ca. 1935, Holzerland, Barth, 11,5 m x 3,7 m x 0,8 m, 80 qm Segel

BUTTPEDER
Hamburg
Fischkutter, 1923, Memel, 20,0 m (15,1 m) Länge

CARMELAN (FN 66)
Flensburg, Museumshafen/Rendsburg
Gaffelketsch/Haikutter, 1927, Hjørne & Jacobsen, Frederikshavn, 25,5 m (18,8 m) x 4,8 m x 2,3 m, 35 BRT, 240 qm Segel, 180-PS-Diesel, zwei Mann Besatzung, 12 Passagiere, ex ENE, ex KRISTIAN

CAROLA (TSG 73)
Kiel
Jagt/Galeasse, 1900, Nielsen, Frederikshavn, 24,0 m (18,2 m) x 4,9 m x 2,4 m, 53 BRT, 290 qm Segel, 150-PS-Diesel, 12 Mann Besatzung, ex FORTUNA, ex RAUNA, ex ANNEMARIE GRENIUS

CATARINA (ALT 287/TSG 125)
Hamburg, Museumshafen Oevelgönne
Fischewer, 1889, Brandt, Hamburg-Neuhof, 13 BRT, 22,0 m (16,2 m) x 4,7 m x 1,3 m, 126 qm Segel, 86-PS-Diesel

CERBERUS
Flensburg
Giekewer, 1905, Thormählen, Elmshorn, (15,8 m) x 4,7 m x 1,4 m, 31,8 m BRT, ex ANNE MARIE

CHARLOTTE (L 70)
Flensburg, Museumshafen
Haikutter, 1925, Christensen, Glyngøre/Dänemark, 20 tons, 17,6 m (12,5 m) x 3,7 m x 1,7 m, 100 qm Segel, 80-PS-Diesel, ex ADDY, ex KIRSTIN JUUL, ex OCEAN, ex C. JENNET, ex MAIBO

CHRISTEL
Bremerhaven
Fischkutter, 1936, Modersitzki/Ostpreußen, 18,0 m (13,5 m) x 4,8 m x 1,7 m, 104 qm Segel, 180-PS-Diesel

CHRISTIAN MÜTHER
Greifswald
Seetjalk, 1904, Groningen, Niederlande, 24,4 m x 4,8 m x 1,5 m, 190 qm Segel, Diesel, ex ANNE-MARIA

CIRCE
Bremen-Vegesack
Haikutter, 1915, Ølve, Norwegen, 24,9 m (19,6 m) x 4,6 m x 2,8 m, 220 qm Segel

CLUPEA
Stralsund
Fischkutter, 1949, 17,6 m x 5,0 m

CONCORDIA
Rostock
Flunderboot-Galiot, 1920, Vorpommern, Länge: 17,6 m (12,4 m) x 4,0 m x 0,9 m, 15 tons, 128 qm Segel, 30-PS-Diesel

CONDOR
Greifswald
Fischkutter, 1936, Peters, Beidenfleth, 22,9 m x 6,5 m x 2,8 m, 210 qm Segel, 125-PS-Diesel

CONNI (FZ)
Stralsund
Zeesboot, ca. 1870, Holzerland, Barth, 11,2 m x 3,5 m x 0,8 m, 100 qm Segel

DAGMAR AAEN
Wewelsfleth/Flensburg, Museumshafen
Haikutter/Eisgängiges Forschungsschiff, 1931, Jensen, Esbjerg/Dänemark, 23,5 m (18,0 m) x 4,8 m x 2,6 m, 220 qm Segel, 180-PS-Diesel, bis zu 12 Mann Besatzung

DE DRIE GEBROEDERS
Barth
Tjalk, 1907, Koostertille, Niederlande, 14,9 m x 3,5 m x 1,3 m, 120 qm Segel, 85-PS-Diesel

DE LÜTT' DARSSER (FZ17)
Wieck/Darß
Zeesboot, 1914, 9,2 m x 2,9 m x 0,6 m, 49 qm Segel

DE MELKWEG
Hamburg
Zeeschouw, 1949, Länge: 10,0 m (8,0 m)

DELPHIN
Hamburg-Finkenwerder
Torfmutte, 1930, Gebr. Wiese, Rhauderfehn, 18,5 m (14,6 m) x 3,7 m x 1,0 m, 40 tons, 120 qm Segel, 85-PS-Diesel, Finkenwerder Gaffel-Consortium

DIE VERÄNDERUNG
Hamburg-Finkenwerder
Ewer, 1952, Jacob, Moorege, 13,5 m (10,5 m) x 3,0 m x 0,9 m, 15 tons, 60 qm Segel, 24-PS-Diesel, ex DROMMEL, Finkenwerder Gaffel-Consortium

DONNA (L 157)
Hamburg-Oevelgönne
Haikutter, 1931, Poulsen, Lemvig/Dänemark, 18 BRT, 18,0 m (12,0 m) x 4,0 m x 1,5 m, 90-PS-Diesel, 125 qm Segel, ex DANA, ex TORA

DORA AF RAA
Flensburg
rundg. Jagt, 1887, Raa/Schweden, 20,0 m (15,0 m) x 5,9 m x 2,5 m, 170 qm Segel, Diesel

DORIS VON OCHTUM
Bremerhaven
Tjalk, 1896, v.d. Adel, Dordrecht, 38 tons, 19,7 m (14,8 m) x 4,1 m x 0,8 m, 112 qm Segel, 85-PS-Diesel, ex ADRIANA, ex NORDSTERN

DWARSLÖPER (FZ 19)
Greifswald
Zeesboot, 1928, Jarling, Freest, 11,5 m x 3,7 m x 1,0 m, 96 qm Segel

EBENHAEZER
Rhauderfehn
Seetjalk, 1908, v. d. Werf, Leeuwarden, Niederlande, 35,5 BRT, 26,0 m (19,8 m) x 4,3m x 1,1 m, 110-PS-Diesel, 178 qm Segel

ELBE 5
Hamburg
Lotsenschoner, 1883, Stülcken, Hamburg, 28,0 m (25,0 m) x 6,2 m x 2,9 m

ELFRIEDE
Hamburg-Oevelgönne
Giek-Ewer, 1904, Jacobs, Moorege, 27 tons, 17,8 m (14,8 m) x 4,6 m x 1,1 m, 60-PS-Diesel, 72 qm Segel, ex ELFRIEDE VON ASSEL
Eigner: Altonaer Museum, Hamburg

ELISABETH
Berlin
Finow-Maßkahn, 1907, Weseram, 205 tons, 40,0 m x 4,6 m, Segel

ELISE
Oldenburg
Fischkutter, 1924, C. Christensen, Rødvig, 14,5 m, (12,0 m) x 4,6 m x 1,9 m, 70 qm Segel

ELLEN
Lübeck, Museumshafen
Einheits-Fischkutter, 1938, Modersitzki, Tolkmit, Ostpreußen, 19,0 m (14,0 m) x 5,0 m x 1,7 m, 30 tons, 130 qm Segel, 120-PS-Diesel, ex NILS HOLGERSON

ELLEN (FZ 20)
Kirchdorf
Zeesboot, 1946, Lange, Stove, 9,0 m x 3,0 m x 0,6 m, 66 qm Segel

ELIDA
Pommern-Schoner, 1896, C. Holzerland, Barth

ELSE AF SLETTEN
Flensburg, Museumshafen
Bornholmer Fischerboot, 1923, Rasmussen, Aarsdale, Bornholm/Dänemark, 13,8 m (10,0 m) x 3,8 m x 1,2 m, 50 qm Segel, 36-PS-Motor, ex VIKING, ex ELKANA

EMILIE (FZ 46)
Damgarten
Zeesboot, 1903, Kofahl, Malchow, 9,9 m x 3,4 m x 0,8 m, 80 qm Segel

ERICH
Berlin
Finow-Maßkahn, 1927, Krieschwitz, 173 tdw, 34,9 m x 5,0 m, Segel

ERNESTINE
Saßnitz/Liddow
Zweimast-Gaffelschoner, 1901, 27,0 m x 5,2 m x 2,3 m, 160 qm Segel

ESPERANZA
Lübeck
Büsumer Kutter, 1938, 17,0 m (13,5 m) x 4,5 m x 1,8 m, 120 qm Segel

ETHEL VON BRIXHAM
Kiel
Stagsegelschoner, 1890, Brixham, 130 tons, 30,0 m (25,0 m) x 5,8 m x 2,8 m, 200-PS-Diesel, 400 qm Segel

EULE
Hamburg-Finkenwerder
Besan-Ewer, 1895, Niemand, Boizenburg, 19,6 m (18,5 m) x 4,1 m x 1,2 m, 115 qm Segel, 70-PS-Diesel, 7 kn, ex MELPOMENE, ex CHRISTINA, Finkenwerder Gaffel-Consortium

FAHREWOHL (S.H. 542)
Hamburg-Finkenwerder
Büsumer Krabbenkutter, 1912, Junge, Wewelsfleth, 10 tons, 14,0 m (9,3 m) x 3,5 m x 1,0 m, 75 qm Segel, 25-PS-Diesel, Finkenwerder Gaffel-Consortium

FAIR DAWN
Flensburg, Museumshafen
Falmouth workboat, 1905, Allen, Poole/England, 13,1 m (9,3 m) x 3,1 m x 1,7 m, 58 qm Segel, 35-PS-Diesel

FAITH
Buxtehude
Rügenwalder Kutter, 1948, F. Goetz, Neustadt/H., 10,0 m (7,5 m) x 2,5 m x 0,9 m, 27 qm Segel, 25-PS-Diesel

FALADO VON RHODOS
Schleswig
Brigantine, 1968, P. Xalkidos, Rhodos, 22,0 m (15,8 m) x 5,2 m x 2,4 m, 25 BRT, 200 qm Segel, 99-PS-Diesel

FLID II
Lübeck
Galeasse, 1908, Borhaug/Norwegen, 21,5 m (17,0 m) x 6,0 m x 2,3 m, 150 qm Segel

FLINTHÖRN
Kappeln, Museumshafen
Fracht-Ewer, 1925, Wagra-Werft, Lübeck, 25,0 m (18,4 m) x 4,7 m x 1,6 m, 210 qm Segel, 200-PS-Diesel

FLUNDER (FZ 35)
Fuhlendorf
Zeesboot, 10,0 m x 3,3 m x 0,7 m

FLYKT
Hitzacker
Lofotenkutter, 1929, Länge: 14,0 m (10,5 m)

FORTUNA
Hamburg-Oevelgönne
Tjalk, 1914, Westfriesland, 17,7 BRT, 17,8 m (15,8 m) x 3,4 m x 0,7 m, 100 qm Segel, 36-PS-Diesel, ex DRIE GEBROEDERS, ex VROUWE FORTUNA

FORTUNA
Emden
Frachtgaleasse, 1909, van Dongen, Zaandam/Niederlande, 39,1 m (30,1 m) x 5,6 m x 1,8 m, 170-PS-Diesel, 319 qm Segel

FREJA
Lübeck, Museumshafen
Kutter, 1944, Henningsen, Lundeborg, Dänemark, 15 BRT, 18,0 m (11.9 m) x 4,3 m x 1,8 m, 140-PS-Diesel, 184 qm Segel, ex ADOLF JENSEN

FREYA (FZ 27)
Greifswald
Zeesboot, ca. 1911, Jarling, Freest, 10,9 m x 3,5 m x 0,9 m, 85 qm Segel, ex ADRIANUS, ex MUTTLÄNDER

FRIDTHJOF
Lübeck, Museumshafen
Galeasse, 1881, Norwegen, 32,5 m (24,0 m) x 6,5 m x 3,0 m, 315 qm Segel

FRIDTJOF NANSEN (TSG 486)
Stralsund
Dreimast-Toppsegelschoner, 1919, Kalundborg Skibsværft, Kalundborg, 52,0 m (43,3 m) x 6,8 m x 3,2 m, 247 BRT, 450 tdw, 240-PS-Diesel, 850 qm Segel, 12 Mann Besatzung, 36 Passagiere, ex EDITH, ex FREDERIK FISCHER, ex GERTRUD II, ex FRIDTJOF NANSEN

FRIEDA (FZ 83)
Barth
Zeesboot, 1932, Holzerland, Barth, 90-PS-Diesel

FRIEDA
Hamburg-Finkenwerder
Giek-Ewer, 1909, Junge, Wewelsfleth, 23,0 m (17,1 m) x 4,1 m x 1,4 m, 28 BRT, 160 qm Segel, 90-PS-Diesel, Finkenwerder Gaffel-Consortium

FRIEDA VON HADERSLEBEN (S 90)
Flensburg, Museumshafen
Haikutter, 1918, Svendsen, Holbæk/Dänemark, 20,0 m (14,0 m) x 4,1 m x 2,1 m, 130 qm Segel, 100-PS-Diesel, ex CAPRI (A 175), ex ANCHER (S 90)

FRIEDERIKE (FZ 36)
Greifswald
Zeesboot, 1942, Breege, Rügen, 11,1 m x 2,7 m x 0,8 m, 5 tons, 55 qm Segel

FRIEDRICH
Hamburg-Finkenwerder
Besanewer, 1910, Ropers, Stade, 46 BRT, 26,1 m (19,6 m) x 5,0 m x 1,6 m, 150 qm Segel, 60-PS-Diesel, Finkenwerder Gaffel-Consortium

FRIEDERIKE (FZ 36)
Greifswald
Zeesboot, 1942, Breege, Rügen 11,0 m x 2,7 m x 0,8 m, 5 tons, 55 qm Segel

FULVIA (TSG 313)
Lübeck, Museumshafen
Galeasse, 1898, Kofoed, Fakse Ladeplads, Dänemark, 22,4 m (17,1 m) x 5,3 m x 2,3 m, 32 BRT, 290 qm Segel, 110-PS-Diesel, ex ALLAN JUEL, ex GUDRUN, ex ANNA ELISABETH

GEFION
Kiel-Möltenort
Haikutter, 1932, Andersen & Ferdinandsen, Gilleleje/DK, 21,0 m (15,0 m) x 4,2 m x 2,2 m, 168 qm Segel, 110-PS-Diesel

GERMANIA
Lübeck
Frachtewer, 1898, Kremer, Elmshorn, 26,0 m (18,6 m) x 4,2 m x 1,6 m, 200 qm Segel, 48-PS-Diesel, ex EDEN, ex MIMI, ex FRIEDA, ex MINNA

GERTRUD
Oldenburg
Klipperaak, 1910, Worst, Meppel/Niederlande, 76 BRT, 24,2 m x 5,0 m, 158-PS-Diesel

GHOST (FZ 12)
Wustrow
Zeesboot, ca. 1922, 10,0 m x 3,5 m x 0,9 m, 80 qm Segel

GLORIA
Elmshorn
Frachtewer/Heckschiff, 1898, Kremer, Elmshorn, 19,0 m (15,5 m) x 4,6 m x 1,3 m, 24 BRT, 41 tons, Diesel

GOEDE WIL
Hamburg-Oevelgönne
Fischkutter/Dundee, 1940, Oostende/Belgien, 25 BRT, 19,5 m (14,2 m) x 4,1 m x 2,0 m, 130 qm Segel, 50-PS-Diesel, ex GOOD WILL

GOOD INTENT II
Barnkrug/Elbe, Kappeln
Lugger, 1879, Mevagissey/GB, 16,3 m (11,7 m) x 3,7 m x 1,7 m, 90 qm Segel

GORCH FOCK
Kiel
Segelschulschiff/Bark, 1958, Blohm + Voss, Hamburg, 89,4 m (81,2 m) x 12,0 m x 5,3 m, 1.499 BRT, 1.760 tons, 1.964 qm Segel, 1.660-PS-Diesel, 10 kn, 236 Mann Besatzung, Eigner: Deutsche Marine

GREIF
Greifswald
Brigantine, 1951, VEB Warnowwerft, Warnemünde, 41,0 m 835,0 m) x 7,6 m x 3,6 m, 179 BRT, 290 tons, 570 qm Segel, 233-PS-Diesel, acht Mann Besatzung, 35 Passagiere, ex WILHELM PIECK

GRETA VON FINKENWERDER (HF 452)
Laboe
Elbe-Fischkutter, 1904, Behrens, Hamburg-Finkenwerder, 4,8 BRT, 14,0 m (10,5 m) x 3,6 m x 0,8 m, 75 qm Segel, 40-PS-Diesel

GRETA
Hamburg
Fischkutter, 1904, Schierhorn, Cranz, 13,5 m (10,0 m) x 3,2 m x 1,4 m, 22-PS-Diesel, 65 qm Segel, ex TYKKE VENN, ex MAGELLAN, ex INGA, ex GRETA

GRETE (FRI 28/TSG 589)
Friedrichskoog
Krabbenkutter, 1937, Bieritz, Meldorf, 17,8 m (13,5 m) x 4,2 m x 1,7 m, 128 qm Segel, 150-PS-Diesel

GRETE (FZ 32)
Bodstedt
Zeesboot, 1938, Jarling, Freest, 10,0 m x 3,3 m x 0,8 m, 85 qm Segel

GRETHE WITTING
Rostock
Zweimast-Logger/Brixham trawler, 1914, Colby, Lowestoft, England, 37,2 m (29,9 m) x 5,8 m x 3,2 m, 70 BRT, 457 qm Segel, 175-PS-Diesel, ex LT 685, ex NORFORD SUFLING, ex YH 45, ex IFKA AF ODENSE

GRETJE VON GROSSEFEHN
Grossefehn
Motortjalk, 1913, Redenius, Ihlowerfehn, 16,7 m x 3,5 m x 0,8 m, 50-PS-Diesel

GRÖNLAND (TSG 117)
Bremerhaven
Polarforschungsschiff/Nordische Jagt, 1867, Tollefsen, Skonevig, Norwegen, 29,3 m (19,9 m) x 6,0 m x 2,2 m, 48 BRT, 283 qm Segel, 120-PS-Diesel, zwölf Mann Besatzung

GROSSHERZOGIN ELISABETH (TSG 199)
Elsfleth
Segelschulschiff/Dreimast-Gaffelschoner, 1909, Smit, Alblasserdam, 66,0 m x 8,3 m x 3,0 m, 463 BRT, 1000 qm Segel, 400-PS-Diesel, 9 kn, 28 Mann Besatzung 34 Passagiere, ex ARIADNE, ex SAN ANTONIO, ex BUDDI, ex ANTONI, ex SAN ANTONIO

HÄGAR
Greifswald
Kriegsfischkutter (KFK), 1942

HANNA (FZ 70)
Dierhagen
Zeesboot, 1944, Jarling-Werft, Freest, 11,9 m x 3,6 m x 1,1 m, 100 qm Segel

HANNA-GISELA
Wismar
Poeler Netzboot, 1944, 9,2 m Länge, 30 qm Segel, 10-PS-Diesel

HANNE NÜTE (FZ 14)
Damgarten
Zeesboot, 1923, Holzerland, Barth, 10,8 m x 3,4 m x 0,9 m, 80 qm Segel

HANS AUGUST
Hamburg
Segelschute, 1911, Bodewes/NL, Länge: 19,9 m (18,4 m) x 4,9 m x 1,2 m

HANS VON WILSTER
Flensburg, Museumshafen
Giekewer, 1899, Fack, Itzehoe, 24,0 m (16,7 m) x 4,0 m x 1,0 m, 120 qm Segel, 100-PS-Diesel

HANS-WILHELM
Berlin
Großfinowmaßkahn, 1914, 40,3 m x 4,7 m, 240 tdw, 97 qm Segel

HAUKE HAIEN
Cuxhaven
Friesisches Plattbodenschiff/ Tjalk, 1913, v.d. Werf, Buitenstverlaat, Niederlande, 21,5 m x 3,6 m x 0,6 m, 94-PS-Diesel, 114 qm Segel

HAVET
Flensburg
Lachskutter, 1943, Larsen, Nexø, Bornholm, 11,5 m Länge

HEDDA (FZ 45)
Bodstedt
Zeesboot, Holzerland, Barth, 1951, 6,9 m x 2,3 m x 0,6 m, 25 qm Segel

HEDI (HF 482)
Bremerhaven/Flensburg
Krabbenkutter, 1948, Stülcken-Werft, Hamburg, 17,0 m (15,0 m) x 4,3 m x 1,8 m, 27 tons, 90 qm Segel, 180-PS-Diesel

HEIMAT (FZ 8)
Bodstedt
Zeesboot, 1884, Fünning, Stralsund, 14,8 m x 3,3 m x 0.9 m, 85 qm Segel, ex ALBATROS, ex STR-13

HEIMAT
Berlin
Haffkahn, 1929, 43,9 m x 5,4 m, 337 tdw, 97 qm Segel

HEINRICH VON DER LÜHE,
Stade
Besan-Ewer, 1910, Sietas, Hamburg-Neuenfelde, 24,2 m (18,1 m) x 4,6 m x 1,4 m, 182 qm Segel, ex ANNA

HELENE
Hamburg-Finkenwerder
Klipperaak, 1910, Peters, Dedemsvaart/NL, 30,0 m (26,3 m) x 5,3 m x 1,1 m, 75 tons, 200 qm Segel, 60-PS-Diesel, Finkenwerder Gaffel-Consortium

HELENE
Kasenort
Zeeg/Fischerboot, 1911, Behrens, Finkenwärder, 9,7 m x 3,4 m x 1,1 m, 6,5 tons

HELENE VON MAASHOLM
Maasholm
Schoner, 1932, Travemünde, 16,5 m (13,5 m) x 4,2 m x 2,2 m, 150 qm Segel

HENNY
Bremerhaven
Klipperaak, 1904, Gideon, Groningen/Niederlande, 26,5 m x 4,7 m x 1,2 m, 280 qm Segel, 150-PS-Diesel

HISSØY
Greifswald
Logger, 1926, 17,0 m x 4,6 m x 2,1, m, 90 qm Segel

HOFFNUNG
Kiel/Kappeln
Hummerkutter, 1948, Kremer, Elmshorn, 15,6 m (10,3 m) x 3,0 m x 1,6 m, 80 qm Segel, 28-PS-Diesel

HOFFNUNG (FZ 40)
Bodstedt
Zeesboot, 1920, Seedorf, 13,6 m x 3,2 m x 0,8 m, 80 qm Segel

HOLL DÖRCH (FZ26)
Freest
Zeesboot, 1931, Jarling, Freest, 11,1 m x 3,8 m x 1,1 m, 100 qm Segel

HOLZERLAND (FZ 30)
Bodstedt
Zeesboot, 1928, Holzerland, Barth, 10,7 m x 3,6 m x 0,9 m, 92 qm Segel

HOOP OP WELVAART
Hamburg-Oevelgönne
Tjalk/Boierschuit, 1883, van Duivendijk, Lekkerkerk/Niederlande, 25 tons, 18,0 m (13,1 m) x 3,6 m x 1,0 m, 25 tons, 140 qm Segel, 68-PS-Diesel, ex VIER GEBROEDERS

HOPE
Heiligenhafen
Lofotenkutter, 1908, 14,8 m (11,5 m) x 4,3 m x 2,2 m

HORST
Berlin
Finowmaßkahn, 1910, 254 tdw, 40,2 m x 4,7 m, 254 tdw, 97 qm Segel

HORST-GÜNTHER
Berlin
Großfinowmaßkahn, 1922, 40,7 m x 4,8 m, 281 tdw, 96 qm Segel

IDUNA
Bremen
Finkenwerder Kutter, 1937, Dawartz, Tönning, 13,0 m x 4,0 m x 1,5 m, 12,7 tons

INFANTA MARINA
Rostock
Gaffelkutter, 1935, Barth, 13,7 m x 4,2 m, 18 tons

INGE (FZ 38)
Rostock
Zeesboot, 1911, Holzerland, Barth, 14,0 m (11,0 m) x 3,3 m x 1,0 m, 94 qm Segel

IRENE VON SKAERBAEK
Oldenburg
Lotsenkutter, 1896, Lautrup, Kopenhagen, 14,5 m x 3,6 m x 1,9 m, 11 BRT, 55-PS-Diesel, 86 qm Segel, Konstruktion: Colin Archer, ex IRENE, ex FRAU WIRTIN, ex HELENA

ISLABORG
Lübeck, Museumshafen
Grönlandkutter, 1959, Bruun & Ferdinandsen, Gilleleje, Dänemark, 14,5 m (14,1 m) x 4,6 m x 2,3 m, 42 tons, 55 qm Segel, 96-PS-Diesel

JACHARA
Eckernförde
Zweimast-Lofotenkutter, 1949, Bardset, Nordmøre, Norwegen, 29,8 (22,1 m) x 5,8 m x 2,5 m, 43,6 BRT, 234 qm Segel, 230-PS-Diesel, drei Mann Besatzung, ex SKARVHOLMEN

JACOBSEN GOTHMUND
Lübeck
Fischerkahn, 1910, Schlutup, 7,4 m x 1,2 m, 8-PS-Diesel

JÆRBUEN II

Lübeck

Listskøjte, 1898, Konstruktion: Colin Archer, 15,8 m (13,3 m) x 4,1 m x 2,2 m, 90 qm Segel, 52-PS-Diesel

JANKEA

Bremerhaven

Tjalk, 1908,Worteboer, Oude Pekela, Groningen/NL, 20,0 m x 3,8 m x 0,6 m, 100 qm Segel, 47-PS-Diesel, ex THERESIA, ex GERTRUD, ex ZWEI GEBRÜDER

JOAN

Laboe

Lotsenboot, 1910, Norwegen, 13,5 m (10,4 m) x 3,9 m x 1,8 m, 62 qm Segel

JÖRMI

Hamburg

Kragejolle, 1952, Clausen, Marstal/DK, 10,5 m x 2,4 m x 0,9 m, 35 qm Segel, 10-PS-Diesel

JOHANNA

Hamburg-Finkenwerder

Besanewer, 1903, Thormählen, Elmshorn, 35 BRT, 23,0 m (18,6 m) x 4,8 m x 0,9 m, 162 qm Segel, 69-PS-Diesel, ex INGEBORG, ex HERTHA, Finkenwerder Gaffel-Consortium

JOHANNE

Lübeck, Museumshafen

Besan-Ewer, 1905, Junge, Wewelsfleth, 28,1 m (21,1 m) x 4,9 m x 1,6 m, 85 tons, 220 qm Segel, 120-PS-Diesel, ex METEOR

JOHANNE

Hamburg

Krabbenkutter, 1951, Bültjer, Ditzum, 14,5 m (11,5 m) x 3,7 m x 1,5 m

JONAS VON FRIEDRICHSTADT

Friedrichstadt

Besanewer, 1911, van Diepen, Waterhuizen/Niederlande, 61 tdw, 31,0 m (23,0 m) x 5,6 m x 1,2 m, 300 qm Segel, 180-PS-Diesel, 22 Passagiere, ex TANJA, ex ANJA, ex WALTER

JULE (FZ 29)

Wustrow

Zeesboot, ca. 1945, Stove, 9,5 m x 3,2 m x 0,6 m, 65 qm Segel, ex DONAR

KÖRLING (FZ 67)

Bodstedt

Zeesboot, ca. 1930, Dinse, Stralsund, 11,7 m x 3,6 m x 0,9 m, 90 qm Segel, ex FPG RIBNITZ, ex RIB 002

KONG BELE

Hamburg

Zollkutter, 1879, Lauthrop, Kopenhagen, 12,9 m x 3,9 m x 2,1 m, 30 tons, 160 qm Segel

KORMORAN

Arnis

KFK-Kutter, 1945, 24,2 m lang

KORSAR

Flensburg, Museumshafen

Yacht, 1883, Kaiserliche Werft, Kiel, 11,8 m x 2,6 m x 1,5 m, 60 qm Segel, 20-PS-Diesel

KRALLI

Bremerhaven

Fischkutter, 1949, Wesselwerft, Wieck, 17,6 m x 5,8 m x 2,2 m, 200-PS-Diesel, ex WITTOW (WAR 49), ex SAS 159

KRAMPUTZ

Bremerhaven

Tjalk, 1925, Niederlande, 13,4 m x 3,9 m x 0,7 m, 80 qm Segel

KRIG VIK

Lübeck, Museumshafen

Gaffelschoner, 1957, Esbjerg, 31,8 m x 5,8 m, 300 qm Segel, Diesel

KRISCHAN (FZ 37)

Wustrow

Zeesboot, 1928, Holzerland, Barth, 14,5 m (10,9 m) x 3,6 m x 0,8 m, 88 qm Segel

LANDRATH KÜSTER (HF 231)

Hamburg

Hochseekutter, 1889, Sietas, Cranz, 39 BRT, 28,5 m (22,5 m) x 6,1 m x 2,0 m, 41 BRT, 150-PS-Diesel, 211 qm Segel, ex FREDDY QUINN

LENE

Wackerballig

Haikutter, 1932, Skagen, 22,0 m (16,0 m) lang, 200 qm Segel

LIGOUBAN

Flensburg

Haikutter, 1916, Skagen/DK, 19,5 m lang

LIKEDEELER

Greifswald

Fischkutter, 17,8 m x 5,0 m x 2,2 m, 80-PS-Diesel, ex FREUNDSCHAFT

LILI HILDA JOHANNA

Wismar

Krabbenkutter, 1940, Tönning, 14,0 m Länge, 100-PS-Diesel

LILLEHOLM

Lübeck, Museumshafen

Stagsegelschoner, 1893, Hansen, Marstal, Dänemark, 22,0 m (18,0 m) x 5,0 m x 2,4 m, 60 tons, 160 qm Segel, 144-PS Diesel, ex MARTANA, ex MARTIN, ex FREMAD, ex DOROTHEA

LODSEN AF RØNNE

Oldenburg

Lotsenkutter, 1916, Hansen, Svanekke, Dänemark, 6 BRT, 14,9 m (10,4 m) x 3,1 m x 1,8 m, 50 qm Segel, 25-PS-Diesel, ex WINDSBRAUT

LOTTA

Lübeck, Museumshafen

Lotsenkutter, 1928, Mandus, Norwegen, 12,1 m x 3,6 m, 94 qm Segel

LOVIS

Greifswald

Logger, 1897, Göteborgs Mekaniske Verkstad, Göteborg, 37,5 m (27,0 m) x 5,5 m x 2,5 m, 161 tons, 390 qm Segel, 200-PS-Diesel, 3 Mann Besatzung, 30 Passagiere, ex MALMÖ, ex VIRGO, ex FAUNA

LÜDER VON BENTHEIM

Bremen, Schlachte

Weserlastkahn, Nachbau 2002, Original: 16. Jahrhundert, 40,0 m x 2,5 m, 50 Fahrgäste

LUISE (FZ 52)

Wustrow

Zeesboot, 1903, 10,3 m x 3,5 m x 0,9 m, 85 qm Segel

LYDIA

Dömitz

Kutter, 1908, Kappeln11,0 m x 3,9 m x 1,2 m, 100-PS-Diesel

MAGDALENE (ALT 230)

Altenwerder

Altenwerder Kutter, 1925, Sietas, Cranz, 12,7 m x 4,8 m x 1,6 m, 13,7 BRT, 87-PS-Diesel

MARGARETHA (BÜS 39)

Büsum

Besan-Ewer, 1911, Behrens, Finkenwerder, 16,0 m (12,0 m) x 3,6 m x 2,0 m, 120 qm Segel, 60-PS-Diesel, 5 kn ex MARGARETHA VON FINKENWERDER (HF 316)

MARIA-DOROTHEA

Lübeck, Museumshafen

Besan-Ewer, 1907, Thormälen, Elmshorn, 25,4 m (18,7 m) x 4,8 m x 2,0 m, 200 qm Segel, 120-PS-Diesel

MARIANNE

Amrum

Tjalk, 1895, Niederlande, 19,0 m (16,0 m) lang, 1,5 m Tiefgang, 154 qm Segel, 186-PS-Diesel

MARIANNE-JOHANNE

Emden

Tjalk, 1891, Belgien, 17,5 m x 5,0 m x 1,0 m, 155 qm Segel, 165-PS-Diesel

MARIE

Berlin

Finow-Maßkahn, 1892, Boizenburg, 46,5 m x 6,5 m, Segel

MARIE (FZ 75)

Bodstedt

Zeesboot, 1932, Jarling, Freest, 11,5 m x 3,7 m x 0,8 m, 100 qm Segel

MARTHA (FZ 68)

Wustrow

Zeesboot, 1930, Jarling, Freest, 11,3 m x 3,6 m x 1,0 m, 100 qm Segel

MARTIN

Berlin

Finow-Maßkahn, 1890, Stettin, 158 tdw, 32,5 m x 4,7 m, Segel

MATHILDE

Lübeck, Museumshafen

Besan-Ewer, 1919, Junge, Wewelsfleth, 22,5 m (18,5 m) x 4,2 m x 1,4 m, 40 tons, 185 qm Segel, 120-PS-Diesel, ex HERTHA, ex AXEL

MILDRED (10)

Kiel-Möltenort

Gaffelkutter/Falmouth working boat, 1898, Steven Brabyn, Truro/England, 12 tons, 13,0 m (9,1 m) x 3,1 m x 1,8 m, 74 qm Segel, 24-PS-Diesel, ex TURF

MINNA ROEDER

Flensburg, Museumshafen

Steilgaffel-Kutter, 1927, 8,8 m x 2,4 m x 1,2 m, 45 qm Segel, Eichenrumpf, ex KOMORAN

MINNA VON FRIEDRICHSKOOG

Bremerhaven

Fischkutter, 1944, Eckmann, Hamburg-Finkenwerder, 12 BRT, 12,3 m x 3,9 m x 1,2 m, 65-PS-Diesel, 105 qm Segel

MOEWE

Hamburg, Museumshafen Oevelgönne

Besanewer, 1907, Fack, Itzehoe, 31 BRT, 25,0 m (17,9 m) x 4,1 m x 0,9 m, 159 qm Segel, 29-PS-Diesel, ex ROVER

MYTILUS

Hamburg-Oevelgönne

Krabbenkutter, 1939, Dawartz, Tönning, 25 tons, 19,7 m (14,1 m) x 4,2 m x 1,8 m, 162 qm Segel, 50-PS-Diesel, ex HARMATTAN, ex ALICE

NELL BRITT

Bremen

Schoner, 1929, 30,0 m x 6,2 m x 2,6 m, 250 qm Segel

NELLIE & LESLIE (BN 27)

Bremerhaven

Gaffelkutter/Wash smack, 1911, Worfolk, Kings Lynn/England, 33 tons, 22,5 m (16,3 m) x 4,2 m x 1,9 m, 155 qm Segel, 80-PS-Diesel

NOBILE (TSG 514)

Wolgast

Gaffelkutter, 1919, Oulton Broad, Lowestoft, England, 38,5 m (26,0 m) x 5,6 m x 3,2 m, 80 BRT, 510 qm Segel + 410 qm Spinnaker, 300-PS-Diesel, 10 kn, sechs Mann Besatzung, 14 Passagiere, ex KATHLEEN, ex JØDNAFJELL

NORA

Bremerhaven

Stagsegelschoner, Travewerft, Lübeck, 1949, 23,3 m (17,3 m) x 6,3 m x 2,8 m, 400 qm Segel, 250-PS-Diesel

NORDEN

Lübeck, Museumshafen

Romsdalsjakt, 1870, Skonevig, Norwegen, 28,5 m (19,2 m) x 5,9 m x 2,2 m, 90 tons, 262 qm Segel, 150-PS-Diesel, 12 Mann Besatzung

NORDLYS

Flensburg, Museumshafen

Fischkutter, 1913, Bjermeland, Tresfjord/Norwegen, 22 tons, 17,7 m (13,0 m) x 4,1 m x 2,2 m, 130 qm Segel, 69-PS-Diesel, ex FRIDA AF FABORG

NORDSTERN (FZ 9)

Bodstedt

Zeesboot, 1952, Grählert, Pruchten, 11,5 m x 3,7 m x 1,0 m, 93 qm Segel

NORDSTERN

Baltrum

Kutter, 1945, 12,5 m x 4,3 m x 1,4 m, 52 qm Segel

NORDSTJERNEN

Hamburg

Haikutter, 1920, Nipper, Skagen/DK, 21 BRT, 25,0 m (18,7 m) x 4,6 m x 2,2 m, 290 qm Segel, 170-PS-Diesel

NORDWEST

Emden

Maasholmer Kutter, 1935, Paulsen, Schlei, 20,0 m (14,8 m) x 5,0 m 1,9 m, 33 tons, 140 qm Segel

NORDWIND

Kappeln

Haikutter, 1919, Nipper, Skagen/DK, 24,0 m (17,5 m) x 4,8 m x 2,4 m, 200 qm Segel, 129-PS-Diesel

NORDWIND (Y 834)

Flensburg

Kriegsfischkutter (KFK), 1946, 26,3 m x 6,4 m x 3,1 m, Eigner: Deutsche Marine

OBADJA
Bremerhaven
Kutter, 1948, Hiecher, Hamburg-Harburg, Länge, 15,0 m

ODYSSEUS
Kiel
Einheitskutter, 1952, Kühlungsborn, 14,5 m x 5,5 m

OLD LADY (FZ 1)
Greifswald
Zeesboot, 1876, 11,7 m x 3,5 m x 0,9 m, 90 qm Segel, ex STR-09

OLE
Wismar
Lotsenkutter, 1928, 12,0 m lang, 60 qm Segel, 35-PS-Diesel

OLL JOHANN (FZ 47)
Mönkebude
Zeesboot, 1947, Prerow, 8,1 m x 2,9 m x 0,6 m, 41 qm Segel

OLL KARL
Zecherin/Usedom
Kutter, 1910, Wollin, 21,5 m (14,8 m) x 5,3 m x 1,3 m, 130 qm Segel, 75-PS-Diesel, 17 tons

OSTEREMS
Greetsiel
Krabbenkutter, 1956, Bültjer, Ditzum, 18,0 m (15,0 m) x 4,4 m x 1,5 m, 34 tons, 137 qm Segel

PERLE
Hamburg
Giekewer, 1907, Gebr. Schedelgarn,Uetersen, 16,8 m (14,9 m) x 4,7 m x 0,9 m, 92-PS-Diesel

PETRINE
Hamburg
See-Ewer, 1909, Jacobs, Moorege, 35,0 m (25,0 m) x 5,2 m x 1,6 m, 320 qm Segel, 90-PS-Diesel

PHÖNIX
Heiligenhafen/Kappeln
Haikutter, 1936, Frederiksund/Dänemark, 20,0 m (16,0 m) x 4,5 m x 2,0 m, 170 qm Segel, ex TERJE VIKEN, ex HELGA II

PHÖNIX
Breege/Rügen
Galeasse, 1936, 21,0 m 4,6 m x 2,0 m, 170 qm Segel, 116-PS-Diesel

PIPPILOTTA
Hamburg
Dreimast-Gaffelschoner, 1933, Elsfleth, 45,0 m (33,0 m) x 7,0 m x 3,0 m, 159 BRT, 570 qm Segel, 350-PS-Diesel, ex ERIKA

PIROLA
Hamburg
Fischerei-Galeasse, 1910, Den Helder, Niederlande, 25,6 m (18,6 m) x 4,2 m x 2,0 m, 206 qm Segel, 184-PS-Diesel, ex DE DRIE GEBROEDERS

PLATESSA VON ESBJERG
Eckernförde
Haikutter, 1935, Jensen, Esbjerg/Dänemark, 39 BRT, 25,0 m (19,8 m) x 5,1 m x 2,3 m, 244 qm Segel, 230-PS-Diesel

POLAR (FZ 51)
Bodstedt
Zeesboot, ca. 1912, Stove, 8,1 m x 3,3 m x 0,9 m, 48 qm Segel

POMMERLAND (FZ 59)
Greifswald
Zeesboot, ca. 1900, 11,2 m x 3,9 m x 0,9 m, 25-PS-Diesel

PRÄSIDENT FREIHERR VON MALTZAHN (HF 294)
Hamburg, Museumshafen Oevelgönne
Hochseekutter, 1928, Sietas, Hamburg-Cranz, 144 BRT, 30,6 m (22,8 m) x 6,8 m x 2,5 m, 320 qm Segel, 150-PS-Diesel, ex NC 274

PROVIDENTIA (HF 42)
Hamburg
Finkenwerder Ewer, 1895, Wriede, Hamburg-Finkenwerder, ex SIV

QUALLE (TSG 304)
Wismar
Kahjik/Stagsegelschoner, 1950, Griechenland, 23,0 m (17,0 m) x 6,0 m x 2,0 m, 250 qm Segel, 187-PS-Diesel

QUALLE (FZ 34)
Greifswald
Zeesboot, Born, 1948, 7,5 m x 2,5 m x 0,5 m, 35 qm Segel, 8-PS-Diesel

RABE
Hamburg
Fischkutter, 1950, Bergen/Norwegen, 23,6 m (16,0 m) x 4,7 m x 1,8 m, 140 qm Segel, ex MALTON

RAKEL (TSG 347)
Bremerhaven
Galeasse, 1896, Colin Archer, Larvik, Norwegen, 28,0 m (19,0 m) x 5,3 m x 2,8 m, 211 qm Segel, 112-PS-Diesel, Konstruktion: Colin Archer

RAN
Orth/Fehmarn
Bornholmer Kutter, 1910, Chr. Hansen, Bornholm/DK, 16,0 m (11,0 m) x 4,6 m x 1,5 m, 119 qm Segel

RAPTUS
Arnis
Lotsenboot, 1932, Nielsen, Risør/Norwegen, Konstruktion Colin Archer, 13,5 m (10,4 m) x 4,1 m x 1,9 m, 90 qm Segel, 55-PS-Diesel

RASK
Hamburg-Finkenwerder
Gaffelkutter, 1924, Colin Archer, Risør/Norwegen, 15,2 m x 4,0 m x 1,9 m, 70 qm Segel, Finkenwerder Gaffel-Consortium

RENATE-ANGELIKA
Berlin
Berliner Maßkahn, 1910, Usti, 404 tdw, 46,4 m x 6,6 m

RIGMOR
Glückstadt
Zollkutter, 1855, Schröder, Glückstadt, 35 tons, 20,8 m x 3,7 m x 1,5 m, 148 qm Segel, 24-PS- Glühkopfmotor, ex ZOLLKREUZER NO. 5

RINGHOLM
Kappeln, Museumshafen
Lofotenkutter, 1900, Norwegen, 13,5 m x 3,2 m, 80 qm Segel, 60-PS-Diesel

ROALD AMUNDSEN
Eckernförde
Brigg, 1952, VEB Elbewerft, Roßlau, 50,2 m (41,0 m) x 7,2 m x 4,2 m, 490 tons, 850 qm Segel, 300-PS-Diesel, 14 Mann Besatzung, 26 Passagiere, ex VILM

ROMANTIK (FZ 18)
Mönkebude
Zeesboot, Lauterbach, 1950, 11,0 m x 4,0 m x 0,8 m, 95 qm Segel

ROSINANTE
Hamburg-Oevelgönne
Aak, 1909, Moerdijk/Niederlande, 39 tons, 19,9 m (14,6 m) x 4,0 m x 0,6 m, 92 qm Segel, 52-PS-Diesel

RUDEN
Seedorf/Rügen
Lotsenschoner, 1941, 18,5 m (13,8 m) lang

RÜMDRIEWER (FZ 22)
Peenemünde
Zeesboot, 1882, Knull, Fuhlendorf, 10,7 m x 3,6 m x 0,8 m, 90 qm Segel

RUNGHOLT (HF 510)
Bremerhaven
Fischkutter, 1949, Sietas, Hamburg, 22 BRT, 15,3 m x 4,0 m x 1,6 m, 145 qm Segel, 50-PS-Diesel

RUTH
Berlin
Großfinowmaßkahn, 1926, 41,6 m x 5,1 m, 321 tdw, 105 qm Segel

RUTH (E 87)
Breiholz
Haikutter, 1917, Aarhus, 25,0 m (17,0 m) x 4,0 m x 2,0 m, 164 qm Segel, ex OLE

RYVAR
Flensburg, Museumshafen
Logger, 1916, Gebr. Boot, Alphen a.d. Rijn, Niederlande, 38,3 m (28,6 m) x 6,7 m x 2,5 m, 136 BRT, 370 qm Segel, 365-PS-Diesel, ex SVEGRUNN, ex META BUCK, ex HELGA, ex FLEVO I, ex MERVEDE, ex DE MAAS (RO 16)

SABTINE
Orth/Fehmarn
Oderquatze/Gaffelkutter, 1872, 13,5 m (11,5 m) x 4,6 m x 1,6 m

SÆLØER
Kiel-Heikendorf
Listaskøjta, 1917, Sveinungsen, Kragerø, Norwegen, 26,0 m (19,0 m) x 6,6 m, 2,7 m, 220 qm Segel, 208-PS-Diesel, ex BYGDA, ex SÆLØER

SAMPO (TS)
Laboe
Gaffelketsch/Zollkutter, 1896, Ihms, Kiel-Gaarden, 19,5 BRT, 21,0 m (15,5 m) x 4,5 m x 1,8 m, 65-PS-Diesel, 117 qm Segel, ex GUSTAV KRÜGER, ex MAAGEN

SANNERT (FZ 33)
Althagen
Zeesboot, 1917, Dornquast, 10,8 m x 3,5 m x 0,9 m, 90 qm Segel

SANTA KARINA (FZ 25)
Bodstedt
Zeesboot, 1931, Dornquast, Fuhlendorf, 10,7 m x 3,7 m x 0,7 m, 97 qm Segel

SANTA LUCIA
Neustadt
Frachtgaleasse, 1897, 18,0 m (14,6 m) x 4,8 m x 1,6 m, 120 qm Segel, ex DAGNY

SAWA
Lübeck, Museumshafen
Kutter, 1924, Rügenwalde, 19,5 m (15,5 m) x 5,0 m x 2,2 m, 23 BRT, 140 qm Segel, 110-PS-Diesel

SCHOLLY
Lübeck
Kutter, 1945, Länge: 13,5 m

SEEADLER
Rostock
Gaffelkutter, 1935, Anklam, 9,4 m x 3,4 m, 6 tons

SEEFUCHS
Greifswald
Fischkutter, 1958, Elbewerft, Boizenburg, 26,5 m x 7,0 m x 3,1 m, 234 tons, 250-PS-Diesel, ex HERINGSHAI (SAS 316)

SERIOLA (FZ 41)
Bodstedt
Zeesboot, 1935, Freude, Anklam, 11,4 m x 3,7 m x 0,9 m, 100 qm Segel

SETZLEIF
Rostock
Zeesenboot, 1938, Salzhaff, 8,6 m x 2,8 m, 3 tons

SEUTE DEERN II (TSG 43)
Bremerhaven
Gaffelketsch, 1936, Ring Andersen, Svendborg, 36,2 m (29,5 m) x 7,2 m x 3,1 m, 105 BRT, 335 qm Segel, 165-PS-Diesel, acht Mann Besatzung, ex NOONA DAN, ex HAVET

SIGANDOR
Flensburg
Heckschiff, 1909, Kroese, 35,0 m (24,0 m) x 5,4 m x 2,3 m

SINDBAD
Bremerhaven
Lemsteraak, 1920, 20,0 m (15,0 m) x 4,5 m 1,1 m, 120 qm Segel, ex ANNIE LAVINIA

SIRIUS
Lübeck, Museumshafen
Kriegsfischkutter (KFK), 1942, Schweden, 25,0 m x 6,0 m x 3,0 m

SJØGLIMT
Bremerhaven
Listaskøjte, 1932, Flekkefjord, Norwegen, 19,0 m (15,0 m) x 5,2 m x 1,9 m, 115 qm Segel, 100-PS-Diesel

SKYLLA
Kappeln
Fischkutter, 1940, 16,0 m x 5,2 m x 2,4 m

SOFIE
Bremerhaven
Gaffel-Kutter, 1916, Rasmussen, Nysted/DK, 13,0 m (10,0 m) x 3,3 m x 1,4 m, 60 qm Segel, 35-PS-Diesel, ex HILMAR, ex MAEGEN

SOLVANG II (TSG 307)
Lübeck, Museumshafen
Galeasse, 1939, Aasheim, Norwegen, 32,5 m (24,4 m) x 5,5 m x 2,6 m, 148 tons, 396 qm Segel, 300-PS-Diesel

SOLVANG
Greifswald
Gaffel-Schoner, 1930, Aasheim, Savag, Norwegen, 31,0 m (25,2 m) x 5,6 m x 2,8 m, 300 qm Segel, 210-PS-Diesel

SÖLVE
Schleswig
ehem. Bergungskutter, 1949, 12,0 m (10,5 m)lang

SONJA CHARLOTTE
Hamburg-Tollerort
Krabbenkutter, 1948, 16,0 m lang

SPÖKENKIEKER
Rostock
Kutter, 1935, Dawartz, Tönning, 15 tons, 15,0 m (11,9 m) x 4,0 m x 1,5 m, 100 qm Segel, 100-PS-Diesel, ex MARTHA

STAR OF HOPE
Greifswald
Fischkutter, 1936, Cellardyke, Schottland, 19,5 m (16,8 m) x 5,4 m x 2,3 m, 196 qm Segel, 142-PS-Diesel, drei Mann Besatzung

STÖRTEBEKER
Flensburg
Logger, 1885, Hewett, London, 39,7 m (30,5 m) x 6,1 m x 3,1 m, 97 BRT, 150-PS-Diesel, 506 qm Segel ex GARDAR, ex SWEETHEART, ex HORDATRÅL

STÖRTEBEKER (FZ 3)
Barth
Zeesboot, 10,7 m x 3,5 m x 0,8 m, 85 qm Segel

SUNTHORICE
Hamburg
Dreimast-Gaffelschoner, 1902, Meyer-Werft, Papenburg, 57,2 m (47,2 m) x 8,2 m x 3,0 m, 370 BRT, 650 qm Segel, 100-PS-Diesel,
18 Besatzung, ex T/W EMS, ex P8, ex FEUERSCHIFF AUSSENJADE, ex WHITE SHARK

SWANTE WUSTROW (FZ 13)
Wustrow
Zeesboot, 1928, Jarling, Freest, 11,6 m x 4,0 m x 0,8 m, 100 qm Segel

SWANTEWIT (FZ 31)
Wustrow
Zeesboot, Sarantewitz, 1913, 10,4 m x 3,6 m x 0,9 m, 75 qm Segel

SWART JOHANN (FZ 6)
Greifswald
Zeesboot, 1902, Stralsund, 14,0 m (10,8 m) x 3,6 m x 0,8 m, 85 qm Segel

SYBILLE (FZ 71)
Zeesboot
1923, Dornquast, Fuhlendorf, 11,2 m x 3,7 m, 100 qm Segel

TAMBARI (FZ 7)
Wustrow
Zeesboot, 1937, Barth, 10,9 m x 3,5 m x 0,9 m, 80 qm Segel

TERTIUS
Emden
Finkenwerder Fischkutter, 1933, 11,8 m x 3,8 m x 1,3 m, 14,5 tons, 90-PS-Diesel

THOR HEYERDAHL
Kiel
Dreimast-Toppsegelschoner, 1930, Smidt, Westbroek, Niederlande, 49,8 m (40,5 m) x 6,5 m x 2,6 m, 211 BRT, 730 qm Segel, 215-PS-Diesel, acht Mann Besatzung, 32 Passagiere, ex MINNOW, ex SILKE, ex MARGA HENNING, ex TINKA

TILIKUM
Wismar
Lotsenboot, 1924, Konstruktion Colin Archer, Siegfried & Freienhagen, 12,5 m (10,0 m) x 3,2 m x 2,0 m, 60 qm Segel

TINA (FZ 10)
Wustrow
Zeesboot, 1949,Rohde, Ribnitz, 13,0 m (11,0 m) x 3,6 m x 0,8 m, 88 qm Segel

TRITON
Berlin
Finowmaßkahn, 1916, 40,4 m x 4,7 m, 284 tdw, 97 qm Segel

TRYGVASON
Hamburg
Logger, 1907, Rosendal, Hardangerfjord, Norwegen, 18,2 m x 4,8 m x 2,8 m, 50 tons, 178 qm Segel, 52-PS-Diesel

UNDINE
Hamburg
Zweimast-Gaffelschoner, 1931, Niestern, Delfzijl, Niederlande, 37,7 m (29,0 m) x 5,8 m x 2,1 m, 96 BRT, 130 tdw, 420 qm Segel, 120-PS-Diesel, vier Mann Besatzung, ex NORDSTRAND I, ex GERD-UTE, ex ANNELIES, ex PALMYRA, ex FRANZISKA

UNDINE
Kiel
Kutter, 1920, 12,3 m (10,3 m) x 3,4 m x 1,6 m

UNKEL BRÄSIG (FZ 15)
Rostock
Zeesboot, 1953, Rohde, Ribnitz, 11,2 m x 4,2 m x 0,5 m, 100 qm Segel

URSULA VON ALTONA
Hamburg
Fischkutter, 1953, 23,5 m (17,5 m) x 6,0 m x 2,5 m, 151 qm Segel, 180-PS-Diesel

VAAR
Flensburg, Museumshafen
Bornholmer Lachsboot, 1957, Henningsen, Ranzausminde, 6 BRT, 13,0 m (9,7 m) x 3,4 m x 1,6 m, 50 qm Segel, 20-PS-Diesel

VALDIVIA (TSG 608)
Flensburg
Zweimast-Gaffelschoner, 1868, Södra Varvet, Stockholm, Schweden, 29,0 m (20,3 m) x 5,1 m x 2,8 m, 27 BRT, 283 qm Segel, 105-PS-Diesel, ex VANADIS

VALE DE MOURA
Bremerhaven
Frachtsegler, 1956, Setubal, Portugal, 22,0 m (17,6 m) x 5,0 m x 1,7 m, 24 BRT, 167 qm Segel, 120-PS-Diesel

VEGESACK (BV 2)
Bremen-Vegesack
Heringslogger, 1895, Bremer Vulkan, Bremen, 35,4 m (24,8 m) x 5,4 m x 2,5 m, 74 BRT, 430 qm Segel, 108-PS-Diesel, 7 kn, drei Mann Besatzung, 25 Passagiere, ex NOSTRA, ex MONIKA HARSSEN, ex LILLI, ex LILI, ex VEGESACK

VERÄNDERUNG
Hamburg
Besanewer, 1952, Jacob, Moorege, 10,4 m x 3,0 m x 1,0 m, 15 tons, 60 qm Segel, 23-PS-Diesel, ex DROMMEL

VERTROUWEN
Hamburg-Oevelgönne
Tjalk, 1893, te Alkmade, Niederlande, 22,7 m x 4,7 m x 0,8 m, 205-PS-Diesel, 110 qm Segel

VERTROUWEN
Greifswald/Dortmund
Klipperaak, 1896, Ruytenberg/NL, 19,8 m x 4,3 m x 0,8 m, 140 qm Segel, 105-PS-Diesel

VERTROUWEN
Leer
Tjalk, 1911, Mulder, Vierverlaaten, Groningen, Niederlande, 23,2 m (18,0 m) x 4,4 m x 0,7 m, 130 qm Segel, 21-PS-Diesel

VESTBY
Bremen
Frachtsegler, 1920, 25,0 m x 6,8 m x 2,4 m, 300 qm Segel

VICTOR JARA
Lübeck, Museumshafen
Haikutter, 1917, Brink & Jensen, Skive/Dänemark, 23,0 m (16,7 m) x 4,5 m x 2,0 m, 33 tons, 160 qm Segel, 150-PS-Diesel, 9 Kojen, ex ROSVIG, ex P. SABROE.

VIKING II
Hamburg
Galeasse, 1938, Savag, Norwegen, 27,0 m (20,5 m) x 4,7 m x 2,7 m, 210 qm Segel

VITURA (FZ 72)
Lübeck, Museumshafen
Quatze/Lohalsboot, 1920, Nielsen, Fejø, Dänemark, 14,3 m (9,7 m) x 3,8 m x 1,2 m, 84 qm Segel, 55-PS-Diesel, ex WOLLIN

VIVIKA
Hamburg
Quatze, 1872, Ellerbek, 14,0 m (11,0 m) x 3,3 m x 1,2 m, ex GABRIELE

VLIELAND
Elsfleth
Lemsteraak, 1909, 14,5 m x 4,8 m x 1,2 m, 100 qm Segel

VORPOMMERN
Greifswald
Fischkutter, 1950, Blad, Stralsund, 20,6 m (17,8 m) x 5,6 m x 2,5 m, 38 BRT, 150 qm Segel, 135-PS-Diesel, ex BARHÖFT, ex SAS 151, ex WOG 93, ex UECK 62, ex KAR 14

VORWÄRTS
Greifswald
Fischkutter, 1938, Klotz, Swinemünde, 14,5 m x 4,5 m x 1,6 m, 80-PS-Diesel

WEER EN WIND (46 TA)
Wischhafen
Tjalk, 1907, de Jong, Heeg/Niederlande, 18,0 m (15,0 m) x 3,8 m x 0,5 m, 100 qm Segel, 66 PS Diesel

WEISSE DÜNE
Leer
Gaffel-Schoner, 1909, Meppel/Niederlande, 46,0 m (37,6) m x 6,4 m x 1,4 m, 440 qm Segel, 280-PS-Diesel, ex NEERLANDIA, ex KLARA KATHARINA

WIKING
Wremen
Kutter, 1950, 11,7 m x 4,0 m x 1,2 m, 52 qm Segel

WILHELM PETER
Kiel
Kriegsfischkutter (KFK), 1943, Burmester, 32,0 m (24,0 m) x 6,5 m x 3,2 m, 380 qm Segel, 180-PS-Diesel

WILHELMINE VON STADE
Stade
Besanewer, 1912, Jacobs, Moorege, 65 tons, 25,0 m (20,1 m) x 4,2 m x 1,3 m, 180 qm Segel, 60-PS-Diesel, ex WILHELMINE

WILLI
Stade
Giekewer, 1926, Jacobs, Moorege, 11,5 m x 3,5 m x 1,1 m

WILLOW WREEN
Kappeln, Museumshafen
Smack, 1886, Summers & Payne, Southampton, 26,0 m (20,6 m) x 4,1 m x 2,6 m, 50 Tonnen, 250 qm Segel, 97-PS-Diesel

WINDJAMMER (FZ 23)
Ribnitz
Zeesenboot, ca. 1910, 10,9 m x 3,4 m x 0,9 m, 85 qm Segel

WINDSBRAUT
Stade
Besanewer, 1911, Ropers, Stade, 26,8 m x 5,0 m, 100-PS-Diesel,

WINDSBRAUT (FZ 2)
Bodstedt
Zeesboot, 1916, Holzerland, Barth, 10,5 m x 3,4 m x 0,8 m, 70 qm Segel

WODAN (FZ 28)
Bodstedt
Zeesboot, 1938, Jarling, Freest, 9,9 m x 3,3 m x 1,0 m, 75 qm Segel

WOTERKÜKEN
Maasholm
Fischkutter, 1942, Dawartz, Tönning, 14,6 m (12,6 m) x 4,0 m x 1,7 m

ZUVERSICHT
Kiel/Eckernförde
Zweimast-Gaffelschoner, 1905, R. Møller, Faaborg, Dänemark, 30,0 m (24,8 m) x 5,7 m x 1,9 m, 58 BRT, 274 qm Segel, 220-PS-Diesel, ex LEO

AKTIVE VETERANEN UNTER DAMPF ODER MOTOR

(*) = Dampfschiff

ADLER
Joachimsthal/Wehrbellinsee
Fahrgastschiff, 1929, Marienwerder, 25,1 m x 5,0 m x 1,5 m, ex TEMPELHOF, ex FRIEDRICHSHAGEN

ADOLF VON MENZEL
Berlin
Passagierschiff, 1904, Oderwerke, Stettin, 30,0 m x 5,6 m x 1,4 m, 2 x 80 PS-Diesel, 330 Passagiere

ADVOCARD
Hamburg-St. Pauli Landungsbrücken
Barkasse, 1923, Heidtmann, Hamburg, 15,5 m x 3,7 m x 1,2 m, 128-PS- Diesel, 57 Fahrgäste

AKKE
Wilhelmshaven
Versorger, 1943, Gutehoffnungshütte, Walsum, 38,1 m x 9,5 m x 2,2 m, 164 tdw, ex BROKDORF, ex BBP 47

ALEX
Hamburg-St. Pauli Landungsbrücken
Barkasse, 1921, Breuning, Hamburg-Wilhelmsburg, 17,5 m x 3,2 m x 1,0 m, 145-PS-Diesel, 69 Fahrgäste

ALEXANDER
Berlin
Fahrgastschiff, 1913, Maaß, Neustrelitz, 32,5 m x 4,8 m x 0,9 m, 187–PS-Diesel, 170 Passagiere

* ALEXANDRA
Flensburg, Schiffbrücke
Salondampfer, 1908, Schiffswerfte & Maschinenfabrik vorm. Janssen & Schmilinsky, Hamburg, 140 BRT, 37,0 m x 7,2 m x 2,9 m, 420-PS-Dampfmaschine, 12 kn, sieben Mann Besatzung, 120 Passagiere

ALFRED WACHHOLZ
Hamburg
Polizeiboot, 1959, Menzer, Geesthacht, 18,2 m x 3,9 m x 1,5 m, 230-PS-Diesel, 12 kn, ex ELBE 27

ALLEGRA
Düsseldorf
Fahrgastschiff, 1886, Otto, Krimpen/Niederlande, 45,0 m x 6,0 m, 230-PS-Diesel, 100 Fahrgäste, ehemaliger Frachtsegler, 1986 umgebaut

ALSTERTAL
Hamburg-St. Pauli Landungsbrücken
Fahrgastschiff, 1927, Menzer, Hamburg, 17,9 m x 4,6 m x 1,2 m, 120-PS-Diesel, 89 Fahrgäste

ALSTERUFER
Hamburg-St. Pauli Landungsbrücken
Barkasse, 1931, Bonné, Hamburg, 17,9 m x 4,0 m x 1,4 m, 240-PS-Diesel, 107 Fahrgäste

ALTONA
Hamburg, Oevelgönne
Hafenbarkasse, 1926, A. Stiel, Hamburg-Wilhelmsburg, 13,4 m x 3,2 m x 1,2 m, 60-PS-Diesel

ALTWARP
Joachimsthal/Wehrbellinsee
Fahrgastschiff, 1935, Schröder, Marienwerder, 28,2 m x 5,0 m x 1,2 m, 200-PS-Diesel, 180-PS-Diesel, ex KARL CHRISTIAN BADE, ex REICHSFORSTMEISTER GÖRING

AMANDA
Hamburg-Oevelgönne
Hafenschute, 1910

AMISIA
Haren/Ems
Fahrgastschiff, 1949, Renck, Hamburg, 29,0 m x 5,7 m x 1,0 m, 240-PS-Diesel, 236 Fahrgäste, ex NIENSTEDTEN, ex De LIEVE JONG

AMMERSBEK (H 18554)
Hamburg, Alster
»Alsterdampfer«, 1938, Pahl, Hamburg-Finkenwerder, 20,5 m x 5,1 m x 1,3 m, 125-PS-Diesel, 180 Passagiere

ANDREA G
Hamburg-St. Pauli Landungsbrücken
Barkasse, 1910, Breuning, Hamburg, 15,7 m x 3,2 m x 1,2 m, 90-PS-Diesel, 59 Fahrgäste

* ANDREAS
Berlin, Historischer Hafen
Dampfschlepper, 1944/1950, Gebr. Wiemann, Brandenburg, 293 tons, 35,2 m x 6,9 m x 1,4 m, 305-PS-Dampfmaschine

ANGELA
Berlin
Fahrgastschiff, 1947, Liptow, Berlin-Tegel, 25,5 m x 4,1 m x 1,1 m, 150-PS-Diesel, 100 Fahrgäste

ANGELIKA
Hamburg - St. Pauli Landungsbrücken
Barkasse, 1934, Blohm & Co., Hamburg, 18,5 m x 5,5 m x 1,6 m, 200-PS-Diesel, 106 Fahrgäste, ex LODDING II

ANITA
Hamburg-St. Pauli Landungsbrücken
Barkasse, 1938, Grube, Hamburg, 18,0 m x 3,3 m x 1,6 m, 150-PS-Diesel, 79 Fahrgäste, ex EGERLAND, ex MARION

ANNA
Hamburg
Motorschlepp-Barkasse, 1923, Gätjens, Hamburg,13,3 m x 3,2 m x 1,3 m, Diesel

ARCHIMEDES
Zehdenick
Kabinenschiff, 1920, Stadtskanaal, Niederlande, 25,0 m x 5,1 m x 0,7 m, 90-PS-Diesel, 12 Passagiere

ARCONA
Berlin-Friedrichshagen
Fahrgastschiff, 1905, Maaß, Neustrelitz, 25,4 m x 4,7 m x 1,7 m, 150-PS-Maschine, 109 Fahrgäste, ex HOFFNUNG, ex CÄCILIE

ARTUR BECKER
Greifswald
Ausbildungsschiff, 1951, VEB Roßlauer Schiffswerft, 34,9 m x 7,3 m x 2,9 m, 72 tdw, ex RUDEN

ASTOR
Berlin
Fahrgastschiff, 1948, Walter, Plaue/Havel, 47,6 x 7,4 m x 1,3 m, 360-PS-Diesel, 500 Fahrgäste, ex HEIMAT

ASTOR
Ückeritz
Fahrgastschiff, 1930, Oelkers, Hamburg, 16,1 m x 4,1 m x 1,4 m, 75-PS-Diesel, 100 Fahrgäste, ex CLEMENTINE, ex KAMERADSCHAFT, ex GOLDBEK I, ex COLLAU, ex KOLLAU

ASTRID QUANDT
Lübeck
Fahrgastschiff, 1938, Amsterdam, 16,7 m x 3,9 m x 0,9 m, 80-PS-Diesel, 60 Fahrgäste, ex TILL ULENSPIEGEL, ex TRAVENELKE

AURORA
Berlin
Motorschlepper, 1920, Spandau, 15,1 m x 3,0 m, 120-PS-Diesel

AURORA
Leer
Tonnenleger/Ausbildungsschiff, 1953, Jade-Werft, Wilhelmshaven, 40,7 m x 8,1 m x 1,7 m, 11 kn, ex NORDEN, 1998 als Tonnenleger außer Dienst gestellt, heutige Nutzung: Ausbildungsschiff, heutiger Eigner: Seefahrtschule Leer.

BAD BEVENSEN
Bad Bevensen, Elbe-Seitenkanal
Fahrgastschiff, 1928, Schröder, Marienwerder, 35,0 m x 5,0 m x 0,8 m, 126-PS-Diesel, 150 Fahrgäste, ex WINTERMÄRCHEN, ex EDELTRAUD, ex HERKULES, ex STADT HANNOVER

BAD WIESSEE
Tegernsee
Fahrgastschiff, 1937, Lürssen, Bremen-Vegesack, 23,5 m x 3,9 m x 1,0 m, 125 Fahrgäste

BADEN
Konstanz, Bodensee
Passagierschiff, 1935, Bodan-Werft, Kressbronn, 364 tdw, 53,0 m x 10,0 m x 1,6 m, 2 x 410-PS-Diesel, 760 Passagiere

BADEN-BADEN
Berlin
Fahrgastschiff, 1930, Lahe, Berlin-Saatwinkel, 26,1 m x 4,2 m x 1,4 m, 150-PS-Diesel, 100 Fahrgäste, ex BUSSARD

BÄR VON BERLIN
Berlin
Fahrgastschiff, 1935, Groningen, Niederlande, 37,4 m x 5,0 m x 1,1 m, 320-PS-Diesel, 200 Fahrgäste, ex FEENLOB, ex ERNA

BARBAROSSA
Berlin
Schleppdampfer, 1905, 15,9 x 4,2 m, jetzt 200-PS-Diesel

BAYERN
Tegernsee
Fahrgastschiff, 1923, Rambeck, Starnberg, 18,5 m x 3,5 m x 0,8 m, 115 Fahrgäste

BAYERN
Starnberger See
Fahrgastschiff, 1936, Deggendorf, 48,0 m x 10,4 m x 1,6 m, 2 x 320-PS-Diesel, 600 Fahrgäste

BELLA VISTA
Hannover, Mittellandkanal
Fahrgastschiff, 1926, Niederlande, 29,0 m x 5,5 m x 0,8 m, 250 Fahrgäste

BENTE
Flensburg
Fahrgastschiff, 1934, FSG, Flensburg, 54 BRT, 20,9 m x 4,8 m x 1,8 m, 125-PS-Diesel, 130 Fahrgäste

BERCHTESGADEN
Königsee
Elektro-Fahrgastschiff, 1937, Rambeck, Starnberg, 18,8 m x 3,2 m x 1,0 m, 93 Fahrgäste

BERLIN
Berlin
Fahrgastschiff, 1928, Bodanwerft, Kressbronn, 50,7 m x 9,0 m x 1,4 m, 2 x 220-PS-Diesel, 600 Fahrgäste, ex REICHENAU, ex TEGEL, ex SEUTE DEERN

BERTUS FREDE
Leer
Schlepper, 1924, Schiffswerfte Janssen & Schmilinski, Hamburg, 16,3 m x 5,1 m x 1,9 m, 276-PS-Diesel, 10 Passagiere, ex ORION, Eigner: Schipper Klottje, Leer

BIRGIT
Hamburg-Vorsetzten
Barkasse, 1926, Bartram, Hamburg, 15,6 m x 3,0 m x 1,0 m, 90-PS-Diesel, 60 Fahrgäste

BIRGIT
Prien, Chiemsee
Fahrgastschiff, 1924, Meyer, Hamburg-Bergedorf, 11,4 m x 2,7 m x 1,1 m, 55 Fahrgäste, ex RUDOLF, ex JENNY

BRACKI
Bremerhaven
Barkasse, 1912, Hamburgische Staatswerft, 13,5 m x 3,2 m x 1,1 m

BRAMMER
Hamburg
Küstenmotorschiff, 1951, Stader Schiffswerft, 42,8 m x 7,5 m x 2,8 m, 445 tdw, 8 kn, ex FRIEDEL RABELER

BREDENBEK (H 6039)
Hamburg
»Alsterdampfer«, 1938, Pahl, Hamburg-Finkenwerder, 20,5 m x 5,1 m x 1,6 m, 131-PS-Diesel, 180 Passagiere, ex HEINZ KOCH

BREEGE
Stralsund
Fahrgastschiff, 1913, Zeller, Rostock, 21,4 m x 4,6 m x 1,3 m, 80-PS-Diesel, 80 Fahrgäste, ex ILSE

BREMERLOTSE
Bremerhaven
Lotsenversetzboot, 1956, Schweers, Bardenfleth, 48 BRT, 22,5 m x 4,6 m x1,9 m, 500-PS-Diesel, 11,5 kn, drei Mann Besatzung

BUBI II
Hamburg-St. Pauli Landungsbrücken
Barkasse, 1922, Blohm, Hamburg, 18,2 m x 4,5 m x 1,4 m, 185-PS-Diesel, 100 Fahrgäste

BURG ARRAS
Alf, Mosel
Fahrgastschiff, 1929, Stauff, Königswinter, 20,0 m x 4,2 m x 0,7 m, 90-PS-Diesel, 100 Passagiere, ex WAPPEN VON EMMERTHAL, ex SCHLESIEN

CÄCILIA
Vallendar
Fahrgastschiff, 1031, Sturm, Koblenz, 25,0 m x 4,8 m x 1,2 m, 116-PS-Diesel, 150 Fahrgäste

CAPPUTH
Potsdam
Passagierschiff, 1886, Stettin, 31,1 m x 5,2 m, 236-PS-Diesel, 268 Passagiere

CARINA
Havelberg, Fahrgastschiff, 1930, Stauff, Königswinter, 18,0 m x 3,5 m x 0,5 m, 56 Fahrgäste

CHRISTA GLITSCHER
Hamburg-St.Pauli Landungsbrücken, Barkasse, 1940, Gührs, Hamburg, 18,3 m x 4,4 m x 1,3 m, 186-PS-Diesel, 102 Fahrgäste

CLAUDIA GLITSCHER
Hamburg-St.Pauli Landungsbrücken
Barkasse, 1939, Menzer, Hamburg-Bergedorf, 17,9 m x 4,4 m x 1,7 m, 150-PS-Diesel, 96 Fahrgäste

* CLAUS D.
Hamburg-Oevelgönne
Dampfschlepper, 1913, Schiffswerfte und Maschinenfabrik vorm. Janssen & Schmilinsky, Hamburg, 46 BRT, 68 tons, 17,8 m x 5,3 m x 2,0 m, 220-PS-Dampfmaschine, 9 kn, ex MOORFLETH, ex SCHULAU

CONCORDIA
Berlin, Historischer Hafen
Ausflugsschiff

CONDOR
Greifswald
Kranschiff, 1910, 17,1 m x 7,5 m x 1,8 m

CREMON I
Hamburg-St. Pauli Landungsbrücken
Barkasse, 1938, Pahl, Hamburg, 19,4 m x 4,6 m x 1,6 m, 185-PS-Diesel, 80 Fahräste, ex HUSUM

CREMON II
Hamburg-St. Pauli Landungsbrücken
Barkasse, 193, Stülcken, Hamburg, 20,1 m x 4,7 m x 1,4 m, 185-PS-Diesel, 100 Fahräste, ex STAUEREI GERD BUSS II

CREMON III
Hamburg-St. Pauli Landungsbrücken
Barkasse, 1949, Stülcken, Hamburg, 20,1 m x 4,9 m x 1,4 m, 185-PS-Diesel, 100 Fahräste, ex STAUEREI GERD BUSS II

CREMON IV
Hamburg-St. Pauli Landungsbrücken
Barkasse, 1930, Blohm & Voss, Hamburg, 19,9 m x 4,9 m x 1,4 m, 60 Fahrgäste, ex STAUEREI GERD BUSS IV

CREMON VI
Hamburg-St. Pauli Landungsbrücken
Barkasse, 1930, Schüler, Moorege, 19,5 m x 4,9 m x 1,4 m, 80 Fahräste, ex STAUEREI GERD BUSS VI

CREMON VIII
Ueckermünde
Barkasse, 1925, Peters, Wewlsfleth, 16,5 m x 5,0 m x 1,3 m, 180-PS-Diesel, 70 Fahräste

CREMON IX
Hamburg-St. Pauli Landungsbrücken
Barkasse, 1956, Bonné, Hamburg, 20,4 m x 5,2 m x 1,3 m, 80 Fahräste, ex EMMY REHR

DELPHIN
Buxtehude, Este, Fahrgastschiff, 1923, Hamburg-Neuhof, ex KÖRLING, ex ALTE FÄHR

DELPHIN
Lindau, Bodensee
Fahrgastschiff, 1928, Pillau, 18,4 m 3,9 m x 1,2 m, 180-PS-Diesel, 34 Fahrgäste, ex SEEHASE

DEUTSCHLAND
Kassel, Fulda
Fahrgastschiff, 1938, Amsterdam, 36,0 m x 6,6 m x 1,2 m, 400 Fahrgäste

DEUTSCHLAND
Hitzacker, Elbe
Barkasse, 1926, Oelkers, Hamburg-Neuhof, 16,4 m x 4,0 m x 1,5 m, 120-PS-Diesel, ex URSULA, ex ENTSCHLOSSENHEIT, ex EILBEK, ex MÜHLENAU, ex METEOR

DEUTSCHLAND
Berlin
Fahrgastschiff, 1942, Gebr. Winkler, Kalkberge, 36,9 m x 7,0 m x 1,3 m, 340-PS-Diesel, 250 Passagiere

DEUTSCHLAND
Bremerhaven
Fahrgastschiff, 1929, Stauff, Königswinter, 19,2 m x 3,6 m x 0,7 m, 60-PS-Diesel, 100 Fahrgäste, ex DEUTSCHLAND, ex BEDERKESA

DIDE
Wyk/Föhr
Küstenmotorschiff, 1901, Holtmann & Zoon, Stadtskanaal, 38,6 m x 6,9 m x 2,1 m, ex GESA, ex GRAUERORT, ex VIER GEBROEDERS

* DIESBAR
Dresden, Terrassenufer
Raddampfer, 1884, Blasewitz, Dresden, 52,7 m x 10,3 m x 0,8 m, 125-PS-Dampfmaschine, 175 Passagiere, ex PILLNITZ

DIESSEN
Greifenberg/Ammersee
Raddampfer, 1908, Maffei, München, 38,8 m x 10,1 m x 1,2 m, 170 tons, 230-PS-Diesel, 360 Passagiere

DIETER
Rostock
Barkasse, 1946, Burmester, Bremen, 11,0 m x 3,8 m x 0,9 m, 50-PS-Diesel, 65 Fahrgäste, ex S 106

DON JUAN
Wusterhausen, Klempowsee
Fahrgastschiff, 1935, Engelbrecht, Berlin-Köpenick, 17,5 m x 3,5 m x 1,4 m, 75-PS-Diesel, 107 Fahrgäste

DOROTHEENSTADT
Berlin, Hafen Treptow
Fahrgastschiff, 1904, Oderwerke, Stettin, 36,6 m x 5,6 m x 1,8 m, 150-PS-Diesel, 150 Fahrgäste, ex FÜRST VON BISMARCK, ex NEPTUN, ex FRIEDENSWACHT

* DRESDEN
Dresden, Terrassenufer
Raddampfer, 1926, Laubegast, Dresden, 68,7 m x 12,7 m x 0,9 m, 610 Passagiere, 300-PS-Dampfmaschine

EDERGOLD
Niederfinow, Finowkanal
Fahrgastschiff 1932, Stauff, Königswinter, 19,8 m x 4,2 m x 0,6 m, 100-PS-Diesel, 75 Fahrgäste, ex EDERGOLD II

EDWIN
Hamburg-Vorsetzen
Barkasse, 1925, Oelkers, Hamburg, 15,8 m x 4,3 m x 1,3 m, 133-PS-Diesel, 82 Fahrgäste

EDWIN II
Hamburg-Vorsetzen
Barkasse, 1939, Wulf, Hamburg, 15,4 m x 3,9 m x 1,1 m, 133-PS-Diesel, 60 Fahrgäste

EILBEK
Hamburg
»Alsterdampfer«, 1951, Oelkers, Hamburg-Neuhof, 22,2 m x 4,9 m x 1,5 m, 125-PS-Diesel, 130 Passagiere

EILENAU
Hamburg
»Alsterdampfer«, 1958, Neerlandica, Hillegom, Niederlande, 19,8 m x 4,8 m x 1,3 m, 94-kw-Diesel, 78 Passagiere

EINTRACHT
Berlin, Historischer Hafen
Fahrgastschiff, 1906, Fürstenberg, 14,1 tons, 15,1 m x 3,2 m x 1,1 m, 24-PS-Motor, 65 Passagiere

ELBE
Grünheide
Fahrgastschiff, 1926, Ertel, Woltersdorf, 14 tdw, 23,8 m x 3,8 m x 1,0 m, 150-PS-Diesel, 99 Passagiere

ELBE 1
Hamburg
Polizeibarkasse/Unterelbestreifenboot, 1965, Menzer, Bergedorf, 32,4 m x 5,4 m x 1,7 m, 465-PS-Diesel vier Mann Besatzung, ex WASSERSCHUTZPOLIZEI 1, ex WASSERSCHUTZPOLIZEI 3

ELFE
Berlin
Fahrgastschiff, 1937, Berlin-Köpenick, 25,7 m x 4,3 m x 0,8 m, 116-PS-Diesel, 180 Fahrgäste

ELFRIEDE
Schwerin
Fahrgastschiff, 1921, Berlin-Köpenick, 20,0 m x 3,8 m x 1,3 m, 136-PS-Diesel, 100 Fahrgäste

ELLI
Hamburg-Vorsetzen
Barkasse, 1923, Bartram, Hamburg, 14,7 m x 3,1 m x 1,2 m, 90-PS-Diesel, 41 Fahrgäste

EMIL
Greifswald
Hafenschlepper

EMS
Emden
Vermessungsschiff, 1934, Jos. L. Meyer, Papenburg, 141 BRT, 36,0 m x 5,8 m x 2,3 m, 435-PS-Diesel, 12 kn

EMSSTROM
Leer
Fischereischutzboot, 1968, 76,0 m lang, ex FRIDTJOF

ERICA
Hamburg-St. Pauli Landungsbrücken
Barkasse, 1920, Wohldorf, Hamburg, 17,1 m x 3,5 m x 1,4 m, 120-PS-Diesel, 76 Fahrgäste

ERICH
Hamburg-St. Pauli Landungsbrücken
Barkasse, 1924, Menzer, Hamburg-Bergedorf, 16,5 m x 3,6 m x 1,3 m, 135-PS-Diesel, 71 Fahrgäste

ETTA VON DANGAST
Dangast
Fahrgastschiff, 1935, Trondheim, Norwegen, 29,0 m x 5,5 m x 1,1 m, 235-PS-Diesel, 145 Fahrgäste, ex ROALD JARL, ex SCHWALBE, ex ZUKUNFT, ex LANGEOOG I, ex HARLE SAND

FALKE
Jessern, Schwielochsee
Fahrgastschiff, 1931, Wildau, 22,2 m x 3,6 m x 0,9 m, 67-PS-Diesel, 75 Passagiere, ex TRUMPF, ex SCHMÖLDE

FALKENSTEIN
Königsee
Elektro-Fahrgastschiff, 1922, Lürssen, Bremen-Vegesack, 18,9 m x 3,2 m x 1,0 m, 93 Fahrgäste

FLENSBURG
Glückstadt
Schlepper, 1954, 35 Fahrgäste, ex BUGSIER 9

FORELLE
Lüneburg, Ilmenau
Barkasse, 1940, Schmidt, Oberwinter, 16,3 m x 3,8 m x 1,2 m, 178-PS-Diesel, 55 Fahrgäste

FORELLE
Buxtehude
Fahrgastschiff, 1934, FSG, Flensburg, 54 BRT, 20,5 m x 4,8 m x 1,8 m, 120-PS-Diesel, 8,5 kn, 80 Passagiere

FRANKEN
Schweinfurt
Fahrgastschiff, 1925, Friedrichswerft, Einswarden, 30,0 m x 6,0 m x 1,3 m, 180-PS-Diesel, 200 Fahrgäste, ex WAPPEN VON BERCHING, ex MORITZ, ex ERFT

FRAUENLOB
Gutow, Krakower See
Fahrgastschiff, 1930, Engelbrecht, Berlin-Köpenick, 18,1 m x 3,8 m x 1,2 m, 160-PS-Diesel, 95 Fahrgäste

FREIHERR VOM STEIN
Rinteln, Weser
Fahrgastschiff, 1930, Arminiuswerft, Bodenwerder, 18,8 m x 3,5 m x 0,7 m, 45 Fahrgäste

FREUNDSCHAFT
Emden/Norderney
Passagierschiff, 1895, Stettiner Oderwerke, 237 BRT, 42,8 m x 6,0 m x 1,7 m, 440 kw Motoren, 402 Passagiere, ex DEUTSCH-SOWJETISCHE FREUNDSCHAFT

FREYA

Kiel/List/Sylt

Raddampfer, 1905, J. & K. Smit, Kinderdijk/Niederlande, 51,6 m x 11,5 m x 2,3 m, 140-PS-Dampfmaschine, 12,5 kn, ex DE NEDERLANDER, ex WESTERSCHELDE.
FREYA kam als WESTERSCHELDE in Fahrt und wurde bis 1933 von der Provinz Zeeland eingesetzt und danach an die Schiffswerft de Klok in Terneuzen verkauft. Später begann eine langjährige Laufbahn als Bunkerschiff unter dem Namen ZWAAN. Zwischen 1988 und 1990 renoviert kam DE NEDERLANDER als Restaurantschiff in Rotterdam wieder in Dienst. Ende der neunziger Jahre wurde das Schiff an die nordfriesische Reederei Paulsen verkauft und unternimmt als FREYA Ausflugsfahrten.

FRIDERICUS REX

Potsdam, Havel

Fahrgastschiff, 1927, Berlin, 30,0 m x 4,9 m x 1,4 m, 131-PS-Diesel, 80 Passagiere

FRIEDRICH

Bremen

Hafenfähre, 1880, Reiherstieg-Werft, Hamburg, 18,3 m x 6,7 m x 1,9 m, 80 tdw, 120 Passagiere

FRIEDRICH DER GROSSE

Berlin

Heckrad-Motorschlepper, 1956, Prag, 68 tons, 58,9 m x 9,3 m x 0,2 m, 550-PS-Motor, ex JESENIKY

FRIEDRICHSHAFEN

Konstanz, Bodensee

Fahrgastschiff, 1952, Bodanwerft, Kressbronn, 38,0 m x 8,0 m x 1,3 m, 2 x 230-PS-Diesel, 300 Fahrgäste

FRITZ REUTER

Mirow, Moower See

Fahrgastschiff, 1928, Wildau, 23,2 m x 3,7 m x 1,1 m, 67-PS-Diesel, 50 Fahrgäste, ex RHEIN

FRÖHLICHE DÖRTE

Naumburg, Saale

Fährschiff, 1888, Dresden-Neustadt, 13,0 m x 3,2 m x 0,9 m, 25-PS-Diesel, 35 Fahrgäste

FROHSINN

Berlin, Historischer Hafen

Fahrgastschiff, 1927, Bergmann & Westphal, Stralau, 25,0 m x 5,3 m x 1,0 m, 66-PS-Diesel, 120 Passagiere

FÜRSTENBERG

Berlin

Fahrgastschiff, 1939, Stauff, Königswinter, 20,0 m x 4,4 m x 1,2 m, 120-PS-Diesel, 100 Fahrgäste, ex LIMBERG

GEBR. WIEDE II

Hamburg-St. Pauli Landungsbrücken

Barkasse, 1939, Wulf, Hamburg, 18,1 m x 4,0 m x 1,4 m, 230-PS-Diesel, 90 Fahrgäste

GELLEN

Rostock

Lotsenversetzboot, 1953, Berlin, 13,0 m x 4,2 m, 24 tons

GERDA II

Hamburg-St. Pauli Landungsbrücken

Barkasse, 1938, Grube, Hamburg, 16,1 m x 4,2 m x 1,9 m, 180-PS-Diesel, 73 Fahrgäste

GERDA III

Hamburg-St. Pauli Landungsbrücken

Barkasse, 1939, Menzer, Geesthacht, 18,0 m x 4,2 m x 1,4 m, 180-PS-Diesel, 89 Fahrgäste

GISELA

Berlin, Historischer Hafen

Fahrgastschiff, 1934, Engelbrecht, Berlin-Köpenick, 11,5 m x 3,5 m x 1,0 m, 54-PS-Diesel, 30 Passagiere

* GOETHE

Köln

Raddampfer, 1913, Gebr. Sachsenberg, Köln, 83,3 m x 15,7 m x 1,4 m, 522 tons, 700-PS-Dampfmaschine, 900 Passagiere

GOLDBEK (H 6037)

Hamburg

»Alsterdampfer«, 1951, Oelkers, Hamburg-Neuhof, 21,2 m x 4,7 m x 1,5 m, 100-PS-Diesel, 148 Passagiere

GOLEM

Greifswald

Barkasse, 1942, 10,6 m x 2,6 m x 1,3 m, 95-PS-Diesel

GOLIATH

Bremerhaven

Schlepper, 1941, Deschimag, Wesermünde, 143 BRT, 31,3 m x 7,0 m x 1,6 m, 2 x 425-PS-Dieselmotoren, 10 kn

GRÄFIN LORETTA

Briedern, Mosel

Fahrgastschiff, 1930, Oberrhein. Schiffswerft, Germersheim, 41,8 m x 6,5 m x 1,1 m, 2 x 232-PS-Diesel, 250 Fahrgäste, ex BOPPARD, ex LISELOTTE, ex MANNHEIMIA

GREDO

Hanau

Dampfschlepper, 1916, Bodan-Werft, Kressbronn, 15,6 m x 3,3 m, 62-PS-Dampfmaschine, 14 kn, 12 Passagiere, ex CHRISTL

GREIF

Cuxhaven

Forschungs- und Vermessungsschiff, 1946, Nobiskrug, Rendsburg, 38,3 m x 8,1 m x 3,8 m, ex HERCULES

GRETCHEN

Greetsiel

Fahrgastschiff, 1924, Schmidt, Oberwinter, 19,5 m x 4,0 m x 1,0 m, 84-PS-Diesel, 118 Fahrgäste, ex ROLAND, ex ST. NIKOLAUS, ex PELIKAN, ex EDEGRA, ex HOL-ÜBER

GREUNDIEK

Stade/Elbe, Stadthafen

Küstenmotorschiff, 1950, Rickmers, Bremerhaven, 348 BRT, 46,7 m x 7,7 m x 3,2 m, Diesel, ex HANS HERMANN, ex RITA DÖLLING, ex AUGUSTE, GRERUNDIEK wurde bis 1985 auf Nord- und Ostsee eingesetzt, danach wurde das Schiff Ausbildungsschiff der Seefahrtschule Grünendeich

* GUSTAV
Potsdam
Dampfschlepper, 1908, Gebr. Wiemann, Brandenburg, 32,0 m x 6,0 m x 1,3 m, 250-PS-Dampfmaschine, 120 Passagiere

H 1050 (S&C 11)
Hamburg
Kastenschute, 1929, Wohltorf, 18,2 m x 4,8 m, 86 tons

HAI
Wismar
Schlepper, 1898, 14,4 m lang, 135-PS-Diesel

HAMBURG
Demmin
Senatsbarkasse/Fahrgastschiff, 1950, Pahl, Hamburg-Finkenwerder, 23, 5 m x 5,0 m x 1,6 m, 40 tons, 2 x 167-PS-Diesel, 60 Passagiere

HANNELORE
Dillingen, Saar
Fahrgastschiff, 1928, Amsterdam, 23,8 m x 5,3 m x 1,1 m, 240-PS-Diesel, 180 Fahrgäste, ex STADT BEVERUNGEN

HANSEAT
Elsfleth, Weser
Schlepper/Fahrgastschiff, 1928, Gutehoffnungshütte, Walsum, 25,3 m x 4,5 m x 0,8 m, 155-PS-Diesel, 104 Passagiere, ex KETTWIG, ex GOETHE

HANS HERMANN
Hamburg-Vorsetzen
Barkasse, 1921, Jastram, Hamburg-Bergedorf, 15,4 m x 3,8 m x 1,3 m, 132-PS-Diesel, 55 Fahrgäste

HAVELFEE
Brandenburg, Havel
Fahrgastschiff, 1940, Wildau, 26,8 m x 4,1 m x 0,9 m, 102-PS-Diesel, 80 Passagiere, ex FRIEDEL, ex DAHME, ex WESENBERG

HARMONIE
Ketzin, Havel
Fahrgastschiff, 1926, Brink, Königswinter, 27,0 m x 5,0 m x 1,2 m, 200 Fahrgäste, ex JOSEPHINE, ex TINA, ex WAPPEN VON OLDENBURG

HAVELLAND
Joachimsthal, Werbellinsee
Fahrgastschiff, 1925, Berlin-Spandau, 25,4 m x 4,8 m x 1,4 m, 80-PS-Diesel, 100 Fahrgäste, ex OBERSPREE

HEIDELBERG
Berlin
Fahrgastschiff, 1924, Engelbrecht, Berlin-Köpenick, 17,5 m x 3,7 m x 1,0 m, 130-PS-Diesel, 25 Fahrgäste, ex ROBINSON

HEIKE
Hamburg-St. Pauli Landungsbrücken
Barkasse, 1923, Uetersen, 16,5 m x 4,0 m x 1,1 m, 155-PS-Diesel, 76 Fahrgäste, ex STAUEREI GERD BUSS V

HEIMKEHR
Greifswald
Schwimmramme, 1898, Stettin

HEIN
Hamburg-Vorsetzen
Barkasse, 1912, Thormählen, Elmshorn, 15,2 m x 4,0 m x 1,4 m, 145-PS-Diesel, 54 Fahrgäste

HEINRICH ZILLE
Berlin
Fahrgastschiff, 1896, Oderwerke, Stettin, 38,3 m x 6,2 m x 1,8 m, 276 Passagiere, 218-PS-Motor, ex BAURAT HOBRECHT, ex PANKE

HEITERKEIT
Berlin
Fahrgastschiff, 1909, Maaß, Neustrelitz, 29,6 m x 4,6 m x 1,1 m, 180-PS-Diesel, 197 Fahrgäste, ex KARL-WILHELM

HERTHA
Fahrgastschiff, 1921, Thormählen, Elmshorn, 16,2 m x 3,4 m x 1,4 m, 48 Fahrgäste, ex ELLEN, ex CARL, ex TIGER, ex HERTHA QUANDT

HERZ-AS
Neuruppin, Ruppiner See
Fahrgastschiff, 1926, Kalkberge, 12,9 m x 3,1 m x 0,9 m, 37 Fahrgäste

HERZOGSTAND
Kochelsee
Fahrgastschiff, 1936, Scheel & Jöhnk, Hamburg, 16,0 m x 3,3 m x 0,6 m, 100 Passagiere

HILDEGARD
Hamburg-St. Pauli Landungsbrücken
Barkasse, 1950, Bonné, Hamburg, 16,5 m x 4,1 m x 1,3 m, 168-PS-Diesel, 80 Fahrgäste

HOCHKALTER
Königsee
Elektro-Fahrgastschiff, 1929, Rambeck, Starnberger See, 18,9 m x 3,2 m x 0,9 m, 88 Fahrgäste

HOFFNUNG
Ketzin, Havel
Fahrgastschiff, 1914, Magdeburg, 20,0 m x 3,6 m x 1,1 m, 70 Fahrgäste

HOHE-NAU
Regensburg
Minenleger/Fahrgastschiff, 1927, Ungarn, 36,5 m x 5,5 m x 1,1 m, 350-PS-Diesel, 250 Fahrgäste, ex MAROS

HOHWACHT II
Bremen-Vegesack
Patrouillenboot, 1952, 29,0 m x 4,7 m x 1,4 m, Marinekameradschaft Hohwacht

HOLSTINCHEN
Lübeck, Trave
Fahrgastschiff, 1946, Sjötorp, Schweden, 16,0 m x 4,2 m x 0,8 m, 135-PS-Diesel, 82 Passagiere, ex PADDAN I

HORST
Hamburg-St. Pauli Landungsbrücken
Barkasse, 1909, Hamburg, 16,7 m x 3,6 m x 1,1 m, 150-PS-Diesel, 73 Fahrgäste

HUBERTUS
Tegernsee
Fahrgastschiff, 1931, Kellerer, Tegernsee, 16,0 m x 3,4 m x 1,0 m, 84 Fahrgäste

HT 10
Hamburg
Arbeitsschiff, 1903

INDEPENTIA
Bremerhaven
Minensuchboot, Schütze-Klasse, Typ 340/341, 1963, 49,5 m x 7,2 m x 1,8 m, 280 tons, 4500-PS-Diesel, 24 kn, 39 Mann Besatzung, ex ALGOL

INSEL HIDDENSEE
Hamburg
Fahrgastschiff, 1935, Neptunwerft, Rostock, 33,7 m x 7,0 m, 356 Passagiere

IRMINGARD
Prien, Chiemsee
Fahrgastschiff, 1925, Hitzler, Regensburg, 17,3 m x 3,5 m x 0,9 m, 76-PS-Diesel, 90 Fahrgäste

ISEBEK
Hamburg
»Alsterdampfer«, 1935, Oelkers, Hamburg, 21,1 m x 4,7 m x 1,6 m, 125-PS-Diesel, 130 Passagiere

JAN
Hamburg, Vorsetzen
Barkasse, 1928, Schüler, Uetersen, 16,5 m x 3,9 m x 1,4 m, 90-PS-Diesel, 64 Fahrgäste

JAN DIRK
Wischhafen
Küstenmotorschiff, 1950, Mützelfeld-Werft, Cuxhaven, 42,6 m x 7,5 m x 2,9 m, 293 BRT, 428 tdw, 250-PS-Diesel, 8 kn, ex HEINRICH NAGEL, ex JÜRGEN

JENS
Neuenkirchen, Medem
Barkasse, 1926, Hamburg, 16,0 m x 3,8 m x 0,7 m, 100-PS-Diesel, 60 Fahrgäste

JENS ALBRECHT III
Harlesiel
Fahrgastschiff, 1935, Jos. L. Meyer, Papenburg, 24,4 m x 5,8 m x 1,2 m, 11,5 kn, ex SPIEKEROOG II, ex BALTRUM II

JOSEPHINE
Berlin
Barkasse, 1954, Buschmann, Hamburg, 23,1 m x 5,1 m x 1,7 m, 280-PS-Diesel, 60 Passagiere, ex BP 1, ex NORDSEE

KÄTHE
Hamburg-St. Pauli Landungsbrücken
Barkasse, 1921, Schüler, Moorege, 14,5 m x 3,4 m x 1,2 m, 160-PS-Diesel, 55 Fahrgäste

* KAISER FRIEDRICH
Berlin
Fahrgast-Dampfschiff, 1886, Möller & Holberg, Stettin, 31,2 m x 5,1 m x 1,4 m, 2 x 46-PS-Dampfmaschine, 150 Fahrgäste, ex SIEGFRIED, ex KAISER FRIEDRICH III, Eigner: Deutsches Technikmuseum

* KAISER WILHELM
Lauenburg
Raddampfer, 1900, Dresdner Maschinenfabrik & Schiffswerft, Dresden, 57,2 m x 8,4 m 0,9 m, 168-PS-Dampfmaschine, 350 Fahrgäste.

* KAPITÄN MEYER
Wilhelmshaven, Bontekai
Tonnenleger, 1949, AG Weser, Seebeck-Werft, Bremerhaven, 555 BRT, 52,1 m x 9,1 m x 3,1 m, 2 x 500-PS-Dampfmaschine

KAPTAUBE
Wyk/Föhr
Küstenmotorschiff, 1930, Smit, Hoogezand, 34,7 m x 5,6 m x 2,5 m, 147 BRT, 9 kn, ex META-GRETE, ex WILFRIED

KARIN QUANDT
Lübeck, Trave
Fahrgastschiff, 18,7 m x 4,0 m x 1,2 m, 125-PS-Diesel, 89 Fahrgäste, ex STEINHÖFT, ex BERNHARD, ex MINNA

KARL FRIEDRICH SCHINKEL
Neuruppin, Ruppiner See
Fahrgastschiff, 1938, Grieseler, Magdeburg, 20,7 m x 4,2 m x 1,4 m, 80-PS-Diesel, 80 Fahrgäste

KARLSRUHE
Konstanz, Bodensee
Fahrgastschiff, 1937, Deggendorf, 334 tdw, 56,3 m x 11,4 m x 1,7 m, 2 x 400-PS-Diesel, 900 Fahrgäste

KEHRWIEDER
Berlin
Fahrgastschiff, 1902, Hamburg, 41,5 m x 6,5 m x 1,4 m, 2 x 175-PS-Diesel, 290 Fahrgäste, ex NEUHOF, ex REIHERSTIEG, ex KEHRWIEDER

KIELER SPROTTE
Kiel
Fahrgastschiff, 1905, Neptun, Rostock, 94 tdw, 21,8 m x 4,8 m x 2,2 m, 400-PS-Diesel, ex GROSSHERZOGIN ALEXANDRA, ex WALTER, ex UECKERMÜNDE

KISSINGEN
Bad Kissingen
Fahrgastschiff, 1924, Stauff, Königswinter, 10,0 m x 3,0 m, 45-PS-Diesel, 72 Fahrgäste

KLAUS
Hamburg, Vorsetzen
Barkasse, 1922, Schüler, Moorege, 15,1 m x 3,1 m x 1,3 m, 75-PS-Diesel, 48 Fahrgäste

KÖNIGSEE
Königsee
Elektro-Fahrgastschiff, 1926, Rambeck, Starnberg, 18,8 m x 3,2 m x 1,0 m, 93 Passagiere

KREUZ-AS
Berlin
Fahrgastschiff 1929, Gebr. Wiemann, Brandenburg, 39,8 m x 5,7 m x 1,5 m, 148-PS-Diesel, 200 Fahrgäste

* KRIPPEN
Dresden
Raddampfer, 1892, Blasewitz, Dresden, 120 tdw, 56,1 m x 9,7 m x 0,6 m, 110-PS-Dampfmaschine, 221 Fahrgäste, ex TETSCHEN

* KURORT RATHEN
Dresden, Terrassenufer
Raddampfer, 1896, Blasewitz, Dresden, 56,1 m x 10,2 m x 0,9 m, 140-PS-Dampfmaschine, 300 Fahrgäste, ex BASTEI

KURPFALZ
Ludwigshafen
Fahrgastschiff, 1929, Clausen, Oberwinter, 29,9 m x 5,4 m x 1,6 m, 230-PS-Diesel, 220 Fahrgäste, ex REGINA-WIMPINA, ex SEEADLER

KURT ABICHT
Hamburg-St. Pauli Landungsbrücken
Barkasse, 1943, Bonné, Hamburg, 18,4 m x 4,5 m x 1,6 m, 185-PS-Diesel, 105 Fahrgäste

LAHNSTOLZ
Bad Ems
Fahrgastschiff, Stauff, Königswinter, 17,0 m x 3,6 m x 0,7 m, 96-PS-Diesel, 76 Fahrgäste

* LEIPZIG
Dresden, Terrassenufer
Raddampfer, 1929, Laubegast, Dresden, 70,1 m x 12,9 m x 0,9 m, 325-PS-Dampfmaschine, 610 Fahrgäste

LIBELLE
Berlin, Historischer Hafen
Barkasse, 1926, Jastram, Hamburg, 6,6 tdw, 13,8 x 3,8 m x 1,2 m, 135-PS-Diesel, 8 kn, 30 Fahrgäste

LIBERTÉ
Neckargemünd
Kabinenschiff, 1935, Alphen a.d. Rijn, Niederlande, 34,0 m 5,0 m 1,2 m, 490-PS-Diesel, 12 Passagiere, ex ANDRONA, ex ANNA-ILONA

LICHTERFELDE
Berlin, Wannsee
Fahrgastschiff, 1896, Oderwerke, Satettin, 36,6 m x 8,0 m x 1,8 m, 2 x 102-PS-Diesel, 400 Fahrgäste

LINE HINSCH
Bremerhaven
Wad- und Sundfahrer, 1928, van Diepen, Waterhuizen/Niederlande, 100 BRT, 29,5 m x 5,5 m x 1,2 m, 220 qm Segel, 130-PS-Diesel, heutige Nutzung: aktives Restaurantschiff »Dat Pankoken Schip«, ex HENRY

LÖSCHBOOT 1
Bremerhaven
Feuerlöschboot, 1941, Pahl, Hamburg-Finkenwerder, 19,5 m x 4,5 m x 1,5 m, 200-PS-Diesel, ex OMGUS D 70

LÖSCHEBRAND
Bad Saarow, Scharmützelsee
Fahrgastschiff, 1928, Berlin-Köpenick, 24,5 m x 3,9 m x 1,2 m, 104-PS-Diesel, 118 Fahrgäste, ex ELBE, ex LIBELLE, ex RAHNSDORF, ex BAD SAAROW

LUDWIG FESSLER
Prien am See, Chiemsee
Raddampfer, 1926, Hitzler, Regensburg, 53,0 m x 11,6 m x 1,2 m, 2 x 276-PS-Dampfmaschine, 685 Fahrgäste

LÜBSCHER ADLER
Lübeck, Wakenitz
Fahrgastschiff, 1938, Scheel & Jöhnk, Hamburg, 23,0 m x 4,2 m x 0,9 m, 94-PS-Diesel, 170 Fahrgäste

LÜTTE DEERN
Hamburg-St. Pauli Landungsbrücken
Barkasse, 1930, Poew & Ridder, Hamburg, 15,3 m x 3,8 m x 1,4 m, 49 Fahrgäste

LÜTTJE NIXE
Wiesmoor, Ems-Jade-Kanal
Fahrgastschiff, 1930, Königswinter, 14,3 m x 3,1 m x 0,8 m, 60 Fahrgäste

LUISE
Malente-Gremsmühlen, Keller-See
Fahrgastschiff, 1936, Scheel & Jöhnk, Hamburg, 24,7 m x 4,3 m x 1,1 m, 210 Fahrgäste

MAGDALENE
Hamburg-St. Pauli Landungsbrücken
Barkasse, 1923, Blohm, Hamburg, 18,3 m x 4,6 m x 1,4 m, 128-PS-Diesel, 99 Fahrgäste

MAIN-SPESSART
Gemünden, Main
Fahrgastschiff, 1927, Stauff, Königswinter, 22,0 m x 4,7 m x 1,6 m, 119-PS-Diesel, 120 Fahrgäste, ex TEGEL, ex FALKE 3, ex RHEINLAND

MARIA
Leer
Binnenmotorschiff, 1931, Hoogezand, 25,0 m lang

MARIA CROON
Mettlach, Saar
Fahrgastschiff, 1927, Schmidt, Oberkassel, 32,8 m x 5,3 m x 1,6 m, 2 x 180-PS-Diesel, 250 Fahrgäste, ex LORRAINE II, ex STADT BONN

MARIE VAN'T SIEL
Carolinensiel
Lotsenboot, 1895, 11,5 m x 2,6 m, 15-PS-Diesel, Eigner: Deutsches Sielhafenmuseum

MARITA
Hamburg
Küstenmotorschiff, 1913, Boerma, Martenshoek, 37,2 m x 5,7 m x 2,7 m, 260 tdw, 9 kn, ex GRETE, ex MARIA

MAXIMILIAN
Prien, Chiemsee
Fahrgastschiff, 1937, Scheel & Jöhnk, Hamburg, 23,0 m x 5,0 m x 1,0 m, 220-PS-Diesel, 300 Fahrgäste

MECKLENBURG
Schwerin
Fahrgastschiff, 1925, Schuldt, Stralsund, 24 tdw, 21,6 m x 4,4 m x 1,4 m, 75-PS-Diesel, 176 Fahrgäste, ex HINDENBURG, ex SCHWERIN, ex SOWJETFREUNDSCHAFT

* MEISSEN
Dresden, Terrassenufer
Raddampfer, 1885, Blasewitz, Dresden, 64,7 m x 11,2 m x 0,9 m, 230-PS-Dampfmaschine, 350 Fahrgäste, ex SACHSEN, ex KÖNIG ALBERT

MERKUR
Berlin, Historischer Hafen
Schlepp-Barkasse, 11,0 m x 2,6 m

METTLACH
Mettlach, Saar
Fahrgastschiff, 1928, Gutehoffnungshütte, 22,5 m x 4,5 m x 1,2 m, 120-PS-Diesel, 180 Fahrgäste

MOCAMBO
Ribnitz-Damgarten
Fahrgastschiff, 1872, Reiherstiegwerft, Hamburg-Steinwärder, 23,5 m x 5,1 m x 1,2 m, 75-PS-Diesel, 80 Fahrgäste, ex HAMBURG, ex ALTONA ex BARMBEK, ex VORWERK, ex OBERMAAT, ex NEUKÖLLN, ex TARZAN

MONIKA
Hamburg-St. Pauli Landungsbrücken
Barkasse, 1947, Sielaff, Büsum, 18,3 m x 3,9 m x 1,4 m, 150-PS-Diesel, 85 Fahrgäste, ex UWE

MOORNIXE
Wiemoor, Ems-Jade-Kanal
Fahrgastschiff, 1933, Königswinter, 17,4 m x 3,6 m x 0,6 m, 70-PS-Diesel, 75 Fahrgäste

MOSELHERZ
Mehring, Mosel
Fahrgastschiff, 1928, Niederlande, 44,0 m x 6,6 m x 1,6 m, 300-PS-Diesel, 200 Fahrgäste, ex TELEGRAF IV, ex JOHANNA, ex WALRUS

MOSELLA
Briedern, Mosel
Fahrgastschiff, 1927, Sachsenberg, Köln, 45,0 m x 6,1 m x 1,1 m, 2 x 265-PS-Diesel, 490 Fahrgäste, ex VATER RHEIN

MULDEPERLE
Muldenstein, Muldestausee
Fahrgastschiff, 1930, Berlin-Spandau, 22,6 m x 3,4 m x 1,1 m, 70-PS-Diesel, 99 Fahrgäste, ex FRANKFURT, ex JOKETA

NATALIE
Wyk/Föhr
Küstenmotorschiff, 1950, Ellsflether Werft, 58,8 m x 7,5 m x 4,3 m, 681 tdw, ex MARGOT SCHLICHTING, ex ELLI AHRENS

NECKARPERLE
Heilbronn
Fahrgastschiff, 1941, Traunsee, Österreich, 18,5 m x 3,5 m x 0,8 m, 69-PS-Diesel, 80 Fahrgäste, ex FEUERKOGEL

NEPOMUK
Sasbach
Fahrgastschiff, 1930, Lyon, Frankreich, 38,5 m x 4,8 m x 1,5 m, 220-PS-Diesel, 250 Fahrgäste, ex RHODANIA, ex VILLE DE STRASBOURG, ex STRASBOURG

NEPTUN
Wusterhausen, Klempow-See
Fahrgastschiff, 1927, Fürstenberg, Havel, 20,1 m x 4,3 m x 0,9 mn, 75-PS-Diesel, 176 Fahrgäste

NEPTUN
Berlin
Fahrgastschiff, 1908, Lahe, Saatwinkel, 33,5 m x 5,1 m x 1,2 m, 145-PS-Diesel, 260 Fahrgäste, ex SAATWINKEL, ex TOURIST, ex BEROLINA

NICOLA
Hörstel, Dortmund-Ems-Kanal
Fahrgastschiff, 1931, Werft Untereuerheim, 32,0 m x 5,8 m x 1,5 m, 2 x 220-PS-Diesel, 250 Fahrgäste, ex MAINZ

NICOLE B.
Hannover, Mittellandkanal
Fahrgastschiff, 1904, Oderwerke, Stettin, 35,7 m x 5,8 m x 1,8 m, 2 x 150-PS-Diesel, 222 Fahrgäste, ex PROF. RUDOLF VIRCHOW, ex SEEBAD TEMPLIN

NORDSEE I
Hamburg-St. Pauli Landungsbrücke
Barkasse, 1939, Bonné, Hamburg, 18,1 m x 4,0 m x 1,2 m, 100-PS-Diesel, 91 Fahrgäste

NORDSEE II
Hamburg-St. Pauli Landungsbrücken
Barkasse, 1929, Blohm, Hamburg, 17,9 m x 4,9 m x 1,3 m, 71 Fahrgäste

NORDSEE IV
Hamburg-St. Pauli Landungsbrücken
Barkasse, 1930, Blohm, Hamburg, 18,0 m x 4,7 m x 1,3 m, 230-PS-Diesel, 89 Fahrgäste

* NORDSTERN
Brandenburg
Dampfschlepper, 1902, Gebr. Wiemann, Brandenburg, 26,4 m x 5,3 m x 1,6 m, 303-PS-Dampfmaschine

NOSTALGIE
Berlin
Fahrgastschiff, 1928, Clausen, Oberwinter, 22,6 m x 4,0 m x 0,7 m, 135 Fahrgäste, ex RHEINGOLD, ex MOUSSEL NOSTALGIE

NR. 3
Bremerhaven, Neuer Hafen
Helgoländer Börteboot, 1953, Wedel, 9,7 m x 2,9 m x 1,3 m, 80-PS-Diesel, Eichenrumpf, bis 2000 in Helgoland im Einsatz.

OBERSALZBERG
Königsee
Elektro-Fahrgastschiff, 1936, Rambeck, Starnberg, 18,8 m x 3,2 m x 1,0 m, 93 Fahrgäste

OBERSEE
Königsberg
Elektro-Fahrgastschiff, 1922, Lürssen, Bremen-Vegesack, 18,5 m x 3,2 m x 0,8 m, 93 Fahrgäste

OCEANA
Bremen
Fahrgastschiff, 1937/38, Atlas Werke, Bremen, 55,2 m x 9,8 m x 2,1 m, 2 x 600-PS-Diesel, 700 Fahrgäste

OLGA
Greifswald
Bugsierboot, 8,0 m x 1,9 m, 125-PS-Diesel

OPDUIVER
Leer
Schubboot, 1930

OSTERBEK (H 16479)
Hamburg
»Alsterdampfer«, 1936, Pahl, Hamburg-Finkenwerder, 20,5 m x 4,9 m x 1,5 m, 125-PS-Diesel, 130 Passagiere, ex HEINZ BRANDS

OTTER
Cuxhaven
Fahrgastschiff, 1923, Bartram, Hamburg, 18,9 m x 4,5 m x 1,3 m, 86 Fahrgäste, ex STADTDEICH I

OTTO ABICHT
Hamburg-St. Pauli Landungsbrücken
Barkasse, 1917, Breuning, Hamburg, 18,7 m x 4,3 m x 1,3 m, 100-PS-Diesel, 97 Fahrgäste

* OTTO LAUFFER
Hamburg-Oevelgönne
Dampfbarkasse, 1928, Stülcken, Hamburg, 33,6 BRT, 17,0 m x 3,9 m x 1,9 m, 147-PS-Dampfmaschine, 9 kn, drei Mann Besatzung, 30 Fahrgäste, ex HAFENPOLIZEI VI, ex WASSERSCHUTZPOLIZEI 6, Museum für Hamburgische Geschichte

PAPENBURG
Papenburg, Ems
Fahrgastschiff, 1950, Clausen, Oberwinter, 21,5 m x 3,7 m x 0,9 m, 52-PS-Diesel, 100 Fahrgäste, ex MÖHNE

PATRIA
Heidelberg, Neckar
Fahrgastschiff, 1939, Mainz, 25,0 m x 4,9 m x 1,1 m, 150-PS-Diesel, 160 Fahrgäste

PAULINE
Greifswald
Dampfschlepper, 1901, Janssen & Schmilinsky, Hamburg, 16,7 m x 5,2 m x 2,0 m

PAULINE
Berlin
Barkasse, 1901, Hamburg, 180-PS-Diesel

PEGASUS
Bückeburg, Mittellandkanal
Fahrgastschiff, 1928, Bonn, 25,2 m x 5,1 m x 1,0 m, 320-PS-Diesel, 200 Fahrgäste, ex VERONA, ex FRANKEN, ex OFFENDORF

PELICAN
Berlin, Hafen Henningsdorf
Fahrgastschiff, 1906, Oderwerke, Stettin, 32,5 m x 6,1 m x 1,6 m, 180-PS-Diesel, 40 Fahrgäste, ex MARIENDORF

PETER I
Hamburg-St. Pauli Landungsbrücken
Barkasse, 1939, Bonné, Hamburg, 18,4 m x 4,5 m x 1,5 m, 230-PS-Diesel, 109 Fahrgäste

PETER II
Hamburg-St. Pauli Landungsbrücken
Barkasse, 1936, Wulf, Hamburg, 17,4 m x 4,0 m x 1,4 m, 145-PS-Diesel, 115 Fahrgäste

PFÄLZERLAND
Speyer
Fahrgastschiff, 1932, Druten, Niederlande, 29,7 m x 4,8 m x 1,0 m, 260-PS-Diesel, 200 Fahrgäste

PHOENIX
Berlin
Tonnenleger, 1910, Schiedam/Niederlande, 262 tdw, 43,5 m x 6,0 m x 1,1 m, 163-PS-Dampfmaschine

PIEP
Hamburg, Vorsetzen
Barkasse, 1925, Schüler, Moorege, 12,0 m x 3,0 m x 1,0 m, 30 Fahrgäste

* PILLNITZ
Dresden, Terrassenufer
Raddampfer, 1886, Blasewitz, Dresden, 64,7 m x 11,2 m x 0,8 m, 230-PS-Dampfmaschine, 350 Fahrgäste, ex WELTFRIEDEN, ex PILLNITZ, ex DIESBAR, ex KÖNIGIN CAROLA

* PIRNA
Dresden, Terrassenufer
Raddampfer, 1898, Blasewitz, Dresden, 55,7 m x 10,4 m x 0,9 m, 140-PS-Dampfmaschine, 300 Fahrgäste, ex KÖNIG ALBERT

PRÄSIDENT SCHÄFER
Hamburg-Oevelgönne
Zollbarkasse, 1925, Norderwerft, Hamburg, 27 tons, 14,4 m x 3,8 m x 1,5 m, 120-PS-Diesel

PRIPJAT
Dortmund
Schlepper, 1909

PROFESSOR ALBRECHT PENCK
Rostock
Forschungs-Kutter, 1951, Roßlau, 39 m Länge, ex JOH. L. KRÜGER

PÜNTE
Hiltshausen
Fähre, 17,0 m x 4,5 m

QUARANTÄNE
Bremerhaven, Neuer Hafen
Hafenarzt-Barkasse, 1960, Schürenstedt, Bardenfleth, 19,5 m x 4,2 m x 1,6 m, Diesel

RANDOLF I
Hamburg-St. Pauli Landungsbrücken
Barkasse, 1943, Bonné, Hamburg, 18,0 m x 4,4 m x 1,6 m, 260-PS-Diesel, 104 Fahrgäste

REGENSBURG
Regensburg
Fahrgastschiff, 1927, Berlin, 30,0 m x 4,7 m x 1,4 m, 131-PS-Diesel, 183 Fahrgäste, ex RHEINPFALZ

REG.-RAT MILATZ
Bingen, Rhein
Fahrgastschiff, Ruthof, Mainz, 32,8 m x 5,5 m x 1,3 m, 300-PS-Diesel, 200 Fahrgäste

REINICKENDORF
Berlin
Fahrgastschiff, 1914, Gebr. Wiemann, Brandenburg, 36,0 m x 5,6 m x 1,3 m, 220-PS-Diesel, 200 Fahrgäste, ex WERNER, ex TIRPITZ, ex RHEINGOLD, ex SEEHAUPT

RENO QUANDT
Lübeck, Trave
Fahrgastschiff, 1948, Foxhol, Fikkers, Niederlande, 18,5 m x 4,0 m x 0,7 m, 80-PS-Diesel, 75 Fahrgäste, ex BURGERMEESTER D'AILLY, ex TRAVEMÜNDE

RHEIN
Berlin-Grünheide
Fahrgastschiff, 1928, Bergmann & Westphal, Berlin, 39 tdw, 30,1 m x 5,1 m x 1,4 m, 280-PS-Diesel, 170 Passagiere, ex ZUKUNFT

RHEINLAND
Berlin
Fahrgastschiff, 1936, Winkler, Kalkberge, 36,0 m x 4,6 m x 1,0 m, 165-PS-Diesel, 250 Fahrgäste

RIVERBOAT
Hamburg-St. Pauli Landungsbrücken
Fahrgastschiff, 1936, Kremer, Elmshorn, 24,4 m x 5,7 m x 1,5 m, 237 Fahrgäste, ex SCHULAU

RODENBEK (H 6041)
Hamburg
»Alsterdampfer«, 1956, Oelkers, Hamburg-Neuhof, 22,2 m x 5,0 m x 1,4 m, 150-PS-Diesel, 220 Fahrgäste

ROKADO
Feldberg, Feldberger See
Fahrgastschiff, 1928, Hinze, Fürstenberg, Havel, 15,0 m x 3,4 m x 0,8 m, 26-PS-Diesel, 62 Fahrgäste, ex MÜRITZ, ex UCKERPERLE

ROLAND VON BERLIN
Berlin
Fahrgastschiff, 1897, Oderwerke, Stettin, 34,1 m x 4,9 m x 1,1 m, 230-PS-Diesel, 200 Fahrgäste, ex DEUTSCHLAND, ex RUDOLF

RUTH
Hamburg-St. Pauli Landungsbrücken
Barkasse, 1920, Heyden, Hamburg, 18,3 m x 4,9 m x 1,2 m, 230-PS-Diesel, 124 Fahrgäste

SAATSEE (SK 26)
Hamburg, Museum der Arbeit
Schwimmkran, 1918, Schiffs- und Maschinenbau AG, Mannheim, 22,5 m x 13,5 m x 1,8 m, 256 BRT, 130-PS-Dampfmaschine, ohne eigenen Antrieb, ex SIMSON

SAALETAL
Hohenwarte-Stausee
Fahrgastschiff, 1927, 25,8 m x 5,8 m x 1,3 m, 170-PS-Diesel, 170 Fahrgäste, ex RHEINPERLE

SABINE
Hamburg-St. Pauli Landungsbrücken
Barkasse, 1913, Hamburg, 17,5 m x 4,5 m x 1,4 m, 85-PS-Diesel, 83 Fahrgäste

* SACHSENWALD
Pirna
Schleppdampfer, 1914, Gebr. Wiemann, Brandenburg, 25,5 m x 5,5 m x 1,4 m, 225-PS-Dampfmaschine, drei Mann Besatzung, 100 Fahrgäste, ex IDA-ERNA

SALVATOR
Duisburg
Fahrgastschiff, 1950, Clausen, Oberwinter, 25,0 m x 5,1 m x 0,9 m, 270-PS-Diesel, 240 Fahrgäste, ex ELBAUE, ex SANCTA MARIA, ex AEGIR

SALZBURG
Königsee
Elektro-Fahrgastschiff, 1939, Rambeck, Starnberg, 18,8 m x 3,2 m x 1,0 m, 93 Fahrgäste

* ST. GEORG
Hamburg, Alster
Alsterdampfer, 1875, Reiherstieg-Werft, Hamburg, 36,5 BRT, 21,0 m x 4,4 m x 1,2 m, 75-PS-Dampfmaschine, 100 Fahrgäste, ex FALKE, ex GALATEA, ex ST. GEORG, ex DEUTSCHLAND, ex PLANET

ST. PAULI
Hamburg-Vorsetzen
Barkasse, 1939, Jastram, Hamburg, 14,6 m x 3,6 m x 1,3 m, 125-PS-Diesel, 60 Fahrgäste

SANTA MONIKA II
Hamm
Fahrgastschiff, 1887, Hammer Schiffswerft, 42,0 m x 6,6 m x 0,6 m, 350-PS-Diesel, 290 Fahrgäste

SASELBEK (H 6043)
Hamburg
»Alsterdampfer«, 1937, Pahl, Hamburg-Finkenwerder, 20,5 m x 5,1 m x 1,3 m, 125-PS-Diesel, 180 Fahrgäste, ex HERMANN PRENTZEL

SAUGER IV
Hamburg, Museum der Arbeit
Schutensauger, 1909, Lübecker Maschinenbaugesellschaft, 33,2 m x 8,0 m x 2,2 m, Dampfmaschine,

* SCHAARHÖRN
Hamburg-Überseebrücke
Dampfschiff, 1908, Schiffswerfte & Maschinenfabrik vorm. Janssen & Schmilinsky, Hamburg, 41,7 m x 6,8 m x 3,1 m, 2 x 412-PS-Dampfmaschinen, 14 kn

SCHAUMBURG-LIPPE
Steinhude, Steinhuder Meer
Fahrgastschiff, 1930, Rasche, Seelze, 16,0 m x 3,1 m x 0,7 m, 55-PS-Diesel, 70 Fahrgäste

SCHERRI
Buckow, Schermützelsee
Fahrgastschiff, 1879, Reiherstiegwerft, Hamburg, 20,9 m x 4,4 m x 1,2 m, 116-PS-Diesel, 55 Fahrgäste, ex REIHER, ex RHEA, ex HARVESTEHUDE, ex GOTHMUND, ex ROLAND, ex SATERLAND

SCHLOSS HEIDELBERG
Heidelberg, Neckar
Fahrgastschiff, 1928, Clausen, Oberwinter, 34,2 m x 8,2 m x 1,6 m, 700-PS-Diesel, 600 Fahrgäste, ex BRUNHILDE

SCHLOSS MUNZINGEN
Breisach
Fahrgastschiff, 1925, Buss, Augst, Schweiz, 41,6 m x 5,2 m x 1,1 m, 2 x 270-PS-Diesel, 250 Fahrgäste, ex RHEINFELDEN

SCHWABEN
Konstanz, Bodensee
Fahrgastschiff, 1937, Bodan-Werft, Kressbronn, 56,0 m x 11,2 m x 1,6 m, 2 x 400-PS-Diesel, 900 Fahrgäste

SCHWIELOCHSEE
Jessen, Schwielochsee
Fahrgastschiff, 1927, Ertel, Woltersdorf, 26,1 m x 3,7 m x 1,0 m, 104-PS-Diesel, 149 Fahrgäste, ex WODAN, ex SEDDINSEE

SEEBÄR
Wusterhausen, Klempow-See
Fahrgastschiff, 1886, Aron & Gollnow, Stettin, 22,8 m x 4,8 m x 1,2 m, 2 x 75-PS-Diesel, 263 Fahrgäste, ex HERTHA, ex SEID BEREIT

SEEBEK
Hamburg
»Alsterdampfer«, 1959, Neerlandica, Hillegom, Niederlande, 21,9 m x 5,1 m x 1,5 m, 60 tons, 74-kw-Diesel, 148 Fahrgäste

SEELOTSE
Bremerhaven
Lotsenversetzboot, 1955, Schweers, Bardenfleth, 82 BRT, 28,8 m x 5,4 m x 2,2 m, 628-PS-Diesel, 14 kn, drei Mann Besatzung, 12 Fahrgäste, Eigner: Förderverein »Maritimer Denkmalschutz«

SEEROSE
Leer
Fahrgastschiff, 1925, Anker-Werft, Rummelsburg, 13,0 m x 3,1 m x 0,7 m, 65-PS-Diesel, 60 Fahrgäste, ex DONAU, ex ZANDER, ex SEEBÄR, ex TOURIST

* SEIMA
Berlin
Dampfschlepper, 1908, Gebr. Wiemann, Brandenburg, 120 tons, 9,9 m x 4,4 m x 1,5 m, 110-PS-Dampfmaschine, 7 kn, 20 Fahrgäste, ex SEIMA, ex EINTRACHT

SEUTE DEERN
Hamburg-St. Pauli Landungsbrücken
Barkasse, 1912, Krämer, Elmshorn, 18,0 m x 4,2 m x 1,4 m, 180-PS-Diesel, 91 Fahrgäste

SIELBEK
Hamburg
»Alsterdampfer«, 1938, Pahl, Hamburg-Finkenwerder, 20,5 m x 5,1 m x 1,3 m, 20,1 tons, 129-PS-Diesel, 180 Fahrgäste

SILVIA
Hamburg-St. Pauli Landungsbrücken
Barkasse, 1948, Jensen, Hamburg, 15,5 m x 3,0 m x 1,5 m, 108-PS-Diesel, 40 Fahrgäste, ex FREDDY

SILVIA
Bad Kösen, Saale
Fahrgastschiff, 1928, Lahe, Berlin-Saatwinkel, 18,8 m x 3,8 m x 1,0 m, 105-PS-Diesel, 58 Fahrgäste, ex SPRING, ex BADE II, ex WESTERLEY, ex STADT RATZEBURG, ex CHRISTEL, ex WAPPEN VON CELLE, ex LODIGA QUEEN

SÖNKE
Hamburg-St. Pauli Landungsbrücken
Barkasse, 1933, Pahl, Hamburg-Finkenwerder, 15,0 m x 3,6 m x 1,5 m, 165-PS-Diesel, 53 Fahrgäste

SONNENSCHEIN
Rathenow, Havel
Fahrgastschiff, 1928, Ziethmann, Fürstenberg, 25,2 m x 4,6 m x 1,0 m, 104-PS-Diesel, 128 Fahrgäste, ex LA PALOMA

SPERBER
Berlin
Fahrgastschiff, 1907, Klawitter, Danzig, 38,6 m x 5,6 m x 1,4 m, 208-PS-Diesel, 300 Fahrgäste

SPREEATHEN
Berlin
Fahrgastschiff, 1949, Renck, Hamburg, 31,6 m x 5,7 m x 1,1 m, 150-PS-Diesel, 250 Fahrgäste, ex DOCKENHUDEN

SPREE-NIXE
Berlin
Fahrgastschiff, 1912, Knarr & Sohn, Berlin-Spandau, ex REX, ex MOZART

STADT AURICH
Aurich, Ems-Jade-Kanal
Fahrgastschiff, 1937, Leiden, Niederlande, 28,3 m x 4,6 m x 1,3 m, 185-PS-Diesel, 166 Fahrgäste, ex CAROLINA, ex HORST, ex FULDATAL, ex MARIA CROON

STADT HALLE
Halle, Saale
Fahrgastschiff, 1928, Ertel, Woltersdorf, 39,8 m x 5,8 m x 1,2 m, 180-PS-Diesel, 290 Fahrgäste, ex HELGOLAND, ex BALDUR, ex SANTA FLORA, ex COOKIE, ex KREUZBERG

STADT KASSEL
Kassel, Fulda
Fahrgastschiff, 1928, Ertel, Woltersdorf, 27,0 m x 5,5 m x 1,0 m, 120-PS-Diesel, 220 Fahrgäste, ex KEHRWIEDER

STADT KEHL
Kehl, Rhein
Fahrgastschiff, 1928, Hilgers, Rheinbrohl, 28,0 m x 5,0 m x 1,2 m, 150-PS-Diesel, 200 Fahrgäste, ex GLÜCK AUF, ex CIGONIE

STADT KIEL
Kiel
Fahrgastschiff, 1934, Germania-Werft, Kiel, 253 BRT, 28,1 m x 7,3 m x 2,9 m, 520-PS-Diesel, 11,5 kn, 100 Fahrgäste

STADT LAUENBURG
Lauenburg, Elbe
Fahrgastschiff, 1951, Germersheim, 25,0 m x 5,5 m x 1,1 m, 177-PS-Diesel, 254 Fahrgäste, ex STADT RENDSBURG

STADT RENDSBURG
Rendsburg, Nord-Ostsee-Kanal
Fahrgastschiff, Bröhl, Mondorf, 19,6 m x 4,9 m x 1,1 m, 171-PS-Diesel, 149 Fahrgäste

STADT SAARBURG
Saarburg, Saar
Fahrgastschiff, 1936, Ruthof, Mainz, 38,5 m x 6,2 m x 1,1 m, 2 x 180-PS-Diesel, 300 Fahrgäste, ex OLYMPIA

* STADT WEHLEN
Dresden, Terrassenufer
Raddampfer, 1879, Blasewitz, Dresden, 57,9 m x 10,5 m x 0,9 m, 180-PS-Dampfmaschine, 300 Fahrgäste, ex MÜHLBERG, ex DRESDEN

STADT WÜRZBURG
Würzburg
Fahrgastschiff, 1929, Schmidt, Oberwinter, 32,0 m x 6,4 m x 1,0 m, 175-PS-Diesel, 260 Fahrgäste

STADT ZELL
Briedern, Mosel
Fahrgastschiff, 1930, Clausen, Oberwinter, 45,0 m x 7,8 m x 0,9 m, 2 x 265-PS-Diesel, 250 Fahrgäste, ex FILIA RHENI

* STETTIN
Hamburg-Oevelgönne
Dampfeisbrecher, 1933, Oderwerke, Stettin, 836 BRT, 51,8 m x 13,4 m x 5,4 m, 2200-PS-Dampfmaschine, 13 kn

STICKERSGATT
Hamburg-Oevelgönne
Meß- und Peilschiff, Yachtwerft Kriegermann, Berlin, 14,1 m x 3,7 m x 1,1 m, 100-PS-Diesel

STINT
Lüneburg, Ilmenau
Barkasse, 1939, Stettin, 14,0 m x 3,6 m x 0,6 m, 126-PS-Diesel, 40 Fahrgäste

STOLPSEE
Saarbrücken, Saar
Fahrgastschiff, 1907, Zehdenick, 34,6 m x 4,6 m x 1,0 m, 330-PS-Diesel

STOLZENFELS
Berlin
Fahrgastschiff, 1936, Riedel, Fürstenberg, 30,4 m x 4,9 m x 1,3 m, 150-PS-Diesel, 180 Fahrgäste, ex KELCH, ex STOLZENFELS, ex ALEXANDER FUTRAN

STRANDBAD FERCH
Potsdam, Havel
Fahrgastschiff, 1895, Danzig, 40,5 m x 6,1 m x 1,6 m, 2 x 130-PS-Diesel, 300 Fahrgäste

STUBNITZ
Rostock
Fischfang- und Verarbeitungsschiff, 1964, VEB Volkswerft Stralsund, 1350 tdw, 79,8 m x 13,2 m x 4,5 m, 11,8 kn, ex ROS 701, heutige Nutzung: Kulturschiff

STURMVOGEL
Berlin, Historischer Hafen
Schlepper

SUSANN
Hamburg
Küstenmotorschiff, 1939, Vuijk, Capelle a/d Ijssel, 53,6 m x 8,3 m x 5,0 m, 493 tdw, 9 kn, ex RUTH, ex HANS-GEORG

SUSEBEK (H 6033)
Hamburg
»Alsterdampfer«, 1937, Pahl, Hamburg-Finkenwerder, 20,5 m x 5,1 m x 1,3 m, 15,4 tons, 131-PS-Diesel, 180 Fahrgäste, ex HENRY DÖHRENS

SW 2
Lübeck
Barkasse, 1925, Oelkers, Hamburg, 13,6 m x 3,2 m x 1,1 m, 20 tons, 60-PS-Diesel, ex FRITZ, ex TECHNISCHER BETRIEB I, ex ELFRIEDE

TAMARA
Wiesbaden
Fahrgastschiff, 1936, Ruthof, Mainz, 23,2 m x 4,5 m x 1,1 m, 100-PS-Diesel, 92 Passagiere, ex JOHANNA

TANJA
Hamburg-St. Pauli Landungsbrücken
Barkasse, 1937, Grube, Hamburg, 18,0 m x 3,2 m x 1,3 m, 180-PS-Diesel, 100 Fahrgäste

TARPENBEK
Hamburg
»Alsterdampfer«, 1935, Pahl, Hamburg-Finkenwerder, 20,5 m x 4,7 m x 1,3 m, 18 tons, 125-PS-Diesel, 180 Fahrgäste

TAUCHER II
Rostock
Taucherbasisschiff, 1959, VEB Peenewerft, Wolgast, 25,8 m x 6,5 m x 3,0 m

TEGERNSEE
Tegernsee
Fahrgastschiff, 1938, Scheel & Jöhnk, Hamburg, 20,0 m x 4,0 m x 0,9 m, 164 Fahrgäste

TEMPELHOF
Berlin
Fahrgastschiff, 1926, Berlin, 29,5 m x 4,9 m x 1,3 m, 200 Fahrgäste, ex MARS, ex TEGELORT

THEODOR FONTANE
Neuruppin, Ruppiner See
Eisbrecher/ Fahrgastschiff, 1911, Neustrelitz, 36,8 m x ,3 m x 1,1 m, 150-PS-Diesel, 250 Fahrgäste, ex ERNST, ex BUSSARD, ex ROLAND III

THOMAS
Hamburg-St. Pauli Landungsbrücken
Barkasse, 1928, Schüler, Moorege, 15,4 m x 3,1 m x 0,8 m, 100-PS-Diesel, 51 Fahrgäste

THÜRINGEN
Saalburg, Bleilochstausee
Fahrgastschiff, 1939, Dresden-Laubegast, 26,9 m x 4,5 m x 0,9 m, 200-PS-Diesel, 208 Fahrgäste, ex GERA, ex J.W.STALIN, ex LOBENSTEIN

* TIGER
Hamburg-Oevelgönne
Hafen-Dampfschlepper, 1910, Schiffswerfte & Maschinenfabrik vorm. Janssen & Schmilinsky, Hamburg, 38 BRT, 16,0 m x 4,8 m x 1,8 m, 240-PS-Dampfmaschine, 9 kn

TIGER
Hamburg-St. Pauli Landungsbrücken
Barkasse, 1943, Grube, Hamburg, 22,0 m x 4,5 m x 1,2 m, 170-PS-Diesel, 83 Fahrgäste

TITAN
Lübeck, Untertrave
Schlepper, 1936, Wichhorst, Hamburg, 15,3 m x 3,8 m x 2,0 m, 230-PS-Diesel, ex DDG HANSA II

TRAUTE
Hamburg-St. Pauli Landungsbrücken
Barkasse, 1924, Menzer, Hamburg, 15,3 m x 3,3 m x 1,2 m, 60-PS-Diesel, 60 Fahrgäste

TRAVE
Hamburg, Vorsetzen
Barkasse, 1941, Scheel & Jöhnk, Hamburg, 14,3 m x 3,6 m x 1,5 m, 226-PS-Diesel, 59 Fahrgäste

TRESEBURG
Schlepper, 1896, Hoogezand, Niederlande, 18,7 m x 4,3 m x 1,8 m, 68 tons, 350-PS-Diesel, ex JOHANNA, ex HERMANN MÖLLER

ÜBERLINGEN
Konstanz, Bodensee
Fahrgastschiff, 1935, Deggendorf, 310 tdw, 56,3 m x 11,4 m x 1,6 m, 2 x 400-PS-Diesel, 1000 Fahrgäste

UHU I
Scharnebek, Elbe-Seitenkanal
Fahrgastschiff, 1920, Schüler, Moorege, 14,2 m x 3,0 m x 1,7 m, 105-PS-Diesel, 58 Fahrgäste

UHU II
Scharnebek, Elbe-Seitenkanal
Fahrgastschiff, 1924, Schüler, Moorege, 15,7 m x 4,0 m x 1,9 m, 100-PS-Diesel, 1058 Fahrgäste, ex HEINRICH LIPPMANN, ex CARMEN, ex NORDSEE

ULMER SPATZ
Ulm
Fahrgastschiff, 1935, Stauff-Werft, Königswinter, 13,5 m x 3,0 m x 0,9 m, 9 tons, 94-PS-Diesel, 56 Fahrgäste, ex DEUTSCHLAND

UNTERSBERG
Königsee
Elektro-Fahrgastschiff, 1920, Lürssen, Bremen-Vegesack, 18,9 m x 3,2 m x 1,0 m, 93 Fahrgäste

URANUS
Berlin-Werder
Fahrgastschiff, 1949, Clausen, Oberwinter, 16,0 m x 4,3 m x 0,7 m, 150-PS-Diesel, 75 Fahrgäste

URSULA GLITSCHER
Hamburg-St. Pauli Landungsbrücken
Barkasse, 1921, Bonné, Hamburg, 17,4 m x 4,2 m x 1,3 m, 186-PS-Diesel, 100 Fahrgäste

UTTING
Ammersee
Fahrgastschiff, 1950, Deggendorf, 35,4 m x 7,5 m x 1,5 m, 345-PS-Diesel, 400 Fahrgäste

UWE
Hamburg, Vorsetzen
Barkasse, 1914, Schüler, Moorege, 15,1 m x 3,7 m x 1,4 m, 120-PS-Diesel, 60 Fahrgäste

* VAMPYR II
Hamburg
Dampfschlepper, 1911, v. Bergh, Delfzijl, Niederlande, 22,1 m x 5,6 m x 2,6 m, 23 to, 227-PS-Dampfmaschine, ex COLLET, ex HUGO STINNES V, ex EXPERT, ex WALTERSHOF

VEGEBÜDEL
Bremerhaven
Bereisungsbarkasse, 1949, Jöhnk, Hamburg, Diesel, ex LINEN

VENUS
Berlin, Saatwinkler Damm
Fahrgastschiff, 1903, Oderwerke, Stettin, 21,5 m x 4,3 m x 1,2 m, 120-PS-Diesel, 140 Fahrgäste, ex LIESCHEN, ex FALKE

VICTORIA
Ueckermünde
Fahrgastschiff, 1901, Janssen & Schmilinsky, Hamburg, 40,0 m x 5,9 m x 1,5 m, 470-PS-Diesel, 230 Fahrgäste, ex HERZOG FRIEDRICH, ex VICTORIA, ex PIRAT, ex VICTORIA

VIKTORIA
Berlin
Fahrgastschiff, 1935, Ernst, Berlin-Köpenick, 26,0 m x 4,8 m x 1,2 m, 100-PS-Diesel, 160 Fahrgäste, ex SCHARNHORST

VOLLDAMPF
Berlin
Schlepper, 1896, Vulcan-Werft, Stettin, 72 tons, 17,9 m x 4,2 m x 1,4 m, 96-PS-Diesel, ex ELSE-OTTO, Eigner: Deutsches Technikmuseum

* WAL
Bremerhaven
Dampfeisbrecher, 1938, Oderwerke, Stettin, 662 BRT, 50,0 m x 12,3 m x 5,3 m, 1200-PS-Dampfmaschine, 12 kn, 17 Kabinen

WALTER HÄVERNICK
Hamburg-Oevelgönne
Feuerlöschboot, 1930, Pahl, Hamburg-Finkenwerder, 27 tdw, 16,5 m x 4,0 m x 1,4 m, 27 tons, 120-PS-Diesel, 8 kn, zwei Mann Besatzung, ex FEUERWEHR IV

WALTER-RAINER
Hamburg-St. Pauli Landungsbrücken
Barkasse, 1939, Menzer, Hamburg, 17,4 m x 4,0 m x 1,3 m, 105-PS-Diesel, 89 Fahrgäste

* WAPPEN VON MINDEN
Minden
Raddampfer, 1949, Praga-Werft, Lodenice, Prag, 54,1 m x 9,5 m x 0,7 m, 160-PS-Dampfmaschine, 120 tons, 230 Fahrgäste, ex LABE

WAPPEN VON SCHLESWIG
Schleswig, Schlei
Fahrgastschiff, 1927, Union Gießerei, Königsberg, 31,4 m x 6,5 m x 2,0 m, 85 BRT, 240-PS-Diesel, 240 Fahrgäste, ex ALTSTADT, ex BALTINN, ex BERLINER BÄR

WAPPEN VON WIESMOOR

Wiesmoor, Ems-Jade-Kanal

Fahrgastschiff, 1925, Amsterdam, 25,0 m x 4,6 m x 1,0 m, 157-PS-Diesel, 150 Fahrgäste, ex WAPPEN VON HAMELN, ex WAPPEN VON EMMERTHAL

WATZMANN

Königsee

Elektro-Fahrgastschiff, 1920, Lürssen, Bremen-Vegesack, 18,5 m x 3,2 m x 0,9 m, 93 Fahrgäste

* WEHLEN-BASTEI

Bad Schandau

Fähr-Dampfschiff, 1925, Dresden-Uebigau, 15,5 m x 3,5 m x 0,7 m, 45-PS-Dampfmaschine, ex STADT WEHLEN-BASTEI, ex PÖTSCHA-WEHLEN-BASTEI

WEISSER SCHWAN

Neuhaus, Elbe

Fahrgastschiff, 1920, Schottelwerft, Spay, 23,5 m x 5,3 m x 1,4 m, 250-PS-Diesel, 157 Fahrgäste, ex TRIANUS, ex MARKSBURG, ex RITTER HUNDT

WELTFRIEDEN

Leipzig, Karl-Heine-Kanal

Fahrgastschiff, 1945, Parchim, 10,8 m x 2,6 m x 0,5 m, 13-PS-Diesel, 25 Passagiere, ex WIKING

WERDER

Töplitz, Havel

Fahrgastschiff, 1914, Anker-Werft, Berlin-Rummelsburg, 22,2 m x 3,8 m x 1,4 m, 104-PS-Diesel, 74 Fahrgäste, ex HAVELLAND II, ex ALFRED, ex CÖPENICK

WERNER I

Hamburg-St. Pauli Landungsbrücken

Barkasse, 1922, Abraham & Blohm, Hamburg, 18,5 m x 4,4 m x 1,3 m, 127-PS-Diesel, 129 Fahrgäste

WIKING

Pritzerbe, Havel

Fahrgastschiff, 1950, Dänholmwerk, Stralsund, 13,2 m x 3,8 m x 1,3 m, 51-PS-Diesel

WILHELM KRÜGER

Brunsbüttel

Bagger, 1940, LMG, Lübeck, 102,5 m x 16,1 m

WINDIGA

Winningen, Mosel

Fahrgastschiff, 1903, Ruthof, Mainz, 38,7 m x 9,5 m x 0,9 m, 2 x 184-PS-Diesel, 300 Fahrgäste, ex SANCTA FLORA, ex LORELEY 4

WITTESAND

Bremerhaven

Bereisungsschiff, 1952, Jadewerft, Wilhelmshaven, 43,8 m x 7,9 m x 2,3 m, 266 BRT, 10 kn, ex NICKEL

* WOLTMAN

Hamburg-Oevelgönne

Dampfschlepper, 1904, Gebr. Sachsenberg, Roßlau, 103 tons, 20,0 m x 5,1 m x 2,4 m, 268-PS-Dampfmaschine, 8 kn

WOTAN

Berlin, Historischer Hafen

Dampfarbeitsboot

WS 10

Mannheim

Polizeiboot, 1957, Neuer, Eberbach, 13,2 m x 3,2 m 0,9 m, 10,5 tons, 240-PS-Diesel, Eigner: Landesmuseum für Technik und Arbeit

YVONNE

Eckernförde

Barkasse, 1945, Bonné, Hamburg, 18,8 m x 4,6 m x 1,8 m, 115-PS-Diesel, 60 Fahrgäste

ZEHENIXE

Zehdenick, Havel

Fahrgastschiff, 1925, Ertel, Woltersdorf, 19,9 m x 3,5 m x 1,0 m, 104-PS-Diesel, 75 Fahrgäste, ex BRUNO, ex FALKENSEE, ex FALKE

ZUKUNFT

Hamburg-St. Pauli Landungsbrücken

Barkasse, 1909, Pohl & Joszwiak, Hamburg, 16,9 m x 3,7 m x 1,2 m, 150-PS-Diesel, 79 Fahrgäste

U-Boot LEMBIT, Tallinn

Eisbrecher SUUR TÖLL, Tallinn

SCHIFFSPORTRÄT

SUUR TÖLL

Tallinn, Eesti Meremuuseum

Zwei Kriege und eine Revolution überstanden

Die Stettiner Vulcan-Werke gewannen 1912 eine Ausschreibung der russischen Regierung zum Bau eines Eisbrechers für den Hafen von Talinn, der im Juni 1914 abgeliefert und auf den Namen TSAR MIKAIL FEODOROWITCH (74,4 m x 17,4 m x 6,8 m) getauft wurde. 1917 fiel das Schiff russischen Bolschewiken in die Hände, die es in VOLYNETS umbenannten. Im März 1918 wurde es von der finnischen Marine übernommen und in WÄINÄMÖINEN umgetauft. Nachdem Estland im gleichen Jahr seine Unabhängigkeit errungen hatte, kehrte der Eisbrecher zurück und erhielt den Namen SUUR TÖLL nach einen estnischen Nationalhelden. In den Wintermonaten hielt SUUR TÖLL die Passage von Talinn nach Helsinki eisfrei.
Nach der sowjetischen Annexion des Landes wurde SUUR TÖLL 1941 in die sowjetische Baltik-Flotte integriert und wieder VOLYNETS genannt. Bis 1979 nutzten die Russen das Schiff als Eisbrecher, danach als Versorgungsschiff im Hafen von Lomonossov.
Erst nach 47 Jahren kehrte der Eisbrecher 1988 nach Estland zurück und wurde 1992 als Nummer 001 in das estnische Schiffsregister aufgenommen. Er befand sich zwar in schlechtem Zustand, war jedoch weitgehend – bis auf dem Austausch der Kohle- gegen Öl-Feuerung – im Originalzustand erhalten geblieben.
SUUR TÖLL ist das letzte noch existierende Vorkriegs-Dampfschiff der baltischen Staaten und der einzige Eisbrecher, der beide Weltkriege überstanden hat.

www.tallinn.ee/meremuuseum

SCHIFFAHRTS-MUSEUM

TALLINN

Eesti Meremuseum
Pikk 70, Tallinn EE-0001
Tel.: 6 41 14 09
www.tallinn.ee/meremuuseum

MUSEUMSSCHIFFE

LEMBIT

Unterseeboot, Kalev-Klasse, 1936, Vickers-Armstrong, Barrow, Verdrängung an der Oberfläche: 665 tons, getaucht: 853 tons, 59,5 m x 7,5 m x 3,5 m, 2 Diesel- (1200 PS) – 2 Elektro-Motoren (790 PS), Aktionsradius an der Oberfläche: 3757 sm bei 7 kn, getaucht: 150 sm bei 2 kn, Geschwindigkeit an der Oberfläche: 13,5 kn, getaucht: 8,5 kn, Tauchtiefe: 90 m, Besatzung: 32 Mann, Bewaffnung: 8 Torpedos (vier Torpedorohre vorn) oder 20 Minen, ein Geschütz.
Dieses U-Boot der früheren estnischen Marine wurde im Zweiten Weltkrieg ab 1940 von der sowjetischen Marine als Minenleger in der Ostsee eingesetzt. Nach dem Zweiten Weltkrieg nutzten die Russen LEMBIT von 1956 bis 1970 auf der Werft Krasnoje Sormovo in Gorkij als Trainingsboot für U-Bootbesatzungen. Das U-Boot wurde 1979 nach Talinn an das damalige Marinemuseum des Rotbannerordens abgegeben. Seit dem 27. April 1992 gehört das Boot dem estnischen Marinemuseum.

SUUR TÖLL

Eisbrecher, 1914, Vulcan-Werke, Stettin, 4579 tons, 74,4 m x 17,4 m x 6,8 m, Ölfeuerung, vorher Dampfmaschine, 5800 PS, ex VÄINÄMÖINEN, ex VOLYNETS, ex TSAR MIKAIL FJODOROVITS.

Viermastbark POMMERN, Mariehamn

SCHIFFSPORTRÄTS

Pommern
Mariehamn, Alands Sjöfartsmuseum,

Mariehamn, Alands Sjöfartsmuseum

Die Viermast-Stahlbark Pommern (106,5 m x 13,2 m x 6,7 m) wurde 1903 für die Hamburger Reederei Wencke in Schottland auf der Werft Reid & Co., Glasgow, gebaut und auf den Namen MNEME, eine Abkürzung von »Mnemosyne« (Göttin des Gedächtnisses) getauft. 1906 übernahm das Schiff die Rhederei Actiengesellschaft von 1806, im Jahr darauf die Hamburger Reederei Laeisz, die es als »P-Liner« auf den Namen POMMERN taufte und in der Salpeterfahrt nach Südamerika einsetzte, wo die POMMERN bei Ausbruch des Ersten Weltkrieges interniert wurde. Nach Kriegsende ging der Segler (3240 qm Segel, 27 Mann Besatzung) als Reparationsleistung an Griechenland, 1923 übernahm ihn der aländische Reeder Gustaf Erikson und setzte ihn bis zum Zweiten Weltkrieg in der Getreidefahrt meist zwischen Australien und Europa ein. Die POMMERN (2376 BRT) galt als schnelles Schiff: Die Route Kopenhagen – Port Viktoria in Australien segelte sie 1932 in nur 75 Tagen – das war die schnellste Reise eines Großseglers auf diesem Kurs. Nach Kriegsausbruch im Jahr 1939 wurde das Schiff für zehn Jahre in Mariehamn und Stockholm aufgelegt. Da sich Ende der vierziger Jahre die Epoche der großen Frachtsegler dem Ende zuneigte, schenkte die Reederfamilie Erikson das Schiff 1952 der Stadt Mariehamn als schwimmendes Museum, das heute jährlich von etwa 70 000 Menschen besichtigt wird.
Die Segler PAMIR und PASSAT, die ebenfalls zur Erikson-Flotte gehörten, wurden als Schulschiffe nach Deutschland verkauft. Die PAMIR sank 1957 in einem Hurrikan auf dem Atlantik (ein geborgenes Rettungsboot wird heute in Lübeck als Mahnmal ausgestellt), die PASSAT (siehe – DEUTSCHLAND) liegt in Travemünde als Museumsschiff.

www.maritime-museum.aland.fi

(-), Englische Ruderbarkasse
Kokkola/Karleby, K. H. Renlundin museo

Barkasse aus dem Krim-Krieg

Während des Krimkrieges griff ein englischer Flottenverband unter Admiral Plumridge am 7. Juni 1854 die finnische Küste an der Flußmündung des Halkokari an. Zwei Korvetten setzten gegen 21 Uhr vor der Stadt Kokkola neun Barkassen mit 180 Mann aus und versuchten am Strand zu landen. Ihnen standen 100 Freiwillige aus der Stadt unter der Leitung des Kaufmanns Andreas Donner sowie einige hundert Soldaten aus Vasa, ausgerüstet mit Kanonen, gegenüber, die das Feuer auf die Barkassen eröffneten. Ein Boot strich nach zahlreichen Treffern die Flagge und bat um Hilfe, die übrigen zogen sich zu den Korvetten zurück. Nach dem Ende des Gefechts ruderten die Verteidiger zu der treibenden Barkasse hinaus und nahmen elf überlebende Engländer gefangen. Neun gefallene Soldaten wurden auf dem Friedhof der Stadt beerdigt. Im gleichen Sommer versuchten englische Kriegsschiffe noch mehrmals erfolglos, die finnische Küstenverteidigung zu überwinden. Die von Einschußlöchern gezeichnete Barkasse wird seitdem in einem Schuppen im Englischen Park verwahrt. Noch heute zahlt die britische Admiralität jährlich für die Grabpflege der Gefallenen. Flagge und Messingkanone der Barkasse wurden mit den Gefangenen später in Helsinki gegen finnische Gefangene der Engländer ausgetauscht.

www.museo.kokkola.fi

SCHIFFAHRTSMUSEEN

BOSUND

Bosund Båt- och Fiskemuseum/
Bosundin vene- ja kalastusmuseo
Larsmo Luoto, 68555 Bosund
Tel.: 06 - 7 28 31 07
Fischerei, Küstenverkehr

ECKERÖ

Ålands Jakt- och Fiske Museum/
Ahvenenmann metsästys-jakalastusmuseo
22270 Eckerö
Tel.: 0 18 - 3 82 99
Fischerei

HELSINKI

Suomen merimuseo/
Finlands sjöhistoriska museet
Hylkysaari, 00570 Helsinki
Tel.: 09 - 1 35 53 79
www.nba.fi/museums/maritime/merimeng

Nationales finnisches Schiffahrtsmuseum, Bootssammlung

Museumsschiffe
KEMI, Feuerschiff, 1901,
KULTARANTA II, Staatsyacht

Sotamuseo
Suomenlinna Tykistölahti, 00190 Helsinki
Tel.: 09 - 18 14 62 38
www.suomenlinna.fi

Das Sotamuseo gehört zum Suomenlinna Museum

Museumsschiff
VESIKKO, Unterseeboot, 1933

JAKOBSTAD

siehe PIETARSAARI

JOENSUU

Pohjois-Karjalan museo
Toimisto: Torikatu 21 C, 80100 Joensuu
Tel.: 0 13 - 2 67 53 80
www.carelicum.fi

Schiffahrt, Bootsammlung

Museumsschiff
UTRA, Schlepper, 1925

KALAJOKI

Kalajoen kalastusmuseo
Lauri Tanska Plassintie 47
85100 Kalajoki
Tel.: 08 - 46 23 89
Fischerei-Museum

KASKINEN

Kaskisten kalastusmuseo
Sjöbobacken, 64260 Kaskinen
Tel.: 06 - 2 20 77 11
Fischerei am Botnischen Meerbusen

KERIMÄKI

Kalastajan kotimuseo
Puruvedentie 65, 58200 Kerimäki
Tel.: 0 15 - 5 75 41
Fischerei

KOKKOLA/KARLEBY

K. H. Renlundin museo
Pitkänsillankatu 39, 67100 Kokkola
Tel.: 06 - 8 28 94 74
www.museo.kokkola.fi

Fischerei, Bootshaus mit einer englischen Ruderbarkasse aus dem Krimkrieg, ca. 1854

KOTKA

Kymenedalens Landskapsmuseum/
Kymenlaakson Maakuntamuseo
Kotkankatu 13, 48100 Kotka
Tel.: 05 - 2 34 44 33
www.kotka.fi/museo

Schiffahrt, Unterwasser-Archäologie, Funde der russischen Fregatte ST. NICOLAI

Museumsschiffe
HAAPASAARI, Rettungsboot, 1937
TARMO, Eisbrecher, 1907
VMV 11, Patrouillenboot, 1935

KRÅKÖ

Kråkö båtbyggarmuseum/
Kråkön veneenrakennusmuseo
Gunnar Grönblom, 07410 Kråkö
Tel.: 0 19 - 54 40 10
Bootsbau-Museum

KRISTINESTAD

Sjöfartsmuseet i Kristinestad/
Kristiinankaupungin merimuseo
Salutorget 1, 64100 Kristinestad
Tel.: 06 - 2 21 62 00
Segelschiffahrt

LAPPEENRANTA

Taipaleen kanavamuseo/
Taipaleen kanava
Jakokosken museokanava
Kesäteatterintie 17, 81220 Jakokoski

Itäinen kanavatie 2, 53420 Lappeenranta,
Tel.: 0 17 - 5 79 46 37
www.fma.fi/saimaacanal/kanavamuseo.l

Kanalmuseen

LOHTAJA

Kalastusmuseo
Ohtakari, 68230 Lohtaja
Tel.: 06 - 87 74 06
Fischereimuseum

LOVIISA

Loviisan Merenkulkumuseo
Laivasilta 8, 07900 Loviisa
Tel.: 0 19 - 53 31 88
Schiffsmodelle, Marinemalerei

Museumsschiff
ONNI, Schlepper, 1907

MALAX/MAALAHTI

Kvarkens båtmuseum/
Merenkurkun venemuseo
Åminnevägen 433
66100 Malax/Maalahti
Tel.: 06 - 3 47 71 11
Bootsammlung in drei Hallen mit über 50 Holzbooten; Fischerei-Ausstellung

MARIEHAMN

Ålands Sjöfartsmuseum/
Ahvenanmaan merenkulkumuseo
Hamngatan 2, 22 100 Mariehamn
Tel.: 0 18 - 1 99 30
www.maritime-museum.aland.fi

Schiffahrtsmuseum, Ausstellung zur Zeit der Großsegler

Museumsschiff
POMMERN, Viermast-Bark, 1903,
Liegeplatz: Västra hamn

MAXMO

Fiskeri- och båtmuseum/
Kalastus-ja venemuseo
Kärklaxvägen 308, 66640 Maxmo
Tel.: 06 - 3 45 50 28
www. kvarken.org/projekt/maxmo

Fischerei des 19. Jahrhunderts

MERIKARVIA

Merikarvian kalastusmuseo
Kunnanvirasto Irma Vanamo
29900 Merikarvia
Tel.: 02 - 5 40 33 22
Fischerei

ÖJA

Öja fiskemuseum
Bodö, 68550 Öja
Tel.: 06 - 8 34 04 78
Fischerei

PIETARSAARI/JAKOBSTAD

Jakobstads Museum/
Pietarsaaren kaupunginmuseo
Runebergin tupa, Isokatu 2
68600 Pietarsaari
Tel.: 06 - 7 8 5 11 11
Schiffahrts-Sammlung

Bootsammlung:
(-), Larsmo-Boot, 1916, zwei Masten
(-), Rettungsboot, ca 1905
(-), Penta-Boot, ca. 1920
(-), Motorboot, v. Essen, ca. 1910
(-), smackor

Museumsschiff
JAKOBSTADS WAPEN,
Brigantine von 1767, Nachbau 1994,
Liegeplatz: Vanhan Satamantie

Båtmotormuseum/Venemoottorimuseo
Alholminsgatan 8, 68600 Pietarsaari
Tel.: 06 - 7 24 32 62
Bootsmotoren aus Pietarsaari, zwischen 1915 und 1959 hergestellt

PUUMULA

Museumsschiff
WENNO, Frachtschiff, 1907

ROVANIEMI

Lapin mätsämuseo/
Lappländisches Forstmuseum
Metsämuseoontie 7, 96 460 Rovaniemi
Tel.: 0 16 - 3 48 20 83
Fortswirtschaft, Holztransport auf dem Wasser

Museumsschiff
UITTO 6, Schlepper, 1899

SAVONLINNA

Savonlinna maakuntamuseo/ Koti Linnankadulla
Riihisaari, 57 130 Savonlinna
Tel.: 0 15 - 5 71 47 12
www.savonlinna.fi/

Museumsschiffe
MIKKO, Frachtschiff, 1914
SALAMA, Dampf-Schoner, 1874
SAVONLINNA, Passagierschiff, 1904
(-) zwei Kirchenboote

Stationäres Schiff an Land
AKHERA, Schlepper, 1871

SUOLAHTI

Keitele-museo
Suolahden satama, Asemakatu 1
44201 Suolahti
Tel.: 0 14 - 5 74 32 41
www.suolahti.fi

Binnenschiffahrt

TURKU

Forum Marinum
Linnankatu 72, 20100 Turku
Tel.: 02 - 2 82 95 11
www.forum-marinum.fi

Seefahrt und Schiffahrtsgeschichte

Museumsschiffe
KEIHÄSSALMI (05), Minensuchboot, 1957
SIGYN, Bark, 1887
SUOMEN JOUTSEN, Dreimast-Vollschiff, 1902
VETÄJÄ V, Schlepper, 1891

Projekte
ANNA GADD Rettungskutter, 1936
NUOLI 8, Schnellboot, 1962
TAISTO 3, Schnellboot, 1942

Sjöhistoriska museet vid Åbo Akademi
Biskopsgatan 13, 20 500 Åbo/Turku
Tel.: 02 - 2 15 41 52
www.abo.fi/fa/arkiv/sjohist

Schiffahrtsmuseum

VAASA

Vaasan merimuseo
Palosaaren salmi, 65230 Vaasa
Tel.: 06 - 3 12 05 11
Hafengeschichte, regionale Schiffahrt

MUSEUMSSCHIFFE

DAPHNE
Turku
Segler, 1936,

GINGER
Turku
Segler, 1939, Turku, 6,6 m x 1,9 m x 1,2 m, 19,2 qm Segel, 1,7 tons

HAAPASAARI
Kotka
Kymenedalens Landskapsmuseum
Rettungsboot, 1937, Eklöfs, Tolkkinen, 10,4 m x 3,0 m x 0,8 m, 70-PS-Diesel, Segel
Dieses Rettungsboot, nach dem Entwurf der britischen Liverpool-Klasse gebaut, war bis ca. 1960 in Haapasaari stationiert.

KEIHÄSSALMI (05)
Turku
Forum Marinum
Minensuchboot, 1958, Almel, Helsinki, zwei Diesel mit 1600 PS, 290 tons, 56,0 m x 7,7 m x 2,0 m

KEMI
Helsinki
Suomen merimuseo
Feuerschiff, 1901, Porin Konepaja, Pori, Finnland, 30,9 m x 6,9 m x 3,7 m, 180 PS- Dampfmaschine, Stahlrumpf, ex RAUMA, ex RELANDERSGRUND, ex ARANSGRUND

KULTARANTA II
Helsinki
Suomen merimuseo
Staatsyacht

MIKKO
Savonlinna
Savonlinna maakuntamuseo
Frachtschiff, 1914, Savonlinna, 212 BRT, 30,9 m x 7,1 m x 2,4 m, 79-PS- Dampfmaschine, 6 kn, Holzrumpf mit Stahlaufbauten, ex ENSI

ONNI
Loviisa
Loviisan Merekulkumuseo
Schlepper, 1907, St. Petersburg, 15,0 m x 3,9 m x 1,7 m, 4,9 tons, Diesel, ex Fortuna

POMMERN
Mariehamn
Alands Sjöfartsmuseum
Viermast-Bark, 1903, Reid & Co., Glasgow, 2376 BRT, 106,5 m (96,0 m) x 13,2 m x 6,7 m, 3240 qm Segel, Stahlrumpf, Stahlmasten, ex MNEME (siehe Schiffsportraits)

SALAMA
Savonlinna
Savonlinna maakuntamuseo
Dampf-Schoner, 1874, Viipurin Konepaja,Viipuri, 31,1 m x 7,0 m x 2,5 m, 39-PS-Dampfmaschine, Eisenrumpf, hölzernes Deckshaus.
Das Schiff ist 1898 in finnischen Gewässern gesunken, wurde 1971 gehoben und als Museum zugänglich gemacht.

SAVONLINNA
Savonlinna
Savonlinna maakuntamuseo
Passagierschiff, 1904, P. Wahl, Varkaus, 27,9 m x 6,7 m x 2,4 m, 151 BRT, 200-PS-Dampfmaschine, 11,5 kn, Stahlrumpf, ex SUUR-SAIMAA, ex SAVONLINNA

SIGYN
Turku
Forum Marinum
Bark, 1887, Gamla Varvet, Göteborg, 55,0 m (47,5 m) x 9,3 m x 4,0 m, 359 BRT, 800 qm Segel, Holzrumpf

SUOMEN JOUTSEN
Turku
Forum Marinum
Dreimast-Vollschiff/Schulschiff, 1902, Chantiers et Ateliers de St. Nazaire, 96,0 m (88,7 m) x 12,3 m x 5,2 m, 2260 BRT, 2250 qm Segel, 2 x 200-PS-Hilfsdiesel, Stahlrumpf, ex OLDENBURG, ex LAENNEC

TARMO

Kotka

Kymmenedalens Landskapsmuseum

Kymenlaakson Maakuntamuseo

Eisbrecher, 1907, Armstrong, Whitworth & Co., Newcastle, Großbritannien, 1562 BRT/2300 tons, 67,1 m x 14,3 m x 6,1 m, zwei Dampfmaschinen mit 1450 PS und 2400 PS, Bug- und Heck-Propeller, 40 Mann Besatzung, ex APU, ex TARMO
Die Aufgabe dieses Schiffs war die Befahrbarkeit der Seewege im finnischen Golf im Winter sicher zu stellen. Im Ersten Weltkrieg wurde der Eisbrecher von der russischen Baltischen Flotte übernommen und 1918 von finnischen Unabhängigkeitskämpfern zurückerobert. Im Zweiten Weltkrieg erhielt TARMO 1940 einen Bombentreffer, wodurch 37 Besatzungsmitglieder getötet wurden. Das Schiff war bis 1970 im Einsatz.

UITTO 6

Rovaniemi

Lapin mätsämuseo

Schlepper, 1899, Oulu, 15,0 m x 3,6 m x 1,5 m, Dampfmaschine, Stahlrumpf, ex ALKU

UTRA

Joensuu/Utra

Pohjois-Karjalan museo

Schlepper, 1925, Raahe, 15,3 m x 4,4 m, 1,8 m, 108 PS- Dampfmaschine, Stahlrumpf, ex LÖYTÖ II

VESIKKO

Helsinki

Sotamuseo

Unterseeboot, 1933, Crichton -Vulcan, Turku, Verdrängung an der Oberfläche: 250 tons, getaucht: 300 tons, 40,9 m x 3,9 m x 4,1 m, 2 Diesel- (700 PS), 2 Elektromotoren (360 PS), Max. Aktionsradius an der Oberfläche: 1500 sm bei 13 kn, getaucht: 50 sm bei 5 kn, Geschwindigkeit an der Oberfläche: 13 kn, getaucht: 7 kn, Tauchtiefe: 90 m, Besatzung: ca 20 – 30 Mann, Bewaffnung: 6 Torpedos, 3 Torpedorohre, 1 Geschütz, ex CV 707.
Unter Umgehung der Bestimmungen des Versailler Vertrages bauten und erprobten deutsche Ingenieure Anfang der dreißiger Jahre in Finnland mehrere U-Boote, aus denen der spätere deutsche Typ IIA entwickelt wurde. Der Prototyp, der 1933 unter der Bezeichnung CV-707 vom Stapel lief, wurde 1936 von der finnischen Marine für 19 Mio. Finnmark übernommen und in VESIKKO (»Sumpfotter«) umbenannt. Nach dem Pariser Friedensvertrag, in dem Finnland 1947 der Besitz von U-Booten untersagt wurde, mußten bis 1953 alle finnischen U-Boote, außer VESIKKO, nach Belgien zum Verschrotten verkauft werden. Sechs Jahre später wurde auch dieses Boot aus dem aktiven Dienst genommen und als Museumsexponat nach Suomenlinna, einer Insel vor Helsinki, gebracht.

VETÄJÄ V

Turku

Forum Marinum

Schlepper, 1891, Lehtoniemi & Taipale, Joroinen, 21,6 m x 4,9 m, 143-PS-Dampfmaschine, Stahlrumpf, ex ILMARI, ex WIENTI

VMV 11

Kotka

Kymmenedalens Landskapsmuseum

Kymenlaakson Maakuntamuseo

Patrouillenboot, 1935, Turku, 35 tons, 25,6 m x 4,4 m x 1,0 m, 2 x 550-PS-Dieselmotoren, 23,5 kn, Holzrumpf
Dieses Schiff wurde auch zum Minenräumen und zur Bekämpfung des Schmuggels eingesetzt.

WENNO

Puumula

Frachtschiff, 1907, Savolinnan Konepaja, Savonlinna, 120 BRT, 30,8 m x 6,7 m x 2,6 m, 96-PS-Dampfmaschine, Stahlrumpf, 99 Fahrgäste, ex WETEHINEN

(-), Englische Ruderbarkasse

Kokkola/Karleby

K. H. Renlundin museo

Barkasse aus dem Krim-Krieg, ca. 1850. 16–20 Mann Besatzung, Hilfssegel, Holzrumpf (siehe Schiffsportraits)

STATIONÄRE VETERANEN

AKHERA

Savonlinna, Enso Gutzeit Oy

Schlepper, 1871, P. Wahl, Varkaus, Finnland, 45,5 BRT, 23,1 m x 4,6 m x 2,7 m, Dampf, 176 PS, Eisenrumpf, heutige Nutzung als Exponat

ALIDA

Mariehamn

Fahrgastschiff, 1906, 53,4 m x 6,0 m, 134 BRT, heutige Nutzung: Restaurant

BRUNO

Valmistui

ehemaliger Schlepper, 1946, Dunston, Hesle, Großbritannien, 21,4 m x 5,2 m, Restaurantschiff, ex OULU 13, ex B 10, ex TID-175

DIAMOND

Küstenmotorschiff (an Land), 1903, Lehtoniemen Konepaja, Joroinen, 37,1 m x 6,9 m x 3,0 m, 236 BRT, ex DIANE, ex KAUKO

DONNA

Valmistui

Frachtschiff, 1930, Niederlande, 35,2 m x 7,0 m

ESTELLE

Frachtschiff/Restaurantschiff, 1922, Schulte & Bruns, Emden, 43,0 m x 7,1 m x 3,0 m, 247 BRT, ex MONIKA, ex WESTA, ex VESTA

FAROS

Feuerschiff/Restaurantschiff, 1891, Crichton, Turku, 28,9 m x 6,9 m, ex ARLE, ex KÄLDARGRUND, ex RESERV, ex ÄRANSGRUND

GLÜCKAUF

Porvoo

Schoner/Restaurantschiff, 1898, Wencke, Bremerhaven, 35,2 m x 6,5 m, ex MARGOT, ex KALK, ex GLÜCKAUF

HAILUOTTO

Toppila

Passagierschiff/Restaurantschiff, 1920, Maskin & Brobyggnads Aktiebolaget, Helsingfors, 70,9 BRT

HOPEASALMI
Savonlinna
Passagierschiff, Nutzung: Restaurant

HYÖKY (HELSINKI)
Hamina
Feuerschiff, 1912, Putilovin veistämö, Pietari, 40,1 m x 7,6 m x 3,0 m, 275 tons, 240-PS-Dampfmaschine, ex LIBAUSKIJ, ex RELANDERSGRUND, ex ÄRANSGRUND, ex HELSINKI, Einsätze: 1912–1918 Station »Libauskij«, 1918–1921 Station »Relandersgrund«, 1921–1932 Station »Äransgrund«, 1933–1959 Station »Helsinki«, 1961–1983 Versorgungsschiff, Nutzung: Restaurantschiff

JARL,
Helsinki
Fahrgastschiff, 1911, Frerichs, Einswarden, 48,1 m x 10,0 m x 3,9 m, 428 BRT, 650-PS-Dampfmaschine, 13 kn, ex OLDENBURG, ex SENATOR PETERSEN, ex DIETRICH ECKART, ex SENATOR PETERSEN, ex NORDÖ, ex JALLE, ex JARL AV VISBY, Nutzung: Restaurantschiff

JAN NIEVEEN
Mariehamn
Fahrgastschiff/Restaurantschiff, 1927, Arnhemsche Stoomsleephelling, Arnhem, Niederlande, 45,4 m x 6,4 m x 1,2 m, 330 BRT, ex WOLGA, ex IJSSELHAVEN, ex JAN NIEVEEN

KATARINA
Fahrgastschiff, 1869, Dödra Varvet, Stockholm, 29,4 m x 5,4 m, ex ERIKA, ex ANDRE, ex KULLERVO, ex WIRUMAA, ex STELLA, ex MARIEHAMN, ex HÖGANÄS, ex FREDERIKSBORG

LULU
Fahrgastschiff/Restaurantschiff, 1927, Anttola, 30,2 m x 3,0 m, ex PRINCESS ARMADA

MAJLAND
Turku
Frachtschiff/Restaurantschiff, 1856, Motala Werkstad, Motala, 36,4 m x 6,9 m x 2,0 m, 185 BRT, ex MAILAND, ex GUTE, ex SÖDERHAMN, ex TRANSIT Nr. 3, ex FRANZÉN, ex TRANSIT Nr. 4

MARIA
Frachtschiff/Restaurantschiff, 1950, Gideon, Groningen, Niederlande, 37,2 m x 6,0 m, ex SAMOA, ex MARIA, ex MARIA CORDES, ex HELENA SCHEPERS, ex GIDEON

MARIVAL
Frachtsegler/Restaurantschiff, 1936, Wärmlands Skeppsvarv, Karlstad, 37,4 m x 6,9 m, ex HAGÖ, ex CALLY

MERIHELMI
Frachtschiff/Restaurantschiff, 1890, P. Wahl, Varkaus, 26,5 m lang, ex ULLA, ex NORMA, ex PARGAS MALM, ex KUUSISTO

MÅNVIKEN
Turku
Frachtschiff/Restaurantschiff, 1937, Vuik & Zonen, Kralingse Veer, Niederlande, 38,0 m x 7,2 m x 2,9 m, 262 BRT, ex ULRIKA, ex DERWENTWATER, ex TICHBORNE, ex CRANMERE

PAPA JOE
Frachtsegler/Restaurantschiff, 1948, Karlstads Varv, Karlstad, 44,8 m x 7,4 m x ex MALO, ex MISTÖ, ex PIA MARIE, ex TIDAN

PUB ÖRNÖ
Örnö
Feuerschiff, ex Reservefyrskeppet 24, Nutzung: Bar

SUVI
Frachtschiff/Restaurantschiff, 1938, Lindholmens Varv, Göteborg, ex SS 122

SVARTE RUDOLF
Turku
Frachtschiff/Restaurantschiff, 1936, Niestern, Delfzijl, Niederlande, 37,3 m x 6,5 m, ex ANNIKA, ex DUURSWOLD

TYNE
Frachtschiff/Restaurantschiff, 1954, UdSSR, ex KAJAKAS, ex KAJAK

AKTIVE VETERANEN UNTER DAMPF ODER MOTOR

AHTI
Helsinki
Schlepper, 1892, Konepaja Hietalahti, Helsinki, 21,0 m x 4,4 m x 2,0 m, 97-PS-Dampfmaschine, Nutzung: Privatschiff

ALPO
Oulu
Schlepper, 1943, City Island, N.Y., USA, 24,5 m x 6,1 m x 2,4 m, 106 BRT, ex No. 18, ex ST-335

AMANDA
Helsinki
Schlepper, 1905, P. Wahl, Varkaus, 22,5 m x 4,9 m x 2,1 m, 225-PS-Dampfmaschine, Nutzung: Privatschiff

ANNA
Lapeenranta
Küstenmotorschiff, 1898, Niederlande, 33,4 m x 5,7 m x 2,0 m, 114 BRT, 10 kn, ex ANNA EN JOZINA, ex BUITEN VERWACHTING

ANN-CHRISTINE
Porvoo
Küstenmotorschiff, 1938, von Büsching & Rosemeyer, Minden, 46,0 m x 6,9 m x 3,8 m, 309 BRT, ex ORPHEUS, ex CEPHEUS, ex GORCH FOCK

ANNET
Helsinki
Fahrgastschiff, 1949, Meppel, Niederlande, 34,0 m x 7,0 m x 2,0 m, 104 BRT, 9 kn, 70 Fahrgäste

ANSIO
Joutsena
Schlepper, 1889, Tampereen Pellavaja Rautateollisuus, Tampere, 18,8 m x 3,6 m x 2,4 m, 80-PS-Dampfmaschine, Nutzung: Privatschiff

ANTERO
Puumula
Schlepper, 1924, Lehtoniemi & Taipale, Joroinen, 18,4 m x 4,2 m x 2,1 m, 37,5 BRT, 125-PS-Dampfmaschine, Nutzung: Privatschiff

ARMAS
Puumula
Schlepper, 1908, P. Wahl, Varkaus, 21,6 x 4,9 m x 2,1 m, 275-PS-Dampfmaschine, Nutzung: Privatschiff

AURA 3
Schlepper, 1953, Valtion Metallitehtat, Turku, 29,9 m x 7,5 m x 3,7 m, ex AHAVA, ex JÄÄAURA, ex RAHJA, ex VAASA, ex AURA

AURE
Tampere
Schlepper, 1926, Ahlström Oy, Varkaus, 19,9 m x 4,5 m x 1,8 m, 45 BRT, 136-PS-Dampfmaschine, 7,5 kn, Nutzung: Rundfahrten, 35 Passagiere

CHR. KONTTURI
Savonlinna
Schlepper, 1908, Varkaus, 24,6 m x 5,4 m x 2,7 m, 86 BRT

EMIL
Helsinki
Schlepper, 1950, Valtion Metallitehtat, Turku, 30,0 m x 7,5 m x 3,8 m, ex PUUMA, ex NALLE, ex PORIN NALLE, ex PORIN KARHU

ENSO
Espoo
Schlepper, 1899, P. Wahl, Varkaus, 22,9 m x 5,0 m x 2,3 m, 270-PS-Dampfmaschine

FAMNEN
Nauvo
Fahrgastschiff, früherer US-Schlepper, 1943, American Machinery, Beresford, USA, 23,8 m x 6,0 m x 2,7 m, 123 BRT, ex PYHÄRANTA, ex PYTHÄÄ, ex No. 2, ex DR 2, ex No. 2, ex ST-343

FART
Turku
Schlepper, 1907, Drammens Mek. Verk., Drammen, 27,1 m x 6,1 m x 3,2 m, 132 BRT

FERRO
Turku
Schlepper (früher US-Schlepper), 1944, City Island, N.Y., USA, 24,7 m x 6,2 m x 2,8 m, 94 BRT, ex No.14, ex ST-339

FIGARO
Savonlinna
Passagierschiff, 1911, Lehtoniemi & Taipale, Joroinen, 23,6 m x 4,8 m x 2,1 m, 81 BRT, 120-PS-Dampfmaschine, Nutzung: Rundfahrten, 80 Passagiere, ex SAARISTO, ex NORRKULLA, ex NAGU

GÖTA
Helsinki
Schlepper, 1907, Lindholmens Verk., Göteborg, Schweden, 21,1 m x 4,9 m x 2,4 m, 55 BRT, ex FLODSPRUTAN

GRETA
Sipoo
Küstenmotorschiff, 1923, Framnæs, Sandefjord, Norwegen, 50,8 m x 7,2 m x 3,3 m, 416 BRT

HAAPANIEMI
Viitasaari
Schlepper, 1905, Kokkola, 18,0 m x 4,1 m, Dampfmaschine, Nutzung: Privatschiff

HANHI
Savonlinna
Schlepper, 1921, Lehtoniemen Konepaja, Varkuas, 18,1 m x 4,5 m, 45 BRT, ex REPOLA 7, ex TAPIO, ex LEHTONIEMI

HALLA VII
Savonlinna
Schlepper, 1908, Kotkan Ranta Oy, Kotka, 21,9 m x 4,8 m x 2,1 m, 190-PS-Dampfmaschine, Nutzung: Privatschiff

HALLA IX
Savonlinna
Schlepper, 1908, Stenberg, Helsinki, 15,6 m x 3,9 m x 2,1 m, 100-PS-Dampfmaschine, Nutzung: Privatschiff

HEIKKI PEURANEN
Savonlinna
Schlepper, 1897, Gallenin konepaja, Vyborg, 23,0 m x 5,2 m, 310-PS-Dampfmaschine, Nutzung: Privatschiff

HEINÄVESI
Savonlinna
Passagierschiff, 1906, P. Wahl, Varkaus, 26,9 m x 6,2 m x 2,1 m, 145 BRT, Stahlrumpf, 150-PS-Dampfmaschine, 8 kn, 126 Passagiere, ex HEINÄVESI I

HILJA
Jyväskyla
Fahrgastschiff, 1902, Härnösand, 18,6 m x 4,1 m x 2,0 m, 53 BRT, 10 kn, ex HELENA, ex SVANÖ III, ex SVANÖ II, ex GUSTAVSBERG

HOVINSAARI
Joensuu
Schlepper, 1921, Enso-Gutzeit Oy, Savonlinna, 14,6 m x 3,6 m x 1,5 m, 50-PS-Dampfmaschine, Nutzung: Privatschiff

HURMA
Lappeenranta
Schlepper, 1901, Viipurin konepaja, Vyborg, 23,6 m x 5,8 m x 2,2 m, 216-PS- Dampfmaschine, Nutzung: Privatschiff

HURTIG
Turku
Schlepper, 1944, Eriksbergs Mek. Verk., Göteborg, Schweden, 27,4 m x 8,2 m x 3,9 m, 160 BRT, ex HERBERT

INTTI
Tampere
Fahrgastschiff, 1902, Tampere, 22,9 m x 4,8 m x 2,4 m, 54 BRT, 12 kn, 60 Fahrgäste

JALO
Kajaani
Schlepper, 909, Lehtoniemen Konepaja, Varkaus, 17,3 m 4,3 m, 38 BRT, ex PANKAKOSKI II

JANNE
Savonlinna
Schlepper, 1907, Savonlinna, 21,0 m x 5,0 m x 2,2 m, 175-PS-Dampfmaschine, Nutzung: Privatschiff

J. L. RUNEBERG
Porvoo
Fahrgastschiff, 1912, Sandvikens Skeppsdocka, Helsinki, 28,8 m x 6,7 m x 2,5 m, 110 BRT, 11 kn, ex HELSINGFORS SKÄRGÅRD

JAKIL
Pori
Tankschiff, 1909, P. Wahl, Varkaus, 38,2 m x 6,5 m x 2,4 m, 186 BRT, 7 kn

JASON
Turku
Schlepper, 1953, Jonker, Ambacht, Niederlande, 29,8 m x 7,7 m x 4,3 m, 175 BRT, ex PANTER, ex MERIKOTKA

JOHN
Tammisaari
Schlepper, 1926, Wennbergs Mek. Verk., Karlstad, 42 BRT

JOH. PARVIAINEN
Vääksy/Paijanne
Schlepper, 1908, Borga Mek. Verkstad, Porvoo, 21,4 m x 4,9 m x 2,2 m, 175-PS-Dampfmaschine, Nutzung: Privatschiff

JOSEPHINE
Porvoo
Küstenmotorschiff, 1950, Stader Schiffswerft, Stade, 50,0 m x 7,5 m x 3,3 m, 384 BRT, 9 kn, ex ERIKA, ex PRIMA, ex KRAUTSAND, ex GÄA, ex KRAUTSAND

JUHA
Joroinen
Küstenmotorschiff, 1929, Savonlinna, 24,7 m x 6,5 m x 2,2 m, 71 BRT, 8 kn

JUNO
Soimasaari/Paijanne
Schlepper, 1907, Borga Mek. Verkastad, Porvoo, 17,7 m x 4,2 m x 1,7 m, 77-PS-Dampfmaschine, Nutzung: Privatschiff

JUSSI VII
Turku
Schlepper 1924, Kotka, 14,7 m x 4,3 m x 2,0 m, ex AJO II, ex STOCKFORS III

KAIMA
Jyväskylä/Paijanne
Passagierschiff, 1898, P. Wahl, Varkaus, 21,2 m x 4,7 m, 87-PS-Dampfmaschine, Nutzung: Privatschiff

KAIPAA
Savonlinna
Schlepper, 1948, Ateliers Chantiers Hute-Seine, Ville-Neuve-le-Roi, 28,9 m x 5,8 m x 3,0 m, 111 BRT, ex NORMAND

KAJAANI
Oulu
Schlepper, 1911, Kajaani, 23,5 m x 5,9 m x 1,8 m, Dampfmaschine, Nutzung: Privatschiff

KALLAVESI
Savonlinna
Passagierschiff, 1907, P. Wahl, Varkaus, 26,7 m lang, Dampfmaschine, 115 Passagiere

KALLE TIHVERÄINEN
Mähkö
Frachtschiff, 1916, Saastamoinen Oy, Kuopio, 27,0 m x 5,0 m, 60-PS-Dampfmaschine

KARJALANKOSKI
Ristiina
Passagierschiff, 1905, Lehtoniemi & Taipale, Joroinen, 24,2 m x 6,6 m x 2,1 m, 107 BRT, 134-PS-Dampfmaschine, 105 Passagiere

KATARINA
Kotka
Ausbildungs- Forschungsschiff, 1953, Valmet Oy, Helsinki, 52,8 m x 10,5 m x 4,8 m, 905 BRT, Diesel, 12 kn, ex ARANDA

KATRINA
Tampere
Fahrgastschiff, 1905, Sliedrecht, Niederland, 21,6 m x 4,4 m x 1,3 m, 54 BRT, 80 Fahrgäste

KEIHÄSLAHTI
Joensuu
Schlepper, 1900, P. Wahl, Varkaus, 15,2 m x 3,4 m, 37-PS-Dampfmaschine, Nutzung: Privatschiff

KEITELE
Suolahti
Schlepper, 1877, P. Wahl, Varkaus, 21,0 m x 3,7 m, 95-PS-Dampfmaschine, Nutzung: Privatschiff

KIANTA
Ämmänsaari
Fahrgastschiff, früherer Schlepper, 1912, Suomussalmi, 19,2 m x 4,4 m x 1,3 m, 30 BRT, 80 Fahrgäste

KLARA
Turku
Fahrgastschiff, 1916, Sunderland Shipbuilding, Sunderland, Großbritannien, 37,3 m x 6,3 m x 2,4 m, 193 BRT, 160 Fahrgäste

KOSKI
Kuopio
Fahrgastschiff, 1898, P. Wahl, Varkaus, 24,0 m x 6,0 m x 1,9 m, 104 BRT, 120 Fahrgäste

KOTVIO II
Vilppula
Schlepper, 22,3 m lang

KOUTA
Kajaani
Schlepper, 1921, Ahlström, Varkaus, 22,6 m x 5,3 m, 121-PS-Dampfmaschine, heutige Nutzung: Rundfahrten

KRISTINA BRAHE
Kotka
Passagierschiff, ehemaliges U-Jagdschiff, 1943, Pulman Standart, Chicago, USA, 56,8 m x 10,1 m x 3,3 m, 1105 BRT, 24 Mann Besatzung, 175 Passagiere

KUOPIO
Kuopio
Passagierschiff, 1899, P. Wahl, Varkaus, 31,2 m x 6,6 m x 2,3 m, 285 BRT, 200 Passagiere

LÄNSI-TEISKO
Tampere
Fahrgastschiff, 1907, Tampere, 22,1 m x 4,5 m x 2,0 m, 63 BRT, ex PÄLKÄNE

LÄSÄKOSKI
Jamsa
Schlepper, 1904, Tampere, 18,9 m x 3,8 m x 1,7 m, 94-PS-Dampfmaschine

LAITALA
Lahti
Passagierschiff, 1903, P. Wahl, Varkaus, 26,8 m x 6,5 m x 2,4 m, 168 BRT, 138-PS-Dampfmaschine, 10 kn, Stahlrumpf, 130 Passagiere, ex HOPEASALMI, ex MIKKELI, ex MIKKELI II, ex ORIVESI II, ex MIKKELI, ex LEPPAVIRTA I, ex LEPPAVIRTA

LAURI
Savonlinna
Schlepper, 1931, Ahlström, Varkaus, 19,9 m x 4,8 m, 130-PS-Dampfmaschine, Nutzung: Privatschiff

LEPPÄRVIRTA
Kuopio
Passagierschiff, 1904, P. Wahl, Varkaus, 26,9 m x 6,7 m x 1,7 m, 139 BRT, 129-PS-Dampfmaschine, 9 kn, 120 Passagiere, ex LEPPÄRVIRTA II

LIISA
Eno
Schlepper, 1943, Dunston, Thorne, Großbritannien, 21,4 m x 5,2 m x 2,4 m, 66 BRT, ex KESSU, ex H 3, ex B 14, ex TID-49

LIWIA
Sumiainen
Fahrgastschiff, 1920, Lehtoniemen Konepaja, Joroinen, 44 BRT, ex PAPU, ex KAJAANI VI

LOKKI
Kuopio
Passagierschiff, 1913, P. Wahl, Varkaus, 24,5 m x 6,2 m x 2,1 m, 103 BRT, 129-PS-Dampfmaschine, 9 kn, 80 Passagiere, Nutzung: Rundfahrten

LYRA
Rymättylä
Frachtschiff, 1900, Hamburg, 48,5 m x 7,0 m x 4,2 m, 258 BRT

MARS
Helsinki
Frachtschiff, 1900, Torskrogs Mek. Verk., Torskrog, 40,6 m x 6,9 m x 3,2 m, 228 BRT, ex TÄRNÖ, ex ANTON, ex MARS

MERIKARHU
Hamina
Eisbrecher (ehemaliger US-Schlepper), 1943, Welding, Brooklyn/USA, 24,5 m x 6,1 m x 2,8 m, 99 BRT, 400-PS-Diesel, Nutzung: Privatschiff, Liegeplatz: Yachthafen, Tervasaari, ex No. 13, ex ST-79,

MESSINA I
Kemiö
Frachtschiff, 1893, Rosenlew, Pori, 40,0 m x 7,0 m x 3,3 m, 214 BRT, ex KORSHOLM, ex KORSHOLM II, ex VIOLA, ex FREDRIK WILHELM

METSÄ
Soimasaari/Paijanne
Schlepper, 1877, Rotterdam, Niederlande, 18,7 m x 4,1 m x 2,2 m, 104-PS-Dampfmaschine, Nutzung: Privatschiff

MINOS
Rauma
Schlepper, 1943, Thorne, Dunston, Großbritannien, 22,2 m x 5,3 m x 1,7 m, ex TAPIO, ex KUUTI, ex B 12, ex TID-19

NÄSIJÄRVI II
Tampere
Schlepper, 1929, Ahlström Oy, Varkaus, 21,0 m x 5,1 m x 2,1 m, 160-PS-Dampfmaschine, Stahlrumpf, 10 kn, 40 Passagiere, ex NEPTUN II

NELLI
Helsinki
Schlepper, 1939, Valtion Laivatelakka, Helsinki, 27,0 m x 6,7 m x 2,7 m, 141 BRT, ex OLGA, ex PUKKIO

NICKE
Turku
Schlepper, 1926, Lödöse, 14,7 m x 4,2 m x 2,4 m

NIEDERELBE
Parainen
Frachtschiff, früher Dreimast-Schoner, 1937, Lühring, Brake, 46,7 m x 7,0 m x 3,2 m, 294 BRT, ex SANDÖ, ex INGRID, ex NIEDERELBE

NIKOLAI II
Helsinki
Fahrgastschiff, 1903, Sandvikens Skeppsdocka, Helsinki, 29,8 m x 6,1 m x 2,7 m, 159 BRT, 90 Fahrgäste, ex CHRISTINA, ex NAUTILUS

NORA
Kemiö
Küstenmotorschiff, 1913, Neuvostolitto, Russland, 38,4 m x 7,9 m x 2,4 m, 209 BRT, ex KA I

OBERON III
Savonlinna
Schlepper, 1919, Ahlström, Varkaus, 26,2 m x 5,0 m, 203-PS-Dampfmaschine, Nutzung: Passagierschiff

OLLI
Mikkeli
Schlepper, 1920, Lehtoniemi & Taipale, Joroinen, 19,2 m x 4,6 m x 1,8 m, 149-PS-Dampfmaschine, Nutzung: Rundfahrten, 12 Passagiere

OSMO
Kuopio
Frachtschiff, 1904, Lehtoniemi & Taipale, Joroinen, 30,7 m x 6,4 m x 2,0 m, 114-PS-Dampfmaschine, 234 BRT, Nutzung: Privatschiff, ex HALLTEX, ex OSMO

OTSO
Varkaus
Schlepper, 1919, Ahlström, Varkaus, 15,6 m x 3,7 m x 1,4 m, 90-PS-Dampfmaschine, Nutzung: Privatschiff

PALLAS
Leppävirta
Schlepper, 1923, Ahlström, Varkaus, 18,3 m x 4,8 m x 1,8 m, 124-PS-Dampfmaschine, Nutzung: Privatschiff

PAPINNIEMI
Mikkeli
Schlepper, 1905, Lehtoniemi & Taipale, Joroinen, 19,8 m x 4,6 m x 2,2 m, 80-PS-Dampfmaschine, Nutzung: Privatschiff

PARSIFAL
Sulkava
Schlepper, 1915, Ahlström, Varkaus, 21,4 m x 4,9 m x 2,1 m, 170-PS-Dampfmaschine, Nutzung: Privatschiff

PAUL WAHL
Varkaus
Passagierschiff, 1919, Ahlström, Varkaus, 26,9 m x 6,0 m x 2,1 m, 109 BRT, 150-PS-Dampfmaschine, 107 Passagiere, ex PAASIVESI, ex JOENSUU, ex MIKKELI, ex VEHMERSALMI, ex MAANINKA

PETRONELLA
Nauvo
Taucherschiff, früheres Tankschiff, 1905, MotalaVerk., Motala, 29,9 m x 5,9 m x 2,4 m, 137 BRT, ex TANKOS, ex ÖREBRO TANK, ex SYDTANK, ex HERRÄNG II

PEURA III
Kuopio
Schlepper, 1905, Lethoniemi & Taipale, Joroinen, 12,2 m x 3,0 x 1,5 m, 43-PS-Dampfmaschine, Nutzung: Privatschiff

PUHOIS
Savonlinna
Arbeitsschiff, 1925, Enso-Gutzeit Oy, Tainionkoski, 23,7 m x 5,1 m x 1,5 m, 62-PS- Dampfmaschine, Nutzung: Privatschiff

PUIJO
Kuopio
Passagierschiff, 1909, P. Wahl, Varkaus, 28,0 m x 6,3 m x 2,2 m, 173 BRT, ehemals 135-PS-Dampfmaschine, jetzt Diesel, 150 Passagiere, ex HEINO, ex ANNA

PUNKAHARJU
Lapeenranta
Passagierschiff, 1905, Kiiveri, Savonlinna, 21,4 m x 4,8 m x 2,0 m, 66 BRT, 142-PS-Dampfmaschine, ex TAIMI III, TAIMI, ex PUNKAHARJU, ex KERTTU, ex OSUUSKUNTA 1

RAMONA
Fahrgastschiff, 1908, Lahti, 19,0 m x 4,5 m, 42 BRT, 80 Fahrgäste, ex LEA

RAUHA
Savonlinna
Schlepper, 1878, Viipurin konepaja, Vyborg, 26,0 m x 5,4 m x 2,8 m, 280-PS-Dampfmaschine, Nutzung: Privatschiff

REPOLA 5
Savonlinna
Schlepper, 1904, Lehtoniemi & Taipale, Joroinen, 21,8 m x 4,5 m x 2,1 m, Dampfmaschine, Nutzung: Privatschiff

RIISTAVESI
Ristiina
Passagierschiff, 1927, Lehtoniemi & Taipale, Joroinen, 24,5 m x 5,9 m, 99 BRT, 148-PS-Dampfmaschine, Nutzung: Privatschiff

RISTO
Turku
Schlepper, 1912, Göteborgs Nya Verkstads AB, Göteborg, Schweden, 18,2 m x 4,5 m x 2,4 m, 35 BRT, ex OST

ROTEVA
Schlepper, 1946, Dunston, Thorne, Großbritannien, 21,4 m x 5,2 m x 2,2 m, 61 BRT, ex b 9, ex TID-169

SAIMAA
Savonlinna
Inspektionsschiff, 1893, Crichton-Vulcan, Turku, 24,7 m x 5,4 m x 1,5 m, 75 BRT, 180-PS-Dampfmaschine

SAIMAA
Mikkeli
Fahrgastschiff, 1906, Savonlinna, 19,6 m x 4,8 m x 1,9 m, 61 BRT, 95 Fahrgäste

SANDRA D.
Porvoo
Fahrgastschiff, 1922, Varkaus, 25,4 m x 4,1 m x 1,8 m, 46 BRT, 99 Fahrgäste, ex STANDARD

SANDSTORM
Kuopio
Küstenmotorschiff, 1946, Glommens Mek. Verk., Frederikstad, Norwegen, 57,1 m x 9,3 m x 3,5 m, 624 BRT, ex ANNIKA, ex SANDSTORM, ex SANGARD, ex UNDERAS SANDTAG V, ex BARDAL, ex WOLFRAM, ex LUCERNE, ex BARDAL

SANNA
Västanfjärd
Küstenmotorschiff, 1936, Groot van Vliet, Slikkerveer, Niederlande, 44,3 m x 7,7 m x 3,7 m, 381 BRT, ex SANDSKÄR, ex MEEUW, ex HASEWINT

SATU
Savonlinna
Schlepper, 1893,Crichton-Vulcan, Turku, 9,6 m lang, Nutzung: Privatschiff

SATU
Passagierschiff, 1909, Lehtomieni & Taipale, Joroinen, 12,9 m lang, Dampfmaschine, Nutzung: Privatschiff

SIMONA
Helsinki
Küstenmotorschiff, 1932, Niestern, Delfzijl, Niederlande, 39,6 m x 6,4 m x 2,7 m, 237 BRT, ex JATTA, ex ZENITA, ex FAKIR, ex PROGRES

SUBSEA FOREST
Aland
Küstenmotorschiff, 1906, Brandenburg, Hamburg, 41,6 m x 7,0 m x 3,2 m, 266 BRT, ex GIA, ex GHITA, ex PRIMA, ex GHITA, ex CAROLA, ex PARGAS 45, ex JOHANNES, ex KREISBLATT

SUNNAN II
Imatra
Passagierdampfer, 1906, P. Wahl, Varkaus, 26,8 m x 6,5 m x 2,4 m, 142 BRT, 100 Passagiere, ex IMATRA II, ex LOUHIVESI, ex LAPEENRANTA, ex IMATRA II

SUOMI
Jyväskylä
Passagierschiff, 1906, Lehtoniemi & Taipale, Joroinen, 31,7 m x 6,4 m x 2,5 m, 202 BRT, 200-PS-Dampfmaschine, 200 Passagiere

SUUR-SAIMAA
Kuopio
Fahrgastschiff, 1907, P. Wahl, Varkaus, 26,6 m x 6,6 m x 2,2 m, 148 BRT, ex KALLAVESI, ex KOLI, ex PUIJO, ex IMATRA, ex SINIKOLMIO, ex PUNKAHARJU, ex ORIVESI II, ex LIPERI

SUVI-SAIMAA
Lapeenranta
Fahrgastschiff, 1907, P. Wahl, Varkaus, 26,7 m x 6,6 m x 2,1 m, 149 BRT, 150-PS-Dampfmaschine, ex KALLAVESI, ex KUOPIO, ex HEINÄVESI II

SVAN
Salo
Fahrgastschiff, 1949, Hamburg-Neuenfelde, 22,5 m x 4,4 m x 1,4 m, 60 BRT, ex ROYAL PRINCESS, ex HUPELI, ex STANDARD 2, ex RANDMEER II, ex NEUENFELDE I

TAPIO
Iisvesi/Paijanne
Schlepper, 1899, Viiala,18,5 m x 3,9 m x 1,5 m, 87-PS-Dampfmaschine, Nutzung: Privatschiff

TAPOLA
Lapeenranta
Schlepper, 1911, Ahlström, Varkaus, 18,5 m x 4,3 m x 2,1 m, 32 BRT, ex KAKSIKYMMENTÄ

TARJANNE
Ruovesi
Passagierschiff, 1908, Lehtoniemi & Taipale, Joroinen, 29,5 m x 6,2 m x 2,3 m, 145 BRT, 300-PS-Dampfmaschine, 155 Passagiere

TARMO
Lapeenranta
Schlepper, Dunston, Thorne, Großbritannien, 21,4 m x 5,3 m x 2,2 m, ex B 1, ex TID-1

TIPPA

Kuopio

Schlepper, 1892, Schweden, 17,1 m x 3,8 m x 2,1 m, 70-PS-Maschine, Nutzung: Privatschiff

TOIMI

Anttola/Paijanne

Passagierschiff, 1898, Stenberg, Helsinki, 15,6 m x 3,3 m, 26 BRT, 57-PS-Dampfmaschine, Nutzung: Privatschiff

TOIMI II

Anttola

Schlepper (ehemaliger US-Schlepper), 1904, Lehtoniemi & Taipale, Joroinen, 19,6 m x 4,4 m x 1,8 m, Dampfmaschine, Nutzung: Privatschiff

TOLVAN

Kuopio

Schlepper, 1944, Welding, Brooklyn, USA, 22,7 m x 6,1 m x 2,9 m, 86 BRT, ex No. 12, ex ST-480

TOMMI

Savonlinna

Schlepper, 1943, Dunston, Thorne/Großbritannien, 21,5 m x 5,3 m x 2,1 m, 200-PS-Dampfmaschine, Nutzung: Privatschiff, ex TID 35

TORNA

Savonlinna

Schlepper, 1908, P. Wahl, Leppävirta, 23,1 m x 4,7 m x 2,6 m, 53 BRT, ex TORNATOR, ex TORNATOR IV

TUHTI

Nivala

Schlepper, 1896, Oulun telakka, 18,6 m x 4,3 m x 1,9 m, 150-PS-Diesel

TURSO

Turkuz

Schlepper, 1949, Wärtsilä, Helsinki, 36,1 m x 9,4 m x 4,1 m, 294 BRT

UKKO

Kuopio

Fahrgastschiff, 1898, Lehtoniemi & Taipale, Joroinen, 30,3 m x 6,9 m x 2,4 m, 250 Fahrgäste, ex TEUVO, ex UKKO

UKKOPEKKA

Turku

Fahrgastschiff, ehemals eisbrechendes Inspektionsschiff, 1938, Sandvikens Skeppsdocka, Helsinki, 35,0 m x 7,4 m x 3,6 m, 287 BRT, Dampfmaschine, 199 Passagiere, ex HAAMINA, ex TURKU

UNTERELBE

Porvoo

Küstenmotorschiff, 1939, Holst, Hamburg, 46,7 m x 6,7 m x 2,7 m, 259 BRT, ex RAMONA, ex UNTERELBE, ex FRIEDA JONAS, ex DANZIG

UURASTAJA

Suolahti

Schlepper, 1908, P. Wahl, Varkaus, 19,9 m x 4,8 m x 1,8 m, 60-PS-Dampfmaschine, Nutzung: Privatschiff

VAAJAKOSKI

Jyväskylä/Paijanne

Schlepper, 1920, Ahlström, Varkaus, 14,3 m x 4,0 m x 1,9 m, 80-PS-Dampfmaschine, Nutzung: Privatschiff

VÄNNI

Vääksy

Schlepper, 1901, Borga Mek. Verkstad, Porvoo, 18,4 m x 3,9 m x 2,0 m, 83-PS-Dampfmaschine, Nutzung: Privatschiff

VISUVESI

Nasijarvi

Schlepper, 1890, Tampereen Pellava ja Rautateollisuus Oy, 20,1 m x 4,3 m x 2,1 m, 90-PS-Dampfmaschine, Nutzung: Privatschiff

VOIKKAA

Schlepper, 1991, Järn Aktiebolg, Kotka, 22,6 m x 4,9 m, 52 BRT, ex HALLA V, ex SIRIUS

VOITTO

Savonlinna

Schlepper, 1877, Crichton, Turku, 22,9 m x 4,8 m x 2,2 m, 68 BRT, ex HOURU

WÄIJA

Turku

Schlepper, 1916, Harnösands Varft, Harnösand, 27,3 m x 6,8 m x 4,0 m, 140 BRT, ex WÄIJA, ex SVANÖ I

WARKAUS

Ristiina

Schlepper, 1913, Ahlström, Varkaus, 19,8 m x 4,9 m x 2,0 m, 52 BRT, 180-PS-Dampfmaschine, 10 kn, Nutzung: Privatschiff

WARKAUS VII

Varkaus

Schlepper, 1913, Ahlström, Varkaus, 21,3 m x 5,0 m, 180-PS-Dampfmaschine, WELLAMO, Valkeakoski, Schlepper, 1907, Sommers, Tampere, 21,2 m 4,5 m x 1,4 m, 170-PS-Dampfmaschine, Nutzung: Privatschiff

WILH. SCHAUMAN

Imatra

Schlepper, 1919, Lehtoniemen Konepaja, Joroinen, 19,1 m x 4,3 m x 2,4 m, 41 BRT, ex HENNA, ex WILKH. SCHAUMAN, ex LEHTONIEMI 9

WILHELMINE

Kemiö

Küstenmotorschiff, 1953, Stader Schiffswerft, Stade, 51,2 m x 7,5 m x 2,9 m, ex WILHELMINE OLTMANN

WIPUNEN

Kuopio

Schlepper, 1908, P. Wahl, Varkaus, 18,0 m x 4,0 m, 93-PS-Dampfmaschine, Nutzung; Privatschiff

YHTIÖ

Vaajakoski

Schlepper, 1878, P. Wahl, Varkaus, 15,3 m x 3,3 m 1,5 m, 40-PS-Dampfmaschine, Nutzung: Privatschiff

Zerstörer COLBERT, Bordeaux

Ruderschiff CANOT IMPERIAL, Paris

SCHIFFSPORTRÄT

DUCHESSE ANNE

Dünkirchen

Schulschiff als schwimmendes Museum

Der Segler DUCHESSE ANNE, der heute im Hafen von Dünkirchen als Mittelpunkt eines maritimen Zentrums liegt, wurde 1901 auf der Werft J. C. Tecklenborg im damaligen Geestemünde (heute Bremerhaven) als GROSSHERZOGIN ELISABETH für den Deutschen Schulschiff-Verein gebaut. Ihre Schwesterschiffe sind die PRINZESS EITEL FRIEDRICH, das heutige Museumsschiff DAR POMORZA unter polnischer Flagge und GROSSHERZOG FRIEDRICH AUGUST, der als STATSRAAD LEHMKUHL unter norwegischer Flagge segelt.

Als reines Schulschiff, das keine Fracht fuhr, wurde bis 1945 seemännischer Nachwuchs auf der GROSSHERZOGIN ELISABETH ausgebildet, dies ab 1939 im Rahmen der Deutschen Seemannsschule Hamburg. Nach dem Zweiten Weltkrieg wurde das Schiff als Reparationsleistung an Frankreich abgeliefert. Die Pläne, es weiter als Schulschiff einzusetzen, scheiterten bereits 1946 – der Segler wurde abgetackelt und stillgelegt. Erst 1951 wurde die GROSSHERZOGIN ELISABETH, jetzt unter dem Namen DUCHESSE ANNE, als Kasernenschiff nach Brest geschleppt. Nach seiner Ausmusterung lag der Segler lange Jahre in Lorient, bis sich Anfang der achtziger Jahre die Stadt Dünkirchen für das Wrack interessierte. Über ein Jahrzehnt dauerte die aufwendige Restaurierung, die mit viel Engagement und Geld von den Franzosen Mitte der neunziger Jahre abgeschlossen wurde.

SCHIFFAHRTSMUSEEN

ANTIBES

(Alpes-Maritimes)

Musée Naval et Napoléonien
Batterie du Grillon, Av. J. Kennedy
06160 Cap d'Antibes
Tel.: 93 61 45 32
www.antibes-juanlespins.com/fr./art_culture

Schiffahrtsgeschichte aus napoleonischer Zeit, Schiffsmodelle, Gemälde

Museumsschiff
Walfangboot von den Azoren (12 m lang)

Musée du Marineland
306, Av. Mozart, 06600 Antibes
Tel.: 93 33 49 49
www.marineland.fr

Schiffahrt, Walfang

ARROMANCHES

(Calvados)

Musée du debarquement
14 117 Arromanches
Tel.: 31 22 34 31
www.normandy1944.com

Museumsschiff
LCA-1825, Landungsboot, 1944
(Zur Zeit nicht ausgestellt)

ARS-EN-RÉ

(Charente-Maritime)

Musée de la Mer
Phare des Baleines
St. Clement-des Baleines
17590 Ars-en-Ré
Tel.: 05 46 29 44 48
Schiffsmodelle

ARTZVILLER

(Moselle)

Ascenseur et Musée d'Artzviller à l' écluse haute, Marne au Rhin
57405 Artzviller
Tel.: 03 87 25 30 69
Binnenschiffahrt
www.peniche.com/32b_musee,htm

Museumsschiff
SOPHIE-MARIE, Binnenschiff/peniche

ARQUES

Ecluse et Musée des Fontinettes
Arques (Canal du Nord)
Tel.: 03 21 12 62 30
www.peniche.com

Binnenschiffahrt

AUREY

(Morbihan)

Stationäres Schiff
SAINT-GOUSTAN, Fischkutter,
Liegeplatz: Port de Saint-Goustan,
56400 Aurey
Tel.: 97 56 63 38
Nutzung: Souvenir-Shop

AUVILLAR

(Tarn-et-Garonne)

Musée de la Batellerie
Tour de l' Horloge, 82340 Auvillar
Tel.: 63 39 57 33
www.perso.wanadoo.fr/officetorisme-auvillar

Binnenschiffahrt

BATZ-SUR-MER

(Loire-Atlantique)

Musée des Marais salants
29 bis, rue Pasteur, 44740 Batz-sur-Mer
Tel.: 02 40 23 82 79
www.batzsurmer.com

BAYONNE

(Pyrénées-Atlantique)

Musée Basque
Chateau neuf, 1, place P.-Bert et Maison Dagouette, 64100 Bayonne
Tel.: 05 59 59 08 98
www.ville-bayonne.fr/culture

Flußschiffahrt, Navigation

BELLICOURT

(Aisne)

Musée du touage
Maison de Pays, Riqueval, 02420 Bellicourt
Tel.: 03 23 09 50 51
Binnenschiffahrt

BERCK-SUR-MER

(Pas-de-Calais)

Musée de Berck-sur-Mer
60, rue de l'Impérarice
62600 Berck-sur-Mer
Tel.: 03 21 84 07 80
www.musenor.org/mu_mu_bk.htm

Regionale Schiffahrtsgeschichte, Unterwasser-Archäologie

Berck patrimoine et tradition
1 Rue du quartier russe
62600 Berck sur Mer
Telefon: 03 21 09 44 04

BERGERAC

(Dordogne)

Musée du vin et de la batellerie
5, Rue de la Conférence
24100 Bergerac
Tel.: 05 53 57 80 92
Binnenschiffahrt

BIARRITZ

(Pyrénées-Atlantique)

Musée de la Mer
Esplanade du Rocher de la Vierge, 14
Plateau de l'Atalaye, 64200 Biarritz
Tel.: 05 59 24 02 59
www.biaritz.fr

Regionale Schiffahrt, Fischerei

BINIC

(Cotes-d'Armor)

Musée des Traditions Populaires
Fichet des Grèves, 22520 Binic
Tel.: 02 96 73 37 95
www.ville-binic.fr/site/musee

Neufundland-Fischerei

BORDEAUX

(Gironde)

Musée des Douanes
1, place de la Bourse
33000 Bordeaux
Tel.: 05 56 52 45 47
Zollgeschichte, Schiffsmodelle

Musée d'Aquitaine
20, cour Pasteur, 33000 Bordeaux
Tel.: 05 56 01 51 02
www.mairie-bordeaux.fr

Handelsgeschichte, Modelle

Base Sous-Marin/
Conservatoire International de la Plaisance
Boulevard Alfred Daney
33300 Bordeaux
Tel.: 05 56 11 11 50
Bootsammlung von über 30 Jollen und Yachten in einem ehemaligen deutschen U-Boot-Bunker

Darunter größere Museumsschiffe
BERYLLA II, Rennboot, 1934
CESA 1882, Rennboot, 1989,
HARRIET CLAIRE, Rettungskutter
JET SERVICES, Rennboot, 1990
MAITIA, Arcachonboot, 1935

Musée de la Marine pour l'Atlantique
Quai des Chatrons, 33300 Bordeaux
Tel.: 05 56 44 96 11

Museumsschiff
COLBERT (C 611), Zerstörer, 1956
www.maritime.org/hnsa-colbert.htm

BOULOGNE-SUR-MER

(Pas-de-Clais)

Nausicaa - Centre National de la Mer
Boulevard Sainte Beuve
62200 Boulogne-sur-Mer
Tel.: 03 21 30 98 98
www.ville-boulogne-sur-mer.fr

Fischereigeschichte, Seemannschaft

BOUZIGUES-MÉZE

(Hérault)

Musée de l'Etang de Thau
Quai du Port de Peche
34140 Bouzigues-Méze
Tel.: 04 67 78 33 57
Fischerei, Bootsammlung

BREST

(Finistère)

Musée national de la Marine
Chateau de Brest, 29240 Brest
Tel.: 02 98 22 12 39
www.musee-marine.fr

Marine-Geschichte, regionale Schiffahrt

Museumsschiff
S 622, deutsches Klein-U-Boot, Typ Seehund, 1944/45
(-) Deutsches Kleinkampfmittel, Typ Marder, 1944/45
(-) Vietnamesisches Fluchtboot, 10,0 m x 2,0 m, mit 40 Flüchtlingen 1988 vom französischen Hubschrauberträger JEANNE D'ARC im Chinesischen Meer geborgen.

BRIARE

(Loiret)

Maison des deux Marines/
Musée conservatoire batelier
58, Bd. Buyser, 45250 Briare
Tel.: 02 38 31 28 27
http://perso.club-internet.fr/c_h_b/briare
Binnenschiffahrt

CAEN

(Calvados)

Musée de Normandie
Chateau, 14000 Caen
Tel.: 02 31 86 06 24
www.ville-caen.fr/tourisme

Regionale Schiffahrt, Einbaum (piroque monoxyle)

CAMARET-SUR-MER

(Finistère)

Maison du Patrimoine maritime
Quai Kleber, 29570 Camaret-sur-Mer
Tel.: 02 98 27 82 60
www.camaret-sur-mer.com
www.chez.com/nautismeartsculture

Fischerei, Seenot-Rettung, Schiffbau

Musée de la Bataille de l'Atlantique
Fort de Kerbonne, Pointe de Pen-Hir, 29570 Camaret-sur-Mer
Tel.: 02 98 27 92 58
Ausstellung zur »Atlantik-Schlacht« des Zweiten Weltkriegs in einem deutschen Atlantik-Wall-Bunker.

CANCALE

(Ille-et-Vilaine)

Musée la ferme Marine
L'Aurore, 35260 Cancale
Tel.: 02 99 89 69 99
Austern-Fischerei

Musée des Arts et Traditions populaires
Ancienne église St.-Méen
35260 Cancale
Tel.: 02 99 87 71 26
Fischerei, Bootsammlung

CANET-EN-ROUSSILLON

(Pyrénées-Orientales)

Musée du Bateau
Front de Mer, 66410 Canet-en-Roussillon
Tel.: 04 68 73 12 43
Bootsammlung

Musée de la Voile Latine
Port de Canet,
66410 Canet-en-Roussillon
Tel.: 68 35 42 05
Sammlung von vierzig regionalen Bootstypen

Stationäre Schiffe am Hafen
L'AQUADROP, Tauchboot, 1983
MARECHAL JOFFRE, Rettungskutter, 1938

CANNES

(Alpes-Maritimes)

Musée de la Mer
Fort de l'ile Sainte-Marguerite
06400 Cannes
Tel.: 04 93 38 55 26
www.cannes-on-line.com

Mittelmeer-Schiffahrt, Archäologie

CAPBRETON

(Landes)

Ecomusée de la mer,
Place du front du mer
40130 Capbreton
Tel.: 05 58 72 40 50
Schiffsmodelle, Bootsammlung

CAP D'AGDE

(Hérault)

Musée d'Archeologie sous-marine
Mas de la Clape, 34300 Cap d'Agde
Tel.: 04 67 26 81 00
Unterwasser-Archäologie

CAP-FERRET

(Alpes-Maritimes)

Museé motonautique
44, route du Cap-Ferret, Grand-Piquey
06320 Lége-Cap-Ferret
Telefon: 06 13 22 71 48

CARANTEC

(Finistère)

Musée Maritime
29660 Carantec
Tel.: 02 - 98 67 00 43
Schiffbau, Unterwasser-Archäologie

CAUDEBEC-EN-CAUX

(Seine-Maritime)

Musée de la Marine de Seine
Route de Villequier,
76490 Caudebec-en-Caux
Tel.: 02 35 95 90 13
www.caudebec-en-caux.com

Regionale Schiffahrt

Museumsschiff
JOBLE, Gribane, 1886

CHATEAUNEUF-SUR-LOIRE

(Loiret)

Musée de la Marine de Loire
Chateau de Penthièvre, 1
Place Aristide Briand
45110 Chateauneuf-sur-Loire
Tel.: 02 38 46 84 46
www.coeur-de-france.com
Regionale Schiffahrt

CHERBOURG

(Manche)

Cité de la Mer
50100 Cherbourg-Octeville
Tel.: 0 82 5 00 25 50
www.citedelamer.com

Marine-Ausstellung, Überseeschiffahrt

Museumsschiffe
LE REDOUTABLE,
erstes französisches Atom-U-Boot, 1967
ARCHIMEDE, Bathyscaphe, 1961

CLAMECY

(Niévre)

Musée du flottage
Canal du Nivernais, 58500 Clamecy
Binnenschiffahrt

COGNAC

(Charente)

Musée municipal
48, boulevard Denfert Rochereau
16100 Cognac
Tel.: 05 45 32 07 25
Einbaum (pirogue monoxyle néolithique)

CONCARNEAU

(Finistère)

Musée de la Peche
3, Rue Vauban (Ville Close)
29181 Concarneau
Tel.: 02 98 97 10 20
www.concarneau.org/tourisme
www.villebleu.com/fr/museepeche

Fischerei

Museumsschiffe
COMMANDAND GARREAU,
Ruder-Rettungsboot, 1894
COURAGEUX II (GVC 227), Fischkutter
GV 2363, Fischerboot
HEMERICA (CC 4119),
Fisch-Trawler/Seitenfänger, 1957
LT. RENE-GUILION, Beiboot (Dori)
PEN-TOUILH II (P.1852), Fischkutter
RACLEUR D'OCEAN (CC 196 537)
Fischkutter, 1958
(-), Walfangboot (balniere)

CONFLANS-SAINTE-HONORINE

(Yvelines)

Musée de la Batellerie
3, Place Gévélot,
78700 Conflans-Sainte-Honorine
Tel.: 03 1 39 72 58 05
www.mairie-conflans-sainte-honorine.fr

Binnenschiffahrt

Projekt
JACQUES, Dampfschlepper, 1904

COSNE-COURS-SUR-LOIRE

(Nièvre)

Musée Municipal et de la Loire
Palais de Justice, Place de la Résistance
58200 Cosne-Cours-sur-Loire
Tel.: 03 86 26 71 02
www.mairie-cosnesurloire.fr

Regionale Schiffahrt

COURSEULLES-SUR-MER

(Calvados)

Musée du Vieux Courseulles
17, rue Amiral-Robert
14470 Courseulles-sur-Mer
Tel.: 02 31 37 70 00
Schiffbau, Hafengeschichte

DIEPPE

(Seine-Maritime)

Chateau-Musée de Dieppe
Rue de Chaste, 76203 Dieppe
Tel.: 02 35 84 19 76
www.mairie-dieppe.fr

Navigation, Elfenbein-Modelle, Gemälde

DOUARNENEZ

(Finistère)

Port-Musée et musée du bateau
Place de l'Enfer, 29100 Douarnenez
Tel.: 02 98 92 65 20
www.gwennhadu.com

Fischerei, Bootsammlung

Museumsschiffe
ANNA ROSA, Frachtsegler, 1892
BICHE, letzter französischer »Dundée thonier«
CAP LIZARD, Fischkutter 1924
DIEU PROTÉGÉ (BR 68 76), Fischkutter, 1950
LV Nr. 4 (SCARWEATHER), Feuerschiff, 1947
NORTHDOWN, Segel-Barge, 1924
NOTRE-DAME DE ROCAMADOUR (DZ 311812), Fischkutter, 1959
SIPADAN, Rettungsboot
ST. DENYS, Dampfschlepper, 1929

DUN-SUR-AURON

(Cher)

Musée du canal de Berry
Beffroi de Dun-sur-Auron
18130 Dun-sur-Auron
Tel.: 05 48 59 85 26
Binnenschiffahrt

DUNKERQUE

(Nord)

Musée portuaire
9, quai de la Citadelle
59140 Dunkerque
Tel.: 03 28 63 33 39
www.ville-dunkerque.fr

Hafengeschichte, Seenot-Rettung

Museumsschiffe
DUCHESSE ANNE, Vollschiff, 1901
GUILDE, Binnenschiff, 1929
PILOTINE No. 1, Lotsenboot

Projekte
HAVRE II (ex SANDETTIE II), Feuerschiff, 1912
SANDETTIE (ex DYCK), Feuerschiff, 1949

Stationäre Schiffe
FORT VALLIÉRE (DK 275 769 Z), Kutter, 1947
PRINCESS ELIZABETH, Passagierschiff, 1927

Musée des Beaux-Arts
Place du Général-de Gaulle
59140 Dunkerque
Tel.: 03 28 26 25 60
Maritime Gemälde

ERGUÉ-GABERIC

(Finistère)

Musée Océanographique
Rue de la Papeterie
29500 Ergué-Gaberic
Tel.: 02 98 59 63 84
Meeresforschung

ESNADES

(Charente-Maritime)

Musée de la Mytiliculture
44, Rue de l'Ocean, 17137 Esnades
Fischerei

ETAPLES

(Pas-de-Calais)

Musée de la Marine d'Etaples
Boulevard de l'Impératrice
62630 Etaples
Tel.: 03 21 09 77 21
www.musee-marine-etaples.fr

Fischerei, Modelle, Gemälde, Schiffbau

Maréis - Centre de la Peche Artisanale
La Corderie, Boulevard Bigot-Descelers
62630 Etaples
Tel.: 03 21 09 04 00
www.pas-de-calais.com

Fischerei

ETEL

(Morbihan)

Maison de Pays
Rue Jean-Bart, 56410 Etel
Tel.: 02 97 55 26 67
Regionale Schiffahrt

FÉCAMP

(Seine-Maritime)

Musée des Terre-Neuvas et de la Peche
27, boulevard Albert 1er
76400 Fécamp
Tel.: 02 35 28 31 99
www.fecamp.com

Neufundland-Fischerei, Seenot-Rettung

FRÉJUS

(Var)

Musée des troupes de marine
Route de Bagnols en foret
83600 Fréjus
Tel.: 94 40 91 75
www.ville-frejus.fr

GRAND-FORT-PHILIPPE

(Nord)

Maison de la mer
Face à la criée, 23, bd Carnot
59153 Grand-Fort-Philippe
Tel.: 03 28 51 84 84
Fischerei

Maison du Sauvetage
Bd. de la Republique
59153 Grand-Fort-Philippe
Tel.: 03 28 51 84 84
www.tourisme.fr/gravelines

Seenotrettung

Museumsschiffe
Drei Motor-Rettungsboote

GRANVILLE

(Manche)

Musée du Vieux Granville
2, rue Lecarpentier, 50400 Granville
Tel.: 02 33 50 44 10
www.ville-grandville.fr

Neufundland-Fischerei, Piraterie

L'Aquarium et le Musée Maritime
1, Boulevard de Vaufleury
50400 Granvillle
Tel.: 02 33 50 19 83
www.aquarium-du-roc.com

GRASSE

(Alpes-Maritimes)

Musée de la Marine/
Memorial Amiral de Grasse
2, Boulevard du Jeu de Ballon
06130 Grasse
Tel.: 04 93 40 11 11
Marine-Geschichte

GUÉRANDE

(Loire-Atlantique)

Musée des Amis de Guérande
Port Saint-Michel, 44350 Guérande
Tel.: 40 42 96 52
Fischerei

HÉDÉ

(Ille-et-Vilaine)

Maison du Canal d'Ille-et-Vilaine et Rance
La Madeleine, Bazouges
35630 Hédé
Tel.: 02 99 45 46 18
Binnenschiffahrt

Museumsanlagen
Ecluse de la Madeleine und weitere elf Schleusen in der Umgebung

HÉRISON

(Allier)

Musée du Canal de Berry
Ancien port du canal Magnettes, Magnettes, 03190 Hérison
Tel.: 04 70 06 70 92
Kanal-Schiffahrt

HONFLEUR

(Calvados)

Musée de la Marine
Quai Saint-Etienne, 14600 Honfleur
Tel.: 02 31 89 14 12
www.ville-honfleur.fr/artetculture.html

Hafengeschichte, Schiffbau

ILE DE MOLENE

(Finistère)

Musée de DRUMMOND CASTLE
Schiffbruch des englischen Passagierschiffs DRUMMOND CASTLE (1896, 248 Tote)
Tel.: 02 98 07 39 05
www.molene.net/ilemolene/drummond_castle

Musée de la SNSM
Tel.: 02 98 07 39 01
Seenotrettung

Sémaphore,
Beobachtungs- und Signalturm

ILE D' OUESSANT

(Finistère)

Musée des Phares et Balises
Phare de Créac'h, 29242 Ouessant
Tel.: 02 98 48 80 70
Leuchtfeuer, Seezeichen

ISTRES

(Bouches-du-Rhone)

Musée d' Istres
7, rue du Portail neuf, 13800 Istres
Tel.: 04 42 55 04 97
www.culture.gov/culture/archeosm/istres-m

Unterwasser-Archäologie

JUAN-LES-PINS

(Alpes-Maritimes)

Musée naval et napoliéonien
Boulevard Kennedy
06160 Juan-les-Pins
Tel.: 04 93 61 45 32
Mittelalterliche Schiffskonstruktion

LA CIOTAT

(Bouches-du-Rhone)

Musée ciotaden
Quai Ganteaume, 13600 La Ciotat
Tel.: 04 42 71 40 99
www.visit.provence.com

Schiffbau

LA FLOTTE-EN-RÉ/Ile de Ré

(Charente-Maritime)

Maison du Platin
Avenue du Front de Mer,
17630 La Flotte-en-Ré
Tel.: 0546 09 61 39
Traditionelle Schiffstypen

LA ROCHE-BERNARD

(Morbihan)

Musée de la Vilaine maritime
Chateau des Basses-Fosses, 6
rue Ruicard, 56130 La Roche-Bernard
Tel.: 02 99 90 83 47
Regionale Schiffahrt

LA ROCHELLE

(Charente-Maritime)

Musée Maritime NEPTUNEA
Place B. Moitessier, Bassin des Chalutiers
17031 La Rochelle
Tel.: 05 46 28 03 00
www.ville-la-rochelle.com/musees
www.cousteau.org/fr/musee
www.museemaritimelarochelle.fr

Schiffahrt, Meteorologie, Modelle

Museumsschiffe im Hafen
ANGOUMOIS (L.R. 316 353), Fischkutter, 1969
CAPTAINE DE FREGATE LE VERGER, Rettungskutter, 1954
DUPERRÉ, Marinekutter, 1952
FRANCE I, letztes französisches Hochsee-Wetterschiff, 1958
JOSHUA, Stahl-Yacht, 1962
MANUEL-JOEL (L.R. 316 044), Fischkutter, 1954
SAINT-GILLES, Schlepper, 1958

Museumsschiffe in der Halle
BRIN DE MUGUET, Fischkutter, 1973
GUILHERME, Walfangboot von den Azoren
SP 350, kleines Forschungs-U-Boot, 1959

Projekt
CALYPSO, Forschungsschiff, 1942

Musée océanographique
Avenue lazaret, Port des Minues
17000 La Rochelle
www.perso.wanadoo.fr./aamir

LA SEYNE-SUR-MER

(Var)

Musée Naval de Balaquier
Fort de Balaguier, 924, Corniche Bonaparte
83500 La Seyne-sur-Mer
Tel.: 04 94 94 84 72
Marine-Modellsammlung, Boote aus dem Fernen Osten

LA TREMBLADE

(Var)

Musée Maritime l'Escale
17, Boulevard R. Letéllier
17390 La Tremblade
Tel.: 05 46 36 30 11
www.la-tremplade.com/accueil

Regionale Schiffahrt

LAVAL

(Mayenne)

Musée de la Perrine
10, allée Adrien-Brunneau
53000 Laval
Tel.: 02 43 49 47 83
www.mairie-laval.fr

Binnenschiffahrt

Museumsschiff
FIRECREST II

Stationäre Schiffe
SAINT-JULIEN,
Wasch-Schiff/bateau-lavoir, 1904
Telefon: 02 43 49 46 46
www.mairie-laval.fr

SAINT-YVES,
Wasch-Schiff/bateau-lavoir, 1904

LE BACARÉS

(Pyrénées-Orientales)

Port-musée de la Voile latine
Avenue de la Condalere
66420 Le Barcarés
Bootsammlung, Fischerei-Ausstellung

Stationäres Schiff
LYDIA, Passagierschiff, 1931,
heutige Nutzung: Restaurant,
Liegeplatz: Auf dem Strand

LE CONQUET

(Finistère)

Musée d'histoire maritime
29217 Le Conquet
Tel.: 02 98 89 04 27
Schiffahrtsgeschichte der Region

LE CROISIC

(Loire-Atlantique)

Musée Naval du Croisic
6, quai du Port Ciguet
44490 Le Croisic
Tel.: 02 40 23 02 44
Regionale Schiffahrt

LE GUILVINEC

(Finistère)

HALIOTIKA
29730 Le Guilvinec
Tel.: 02 98 58 28 38
www.leguilvinc.com

Fischerei

LE GRAU DU ROI/ PORT CAMARGUE

(Gard)

Musée de la Mer
Palais de la Mer,
30240 Le Grau-du-Roi
Tel.: 04 66 51 57 57
Modelle, Taucherei, Fischerei

LE HAVRE

(Seine-Maritime)

Espace maritime et portuaire des docks Vauban
Quai Frissard 76600 Le Havre
Tel.: 02 35 24 51 00
www. ville-lehavre.fr

Handelsschiffahrt, Hafengeschichte

Museumsschiffe
ST-8, Schlepper, 1944
DYCK, Feuerschiff, 1935

Musée de l'Ancien Havre
1, rue Jerome Bellarmato
76600 Le Havre
Tel.: 02 35 42 27 90
Schiffbau, Gemälde

Stationäre Schiffe
CALYPSO, Segler, Liegeplatz an Land
FALSTERBOREV, Feuerschiff,1909

LE MINIHIC-SUR-RANCE

(Ille-et-Vilaine)

Museumsanlage
Cale séche de Landriais,
(Historiches hölzernes Trockendock aus dem Jahr 1908 mit 45 Metern länge und zehn Metern Breite)

LE PALAIS/Belle-Ile

(Morbihan)

Citadelle Vauban et musée historique
Citadelle Vauban, 56360 Le Palais
Tel.: 02 97 31 84 17
Regionale Schiffahrt

LES SABLES-D'OLONNE

(Vendèe)

Musée de la Mer
Chateau Saint-Clair, La Chaume
85100 Les Sables-d'Olonne
Tel.: 02 51 32 03 28
www.mairie-lessablesdolonne.fr

Fischerei, Schiffsmodelle

LOCMALO

(Morbihan)

Statinäres Schiff
LE LENO (LO 288 937), Fischkutter, 1970

LOIX-EN-RÉ

(Charente-Maritime)

Maison du marais salant
Route de la Passe, 17111 Loix-en Ré
www.elements-reussite.com/ile-de-re

LONGUEIL-ANNEL

(Oise)

La cité des bateliers
59, av. de la Canonnière
60150 Longueil-Annel
Tel.: 03 44 96 05 55
Binnenschiffahrt

Museumsschiff
FREYCINET, peniche

LORIENT

(Morbihan)

Base de sous-Marins de Keroman
56100 Lorient
Deutsche U-Bootbunker aus dem Zweiten Weltkrieg
(Geführte Besichtigungen möglich)

Museumsschiff
FLORE,
Unterseeboot, 1962

Stationäres Schiff
MARSOUIN,
Bugsektion des französischen Unterseebootes, 1955

CCSTI Bateau Musée le Thalassa
Quai de Rohan, Port de Plaissance
56100 Lorient
Tel.: 02 97 84 87 37

Museumsschiff
THALASSA, Heckfänger/Hochsee-forschungsschiff, 1960

Musée VICTOR PLEVEN
Base de sous marins de Keroman
56100 Lorient
www.armorica.tm.fr

Tel.: 02 97 88 15 12

Museumsschiff
VICTOR PLEVEN (SM303 402), Fischfabrikschiff, 1971

Le musée sous-marin
Tour Davis-Base de sous-marins de Keroman, 56100 Lorient
Tel.: 06 07 10 69 41
www.tour-davis.com

Unterwasserwelt, Wracks, Tauchtank aus dem Zweiten Weltkrieg

MARSEILLE

(Bouches-du-Rhone)

Musée de la Marine et de l'Economie
Palais de la Bourse, La Canebière
13001 Marseille
Tel.: 04 91 39 33 33
www.beyond.fr/villages/marsmuseums.html

Schiffahrts- und Hafengeschichte von Marseille

Museumsschiff
POLLUX, Tauchkapsel, 1967

Musée des Docks Romains
Place Vivaux, 13002 Marseille
Tel.: 04 49 19 12 462
Römische Schiffahrt

Musée de l'histoire de Marseille
Centre Bourse, 13001 Marseille
Tel.: 04 91 90 42 22

Museumsschiffe
Marseille 1, Wrack eines römischen Frachtschiffs, 17,0 m x 7,0 m, 1864 entdeckt

Marseille 2, Wrack eines römischen Frachtschiffs, 3. Jahrhundert n. Chr., 24,0 m x 9,0 m, 1974 entdeckt

Marseille 3, Wrack eines griechichischen Fischerboots, 6. Jahrhundert vor Chr., 1993 entdeckt, in Konservierung

Marseille 4, Wrack eines griechischen Fischerboots, 6. Jahrhundert vor Chr., 1993 entdeckt, in Konservierung

Marseille 5, Wrack eines römischen Arbeitsbootes, 1.-2. Jahrhundert n. Chr, 16,0 m x 5,0 m, 1993 entdeckt, in Konservierung

Marseille 6, Wrack eines römischen Arbeitsbootes, 1.-2. Jahrhundert n. Chr., 16,0 m x 5,0 m, 1993 entdeckt, in Konservierung

Marseille 7, Wrack eines römischen Fischerboots, 3. Jahrhundert n. Chr. 1993 entdeckt, in Konservierung

Musée de la Réparation navale
7, Boulevard des bassins de Radoub, porte 3A, 13002 Marseille
Tel.: 04 91 98 81 67
Schiffbau

Aktiver Veteran
MARSEILLOIS, Frachtsegler, 1944

Comex S.A.
36, Boulevard des Océans
13275 Marseille
Tel.: 04 91 29 75 00

Stationäre Schiffe
ALOSE, Unterseeboot, 1904
POLLUX, Tauchkapsel, 1967

MONTCHANIN

(Saone-et-Loire)

Maison du canal
Ecuisses à l'écluse
71210 Montchanin/Canal du Centre
Binnenschiffahrt

MONTJEAN-SUR-LOIRE

(Maine-et-Loire)

Ecomusée Montjean-Loire Angevine
La Forge, Place du Vallon
49590 Montjean-sur-Loire
Tel.: 02 41 39 08 48
www.montjean.free.fr

Loire-Schiffahrt

MONT SAINT-MICHEL

(Manche)

Musée Maritime
Grand rue, 50170 Mont Saint-Michel
Tel.: 02 33 60 14 09
www.mere-poulard.fr

NANTES

(Loire-Atlantique)

Musée des Ducs de Bretagne
Chateau des Ducs de Bretagne
1, place Marc Elder, 44000 Nantes
Tel.: 02 40 41 56 56
www.mairie-nantes.fr/culture

Maritime Geschichte von Nantes, Flußschiffahrt

Musée Naval Maillé-Brézé
Quai de la Fosse, 44029 Nantes
Tel.: 02 40 69 56 82

Museumsschiff
MAILLÉ-BRÉZÉ, Zerstörer, 1954
www.nwt.fr/escorteur-maille-breze

Musée des Techniques de la Navale
L'ile Sainte-Anne, 4400 Nantes
Schiffstechnik

Musée Jules Verne
Bibliotheque, Rue de l'Hermitage
4400 Nantes
Tel.: 40 69 72 52

NARBONNE

(Aude)

Conservatoire maritime et fluvial des Pays narbonnais
Ecluse de Mandirac, 11100 Narbonne
Tel.: 04 68 48 35 48
Schiffsmodelle, Schiffbau, Segeltechnik

NICE

(Alpes-Maritimes)

Musée Naval
Tour Bellanda, Parc du Chateau
06300 Nice
Tel.: 04 93 80 47 61
www.beyond.fr/villages/nicemuseum.html
www.nicecoteazur.org

Schiffahrtsgeschichte von Nizza

NOIRMOUTIER-EN-L'ILE

(Vendée)

Musée de la Construction Navale
Rue de l'Ecluse
85330 Noirmoutier-en-l'Ile
Tel.: 03 51 39 24 00
www.ile-noirmoutier.com

Schiffbau

Musée du Chateau
Place d'Armes
85330 Noirmoutier-en-l'Ille
Tel.: 02 51 39 10 42
Navigation, Gemälde

PAIMPOL

(Cotes-d'Armor)

Musée de la Mer
Rue de Labenne, 22500 Paimpol
Tel.: 02 96 22 02 19

Stationäres Schiff
MAD ATAO, Kutter
(Basin 1, Quai Dugay Trouin)

PARIS

Musée national de la Marine
Palais de Chaillot, 17, place du Trocadéro
75116 Paris
Tel.: 01 53 65 69 69
www.paris.org/Musees/Marine/
www.culture.fr/marine

Marinegeschichte Frankreichs,
Unterwasser-Archäologie, Fischerei

Museumsschiff
CANOT IMPERIAL,
königliches Pracht-Ruderschiff, 1811

La Cité des sciences et de l'industrie
30, Avenue Corentin-Cariou
75930 Paris
www.cite-science.fr

Museumsschiffe
ARGONAUTE, Unterseeboot, 1957,
www.paris.org/Musees/Argonaute/info.html

NAUTILE, Forschungs-U-Boot, 1984

Musée des Arts et traditions populaires
6, avenue Mahatma-Gandhi
75116 Paris
Tel.: 01 47 47 69 80
Modelle, Gemälde

Stationäre Schiffe
BATOFAR, Feuerschiff, 1955
NOMADIC, Tender, heutige Nutzung:
Restaurant, Liegeplatz: Seine-Ufer

PENMARC'H

(Finistère)

Centre de Découverte Maritime
Rue des naufrages de 1924, Derrière le phare d'Eckmühl, Pointe de Penmarc'h
29760 Penmarc'h
Tel.: 02 98 58 72 87
www. Penmarch.org

Seenotrettung, Schiffahrt

Museumsschiff im Rettungsschuppen
Rue des Naufrages du 23. Mai 1925:
PAPA POYDENOT, Ruderrettungsboot, 1901

PERPIGNAN

(Pyrénées-Orientales)

Musée catalan
Casa Pairal, place Verdun
66000 Perpignan
Tel.: 04 68 61 66 30
www.maritime-heritage.net

Bootsammlung

PLOUGUERNEAU

(Finistère)

Musée des Goémoniers
Route de Saint-Michel
29880 Plouguerneau
Tel.: 02 98 04 60 30
www.perso.club-internet.fr

Seetang-Fischerei

PONT-L'ABBE

(Finistère)

Musée Bigouden
Chateau, 29308 Pont-L'Abbe
Tel.: 02 98 66 09 09
www.pontlabbe.com

Schiffsmodelle, Navigation

PONT-DU-CHATEAU

(Puy-de-Dome)

Musée de l'ancienne Batellerie
63430 Pont-du-Chateau
Tel.: 04 73 83 73 98
Binnenschiffahrt

PORT-EN-BESSIN-HUPPAIN

(Calvados)

Musée des Epaves sous-marines du Debarqument
Rt. De Bayeux-Commes
14520 Port-en Bessin-Huppain
Tel.: 31 21 17 06

PORTSALL

(Finistère)

Ancre an eor, Centre Nautique SNSM
Espace Amoco Cadiz
Port de Portsall
29830 Ploudalmézeau
Tel.: 02 98 48 10 48
Ausstellung zum Untergang des Tankers AMOCO CADIZ im März 1978

PORT-LOUIS

(Morbihan)

Musée de la Marine
Citadelle de Port-Louis
56290 Port-Louis
Tel.: 02 97 12 10 37
Schiffahrt, Waffen, Bootsammlung

Museumsschiffe
LAPUS OD, Fisckutter
DOM DEI (GVC 990), Fischerboot, 1921
COMMANDANT PHILIPPES DE KERHALLET, Rettungskutter, 1897

PORT-LOUIS

(Morbihan)

Musée de la Compagnie des Indes
Citadelle de Port-Louis,
56290 Port-Louis
Tel.: 02 97 82 19 13
www.lorient.com/musee

Westindien-Handel und Schiffahrt

PORT-TUDY/Ile de Groix

(Morbihan)

Ecomusée de l'Ile de Groix
Port-Tudy, 56590 Ile de Groix
Tel.: 02 97 86 84 60
Regionale Fischerei, Seenotrettung, Reste eines Wikingerbootes (Nägel, Beschläge), Bootsammlung

Museumsschiffe
GRUSSENHEIM-ALSACE,
Motorrettungsboot, 1950

MIMOSA, canot de peche cotiere, 1954, Werft Corre, Locmalo, 2,3 tons
LA PETITE BEBELLE, Beiboot des thoniers NOTRE-DAME-DE-LA-PAIX, 1932, Bootsbauer Yvon, Port Tudy

PORT VENDRES

(Pyrénées-Orientales)

Musée de Port-Vendres
66600 Port Vendres
Tel.: 04 68 82 07 54
Römische Schiffahrt

Museumsschiff
Port-Vendres 1, Wrack eines römischen Küstenseglers, 20,0 m x 8,0 m x 2,3 m, 1929 entdeckt

REDON

(Ille-et-Vilaine)

Musée de la Batellerie de l'Ouest
Quai Jean Bart, 35600 Redon
Tel.: 02 99 72 30 95
www.ville-redon.fr/ville-redon/pfluvial3.htm

Binnenschiffahrt

Museumsschiff
CONDORCET (NA 879 F), Binnenschiff

REUGNY

(Indre-et-Loire)

Musée du canal du Duc de Berry
Magnete, 37380 Reugny
Tel.: 04 70 06 70 92
www.maritime-heritage.net

ROCHEFORT

(Charente-Maritime)

Musée national de Marine
Hotel de Cheusses, 1, place de la Galissonnière, 17300 Rochefort
Tel.: 05 46 99 86 57
www.bernezac.com/rochefort

Dieses größte Marine-Arsenal Europas des 17. Jahrhunderts ist heute zu besichtigen.

Projekt
HERMIONE, Fregatte, Nachbau
Bauplatz: Trockendock aus dem Jahr 1728, nahe der Corderie Royale,
Tel.: 05 46 87 01 90

Centre international de la mer
La Corderie Royale, 17303 Rochefort
Tel.: 05 46 37 01 90
Maritime Ausstellung

Ancienne école de médicine navale
25, rue de l'Amiral Meyer
17300 Rochefort
Tel.: 05 46 99 59 57
www.maritime-heritage.net

ROSCOFF

(Finistère)

Maison des Johnnies
Chapelle Sainte-Anne, 29800 Roscoff
Tel.: 02 98 61 12 13
Segelschiffahrt, Gemüsehandel mit England durch »Johnnies«

ROUEN

(Seine-Maritime)

Musée maritime fluvial et portuaire de Rouen
Hangar 13, Quai Emile Duchemin
76000 Rouen
Tel.: 02 32 10 15 51
www.mairie-rouen.fr/tourisme/musees

Binnenschiffahrt

Museumsschiffe
CAPITAINE DE VAISSEAU L'HERMINIER, Motor-Rettungsboot
POMPON ROUGE, Binnenschiff, 1947

SAILLÉ-GUÉRANDE

Maison des Paludiers
13, rue du Ber, Saillé-Guérande
Tel.:02 40 42 22 28
www.loire-frace.com/villes/guerande

SAINT-BRÉVIN-LES-PINS

(Loire-Atlantique)

Musée de la Marine de Mindin
Fort de Mindin, Place de la Marine
44250 Saint-Brévin-les-Pins
Tel.: 02 40 27 00 64
mairie-saint-brevin.fr

Schiffsmodelle, Gemälde

SAINT-BRIEUC

(Cotes-d'Armor)

Musée d'Histoire
Cours Francis-Renaud, Rue de lycéens Martyrs, 22023 Saint-Brieuc
Tel.: 02 96 33 39 12
www.mairie-saint-brieuc.fr/culture

Schiffbau, Navigation, Fischerei

SAINT-LAURENT-DE-LA-SALANQUE

(Pyrénées-Orientales)

Musée de la Mer
Place Gambetta, 66250 Saint-Laurent
Tel.: 68 26 38 77
www.sites-et-cities.tm.fr

ST. LAURENT-SUR-MER

(Calvados)

Musée Mémorial d'Omaha Beach
Les Moulins, Av. De la Liberation
14710 St. Laurent-sur-mer
Tel.: 02 31 21 97 47
www.musee-memorial-omaha

Landung der Alliierten am 6. Juni 1944

Museumsschiff
PA 26-28, Landungsboot

SAINT-MALO

(Ille-et-Vilaine)

Musée International du Long-Cours Cap-Hornier
Tour Solidor, Cale Saint-Père
Saint-Servan, 35400 Saint-Malo
Tel.: 02 99 40 71 11
Geschichte der segelnden Kap Horn-Fahrer

Musée d'Histoire de la Ville et du Pays Malouin
Chateau, Grand Donjon
Esplanade Félicité Lamennais
35400 Saint-Malo
Tel.: 02 99 40 71 57
www.ville-saint-malo.fr/tourisme

Geschichte der Freibeuter, Hochseefischerei

Museumsschiff
SM 4, Fischdampfer-Beiboot

SAINT-MARTIN-DE-RÉ

(Charente-Maritime)

Musée naval de Saint-Martin-de-Ré
Hotel de Clerjotte,
17410 Saint-Martin-de-Ré
Tel.: 46 09 21 22
Regionale Schiffahrt

SAINT-NAZAIRE

(Loire-Atlantique)

Musée sous-marin Espadon et ecomusée
Ave. de Saint-Hubert
44600 Saint-Nazaire
Tel.: 02 40 22 35 33
www.mairie-saintnazaire.fr/themes/eco musee

Museumsschiff
ESPADON, Unterseeboot, 1958
www.sousmarin-espadon.com

Le Musée des Paquebots
Base Sous-Marin,
Boulevard de la legion d'Honneur
44600 Saint-Nazaire
www.saint-nazaire-tourisme.com

Passagierschiffahrt

SAINT-TROPEZ

(Var)

Musée national de la marine
Citadelle de Saint Tropez
83990 Saint Tropez
Tel.: 04 94 97 59 43
www.prequile-saint-tropez.com

Hafengeschichte, Modelle

SAINT-VAAST-LA-HOGUE/ Ile Tatihou

(Manche)

Musée maritime de l'Ile Tatihou
Quai Vauban
50550 Saint-Vaast-la-Hogue
Tel.: 02 33 23 19 92
www.maritime-heritage.net

Unterwasser-Archäologie, Fischerei

Bootssammlung
L'AMI PIERRE, bisquine de Barfleur, Nachbau 1996,Tatihou
LE BERNARD,
plate, Nachbau 1960, Saint-Vaast
CRODIL,
picoteux, 1953, Courseulles-sur-mer
L'EMILE, vaquelotte, 1912, Barfleur
L'ECOLE,
picoteux, 1956, Courseulles-sur-mer
LE HENRI-JOSETTE,
vaquelotte, 1946, Barfleur
LE LOUISE-JEANNINE,
canot, 1944, Saint-Vaast
MA NICHÉE,
chaloupe, 1927, Courseulles-sur-mer
LA MOUETTE,
crevettier, 1947, Honfleur
LA MARIE DU PORT,
canot-picoteux, 1960, Saint-Vaast
LEOIROT, chalutier, 1962, Saint-Vaast
LA SAINTE-MARIE,
vaquelote, 1948, Saint-Vaast
LA-SAINTE-THÈRÉSE-SOUVENEZ-VOUS, cordier, 1948, Barfleur
LE SAM-SUFFIT,
demi-picoteux, 1930, Courseulles-sur-mer
LE TROIS FRÈRES,
cajot, 1956, Cherbourg

ST-VALERY-EN-CAUX

(Seine-Maritime)

La Maison Henry IV
76460 Saint-Valery-en-Caux
Tel.: 02 35 57 14 13
www.ville-saint-vallery-en-caux.fr

Schiffahrtsgeschichte

SARCELLES

(Val-d'Oise)

Musée naval
27, boulevard du Général de Gaulle
95200 Sarcelles
Tel.: 34 45 54 05

STRASBOURG

(Bas-Rhin)

Musée regional du Rhin et de la navigation
11, Rue de la Minoterie
67000 Strasbourg
Regionale Schiffahrt auf dem Rhein

Naviscope Alsace
Rue du Général Picquart
67000 Strasbourg
Tel.: 03 88 60 22 23
www.alsace-histoire.org

Museumsschiffe
PASTEUR, Dampfschlepper, 1913
STRASBOURG, Schubschiff, 1966,
Liegeplatz: Basin des Remparts,
Quai du Général-Piquart

TALMONT-SUR-GIRONDE

(Charente-Maritime)

Musée des Amis de Talmont
Mairie, 17120 Talmont
Tel.: 05 46 90 43 87
Regionale Schiffahrt, Modelle

TOULON

(Var)

Musée national de la marine
Le Mourillon, Av. de la Tour Royale
83000 Toulon
Tel.: 04 02 17 99
www.toulon.com/tourisme

Maritime Sammlung, Kanonen, Anker, Galionsfiguren

Museumsschiff
FNRS III, Bathyscaphe

Musée national de la marine
Place Monsenergue, quai Norfolk
83000 Toulon
Tel.: 04 94 02 02 01
Marinegeschichte und Schiffahrt des Mittelmeeres
Museumsschiff
HAVAS MARK II, Tauchboot

Musée du Debarquement de Provence
Tour Beaumont/Mont Faron
83000 Toulon
Tel.: 04 94 88 08 09

La Dives –
Navire-Musée de la Marine national
Pointe de la Mittre, Le Mourillon
83000 Toulon
Tel.: 04 94 02 06 96

Museumsschiffe
FNRS III, Forschungs-Tauchboot, 1953,
L-9008, Landungsboot

TOURLAVILLE

(Manche)

Musée maritime Chantereyne
Quai Pierre le Conte, Port des Flamands
50110 Tourlaville
Tel.: 02 33 43 27 00
www.cherbourg-channel.tm.fr

Museumsschiff
RAZ-BLANCHARD, Rettungskutter

TRÉGLONOU

(Finistère)

Stationäres Schiff
L'ANSELME,(BR 6073), Fischerboot, cotre breton, 1939, Menec, Locmajan, 5,8 m lang, bis 1957 im Einsatz.

MUSEUMSSCHIFFE

ANGOUMOIS (L.R. 316 353)
La Rochelle
Musée maritime
Fischkutter (Hecktrawler)/Chalutier peche arrière, 1969, Ateliers et chantiers Dieppe, Länge: 38,0 m

ANNA ROSA
Douarnenez
Port-Musée
Frachtsegler/Hardanger Jakt, 1892, Norwegen, Länge: 21,9 m, Holzrumpf

ARCHIMEDE
Cherbourg
Cité de la Mer
Tieftauchboot/Bathyscaphe, 1961, Toulon, 22,0 m x 5,0 m, 57 tons

ARGONAUTE (S-636)
Paris
La Cité des Sciences et de l' Industrie
Unterseeboot, Arethusa-Klasse (Sousmarins chasseur de sousmarins), 1957, DCN, Arsenal de Cherbourg, Verdrängung an der Oberfläche: 543 tons, getaucht: 669 tons, 49,6 m x 5,8 m x 3,9 m, Diesel-(1060 PS)/E-Motor (1.300 PS), Aktionsradius an der Oberfläche: 3300 sm bei 7kn, Geschwindigkeit an der Oberfläche: 12,5 kn, getaucht: 16 kn, Tauchtiefe: 200m, Besatzung: 40 Mann, Bewaffnung: 8 Torpedos, 4 Torpedorohre
Als erstes Boot einer Vierer-Serie von Angriffs-Booten wurde ARGONAUTE 1958 in Dienst gestellt. Das Boot war 24 Jahre lang im Dienst, legte 210.400 Seemeilen zurück, war 2.147 Tage auf See und tauchte 32.700 Stunden. Nach seiner Außerdienststellung wurde es auf einem Schwimmponton von Toulon durch die Straße von Gibraltar und durch die Biskaya nach Le Havre geschleppt. Von dort wurde ARGONAUTE über die Seine nach Paris gebracht, wo sie von Kränen auf einen Spezialtransporter mit 96 Rädern gehoben wurde, um die letzten 400 Meter zum heutigen Liegeplatz im Wissenschaftspark von La Villette zurückzulegen. Seit Januar 1991 wird ARGONAUTE von 350 000 Besuchern jährlich besichtigt.

BERYLLA II
Bordeaux
Conservatoire International de Plaisance
Rennboot, 1934, 4,6 m x 1,5 m, Aluminium-Rumpf

BRIN DE MUGUET
La Rochelle
Musée maritime
Fischkutter, 1973, 13,8 m x 4,6 m, 40 tons, 2–3 Mann Besatzung, 220-PS-Diesel

CANOT IMPERIAL
Paris
Musée National de la Marine
Prunk-Ruderschiff von Kaiser Napoleon I., 1810 in Antwerpen gebaut, 18,9 m x 3,8 m x 0,9 m, Holzrumpf mit Kabine, 24 Ruder, 48 Ruderer.
Das Boot wurde nach nur 21 Tagen Bauzeit zum ersten Mal 1810 genutzt, sein letzter Einsatz fand 1922 statt.

CAPTAINE DE FREGATE LE VERGER
La Rochelle
Musée maritime
Rettungsboot, 1954, Länge: 15,0 m

CAPITAINE DE VAISSEAU L'HERMINIER
Rouen
Musée maritime fluvial et portuaire
Motor-Rettungsboot

CESA 1882
Bordeaux
Conservatoire International de la Plaisance
Rennboot, 1989,14,3 m x 3,8 m, FB Design, 8 tons, 2520 PS, ca. 100 km/h

COLBERT (C 611)
Bordeaux
Quai des Chatrons
Zerstörer, 1956, Arsenal de Brest, 180,5 m x 20,3 m x 7,0 m, 12566 tons, Dampfturbinen, 86.000 PS, 31,9 kn, 562 Besatzungsmitglieder.
Der Zerstörer war das Flaggschiff der französischen Mittelmeer-Flotte, wurde 1972 auf Raketen umgerüstet, 1991 außer Dienst gestellt und ist seit 1993 als Museum geöffnet.

COMMANDAND GARREAU
Concarneau
Musée de la Peche
Ruder-Rettungsboot, 1894, Le Havre, 10,1 m x 2,3 m x 0,6 m, 2,8 tons, zwei Masten, Holzrumpf, Sattion Grand Camp bis 1957, seit 1985 Museumsschiff

COMMANDANT PHILIPPES DE KERHALLET
Port Louis
Musée de la Marine
Rettungskutter, 1897, Augustin-Normand, Le Havre, zwei Masten, acht Ruder, bis 1939 in Le Havre stationiert

CONDORCET (NA 879 F)
Redon
Musée de la Batellerie de l'Ouest
Binnenschiff, 1910, Ateliers et Chantiers de Bretagne, Chaland Nantaise, 26,7 m x 4,6 m

COURAGEUX II (GVC 227)
Concarneau
Musée de la Peche
Fischkutter (Canot breton), 1934, Breiz, Pont-L'Abbe, ca. 5 Meter lang, Heimathafen: Guilvinec

DIEU PROTÉGÉ (BR 6876)
Douarnenez
Le Port Musée
Fischkutter, 1950, 22,0 m lang

DOM DEI (GVC 990)
Port-Louis
Musée National de la Marine
Fischerboot, 1921, Pont Aven, Segel, Ruder

DUCHESSE ANNE
Dunkerque
Vollschiff, 1901, J.C. Tecklenborg, Geestemünde, 1260 BRT, 92,0 m (80,0 m) x 11,9 m x 6,3 m, Stahlrumpf, ex GROSSHERZOGIN ELISABETH. (siehe Schiffsporait)

DUPERRÉ
La Rochelle
Musée maritime
Marinekutter/Canot major de la marine, 1952

ESPADON
Saint-Nazaire
Musée ESPADON
Unterseeboot, Narval-Klasse (Sousmarine oceanographique), 1958, A.C. Augustin-Normand, Le Havre, Verdrängung an der Oberfläche: 1635 tons, getaucht: 1910 tons, 77,8 m x 7,8 m x 5,5 m, drei Diesel- (3.000 PS)/zwei Elektro-Motor (3.000 PS), Aktionsradius an der Oberfläche: 15.000 sm bei 8 kn, Geschwindigkeit an der Oberfläche: 16 kn, getaucht: 18 kn, Tauchtiefe: 200 m, Besatzung: 65 Mann, Bewaffnung: 6 Bugtorpedorohre, 20 Torpedos, Minen.
Konstruktions-Grundlage für die französische Narval-Klasse, die zwischen 1950 und 1958 gebaut wurde, waren Pläne des deutschen U-Boottyps XXI. ESPADON (»Schwertfisch«) wurde am 1. April 1960 als fünfte Einheit ihrer Klasse in Dienst gestellt. Das Boot konnte acht Tage lang auf Tauchstation bleiben. Drei Diesel- und zwei Elektromotoren sowie eine strömungsgünstige Rumpfform ermöglichten ihm eine Geschwindigkeit von 18 Knoten unter und 16 Knoten über Wasser. Bei einer Geschwindigkeit von 8 Knoten erreichte es einen Aktionsradius von 15.000 Seemeilen. Zwischen 1960 und 1985 war die ESPADON 2.561 Tage im Einsatz, davon 33.796 Stunden auf Tauchfahrt. Das Boot legte in dieser Zeit 360.547 Seemeilen zurück. Seit 1986 ist es als schwimmendes Museum in einem ehemals deutschen U-Bootbunker in Saint-Nazaire zu besichtigen.

FLORE
Lorient
Keroman
Unterseeboot, 1962, Daphné-Klasse, Cherbourg, Verdrängung an der Oberfläche: 850 tons, getaucht: 1040 tons, 58,0 m x 6,8 m x 4,7 m, zwei Diesel- (1.300 PS)/ zwei Elektro-Motor (1.600 PS), Aktionsradius an der Oberfläche: 3.000 sm bei 7 kn, Geschwindigkeit an der Oberfläche: 14 kn, getaucht: 16 kn, Tauchtiefe: 200 m, Besatzung: 45 Mann, Bewaffnung: 12 Torpedorohre (acht im Bug, vier im Heck).

FNRS III
Toulon
Musée Naval de la Tour Royale
Bathyskaph, 1953
Der Schweizer Tiefseeforscher Auguste Piccard entwickelte vor seinen Erfolgen mit den »TRIESTE«-Booten für die französische Marine mehrere Tieftauchboote, darunter den Bathyscaphe FNRS III, der zwischen 1953 und 1960 vierzig Tauchfahrten bis in eine Tiefe von 4.052 Meter unternahm.

FRANCE I
La Rochelle
Musée maritime
Hochsee-Wetterschiff, 1958, Forges & Chantiers Méditeranée, Graville, 1886 tons, 76,2 m x 12,6 m x 4,7 m, Diesel-Elektro, 932 PS

GOULPHAR (CC 321014)
Concarneau
Musée de la Peche
Fischkutter

GRUSSENHEIM-ALSACE
Port-Tudy
Ile de Groix
Motorrettugsboot, 1950, Jonet, Sartrouville, 11,5 m x 3,2 m x 0,9 m, 2 x 28-PS-Diesel, ab 1972: 70-PS-Diesel, 8 kn, Segel, Holzrumpf, bis 1974 im Dienst

GUILDE
Dunkerque
Musée portuaire
Binnenschiff/peniche automotrice, Typ Freycinet, 1929, Sotteville-les-Rouen, 372 tons, 39,2 m x 5,1 m

GUILHERME
La Rochelle
Musée maritime
Walfangboot/Balniere de Azores, Länge: 12, 0 m, 2,5 tons, 6 Ruder, 7 Mann Besatzung

GV 2363
Concarneau
Musée de la Peche
Fischerboot, Beiboot eines Sardiniers, Ruder

HARRIET CLAIRE
Bordeaux
Conservatoire International de la Plaisance
engl. Rettungsboot, Heimathafen: London

HAVAS MARK II
Toulon
Musée de la Marine
Klein-Tauchboot/sousmarine lumide, Havas Electricité S.A., Verdrängung an der Oberfläche: 160 kg, 4,5 m x 0,56 m x 1,7 m, E-Motor,1,5PS, Aktionsradius: 4 Std. an der Wasseroberfläche, 2,5 Std Tauchzeit, Geschwindigkeit an der Oberfläche: 3,3 kn, Tauchtiefe: 10 m. Dieses Zwei-Mann-Tauchboot wurde in Frankreich für Unterwasserarbeiten und Explorationen eingesetzt.

HEMERICA (CC 4119)
Concarneau
Musée de la Peche
Trawler, 1958, Ateliers et Forges de l'Ouest, Saint-Nazaire, 202 BRT, 31,9 m x 7,0 m x 3,5 m, 600-PS-Diesel, 11 kn, ex PACTOLE (LR 4900)

ISABELLA (BOU 8)
Douarnenez
Le Port-Musée
Holländischer Fischkutter/Tholense hoogaars, ca. 1906, Arnemuiden/NL, 15 tons, 12,5 m x 4,2 m

JET SERVICES
Bordeaux
Conservatoire International de la Plaisance
Rennboot (Versuchsboot), 1990, 25,0 m x 4,0 m, 22 tons, 110 km/h

JOBLE
Segel-Barge/gribane, 1866, Chantier Pequer, Petit-Quevilly, 20,5 m x 6,6 m, Holzrumpf, ex ENFANT DE FRANCE

JOSHUA
La Rochelle
Musée maritime
Stahl-Yacht, 1962, 12.03 Meter lang, mit dieser Yacht umsegelte Bernard Moitessier mehrfach die Welt.

L-9008
Toulon
Musée Naval de la Tour Royale
Landungsboot

LAPUS OD
Port-Louis
Musée National de la Marine
Fischkutter (Cotre de Carantec)

LCA-1825
Arromanches
Musée du debarquement
Landungsboot, 1944, England, 13 tons, 12,7 m lang, Dieselmotor, Stahlrumpf. LCA-1825 war eines der Landungsboote, die 14 000 Mann britischer Truppen am D-Day, dem 6. Juni 1944, an den Küsten der Normandie absetzten.

L'EMIGRANT
La Rochelle
Musée maritime
Fischkutter, 1948

LE HAVRE III
Le Havre
Musée maritime et portuaire
Feuerschiff, 1935, Forges & Chantiers de la Méditeranée, Graville, 500 tons, 42,5 m x 6,3 m x 4,8 m, Diesel, Stahlrumpf

LE REDOUTABLE
Cherbourg
Cité de la Mer
Unterseeboot, 1967, DCN, Cherbourg, Verdrängung an der Oberfläche: 8.080 tons, getaucht: 8920 tons, Abmessungen: 128,7 m x 10,6 m x 10,0 m, Nuklear-Reaktor, 16.500 PS, zwei Hilfsdiesel, Aktionsradius getaucht: 5.000 sm bei 4 kn, Geschwindigkeit an der Oberfläche: 20,0 kn, getaucht: 25,0 kn, Besatzung: 135 Mann, Bewaffnung: 16 M 20-Raketen mit Nuklear-Sprengköpfen mit einer Reichweite von 3000 sm, 4 Torpedorohre mit 18 Torpedos und Exocet-Raketen. Das erste französische Atom-Unterseeboot LE REDOUTABLE ist in einem 136 Meter langen Trockendock Mittelpunkt des maritimen Kulturzentrums in Cherbourg.

LT. RENE-GUILION
Concarneau
Musée de la Peche,
Beiboot (Neufundland-Doris)

LV No. 4 (SCARWETHER)
Douarnenez
Le Port-Musée
Feuerschiff, 1947, Dartmouth, England, Stahlrumpf, seit 1991 Museumsschiff

MAILLÉ-BRÉZÉ (D 627)
Nantes
Quai de la Fosse
Zerstörer, 1954, Arsenal de Lorient, 3.900 tons, 132,7 m x 12,7 m x 5,8 m, Dampfturbinen, 63.000 PS, 33 kn, 277 Mann Besatzung, zwei 10-cm-Kanonen, zwei-2-cm-Kanonen, sechs Torpedorohre, ein Raketenstarter, 1957 als siebtes von 18 Schiffen dieses Typs in Dienst gestellt, 1988 außer Dienst gestellt.

MAITIA
Bordeaux
Conservatoire International de la Plaisance
Arcachon-Boot, 1935, Birmal Boats, 120-PS-Diesel

MANUEL-JOEL
(L.R. 316 044)
La Rochelle
Musée maritim
Fischkutter, 1954, Länge: 18,0 m

(-) Marseille 1
Marseille
Musée des Docks Romains
Wrack eines römischen Frachtschiffs, 17,0 m x 7,0 m, 1864 entdeckt

(-) Marseille 2
Marseille
Musée de l'histoire de Marseille
Wrack eines römischen Frachtschiffs, 3. Jahrhundert n. Chr., 24,0 m x 9,0 m, 1974 entdeckt

(-) Marseille 3
Marseille
Musée de l'histoire de Marseille
Wrack eines griechischen Fischerboots, 6. Jahrhundert vor Chr., 1993 entdeckt, in Konservierung

(-) Marseille 4
Marseille
Musée de l'histoire de Marseille
Wrack eines griechischen Fischerboots, 6. Jahrhundert vor Chr., 1993 entdeckt, in Konservierung

(-) Marseille 5
Marseille
Musée de l'histoire de Marseille
Wrack eines römischen Arbeitsboots, 1.–2. Jahrhundert n. Chr, 16,0 m x 5,0 m, 1993 entdeckt, in Konservierung

(-) Marseille 6
Marseille
Musée de l'histoire de Marseille
Wrack eines römischen Arbeitsboot, 1.–2. Jahrhundert n. Chr., 16,0 m x 5,0 m, 1993 entdeckt, in Konservierung

(-) Marseille 7
Marseille
Musée de l'histoire de Marseille
Wrack eines römischen Fischerboots, 3. Jahrhundert n. Chr. 1993 entdeckt, in Konservierung

NAUTILE
Paris
La Cité des Sciences et de l' Industrie
Forschungs-Tauchboot/Bathyscaphe, 1984, IFREMER, La Seyne-sur-Mer, Verdrängung an der Oberfläche: 19,3 tons, 8,0 m x 2,7 m x 3,8 m, Elektromotoren/ 4 Propeller, Aktionsradius getaucht: 7,5 km bei 1,5 kn, Geschwindigkeit an der Oberfläche: 2,5 kn, getaucht: 1,7 kn, Tauchtiefe: 6.000 m, Tauchdauer: 120 Stunden, Besatzung: 3 Mann.
Das Tiefsee-Forschungsfahrzeug gehört zu den weltweit wenigen bemannten Tauchbooten, die wissenschaftliche Arbeiten in Tiefen bis zu 6.000 Metern ausführen konnten. Der erste Einsatz von NAUTILE fand 1984/85 als französisch-japanische Gemeinschaftsaktion zur Kartographierung des Meeresbodens um die japanischen Inseln statt. Danach hat NAUTILE über 80 Missionen unternommen.

NORTHDOWN (148 654)
Douarnenez
Le Port-Musée
Segel-Barge/Thames-Barge, 1924, Anderson, Whitstable, England, 86 tons, Holzrumpf

NOTRE-DAME DE ROCAMADOUR
Douarnenez
Le Port-Musée
Hummer-Fischkutter, 1959, Länge: 30,3 m, Holzrumpf

PA 26-28
St. Laurent-sur-mer
Musée Mémorial d'Omaha Beach
Landungsboot, 10,9 m x 3,2 m x 0,9 m, 9 tons, 250-PS-Diesel, 9 kn, 102 sm Reichweite, 36 Mann oder drei Tonnen Fracht, drei Mann Besatzung, zwei MG

PAPA POYDENOT
Penmarc'h
Centre de Découverte Maritime
Ruder-Rettungsboot, 1901, Augustin Normand, 10,1 m x 2,3 m x 1,0 m, 3,5 tons, 10 Besatzungsmitglieder, drei Segel mit 16 qm

PASTEUR
Strasbourg
Naviscope Alsace
Dampfschlepper, 1913, Schiffswerft Linz, Österreich, 279 BRT, 38,1 m x 6,5 m x 1,6 m, Stahlrumpf, Doppel-Schraube, 2 x 200 PS, ex EMTSC-661, ex PASTEUR, ex TURNU SEVERIN. Das Schiff war bis 1994 in Rumänien eingesetzt.

PEN-TOUILH II (P 1852)
Concarneau
Musée de la Peche
Fischkutter

PILOTINE No. 1
Dunkerque
Musée portuaire
Lotsenboot

POLLUX
Marseille
Musée de la Marine et de l'Economie de Marseille/COMEX
Tauchkugel, 1967, 8 tons, Tauchtiefe: 180 m
Vor dem Firmengelände der Firma COMEX in Marseille steht eine Taucherglocke aus nicht-oxidierendem Stahl für zwei Taucher. Eine Weiterentwicklung dieses »Personnel Transfer Chamber« (PTC) für drei Mann und 200 Meter Tauchtiefe aus dem Jahr 1974 ist vor dem Schiffahrtsmuseum im Zentrum von Marseille ausgestellt.

POMPON ROUGE
Rouen
Musée maritime
Binnenschiff/Automoteur Gabarit Freycinet, 1947, Chantier Tamise, Belgien, 38,5 m x 5,1 m, Diesel, Stahlrumpf

(-) Port Vendres 1
Port Vendres
Musée de Port-Vendres
Wrack eines römischen Küstenseglers, 20,0 m x 8,0 m x 2,3 m, 1929 entdeckt

RACLEUR D'OCEAN
(CC 196 537)
Concarneau
Musée de la Peche
Fischkutter (Thonier), 1958, Loussouarn, Treffiagat, 16,7 m x 5,6 m x 2,9 m, 118-PS-Dieselmotor, 8 kn, Holzrumpf, fünf Mann Besatzung, 1986 außer Dienst gestellt

RAZ-BLANCHARD
Tourlaville
Musée maritime
Rettungskutter

REDOUTABLE
Siehe LE REDOUTABLE

S 622
Brest
Musée de la Marine,
Deutsches Klein-U-Boot, Typ Seehund XXVII B (127), 1944/45, Verdrängung an der Oberfläche: 14,9 tons, getaucht: 16,9 tons, 11,8 m x 1,8 m x 1,8 m, Dieselmotor (60 PS)/AEG-Elektromotor (25 PS), Aktionsradius an der Oberfläche: 270 sm bei 7,7 kn, getaucht: 60 sm bei 2,2 kn/19 sm bei 6 kn, Geschwindigkeit an der Oberfläche: 7,7 kn, getaucht: 6,0 kn, Tauchtiefe: 30–70 m, Besatzung: 2 Mann, Bewaffnung: 2 Torpedos, ex U 5090, ex Nr. 90.
Dieser Seehund gehört zu den vier Booten, die bei Kriegsende in Dünkirchen alliierten Truppen in die Hände fielen. Die französische Marine setzte das Boot unter der Bezeichnung S 622 bis 1954 ein. Danach wurde es auf zahlreichen Ausstellungen und schließlich als technisches Denkmal im Marinestützpunkt Lorient gezeigt. Seit 1990 ist es Museumsboot in Brest.

SAINT-GILLES
La Rochelle
Musée maritime
Schlepper, 1958, Ateliers & Chantiers de La Pallice, 188 tons, 30,3 m x 7,9 m x 3,8 m, Dieselmotor, 1000 PS, Stahlrumpf

SIPADAN
(DZ 488 913)
Douarnenez
Port-Musée et Musée du Bateau
Rettungsboot, 1975, Construction Navale Villeneuve, La Garenne, 15,3 m x 4,1 m x 1,6 m, 20,6 tons, 2 x 272-PS-Diesel, 14 kn, bis 1996 im Einsatz, ex PATRON HENRI VAUDEVIRE

SM 4
(COTRE D'EMERAUDE 4)
Saint-Malo
Musée d'Histoire de la Ville
Beiboot (Grand Doris) des Dreimasters COTE D'EMERAUDE, ca. 1925

SOPHIE-MARIE
Marne au Rhin
Ascenseur et Musée d'Artzviller
Binnenschiff/peniche

SP 350
La Rochelle
Musée maritime
Forschungs-U-Boot/sous-marine poche, 1959, mit diesem Boot unternahm Jacques Cousteau Forschungsfahrten

ST. DENYS
Douarnenez
Le Port-Musée
Dampfschlepper, 1929, Beardmore & Co., Glasgow, 174 BRT, 27,6 m x 7,7 m x 4,3 m, Stahlrumpf, ex NORTHGATE SCOT

STRASBOURG
Strasbourg
Naviscope Alsace
Schubschiff, 1966, 35,0 m lang, 4.000-PS-Diesel, bis 1990 im Dienst

THALASSA
Lorient
Bateau musée
Heckfänger (chalutier peche)/Hochsee-Forschungsschiff, 1960, 67,0 m lang, 32 Mann Besatzung und 18 Wissenschaftler. Für das Forschungs-Institut IFREMER legte das Schiff von 1960 bis 1996 252 Reisen mit 815 000 Seemeilen zurück.

USST- 488
Le Havre
Musée maritime
Hafen-Schlepper, 1944, Welding, Brooklyn, New York, 190 tons, 26,4 m x 7,2 m x 2,6 m, Diesel, Stahlrumpf. Dieser amerikanische Hafenschlepper kam zur Unterstützung der Invasion in der Normandie nach Europa.

VICTOR PLEVEN
(SM 303 402)
Lorient
Base sous-marin de Keroman
Fischfabrikschiff, 1971, Danzig, 89,9 m x 15,0 m x 5,2 m

(-) Walfangboot
Antibes
Musée naval
Walfangboot von den Azoren, Länge: 12,0 m

(-) Wikingerboot
La Rochelle
Musée maritime
Wikingerboot, Nachbau

(-) Kleinkampfmittel MARDER
Brest
Musée National de la Marine
Deutsches Kleinkampfmittel, Typ Marder, 1944/45, Torpedoversuchs-Anstalt, Eckernförde, Verdrängung an der Oberfläche 5,5 tons, Trägertorpedo 3 tons, 8,3 m x 0,53 m, Torpedo-Elektromotor (12 PS), Aktionsradius an der Oberfläche: 30 sm bei 3 kn, Geschwindigkeit an der Oberfläche: 4,2 kn, getaucht: 3,2 kn, Besatzung: 1 Mann, Bewaffnung: 1 Torpedo G7e. Insgesamt wurden 300 Ein-Mann-Torpedos vom Typ MARDER gebaut, die aus zwei aneinander gekoppelten Standardtorpedos G7e bestanden. Beim Trägertorpedo wurde die Sprengladung entfernt und Platz für einen Steuerer geschaffen, der unter der von innen lösbaren Plastik-Kuppel das Fahrzeug navigierte. Der Typ MARDER erlaubte es, mit dem Fahrzeug für kurze Zeit bis auf zehn Meter Wassertiefe zu tauchen.

(-) Vietnamesisches Fluchtboot
Brest
Musée National de la Marine
Holzboot, 10,0 m x 2,0 m, 1988 mit 40 Flüchtlingen vom französischen Hubschrauberträger JEANNE D'ARC im Chinesischen Meer geborgen.

(-) Walfangboot
Concarneau
Musée de la Peche
Walfangboot (balniere), Ruder, zum Pottwal-Fang vor den Azoren eingesetzt

(-) Walfangboot
Port-Louis
Musée maritime
Walfangboot (balniere), sechs Ruder, zum Wal-Fang eingesetzt

STATIONÄRE VETERANEN

ALOSE
Marseille
COMEX
Unterseeboot, Naiade-Klasse, 1904, Arsenal de Toulon, Verdrängung an der Oberfläche: 68 tons, getaucht: 73,6 tons, 23,5 m x 2,3 m x 2,4 m, Gasoline – (70 PS)/Elektro-Motor (60 PS), Aktionsradius an der Oberfläche: 60 sm bei 5,5 kn, getaucht: 20 sm bei 7,5 kn oder 40 sm bei 2,9 kn, Geschwindigkeit an der Oberfläche: 5 kn, getaucht: 2 kn, Besatzung: 12 Mann, Tauchtiefe: 30 m, Bewaffnung: 2 Torpedorohre.
Als eines von neunzehn Booten der Naiade-Klasse, die vom französischen Marine-Ingenieur Romazotti (1885–1915) entworfen wurde, ist ALOSE 1905 in Dienst gestellt und zu Tauchtests und Waffenerprobungen eingesetzt worden. Nach nur zehn Jahren Dienstzeit wurde das Boot 1914 aus der Schiffsliste der Marine gestrichen. Ab 1917 diente es als schwimmendes Übungsziel für Bombardements der Marineflieger von St. Raphael. Von zwei 35-Kilo-Bomben getroffen, sank ALOSE am 28. März 1918 in der Bucht von Fréjus. Am 27. Mai 1975 wurde das Boot vom französischen Marine-Archäologen Jean Pierre Joncheray entdeckt und im Oktober 1976 aus 56 Metern Tiefe geho-

ben. Seitdem liegt es in Marseille auf dem Firmengelände der Comex S.A., die es von der französischen Marine erworben hat. Liegeplatz: COMEX, 36, Boulevard des Océans, heutige Nutzung als Exponat

AMPERE V

Saint-Légers-des-Vignes

Schlepper, 1933, Quille, 22,0 m x 4,2 m x 1,1 m, Elekro-Diesel-Antrieb, Liegeplatz an Land

ATTIS

Redon

Schlepper, 1944, Houston/USA, ex ST 732, ex FURET, Das Schiff nahm (als eines von 68 Schwesterschiffen) an der Invasion in der Normandie bei Arromanches teil, 1992 außer Dienst gestellt.

BATOFAR

Paris

gegenüber Nr. 11 quai François Mauriac

Feuerschiff, 1955, Philip & Son Ltd., Dartmouth, 134 feet (119 feet) x 25 feet, 345 tons, ex OSPREY, Einsätze: 1955 Indienststellung, 1975 Außerdienststellung und Verkauf als schwimmendes Treibstofflager und Lotsenstation. 1998 Verkauf an französische Eigner, heutige Nutzung: Diskothek und Theaterschiff

CALYPSO

Le Havre/Dives-sur-Mer

Segelyacht, 1911, Chantier Guedon, 11,5 m x 2,4 m x 1,5 m, Liegeplatz an Land

FALSTERBOREV

(Fyrskepp No. 28)

Le Havre

Feuerschiff, 1909, Kockums Mekaniska Verksted, Malmö/Schweden Bis 1931 wurde dieses Feuerschiff als RESERVE-FYRSKEPP No. 28, danach bis 1973 als FALSTERBO REV vor der schwedischen Küste in der Ostsee eingesetzt. Seit 1977 liegt die FALSTERBO REV im Hafen von Nieuwpoort als Restaurant. Nach einem Wassereinbruch sank sie am 26. 11. 1994 an ihrem Liegeplatz, konnte aber gehoben und repariert werden.

FORT VALLIÉRE

(DK 275 769 Z)

Dunkerque

Fischkutter, 1947, Nieuwpoort, Belgien, bis 1991 im Einsatz, ältester »crevettier« an der nordfranzösischen Küste, Liegeplatz: nahe Fort Valliére, heutige Nutzung: Exponat

L'AQUADROP

Canet

Boot zur Beobachtung der Unterwasserwelt, 1983, 4,3 m x 2,4 m x 0,9 m, 1,1 tons, 3–4 Personen, 25-PS-Motor, Liegeplatz: am Hafen, heutige Nutzung: Exponat

LE LENO (LO 288 937)

Locmalo

Fischkutter, Le Corre, Locmalo, 1970, 14,3 m x 5,0 m x 2,7 m, 29 tons, Holzrumpf, bis 1992 im Dienst

LYDIA

Le Bacarés

Passagierschiff, 1931, Burmeister & Wain, Kopenhagen, 90,9 m x 13,3 m x 7,7 m, 2696 BRT, Diesel, 2200 PS, ex MOONTA. Heutige Nutzung und Liegeplatz: Das Schiff wurde 1967 als Restaurant und Hotel auf den Strand gelegt.

MAD ATAO

Paimpol, Hafen, Basin 1

Hochseekutter, heutige Nutzung: Exponat

MAJOR-DAVEL

Thonon/Genfer See

Dampfschiff, 1892

MARECHAL JOFFRE

Canet

Rettungskutter, Typ S 2, 1938, Chantier de Construction Nouvelles Jouet de Sartrouvilles en Seine et Oise, 11,6 m x 3,2 m, 9,9 tons, zwei Dieselmotoren mit je 80 PS, Liegeplatz: am Hafen, heutige Nutzung: Exponat

MARSOUIN

Lorient

Unterseeboot, Bugsektion, Narvalklasse, 1955, Cherbourg, 352.904 sm, davon 33.837 Stunden getaucht, gelaufen, 1982 außer Dienst gestellt.

NOMADIC

Paris

Seine-Ufer

Passagier-Tender des 1912 gesunkenen Luxusliners TITANIC, Harland & Wolff, Belfast, 67,2 m x 11,4 m x, 1273 BRT, Dampfmaschine, Stahlrumpf, ex INGENIEUR MINARD, heutige Nutzung: schwimmendes Restaurant

POLLUX

Marseille

Musée de la Marine et de l'Economie de Marseille/COMEX

Tauchkugel, 1967, 8 tons, Tauchtiefe: 180 m. Vor dem Firmengelände der Firma COMEX in Marseille steht eine Taucherglokke aus nicht-oxidierendem Stahl für zwei Taucher. Eine Weiterentwicklung dieses »Personnel Transfer Chamber« (PTC) für drei Mann und 200 Meter Tauchtiefe aus dem Jahr 1974 ist vor dem Schiffahrtsmuseum im Zentrum von Marseille ausgestellt.

PRINCESS ELIZABETH

Dunkerque

Hafen

Passagierschiff/Seitenraddampfer, 1927, Day, Summers & Co, Southampton, 59,5 m x 7,4 m x 2,4 m, 371 BRT, Dampfmaschine, 94 PS, Stahlrumpf

SAINT-JULIEN

Laval

Wasch-Schiff/bateau-lavoir, 1904, 28,0 m x 5,2 m

SAINT-SAUVEUR

Auray

Port de Saint-Goustan

Zweimast-Segler (Thonier), 1949, Normandie, heutige Nutzung: Souvenir-Shop

SAINT-YVES

Laval

Wasch-Schiff/bateau-lavoir, 1905, 28,0 m x 5,2 m

(-) Wasch-Schiff

bateau-lavoire

Nantes

16,0 m x 5,0 m x 0,4 m, heutige Nutzung: Wohnboot

RESTAURIERUNGSPROJEKTE

AR-ZENITH (PL 192 332),
Saint-Malo/St. Servan
Fischkutter/Dundee, 1939, Keraudran, Camaret-sur-Mer, 21,0 m Länge, Hilfsmotor, Segel

CALYPSO
La Rochelle
Musée maritime
Forschungsschiff/Minenräumboot, 1942, Seattle, 41,8 m.
Mit diesem als Minensucher gebauten Schiff unternahm der Forscher Jacques Costeau seine Forschungsreisen.

CAP LIZZARD
Douarnenez
Le Port-Musée
Krabben-Fischkutter, 1924, 14,7 m lang, Holzrumpf (wird z.Zt. restauriert).

LE HAVRE II
Dunkerque
Feuerschiff, 1912, Forges & Chantiers Méditeranée, Graville, 142 tons, 40,1 m x 6,7 m, Stahlrumpf, Dieselmotoren

HERMIONE
Rochefort
Nachbau einer Fregatte aus dem Jahr 1780, geplante Fertigstellung: 2007, Länge: 44,2 m x 11,2 m, 1082 tons, 26 Kanonen, Bauplatz: Trockendock aus dem Jahr 1728, nahe der Corderie Royale

JACQUES
Conflans-Sainte-Honorine
Dampfschlepper, 1904, Creil, 22,8 m x 4,2 m x 1,9 m, 45 tons, 150-PS-Dampfmaschine, ab 1959 2 x 150-PS-Diesel

JEAN BART
Dunkerque
Nachbau einer Fregatte aus dem 17. Jahrhundert, 57,0 m Länge, 1500 tons, 89 Kanonen

SANDETTIE
Dunkerque
Musée portuaire
Feuerschiff, 1949, Forges et chantiers de la Méditerranée, Graville, 47,5 m x 7,7 m x 3,5 m, 418 tons, Besatzung: 8 Mann, 120-PS-Diesel, 6 kn, ex DYCK, ex BF 6, Einsätze: 1949 Station Dyck-Bank und Station Sandettie. Außerdienststellung 1989.

AKTIVE VETERANEN UNTER SEGELN

ALBARQUEL
St. Valery-en-Caux
Bateaux de charge portugais
19,5 m lang

ALLIANCE
Marseille
Fischkutter/thonier, 20,0 m lang

AMI PIERRE
Ile de Tatihou
Fischkutter/Bisquine, Nachbau, 9,0 m lang

AN-ASKELL (AU 1989)
Audierne
Fischkutter/Langoustier, 1992, Nachbau, 1930, Original, 10,8 m x 3,8 m x 1,8 m

AN DURZUNEL
Lézardrieux
Fischkutter/lougre, Nachbau, 1984, 6,6 m

AN EOSTIG (D 1993)
Douarnenez
Fischkutter/Sardinier, Nachbau, Original: 1910, 14,0 m x 4,6 m x 1,8 m, 11 tons, 92 qm Segel

AR JENTILEZ
Ploumanac'h
Fischkutter/Flambart, 8,9 m x 3,5 m, 80 qm Segel

AVEL
Nantes
Yacht, 1896, Camper & Nicholson, Gosport, 18,2 m x 3,5 m x 2,6 m, Holzrumpf

AVEL VOR I (BL 33 83 25)
Etaples
Fischerboot/chaloupe (Nachbau)

BARR AWEL
Locquémeau
Fischerboot/flambart, Nachbau, Original: 1926, 6,9 m

BEL ESPOIR II
Brest/L'Aber Wrac'h
Dreimast-Toppsegelschoner/Goelette, 1944, J. Ring-Andersen, Svendborg, 189 BRT, 38,5 m (27,4 m) x 7,2 m x 2,5 m, 650 qm Segelfläche, 170-PS-Diesel, 5 Mann Besatzung, 24 Kadetten, Nutzung: Schulschiff, ex NETTE S., ex ANETTE S., ex PEDER MOST, ex PRINCE LOUIS II.

BELEM
Nantes
Bark, 1896, Dubigeon, Nantes, 58,0 m (51,0 m) x 8,8 m x 3,5 m, 562 BRT, 1200 qm Segelfläche, zwei Dieselmotoren mit je 300 PS, Stahlrumpf, 16 Mann Besatzung, ex GIORGIO CINI, ex FANTOME II, ex BELEM

BELLE DE VILAINE (B 1887)
Billiers
Fischkutter/chaloupe pontée, Nachbau, Original 1887, Chantier Pradelle, Croisic, 10,6 m lang

BELLE ETOILE (CM 2705)
Camaret-sur-Mer
Fischkutter/dundée-langoustier, Nachbau, Original: 1938, Gourmeleon, Camaret, 28,7 m x 6,0 m, 252 qm Segel, Holzrumpf, 9 Passagiere

BERGÈRE DE DOMRÉMY
Brest
Fischkutter/sloup coquillier, 1936, 10,6 m lang

BICHE
Douarnenez
Le Port-Musée
Fischkutter/thonier

BLAVET-MORBIHAN
Hennebont
Fischkutter/dunée-thonier, Nachbau, 15,0 m lang

BROKOA
Ciboure
Chaloupe basque de Socoa
Txalupa-Handi, Nachbau, 13,7 m Länge

CAP SIZUN (AU 1991)
Audierne
Fischkutter/Langoustier, Nachbau, Original 1920, 14,8 m x 4,9 m x 2,6 m, 233 qm Segel

CARÉNE
La-Seyne-sur-Mer
Barkentine

CHRIST ROI (DG 951)
Gravelines
Fischkutter, 1942

CORBEAU DES MERS (AU 1684)
Audierne
Langustenfischer, 1934

CORENTIN
Quimper
Frachtsegler/Lougre de l'Odet, Nachbau, Original: l'AIMABLE IRMA, 1840, 32,0 m (18,0 m) x 5,2 m x 2,5 m, 350-PS-Diesel, drei Masten, 266 qm Segel, 27 Passagiere

DALH MAD
Landerneau
Fischkutter/sloup de bornage, Nachbau, Original: SAINTE-ANNE, 1945, 17,0 m lang, 130 qm Segel

DÉHEL
Le Havre
Lotsenkutter, 1931, Chantier Lacheray, Honfleur, 27 BRT, 17,0 m x 4,6 m x 1,9 m, Holzrumpf, Segel, Dieselmotor, 13 PS

DEUX FRÈRES
Bordeaux
Frachtsegler/Garbare de Gironde, Nachbau, Original: 1892, 13,8 m x 4,8 m x 1,5 m

DIZRO MAD
Landerneau
Fischkutter/coquillier, Nachbau

DON DU VENT
Marseille
Ketch aurique, ehemaliges deutsches Wachboot, 1943, 24,3 m lang

EMIGRANT
La Rochelle
Fischkutter/langoustier, 1948, 17,0 m lang

ENEZ KOALEN
Lézardrieux
Fischkutter/bocq homardier, Nachbau, 9,2 m lang

ETOILE MOLÈNE
Saint-Malo
Fischkutter/dundée-thonier, 1954, A. Tertu, Rostellec, 35,0 m x 6,5 m x 3,6 m, 420 qm Segel, 22 Passagiere

FLEUR DE LAMPAUL
La Rochelle
Fischkutter/dundée, 21,5 m lang

FLEUR DE MAI
Dunkerque
Fischkutter/Garbare des Abers, 1950, Jacq a L'Hopital, Bretagne, 17,0 m x 5,8 m x 2,8 m, 200 qm Segel

FROTTE-BERNIQUES
Saint-Cast
Fischkutter/dragoues, Nachbau, 1988, 6,5 m lang

FRYA
Dunkerque
Dreimast-Toppsegelschoner, 1906, Bodegard & Jespersen, Marstal, 27,5 m (24,5 m) x 5,6 m x 2,5 m, 85 BRT, 242 qm Segel, 100-PS-Diesel

GÉNÉRAL LECLERC (B 6768)
Brest
Fischkutter/sloup coquillier

GRAND LÉJON (SB 658)
Saint-Brieuc
Fischkutter/lougre de Légué, Nachbau von JEANNE D'ARC, 1895, 13,4 m lang

GRANDE HERMINE
Brest
Walfang-Schoner

HENRI-JOSETTE
Ile de Tatihou
Vaquelotte, 1946, 6,0 m lang

HOPE
Croix-de-Vie
Segler/caseyeur-fileyeur, 1943, 9,8 m lang

JEAN ET JEANNE
Morbihan
Fischkutter/sinago, Nachbau, 8,1 m lang

KROG E BARZ
Roscoff
Fischkutter/bocq langoustier, Nachbau, 15,0 m lang

LA BELLE ANGÈLE
Pont-Aven
Fischkutter/chasse-marée, Nachbau, Original: l'UTILE, 1877, 14,5 m lang, 180 qm Segel

LA BELLE-ILOISE
Belle-Ile
Fischkutter/sloup sardinier, Nachbau, 8,5 m lang

LA BELLE POULE
Brest
Zweimast-Toppsegelschoner/Goelette, 1932, Chantiers Naval de Normandie, Fécamp, 250 tons, 37,5 m (25,3 m) x 7,2 m x 3,7 m, 425 qm Segelfläche, 300-PS-Diesel, 20 Mann Besatzung, 30 Kadetten, heutige Nutzung: Segelschulschiff

LA CANCALAISE (CAN 87)
Cancale
Fischkutter/bisquine, 1987, Nachbau des Seglers LA PERLE, Labbé-Leclerc et Fresneau, Cancale, 30,0 m (18,1 m) x 4,8 m x 2,5 m, 400 qm Segel, 45 tons, 180-PS-Diesel

LA FLÈCHE
Mornac-sur-Seudre
Fischkutter/sloup, 1954

LA GRANDCOPAISE
Grandcamp
Barque chalutier, 1949, 14,7 m lang

LA GRANVILLAISE (G 90)
Granville
Dreimast-Fischkutter/Bisquine, 1990, Nachbau, 32,3 m x 4,8 m, 55 tons, 293 qm Segel

LA LEONE
Nantes
Segel-Barge, 1903, Prigent & Davais, Reze/Nantes, 26,7 m lang, Segel, Stahlrumpf, ex LA LORRAINE

LA LUNE
Trouville
Fischkutter/Crevettier

LA MARQUISE (BL 46 39 12)
Wissant
Fischerboot/Flobart

LA MONTJEANNAISE
Montjean
Fluss-Segler/gabare de Loire, Nachbau: 1989, Original: 1830, 20,0 m (15,7 m) x 4,5 m, 30 tons, 90 qm Segel

LA RECOUVRANCE
Brest
Zweimast-Toppsegelschoner/Goelette-aviso, 1992, Nachbau des Seglers IRIS, 1817, 41,2 m (24,9 m) x 6,4 m x 3,6 m, 148 tons, 440 qm Segel, 320-PS-Diesel, 12 Passagiere

LAISSE-LES-DIRE
Sloup ostréicole, 7,0 m Länge

LE CIOTADEN
La Ciotat
Segler/ciotaden de régate, 5,2 m lang

LE COURIER DES ILES
Granville
Kutter/cotre, 10,9 m lang

LE MUTIN
Brest
Lotsen-Kutter, 1927, Florimond-Guignardeau, Sables d'Olonne, 57 tons, 21,0 m x 6,4 m x 3,4 m, Holzrumpf, Segel, Diesel, Nutzung als Schulschiff

LE NÉBULEUSE
Lannebert
Dundée-thonier de Camaret, 19,0 m lang

LE RENARD
Saint-Malo
Kutter/Cotre corsaire, 1991, Quai Vauban, Saint-Malo, Nachbau eines Kaperseglers aus dem Jahr 1812, 30,0 m (19,0 m) x 6,0 m x 2,8 m, 70 tons, 450 qm Segel, 10 Kanonen, 230-PS-Diesel, 27 Passagiere

LE SAINT ANDRÉ,
Barque catalane
1947, Stento, Sète, 10,5 m lang

LE STRAND HUGG
Granville
Fischkutter/chalutier, 1952, 12,0 m lang

LE VIEUX COPAIN
Paimpol/Lougivy-de-la-Mer
Fischkutter/thonier, 1940, 18,0 m x 5,1 m, 232 qm Segel

LES DEUX FRÉRES,
Bordeaux
Segel-Barge, 1892, 30 tons, Segel

LES TROIS FRÈRES
Port-Anna/Morbihan
Fischkutter/sinago, 1943, 10,4 m lang

L'AMI PIERRE (LH 136)
Barfleur
Fischkutter/Bisquine, Nachbau, Ortiginal: 1860, 8,7 m x 2,9 m x 1,6 m77 qm Segel

L'ETOILE
Brest
Zweimast-Toppsegelschoner/Goelette, 1932, Chantiers Naval de Normandie, Fécamp, 275 tons, 37,5 m (25,3 m) x 7,2 m x 3,6 m, 424 qm Segelfläche, 300-PS-Diesel, 20 Mann Besatzung, 30 Kadetten, heutige Nutzung: Segelschulschiff

LEIER EUSSA
Ouessant
Garbare pontée, Nachbau, 8,2 m lang

MAITA
Morbihan
Fischkutter/tonneau, Nachbau, 8,0 m lang

MADELYNN (AU 847 740)
St. Trinité-sur-mer
Frachtseler

MARCHE AVEC (CC 1645)
Concarneau
Fischkutter/Cotre sardinier, 1990, Nachbau, 11,4 m x 3,8 m x 2,2 m, Chantier Querrien, 150 qm Segel

MARIA
Saint-Suliac
Fischkutter/chippe, Nachbau, 5,5 m lang

MARIANNE-TOUTE-SEULE
(2615 S.V.S.S.)
Madelon
Fischkutter/canot de Berck, Nachbau, 1992, Lamarche, Goalabré, 5,7 m x 2,6 m

MARIE-CLAUDINE
Plougastel
Fischkutter/chaloupe, Nachbau, 9,6 m lang

MARIE-FERNAND
Le Havre
Lotsenkutter/cotre-pilote, Nachbau, Original:1894, A. Lemarchand, Le Havre, 38 tons, 15,9 m x 4,3 m x 2,5 m, Segel, Holzrumpf

MARIE-GEORGETTE (267937)
Plougrescant
Fischkutter/sloup, 1947, 8,6 m x 3,2 m, 3,6 tons, 24-PS-Diesel

MARIE-JEANNE
Etaples
Fischerboot/chaloupe, Nachbau

MARSEILLOIS
Marseille
Frachtsegler/Barkentine, 1944, Astilleros Atlantida, Valencia, 42,0 m x 8,0 m x 4,0 m, 247 BRT, Diesel, Holzrumpf, ex CALA VIRGILI, ex RAIA DE HUELVA, ex FARO BENICARLO

MERLANDOU
Mauzac
Segel-Barge, 1904, E. Arnouil, Bergerac, 9,5 tons, 13,3 m x 4,3 m x 1,3 m, 9,5 tons, Holzrumpf

MIOLLE DE GARONNE
Marmande/Garonne
Fischkutter, Nachbau, 1994

NEIRE MAOVE
Carteret
Fischkutter/goelette, 14,0 m lang

NÉRÉIDES
Trégueux
Flußschiff/barquette chalutière, 1930, Longmarre, Grandcamp, 11,0 m lang, 6 tons, 40-PS-Diesel

NICOLAS-BENOIT
La Trinité-sur-mer
Fischkutter/sinago, Nachbau: 1981, 10,0 m lang, zwei Masten, 50 qm Segel

NOTRE-DAME DE BÉQUEREL (A 1912)
Le Bono
Zweimast-Fischkutter/Forban du Bono, Nachbau, 11,2 m Länge

NOTRE-DAME DE RUMENGOL
Brest/L'Hopital-Camfrout
Fischkutter/dundée, 1945, Keraudren, Camaret-sur-Mer, Länge: 28,5 m, 200 qm Segel, Holzrumpf, Liegeplatz: L'Hopital-Camfrout

NOTRE-DAME DES FLOTS
La Rochelle
Fischkutter, 1947, Gravelines, Länge: 20,4 m, Holzrumpf, Segel, Diesel

O'ABANDONADO
Ile de Normoutier
1916, portugiesisches Fischerboot

PAULINE (SB 737)
Dahouet
Lotsenkutter/lougre pilot, 1991, Nachbau, Original 1901, Clochet, 9,5 m lang

POLARIS
Granville
Ketch aurique, 1916, Deutschland, 33,0 m

POPOFF
Saint-Malo
Fischkutter/ketch aurique, 1946, Vernazza, La Rochelle, 21,5 m lang, 150 qm Segel

PRÉSIDENT-PIERRE-MALLET
Arcachon
Frachtsegler/bac à voile, Nachbau, 11,9 m x 3,4 m, 85 qm Segel

PRINCIPAT DE CATALUNYA
Canet
Schoner, 1916, Palma de Mallorca, Länge: 24,9 m, Holzrumpf, ex LA LEVANTINA, ex MIGUEL CALDENTEY

RAPAZ
St.-Quay
Segler/Goelette aurique, 18,0 m lang

REDER MOR
Morlaix
Fischkutter/Cotre cordier, Nachbau, 21,0 m x 3,8 m x 2,3 m, 16 tons, 200 qm Segel

RIGOLO
Doelan
Fischkutter/grand misainier, Nachbau, 8,8 m lang

SAINTE BERNADETTE
Honfleur
Fischkutter/chaloupe crevettière,1926, Meterie, Honfleur, 13,9 m x 3,1 m x 1,3 m, 13,5 tons, 81 qm Segel, ex LA SERGE-OLIVIER

SAINTE JEANNE
Erquy
Fischkutter/sloup, 16,0 m lang

SAINTE-MARIE
Ile de Tatihou
Vaquelotte, 1947, 7,0 m lang

SANT C'HIREC
Perros-Guirec/Ploumanach
Fischkutter/langoustier, Nachbau, 15,0 m lang, 224 qm Segel

SAPONARIA
Indre-et-Loire
Frachtsegler/toue cabanée

SOLIMAN
Port-Camarque
Frachtsegler/caique turc, Nachbau, 16,0 m lang

SOLWEIG (BR 28 12 42)
Lotsenkutter, 16 m lang

SUD-VENDÉE
Port Bourgenay
Segler/goelette, 17,0 m lang

TANTE FINE
Fécamp
Fischkutter/langoustier, 1960, Plouhinec, 26,0 m lang

TELENN MOR (D 1983)
Tréboul/Douarnenez
Fischkutter/chaloupe sardinier, Nachbau (Original: 1910)

VAL DE VIENNE
Chinon
Fluß-Frachtsegler, Nachbau, 15,6 m x 2,2 m

VIERGE DE LOURDES
Fécamp
Caique d'Yport, 1949, 9,4 m lang

AKTIVE VETERANEN UNTER DAMPF ODER MOTOR

AIMEE HILDA
Perros-Guirec
Motor-Rettungskutter, 1949, Sartourville, 11,5 m Länge, 56-PS-Diesel, Segel, bis 1975 im Dienst

D 2 (Drague No. 2)
Rochefort
Bagger, 1896, Dubigeon, Chantenay, 28,3 m x 5,5 m x 1,3 m, 197 tons, ehemals 60-PS-Dampfmaschine, heute 180-PS-Diesel

D 6 (Drague No. 6)
La Rochelle
Bagger, 1906, Ateliers de Chantiersde la Loire, 42,3 m x 9,9 m x 2,3 m, 587 tons

DONATA (2300107)
Dinan
Binnenschiff/Peniche, heutige Nutzung: Atelier

FAUVETTE
Poses
Schlepper, 1928, Köln, 25,5 m x 5,0 m x 2,2 m, 50 tons, 525-PS-Diesel

LECHALAS (PC)
Nantes
Dampfbarkasse, 1913, Blasse & Fils, Chantenay, 16,8 m x 3,9 m x 1,5 m, Stahlrumpf

NEUF-BRISACH
Strasbourg
Kanalschlepper, 1950, Chantier et Ateliers du Rhin, Strasbourg, 33,5 m x 6,1 m x 0,7 m, ex NEUENBURG

ONDÉE
Brest
Frischwasser-Tender, 1935, Forges et Chantiers de la Méditeranée, Le Havre, 437 BRT, 34,8 m x 7,6 m, 300-PS-Dampfmaschine, Stahlrumpf, Ladekapazität: 13.000 Liter Wasser

PACIFIC
Redon
Binnenschiff, 1931, Belgien, Diesel

ROI GRADLON
Lorient
Tonnenlager, balisier, 1948, 35,0 m lang, 240-PS-Diesel

SAINT-MARC
La Rochelle
Bagger, 1931, Forges et Ateliers de la Méditeranée, Le Havre, 520 tons, 42,8 m x 9,2 m x 3,3 m, Stahlrumpf, 400-PS-Diesel

SOMME II
St. Valery-sur-Somme
Tonnenleger/baliseur

YVON SALAÜN
Morlaix
Motor-Rettungskutter, 1955, Chantiers Naval de Normandie, Fécamp, 14,4 m x 4,3 m x 1,3 m, 26 tons, 280-PS-Diesel, 10 kn

(-)
Mauvages
Kanal-Schlepper, 1912, Elektromotor, Stahlrumpf

Museumshafen Douarnenez

Panzerkreuzer ***GEORGIOS AVEROFF, Piraeus***

U-Boot PAPANIKOLIS, Piraeus

SCHIFFSPORTRÄT

GEORGIOS AVEROFF

Marine-Traditions-Museum, Piraeus

Ein europäischer Panzerkreuzer

Der 1910 in Livorno gebaute Panzerkreuzer GEORGIOS AVEROFF ist das einzige Schiff dieser Art aus dem frühen 20. Jahrhundert, das heute noch existiert. Seine Maschinen wurden in Italien gebaut, die Kessel stammen aus Frankreich, die Generatoren kommen aus Deutschland, die Kanonen aus England – ein frühes europäisches Produkt. Während des Balkan-Krieges 1912/13 diente es der griechischen Marine als Flaggschiff und war an der Befreiung der Ägäischen Inseln beteiligt. Während der griechischen Kleinasien-Kampagne von 1919 bis 1922 landete der Kreuzer Truppen in Smyrna an. Nach der Flucht der griechischen Marineschiffe nach Ägypten nahm GEORGIOS AVEROFF (benannt wurde das Schiff nach einem griechischen Kaufmann, der einen Teil seines Vermögens der Marine vererbt hatte) am Zweiten Weltkrieg auf Seiten der Alliierten teil. Erst nach Ende der Besetzung Griechenlands, im Oktober 1944, ging der Kreuzer in Athen wieder vor Anker. Er unternahm seine letzte Reise vor Außerdienststellung 1956 nach Rhodos. Danach lag das Schiff in der Marinebasis der Insel Poros. Seit 1985 wurde es für drei Millionen US-Dollar restauriert und dient jetzt in der Bucht von Faliron als Museumsschiff.

SCHIFFAHRTSMUSEEN

ANDROS

Schiffahrtsmuseum von Andros
84500 Andros
Tel.: 02 82 - 2 22 75
www.greekcivil.ariadne-t.gr

Handelsschiffahrt

ATHEN

Helenisches Institut für Marine-Archäologie
1, Al. Soutsou, 10671 Athen
Tel.: 01 - 3 60 36 62

CHIOS

Schiffahrtsmuseum von Oinousses
82102 Chios
Tel.: 02 72 - 5 11 82
www.greekcivil.ariadne-t.gr

Gemälde, Modelle

GALAXIDI

Schiffahrtsmuseum von Galaxidi
33052 Galaxidi
Tel.: 02 65 - 4 17 95
www.culture.gr/

Schiffahrt, Navigation

KRETA

Schiffahrtsmuseum von Kreta,
Akti Kountourioti, 73136 Canea
Tel.: 08 21 - 7 44 84/9 18 75
www.forthnet.gr

Marinegeschichte, Modelle

KYTHERA

Archäologisches Museum von Kythera
80100 Chora, Kythera
Historische Schiffahrt

MYKONOS

Ägäisches Schiffahrtsmuseum
10, Enoplon, Dynameon
84600 Mykonos
Tel.: 02 89 - 2 27 00
www.greekcivil.ariadne-t.gr
oder
www.mykonos.forthnet.gr/

Schiffahrtsgeschichte vom 8. Jahrhundert v. Chr. bis zur Gegenwart

Museumsschiff
EVANGELISTRIA
Schoner, 1939, Liegeplatz: Piraeus

PIRAEUS

Griechisches Schiffahrtsmuseum
Akti Themistokleius, Freattis
18537 Pireaeus
Tel.: 01- 45 2 68 22
www.greekcivil.ariadne-t.gr

Griechische Schiffahrts-Geschichte

Museumsschiff
PAPANIKOLIS
Turm des Unterseebootes, 1926

Marine-Traditions-Museum
Akti Tzelepi 4, 18531 Piraeus
Tel.: 01 - 4 11 40 96
www.greekcivil.ariadne-t.gr

Museumsschiff
GEORGIOS AVEROFF
Panzerkreuzer, 1910

Handelsmarine-Museum
Terma Ekonomu & Xanthopoulidou
Hadjikyriakeio, 18538 Piraeus
Tel.: 01 - 4 28 16 65
www.greekcivil.ariadne-t.gr

Handelsschiffahrt

Ägäisches Schiffahrtsmuseum
Außenstelle Piraeus

Museumsschiff
THALIS O. MILISSIOS
Kabelleger, 1908

POROS

Marinebasis

Museumsschiff
VELLOS (16), Zerstörer, Fletcher-Klasse, 1942

SANTORIN

Schiffahrtsmuseum von Thera
84702 Oia-Thera/Santorini
Tel.: 02 86 - 7 11 56
www.greekcivil.ariadne-t.gr

Modelle, Leben an Bord

SPETSES

Spetses Museum
18050 Spetses
Telefon: 02 98 - 7 29 44
Historische Schiffahrt

SYMI

Schiffahrtsmuseum Symi

MUSEUMS-SCHIFFE

EVANGELISTRIA
Mykonos
Ägäisches Schiffahrtsmuseum
Zweimast-Schoner, 1939, Mavrikos, Syros, 20,2 m x 6,4 m, 90 BRT

GEORGIOS AVEROFF
Piraeus
Marine-Traditions-Museum
Panzerkreuzer, 1910, Orlando, Livorno, Italien, 140,0 m x 21,0 m x 7,5 m, 10.200 BRT, 19.000-PS-Dampfmaschine

PAPANIKOLIS
Piraeus
Griechisches Schiffahrtsmuseum
Turm des Unterseebootes, Katsonis-Klasse, 1926, Ateliers et Chantiers de la Loire, Nantes, Verdrängung an der Oberfläche: 576 tons, getaucht: 775 tons, 62,5 m x 5,3 m x 3,6 m, 2 Diesel- (1.300 PS)/ 2 Elektro-Motoren (1.000 PS), Aktionsradius an der Oberfläche: 3.900 sm bei 10 kn, getaucht: 100 sm bei 5 kn, Geschwindigkeit an der Oberfläche: 14 kn, getaucht: 9 kn, Tauchtiefe: 80 m, Besatzung: 39 Mann, Bewaffnung: je 2 Torpedorohre vorn, hinten und außenliegend, 7 Torpedos, 1 Geschütz

THALIS O. MILISSIOS
Piraeus
Ägäisches Schiffahrtsmuseum
Kabelleger, 1908, Newport News, USA, 51,1 m x 10,3 m x 5,0 m, 601 BRT, ex JOSEPH HENRY

VELLOS (16)
Poros
Marinebasis
Zerstörer, Fletcher-Klasse, 1942, Consolidated, Orange, Boston, USA, 115 m x 12,0 m x 5,5 m, 3050 tons, 60.000-PS-Turbinen, 35 kn, Reichweite: 6.000 sm, 300 Mann Besatzung, ex U.S.S. JARRE

AKTIVE VETERANEN

OLYMPIAS
Piraeus
Trireme
Nachbau eines griechischen Ruderschiffs aus dem 5. Jahrhundert v. Chr., 1987, Perama/Piraeus, 37,0 m x 5,2 m x 1,5 m, 70 tons, 170 Ruderer, zwei Masten

OCEANIA
Piraeus
Trireme
Nachbau eines griechischen Ruderschiffs aus dem 5. Jahrhundert v. Chr

Linienschiff VICTORY, Portsmouth

SCHIFFSPORTRÄTS

VICTORY
Portsmouth, Naval Base

Admiral Nelson
Flaggschiff VICTORY und die Schlacht bei Trafalgar

Neben der schwedischen VASA (1627) ist das 104-Kanonen-Schiff HMS VICTORY (Bauzeit: 1759–1765) das einzige in Europa erhaltene Schlachtschiff des 17. Jahrhunderts. Das 3.500 Tonnen schwere Linienschiff (850 Besatzung) musste zunächst 13 Jahre auf seinen ersten Einsatz warten, diente dann mehreren Admirälen in zahlreichen Schlachten und war schließlich auch – nach einer dreijährigen Liegezeit als Lazarettschiff für Gefangene sowie einer zweijährigen Werftüberholung – das Flaggschiff von Admiral Lord Horatio Nelson. In der Schlacht bei Trafalgar wurde der Admiral 1805 an Deck seines Schiffs tödlich verwundet. 1812 wurde die VICTORY aus dem aktiven Dienst genommen und lag bis 1922 im Hafen von Portsmouth als Flaggschiff des Marine-Kommandos. In den Jahren bis 1928 wurde der Segler nach einer landesweiten Spendenaktion in den Zustand von 1805 restauriert. Heute liegt das Schiff im Dock 2 der Naval Base und ist als ältestes, noch im Dienst stehendes Kriegsschiff der Welt, zu besichtigen.

www.flagship.org.uk/Victory.htm

H.M. SUBMARINE TORPEDO BOAT No.1 (HOLLAND I)
Gosport, Royal Navy Submarine Museum

Das erste Unterseeboot seiner Majestät

Unter größter Geheimhaltung entwickelte der amerikanische Konstrukteur John P. Holland das erste Unterseeboot der britischen Marine. Von diesem Typ, der praktisch identisch mit den amerikanischen Holland-Booten ist, wurden fünf Einheiten hergestellt. Die rund 100 Tonnen schweren, zigarrenförmigen Boote (Baukosten: je 35.000 Pfund) konnten über 30 Meter tief tauchen.
No.1 lief am 2. Oktober 1901 vom Stapel und wurde ohne einen einzigen Torpedo-Testschuß ausgeführt zu haben von der Navy übernommen. Der Admiralität kam es vor allem auf das Tauchvermögen und die Manövrierfähigkeit des Bootes an. Am 5. Februar 1902 begannen die ersten Tauchversuche. Nach einem Jahr wurde das Tauchboot zunächst als Trainingsboot für U-Bootbesatzungen oder als Zielschiff bei U-Bootabwehrübungen eingesetzt. Es blieb bis 1910 im Dienst und wurde 1913 für 410 Pfund zum Verschrotten verkauft.
Auf der Schleppreise zur Abwrackwerft schlug No.1 vier Seemeilen vor Plymouth leck und sank 80 Meter tief. Erst im Jahr 1981 wurde es von einem Minensuchboot geortet, anschließend gehoben und nach der Restaurierung im Royal Navy Submarine Museum in Gosport ausgestellt.
1995 mußte das Boot zur weiteren Konservierung in einen mit Reinigungsflüssigkeit gefüllten Tank eingesetzt werden.

SCHIFFAHRTSMUSEEN

ABERDEEN
(Scotland)

Aberdeen Maritime Museum
Shiprow, Aberdeen AB11 5BY
Tel.: 0 12 24 - 33 77 00
www.aagm.co.uk/
www.aberdeencity.gov.uk

Schiffbau, Fischerei, Ölproduktion, Modelle, Gemälde, Hafengeschichte

ALDERNEY
(Channel Islands)

Alderney Society Museum
The Old School, Alderney, GY9 3TG
Tel.: 0 14 81 - 82 32 22
www.alderneysociety.org

www.alderneymuseum.org

Schiffbruch

ANSTRUTHER
(Scotland)

Scottish Fisheries Museum
St Ayles, Harbourhead, Anstruther
Fife KY10 3AB
Tel.: 0 13 33 - 31 06 28
www.scottish-fisheries-museum.org

Geschichte des schottischen Fisch- und Walfangs, Bootssammlung, Museumshafen

Museumsschiffe
JANE, Rettungsboot
LIVELY HOPE (LH 32), Fischdampfer, 1934
NORTH CARR, Feuerschiff, 1933
RADIATION (A 115), Fischkutter, 1957
REAPER (FR 958), Fischkutter, 1902
RESEARCH (LK 62), Fischkutter, 1903
SWALLOW, Fischerboot
SWIFT, Fischerboot, 1909
WHITE WING (ME 113), Fischkutter, 1917

APPLEDORE
(Devon)

North Devon Maritime Museum
Odun House, Odun Road
Appledore, EX39 1PT
Tel.: 0 12 37 - 42 20 64
www.devonmuseums.net

Schiffbau des 19. Jahrhunderts, Seenotrettung, Fischerei, Schiffsmodelle

ARBROATH
(Scotland)

Arbroath Museum
Signal Tower, Ladyloan, Arbroath
Angus DD11 1PU
Tel.: 0 12 41 - 87 55 98
www.scran.ac.uk

Lokale Geschichte des Fischfangs und der Räucherei

ASHTON-UNDER-LYNE

(Lancashire)

Wooden Canal Boat Society
Portland Basin, Portland Street South
Ashton-under-Lyne
Tel.: 01 61 - 3 30 23 15
www.wcbs.org.uk

Die Vereinigung sammelt und restauriert historische Arbeitsboote.

BAMBURGH

(Northumberland)

Grace Darling Museum
Radcliffe Road, Bamburgh, NE69 7AE
Tel.: 0 16 68 - 21 44 65
http://ourworld.compuserve.com/homepages/north_east_england_history_page/Farnesan.htm

Seenotrettung

Museumsschiff
GRACE DARLING, Ruderboot/coble, 1828

BANFF

(Scotland)

Banff Museum
High Street, Banff
Modelle, Fischindustrie

BARMOUTH

(Wales)

Barmouth RNLI Museum
The Promenade, Barmouth, Gwynedd
Wales, LL42 1NF
Tel.: 0 13 41 28 09 40
www.aboutbritain.com/RNLIMuseum

Seenotrettung

BARNSTAPLE

(Devon)

Arlington Court
Arlington, Barnstaple
Devon EX31 4LP
Tel.: 0 12 71 - 85 02 96
www.nationaltrust.org.uk

Schiffsmodelle

BARROW-IN-FURNESS

(Cumbria)

The Dock Museum
North Road
Barrow-in-Furness. LA14 2PW
Tel.: 0 12 29 - 89 44 44
www.dockmuseum.org.uk

Schiffbau, Navigation

Museumsschiffe
BANSHEE, Dampfyacht, 1880
EMILY BARRATT, Schoner, 1914
HERBERT LEIGH, Rettungsboot (Watson-Klasse), 1950
NANCE, Fischerboot, 1914
WHITE ROSE, Yacht, 1897

BATH

(Somerset)

The American Museum in Britain
Claverton Manor, Bath, Bath & North East Somerset, BA2 7BD
Tel.: 0 12 25 - 4 69 1 60
www.americanmuseum.org

Walfang, Fluß-Schiffahrt, Einwanderung

BEAULIEU

(Hampshire)

Buckler's Hard Maritime Museum
Buckler's Hard Village, Beaulieu
Hampshire SO42 7XB
Tel.: 0 15 90 - 61 52 03
www.bucklershard.co.uk/

Schiffbau des 18. Jahrhunderts, Admiral Nelsons Flotte

BELFAST

(Northern Ireland)

Ulster Museum
Botanic Gardens, Belfast BT9 5AB
Tel.: 0 28 - 90 38 30 00
www.ulstermuseum.org.uk/

Unterwasser-Archäologie, Gegenstände aus drei Wracks der spanischen Armada

Museumsschiff
CAROLINE, Leichter Kreuzer, 1914

BEMBRIDGE

(Isle of Wight)

Bembridge Maritime Museum & Shipwreck Centre
Sherbourne Street, Bembridge
Isle of Wight PO35 5SB
Tel.: 0 19 83 - 87 22 23
www.isle-of-wight.uk.com/shipwrecks/

Schiffbruch, Schiffsmodelle, Tauchausrüstung

Museumsschiff
LANGHAM, Rettungsboot, 1922

BIRKENHEAD

(Merseyside)

Historic Warships at Birkenhead
East Float, Dock Road, Birkenhead
The Wirral, Merseyside, CH41 1DJ
Tel.: 01 51 - 6 50 15 73
www.warships.freeserve.co.uk

Museumsschiffe
BRONNINGTON, Minenräumboot, 1953
LCT-7074, Landungsboot, 1944
LV No. 23, Feuerschiff, 1960
ONYX, U-Boot (Oberon-Klasse), 1964
PLYMOUTH, Fregatte, 1958
U 534, ehem. deutsches U-Boot, 1942

BIRKENHEAD

Williamson Art Gallery & Museum
Slatey Road, Birkenhead, Merseyside
Tel.: 01 51 - 6 52 41 77
www.artguide.org/uk/museumW.html

Schiffbau, Fährschiffahrt

BLETCHLEY

(Buckinghamshire)

Bletchley Park
Wilton Avenue, Bletchley
Milton Keynes MK3 6EB
Tel.: 0 19 08 - 64 04 04
www.bletchleypark.org.uk

Britisches Zentrum für Code-Entschlüsselung im Zweiten Weltkrieg (Enigma)

BLISTS HILL

Blists Hill Open Air Museum

Museumsschiff
SPRY, Frachtsegler, 1894

BOSTON

(Lincolnshire)

Boston Guildhall Museum
South Street, Boston, PE21 6HT
Tel.: 0 12 05 - 36 59 54
www.hermes2.demon.co.uk/rest.htm

Zoll, Schiffsmodelle

BRIDLINGTON

(Yorkshire)

Bridlington Harbour Museum
Harbour Road, Gummers Wharf
Bridlington YO15 3A
Tel.: 0 12 62 - 67 01 48
Seenotrettung

Museumsschiff
BRIDLINGTON, Rettungsboot

BRIDGWATER

(Somerset)

Admiral Blake Museum
Blake Street, Bridgwater, TA6 3NB
Tel.: 0 12 78 - 45 61 27
www.sedgemoor.gov.uk

Marinegeschichte des 16. und
17. Jahrhunderts

BRIDPORT

(Dorset)

Bridport Harbour Museum
The Salt House, West Bay, Bridport
Dorset DT6 4SA
Tel.: 0 13 08 - 42 09 97
www.westdorset-dc.gov.uk

Reepschlägerei, Netzmacherei,
Hafengeschichte

Museum of Net Manufacture
Bridgeacre, Uploaders, Bridport
Dorset DT6 4PF
Tel.: 0 13 08 - 48 5349
Ausstellung zur Seil- und Netzherstellung

BRIGHTLINGSEA

(Essex)

Brightlingsea Museum
1 Duke Street, Brightlingsea, CO7 0EA
Tel.: 0 12 06 - 30 32 86
www.brightlingsea-
town.co.uk/history/museum

Lokale Schiffahrtsgeschichte

BRIGHTON

(Sussex)

Brighton Fishing Museum
201 King's Road Arches, Brighton
BN1 1NB
Tel.: 0 12 73 - 72 30 64
www.brighton.co.uk/

Fischerei, Bootssammlung

BRISTOL

Bristol Industrial Museum
Princes Wharf, City Docks
Bristol BS1 4RN,
Tel.: 01 17 - 9 25 14 70
www.bristol-city.gov.uk/museums

Schiffahrts- und Schiffbau-Geschichte
der Stadt Bristol

Museumsschiffe
BERTHA, Dampfbagger, 1844
JOHN KING, Schlepper, 1935
MAYFLOWER, Schlepper, 1861
PYRONAUT, Feuerlöschboot, 1934

Bristol Maritime Heritage Centre
Wapping Wharf, Gasferry Road
Bristol BS1 6TY
Tel.: 01 17 - 9 29 18 43
www.great-britain.com

Museumsschiff
S.S. GREAT BRITAIN,
Dampf-/Segel-Passagierschiff, 1843

Bristol City Museum
Queens Road, Bristol
Schiffsmodelle

Stationäres Schiff
THEKLA, Küstenmotorschiff, 1958

BRIXHAM

(Devon)

Brixham Heritage Museum
The Old Police Station, Bolton Cross
Brixham, TQ5 8LZ
Tel.: 0 18 03 - 85 62 67
www.brixhamheritage.org.uk/

Fischerei, Schiffbau, Navigation,
Küstenwache, Seenotrettung

BUCKHAVEN

(Scotland)

Buckhaven Museum
College Street, Buckhaven, Fife
Tel.: 0 15 92 - 41 28 60
www.scottishmuseums.org.uk

Lokale Fischerei-Geschichte

BUCKIE

(Scotland)

The Buckie Drifter
Freuchny Road, Buckie, AB56 1TT
Tel.: 0 15 42 - 83 46 46
www.moray.org/area/bdrifter/intro

Museumsschiff
THE DOCTORS, Rettungsboot

BUDE

(Cornwall)

Bude-Stratton Museum
The Wharf, Bude, EX23 8AG
Tel.: 0 12 88 - 35 35 76
www.bude.co.uk/Tourism/Churchs-&-
Museums

Galionsfiguren, Schiffsmodelle,
Seenotrettung, Binnenschiffahrt

BURNHAM-ON-CROUCH

(Essex)

Burnham-on-Crouch & District Museum
The Quay, Coronation Road
Burnham-on-Crouch, CM0 8AS
Tel.: 0 16 21 - 78 34 44
www.burnham.org.uk/museum

Fischerei, Bootsbau

CAERNARFON

(Wales)

Caernarfon Maritime Museum
Victoria Dock, Caernarfon, Gwynedd
Tel.: 0 12 48 - 75 20 83
www.steamboat.org/historic

Lokale Schiffahrtsgeschichte

Museumsschiff
NANTLYS, Dampfbagger, 1938

CAMBRIDGE

(Cambridgeshire)

Scott Polar Research Institute
Lensfield Road, Cambridge, CB2 1ER
Tel.: 0 12 23 - 33 65 40
www.spri.cam.ac.uk/museum

Scotts Polarexpeditionen

Cambridge Museum of Technology

Museumsschiff
BLACK PRINCE, Binnenschiff

CAMPBELTOWN

(Scotland)

Campbeltown Museum
Public Library & Museum, Hall St.
Campbeltown, Kintyre, Argyll & Bute
Tel.: 0 15 86 - 55 23 66 /67
Schiffahrt, Fischerei, Archäologie

CARDIFF

(Wales)

Stationäre Schiffe

LV No. 14 (GOLEULONG 2000)
Feuerschiff, 1953
WATKIN WILLIAMS, Rettungsboot, 1956

CASTLETOWN

(Isle of Man)

The Nautical Museum
Castletown, Isle of Man IM1 3LY
Tel.: 0 16 24 - 64 80 00
www.gov.im/mnh

Netz- und Segelmacherei, Schiffsmodelle

Museumsschiff

PEGGY, Yacht, 1791

CASTLETOWN

(Northern Ireland)

Ulster American Folk Park
2 Mellon Road, Castletown, Omagh, Co Tyrone BT78 5QY
Tel.: 0 28 - 82 24 32 92
www.folkpark.com/

Einwanderung, Schiffe

CEREDIGION

(Wales)

Ceredigion Museum
Coliseum, Terrace Road, Aberystwyth
Ceredigion SY23 2 AQ
Tel.: 0 19 70 - 63 30 87
www.ceridigion.gov.uk/coliseum

Schiffahrt, Gemälde, Modelle

CHARLESTOWN

(Cornwall)

The Shipwreck and Heritage Centre
Quay Road, Charlestown
St. Austell PL25 3 NJ
Tel.: 0 17 26 - 6 98 97
www.shipwreckcharlestown.com

Anker, Kanonen, Tauchen, Bergung, Wrackteile der GRAND TURK

CHATHAM

(Kent)

The Historic Dockyard
Dock Road, Chatham, ME4 4TZ
Tel.: 0 16 34 - 82 38 00
www.chat.org.uk

Museumsschiffe

BASP, Rettungsboot, 1924
BLUE PIETER III, Rettungsboot, 1967
CAVALIER (D 73), Zerstörer, 1944
CMB 103, Schnellboot, 1921
EDWARD BRIDGES, Rettungsboot, 1975
GANNET, Fregatte, 1878
GRACE DARLING, Rettungsboot, 1954
HSL 386, Rettungsboot, 1944
IVERNA, Fischerboot, 1893
J. G. GRAVES OF SHEFFIELD, Rettungsboot, 1958
NORTH FORELAND, Rettungsboot, 1951
OCELOT, Unterseeboot, 1962
SAUCY SUE, Tauchboot, 1992
ST. CYBI, Rettungsboot, 1950
ST. PAUL, Ruderrettungsboot, 1897
SUSAN ASHLEY, Rettungsboot, 1948
WILL AND FANNY KIRBY, Rettungsboot, 1963
XE-8/EXPUNGER, Klein-U-Boot, 1945

CHICHESTER

(Sussex)

Selsey Lifeboat Museum
Kingsway, Selsey
Chichester PO20 0ES
Tel.: 0 12 43 - 60 56 01, 60 28 33
Seenotrettung

Museumsschiff

47-001, Rettungsboot (Tyne-Klasse)

CLYDEBANK

(Scotland)

Clydebank Museum
Town Hall, Dumbarton Road
Clydebank G81 1UE
Tel.: 0 13 89 - 73 87 02
www.west-dunbarton.gov.uk

Lokaler Schiffbau

COLCHESTER

(Essex)

Mersea Island Museum
High Street, West Mersea
Colchester, CO5 8QD
Tel.: 0 12 06 - 38 51 91
www.colchester.gov.uk/leisure/seedo/museum.htm

Fischerei, Bootsbau

Stationäres Schiff

LV No. 16 (COLNE NIGHT), Feuerschiff, 1954

COWES

(Isle of Wight)

Cowes Maritime Museum
Beckford Road, Cowes, PO31 7SG
Tel.: 0 19 83 - 29 33 94
Marine-Schiffbau des 19. und 20. Jahrhunderts, Yachtbau

CROMER

(Norfolk)

Cromer Museum
East Cottages, Tucker St,
Cromer, Norfolk
Tel.: 0 12 63 - 51 35 43
www.paston.co.uk

Fischerei, Küstenschiffahrt

Museumsschiff

Fischerboot (crab boat)

Cromer RNLI Henry Blogg Museum
The Gangway, Cromer
Tel.: 0 12 63 - 51 12 94
www.lifeboats.org.uk

Seenotrettung

Museumsschiff

H. F. BAILEY, Rettungsboot, 1935

DARTMOUTH

(Devon)

Dartmouth Museum
The Butterwalk, Dartmouth
Devon TQ6 9PZ
Tel.: 0 18 03 - 83 29 23
www.devonmuseums.net

Schiffsmodelle, Buddelschiffe

Britannia Royal Naval College
Dartmouth TQ 6 0HJ
Tel.: 0 18 03 - 83 42 24
www.devonmuseums.net

Ausstellung von Erinnerungsstücken aus der Marinegeschichte, darunter napoleonische Knochenschiffe

DEAL

(Kent)

Deal Maritime & Local History Museum
22 St George's Road, Deal, CT14 6BA
Tel.: 0 13 04 - 38 11 344
Lotsenwesen, Seenotrettung, Galionsfiguren

Museumsschiff
SAXON KING, Deal Galley, Ruderboot

DERRY

(Northern Ireland)

Derry Harbour Museum
Harbour Square, Derry, Londonderry
Tel.: 0 28 - 71 31 83 28
Marinegeschichte (Schlacht um den Atlantik)

DEVIZES

(Wiltshire)

Kennet & Avon Canal Museum
Canal Visitor Centre, The Wharf
Devizes, SN10 1EB
Tel.: 0 13 80 - 72 12 79
www.canalmuseum.org.uk/
www.canaljunction.com/iwhn/

Binnenschiffahrt, Kanalbau

DOVER

(Kent)

Dover Museum
Market Square, Dover, CT16 1PB
Tel.: 0 13 04 - 20 10 66
www.dover.gov.uk/museum/

Kanalschiffahrt, Lotsenwesen

Museumsschiff
(-) Wrack eines Bronzezeit-Bootes, ca. 3.500 Jahre alt, ca. 9,5 m x 2,4 m, 18 Ruderer

DUDLEY

(West Midlands)

Black Country Living Museum
Tipton Road, Dudley, DY1 4SQ
Tel.: 01 21 - 5 57 96 43
www.bclm.co.uk

Kanalschiffahrt, Werft, Bootsbau

Museumsschiffe
ADMIRAL BEATTY, Schute, 1896
BESSIE, Binnenschiff, 1917
PRESIDENT, Binnenschiff, 1909

DUMBARTON

(Scotland)

Denny Ship Model Experiment Tank
Castle Street, Dumbarton, G82 1QS
Tel.: 0 13 89 - 76 34 44
Schiffbau, Experimental-Tank

DUNDEE

(Scotland)

Discovery Point
Discovery Quay, Dundee DD1 4XA
Tel.: 0 13 82 - 20 12 45
www.rrsdiscovery.com

Museumsschiff
DISCOVERY, Polarforschungsschiff, 1901

Victoria Dock, Dundee DD1 3JA
Tel.: 0 13 82 - 20 09 00
www.frigateunicorn.org

Museumsschiff
UNICORN, Vollschiff, 1794

Broughty Castle Museum
Broughty Ferry, Dundee DD5 2BE
Tel.: 0 13 82 - 43 69 16
www.dundeecity.gov.uk/broughtycastle

Fischerei, Walfang, Rettungsboot

McManus Galleries
Albert Square, Dundee DD1 1DA
Tel.: 0 13 82 - 43 20 84
www.dundeecity.gov.uk/
www.dmcsoft.com/tamh/

Schiffahrt, Schiffbau, Marinegeschichte

DUXFORD

(Cambridgeshire)

Duxford Airfield
Duxford, CB2 4QR
Tel.: 0 12 23 - 83 50 00
www.iwm.org.uk/duxford.htm

Museumsschiffe
CMB-4, Schnellboot, 1916
JESSE LUMB, Rettungsboot, 1939
STICKLEBACK (X-51), Klein-U-Boot, 1954
X-7, beschädigtes Klein-U-Boot

EASTBOURNE

(Sussex)

Lifeboat-Museum
King Edward Parade
Eastbourne, BN21 4BY
Tel.: 0 13 23 - 73 07 17
Seenotrettung, Modelle von Rettungsbooten

ELLESMERE PORT

(Chesire)

The Boat Museum
South Pier Road, Ellesmere Port
CH 65 4FW
Tel.: 01 51 - 3 55 50 17
www.boatmuseum.org.uk

Museumsschiffe
ALEIDA, Schlepper, 1930
ARIES, Binnenschiff, 1935
ASPULL, Kanalboot, ca. 1900
BACUP, Binnenschiff, 1948
BASUTO, Frachtdampfer, 1902
BIGMERE, Binnenschiff, 1948
BIRCHILLS, Kanalbarge, 1914
BOXBOAT 337, Binnenschiff
CEDAR, Barge
CENTAUR, Barge, 1899
CHILTERN, Binnenschiff, 1946
CLEARWAY, Dampfbagger, 1927
CUDDINGTON, Binnenschiff, 1948
DANIEL ADAMSON, Schlepper, 1903
ETHEL, Binnenschiff, 1952
FCB-18, Betonschiff, ca. 1940
FRIENDSHIP, Binnenleichter, 1925
GD-101, Kanal-Bagger
GEORGE, Binnenschiff, 1910
GIFFORD, Barge, 1926
MANCHESTER, Schlepper, 1874
MANNIN 2, Dampfbagger, 1936
MARYBURY, Barge, 1900
MENDIP, Binnenschiff, 1948
MERAK, Barge, 1936
MEROPE, Barge, 1936
MONARCH, Binnenschiff, 1908
MOSSDALE, Binnenschiff, 1863
PELICAN, Hafendienstboot, 1957

PERSEVERANCE, Bagger, 1934
PHOEBE, Barge
SAPPHIRE, Barge, 1952
SCORPIO, Barge, 1890
SHAD, Binnenschiff, 1936
SPEEDWELL, Barge, 1925
TUBEBOAT No. 39, Barge, ca. 1920
WORCESTER, Schlepper, 1912

EDINBURGH

(Scotland)

Royal Museum of Scotland
Chamber Street, Edinburgh
Schiffsmodelle, Navigation, Astrolabium aus dem Jahr 1026, Schiffbau

EMSWORTH

(Kent)

Emsworth Museum
10b North Street, Emsworth
PO10 7DD
Tel.: 0 12 43 - 37 89 01
www.emsworthmuseum.org.uk

Yachtbau, Fischerei, Bootssammlung

EYEMOUTH

(Scotland)

Eyemouth Museum
Auld Kirk, Manse Road
Eyemouth, TD14 5JE
Tel.: 0 18 90 - 75 06 78
Fischerei

FALMOUTH

(Cornwall)

National Maritime Museum Cornwall
Discovery Quay, Falmouth
Cornwall TR11 3QY
Tel.: 0 13 26 - 313 3 88
www.nmmc.co.uk

Schiffahrt, Schiffbruch, Navigation, Bootssammlung mit über 150 Einheiten, darunter:

Museumsschiffe
BARNABAS, Fischkutter, 1881
ELLEN, Segelboot, 1882
SOFTWING, Fischkutter, 1910
ST. DAYS, Schlepper, 1929

FAREHAM

(Hampshire)

HMS Collingwood Communications and Radar Museum
HMS Collingwood, Newgate Lane
Fareham, PO14 1AS
Tel.: 0 13 29 - 33 25 35
www.recelectronics.demon.co.uk/collin grad

Schiffsortung, Radar, Sonar

FELIXSTOWE

(Suffolk)

Felixstowe Museum
Ravelin Block, Viewpoint Road
Felixstowe
Tel.: 0 13 94 - 67 22 84
www.felixtowe-museum.co.uk

Marinegeschichte, Dampfschiffahrt

FILEY

(Yorkshire)

Filey Museum
8-10 Queen Street, Filey, YO14 9HB
Tel.: 0 17 23 - 51 59 45
www.fileybay.com

Fischerei, Seenotrettung

FLEETWOOD

(Lancashire)

Fleetwood Museum
Queens Terrace, Fleetwood, FY8 5BT
Tel.: 0 12 53 87 66 21
www.lancashire.com/lcc/museums/index

Schiffbau, Fischerei

Museumsschiff
HARRIET, Fischerboot, 1893
JACINTA, (FD 159), Trawler, 1972
JUDY, Fischerboot, 1904

FOLKESTONE

Folkestone Museum
Grace Hill, Folkestone
Maritime Exponate

FRASERBURGH

(Scotland)

Museum of Scottish Lighthouses
Kinnaird Head, Fraserburgh
Aberdeenshire AB43 9DU
Tel.: 0 13 46 - 51 10 22
www.lighthousemuseum.co.uk

Leuchtfeuer-Museum

GAIRLOCH

(Scotland)

Gairloch Heritage Museum
Achtercairn, Gairloch
Wester Ross IV21 2BP
Tel.: 0 14 45 - 71 22 87
www.activitypoint.co.uk/en/e00/00730.

Leuchtfeuer, Fischerei, Bootssammlung

GIRVAN

(Scotland)

McKechnie Institute
Dalrymple Street, Girvan,
South Ayrshire KA26 9AE
Tel.: 0 14 65 - 71 36 43
www.girvan-online.net/Mckechnie

Fischerei, Schiffbruch

GLASGOW

(Scotland)

GLENLEE - The Tall Ship at Glasgow Harbour
Yorkhill Quay, 100 Stobcross Road
Glasgow G3 8QQ
Tel.: 01 41 - 2 22 25 13
www.glenlee.co.uk/

www.thetallship.com

Museumsschiff
GLENLEE, Bark, 1896

Museum of Transport
Kelvin Hall, 1 Bunhouse Road
Glasgow G3 8DP
Tel.: 01 41 - 2 87 20 00
www.clyde-valley.com/glasgow/trans mus.htm

Modelle von Marine-, Passagier- und Frachtschiffen

Clydebuilt Maritime Museum Braehead Shopping Centre
Kings Inch Road, Glasgow G51 4BN
Tel.: 01 41 - 8 86 10 13
Schiffbau, Schiffahrt

Museumsschiff
KYLES, coaster, 1872

GLOUCESTER

National Waterways Museum
Llanthony Warehouse, The Docks
Gloucester GL1 2EH
Tel.: 0 14 52 - 31 82 00
www.nwm.org.uk/

www.canaljunction.com/musnwm.htm

Museumsschiffe
FCB-56, Betonschiff, 1940
KATHLEEN & MAY, Schoner, 1900
NORTHWICH, Binnenschiff, 1898
OAK, Binnenschiff, 1934
SABRINA 5, Leichter, 1944
SEVERN PROGRESS, Schlepper, 1932
SND No. 4, Dampfbagger, 1925
WALLSALL, Schlepper
WYE, Leichter, 1959

GOOLE

(Yorkshire)

Waterways Adventure Centre & Museum
Dutch River Side, Goole DN14 5TB
Tel.: 0 14 05 - 76 87 30
www.waterwaysmuseumandadventure centre.co.uk

Kanal-Geschichte

Goole Museum & Art Gallery
Carlisle Street, Goole, DN14 5AA
Tel.: 0 41 82 - 39 27 77
www.artguide.org/uk/museumG.html

Hafengeschichte, Schiffbau, Kanalgeschichte

Museumsschiffe
EDEN, Leichter
SOBRIETY, Binnenschiff
WHELDALE, Schlepper

GOSPORT

(Hampshire)

Royal Navy Submarine Museum
Haslar Jetty Rd, Gosport, PO12 2AS
Tel.: 0 23 - 92 52 92 17
www.rnsubmus.co.uk/

Unterseeboot-Museum

Museumsschiffe
ALLIANCE, Unterseeboot, 1945
H.M. SUBMARINE TORPEDO BOAT No. 1 (HOLLAND I), 1901
X-24, Klein-U-Boot, 1943
BIBER, deutsches Klein-U-Boot, 1944
MAIALE, bemannter Torpedo, Italien, 1944

Explosion!
Museum of Naval Firepower
Priddy's Hard Heritage Area
Gosport, PO12 4LE
Tel.: 0 23 - 92 50 56 00
www.explosion.org.uk/

Maritime Waffen – vom Pulver bis zur Rakete

Stationäres Schiff
LV No. 1 (MARY MOUSE 2), Feuerschiff, 1946, Clubhaus im Yachthafen

GREAT AYTON

(Yorkshire)

Captain Cook's Schoolroom Museum
101 High St, Great Ayton, TS9 6NB
Tel.: 0 16 42 - 72 42 96
www.captaincook.org.uk

Schule von Captain James Cook

GREAT YARMOUTH

(Norfolk)

Maritime Museum for East Anglia
25 Marine Parade, Great Yarmouth NR30 2EN
Tel.: 0 14 93 - 84 22 67
www.norfolk.gov.uk/tourism/museums/charges.htm

Schiffbau, Schiffahrt, Binnenschiffahrt

Museumsschiffe
CORONATION, Fischerboot, 1926
MARIA, Yacht, ca. 1820

RNLI Lifeboat Station

Museumsschiff
JOHN & MARY MEIKLAM OF GLADSWOOD, Rettungsboot, 1922

The Norfolk Nelson Museum
26 South Quay, Great Yarmouth NR 302RG
Tel.: 0 14 93 - 85 06 98
www.nelson-museum.co.uk/

Sammlung von Erinnerungsstücken an Admiral Lord Horoatio Nelson

GREENOCK

(Scotland)

McLean Museum & Art Gallery
15 Kelly Street, Greenock
Inverclyde PA16 8JX
Tel.: 0 14 75 - 71 56 24
www.inverclyde.gov.uk

Schiffbau, Reepschlägerei, Modelle

GRIMSBY

(Lincolnshire)

National Fishing Heritage Museum
Alexandra Dock, Grimsby, DN31 1UZ
Tel.: 0 14 72 - 32 33 45
www.neclincs.gov.uk

Fischerei

Museumsschiffe
FREDA & NORAH, Fischerboot
ROSS TIGER, Fischkutter, 1950
VANESSA, Fischkutter, 1899

Stationäres Schiff
LINCOLN CASTLE, Raddampfer, 1940

GWEEK

Gweek Quay Maritime Centre
Helford River, Gweek
Bootssammlung

Museumsschiff
KINDLY LIGHT, Lotsenboot, 1911

HARTLAND

(Devon)

Hartland Quay Museum
Hartland Quay, Hartland, Bideford EX39 6DU
Tel.: 0 12 88 - 33 13 53
www.bude.co.uk/Tourism/

Schiffbruch, Schmuggel, Leuchtfeuer

HARTLEPOOL

Hartlepool Historic Quay
Maritime Ave, Hartlepool Marina
Hartlepool TS24 0XZ
Tel.: 0 14 29 - 86 00 77
www.destinationhartlepool.co.uk

Hafen- und Marine-Geschichte

Museumsschiffe
THREE BROTHERS GRANT (HL 154), Fischkutter, 1921
TRINCOMALEE, Fregatte, 1817
VENUS, Fischerboot
VIKING, Lotsenkutter, 1908
WINGFIELD CASTLE, Raddampfer, 1934

Museum of Hartlepool
Jackson Dock, Hartlepool, TS24 0XZ
Tel.: 0 14 29 - 86 97 06
www.destinationhartlepool.co.uk

Fischerei, Lotsenwesen, Seenotrettung, Schiffbau, Hafen, Bootssammlung

HARWICH

(Essex)

Harwich Maritime Museum
The Low Lighthouse, Harwich
Tel.: 0 12 55 - 50 34 29
www.harwich-society.com

Seenotrettung

Stationäres Schiff
LV No.18, Feuerschiff, 1958,
heutige Nutzung: Rundfunk-Sender

HASTINGS

(Sussex)

Hastings Fishermen's Museum
Rock-Nore-Road, Hastings, TN34 3DW
Tel.: 0 14 24 - 46 14 46
www.1066country.com/fishermuseum

Lokale Fischerei, Schiffahrt

Museumsschiffe
EDWARD & MARY (RX17), 1919,
Fischerboot
ENTERPRISE (RX 278),
Fischkutter/Hastings lugger, 1909

Shipwreck Heritage Centre
Rock-Nore Road, Hastings, TN34 3DW
Tel.: 0 14 24 - 43 74 52
www.1066country.com/

Schiffbruch

HENLEY ON THAMES

(Oxfordshire)

River & Rowing Museum
Mill Meadows, Henley-on-Thames
Oxfordshire RG9 1BF
Tel.: 0 14 91 - 41 56 00
www.rrm.co.uk/

Ruder-Museum, Bootssammlung

Museumsschiffe
(-) Ruderboot, 1812
EVA, Dampfyacht, 1874

HOLYHEAD

(Wales)

Holyhead Maritime Museum
Newry Beach, Holyhead
Isle of Anglesey/Ynys Mon
Tel.: 0 14 07 - 76 97 45
www.holyhead.com/page117.html

Schiffbruch, Seenotrettung

HOLYWOOD

(Northern Ireland)

Ulster Folk & Transport Museum
Cultra, Holywood, Co. BT18 0EU
Tel.: 0 28 - 90 42 84 28
www.nidex.com/uftm/index.html

Schiffahrt, Untergang der TITANIC

Museumsschiffe
DIVIS, Dampfschiff, 1928
MARY JOSEPH (N 55), Fischerboot 1877
RESULT, Schoner, 1893
SIR SAMUEL KELLY, Rettungsboot

HOY

(Orkney-Islands)

Scapa Flow Interpretation Centre
Lyness, Hoy, KW 16 3 NT
Tel.: 0 18 56 - 79 13 00
www.orkney.com/tradition/scapaflow.
www.orkneyheritage.com

Marinegeschichte von Scapa Flow

HULL

Hull Maritime Museum
Queen Victoria Square, Hull, HU1 3DX
Tel.: 0 14 82 - 61 39 02
www.hullcc.gov.uk/museums/

Fischerei, Walfang

Museumsschiff
SPURN, Feuerschiff, 1927

Museumsschiff
ARCTIC CORSAIR (H 320),
Trawler, 1960
Wilberforce House, 25 High Street
Hull HU1 1NQ.
Tel.: 0 14 82 – 30 03 00
wwwarctic-corsair.co.uk

Transport & Archeology Museum
36, High St., Hull
Schiffahrt auf dem Humber

HYNISH

(Scotland)

Skerryvore Museum
Hynish, Isle of Tiree
Tel.: 01 87 92 - 22 06 06
www.hebrideantrust.org

Leuchtfeuer

ILFRACOMBE

(Devon)

Ilfracombe Museum
Wilder Road, Ilfracombe, EX34 8AF
Tel.: 0 12 71 - 86 35 41
www.devonmuseums.net

Hafengeschichte, Seenotrettung,
Segelsport

IMMINGHAM

(Lincolnshire)

Immingham Museum
Margaret St, Immingham, DN40 1LE
Tel.: 0 14 69 - 57 70 66
www.neclincs.gov.uk

Hafengeschichte

INVERARAY

(Scotland)

Inveraray Maritime Museum/
The Arctic Penguin Maritime Heritage Centre
The Pier, Inveraray
Argyll & Bute PA32 8UY
Tel.: 0 14 99 - 30 22 13
www.inveraray-argyll.com/members2.htm

Museumsschiff
ARCTIC PENGUIN, Schoner, 1911

IPSWICH

(Suffolk)

HMS Ganges Association Museum
Victory House, Shotley Point Marina
Shotley Gate, Ipswich, IP9 1QJ
Tel.: 0 14 73 - 68 47 49
www.hmsgangesassoc.org.uk/
museum.html

Ausstellung zur Ausbildung in der Marine

Museum of Knots & Sailor's Ropework
501 Wherstead Road
Ipswich, IP2 8LL
Tel.: 0 14 73 - 69 00 90
Tauwerk & Knoten

IRVINE

(Scotland)

Scottish Maritime Museum
Harbourside, Irvine
North Ayrshire, KA12 8QE
Tel.: 0 12 94 - 27 82 83
www.aboutbritain.com/ScottishMaritime
Museum.

Museumsschiffe
1262, Barkasse, 1942
ANTARES, Fischkutter, 1965
ASR-10, Rettungsboot, 1941
BRUNETTE, Yacht, 1895
CAROLA, Dampfyacht, 1898
CITY OF ADELAIDE, Frachtsegler, 1864
GARNOCK, Schlepper, 1956
KATIE, Fischerboot, 1939
KYLES, Dampfer, 1872
LADY GUILDFORD, Lugger, 1818
SEAMEW, Dampfboot, 1908
SPARTAN (VIC 18), Frachtschiff/Puffer, 1942
T.G.B, Rettungsboot, 1940
VAGRANT, Yacht, 1884

ISLAY

(Scotland)

Museum of Islay Life
Port Charlotte, Isle of Islay
Argyll & Bute, PA48 7UU
Tel.: 0 14 69 - 85 03 58
Schiffbruch

KING'S LYNN

(Norfolk)

True's Yard Fishing Heritage Centre
North Street, King's Lynn, PE30 1QW
Tel.: 0 15 53 - 77 04 79
http://welcome.to/truesyard

Fischerei

Museumsschiff
ACTIVITY, Fischerboot, 1904

KING'S LYNN

Lynn Museum
Market Street, King's Lynn, PE30 1NL
Tel.: 0 15 53 - 77 50 01
www.norfolk.gov.uk/tourism/museums/lynn_mus.

Fischerei, Walfang, Seenotrettung

KIRKWALL

(Orkney Isles)

Orkney Wireless Museum
Kiln corner, Kirkwall, KW15 1LB
Tel.: 0 18 56 - 87 14 00
Seefunk, Schiffsortung

LANCASTER

(Lancashire)

Lancaster Maritime Museum
Custom House, St George's Quay
Lancaster, LA1 1RB
Tel.: 0 15 24 - 38 22 64
www.canaljunction.com/iwhn/

Hafengeschichte, Fischerei, Schiffbau

Museumsschiffe
CAMELIA, Segler, 1890
CORONATION ROSE, Strandboot, 1911
HANNAH, Ruderboot, 1910
SIR WILLIAM PRIESTLEY, Rettungsboot, 1934

LEE-ON-THE-SOLENT

(Hampshire)

The Hovercraft Museum
Argua Gate, Chark Lane
Lee-on-the-Solent PO 13 9 NY
Tel.: 0 23 - 92 55 20 90
www.hovercraft-museum.org

Bootsammlung (40 Hovercrafts), darunter:
SIDEWALL, Hovercraft (HM.2), 1972
SR.N5 006, Hovercraft, 1964
SR.N6 MK1S, Hovercraft, 1965
SWIFT, Hovercraft (SR.N4 MK2), 1969
WELLDECK, Hovercraft (SR.N6 MK5), 1972

LEITH

(Scotland)

Museumsschiff am Ocean Terminal
BRITANNIA
Königliche Yacht, 1953
Tel.: 01 31 - 5 55 55 66
www.royalyachtbritannia.co.uk

Stationäres Schiff
OCEAN MIST, Dampfyacht, 1919

LERWICK

(Shetland)

Shetland Museum
Lower Hillhead, Lerwick, ZE1 0EL
Tel.: 0 15 95 - 69 50 57
www.shetland-museum.org.uk

Walfang, Fischerei, Schiffbruch

Museumsschiff
MAGGIE, Fischerboot, 1901

LINLITHGOW

Linlithgow Union Canal Society Museum
Manse Road Basin, Linlithgow
West Lothian EH49 6AJ
Tel.: 0 15 06 - 67 12 15
www.lucs.org.uk

Geschichte des Union-Kanals

LIVERPOOL

(Merseyside)

Merseyside Maritime Museum
Albert Dock, Liverpool, L3 4AA
Tel.: 01 51 - 4 78 44 99
www.nmgm.org.uk

Auswanderung, Sklaverei, »Atlantik-Schlacht« des Zweiten Weltkriegs, Schiffbau

Außerdem in diesem Museum:
HM Customs & Excise National Museum,
www.customsmuseum.org.uk

Museumsschiffe
AQUILA, Jolle, 1922
ARTHUR OF CHESTER, Fischkutter, 1979
BIRDIE, Dampfbarkasse, 1899
BLACK PIG, Walfangboot
BLACK SWAN, Fischerboot
BROCKLEBANK, Schlepper, 1964
CAPELLA (CH 76), Fischkutter, 1923
DAYSTAR (LR 17), Fischkutter, 1894
DE WADDEN, Schoner, 1917
EDMUND GARDNER, Lotsenversetzboot, 1953
ELIZABETH, Motorboot, 1940
ETHEL, Lotsenboot, 1937
GREEN BOAT, Segelboot, 18. Jhr.
JOAN, Fischerboot, 1946
KERNE, Schlepper, 1913
MAY, Fischerboot, 1920
NEW LIVER BIRD, Segler, 1978
OAKDALE, Binnenschiff/Mersey flat, 1951
SPIRIT OF MERSEYSIDE, Schoner
SUNBEAM, Yacht, 1925
TRILBY, Yacht, 1936
WILLIAM AND LAURA, Rettungsboot, 1949
WILLIAM GAMMON, Rettungsboot, 1947
WINCHAM, Frachtschiff/Weaver packet, 1948

Western Approaches Museum
1–3 Rumford Street, Liverpool
Merseyside L2 8SZ
Tel.: 01 51 - 2 27 20 08
www.subbrit.org.uk/rsg/places

Hauptquartier im Zweiten Weltkrieg, »Atlantik-Schlacht«, Geleitzüge

Liverpool Museum
William Brown Street, Liverpool
Hafengeschichte

LITTLEHAMPTON

(Sussex)

Littlehampton Museum
The Manor House, Church Street
Littlehampton BN17 5EW
Tel.: 0 19 03 - 73 81 00
Lokale Schiffahrtsgeschichte

LONDON

National Maritime Museum
Romney Road, Greenwich
London SE10 9NU
Tel.: 0 20 - 88 58 44 22
www.nmm.ac.uk/

Nationales Schiffahrtsmuseum Großbritanniens

Museumsschiffe
DONOLA, Dampfyacht, 1893
MISS BRITAIN III, Speedboot, 1933
PRINCE FREDERICKS BARGE, königliches Ruderschiff, 1732
QUEEN MARY'S SHALLOP, Königliches Ruderschiff, 1689
RELIANT, Radschlepper, 1907 (Mittelsektion)
WATERLILY, Dampfboot, 1866

Museumsschiff
CUTTY SARK, Vollschiff/Clipper, 1896
King William Walk, Greenwich
London SE 10 9HT
Tel.: 0 20 - 88 58 34 45
www.cuttysark.org.uk

Stationäres Schiff
GIPSY MOTH IV
Yacht, 1966, Liegeplatz:
Cutty sark gardens, King William Walk, Greenwich, London SE 10 9HAT
Tel.: 0 20 - 88 58 34 45
www.gmt2000.co.uk/meridian/place

Imperial War Museum
Lambeth Road, London SE1 6HZ
Tel.: 0 20 - 74 16 53 20
www.iwm.org.uk

Streikräftemuseum, Marine

Museumsschiffe
ANGLO SAXON, Ruderrettungsboot
BELFAST, Kreuzer, 1938 (Liegeplatz: Morgans Lane, Tooley Street www.hms-belfastorg.uk)
(-) BIBER, deutsches Klein-U-Boot, 1944
(-) MAIALE, bemannter Torpedo, Italien, 1944
TAMZINE, Fischerboot, 1937

Science Museum
Exhibition Road, South Kensington
London SW7 2DD
Tel.: 0 20 - 79 42 40 00
www.sciencemuseum.org

Schiffsmodelle

Museum of London
London Wall, London EC2Y 5HN
Tel.: 0 20 - 76 00 36 99
www.museumoflondon.org.uk/

Hafen- und Schiffahrtsgeschichte

Museumsschiff
KNOCKER WHITE, Dampfschlepper, 1924

Thames Police Museum
Wapping Police Station
98 Wapping High Street, London E1 9NE
Tel.: 0 20 - 72 75 44 21
Wasserschutzpolizei

Lloyd's Nelson Collection
Lloyd's, One Lime Street
London EC3M 7HA
Tel.: 0 20 - 73 27 62 60
www.lloyds-shop.com

Ausstellung über das Leben von Admiral Lord Horatio Nelson

The London Canal Museum
12/13 New Wharf Road, King's Cross
London NB1 9RT
Tel.: 0 20 - 77 13 08 36
www.canalmuseum.org.uk/

Museumsschiff
CORONIS, Barkasse

Collection of the Worshipful Company of Clockmakers
The Clock Room, Guildhall Library
Aldermanbury, London EC2P 2EJ
Tel.: 0 20 - 73 32 18 65
www.clockmasters.org

Chronometer-Ausstellung

Docklands Museum
Warehouse No. 1, West India Quay
Hertsmere Road, London E14 4AL
Tel.: 0 20 - 70 01 98 00
www.museumindocklands.org.uk

Hafengeschichte

Royal Airforce Museum

Museumsschiff
HMAFV-2757, Rettungsboot, 1956

Dulwich College
London SE 21 FLD
Tel.: 0 20 - 20 86 93 36 01

Museumsschiff
JAMES CAIRD, Walfangboot, 1914

St. Katherine's Dock
nahe des Tower of London
Heimathafen zahlreicher aktiver Veteranenschiffe

Stationäre Schiffe auf der Themse
CELTIC SURVEYOR, Begleitschiff, 1917
CHRYSANTHEMUM, Begleitschiff, 1917
HISPANIOLA, Passagierschiff
PRESIDENT, Begleitschiff, 1918
QUEEN MARY II, Fahrgastschiff, 1933
TATTERSHALL CASTLE, Raddampfer, 1934
TOLLESBURY, Frachtsegler, 1901
WELLINGTON, Begleitschiff, 1934

LONDONDERRY

(Northern Ireland)

Derry Harbour Museum
Harbour Square, Derry
Co Londonderry BT48 6AF
Tel.: 0 15 04 - 37 73 31
Hafengeschichte, Schiffsmodelle

Museumsschiff
IONA CURRAGH, 1963 (Nachbau)

LOWESTOFT

(Suffolk)

Royal Naval Patrol Service Association's Museum
Sparrows Nest, Whapload Road
Lowestoft, NR32 4PR
Tel.: 0 15 02 - 58 62 50
www.rnps.lowestoft.org.uk/

Modelle, Fotografien, Uniformen

LOWESTOFT

(Das Museum ist auf unbestimmte Zeit geschlossen)

ISCA Maritime Museum
(International Sailing Craft Association)
Caldecott Road, Oulton Broad, Lowestoft
Suffolk NR32 3PH
Tel.: 0 15 02 - 58 56 06
www.btinternet.com/~isca.maritimemuseum

Bootssammlung mit über 290 Fahrzeugen, darunter:
ALFRED CORRY, Rettungsboot, 1893
ARGO, Griechische Galeere, Nachbau
BEDFORD, Ruderrettungsboot, 1886
BOYS OWN, Fischerboot, 1933
ELIZA, Walfangboot
JAMES & JOHN YOUNG, Rettungsboot
JOLIE BRISE, Lotsenkutter, 1913
LYDIA EVA (YH 89)
Fischfangschiff, 1930
SOTERO, Segler, 1950
S. PAIO XAVEGA,
portugiesisches Fischerboot

Lydia Eva & Mincarlo Trust
75 Normanston Drive, Lowestoft
NR32 2PU
www.lydiaeva.org

Museumsschiff
LYDIA EVA (YH 89), Fischfangschiff, 1930

Lowestoft & East Suffolk Maritime Heritage Museum
Sparrows Nest Park, Whapload Road
Lowestoft, Suffolk NR32 1XG
Tel.: 0 15 02 - 56 19 63
www.aboutbritain.com/LowestoftMaritime Museum

Fischerei-Ausstellung

LYTHAM

(Lancashire)

Lytham Lifeboat Museum
East Beach, Lytham, FY8 5LD
Tel.: 0 12 53 - 73 01 55
www.legendol.freeserve.co.uk/mu seumb.html

Seenotrettung

MALDON

(Essex)

Maldon District Museum
47 Mill Road, Maldon, CM9 5HX
Tel.: 0 16 21 - 84 26 88
Modelle von Frachtseglern (Thames barges), Segelmacherei, Marinefahrzeuge

MARGATE

Lifeboat House
The Rendezvous Harbour, Margate

Museumsschiff
SILVER JUBILEE, Rettungsboot

MARKET HARBOROUGH

(Leicestershire)

Foxton Canal Museum
Middle Lock, Foxton
Market Harborough, LE16 7RA
Tel.: 01 16 - 2 79 26 57
www.foxcanal.fsnet.co.uk

Kanalbau

MARSDEN

(Yorkshire)

Tunnel End Canal & Countryside Centre
Waters Road, Marsden, HD7 6NQ
Tel.: 0 14 84 - 84 60 62
Kanalgeschichte

MARTON

(Middlesbrough)

Captain Cook Birthplace Museum
Stewart Park, Marton, TS7 6AS
Tel.: 0 16 42 - 31 12 11
www.middlesbrough.gov.uk

Kapitän James Cooks Geburtshaus

MARYPORT

(Cumbria)

Maryport Maritime Museum
1 Senhouse Street, Shipping Brow
Maryport, Cumbria CA15 6AB
Tel.: 0 19 00 - 81 37 38,
www.instinct-training.co.uk/ti/wc/mary mar.htm

Schiffbau und Hafengeschichte

Museumsschiffe
CHIPCHASE, Schlepper, 1953
(-) Rettungsboot, 1865

Maryport Steamships Museum
Elizabeth Dock, South Quay, Maryport
Cumbria CA15 8AB
Tel.: 0 19 00 - 81 59 54
Dampfschiffahrt

Museumsschiffe
FLYING BUZZARD,
Dampfschlepper, 1951
VIC 96, Frachtdampfer, 1945

MEVAGISSEY

(Cornwall)

Mevagissey Folk Museum
East Quay, Inner Harbour, Mevagissey
Tel.: 0 17 26 - 84 35 68
www.cornwall-online.co.uk/

Fischerei, Bootsbau und Schmuggel

MONMOUTH

(Wales)

The Nelson Museum & Local History Centre
Priory Street, Monmouth
Monmouthshire NP5 3XA
Tel.: 0 16 00 - 71 35 19
www.aboutbritain.com/NelsonMuseum
www.monmouth.org.uk/nelson.htm

Erinnerungen an
Admiral Lord Horatio Nelson

MONTROSE

(Scotland)

Montrose Museum
Panmure Place, Montrose, DD10 8HE
Tel.: 0 16 74 - 67 32 32
www.dmcsoft.com/tamh

Walfang

MORAY

(Scotland)

Lossiemouth Fisheries & Community Museum
Pitgaveny Quay, Lossiemouth, Moray
Tel.: 0 13 43 - 81 23 26
www.moray.gov.uk/museums/facilities/lossiemouth

Fischerei, Schiffsmodelle

MORWELLHAM

(Devon)

Morwellham Quay Open Air Museum
Morwellham, Tavistock, PL19 8JL
Tel.: 0 18 22 - 83 27 66
www.morwellham-quay.co.uk/

Hafen-Themenpark, Bootssammlung

Museumsschiffe
GARLANDSTONE, Frachtsegler, 1909
LYNHER, Frachtsegler, 1896

MUNDESLEY

(Norfolk)

Mundesley Maritime Museum
The Old Coastguard Looout
Beach Road, Mundesley
Tel.: 0 12 63 - 72 08 79
Seenotrettung, Schiffbruch

NEWCASTLE EMLYN

(Wales)

National Coracle Centre
Cenarth Falls, Newcastle Emlyn
Carmarthenshire SA38 9JL
Tel.: 0 12 39 - 71 09 80
www.coraclecentre.co.uk/

Bootssammlung (welsh coracles) sowie von Booten aus Fernost

NAIRN

(Scotland)

Nairn Museum
Viewfield Drive, Nairn IV12 4EE
Tel.: 0 16 67 - 45 67 91
www.nairnmuseum.co.uk

Hering-Fischerei, Fischindustrie

NEFYN

(Wales)

Lleyn Historical & Maritime Museum
Old St Mary's Church
Church Street, Nefyn, Gwynedd
Tel.: 0 17 58 - 72 02 70
Seenotrettung

The Wyn Collection
Fort Belan
Bootssammlung

NEWCASTLE UPON TYNE

(Tyne & Wear)

Discovery Museum
Blandford Square
Newcastle upon Tyne, NE1 4JA
Tel.: 01 91 - 2 32 67 89
www.twmuseums.org.uk

Schiffbau

Museumsschiffe
BLOSSOM, Fischkutter, 1887
ELSWICK No. 2, Leichter, 1913
PEGGY, Fischerboot, 1890
TURBINIA, Turbinenboot, 1894

Museum of Science and Engineering

Museumsschiff
GLAD TIDINGS, Fischkutter, 1929

NEWHAVEN

(Sussex)

Newhaven Local & Maritime Museum
Paradise Park, Avis Road
Newhaven, BN9 0DH
Tel.: 0 12 73 - 61 25 30
www.newhavenmuseum.co.uk

Kanalschiffahrt, deutsches U-Bootgeschütz

NEWPORT

(Isle of Wight)

The Classic Boat Museum
The Quay, Newport, PO30 2EF
Tel.: 0 19 83 - 53 34 93
www.harbours.co.uk/newport/newport.

Sammlung von über 20 klassischen Yachten und anderen Schiffen, darunter:
BLACK BESS (CS 32),
Fischkutter, 1870
CALYPSO, Motorboot, 1954
COCONUT, Fischerboot
FLYING SPRAY, Barkasse, 1910
KESTREL, Segler, 1901
LADY PENELOPE, Motorboot, (Chris Craft, Silver Arrow), 1954
LOUISE, Dampfboot
QUEEN VICTORIA, Ruderrettungsboot, 1887
SOPRANINO, Segelboot, 1950
TITMOUSE, Segelboot, 1890

Stationäres Schiff
RYDE QUEEN, Raddampfer, 1937

NEWPORT PAGNELL

(Buckinghamshire)

Beatty Museum
Chicheley Hall, Newport Pagnell
MK16 9JJ
Tel.: 0 12 34 - 39 12 52
www.chicheleyhall.co.uk

Navigation, Gemälde

NORTH AYRSHIRE

(Scotland)

Robertson Marine Life Museum & Aquarium
University Marine Biological Station
Millport, Isle of Cumbrae, KA28 0EG
Tel.: 0 14 75 - 53 05 81/2
www.users.globalnet.co.uk/~vennel/

Schiffahrts-Ausstellung

PADSTOW

(Cornwall)

Padstow Museum
The Men's Institute, Market Place
Padstow, Cornwall
Tel.: 0 18 41 - 53 24 70
Schiffbau, Seenotrettung

Museumsschiff
Rettungsboot

PEEL

(Isle of Man)

House of Manannan
Mill Road, Peel, IM5 1TA
Tel.: 0 16 24 - 64 80 00
Fischerei, Dampfschiffahrt
www.gov.im/mnh

Seenotrettung

Museumsschiff
Wikingerboot (Nachbau)

PEGWELL BAY

Stationäres Schiff
HUGIN, Wikingerschiff, Nachbau

PENZANCE

(Cornwall)

Trinity House
National Lighthouse Museum
Wharf Road, Penzance, TR18 4BN
Tel.: 0 17 36 - 36 00 77
www.cornwall-online.co.uk/magic/
Welcome.html

Leuchtfeuer

PENZANCE

(Cornwall)

Penzance Maritime Museum
19, Chapel St., Penzance
Schiffbruch

PETERBOROUGH

Peterborough Museum & Art Gallery
Priestgate, Peterborough PE1 1LF
Tel.: 0 17 33 - 34 33 29
www.aboutbritain.com/

PeterboroughMuseum.htm

Schiffsmodelle

PETERHEAD

(Scotland)

Arbuthnot Museum
St. Peter Street, Peterhead
Aberdeenshire AB42 1QD
Tel.: 0 17 79 - 47 77 78
www.aberdeenshire.gov.uk

Frachtschiffahrt, Fischerei, Walfang

Peterhead Maritime Heritage
South Road, Peterhead, Aberdeenshire
Tel.: 0 17 79 - 47 30 00
www.aberdeenshire.gov.uk

Bootsbau, Navigation, Fischerei

PITSEA

(Essex)

National Motor Boat Museum
Wat Tyler Country Park, Pitsea Hall Lane
Pitsea, SS16 4UH
Tel.: 0 12 68 - 55 00 77
www.basildon.gov.uk
www.steamboat.org.uk

Bootssammlung mit über 30 Sportbooten und Freizeitschiffen, darunter:
ARK ROYAL, Barkasse
CYGNET, Dampfboot, 1878
DEFENDER II, Motoryacht, 1908
DIANA, Barkasse, 1909
MERK, Barkasse, 1912
WASP, Motorboot
WILD FOWL, Kanonenboot, 1930

PLYMOUTH

(Devon)

Plymouth Naval Base Visitor Centre
HM Naval Base, South Yard, Devonport
Plymouth, PL2 2BG
Tel.: 0 17 52 - 55 42 00
www.cronab.demon.co.uk/pnbm.htm

Marine-Museum

Museumsschiff
COURAGEOUS, Unterseeboot, 1970

Plymouth City Museum & Art Gallery
Drake Circus, Plymouth, PL4 8AJ
Tel.: 0 17 52 - 30 47 74
www.plymouthmuseum.gov.uk

Schiffahrtsgeschichte

POLPERRO

Harbour Heritage Museum

Museumsschiff
RYDER, Ruderrettungsboot, 1902

POOLE

(Dorset)

Royal National Lifeboat Institution Headquarters
West Quay Road, Poole BH15 1HZ
Tel.: 0 12 02 - 66 30 00
www.lifeboat.org.uk

Seenotrettung

Old Lifeboat House
Fisherman's Dock, East Quay Road
Poole BH15 1HZ
Tel.: 0 12 02 - 66 30 00
www.nmm.ac.uk/visitors/sister.html

Seenotrettung

Museumsschiff
THOMAS KIRK WRIGHT
Rettungsboot, 1938

Waterfront Museum
4 High Street, Poole BH15 1BW
Tel.: 0 12 02 - 26 26 00
Hafengeschichte, Fischerei, Schmuggel, Bootsbau, Unterwasserarchäologie

PORT CHARLOTTE

(Scotland)

Museum of Islay Life
Port Charlotte, Isle of Islay PA48 7UN
Tel.: 0 14 96 - 85 03 58
www.islaymuseum.freeserve.co.uk

Bootsbau, Schiffbruch

PORTHCURNO

(Cornwall)

Museum of Submarine Telegraphy
Porthcurno
Tel.: 0 17 36 - 81 09 66
www.porthcurno.org.uk

Telegrafen-Station aus dem Zweiten Weltkrieg

PORTHMADOG

(Wales)

Porthmadogg Maritime Museum
Oakley Wharf No. 1
Porthmadog, Gwynedd
Tel.: 0 17 66 - 51 37 36
Lokale Schiffahrt, Modelle

PORTSMOUTH

(Hampshire)

Royal Naval Museum
H.M. Naval Base, Historic Dockyard
Portsmouth PO1 3NH
Tel.: 0 23 - 92 72 75 62
www.royalnavalmuseum.org
www.flagship.org.uk/RNM.htm

Nationales Marine-Museum

Museumsschiffe
198, Dampfboot, 1911
376, Hafendienstboot, 1944
M-33, Monitor, 1915
MARY ROSE, Segler, 1510
MTB 71, Torpedoboot, 1940
STATEBARGE OF KING CHARLES II, Königliches Ruderschiff ca. 1660
VICTORY, Linienschiff, 1759
WARRIOR, Vollschiff, 1859

Coastal Forces Heritage Trust
The Royal Naval Museum, Naval Base
Portsmouth PO1 3 NH
Tel.: 0 23 - 92 72 75 64

Royal Marines Museum
Eastney, Southsea
Portsmouth PO4 9PX
Tel.: 0 23 - 92 81 93 85
www.portsmouth-guide.co.uk/local/rm-museum.

Uniformen, Ausrüstung, Orden

RAMSGATE

(Kent)

East Kent Maritime Museum
Clock House, Pier yard, Royal Harbour
Ramsgate, CT11 8LS
Tel.: 0 18 43 - 58 77 65
www.ekmt.fsnet.co.uk

Schiffbau, Fischerei, Segelmacherei, Navigation

Museumsschiffe
BERTILDA, Fischerboot
BROWN WILLY, Yacht, 1930
CERVIA, Schlepper, 1946
KHAKI, Fischerboot, 1928
NEW BRITANNIC, Barkasse
QUEEN MAB, Frachtsegler, 1883
STRANDBY, Fischkutter, 1941
SUNDOWNER, Barkasse, 1912

READING

(Berkshire)

Blake's Lock Museum
Gas Works Road, Kenavon Drive
Reading, RG1 3DH
Tel.: 01 18 - 9 39 98 00
www.readingmuseum.org

Kanalbau, Binnenschiffahrt

REDCAR

Zetland Lifeboat Museum
5 King Street, The Esplanade
Redcar, TS10 3PF
Tel.: 0 16 42 - 49 43 11
www.zetland200.com/info

Seenotrettung

Museumsschiff
ZETLAND, Rettungsboot, 1802

Kirkleatham Old Hall Museum
Kirkleatham, Redcar, TS10 5NW
Tel.: 0 16 42 - 47 95 00
www.westair-reproductions.com

Fischerei

Museumsschiffe
SEAMEW, Fischerboot, 1900
SIR JAMES KNOTT, Rettungsboot
VOLENTE, Fischerboot, 1948

RHYL

(Wales)

Rhyl Library, Museum & Arts Centre
Church Street, Rhyl, LL18 3AA
Tel.: 0 17 45 - 35 38 14
Fischerei, Modelle

Museumsschiff
CAROLINE RICHARDSON, Rettungsboot

ROCHESTER

(Kent)

Rochester Guildhall Museum
High Street, Rochester, ME1 1PY
Tel.: 0 16 34 - 84 87 17
www.medway.gov.uk

Schiffsmodelle

SALCOMBE

(Devon)

Salcombe Maritime Museum
Council Hall, Market Street
Salcombe, TQ8 8DE
Tel.: 0 15 48 - 84 30 80
www.devonmuseums.net

Seenotrettung

Stationäres Schiff
EGREMONT, Motorfähre, 1952

SALTASH

(Cornwall)

Cotehele Quay Museum
Cotehele Quay, St Dominick
Saltash, PL12 6TA
Tel.: 0 15 79 - 35 08 30
www.nmm.ac.uk/visitors/sister.html

Museumsschiff
SHAMROCK, Frachtsegler
(Tamar river sailing barge), 1899

SALTCOATS

(Scotland)

North Ayrshire Museum
Manse Street, Kirkgate
Saltcoats KA21 5AA
Tel.: 0 12 94 - 46 41 74
www.nothayrshiremuseums.org.uk

Lokale Schiffahrtsgeschichte

ST. FAGAN/Cardiff

(Wales)

Welsh Folk Museum
Fischerei, Bootssammlung

ST. HELIER

(Jersey)

The Maritime Museum
New North Quay Street
St. Helier, JE2 3ND
Tel.: 0 15 34 - 63 33 00
www.jerseyheritagetrust.org/museums

Lokale Schiffahrt

Museumsschiff
FIONA (108 J), Fischkutter, 1860

ST. JACQUES

(Guernsey)

German Naval Signals HQ Bunker Museum
St. Jacques, Guernsey
Tel.: 0 14 81 - 70 04 18
www.occupied.guernsey.net/gnsh.html

Deutsche Bunkeranlage aus dem Zweiten Weltkrieg, Marinefunkstelle

ST. MARY

(Isles of Scilly)

Isles of Scilly Museum Association
Church Street, St Mary, TR21 0JT
Tel.: 0 17 20 - 42 23 37
www.aboutbritain.com/IslesOfScilly
Museum.htm

Schiffbau, Strandungen

Museumsschiff
KLONDYKE, Zollkutter, 1872

ST. PETER PORT

(Guernsey)

Fort Grey Shipwreck Museum
Rocquaine Bay, St Peter Port
Tel.: 0 14 81 - 26 50 36
www.museum.guernsey.net/

Unterwasser-Archäologie, Schiffbruch

Castle Cornet
St Peter Port
Tel.: 0 14 81 - 72 16 57
www.museum.guernsey.net/

Schiffbruch, Schmuggel

SCALLOWAY

(Shetland-Islands)

Scalloway Museum
Main Street, Scalloway, ZE1 0TP
Tel.: 0 15 95 - 88 02 56
www.shetlandtoday.co.uk/visitor/

scallmus.htm

Marine-Ausstellung

SCAPA FLOW

siehe HOY, Orkney Isles

SCARBOROUGH

Rotunda Museum
Vernon Road, Scarborough
Maritime Exponate

Lighthouse & Fisheries Museum
Vincent Pier, Scarborough
Fischerei

Filey Museum
8–10, Queen Street, Scarborough
Fischerei, Seenotrettung

SEAHOUSES

(Northumberland)

Marine Life & Fishing Heritage Centre
8–10 Main Street, Seahouses
Northumberland NE68 7RG
Tel.: 0 16 65 - 72 12 57
www.marinelifecentre.co.uk

Fischerei, Navigation

Museumsschiff
JOAN DICKSON (BK 52)
Fischkutter, 1947

SELSEY

(Chichester)

Selsey Lifeboat Museum
Kingsway, East Beach, Selsey
Tel.: 0 12 43 - 60 52 82
www.selseylifeboat.fslife.co.uk

Museumsschiffe
47-001, Rettungsboot
D-533, Rettungsboot

SHERINGHAM

(Norfolk)

Henry Ramey Upcher Private Lifeboat Museum
West End Fishermens' Slipway
Sheringham, NR26 8EJ
Tel.: 0 12 63 - 82 43 43
www.poppyland.co.uk/norfolk/sheringham

Seenotrettung

Museumsschiff
Rettungsboot, 1894

Sheringham Museum
Station Road, Sheringham NR26 8RE
Tel.: 0 12 63 - 82 18 71
www.sheringhamtown.co.uk/sheringham-museum

Fischerei, Bootsbau, Seenotrettung

SHOREHAM-BY-SEA

(Sussex)

Marlipins Museum
High Street, Shoreham-by-Sea
BN43 5DA
Tel.: 0 12 73 - 46 29 94
www.sussexpast.co.uk

Hafengeschichte, Seenotrettung

SITTINGBOURNE

(Kent)

Dolphin Yard Sailing Barge Museum
Crown Quay Lane
Sittingbourne, ME10 3SN
Tel.: 0 17 95 - 42 41 32
www.thamesbarge.org.uk/barges

Museumsschiffe
CAMBRIA, Frachtsegler
(Thames Sailing Barge), 1906
ETHEL MAUD, Frachtsegler
GLENWAY, Frachtsegler, 1913
OAK, Frachtsegler, 1881

SOUTH SHIELDS

(Tyne & Wear)

South Shields Museum
Ocean Rd, South Shields, NE33 2JA
Tel.: 01 91 - 4 56 87 40
www.twmuseums.org.uk

Lokale Schiffahrtsgeschichte

Museumsschiff
TYNE, Rettungsboot, 1833

SOUTHAMPTON

Southampton Maritime Museum
Wool House, Town Quay Road
Southampton SO14 2AX
Tel.: 0 23 - 80 22 39 41
www.southampton.gov.uk/leisure/heritage/maritime.htm

Museumsschiffe
BATBOAT II, Motorboot, 1912
BREAM (SU 222), Fährboot, 1910
WICKED LADY, Yacht, 1889

Stationäre Schiffe
CALSHOT, Tender, 1929
(Liegeplatz: ABP, Eastern Docks)
LV No. 78, Feuerschiff, 1914

SOUTHSEA

Royal Marines Museum
Eastney, Southsea
Marine-Geschichte

SOUTHWOLD

(Suffolk)

Southwold Museum
9–11 Victoria St, Southwold, IP18 6HZ
Tel.: 0 15 02 - 72 33 74
Fischerei, Seenotrettung

Southwold RNLI Museum
Gun Hill, Queens Road, Southwold
Tel.: 0 15 02 - 72 24 22
Seenotrettung

STAITHES

(Yorkshire)

Captain Cook and Staithes Heritage Centre
High Street, Staithes
Tel.: 0 19 47 - 84 14 54
Leben und Reisen von Captain James Cook

STALHAM

(Norfolk)

The Museum of the Broads
The Staithe, Stalham, NR12 9BZ
Tel.: 0 16 92 - 58 16 81
www.norfolkbroads.co.uk/broadsmuseum

Lokale Schiffahrt, Bootssammlung

Museumsschiffe
FALCON, Dampfboot, 1895
(-) Leichter, 1890

STOKE BRUERNE

(Nordhamptonshire)

The Canal Museum
Stoke Bruerne, Towcester, NN12 7SE
Tel.: 0 16 04 - 86 22 29
www.canaljunction.com/mussbcm.htm
www.canalmuseum.org.uk/

200 Jahre Kanal-Geschichte

STONEHAVEN

(Scotland)

Tolbooth Museum
The Harbour, Stonehaven
Tel.: 0 17 71 - 62 29 06
www.aberdeenshire.gov.uk

Fischerei

STORNOWAY

(Isle of Lewis)

Museum Nan Eilean,
Francis Street, Stornoway, HS1 2NF
Tel.: 0 18 51 - 70 92 66
www.w-isles.gov.uk/museum.htm

Fischerei, Walfang

STROMNESS

(Orkney Islands)

Stromness Museum
52 Alfred Street, Stromness
KW16 3DF
Tel.: 0 18 56 - 85 03 60
www.orkney.com/museums/stromness
www.orkneyheritage.com

Lokale Schiffahrt

STROOD

(Kent)

Museumsschiff im Hafen
U-475, sowjetisches U-Boot, 1967

SUNDERLAND

(Tyne & Wear)

Sunderland Museum & Art Gallery
Borough Road, Sunderland, SR1 1PP
Tel.: 01 91 - 5 65 07 23
http://thenortheast.com/museums

Schiffbau, Modelle

SWANSEA

(Wales)

Swansea Maritime and Industrial Museum
Museum Square, Maritime Quarter
Swansea SA1 1SN
Tel.: 0 17 92 - 65 03 51
www.swansea.gov.uk

Museumsschiffe
CANNING, Dampfschlepper, 1954
JOHN & NAOMI BEATTIE (ON 562), Rettungsboot, 1906
KATIE ANN (SA 53), Fischkutter,1921
LV No. 91 (HELWICK), Feuerschiff, 1937,
OLGA (SA 12), Lotsenboot, 1909

TEIGNMOUTH

(Devon)

Teignmouth Museum & Shaldon Museum and Historical Society
29 French Street, Teignmouth
TQ14 8ST
Tel.: 0 16 26 - 77 70 41
www.devonmuseums.net

Unterwasser-Archäologie

TOPSHAM

(Devon)

Topsham Museum
25 The Strand, Topsham
Exeter, EX3 0AX
Tel.: 0 13 92 - 87 32 44
www.devonmuseums.net

Lokaler Schiffbau

TRESCO

(Scilly-Islands)

Valhalla Figurehead Museum
Tresco Abbey Gardens
Tresco, TR24 0QH
Tel.: 0 17 20 - 42 41 05
www.nmm.ac.uk/visitors/sister.html

Galionsfiguren

TRURO

(Cornwall)

Royal Cornwall Museum
Royal Institution of Cornwall, River St.,
Truro, TR1 2SJ
Tel.: 0 18 72 - 27 22 05
www.royalcornwallmuseum.org.uk

Schiffsmodelle

TUGNET

(Scotland)

Tugnet Ice House
Tugnet, Spey Bay, Fochabers
Moray IV32 7PJ
Tel.: 0 13 43 - 82 16 44
www.moray.gov.uk/museums/facilities/tugnet.html

Fischerei

UNST

(Shetland-Islands)

Unst Boat Haven
Haroldswick, Unst, Shetland Isles
ZE2 9ED
Tel.: 0 19 57 - 71 13 24
www.unst.shetland.co.uk/frame

Bootssammlung von Fischerbooten von den Shetland-Inseln aus der Zeit zwischen 1880 und 1915, darunter:
(-) Berthon Folding Boat, 1900, Berthon, 2,1 m x 0,9 m, Ruder
(-) Coracle, 1970 1,7 m x 0,9 m
EAGLE, Shetland Whillie, 1898, Hay, Lerwick, 5,2 m x 1,5 m
FAR HAAF, Shetland Sixarren, Nachbau 1993, Baltasound, 9,2 m x 2,6 m x 0,7 m, 2 tons, sechs Mann Besatzung, Riemen, Segel
(-) Faröer Boot (FD 148), Attamanfar, 1903, Faröer Inseln, 7,8 m x 2,0 m, acht Mann Besatzung, Riemen, Segel
FOAM, Fischerboot/Whilly, 1905, Skeld, Schettland-Inseln, 4,9 m x 1,7 m, Riemen, drei Mann Besatzung
(-) Gardie Boat, Shetland Whillie, 1882, Nicholson, Haroldswick, 5,4 m x 1,8 m, Riemen, 3 Mann Besatzung
GREYHOUND, Fischerboot/Haddock boat, 1914, Duncan, Burra Isle, 5,9 m x 1,9 m, drei Mann Besatzung, Riemen
(-) Holm Boat, Arbeitsboot/Haddock boat, 1885, Bruce, Whalsay, Schettland-Inseln, drei Mann Besatzung, Segel, Riemen
JEAN, Whillie, 1915, Davidson, Baltasound, Schettland-Inseln, 4,9 m x 1,5 m, Riemen, Segel
JEMIMA ANN, Fischerboot/Saithe Boat, 1890, Haroldswick, Schettland-Inseln, 6,9 m x 2,0 m, 4–5 Mann Besatzung, Riemen, Segel
LAUGHING WATER, Motorboot/racing Boat, 1949, Baltasound, Schettland-Inseln, 6,1 m x 1,7 m x 0,6 m, drei Mann Besatzung, Segel
LYRA, Hardanger Faering, 1934, Hardanger-Fjord, Norwegen, 5,1 m x 1,4 m, Riemen
MAID OF THE ISLES, Segeljolle/Racing boat, 1959, Nisbet, Yell, 5,0 m x 1,5 m, Segel
MARGRET (LK 473), Ness Yoal, 1900, 7,4 m 1,7 m, Riemen, vier Mann Besatzung
MARY (LK 464), Fischerboot/Haddock Boat, ca. 1910,Haroldswick, Schettland-Inseln, 6,3 m x 1,9 m, Riemen, Segel, 4–5 Mann Besatzung

PETREL, Whillie, 1960, Smith, Lerwick, 4,7 m x 1,5 m, Riemen, 2 Mann Besatzung
RIPPLE, Fischerboot, 1928, J. Smith, Lerwick, 6,1 m x 1,8 m, Riemen, Segel
WATER LILLY, Fourareen, 1910, Isbister, Haroldswick, Schettland-Inseln, 6,2 m x 1,8 m, 2–3 Mann Besatzung

VENTNOR

(Isle of Wight)

Blackgang Sawmill & St Catherine's Quay
Blackgang Chine, Ventnor, Isle of Wight
Tel.: 0 19 83 - 73 03 30
www.blackgangchine.com

Viktorianischer Hafenkai, Schiffbau

Museumsschiff
FRIENDLY FORRESTER, Rettungsboot, (Liverpool-Klasse), 1953

Museum of Smuggling History
Botanic Garden, Ventnor, P38 1UL
Tel.: 0 19 83 - 85 36 77
Schmuggel

WALSALL

(West Midlands)

Birchills Canal Museum
Old Birchills, Walsall, WS3 8QD
Tel.: 0 19 22 - 64 57 78
www.walsall.org.uk/museum/
www.canalmuseum.org.uk/canmusuk.

Binnenschiffahrt

WALTON-ON-THE-NAZE

(Essex)

Walton Maritime Museum
Old Life Boat House, East Terrace
Walton-on-the-Naze,
Tel.: 0 12 55 - 67 82 59
www.brightlingsea-town.co.uk

Seenotrettung, Küstenwache

Museumsschiff
CITY OF LEICESTER, Barkasse

WARRINGTON

(Chesire)

Warrington Museum
Bold Street, Warrington
Navigation, Schiffbau,
Teile eines Wikinger-Langschiffs

WATCHET

(Somerset)

Watchet Boat Museum
Harbour Road, Watchet
Tel.: 0 19 84 - 63 31 17
www.watchet-boat-museum.org.uk/

Fischerei

Watchet Market House Museum
Market Street, Wtchet TA23 0AN
Tel.: 0 19 84 - 63 13 45
Lokale Schiffahrtsgeschichte

WEST COWES

(Isle of Wight)

Sir Max Aitken Museum
83 High Street, West Cowes
PO31 7AJ
Tel.: 0 19 83 - 29 51 44
Marne-Malerei

WELLS-NEXT-THE-SEA

(Norfolk)

Wells Maritime Museum
The Old Lifeboat House, West Quay
Wells-next-the-Sea
Tel.: 0 13 28 - 71 16 46
Fischerei, Seenotrettung

WHITEHAVEN

(Cumbria)

The Beacon
West Strand, Whitehaven, CA28 6SA
Tel.: 0 19 46 - 59 23 02
www.visitcumbria.com

Hafengeschichte, Fischerei, Schmuggel

WHITBY

(Yorkshire)

Captain Cook Memorial Museum
John Walker's House, Grape Lane
Whitby, YO22 4BA
Tel.: 0 19 47 - 60 19 00
www.cookmuseumwhitby.co.uk

Wohnhaus von Captain James Cook

Whitby RNLI Lifeboat Museum
Pier Road, Whitby
Tel.: 0 19 47 - 60 20 01
www.rnli.org.uk/station.asp?Sno=216

Seenotrettung

Museumsschiff
Ruder-Rettungsboot

Whitby Museum
Pannett Park, Whitby, TO21 1RE
Tel.: 0 19 47 - 60 29 08
www.durain.demon.co.uk/index.htm

Hafengeschichte, Walfang

Whitby Archives and Heritage Centre
The Trinity Centre, Flowergate
Whitby YO21 3BA
Tel.: 0 19 47 - 60 29 08
Lokale Schiffahrts-Geschichte

WHITSTABLE

(Kent)

Whitstable Museum & Gallery
5a Oxford Street, Whitstable, CT5 1DB
Tel.: 0 12 27 - 27 69 98
www.whitstable-museum.co.uk

Maritime Gemäldesammlung

Whitstable Oyster & Fishery Exhibition
East Quay, Whitstable Harbour
CT5 1AB
Tel.: 0 12 27 - 26 20 01
www.arhe.org/villes/gb/kent/whitstable

Fischerei

WICK

(Scotland)

Wick Heritage Centre
19 Bank Row, Wick, Caithness
KW1 5EY,
Tel.: 0 19 55 - 60 53 93
www.undiscoveredscotland.co.uk/aerawick

Fischerei, Bootssammlung

Museumsschiff
ISABELLA FORTUNA, 1890, Fischerboot

WINDERMERE

(Cumbria)

Windermere Steamboat Museum
Rayrigg Road, Windermere, LA23 1BN
Tel.: 01 53 94 - 4 55 65
www.steamboat.co.uk/

Sammlung klassischer Yachten und Dampfboote, darunter:
BAT, Dampfyacht/Steamlaunch, 1891
BRANKSOME, Dampfboot/Steamlaunch, 1896
CANFLY, Motorboot/Speedboat, 1922
DAWN, Yacht, 1934
DOLLY, Dampfboot, 1850
ESPERANCE, Dampfboot/Steamyacht, 1869
JANE, Motorboot/Speedboat, 1938

KITTIWAKE, Dampfboot, 1898
LADY ELIZABETH, Dampfboot, 1900
LADY HAMILTON, Motorboot/Motorlaunch, 1929
MANANA, Yacht, 1900
MARY ANNE, Ruder-Fährboot, ca. 1870
OSPREY, Dampfboot, 1902
OTTO, Dampfboot/Steamlaunch, 1896
PENELOPE, Motorboot/Motorlauch, 1930
RAAE, Motorboot/Motorlaunch, 1938
RAVEN, Dampfboot, 1871
SWALLOW, Dampfboot, 1911
UNCLE SAM, Motorboot, 1924
WATER VIPER, Dampfboot/steamlaunch, 1907
WAYFARER, Motorboot Cabin Cruiser, 1935

WINDSOR

(Berkshire)

Gaiety 1887
Clewer Boathouse
Clewer Court Road, Windsor
Tel.: 0 17 53 - 85 19 00

Museumsschiff
GAIETY, 1887, River launch
ex OXFORD, Dampfmaschine

WOODBRIDGE

(Suffolk)

Sutton Hoo Ship Burial Site
Woodbridge (Lage: Zwei Meilen östlich von Woodbridge auf der B-1083)
Tel.: 0 13 94 - 38 97 00
www.nationaltrust.org.uk/places/sutton hoo/index.html

Ausgrabungsstelle eines germanischen Grabschiffes (1938 entdeckt) mit Ausstellung

WORTHING

Worthing Museum
Chapel Road, Worthing
Seenotrettung

YARMOUTH

(Isle of Wight)

Fort Victoria Museum
Fort Victoria Country Park, Westhill Lane
Yarmouth, PO41 0RW
Tel.: 0 23 - 80 59 32 90
www.soc.soton.ac.uk/hwtma

Unterwasser-Archäologie

YEOVILTON

(Somerset)

Fleet Air Arm Museum
Royal Naval Air Station
Yeovilton, BA22 8HT
Tel.: 0 19 35 - 84 05 65
www.fleetairarm.com/

Schiffsmodelle, Marinefliegerei

Museumsschiff
T-3, Leichter, 1918

MUSEUMSSCHIFFE

198
Portsmouth
Royal Naval Museum
Dampfboot/Naval pinnace, 1911, S. White, Cowes, 15,2 m x 3,0 m x 1,1 m, Dampfmaschine, ex TRELEAGUE

376
Portsmouth
Royal Naval Museum
Hafendienstboot/Naval Harbour Launch, 1944, Hancock, Pembroke, 16,5 m x 4,2 m x 1,6 m, 75-PS-Dampfmaschine

1262
Irvine
Schottland
Scottish Maritime Museum
Barkasse/RAF Pinnace, 1942, Walton, Walton-on-Thames, 18,3 m Länge, 20 tons

47-001
(THE CITY OF LONDON)
Selsey
Chichester
Selsey Lifeboat Museum
Rettungsboot (Tyne-Klasse)

ACTIVITY
King's Lynn
True's Yard Fishing Heritage Centre
Fischkutter, 1904

ADMIRAL BEATTY
Dudley
Black Country Museum
Kanalschute/Narrow Boat, 1896, Holzrumpf, von zwei Pferden gezogen

ALEIDA I
Ellesmere Port
The Boat Museum
Schlepper, 1930, Rowhedge, Colchester, 10,1 m x 2,8 m x 1,1 m, Diesel. Kanalschlepper zum Manövrieren von antrieblosen Bargen.

ALFRED CORRY
Lowestoft
International Boatbuilding Center
Rettungsboot/Rescue Lifeboat, 1893, Beeching Brothers, Great Yarmouth, 13,4 m Länge, Holzrumpf, Segel

ALLIANCE
Gosport
Royal Navy Submarine Museum
Unterseeboot, A-class, 1945, Vickers-Armstrong, Barrow, Verdrängung an der Oberfläche: 1.385 tons, getaucht: 1.620 tons, 85,9 m x 6,8 m x 5,2 m, je 2 Diesel- (4.300 PS) und 2 E-Motoren (1.250 PS), Aktionsradius an der Oberfläche: 10.500 sm bei 11 kn getaucht: 90 sm bei 3 kn, Geschwindigkeit an der Oberfläche: 18,5 kn, getaucht: 8 kn, Tauchtiefe: 110 m, Besatzung: 61, Bewaffnung: 10 Torpedorohre (6 vorne, 4 achtern), 20 Torpedos, 2 Geschütze, 3 MG, ex P 417, ex S 17, ex S 67

AMARYLLIS
Ellesmere Port
The Boat Museum
Freizeitboot, 1954, 10,0 m x 2,1 m x 0,9 m, Petroleum-Maschine.

ANGLO SAXON
London
Imperial War Museum
Ruderrettungsboot des Frachters ANGLO SAXON

ANTARES
Irvine
Schottland
Scottish Maritime Museum
Fischkutter, 1965, Forbes, Sandhaven, 16,8 m Länge, Diesel, Holzrumpf

AQUILA
Liverpool
Merseyside Maritime Museum
Segeljolle, 1922

ARCTIC CORSAIR (H 320)
Hull
Fischtrawler/Hull Sidewinder Trawler, 1960, Cook, Welton & Gemmel, Beverly, 58,2 m x 10,4 m, 764 BRT, 1.800-PS-Diesel, 15 kn, 20 Mann Besatzung, Liegeplatz: Hinter dem Streetlife Museum of Transport, High Street, seit 1986 Museumsschiff

ARCTIC PENGUIN
Inveraray
Inveraray Maritime Museum
Dreimast-Schoner, 1911, Dublin, 30,5 m x 8,2 m x 2,7 m, 400 tons, zwei Diesel, ehemaliges Feuerschiff LV PENGUIN, ex HALLOWEEN

ARGO
Lowestoft
ISCA Maritime Museum
Griechische Galeere, Nachbau, ca. 18 Meter lang

ARIES
Ellesmere Port
The Boat Museum
Binnenschiff, 1935, Walker, Rickmansworth, 21,9 m x 2,1 m x 0,9 m, 18-PS-Diesel

ARK ROYAL
Basildon
National Motorboat Museum
Kapitäns-Barkasse des Flugzeugträgers ARK ROYAL, 8,3 m lang, Holzrumpf

ARTHUR OF CHESTER
Liverpool
Merseyside Maritime Museum
Fischerboot, 1979

ASPULL
Ellesmere Port
The Boat Museum
Eisbrechendes Kanalboot, ca. 1900, 14,8 m x 2,3 m, Holzrumpf, ohne eigenen Antrieb, mit Pferden getreidelt, 8–10 Mann Besatzung

ASR-10
Irvine, Schottland
Scottish Maritime Museum
Rettungsboot aus dem Zweiten Weltkrieg, ca. 1941

BACUP
Ellesmere Port
The Boat Museum
Motor-Binnenschiff, 1951, Yarwood, Northwich, 18,9 m x 4,6 m x 1,2 m, Diesel, 2–3 Mann Besatzung

BANSHEE
Barrow-in-Furness
The Dock Museum
Dampfyacht, 1880, McIntyre, Paisley, Schottland, 13,6 m x 2,3 m, 75-PS-Dampfmaschine

BANTAM II
Ellesmere Port
The Boat Museum
Kanalschlepper, 1951, Jones, Brentford, 7,8 m x 2,9 m x 1,0 m, Diesel

BARNABAS (SS 634)
Falmouth
Maritime Museum
Fischkutter/Cornish Lugger, 1881, Trevorrow, St. Ives, Cornwall, 12,0 m x 3,5 m x 1,8 m, 12 BRT, zwei Masten

B.A.S.P.
Chatham
The Historic Dockyard
Royal National Lifeboat Collection
Motor-Rettungsboot/Rescue Lifeboat, 1924, S. White, Cowes, 13,7 m x 3,8 m x 1,3 m, Diesel, Holzrumpf, Watson-Klasse, seit 1996 Museumsschiff

BASUTO
Ellesmere Port
The Boat Museum
Frachtdampfer (Clyde Puffer), 1902, Jacks & Co, Port Dundas, Glasgow, 20,1 m x 5,0 m x 2,7 m, 64 BRT

BAT
Windermere
Windermere Steamboat Museum
Dampfyacht, 1891, Brockbank, Windermere, 8,2 m x 1,8 m, zwei Mann Besatzung

BAT BOAT II
Southampton
Southampton Maritime Museum
Rennboot, 1912

BEDFORD
Lowestoft
ISCA Maritime Museum
Ruderrettungsboot, 1886

BEESTON
Ellesmere Port
The Boat Museum
Kanalschlepper, 1946, Yarwood, Northwich, 8,1 m x 2,1 m 0,9 m, 18-PS-Diesel

BELFAST
London, Themse
Imperial War Museum
Leichter Kreuzer, 1938, Harland & Wolff, Belfast, 176,5 m x 20,1 m x 7,0 m, 13.175 tons

BERTHA
Bristol
Bristol Industrial Museum
Dampfbagger, 1844, Brunell, Bristol, 60 BRT, 15,2 m x 4,2 m x 0,9 m, vermutlich ältestes Dampf-Arbeitsschiff der Welt

BERTILDA
Ramsgate
East Kent Maritime Museum
Fischerboot

BESSIE
Dudley
Black Country Museum
Binnenschiff, 1917, o. eigenen Antrieb, von Pferden gezogen

BIGMERE
Ellesmere Port
The Boat Museum
Binnenschiff, 1948, Yarwood, Northwich, 21,6 x 4,4 m x 1,8 m, ohne eigenen Antrieb, zwei Mann Besatzung

BIRCHILLS
Ellesmere Port
The Boat Museum
Kanal-Barge, 1914, Braithwaite & Kirk, West Bromwich, 17,4 m x 2,1 m x 0,8 m, Diesel

BIRDIE
Liverpool
Merseyside Maritime Museum
Dampfbarkasse, 1899, Simpson, Strickland, Dartmouth, 11,0 m x 1,7 m x 0,5 m, 14-PS-Dampfmaschine

BLACK BESS (CS32)
Newport, Isle of Wight
Classic Boat Museum
Fischkutter, 1870

BLACK PIG
Liverpool
Merseyside Maritime Museum
Walfangboot, Typ K Montagu

BLACK PRINCE
Cambridge
Museum of Technology
Binnenschiff/Barge, 13,7 m lang

BLACK SWAN
Liverpool
Merseyside Maritime Museum
Fischerboot

BLOSSOM (BK 190)
Newcastle-upon-Tyne
Tyne & Wear Museum
Fischkutter, Einmast-Lugger, 1887, Berwick, Northumberland, 10,1 m x 2,7 m, 9 BRT

BLUE PIETER III
Chatham
Historic Dockyard
Rettungsboot, 1967, 4,9 m lang, D-Klasse

BOX BOAT 337
Ellesmere Port
The Boat Museum
Binnenschiff, 18,3 m x 2,0 m x 0,6 m, Holzrumpf, ohne eigenen Antrieb, von Pferden gezogen

BOYS OWN
Lowestoft
ISCA Maritime Museum
Fischerboot, 1933

BRANKSOME
Windermere
Windermere Steamboat Museum
Dampfboot/Saloon Launch, 1896, Brockbanks, Bowness-on-Windermere, 15,2 m x 2,7 m, 18 BRT, 2 Mann Besatzung, ex THE LILY

BREAM (SU 222)
Southampton
Southampton Maritime Museum
Fährboot, 1910, Cozens, Itchen Ferry Village, 4,3 m x 1,5 m x 0,7 m, Riemen, Segel, ex CAPRICE

BRIDLINGTON
Bridlington
Rettungsboot

BRITANNIA
Leith, Ocean Drive
Königliche Yacht, 1953, Brown, Clydebank, Schottland, 125,7 m, x 16,8 m x 4,8 m, 4715 tons, 12000-PS-Dampfturbinen, 21,0 kn
www.royalyachtbritannia.co.uk

BROCKLEBANK
Liverpool
Merseyside Maritime Museum
Schlepper, 1964, Yarwood, Northwich, 28,4 m x 8,3 m, 172 BRT, Diesel

BRONINGTON
Birkenhead
Historic Warship
Minenräumboot, 1951, Cook, Welton & Gemmel, Beverly, 46,3 m x 8,8 m x 2,5 m, 425 tons, 2.500-PS-Dieselmotoren, 15 kn, 38 Mann Besatzung, Holzrumpf, ex HMS HUMBER, seit 1989 Museumsschiff

BROWN WILLY
Ramsgate
East Kent Maritime Museum
Yacht, 1930

BRUNETTE
Irvine, Schottland
Scottish Maritime Museum
Yacht, 1895

CALSHOT
Southampton
Southampton Maritime Museum
Tender/Schlepper, 1929, Thorneycroft, Southampton, 44,8 m x 10,1 m x 3,7 m, 684 BRT, zwei Dieselmotoren ex GALWAY BAY

CALYPSO
Newport
Isle of Wight
Classic Boat Museum
Motorboot, Typ Riva Florida, No. 51, Italien, 1954, 2 tons, 5,5 m x 1,9 m x 0,5 m, 128-PS-Petroleummotor, Geschwindigkeit 40 mph

CAMELIA
Lancaster Maritime Museum
Segler, 1890

CANFLY
Windermere Steamboat Museum
Motorboot/Speedboat, 1922, Breaker, Bowness, 8,5 m x 1,9 m, 85-PS-Petroleummaschine, zwei Mann Besatzung

CANNING
Swansea
Swansea Maritime and Industrial Museum
Dampfschlepper, 1954, Cochrane, Selby, Yorkshire, 28,7 m x 8,5 m x 3,7 m, 200 BRT, Dampfmaschine, Liegeplatz: South Dock

CAROLA
Irvine
Scottish Maritime Museum
Dampfyacht, 1898, Scott, Bowling, Schottland, 21,6 m x 4,0 m x 2,3 m, 40 BRT, 12 Passagiere

CAROLINE
Belfast
Leichter Kreuzer, 1914, Cammel Laird, Birkenhead, 135,9 m x 12,7 m x 4,4 m, 3.750 tons, 40.000-PS-Dampfturbinen. Das Schiff nahm an der Skagerak-Schlacht im Ersten Weltkrieg teil und stellt das letzte Kampfschiff dieser Ära dar

CAROLINE RICHARDSON
Rhyl
Rettungsboot

CAVALIER (D 73)
Chatham
The Historic Dockyard
Zerstörer, Cavendish Klasse, 1944, S. White, Cowes, 110,6 m x 10,9 m x 4,9 m, 2530 tons, Dampfturbinen

CEDAR
Ellesmere Port
The Boat Museum
Barge (o. Antrieb), 1935, Yarwood, Northwich, 22,0 m x 4,4 m x 1,2 m, 60 BRT

CENTAUR
Ellesmere Port
The Boat Museum
Barge, 1899, Bantock, Wolverhampton, 22,0 m x 2,1 m x 1,0 m

CERVIA
Ramsgate
East Kent Maritime Museum
Dampfschlepper, 1946, Hall, Aberdeen, Schottland, 34,4 m x 8,3 m x 3,6 m, 233 BRT, Dampfmaschine, ex EMPIRE RAYMOND

(-) Chalk Barge
Ellesmere Port, The Boat Museum
Barge, 1948, Hillyard, Littlehampton, 20,0 m x 4,1 m x 0,7 m, Diesel

CHILTERN
Ellesmere Port
The Boat Museum
Binnenschiff, 1946, Fellows, Morton & Clayton, Uxbridge, 21,6 m x 2,1 m, 27-PS-Diesel

CHIPCHASE
Maryport
Maritime Museum
Schlepper, 1953, Clelands, Wallsend-on-Tyne, 24,7 m x 6,5 m x 2,5 m, 106 BRT

CITY OF LEICESTER
Walton Maritime Museum
Barkasse

CMB-4
Duxford
Imperial War Museum
Küstenschnellboot (Coastal Motor Boat), 1916, Thorneycroft, Hampton, 12,2 m x 2,6 m x 1,0 m, 5 tons, 250-PS-Diesel, Holzrumpf, 30 kn, 2–3 Mann Besatzung, Bewaffnung: ein Torpedo

CMB-103
Chatham
The Historic Dockyard
Küstenschnellboot (Coastal Motor Boat), 1921, Camper & Nicholson, Gosport, 21,3 m x 4,3 m x 1,2 m, 24 tons, 375-PS-Diesel, 37 kn, Holzrumpf, sechs Mann Besatzung

COCONUT
Newport
Classic Boat Museum
Fischerboot, ? ton, 4,1 m x 1,4 m x 0,6 m

CONSTABLE
Sudbury
Flußbarge (o. Antrieb), 1830, 14,3 m x 0,9 m

CORONATION
Great Yarmouth
Maritime Museum for East Anglia, Fischerboot, 1926

CORONATION ROSE
Lancaster
Maritime Museum
Strandboot, 1911

CORONIS
London
The London Canal Museum
Barkasse

COURAGEOUS
Plymouth
Naval Base
Unterseeboot, 1970, Vickers, Barrow-in-Furness, Wasserverdrängung an der Oberfläche: 4.000 tons, getaucht: 4.900 tons, 87,0 m x 10,1 m x 8,2 m, Nuklear-Antrieb, Geschwindigkeit an Der Oberfläche: 15 kn, getaucht: 25 kn, Reichweite: 11.030 sm, 90 Mann Besatzung, sechs Torpedorohre, 1993 außer Dienst gestellt

CUDDINGTON
Ellesmere Port
The Boat Museum
Binnenschiff, 1948, Yarwood, Nothwich, 30,5 m x 6,1 m 1,1 m, 300 BRT

CUTTY SARK
Greenwich
Cutty Sark Maritime Trust
Dreimast-Clipper/Vollschiff, 1869, Scott & Linton/Denny Bros., Dumbarton, Schottland, 85,1 m (70,5 m) x 10,9 m x 6,0 m, 963 BRT, 2970 qm Segel, ex MARIA DO AMPERO, ex FERREIRA

CYGNET
Basildon
National Motor Boat Museum
Dampfschiff, 1873, 8,8 m Länge

D-533
Selsey
Selsey Lifeboat Museum
Rettungsboot, 4,9 m, D-Klasse

DANIEL ADAMSON
Manchester
Ship Canal Company Museum
Schlepper, 1903, Tranmere, Birkenhead, 33,5 m x 7,5 m x 2,6 m, 500-PS-Dampfmaschine, ex RALPH BROCKLEBANK

DAWN
Windermere
Windermere Steamboat Museum
Yacht, 1934, Windermere, Segel, 5,9 m x 1,6 m, zwei Mann Besatzung

DAYSTAR (LR 17)
Liverpool
Merseyside Maritime Museum
Fischkutter/Morecambe Bay Shrimper, 1894, Crossfield, Arnside, 9,5 m x 2,7 m x 1,5 m, 16-PS-Diesel, ex EDITH NORA

DE WADDEN
Liverpool
Merseyside Maritime Museum
Dreimast-Schoner, 1917, Gebr. v. Diepen, Waterhuizen, Niederlande, 35,6 m x 7,5 m x 3,0 m, 239 BRT, 125-PS-Diesel

DEFENDER II
Basildon
National Motor Boat Museum
Motorboot, 1908

DIANA
Basildon
National Motor Boat Museum
Barkasse, 1909, Miller, Lowestoft

DISCOVERY
Dundee, Discovery Point
Polarfoschungsschiff/Bark, 1901, Stevens, Dundee, 52,1 m x 10,3 m x 4,8 m, 1.144 qm Segel, Holzrumpf, 736 BRT, 450-PS-Dampfmaschine, 8 kn, seit 1979 Museumsschiff

DIVIS
Holywood
Ulster Folk & Transport Museum
Dampfschiff/Steam sludge carrier, 1928, Workman Clark, Belfast, 44,7 m x 8,9 m x 2,8 m, 357 BRT

DOLLY
Windermere
Windermere Steamboat Museum
Dampfboot/Saloon Launch, 1850, Bowness, 12,5 m x 2,0 m, Holzrumpf, Ein-Zylinder-Dampfmaschine, zwei Mann Besatzung

DONOLA
London
National Maritime Museum
Dampf-Yacht/Saloon Launch, 1893, Launch & Engineering, Teddington, 17,7 m x 2,4 m, 3-PS-Dampfmaschine, 16 BRT, ex LODONA

EDEN
Goole
Waterways Adventure Centre & Museum
Motorleichter

EDMUND GARDNER
Liverpool
Merseyside Maritime Museum
Lotsenboot, 1953, Philip & Son, Dartmouth, 54,1 m x 9,7 m x 4,5 m, 701 BRT, Diesel

EDWARD BRIDGES
Chatham
The Historic Dockyard
Motor-Rettungsboot, 1975, Osborne, 920-PS-Diesel, 16,2 m x 5,1 m x 1,4 m, Arun-Klasse

EDWARD & MARY (RX17)
Hastings Fishermen's Museum
Fischerboot, 1919

ELIZA
Lowestoft
ISCA Maritime Museum
Walfangboot von den Azoren

ELIZABETH
Liverpool
Merseyside Maritime Museum
Motorboot, 1940, Hornby, Wallasey, 6,4 m x 2,0 m x 1,0 m, 9-PS-Petroleummotor

ELLEN
Falmouth
Maritime Museum
Segelboot/Gowan Haven Crabber, 1882

ELSWICK II
Newcastle-on-Tyne
Tyne & Wear Museum
Binnenleichter/Dumplighter, 1913, Bill Quay, 17,4 m x 7,2 m, 50 tons

EMILY BARRATT
Barrow-in-Furness
The Dock Museum
Toppsegelschoner, 1912, Duddon, Millom, 120 BRT, Holzrumpf

ENTERPRISE (RX 278)
Hastings
Hastings Fishermen's Museum
Fischerboot/Hastings Lugger, 1909, Betts, Hastings

ESPERANCE
Windermere
Windermere Steamboat Museum
Dampfboot/Saloon Launch, 1869, Seath, Rutherglen, Schottland, 19,8 m x 3,1 m x 1,4 m, zwei Petroleum-Maschinen, zwei Schrauben

ETHEL
Liverpool
Merseyside Maritime Museum
Lotsenboot, 1937, Hornby, Wallasey, 5,9 m x 2,1 m x 1,1 m, 16-PS-Diesel

EVA
Henley-on-Thames
River & Rowing Museum
Dampfyacht/Saloon Launch, 1874, Thornycroft, Chiswick, 13,7 m x 1,9 m, 42-PS-Dampfmaschine

EXPUNGER
Siehe XE-8

FCB-18
Ellesmere Port
The Boat Museum
Betonschiff/Ferro Concrete Barge, Ammunition Lighter, ca 1940, Waites, Barrow, 24,6 m x 5,5 m x 1,1 m, ohne eigenen Antrieb.

FCB-56
Gloucester Docks
Betonschiff/Ferro Concrete Barge, Ammunition Lighter, ca 1940, 24,6 m x 5,5 m x 1,1 m

FALCON
The Museum of the Broads
Dampfboot, 1895

FAR HAAF
Unst
Unst Boat Haven
Shetland Sixarren, Nachbau 1993, Baltasound, 9,2 m x 2,6 m x 0,7 m, 2 tons, sechs Mann Besatzung, Riemen, Segel

FERRET
Ellesmere Port
The Boat Museum
Kanal-Binnenschiff, 1926, Yarwood, Northwich, 20,1 m x 2,2 m x 0,8 m, Diesel

FIONA (108 J)
St. Helier, Jersey
The Jersey Museum
Fischerboot, 1860

FLYING BUZZARD
Maryport
Maryport Steamships Museum
Dampfschlepper, 1951, Ferguson, Glasgow, 33,2 m x 8,2 m x 4,0 m, 261 BRT, 1.180-PS-Dampfmaschine, ex HARECRAIG II

FLYING SPRAY
Newport
Classic Boat Museum
Barkasse/Thames launch, 1910, Gibbs, Teddington, 9,1 m x 2,1 m x 0,6 m, 7 tons, 28-PS-Petroleummotor

FOAM
Unst
Unst Boat Haven
Fischerboot/Whilly, 1905, Skeld, Schettland-Inseln, 4,9 m x 1,7 m, Riemen, drei Mann Besatzung

FOUDROYANT
siehe TRINCOMALEE

FREDA & NORAH
Grimsby
National Fishing Heritage Centre
Fischerboot

FRIENDLY FORRESTER
Ventnor
Isle of Wight
Rettungsboot, 1953

FRIENDSHIP
Ellesmere Port
The Boat Museum
Barge (o. Antrieb), 1925, Sephtons, Sutton, Coventry, 21,8 m x 2,1 m x 1,1 m, 22 BRT, ohne eigenen Antrieb

GD-101
Ellesmere Port
The Boat Museum
Kanal-Bagger, 1954, Yarwood, Northwich, 14,6 m x 4,4 m x 1,5 m, Diesel, vier Mann Besatzung

GANNET
Chatham
The Historic Dockyard
Dampf-/Segel-Fregatte, Bark, 1878, Royal Dockyard, Sheerness, 51,8 m x 11,0 m x 4,6 m, 1124 tons, 100-PS-Dampfmaschine, 139 Mann Besatzung, ex MERCURY, ex PRESIDENT

(-) Gardie Boat
Unst
Unst Boat Haven
Shetland Whillie, 1882, Nicholson, Haroldswick, 5,4 m x 1,8 m, Riemen, 3 Mann Besatzung

GARLANDSTONE
Morwellham
Morwellham Quay Open Air Museum
Frachtsegler/River Tamar ketch, 1909, Goss, Calstock, 23,2 m x 6,2 m, 75 BRT

GARNOCK
Irvine
Scottish Maritime Museum
Schlepper, 1956, Brown, Greenock, Schottland, 21,9 m x 6,7 m x 2,5 m, 78 BRT, Diesel

GEORGE
Ellesmere Port
Northwest Museum of Inland Navigation
Binnenschiff (o. Antrieb), 1910, Wigan, New Springs, 18,9 m x 4,3 m x 1,1 m, 78 BRT

GIFFORD
Ellesmere Port
The Boat Museum
Barge (o. Antrieb), 1926, Nurser, Braunston, 21,8 m x 2,1 m x 1,0 m, ohne eigenen Antrieb

GIPSY MOTH IV (142)
London, Greenwich
Segelyacht, 1966, Camper & Nicholson, Gosport, 16,5 m x 3,2 m x 2,4 m, 10 tons, 240 qm Segel, Diesel. Mit diesem Boot segelte Sir Francis Chichester einhand um die Welt

GLAD TIDINGS
Newcastle-upon-Tyne
Museum of Science and Engeneering
Fischerboot/Einmast-Lugger, 1929, Harrisons, Amble, 10,4 m x 2,6 m

GLENLEE
Glasgow, Yorkhill Quay
Bark, 1896, Rodger, Glasgow, 94,6 m x 11,4 m x 5,4 m, 2757 BRT, 2.800 qm Segel, 1360-PS-Diesel, ex GALATEA, ex CLARASTELLA, ex ISLAMOUNT, ex GLENLEE

GOLDEN HIND
Appledore
North Devon Maritime Museum
Wikinger-Langboot (Nachbau)

GRACE DARLING
Bamburgh
Grace Darling Museum
Ruderboot, vor 1830, Berwick-upon-Tweed, 7,0 m Länge

GRACE DARLING
Chatham
The Historic Dockyard
Royal National Lifeboat Collection
Rettungsboot, 1954, Groves & Gutteridge, 10,6 m x 3,2 m x 0,8 m, Diesel, Holzrumpf, Liverpool-Klasse

GREAT BRITAIN
Bristol, Great Western Dockyard
Passagier-Dampfschiff (segelunterstützt, schonergetakelt, durch Schauben angetrieben) 1843, Patterson, Graet Western Drydock, Bristol, Konstruktion: Isambard Brunel, Bristol, 98,1 m (87,8 m) x 15,4 m x 5,5 m, 3675 tons, 1400 qm Segel, 1.500-PS-Dampfmaschine, 11 kn, Eisenrumpf, 130 Mann Besatzung, 252 Passagiere, sechs Kanonen.

GREEN BOAT
Liverpool
Merseyside Maritime Museum
Ruder-Segelboot, 18. Jahrhundert, 5,0 m x 1,8 m x 0,7 m

GREYHOUND
Unst
Unst Boat Haven
Fischerboot/Haddock boat, 1914, Duncan, Burra Isle, 5,9 m x 1,9 m, drei Mann Besatzung, Riemen

GWENDOLINE
Ellesmere Port
The Boat Museum
Binnenschiff, 1950, Mirfield, 18,5 m x 4,8 m x 1,0 m, Diesel, zwei Mann Besatzung

HMAFV-2757
London
Royal Air Force Museum
Schnelles Rettungsboot, 1956, Vospers, Southampton, 20,7 m Länge, Petroleum-Maschine

HSL 386
Chatham
The Historic Dockyard
Schnellboot/High Speed Launch, 1944

HANNAH
Lancaster Maritime Museum
Ruder- Segelboot/Whammel boat, 1910

HARRIET (FD III)
Fleetwood Museum
Fischerboot/Trawler, 1893, Singleton, Fleetwood, 23,0 m lang

HELWICK
Siehe LV No. 91

HERBERT LEIGH
Barrow-in-Furness
The Dock Museum
Royal National Lifeboat Institution, Rettungsboot (Watson-Klasse), 1950, S. White, Cowes, 14,3 m Länge, Diesel

H. F. BAILEY
Cromer
Cromer RNLI Henry Blogg Museum
Rettungsboot, 1935, Groves & Gutteridge, Cowes, 14 m Länge, 19 BRT, Watson-Klasse, seit 1973 Museumsschiff. Mit diesem Boot wurden 448 Menschen aus Seenot gerettet

H.M. SUBMARINE TORPEDO BOAT No.1 (HOLLAND I)
Gosport
Royal Navy Submarine Museum
Unterseeboot, Holland-Entwurf, 1901, Vickers, Son & Maxim, Barrow-in-Furness, Verdrängung an der Oberfläche: 113 tons, getaucht: 122 tons, 19,4 m x 3,4 m x 1,7 m, Petroleum-Motor (160 PS)/ Elektro-Motor (74 PS), Aktionsradius an der Oberfläche: 355 sm bei 8 kn (in der Praxis nur ca. 35 sm), getaucht: 20 sm bei 5 kn, Geschwindigkeit an der Oberfläche: 8 kn, getaucht: 7 kn, Tauchtiefe: 20–30m, Besatzung: 8 Mann, Bewaffnung: 1 Bugtorpedorohr, 3 Torpedos.
Das erste Unterseeboot seiner Majestät entwickelte der amerikanische Konstrukteur John P. Holland. Von diesem Typ, der praktisch identisch mit den amerikanischen Holland-Booten ist, wurden fünf Einheiten hergestellt.

(-) Holm Boat
Unst
Unst Boat Haven
Arbeitsboot/Haddock boat, 1885, Bruce, Whalsay, Schettland-Inseln, drei Mann Besatzung, Segel, Riemen

ILKESTON
Ellesmere Port
The Boat Museum
Hausboot, 1912, Braithwaite & Kirk, West Bromwich

IONA CURRAGH
Londonderry
Derry Harbour Museum
Nachbau, 1963

ISABELLA FORTUNA
Wick
Wick Heritage Centre
Fischerboot/drifter, 1890, Weir, Arbroath, 13,3 m Länge, 25 BRT, 44-PS-Diesel

IVERNA (RR 7)
Chatham
The Historic Dockyard
Fischerboot, 1893, Gills, Rochester

IVY MAY
Cardiff
Barge (o. Antrieb), 1934, Neath Canal, 17,8 m x 2,9 m x 0,9 m, Holzrumpf

J. G. GRAVES OF SHEFFIELD
Chatham
The Historic Dockyard
Royal National Lifeboat Institution
Rettungsboot, 1958, Osborne, 11,1 m x 3,4 m x 1,1 m, Diesel, Holzrumpf, Oakley-Klasse

JACINTA (FD-159)
Fleetwood
Fleetwood Museum
Fischtrawler, 1972, Cleland, Wallsend-on-Tyne, 43,6 m x 9,8 m, 615 BRT, 1.900-PS-Diesel

JAMES CAIRD
London
Dulwich College
Walfangboot, 1914, ca. 7,0 m Länge. Mit diesem Boot rettete Kapitän Shackleton sich und seine Mannschaft in der Antarktis

JAMES & JOHN YOUNG
Lowestoft
ISCA Maritime Museum
Rettungsboot, Segel

JAMES LEATH
Chatham
The Historic Dockyard
Ruder-Rettungsboot, 1910, N&S-Klasse

JAMES NOEL
Tenby, Isle of Caldey
Rettungsboot, 1952, Liverpool-Klasse

JANE
Windermere
Windermere Steamboat Museum
Motorboot/Chris Craft, 1938, Florida, USA, 5,5 m x 1,8 m, 95-PS-Petroleum-motor, zwei Mann Besatzung

JANE
Anstruther
Scottish Fisheries Museum
Rettungsboot

JEAN
Unst
Unst Boat Haven
Whillie, 1915, Davidson, Baltasound, Schettland-Inseln, 4,9 m x 1,5 m, Riemen, Segel

JEMIMA ANN
Unst
Unst Boat Haven
Fischerboot/Saithe Boat, 1890, Haroldswick, Schettland-Inseln, 6,9 m x 2,0 m, 4–5 Mann Besatzung, Riemen, Segel

JESSE LUMB
Duxford
Imperial War Museum
Rettungsboot, 1939, S. White, Cowes, 14,0 m x 3,9 m, 21 tons, 2 x 42-PS-Diesel, Watson-Klasse, fünf Mann Besatzung. Das Boot wurde von 1939 bis 1970 in Bembridge, Isle of Wight, eingesetzt (299 Menschen aus Seenot gerettet) und ist seit 1981 Museumsschiff.

JOAN
Liverpool
Merseyside Maritime Museum
Fischerboot/River Dee salmon boat, 1946

JOAN DICKSON (BK 52)
Seahouses
Marine Life & Fishing Heritage Centre
Fischerboot/Northumbrian fishing coble, 1947

JOHN & MARY MEIKLAM OF GLADSWOOD
Great Yarmouth
Motorrettungsboot, 1922. Von 1922 bis 1946 wurden mit diesem Boot 211 Menschen aus Seenot gerettet

JOHN & NAOMI BEATTIE (ON 562)
Swansea
Swansea Maritime and Industrial Museum
Rettungsboot, Ruder und Segel, 1890, Thames Ironworks, Blackwall

JOHN KING
Bristol
Bristol Industrial Museum & Maritime Heritage Centre
Schlepper, 1935, Hill, Bristol, 21,0 m x 5,3 m x 2,6 m, 49 BRT, 337-PS-Diesel, ex DURDHAM, ex PETER LEIGH

JOLIE BRISE
Lowestoft
ISCA Maritime Museum
Gaffelkutter, 1913, Paumelle, Le Havre, 17,1 m (14,6 m) x 4,8 m x 2,3 m, Holzrumpf, 23 BRT, 204 qm Segel

JUDY
Fleetwood Museum
Fischerboot/Morecambe Bay Prawner, 1904, 14,0 m lang

KATHLEEN & MAY
Gloucester
Dreimast-Toppsegelschoner, 1900, Ferguson & Baird, Connahs Quay, 30,0 m x 7,1 m x 3,1 m, 136 BRT, 420 qm Segel, 80-PS-Diesel, seit 1970 Museumsschiff, ex LIZZIE MAY

KATIE ANN (SA 53)
Swansea
Swansea Maritime & Industrial Museum
Fischkutter, 1921, Richards, Lowestoft, 21,3 m x 5,4 m x 2,3 m, Diesel, ex THYME

KATIE
Irvine
Scottish Maritime Museum
Fischerboot/Zulu Skiff fishing vessel, 1939

KERNE
Liverpool
Merseyside Museum
Schlepper, 1913, Montrose, 23,5 m x 5,6 m x 3,0 m, 63 BRT, 400-PS-Dampfmaschine, ex TERRIER, ex VIKING

KESTREL
Newport
Classic Boat Museum
Segler, Bembridge Redwing class, 1901, Camper & Nicholsons, 6,7 m x 1,7 m x 0,9 m, 2 tons

KHAKI
Ramsgate
East Kent Maritime Museum
Fischerboot/Deal Hoveller type fishing boat, 1928

KINDLY LIGHT
Gweek
Gweek Quai Maritime Centre
Lotsenkutter, 1911, Armour, Fleetwood, 16,5 m x 4,4 m x 2,6 m, 20 BRT, ex THEODORA

KITTIWAKE
Windermere
Windermere Steamboat Museum
Dampfboot/Saloon Launch, 1898, Hayton, Bowness, 12,2 m x 2,1 m, Holzrumpf

KLONDYKE
St. Mary
Isles of Scilly Museum
Zollboot/Rudergig, 1872

KNOCKER WHITE
London
Museum of London
Dampfschlepper, 1924, Duivendijk, Lekkerkerk, Niederlande, 23,5 m x 6,1 m, 90 BRT, ex CAIRNOCK

KYLES
Glasgow
Scottish Maritime Museum
Küstendampfschiff, 1872, Fullerton, Paisley, Schottland, 25,1 m x 5,5 m, 122 BRT

LCT-7074 (LANDFALL)
Birkenhead
Historic Warships
Landungsboot (Typ MK III), 1944, Hawthorn, Leslie & Co, Hebburn, 59,7 m x 9,4 m x 1,1 m, 305 tons, 920-PS-Diesel, 10 kn, 12 Mann Besatzung, 2 x 20 mm Kanonen.
Das letzte existierende Landungsfahrzeug dieses Typs, das an der Invasion in der Normandie 1944 teilgenommen hat.

LADY ELIZABETH
Windermere
Windermere Steamboat Museum
Dampfboot, 1900, Monarch, New York State, USA, 5,5 m x 1,7 m

LADY GUILDFORD
Irvine
Scottish Maritime Museum
Dreimast-Lugger, 1818

LADY HAMILTON
Windermere
Windermere Steamboat Museum
Motorboot, 1929, Trowlock, Hamptonwick-on-Thames, 9,2 m x 2,3 m

LADY PENELOPE
Newport
Classic Boat Museum
Motorboot, Chris Craft, Silver Arrow, 1954, Chris Craft, USA, 5,5 m x 2,0 m x 0,6 m, 2,5 tons, 128-PS-Petroleummotor, 25 kn

LANGHAM
Bembridge
Maritime Museum
Rettungsboot, 1922, S. White, Cowes, Holzrumpf

LAUGHING WATER
Unst
Unst Boat Haven
Motorboot/racing Boat, 1949, Baltasound, Schettland-Inseln, 6,1 m x 1,7 m x 0,6 m, drei Mann Besatzung, Segel

LIVELY HOPE (LH 32)
Anstruther
Scottish Fisheries Museum
Fischerboot, 1936, Weatherhead, Cockenzie, 14,0 m Länge

LIZZY PORTER
Chatham
The Historic Dockyard
Ruder-Rettungsboot, 1909, Segel

LOUISE
Newport
Classic Boat Museum
Dampfboot, 9,4 m x 2,1 m x 0,9 m, 6,5 tons

LV No. 12 (SPURN)
Kingston-upon-Hull
Hull City Museum
Feuerschiff, 1927, Goole Shipbuilding and repairing Company Ltd., Goole, 30,5 m x 7,3 m x 4,4 m, 220 BRT, Besatzung: 5–7 Mann (5 Mann), Einsätze: 1927–1939 Station Humber, 1939–1945 Kriegsposition Middle Humber, 1945–1959 Station Humber, 1959–1975 Station Bull, 1975 Außerdienststellung, 1975–1983 Instandsetzungsarbeiten, seit 1987 Museumsschiff in Kingston-upon-Hull.

LV No. 23 (PLANET)
Birkenhead
Warship Preservation Trust
Feuerschiff, 1960, Philip, Dartmouth, 600 tons, 42,0 m x 7,1 m x 3,5 m, 8 Mann Besatzung, ohne Antrieb

LV No. 91 (HELWICK)
Swansea
Swansea Maritime and Industrial Museum
Feuerschiff, 1937, Philip & Son, Dartmouth, 36,2 m x 8,5 m x 3,2 m, 300 BRT, seit 1977 Museumsschiff, ex HUMBER

LYDIA EVA (YH 89)
Lowestoft
Lydia Eva & Mincarlo Trust
Dampf-Fischfangschiff/Steam Drifter, 1930, King's Lynn, 29,0 m x 6,3 m x 3,0 m, 138 BRT, ex WATCHMOOR, Nutzung: Fischerei-Museum

LYNHER
Morwellham
Morwellham Quay Open Air Museum
Frachtsegler/Tamar sailing barge, 1896, Goss, Calstock

LYRA
Unst
Unst Boat Haven
Nordland-Segler/Hardanger Faering, 1934, Hardanger-Fjord, Norwegen, 5,1 m x 1,4 m, Riemen

M-33
Portsmouth
Monitor, 1915, Workman Clark, Belfast, 54,0 m x 9,5 m, 580 tons, Dampfmaschine, seit 1987 Museumsschiff, ex HMS MINERVA, ex C23 (M)

MTB-71
Portsmouth
Naval Yard
Torpedoboot, 1940, Vosper, Portsmouth, 18,3 m x 4,7 m, 22 tons, 1000-PS-Diesel

MAGGIE
Lerwick
Shetland Museum
Fischerboot/Ness Yoal, 1901

MANCHESTER
Ellemere Port
The Boat Museum
Schlepper, 1874, Hayes, Stratford

MANANA
Windermere
Windermere Steamboat Museum
Gaffeljolle, 1900, Christie, Ambleside, 5,5 m lang

MARIA
Great Yarmouth
Maritime Museum for East Anglia
Rennyacht, ca. 1820

MARY (LK 464)
Unst
Unst Boat Haven
Fischerboot/Haddock Boat, ca. 1910, Haroldswick, Schettland-Inseln, 6,3 m x 1,9 m, Riemen, Segel, 4–5 Mann Besatzung

MARY ANNE
Windermere
Windermere Steamboat Museum
Ruder-Fährboot, ca. 1870, Gibson & White, Ambleside, 13,2 m x 3,7 m

MARY JOSEPH (N 55)
Holywood
Ulster Folk & Transport Museum
Fischerkutter/Lugger, 1877, Paynter, Kilkeel, Irland, 15,7 m x 4,6 m x 1,8 m, 21 BRT

MARY ROSE
Portsmouth
Mary Rose Trust
Viermast-Segler, Kriegsschiff (Karake) von König Heinrich VIII., 1510, Portsmouth Royal Dockyard, 1.150 tons, ca. 32,0 m x 12,0 m x 4,3 m.
Das Schiff wurde 1545 versenkt und 1982 aus dem Solent geborgen.

MARYBURY
Ellesmere Port
The Boat Museum
Kanal-Eisbrecherbarge (o. eigenen Antrieb), 1900, 12,7 m x 2,1 m x 1,1 m

MAY
Liverpool
Merseyside Museum
Fischerboot, 1920

MAYFLOWER
Bristol
Bristol Industrial Museum
Dampfschlepper, 1861, Stothert & Marten, Bristol, 19,8 m x 3,7 m x 2,1 m, 45 BRT, 12 Fahrgäste

MENDIP
Ellesmere Port
The Boat Museum
Binnenschiff, 1948, Yarwood, Nothwich, 22,2 m x 2,1 m x 1,0 m, 9-PS-Diesel

MERAK
Ellesmere Port
The Boat Museum
Barge (o. eigenen Antrieb), 1936, Walker, Rickmansworth, 22,0 m x 2,2 m x 1,1 m

MERK
Basildon
National Motor Boat Museum
Barkasse, 1912

MEROPE
Ellesmere Port
The Boat Museum
Barge, 1936, Walker, Rickmansworth, 21,8 m x 2,1 m x 1,0 m, Diesel, ex GERTRUDE, ex SANDRA

MISS BRITAIN III
London, Greenwich
National Maritime Museum
Speedboot, 1933, 1,5 tons.
Das erste Boot, das über 100 Meilen Geschwindigkeit fuhr.

MOSSDALE
Ellesmere Port
The Boat Museum
Barge (o. eigenen Antrieb), 1863, Smith, Liverpool, 22,0 m x 4,3 m x 1,7 m, ex RUBY

NANCE
Barrow-in-Furness
The Dock Museum
Fischerboot/Morecambe Bay prawner, 1914

NANTLYS
Caernafon
Dampf-Bagger, 1938

NEW LIVER BIRD
Liverpool
Merseyside Maritime Museum
Segler, 1978

NORTH CARR
Anstruther
Feuerschiff, 1933, Inglis, Glasgow, 30,8 m x 7,9 m, 250 tons

NORTH FORELAND (ON 888)
Chatham
The Historic Dockyard
Rettungsboot, 1951, S. White, Cowes, 14,0 m x 3,8 m x 1,3 m, 80-PS-Diesel

NORTHWICH
Gloucester
National Waterways Museum
Binnenschiff, 1898, Fellows, Morton & Clayton, Birmingham, 21,5 m x 2,2 m x 1,3 m, 35 BRT

OAK
Gloucester
National Waterways Museum
Binnenschiff, 1934, Hill, Bristol, 21,6 m x 2,1 m, 9-PS-Diesel

OAKDALE
Liverpool
Merseyside Maritime Museum
Binnenschiff/Mersey flat, 1951, Abel, Runcorn, 22,1 m x 4,8 m x 1,2 m, 66 BRT

OAKLEY
Bridlington
Maritime Museum
Rettungsboot

OCELOT (S 17)
Chatham
The Historic Dockyard
Unterseeboot, Oberon-Klasse, 1962, Chatham Dockyard, Verdrängung an der Oberfläche: 2.030 tons, getaucht: 2.410 tons, 89,9 m x 8,1 m x 5,6 m, 2 Diesel- (3.680 PS)/2 Elektro-Motoren (6.000 PS), Aktionsradius an der Oberfläche: 12.000 sm bei 10 kn, Geschwindigkeit an der Oberfläche: 12 kn, getaucht: 17,5 kn, Tauchtiefe: 200 m, Besatzung: 62 Mann, Bewaffnung: 8 Torpedorohre (6 vorne, 2 achtern), 30 Torpedos

OLGA (SA 12)
Swansea
Swansea Maritime & Industrial Museum
Lotsenkutter, 1909, Bowden, Porthleven, Cornwall, 17,1 m x 4,1 m x 2,6 m, 35 BRT, Diesel, Segel

ONYX (S 21)
Birkenhead
Historic Warships
Unterseeboot, Oberon-Klasse, 1964, Cammell Laird, Birkenhead, Verdrängung an der Oberfläche: 2.030 tons, getaucht: 2.410 tons, Abmessungen: 89,9 m x 8,1 m x 5,6 m, 2 Diesel- (3.680 PS)/2 Elektro-Motoren (6.000 PS), Aktionsradius an der Oberfläche:12.000 sm bei 10 kn, Geschwindigkeit an der Oberfläche: 12 kn, getaucht: 17,5 kn, Tauchtiefe: 200 m, Besatzung: 62 Mann, Bewaffnung: 8 Torpedorohre (6 vorne, 2 achtern), 30 Torpedos

OSPREY
Windermere
Windermere Steamboat Museum
Passagier-Dampfboot/Saloon Launch, 1902, Shepherd, Windermere, 13,7 m x 2,4 m x 1,1 m, 8 BRT, 12 Passagiere

OTTO
Windermere
Windermere Steamboat Museum
Dampfboot/Steam Launch, 1896, Forrest, Wivenhoe, 13,9 m x 2,0 m, 100-PS-Dampfmaschine, ex GREBE

PEACOCK
Birmingham
Barge/Canal Narrowboat, 1915, Fellows, Morton & Clayton, Birmingham, 21,3 m Länge

PEGGY
Castletown
The Manx Nautical Museum
Schoner-Yacht, 1791, Castletown, 8,1 m x 2,3 m

PEGGY
Newcastle-upon-Tyne
Tyne & Wear Museum
Fischerboot, 1890

PELICAN
Ellesmere Port
The Boat Museum
Kranschiff, 1956, Pimblott, Northwich, 21,6 m x 4,7 m x 1,5 m, Diesel

PENELOPE
Windermere
Windermere Steamboat Museum
Motorboot, 1930, Windermere, 11,2 m x 2,2 m, Petroleum-Maschine

PERSEVERANCE
Ellesmere Port
The Boat Museum
Bagger/Grab Dredger, 1934, Pollock, Faversham, 21,3 m x 4,2 m x 1,1 m, 70 tons, ex No. 14

PHOEBE
Ellesmere Port
The Boat Museum
Barge (o. eigenen Antrieb), 1945, 22,2 m x 2,1 m x 1,0 m

PLYMOUTH (F 126)
Birkenhead
Historic Warships
Warship Preservation Trust
Fregatte (Rothesay-Klasse), 1959, Devonport Dockyard, Devonport, 112,8 m x 12,5 m x 5,2 m, 2560 tons, zwei Dampfturbinen mit 30.000 PS, 30 kn, 235 Mann Besatzung, ein Westland Wasp Helikopter

PRESIDENT
Dudley
Black Country Museum
Dampf-Binnenschiff, 1909, Fellows, Morton & Clayton, Saltley, 21,8 m x 2,1 m x 1,0 m, 12 Passagiere

PRINCE FREDERICK'S BARGE
London
National Maritime Museum
Königliches Ruderschiff/State Barge, 1732, Hall, London, 19,3 m x 2,3 m, 22 Ruderer, bis 1849 im Einsatz

PYRONAUT
Bristol
Bristol Industrial Museum &
Maritime Heritage Centre
Feuerlöschboot, 1934, Hill, Bristol, 17,4 m x 4,0 m x 0,9 m, 20 BRT, Diesel, seit 1983 Museumsschiff

QUEEN MARYS SHALLOP
London
National Maritime Museum
Königliches Ruderschiff 1689, bis 1919 im Dienst

QUEEN VICTORIA
Newport
Classic Boat Museum
Ruderrettungsboot, 1887, Forrest, London, 10,2 m x 2,6 m x 0,5 m, 8 tons, zehn Ruderer, Segel. Das Boot wurde 1903 außer Dienst gestellt.

QUEST
West Wales Maritime Heritage Society
Ruderboot, 8,5 m lang

RAAE
Windermere
Windermere Steamboat Museum
Motorboot, 1938, Breaker, Bowness, 7,3 m x 1,8 m, Petroleum-Maschine

RADIATION (A 115)
Dundee
Scottish Fischeries Museum
Fischkutter, 1957, 30,0 m lang

RAVEN
Windermere
Windermere Steamboat Museum
Frachtdampfboot, 1871, Seath, Rutherglen, Schottland, 21,6 m x 4,4 m, 41 BRT, drei Mann Besatzung

REAPER (FR 958)
Anstruther
Scottish Fisheries Museum
Fischkutter, Zweimast-Lugger/Fifie, 1902, Forbes, Sandhaven, 22,0 m Länge, ex SHETLANDER

RELIANT
London
National Maritime Museum
Dampf-Radschlepper, 1907 (Mittelsektion), ex OLD TRAFFORD

RESEARCH (LK 62)
Anstruther
Scottish Fisheries Museum
Fischkutter/Zulu, 1903, 24,0 m lang, seit 1979 Museumsschiff, ex HEATHER BELL

RESULT
Belfast
Ulster Folk & Transport Museum
Zweimast-Toppsegelschoner, 1893, Kent, Carrickfergus, Nordirland, 31,1 m x 6,6 m x 2,7 m, 122 BRT, 120-PS-Diesel

RIPPLE
Unst
Unst Boat Haven
Fischerboot, 1928, J. Smith, Lerwick, 6,1 m x 1,8 m, Riemen, Segel

ROSS TIGER
Grimsby
National Fishing Heritage Centre
Fischkutter/Trawler, 1950, Cochrane, Selby

RYDER
Polperro
Heritage Museum
Segelrettungsboot, 1902, Thames Ironworks, Blackwall, 13 Mann Besatzung. Mit diesem Boot wurden 1902 und 1930 37 Menschen aus Seenot gerettet.

SND No. 4
Gloucester
National Waterways Museum
Dampf-Bagger/Bucket dredger, 1925, de Klop, Sliedrecht, Niederlande, 25,9 m x 7,6 m, ohne eigenen Antrieb

S. PAIO »XAVEGA«
Lowestoft
ISCA Maritime Museum
Fischerboot, Aveiro, Portugal, 16,1 m x 4,4 m, vier Ruderer

SR.N1
Beaulieu
Montague Motor Museum
Hovercraft, 1959, Saunders-Roe, Cowes, 435-PS-Turbine

SR.N5 006
Lee-on-the-Solent
The Hovercraft Museum
Hovercraft, 1964, Warden-Klasse, Westland Aircraft, 12,5 m x 7,1 m, 6,7 tons, max. Geschwindigkeit: 60 kn, 16 Passagiere oder zwei Tonnen Fracht

SR.N6 MK1S
Lee-on-the-Solent
The Hovercraft Museum
Hovercraft, 1965, Winchester-Klasse, Westland Aircraft, 17,8 m Länge, 14 tons, 1.020-PS-Turbine, max. Geschwindigkeit: 50 kn. In zwanzig Jahren leistete dieses Fahrzeug 22.000 Einsatzstunden

SABRINA 5
Gloucester
National Waterways Museum
Leichter, 1944, Hill, Bristol, 27,4 m x 5,5 m, 90 BRT, o. eigenen Antrieb

SAPPHIRE
Ellesmere Port
The Boat Museum
Barge (o. eigenen Antrieb), 1952, 22,0 m x 2,1 m x 0,7 m

SAUCY SUE
Chatham
The Historic Dockyard
Tauchboot, 1992, British Waterways, Verdrängung an der Oberfläche: 1 ton, 6,0 m x 1,1 m x 1,3 m, Elektro-Motor, Aktionsradius: 1sm, Tauchtiefe: 10 m, Besatzung: 1 Mann

SAXON KING
Deal Museum
Ruderboot/Deal Galley

SCORPIO
Ellesmere Port
The Boat Museum
Barge (o. eigenen Antrieb), 1890, 22,0 m x 4,4 m x 1,1 m, 70 BRT, ex HELENA

SEAMEW
Irvine
Scottish Maritime Museum
Dampfboot, 1908

SEAMEW
Redcar
Kirkleatham Museum
Fischerboot, 1900

SEVERN PROGRESS
Gloucester
National Waterways Museum
Schlepper, 1932, Hill, Bristol, 14,0 m x 3,5 m x 1,2 m, 100-PS-Diesel

SHAD
Ellesmere Port
The Boat Museum
Binnenschiff, 1936, Yarwood, Northwich, 22,2 m x 2,1 m x 1,0 m, Diesel

SHAMROCK
Saltash
Cotehele Quay Museum
Frachtsegler/Tamar river sailing barge, 1899, Hawkes, Plymouth, 37 BRT, 19,1 m x 5,5 m x 1,9 m, Holzrumpf, ex PROGRESS.
www.nmm.ac.uk/visitors/sister.html oder www.nationaltrust.org.uk/

SIDEWALL
Lee-on-the-Solent
The Hovercraft Museum
Hovercraft (HM.2), 1972, Hovermarine, 17,0 m x 6,8 m, 19 tons, 65 Passagiere oder fünf Tonnen Fracht, 2 x 320-PS-Turbinen, max. Geschwindigkeit: 35 kn

SIR JAMES KNOTT
Redcar
Kirkleatham Old Hall Museum
Rettungsboot (Oakley-Klasse), 1940, Groves & Gutteridge, Cowes

SIR JAMES KELLY
Holwood
Ulster Folk & Transportation Museum
Rettungsboot

SIR WIILIAM PRIESTLY
Lancaster
Maritime Museum
Rettungsboot, 1934

SOBRIETY
Goole
Waterways Adventure Centre & Museum
Binnenschiff

SOFTWING
Falmouth
Maritime Museum
Fischkutter/Falmouth Oyster Dredger, 1910

SOPRANINO
Newport
Classic Boat Museum
Segel-, Ruderboot, 1950, Wootens, Cockham-Dean, 5,9 m x 1,4 m x 1,1 m, Atlantiküberquerung 1952

SOTERO
Lowestoft
ISCA Maritime Museum
Fluß-Segler, 1950, Montejo, Portugal, 19,6 m x 4,5 m x 0,8 m

SPARTAN
Irvine
Scottish Maritime Museum
Frachtschiff/Puffer, 1942, Hay, Bowling, Schottland, 20,3 m x 5,6 m, 97 BRT, ursprünglich Dampfmaschine, ex VIC 18

SPEEDWELL
Ellesmere Port
The Boat Museum
Barge (o. eigenen Antrieb), 1925, Stephens, Guildford, 22,6 m x 4,6 m x 0,6 m.

SPIRIT OF MERSEYSIDE
Liverpool
Merseyside Maritime Museum
Schoner

SPRY
Blists Hill
Blists Hill Open Air Museum
Frachtsegler (Severn Trow), 1894, Hurd, Chepstow, Wales, 22,3 m, 41 tons

ST. CYBI
Chatham
The Historic Dockyard
Rettungsboot (Barnett-Klasse), 1945, S. White, Cowes, 17,3 m x 4,2 m x 1,3 m, 120-PS-Diesel

ST. DAYS
Falmouth
National Maritime Museum
Schlepper, 1929, 174 BRT, von 1929 bis 1980 im Einsatz

ST. PAUL
Chatham
The Historic Dockyard
Ruder-Rettungsboot, 1897, Beeching, Great Yarmouth,12,8 m x 3,9 m, 12 Riemen, Norfolk & Suffolk-Klasse, von 1897 bis 1931 im Dienst

STATE BARGE OF KING CHARLES II
Portsmouth
Royal Naval Museum
Königliches Ruderschiff, ca. 1660, 11,7 m x 2,0 m, acht Ruderer

STICKLEBACK (X-51)
Duxford Airfield
Imperial War Museum
Klein-U-Boot/X 5-Klasse, 1954, Vickers-Armstrong, Barrow, Verdrängung an der Oberfläche: 27 tons, getaucht: 29,5 tons, 16,4 m x 1,9 m x 2,3 m, Diesel-(50 PS)/Elektro-Motor (30 PS), Aktionsradius an der Oberfläche: 1.320 sm bei 4 kn, getaucht: 80 sm bei 2 kn, Geschwindigkeit an der Oberfläche: 6,5 kn, getaucht: 5 kn, Tauchtiefe: 95 m, Besatzung: 5 Mann, Bewaffnung: Haftladungen/Grundminen

STRANDBY
Ramsgate
East Kent Maritime Museum
Fischkutter, 1941

SUHAILI
Falmouth
National Maritime Museum
Yacht, 1964, Bombay

SUNBEAM
Liverpool
Merseyside Maritime Museum
Yacht, 1925

SUNDOWNER
Ramsgate
East Kent Maritime Museum
Admiralitäts-Barkasse/Naval Pinnace, 1912, 15,9 m x 3,8 m x 1,5 m, ursprünglich Dampfmaschine, 72-PS-Diesel

SUSAN ASHLEY
Chatham
The Historic Dockyard
Rettungsboot, 1948, Groves & Gutteridge, Cowes, 12,3 m x 3,5 m, Diesel, Watson-Klasse

SWALLOW
Windermere
Windermere Steamboat Museum
Dampfboot/Saloon Launch, 1911, Shepherd, Bowness, 13,8 m x 2,4 m x 0,9 m, 14 BRT, zwei Mann Besatzung

SWALLOW
Anstruther
Scottish Fisheries Museum
Fischerboot

SWIFT
Anstruther
Scottish Fisheries Museum
Fischerboot, 1909

SWIFT
Lee-on-the-Solent
The Hovercraft Museum
Hovercraft (SR.N4 MK2), 1969, Hovermarine, 39,7 m x 23,8 m, 203 tons, 4 x 3.400-PS-Turbinenmax. Geschwindigkeit: 70 kn, 278 Passagiere und 36 Autos oder 75 Tonnen Fracht, drei Mann Besatzung

T-3
Yeovilton
Fleet Air Arm Museum
Leichter für Schwimmflugzeuge/Seaplane Lighter, 1917, Richborough, 2.510 tons, 17,7 m Länge

T.G.B.
Irvine
Scottish Maritime Museum
Rettungsboot (Watson-Klasse), 1940, S. White, Cowes, 16,1 m Länge, Diesel

TID-164
Sittingbourne
Medway Maritime Museum
Schlepper, 1945, Pickersgill, Southwick, 22,3 m x 5,3 m x 2,2 m, 220-PS-Dampfmaschine, 54 BRT, ex HERCULES

TAMZINE
London
Imperial War Museum
Fischerjolle, 1937, Margate, 4,4 m Länge. TAMZINE ist das kleinste Fahrzeug, dass im Zweiten Weltkrieg an der Evakuierung der englischen Truppen aus Dünkirchen mitgewirkt hat

THOMAS KIRK WRIGHT
Poole
Old Lifeboat House
Rettungsboot, 1938, Groves & Gutteridge, Cowes

THREE BROTHERS GRANT (HL154)
Hartlepool
Museum of Hartlepool
Fischerboot, 1921

TITMOUSE
Newport
Classic Boat Museum
Segelboot, 1890, Linton Hope, Bombay, 5,5 m x 2,2 m x 0,4 m

TRILBY
Liverpool
Merseyside Maritime Museum
Segelyacht, 1936

TRINCOMALEE
Hartlepool
Jackson Dock, Historic Quay
Fregatte/Vollschiff, 1817, Wadia, Bombay, 45,9 m (38,2 m) x 12,3 m x 4,1 m, 1.066 BRT, 38 Kanonen, ex FOUDROYANT

TUBE BOAT No. 39
Ellesmere Port
The Boat Museum
Barge (o. eigenen Antrieb), ca. 1920, 21,6 m x 2,1 m, Holzrumpf

TURBINIA
Newcastle-upon-Tyne
Tyne & Wear Museum
Experimental-Turbinenboot, 1894, Brown & Hood, Wallsend on Tyne, 31,5 m x 2,7 m x 0,9 m, 45 tons

TYNE
South Shields
South Shields Museum
Rettungsboot, 1833, Greathead, South Shields. Mit diesem Boot wurden 1024 Menschen aus Seenot gerettet

U 475 (B-39)
Strood
Unterseeboot der ehemaligen UdSSR, Foxtrot-Klasse (Project 641), 1967, Novoadmiralteysky, Leningrad (No. 210), Verdrängung an der Oberfläche: 1.950 tons, getaucht: 2.475 tons, Abmessungen: 91,3 m x 7,5 m x 5,1 m, 3 Diesel- (5.965 PS)/3 E-Motoren (5.400 PS), Max. Aktionsradius an der Oberfläche: 20.000 sm bei 8 kn, getaucht: 350 sm bei 2 kn, Geschwindigkeit an der Oberfläche: 18 kn, getaucht: 15,5 kn, Tauchtiefe: 280 m, Besatzung: 75 Mann, Bewaffnung: 10 Torpedorohre (6 vorne, 4 achtern), 22 Torpedos, oder 44 Minen

U 534
Birkenhead
Historic Warships
Unterseeboot, Deutschland, Bootsklasse: IX C 40, 1940, Deutsche Werft, Hamburg, Verdrängung an der Oberfläche: 1.144 tons, getaucht: 1247 tons, Abmessungen: 76,7 m x 6,9 m x 4,7 m, 2 Diesel-(4.400 PS)/2 Elektro-Motoren (1.000 PS), Aktionsradius an der Oberfläche: 13.850 sm bei 10 kn, getaucht: 63 sm bei 4 kn, Geschwindigkeit an der Oberfläche: 18,2 kn getaucht: 7,7 kn, Tauchtiefe: 200 m, Besatzung: 49 Mann, Bewaffnung: 22 Torpedos, 6 Torpedorohre (4 vorn, 2 achtern)

UNCLE SAM
Windermere
Windermere Steamboat Museum
Motorboot, 1924, Port Carling, Ontario, Canada, 6,3 m x 1,7 m, Petroleum-Maschine

UNICORN
Dundee, Victoria Dock
Unicorn Preservation Society
Fregatte/Vollschiff, 1794–1824, Chatham, 50,6 m (46,1 m) x 12,2 m x 4,0 m, 1.077 tons, 46 Kanonen, ex CRESSY, ex UNICORN II

VAGRANT
Irvine
Scottish Maritime Museum
Yacht, 1884, W. Fife, 23,2 m x 5,3 m x 3,3 m, 63 BRT, ex QUEEN MAB

VANESSA
Grimsby
National Fishing Heritage Centre
Fischkutter/Lugger, 1899

VENUS
Hartlepool, Jackson Dock
Museum of Hartlepool
Fischerboot

VIC 96
Maryport
Maryport Steamships Museum
Frachtdampfschiff/Clyde Puffer, 1945, Dunston, Thorne, 25,9 m x 5,5 m x 2,6 m, 145 BRT, 140-PS-Dampfmaschine, ex C 668

VICTORY
Portsmouth
Naval Base
Linienschiff, 1759, in Dienst gestellt: 1778, Royal Dockyard, Chatham, 99,9 m (69,0 m) x 15,8 m x 6,0 m, 3.500 tons, 104 Kanonen, 850 Mann Besatzung

VIKING
Hartlepool
Historic Ships Centre
Lotsenkutter, 1908

VOLENTE
Redcar
Kirkleatham Old Hall Museum
Fischerboot, 1948

WALLSALL
Gloucester
Schlepper

WAPPENSHALL
Ellesmere Port
The Boat Museum
Kanal-Eisbrecher, ohne eigenen Antrieb, 6–8 Mann Besatzung

WARRIOR
Portsmouth
Naval Base
Warrior Preservation Trust
Dampf-Fregatte/Vollschiff, 1860, Thames Ironworks, Blackwall, 127,6 m x 17,8 m x 7,9 m, 9.210 tons, 3.488 qm Segel, 1.250-PS-Dampfmaschine, 40 Kanonen, 706 Mann Besatzung, ex C 77, ex VERNON III

WASP
Basildon
National Motor Boat Museum
Motorboot/Riva

WATER LILLY
Unst
Unst Boat Haven
Fourareen, 1910, Isbister, Haroldswick, Schettland-Inseln, 6,2 m x 1,8 m, 2–3 Mann Besatzung

WATER VIPER
Windermere
Windermere Steamboat Museum
Dampfyacht/Saloon Launch, 1907, Shepherd, Bowness, Windermere, 12,9 m x 2,1 m x 0,9 m, 7 BRT

WATERLILY
London
National Maritime Museum
Dampfboot/Saloon Launch, 1866, Thorneycroft, Chiswick, 12,8 m x 2,1 m x 0,6 m, 10 BRT, 8-PS-Dampfmaschine
www.nmm.ac.uk

WATKIN WILLIAMS
Cardiff
Rettungsboot, Watson-Klasse, 1956, 12,8 m Länge

WAYFARER
Windermere
Windermere Steamboat Museum
Motorboot/Chris Craft, 1935, Chris Craft, Florida, USA, 10,2 m x 3,1 m

WELLDECK
Lee-on-the-Solent
The Hovercraft Museum
Hovercraft (SR.N6 MK5), 1972, Westland Aircraft, 17,5 m x 8,3 m, 14 Tons, max. Geschwindigkeit: 50 kn

WHELDALE
Goole
Waterways Adventure Centre & Museum
Schlepper

WHITE ROSE
Barrow-in-Furness
The Dock Museum
Yacht, 1897, Ashburners, Barrow-on-Furness

WHITE WING (ME 113)
Anstruther
Scottish Fisheries Museum
Fischerboot, 1917

WICKED LADY
Southampton
Southampton Maritime Museum
Yacht, 1896, Smith, Burnham on Crouch, 22 ft x 6 ft x 4 ft, ex IDEAL

WILD FOWL
Basildon
National Motor Boat Museum
Kanonenboot, 1930

WILL AND FANNY KIRBY
Chatham
The Historic Dockyard
Rettungsboot, 1936, Osborne, 11,1 m x 3,4 m x 1,1 m, Diesel

WILLIAM AND LAURA
Liverpool
Merseyside Museum
Rettungskreuzer, 1949

WILLIAM GAMMON
Liverpool
Swansea Maritime & Industrial Museum
Rettungsboot, Watson-Klasse, 1947, Groves & Gutteridge, Cowes, 14,3 m Länge

WINCHAM
Liverpool
Merseyside Maritime Museum
Frachtschiff/Weaver Packet, 1948, Yarwood, Northwich, 31,9 m x 7,2 m x 3,0 m, 201 BRT, Diesel

WINGFIELD CASTLE
Hartlepool
Museum
Raddampfer, 1934, Gray, West-Hartlepool, 63,9 m x 17,4 m x 2,3 m, 550 BRT, 1.500-PS-Dampfmaschine

WORCESTER
Ellesmere Port
The Boat Museum
Schlepper, 1912, Abdela & Mitchell, Brimscombe, 13,7 m x 2,0 m x 1,1 m, 30-PS-Diesel, zwei Mann Besatzung

WYE
Gloucester
National Waterways Museum
Leichter, 1959, Launch, Twickenham, 22,0 m x 2,1 m, ohne eigenen Antrieb

X-24
Gosport
Royal Navy Submarine Museum
Klein-U-Boot, Großbritannien, X 20-Klasse, 1943/44, Marshall Sons, Gainsborough, Verdrängung an der Oberfläche: 26,8 tons, getaucht: 29,8 tons, 15,7 m x 1,8 m x 2,2 m, 1 Diesel- (42 PS)/1 Elekto-Motor (30 PS), Aktionsradius an der Oberfläche: 1860 sm bei 4 kn, getaucht: 80 sm bei 2 kn, Geschwindigkeit an der Oberfläche: 6,5 kn, getaucht: 6 kn, Tauchtiefe: 95 m, Besatzung: 4 Mann, Bewaffnung: 2 x 2 Tonnen Sprengstoff

XE-8
Chatham
The Historic Dockyard
Klein-U-Boot, Großbritannien, XE-class, 1944, Broadbent & Sons, Huddersfield, Verdrängung an der Oberfläche: 30,4 tons, getaucht: 34 tons, 16,2 m x 1,8 m x 2,1 m, 1 Diesel- (42 PS)/1 Elektro-Motor (30 PS), Aktionsradius an der Oberfläche: 1.320 sm bei 4 kn, getaucht: 88 sm bei 2 kn, Geschwindigkeit an der Oberfläche: 6,6 kn, getaucht: 6 kn, Tauchtiefe: 95 m, Besatzung: 4 Mann, Bewaffnung: 2 x 2 Tonnen Sprengstoff

ZETLAND
Redacar
Zetland RNLI Lifeboat Museum
Rettungsboot, 1802, Greathead, South Shields, bis 1887 im Dienst. Mit diesem Boot wurden 50 Menschen gerettet

(-)
Gloucester
National Waterways Museum
Beton-Barge, 1944, Waites, Barrow-on-Furness, 27,4 m x 7,1 m x 2,5 m

(-)
Gloucester
National Waterways Museum
Beton-Barge, 1918, Guest, Stourbridge, 21,3 m x 2,1 m x 1,1 m, 16 tons

(-)
Unst
Unst Boat Haven
Boot von den Faröer-Inseln, 1903

(-)
Kleinkampfmittel MAIALE
Gosport
Royal Submarine Museum
London
Imperial War Museum
Klein-Kampfmittel, Italien, Maiale (SLC), 1944. Länge: 8,4 m mit Gefechtskopf, Durchmesser: 53,3 cm, Elektro-Motor (1,6 PS), Aktionsradius an der Oberfläche: 15 sm bei 2,3 kn, 4 sm bei 4,5 kn, Geschwindigkeit an der Oberfläche: 4,5 kn, getaucht: 2 kn, Einsatzdauer: bis zu 10 Stunden, Tauchtiefe: 30 m, Besatzung: 2 Mann, Bewaffnung: 250–300 kg Sprengstoff

(-) Klein-U-Boot BIBER
Gosport
Royal Submarine Museum
London
Imperial War Museum
Klein-Kampfmittel, Deutschland, Typ Biber, 1944/45, Verdrängung an der Oberfläche: 6,2 tons, 9,0 m x 1,6 m x 1,6 m, Sechs-Zylinder-Benzinmotor (32 PS)/Torpedo-E-Motor (13 PS), Aktionsradius an der Oberfläche: 130 sm bei 6 kn, getaucht: 8,6 sm bei 5 kn, Geschwindigkeit an der Oberfläche: 6,5 kn, getaucht: 5,3 kn, Tauchtiefe: 25 m, Besatzung: 1 Mann, Bewaffnung: 2 Torpedos

STATIONÄRE VETERANEN

2561 BLUE LEADER

Hayling Island

Hafendienstboot/Harbour Service Launch, 1943, British Powerboat Co. Hythe, 20,7 m Länge, 53 BRT, ex HSL 2561, heutige Nutzung: Hausboot

BALLYDORN

Strangford Lough

Feuerschiff, 1915, Dublin Drydock, Dublin, Irland, 31,1 m x 7,3 m x 4,1 m, 400 BRT, ohne eigenen Antrieb, heutige Nutzung: Clubhaus des Down Cruising Clubs, ex PETREL

CELTIC SURVEYOR

London, West India Dock, North Quay

Fährschiff, 1939, heutige Nutzung: Ausstellungsraum

CHRYSANTHEMUM

London, Victoria Embankment

Konvoyschiff/Begleitschiff (Q-Ship), 1917, Withworth, Newcastle, 79,9 m x 10,7 m x 4,2 m, 1290 tons

COMPTON CASTLE

Truro

Raddampfer, 1914, Cox, Falmouth, 32,9 m x 8,5 m x 0,9 m, 97 BRT, heutige Nutzung: Shop

CONSTABLE

Sudbury

Flußbarge (o. Antrieb), 1830, 14,3 m x 0,9 m

CORMORANT

Hoo Marina, River Medway

Feuerschiff, 1878 Victoria, Passage West, Cork, ex LADY DIXON

DUKE OF LANCASTER

Llanerch-y-mo, Mostyn, River Dee

Passagierschiff, 1955, Harland & Wolff, Belfast, 4797 BRT

EARL OF ZETLAND

Newcastle on Tyne

Passagierschiff, 1939, Russell, Aberdeen, 1975 außer Dienst gestellt, 1988 zum Restaurant-Schiff umgebaut

EGREMONT

Salcombe

Motorfähre, 1952, Philip, Dartmouth, 44,8 m x 10,4 m x 2,2 m, 566 BRT, Diesel, heutige Nutzung: Clubhaus des Island Cruising Club

FREDERIKA JOHANNA

Sandwich

Binnenschiff, 1931, Peters, Dedemsvaart, Niederlande, 31,5 m, Diesel, heutige Nutzung: Clubhaus des Sandwich Sailing and Motor Boat Club

FYRSKIB X

London, St. Katharine Docks-West Dock

Feuerschiff, 1877, Christianshavn, Kopenhagen, 30,0 m x 6,0 m heutige Nutzung: Restaurant »Lightship Ten«.
Einsätze: 1878–1886 Station Skagens Rev, 1887–1897 Station Læsø Trindel, 1899 bis 1908 Station Vyl, 1971 Verkauf. Ein Einsatz als Wohnschiff wurde von Behörden untersagt, danach Verkauf an den Hobro Sejlklub als schwimmendes Klubhaus. Anschließend Verwendungen als Restaurant im Frederiksholms Kanal, Kopenhagen, in Helsingør und seit 2000 in London

HISPANIOLA

London, Victoria Embankment

Passagierschiff, 1953, ex MAID OF ASHTON, heutige Nutzung: Restaurant

HUGIN

Pegwell Bay

1949, Nachbau eines Wikingerbootes

HUMBER

Marchwood

Schnellboot, Eigner: British Military Powerboat Trust,

IVY MAY

Cardiff

Barge (o. Antrieb), 1934, Neath Canal, 17,8 m x 2,9 m x 0,9 m, Holzrumpf

JAMES NOEL

Tenby, Isle of Caldey

Rettungsboot, 1952, Liverpool-Klasse

JOCK (122975)

Gravesend

Frachtsegler (spritsail barge),1907, Paul, Ipswich, 27,6 m x 6,6 m x 2,2 m, Holzrumpf, 86 BRT, Nutzung: Restaurant

JOHN SEBASTIAN (LV No. 55)

Bristol, Bathurst Basin

Feuerschiff, 1885, 31,40 m x 7,4 m, 275 tons, 2 Hornsby-Diesel mit je 14 PS, ex LV No. 55.
Einsätze: 1888 Station Cross Sand, 1910 Station Smith's Knoll, 1914 Newarp Station, 1922 Swarte Bank Station, 1927–1937 Station Cross Sand, 1937–1939 Owers Station, 1939–1942 English and Welsh Grounds Station, 1942–1947 Reseve-Feuerschiff im Holyhead Harbour, 1947–1953 English and Welsh Grounds Station, 1954 Außerdienststellung. 1955 Ankauf durch den Cabot Cruising Club, Liegeplatz: Welsh Back, 1956 Verlegung in das Bathurst Basin in Bristol, 03.05.1959 Eröffnung als schwimmendes Clubheim des Cabot Cruising Club.

KENNET

Gloucester

Binnenschiff, 1931, Pollock, 10,8 m x 2,7 m x 1,4 m, 72-PS-Diesel

LINCOLN CASTLE

Grimsby, Alexandra Dock

National Fishing Heritage Centre

Raddampfer, 1940, Inglis, Glasgow, 60,8 m x 17,4 m x 1,4 m, 598 BRT, 850-PS-Dampfmaschine, heutige Nutzung: Restaurantschiff

LV No. 1 (MARY MOUSE 2)

Gosport, Haslar Marina

Feuerschiff, 1946, außer Dienst gestellt 1993, heutige Nutzung: Clubschiff

LV No. 7

Beverly

1908, Earles, Hull, bis 1982 im Dienst

LV No. 10

Goole

Feuerschiff, 1915, heutige Nutzung: Trainingsschiff

LV No. 14
(GOOLEULONG 2000)

Cardiff, Harbour Drive

Feuerschiff, 1953, Cock, Welton & Gemmel, Beverly, 41,7 m x 7,9 m x 3,7 m, 590 tons, ex HELWICK ex THE HAVEN, Einsätze: 1953–1955 Station Kentish Knock, 1955–1956 Station Quter Gabbard, 1956 Station Cowes, 1956–1959 Station Morecambe Bay, 1960 Station Scarwether, 1960–1963 Station Royal Sovereign, 1963–1976 Station Breaksea, 1976–1983 Station Scarweather, 1984–1989 Station Helwick, 1988 Ankauf durch die Kirche von Wales. Seit 2000 Nutzung als ökomenisches Kirchenschiff.

LV No. 15 (TRINITY)

Tollesburry

Feuerschiff, 1954, Philips, Dartmouth, 41,70 m x 7,6 m x 4,5 m, 645 BRT, ex LV No. 15, heutige Nutzung: Trainingsschiff
www.fact.org.uk.

Einsätze: 1954 Station Morecombe Bay, 1954–1976 Station Scarweather, 1976–1978 Station Breaksea, 1979 Station Channel, 1979–1980 Station St. Gowan, 1980 Station Scarweather
1981 Station Helwick, 1984–1986 Station Dudgeon, 1988 Verkauf an die Kirchen-Organisation Fellowship Afloat, Umbau zum Wohnschiff mit 36 Schlafplätzen, 1991 Eröffnung

LV No. 16 (I)

Rochester, Medway Bridge Marina

1840, bis 1945 Feuerschiff, danach Clubhaus des Benfleet Yacht Club, seit 1983 am Medway, heutige Nutzung: Restaurant »Inner Dowsing«

LV No. 16 (COLNE NIGHT)

Borstal, Medway

Feuerschiff, 1954, Philip & Son, Dartmouth, außer Dienst gestellt 1988, 26,7 m Länge, 158 BRT, heutige Nutzung: Restaurant

LV No. 18

Harwich

Feuerschiff, 1958, Philip & Son, Dartmouth, 32,0 m Länge, 561 BRT, 1994 außer Dienst gestellt, heutige Nutzung: Radio-Sender

LV No. 38

Grays

Feuerschiff, 1860, außer Dienst gestellt 1940, danach Clubhaus für den Thurrock Yacht Club, heute Auflieger

LV No. 44 (GARSON II)

Vange Creek, Watt Tyler, Country Park

Feuerschiff, 1869, außer Dienst gestellt 1945, Clubhaus Erith Yacht Club, Hulk

LV No. 50 (TYNE III)

Blyth

Feuerschiff, 1879, 30,5 m, 205 BRT, heutige Nutzung: Clubschiff des Royal Nothumberland Yachtclubs

LV No. 72

Neath Abbey Wharf, nahe Swansea

Feuerschiff, 1903, Green, 35,0 m x 7,2 m x 4,5 m, 210 tons, Eisenrumpf, außer Dienst gestellt 1972, heutige Nutzung: Auflieger

LV No. 78 (CALSHOT SPIT)

Southampton, Ocean Village

Feuerschiff, 1914, Thorneycroft, Southampton, 140 tons, außer Dienst gestellt 1987, heutige Nutzung: Maritimes Exponat

LV No. 80 (ORWELL)

Ipswich

Feuerschiff, 1914, außer Dienst gestellt 1977, heutige Nutzung: Clubhaus des Sea Cadet Corps

LV No. 86 (NORE)

Hoo, Port Werburgh Marina

Feuerschiff, 1936, S. White, Cowes, 26,2 m x 6,6 m x 2,9 m, 186 BRT, außer Dienst gestellt 1974, danach Liegeplatz im St. Katherine's Dock, London, heutige Nutzung: Hausboot

LV No. 87

Ipswich, Levington Marina

Feuerschiff, 1931, außer Dienst gestellt 1973, heutige Nutzung Clubschiff

LV No. 88 (LORD NELSON)

Norwich

Feuerschiff, 1936, Philip & Son, Dartmouth, heutige Nutzung: Kadettenschiff der Norwich Sea Cadets

MANNIN 2

Northwich

Dampfbagger/Grab Hopper Dredger, 1936, Lobnitz, Renfrew, 30,7 m x 7,0 m, 127 BRT, 150-PS-Dampfmaschine, ex MANNIN

MTB 71

Marchwood

Motortorpedoboot, Vosper, Eigner: British Military Powerboat Trust
wwwbmpt.org.uk

OCEAN MIST

Leith

Dampfyacht, 1919, Brown, Greenock, 38,2 m x 7,2 m x 2,8 m, 383 BRT, 500-PS-Dampf, heutige Nutzung: Restaurant

PEACOCK

Birmingham

Barge (canal narrowboat), 1915, Birmingham

PRESIDENT

London, Victoria Embankment

Begleitschiff (Q-Ship, Anchusa-Klasse), 1918, Lobnitz, Renfrew, 76,2 m x 10,7 m x 4,2 m, 1290 tons, Dampfmaschine, ex HMS SAXIFRAGE, heutige Nutzung: Trainingsschiff

QUEEN MARY II

London

Passagier-Dampfschiff, 1933, Denny, Dumbarton, Schottland, 80,3 m x 11,3 m x 2,3 m, 1.014 BRT, 3.800-PS-Dampfturbinen, heutige Nutzung: Restaurant

QUEST
West Wales Maritime Heritage Society
Ruderboot, 8,5 m lang

RENFREW FERRY
Renfrew
Dampf-Fähre, 1935, Fleming & Ferguson, Paisley, Schottland, 20,7 m x 14,6 m, heutige Nutzung: Maritimes Exponat, ex ERSKINE FERRY

ROSS LEOPARD (GY 491)
London
Fischkutter, 1957, 355 tons, heutige Nutzung: Nachtclub

RYDE QUEEN
Newport
Raddampfer, 1937, Denny, Dumbarton, 65,8 m x 8,9 m x 3,1 m, 603 BRT, 133-PS-Dampfmaschine, heutige Nutzung: Restaurant

ST. KATHERINE
London, Victoria Embankment
Passagierschiff, 1927, Philps & Son, Dartmouth, heutige Nutzung: Restaurant

SCONE (127269)
London
Frachtsegler/Thames sailing barge, 1919, Gill, Rochester, 27,0 m Länge, Nutzung: Büroschiff

SJÆLLAND
London
Fährschiff, 1951, Helsingør Skibsværft, 3034 BRT, 110,4 m x 17,2 m x 4,1 m, 5.450 PS, 15 kn, 1.000 Passagiere, 110 PKW, ex »Dronning Ingrid« (bis 1980), Einsatz Nyborg-Korsør (bis 1982), heutige Nutzung: Restaurant und Museum

TATTERSHALL CASTLE
London, Victoria Embankment
Raddampfer, 1934, Gray, West-Hartlepool, 63,9 m x 17,4 m x 1,4 m, 556 BRT, 1200-PS-Dampfmaschine, heutige Nutzung: Kunst-Galerie und Restaurant

THEKLA
Bristol
Küstenmotorschiff, 1958, Büsum, heutige Nutzung: Theaterschiff

TOLLESBURY (110315)
London
Frachtsegler/Spritsail barge, 1901, Felton, Sandwich, 25,7 m x 6,2 m x 2,0 m, heutige Nutzung: Bar-Schiff

TRINITY (LV No. 15)
Tollesburry
Feuerschiff, 1954, Philip & Son Ltd. Dartmouth, 41,70 m x 7,6 m x 4,5 m, 645 BRT, ex LV No. 15, heutige Nutzung: Trainingsschiff
Einsätze: 1954 Station Morecombe Bay, 1954–1976 Station Scarweather, 1976–1978 Station Breaksea, 1979 Station Channel, 1979–1980 Station St. Gowan, 1980 Station Scarweather 1981 Station Helwick, 1984–1986 Station Dudgeon, 1988 Verkauf an die Kirchen-Organisation Fellowship Afloat, Umbau zum Wohnschiff mit 36 Schlafplätzen, 1991 Eröffnung

WATKIN WILLIAMS
Cardiff
Rettungsboot (Watson-Klasse), 1956, 12,8 m Länge

WELLINGTON
London, Victoria Embarkment
Begleitschiff, 1934, Royal Dockyard, Devonport, Plymouth, 81,1 m x 10,4 m x 2,7 m, 990 tons, heutige Nutzung: Club Schiff der Honourable Company of Master Mariners

WILFRED (149 696)
London
Frachtsegler/spritsail barge, 1926, Piper, Greenwich, 27.9 m x 7,1 m x 2,0 m, ex STARGATE, ex WILFRED, Nutzung: Restaurant am Temple Pier, Thames Embankment

WILTON
Leigh-on-Sea
Minenräumboot, heutige Nutzung: Clubhaus des Essex Yacht Club

RESTAURIERUNGS-PROJEKTE

CAMBRIA (120676)
Sittingbourne
Dolphin Yard Sailing Barge Museum
Frachtsegler, Thames spritsail barge, 1906, Everad, Greenhithe, 27,7 m x 6,7 m x 2,1 m, 79 BRT

CHALLENGE
Marchwood
Dampfschlepper, 1931, Hall, Aberdeen, 30,5 m x 7,9 m x 4,1 m, 233 BRT

CITY OF ADELAIDE
Irvine
Scottish Maritime Museum
Frachtsegler, Vollschiff, 1864, Pile, Sunderland, 53,9 m x 10,1 m x 5,6 m, 860 BRT, ex CARRICK

DANNEBROG (109881)
Hoo
Frachtsegler, spritsail barge, 1901, McLearon, Harwich, 71 tons

DAWN (105902)
Maldon
Dawn Sailing Barge Trust
Frachtsegler (spritsail barge), 1897, Cook, Maldon, 25,0 m Länge, 54 BRT

GLENWAY
Sittingbourne
Dolphin Yard Sailing Barge Museum
Frachtsegler (spritsail barge), 1913, Little, Rochester, 82 BRT

JOHN H. AMOS
Chatham
Medway Maritime Museum
Seitenrad-Dampfschlepper, 1931, McLachlan, Paisley, Schottland, 33,5 m x 12,8 m, 202 BRT, 127-PS-Dampfmaschine, ex HERO

LIBERTATEA

Dampf-Yacht, 1930, John Brown, Clydebank, Schottland, 1574 tons, 91,4 m x 10,9 m x 4,5 m, Dampfturbinen, 4.000 PS, ex LUCEAFERAL, ex NAHLIN.
Das Schiff wurde als Restaurant in Galatz/Donau genutzt, jetzt Restaurierung in Grossbritannien

SWIFTSTONE

London

Schlepper, 1952

AKTIVE VETERANEN

463

Portsmouth

Tender, 1899, 9,7 m Länge

ADC

St. Osyth

Fischkutter/Smack, 1895, Aldous, Brigthlingsea, 13,4 m Länge, 18 BRT

ABERCORN

London

Passagierschiff, 1925, Salter Brothers, Oxford, 33,5 m Länge, 107 BRT

ACTIV

London

Dreimast-Toppsegelschoner, 1951, Ring-Andersen, Svendborg, 42,0 m (27,3 m) x 7,1 m x 3,0 m, 117 BRT, 536 qm Segel, 230-PS-Diesel, ex SVENDBORG, ex MONA

ADIEU (161035)

London, St. Katherine's Dock

Frachtsegler/spritsail barge, Horlock, 1929, ex DULCIBELLA

ADVANCE

Frachtschiff/Clyde puffer, 1942, Dunston, Thorne, 20,4 m Länge, 184 BRT, Dampfmaschine, ex VIC 24

ALASKA

London

Dampf-Passagierschiff/Saloon launch, 1883, Horsham, Bourne End, 18,3 m x 3,1 m, 16 BRT, Dampfmaschine, 36 Passagiere

ALBERT

London

Dampfschiff, 1910, 10,7 m Länge, ex 26

ALBERTA

Brightlingsea

Fischerboot, Essex smack, 1885, Brightlingsea

ALBION

Ludham

Frachtsegler/Norfolk wherry, 1898, Brighton, Lake Lothing, Suffolk, 17,7 m x 4,6 m x 1,4 m, 23 tons, ex PLANE

ALBION

Conwy

Fischkutter/Morecambe Bay Prawner, 1906, Crossfield, Arnside, 12,2 m Länge, 13 BRT

ALDGATE

London

Binnenschiff/Narrow boat, 1936, Harland & Wolff, Woolwich

ALICE

Lower Upnor

Frachtsegler/sailing barge, 1954, Cooks, Wyvenhoe

ALICE-MARIE

Poole

Passagierschiff, 1938, 16,2 m Länge, 33 BRT

ALOUETTE

Falmouth

Passagierschiff, 1927, 14,6 m Länge, ex PRINCESS MARIA

ALPERTON

Birmingham

Binnenschiff/Narrow boat, 1936, Harland & Woilff, 21,8 m Länge

ALPHA

Craodh Haven

Lotsenkutter/Bristol Channel Pilot Cutter, 1904, Liver and Wilding, Fleetwood, 18,3 m (14,3 m) Länge, 40 tons

ALPHA

Harwich

Fischkutter/Trawler, 1938, Aldous, Brightlingsea, 11,3 m Länge, 11 BRT

AMIENS

London

Dienstboot/Target towing launch, 1944, Thorneycroft, Southampton, 21,0 m Länge, 37 tons

AMY HOWSON (14085)

South Ferriby

Frachtsegler, Humber keel, 1914, Scarr & Sons, Beverly, 20, 7 m x 5,2 m x 2,4 m, 69 BRT, ex SOPHIA, ex I KNOW

ANGELINE ALINE (TSK 59)

Fischkutter/Trawler (dundee), 1921, Fecamp, ex JEAN, ex JULES TALLEUX, ex JOHANNA

ANGLIA
Hoo
Frachtsegler/spritsail barge, 1898, Shrubsall, Ipswich, 25,1 m x 6,2 m x 1,7 m, 68 BRT

ANTLIA
Bristol
Binnenschiff/Narrow Boat, 1936, Yarwood, Northwich, 18,3 m Länge

APOLLO
Shipley
Passagierschiff, 1929, 58,0 m Länge

APPLE
Bristol
Binnenschiff/Narrow Boat, 1931, Yarwood, Northwich, 21,8 m Länge

ARCTURUS
Watford
Binnenschiff/Narrow Boat, 1934, 22,0 m Länge, 17 BRT

ARDWINA (29016)
London, St. Katherine's Dock
Frachtsegler/spritsail barge, 1909, Orvis & Fuller, Ipswich, 26,0 m x 6,4 m x 2,0 m, 66 BRT

ARGON
Birmingham
Binnenschiff/Narrow Boat, 1935, Harland & Wolff, Woolwich, 21,3 m Länge

ARKLOW
Cowes
Rettungsboot, 1938, Groves & Gutteridge, 13,0 m Länge, 14 BRt, ex INBHEAR MOR, bis 1968 im Einsatz

ARTEMIS
River Cann
Dampfschiff, 1899, Summers & Payne, Southampton, 6,4 m Länge

ASH
Binnenschiff/Narrow Boat, 1935, Yarwood, Northwich, 21,8 m Länge

ASTRID
Weymouth
Brigg, 1918, v. Leeuwin, Scheveningen, Niederlande, 42,0 m x 6,7 m x 2,5 m, 170 BRT, 488 qm Segel, 290-PS-Diesel, ex WUTA

ATILLA
Manchester
Passagierschiff, 1906, 57,0 m Länge

ATRATO (110037)
London
Frachtsegler/spritsail barge, 1898, Forrest, Wyvenhoe, 25,7 m x 5,7 m x 1,8 m, 95 tons

AUDREY
Goole/Hull
Segler, 1915, ex LV 10 (Feuerschiff)

AULD REEKIE
Oban
Fracht-Dampfer/Clyde puffer, 1943, Pimblott & Sons, Northwich, 20,4 m x 5,6 m x 2,9 m, 96 BRT, 12 Passagiere, ex VITAL SPARK, ex VIC 27

BALMORAL
Glasgow
Passagierfährschiff, 1949, Thornycroft, Southampton, 62,0 m x 9,8 m x 2,0 m, 688 BRT, 600-PS-Diesel, Paddle Steamer Preservation Society

BALTIC AIR
Rettungsboot, Watson-Klasse, 1962, 14,3 m Länge

BARCADALE
Burntisland
Fischkutter, 1938, Herd & MacKenzie, Buckie18,3 m Länge, 31 tons, ex EBENEZER

BATH
Nottinghamshire
Binnenschiff/Narrow Boat, 1936, Harland & Wolff, Woolwich, 21,8 m Länge, ex PRINCE, ex BENBOW

BATTERSEA
Radcot
Binnenschiff/Narrow Boat, 1936, 22,0 m Länge

BE GRACEFUL
Belfast
Fischkutter, 1954, 21,3 m Länge, 52 tons

BEATRICE MAUD
Thames sailing barge

BEATTY
Leigh
Binnenschiff/Narrow Boat, 1937, Yarwood, Northwich, 21,3 m Länge, 23 tons

BERIC (105 421)
London, St. Katherine's Dock
Frachtsegler/spritsail barge, 1896, Cann, Harwich, 63 BRT, Holzrumpf

BESSIE ELLEN
Plymouth
Frachtsegler/West country trading ketch, 1906, Kelly, Plymouth, 23,3 m Länge, ex FORSOGET

BETULA
Motorsegler, 1924, Gideon, Groningen 23,6 m x 5,4 m

BIRD OF DAWNING
Faversham
Fischkutter/Smack, 1937, Shuttlewood, Paglesham, 9,2 m Länge

BISON
Northwich
Binnenschiff/Narrow Boat, 1923, Yarwood, Northwich, 22,9 m Länge

BLACK BEAUTTY
Hayling Island
Barkasse/Admirality Pinnace, 1943, Rutherford, Birkenhead, 17,1 m Länge, 20 tons

BLACK COUNTRYMAN
Stourbridge
Binnenschiff/Narrow Boat, 1948, Harris Bros, Netherton, 21,0 m Länge

BLUEBIRD
Motoryacht, 1938, Goole, 32,6 m Länge, 400-PS-Diesel

BLUEBIRD
Gloucester
Motorboot/River launch, 1924

BOADICEA
West Mersea
Fischkutter/Smack, 1808, Williamson, Maldon, 12,5 m Länge

BOY KEN THE SECOND
Isle of Man
Fischkutter, 1949, 16,0 m Länge, 37 tons

BOY PETER
Peel
Fischkutter/Trawler, 1935, 15,0 m Länge, 20 tons

BREAM
Lancaaster
Binnenschiff/Narrow Boat, 1932, Yarwood, Northwich, 21,4 m Länge

BRENT
Maldon
Schlepper, 1945, Pickersgill, Sunderland, 22,3 m x 5,2 m x 2,3 m, 54 BRT, ex TID 159

BRIDGEWATER CASTLE
Sandwich
Marine-Tender 1945, Blackmore, Bideford, 14,5 m Länge, 31 tons, ex MFV 973

BRIGHTLINGSEA
Harwich
Passagierschiff, 1925, 21,4 m Länge, 51 tons

BRILLIANT STAR
Scarborough
Fischkutter/Trawler, 1950, Forbes, Sandhaven, 16,6 m Länge, 35 tons

BRISTOL QUEEN
Western Super Mare
Passagierschiff, 1938, Denny, Dumbarton, 20,1 m Länge, 38 tons, ex LEVEN, ex PRIDE OF THE BAY

BRITANNIA
London
Schlepper, 1893, Gainsborough, 22,6 m x 4,9 m x 3,0 m

BRITANNIA
Porthleven
Fischkutter/Cornish lugger, 1906, Roberts, Mevagissey, 12,3 m Länge, 23 tons

BRITANNIA
Stratford-upon-Avon
Passagierschiff, 1906, 13,1 m Länge BRITANNIA, Birmingham, Passagierschiff, 1926, 21,3 m Länge

BRITANNIA
Swanage
Fischkutter, 1930, 12,1 m Länge, 10 tons, ex HAPPY RETURN

BRITANNIA
Fife
Fischkutter, 1952, Thomson, Buckie, 19,8 m Länge

BRITANNIA M
Teignmouth
Passagierschiff, 1939, 13,3 m Länge, 13 tons

BRUCE
Limekilns
Fischkutter, 1926, Miller, Monans, 14,9 m Länge, 19 tons

BUCCANEER
St. Marys
Passagierschiff, 1943, 14,3 m Länge

BUCCANEER
Dienstboot, 1942, British Powerboat Company, Hythe, 19,2 m Länge, ex HSL 2550

BURE-JACK
Wroxham
Dienstboot/Inspection launch, 1929, Woods, Horning, 8,2 m Länge

CABBY (160 687)
Maldon
Frachtsegler/spritsail barge, 1928, Gill, Rochester, 28,0 m Länge, 76 BRT

CARIAD
Newport
Lotsenkutter/Pilot boat, 1904, Rowles, Pill, 14,5 m x 3,9 m x 2,5 m, 18 tons, Segel, Diesel

CARRIE
Bristol
Zweimast-Gaffelschoner, 1947, Cornec, Camaret, Frankreich, 27,3 m (20,0 m) x 6,0 m x 2,6 m, 332 qm Segel, 120-PS-Diesel

CENTAUR (99 460)
Maldon
Thames Sailing Barge Club
Frachtsegler/spritsail barge, 1895, Cann, Harwich, 26,1 m x 5,9 m x 1,9 m, 61 BRT

CHALLENGE
Scarborough
Fischkutter/Trawler, 1958, 15,5 m Länge, 23 tons

CITY OF EDINBORO
Hull
Fischkutter, 1884, McCann, Hull, 33,5 m x 6,1 m x 3,3 m, 83 BRT, Segel, Diesel, Humber Sailing Trawler Society, ex WILLIAM MCCANN, ex FRIDA, ex CITY OF EDINBURGH

CITY OF GLASGOW II
Harwich
Rettungsboot, 17,1 m Länge

COMRADE
Beverly Beck
Frachtsegler/Humber keel, 1923, Warrens, New Holland, Lincolnshire, 18,8 m x 4,6 m x 2,4 m, 69 BRT, Humber Keel and Sloop Preservation Society, ex ADA CARTER, ex WANDA

CORONIA
Scarborough
Passagierschiff, 1935, Fellows, Yarmouth, 27,4 m Länge, 72 tons, ex BRIT, ex TENDER WATCHFUL, ex BRIT, ex YORKSHIRE LADY

CURLEW
Faversham
Frachtsegler/Humber keel, 1905, Hull

CYGNET (84 028)
Pin Mill
Frachtsegler/spritsail barge, 1881, Curel, Frindsbury, 16 BRT

DAYBREAK
Themse
Frachtsegler/Humber keel, 1934, Dunston, Thorne, Segel, Diesel

DECIMA (110 055)
Faversham
Frachtsegler/spritsail barge, 1899, Fay, Southampton, 28,1 m x 6,0 m, 67 BRT

DOLPHIN
Swansea
Lotsenkutter/Pilot boat, 1909, Bowden, Pothleven, 11,6 m Länge

EARL OF PEMBROKE
Dreimast-Schoner, 1945, Pukavik, Schweden, 44,2 m (35,3 m) x 7,3 m x 3,2 m, 350 tons, 882 qm Segel, 300-PS-Diesel, ex ORION

ECLIPSE
Hampton
Dampfboot/Launch, 1901, Cawston, Reading, 16,0 m Länge, 12 Passagiere

EDA FRANDSEN
St. Kilda, Hebriden
Fischkutter/Lobster smack, 1938, Grenaa, Dänemark

EDITH MAY (116180)
London, St. Katherine's Dock
Frachtsegler/spritsail barge, 1906, Cann, Harwich, 64 tons

EDME (105 425)
St. Osyth
Frachtsegler/spritsail barge, 1898, Cann, Harwich, 50 tons

EILEAN EISDEAL
Inveraray
Frachtschiff/Clyde puffer, 1944, Hull, 22,5 m Länge, 132 tons, ex VIC 72

ELEGANCE
West country
Dampfboot/Launch, 1895, Guy, Cowes, 16,2 m Länge

ELFIN
London
Dampfboot, 1897, 10,7 m

ELVE
Motorboot, 1929, Zuidam, Haarlem, Niederlande, 14,3 m x 3,3 m x 1,2 m

ENA (122974)
Hoo
Frachtsegler/spritsail barge, 1906, McLearon, Harwich, 26,9 m x 6,3 m x 2,1 m, 73 tons

ESK
Lancaster
Bagger/Grab dredger, 1936, Robb, Leith, 30,5 m Länge, 129 tons

ETHEL ADA (118 352)
Pin Mill
Frachtsegler/spritsail barge, 1903, Shuttlewood, Pagelsham, 25,0 m x 5,8 m x 1,6 m, 49 tons

EXCELLENT
Penzance
Fischkutter, 1931, Forbes, Sandhaven, 23,0 m Länge, 66 tons, ex EFFICIENT

EXCELSIOR (LT 472)
Lowestoft
Fischkutter/Lowestoft sailing smack, 1921, Chambers, Lowestoft, 33,0 m (23,4 m) x 5,9 m x 2,8 m, 55 BRT, 316 qm Segel, 138-PS-Diesel, 6 kn, Excelsior Sailing Trust, ex SVINOR

EYE OF THE WIND
Faversham
Brigantine, 1911, Lühring, Hammelwarden, Deutschland, 40,0 m (33,0 m) x 7,0 m x 2,7 m, 150 BRT, 650 qm Segel, 230-PS-Diesel, ex MARIE, ex ROSE MARIE, ex MERRY, ex SAM, ex FRIEDRICH

FELIX (97686)
London, St. Katherine's Dock
Frachtsegler/spritsail barge, 1893, Cann, Harwich, 25,1 m x 6,0 m x 2,1 m

FINGAL OF CALEDONIA
Fort William
Binnenschiff, 1929, ex TIMORE

FLAMBORIAN
Weymouth
Passagierschiff, 1938, Cook, Gemmel & Welton, Beverley, 21,1 m Länge, 52 tons, ex BOYS OWN

FRESHSPRING
Bristol
Wasserboot, 1947, Lytham, Lytham, 36,9 m x 7,5 m x 3,2 m, 285 BRT, 450-PS-Dampfmaschine

GAIETY 1887
Windsor
Berkshire, ehem. Dampfboot, 1887, 21.0 m x 4,5 m, Diesel, Stahlrumpf, ex OXFORD

GENERAL JENKINS
London
Hafendienstboot/Harbour steam launch, 1942, Robinson, Tewkesbury, 19,5 m x 4,0 m x 1,6 m, ex HSL 340, ex KATHLYN

GEORGE SMEED (83340)
Maldon
Frachtsegler/spritsail barge, 1882, Smeed Dean, Murston, 59 tons

GIRL SYBIL (PZ 595)
Southwold
Fischkutter/Looe lugger, 1912, Porthleven, 16,1 m (10,5 m), 80-PS-Diesel

GLADYS (109882)
London, St. Katherine's Dock
Frachtsegler/spritsail barge, 1901, Cann, Harwich, 25,6 m x 6,7 m, 68 tons

GLEANERS
Lochgoilhead
Fischkutter, 1934, Forbes, Sandhaven, 15,9 m Länge, 24 tons

GOLDEN CROSS
London
Schlepper/Tug, 1956, Scott, Bowling, 25,4 m x 7,3 m x 3,1 m, 132 BRT, 750-PS-Diesel

GOLDEN GALLEON
Yarmouth
Barkasse/Fairmile B motor launch, 1942, Dickie, Bangor, 32,7 m Länge, 126 tons, ex ML 162

GOLDEN HINDE
London, St. Mary Overie Dock
Galeone, 16. Jahrhundert, Nachbau 1973, Hinks, Appledore, 37,0 m (31,0 m) x 6,1 m x 2,7 m, 300 tons, 386 qm Segel, 140-PS-Diesel

GOLDEN VANITY
Brixham
Fischkutter 1908, Sanders, Galmpton, 12,8 m Länge

GONDOLA
Coniston Water
Dampfboot, 1859/Nachbau 1979, 26,2 m x 4,3 m x 1,4 m, 45 tons, 16-PS-Dampfmaschine, 86 Passagiere, Eigner: National Trust

GOVERNOR
Birmingham
Binnenschiff/Narrow boat, 1941, Harris, Netherton, 13,7 m Länge

GRAND TURK
London, St. Katherine's Dock
Vollschiff, Nachbau eines Kriegsschiffs aus dem 18. Jhr., 1997, Yalgingburs, Marmaris, Türkei, 46,3 m (36,4 m) x 10,4 m x 3,1 m, 314 BRT, 800 qm Segel, 2 x 450-PS-Diesel

GRETA (98 324)
Faversham
Frachtsegler/spritsail barge, 1892, Stone, Brightlingsea, 24,4 m x 5,7 m x 1,7 m, 46 tons

GUIDE ME
Looe
Fischkutter/Lugger, 1911, Looe, 13,5 m Länge

GYPSY RACE
Bridlington
Bagger/Grab dredger, 1940, Lobnitz, Renfrew, 30,7 m Länge, 145 tons, ex PRITTLEWELL, ex ESSEX LADY

HSL 102
Fawley
Schnellboot/High speed launch, 1936, British Power Boat Company, Hythe, 19,5 m Länge, Eigner: British Military Powerboat Trust

HSL 296
Milford
Hafendienstboot/Harbour service launch, 1942, Hancock, Pembroke Dock, 16,0 m Länge

HATHOR
Wroxham
Frachtsegler/sailing barge, 1905 Hall, Reedham, 17,1 m x 4,3 m, 23 tons

HAVENGORE
London
Barkasse/Authority launch, 1956, Toughs, Teddington, 25,9 m Länge

HELGA
London
Zweimast-Toppsegelschoner, 1908, Hugerman, Viken, Schweden, 24,7 m (19,3 m) x 5,9 m x 2,4 m, 53 BRT, 280 qm Segel, 125-PS-Diesel

HEN
Liverpool
Barge/Dump lighter, 1925, Cochrane, Selby, 22,3 m Länge, 155 tons

HENRY (118381)
Lowestoft
Frachtsegler/spritsail barge, 1904, Goldsmith, Grays, 23,2 m x 5,5 m x 1,6 m, 44 tons

HURLINGHAM
Lambeth
Fahrgastschiff, 1915, Salter, Oxford, 30,9 m Länge, 114 tons

HYDROGEN (123 640)
Maldon
Frachtsegler/spritsail barge, 1906, Gill, Rochester, 98 tons, Holzrumpf

IBIS
Brixham
Fischkutter/Looe lugger, 1930, Mitchell, Portmellon, 14,0 m Länge

IRENE
Bridgwater
Frachtsegler/West country ketch, 1907, Carver, Bridgwater, 34,0 m (28,0 m) x 6,4 m x 2,7 m, 97 BRT, 500 qm Segel, 2 x 130-PS-Diesel, Holzrumpf

IRONSIDES (112 710)
London, St. Katharine's Yacht Haven
Frachtsegler/Thames spritsail barge, 1900, Clarke & Stanfield, West-Thurrock, 25,6 m x 6,2 m x 2,0 m, 97 tons

JAMES LOADER
Hampshire
Binnenschiff, Schlepper/Norrow boat, Tug, 1946, Worsey, Walsall, 12,2 m Länge, 12 tons

JANET
Severn River
Dampf-Barkasse/Naval pinnace, 1892, S. White, Cowes, 12,2 m x 2,9 m, 30-PS-Dampfmaschine, ex No. 236

JOCK (122975)
London, St. Katherine's Dock
Frachtsegler/spritsail barge, 1907, Paul, Ipswich, 27,6 m x 6,6 m x 2,2 m, 86 tons

JOHANNA LUCRETIA
Plymouth
Toppsegelschoner, 1945, Belgien, 21,9 m Länge

JOHN ADAMS
Tender, 1934, Dunston, Thorne, 26,0 m Länge, 98 tons

JULIA
London, St. Katherine's Dock
Zweimast-Toppsegelschoner, 1938, R. Møller, Faaborg, 38,0 m (27,0 m) x 7,0 m x 2,3 m, 500 qm Segel, 120-PS-Diesel, ex JUTLANDIA, ex FRENNENAES, ex JETTE DAN

KASKELOT
Bristol
Bark, 1948, Ring-Andersen, Svendborg, 46,5 m (38,7 m) x 7,6 m x 3,6 m, 226 BRT, 883 qm Segel, 375-PS-Diesel, ex ANNE-MARIE GRENIUS, ex ANNE-MARIE, ex ARCTIC EXPLORER, ex KASKELOT

KENT
Chatham
Motorschleppper/Tug, 1948, Richards, Lowestoft, 26,8 m Länge, 880-PS-Diesel, South East Tug Society

KENYA JACARANDA (BM 163)
Tilbury
Fischkutter/Brixham trawler 1923, Jackmann, Brixham, 23,5 m x 5,5 m x 2,6 m, 80 tons, Diesel, Holzrumpf, ex TORBY LASS, Eigner: The Mayflower Sail Training Society

KINGFISHER
Cumberland Basin
Barkasse/Inspection launch, 1928, S. White, Cowes, 16,5 m Länge, 18 tons

KINGSWEAR CASTLE
Chatham
The Historic Dockyard
Passagier-Raddampfer, 1924, Philip, Dartmouth, 34,7 m x 8,5 m x 0,9 m, 94 BRT, 130-PS-Dampfmaschine, 235 Passagiere, Paddle Steam Navigation

KITTY (105 418)
Port Solent
Frachtsegler/spritsail barge, 1895, Cann, Harwich, 65 BRT

LADY DAPHNE (127 276)
London, St. Katharine's Dock
Frachtsegler/Thames spritsail barge, 1923, Short, Rochester, 27,7 m x 6,6 m x 2,4 m, 85 tons

LADY GWYNFRED (118441)

London

Frachtsegler/spritsail barge, 1904, Glover, Gravesend, 68 tons

LADY JANE (148 366)

London, St. Katherine's Dock

Frachtsegler/spritsail barge, 1923, Short, Rochester, 27,8 m x 6,6 m x 2,5 m, 86 BRT, ex SIR ALAN HERBERT

LADY OF THE LAKE

Cumbria

Fahrgastschiff, 1877, Seath, Rutherglen, 30,0 m Länge, 43 tons

LADY OF THE LEA

Faversham

Frachtsegler/spritsail barge, 1931, Hyam & Oliver, Rotherhithe, 21,9 m x 4,0 m

LADY ROWENA

Loch Ave

Dampfboot/Launch, 1926, Breaker, Bowness-on-Windermere, 11,0 m Länge, 30 Passagiere, ex WATER LILLY

LARGO LAW

Grangemouth

Lotsenboot/Pilot vessel, 1924, Miller, St. Monans, 18,3 m Länge, 45 tons

LEADER

Dartmouth

Fischkutter/Trawler, 1892, Gibbs, Galmpton, 30,5 m (24,1 m) x 5,8 m x 3,1 m, 100 tons, ex LORNE LEADER

LETTIE

Port Peurhyn

Lotsenkutter, 1905, Rowles, Pill

LILLIAN OF STOCKHOLM

Twickenham

Motoryacht, 1916, Södra Varvet, Stockholm, 30,0 m x 5,0 m x 2,0 m, 2 x 75-PS-Diesel, Schoner-Rigg

LITTLE MINT

Looe

Fischkutter/Lugger, 1913, Pearce, Looe

LYNHER

Morwellham Quay

Frachtsegler/Tamar barge, 1896, Goss, Calstock, 15,6 m Länge, 25 tons

MGB 60

Lowestoft

Schnellboot, 1940, Hythe, 21,9 m Länge, ex VTB 33, Eigner: Coastal Forces Heritage Trust

MGB 81

Southampton

Schnellboot/Motor Gunboat Mk V, 1942, British Powerboat Company, Hythe, 21,8 m x 6,0 m, 46 tons, 3 x 1200-PS-Petroleumturbinen, 40 kn, ex JOLLY ROGER, ex MTB 416, ex MGB 81
Eigner: British Military Powerboat Trust

MTB 102

Ipswich

Torpedoboot, 1936, Vosper, Portsmouth, 20,7 m x 4,5 m x 1,0 m, 33 tons, 3000-PS-Diesel, Holzrumpf, Eigner: MTB 102 Trust, ex VIMY

MTB 331

Marchwood

Motortorpedoboot, Thorneycroft, Eigner: British Military Powerboat Trust

MADCAP

Strangford Loch

Lotsenkutter/Pilot cutter, 1875, Davies & Plain, Cardiff, 12,1 m Länge, 16 tons

MAID OF THE LOCH

Loch Lomond

Seitenraddampfer, 1953, Inglis, Glasgow, 58,2 m x 15,5 m x 2,2 m, 555 BRT, 900-PS-Dampfmaschine, 1000 Passagiere

MAREAN (KY 120)

Southshields

Fischkutter, 1950, 84-PS-Diesel, Segel

MARGUERITE T.

Padstow

Lotsenkutter, 1893

MARIA (CK 21)

Faversham

Fischkutter/Smack, 1866, Harris, Rowhedge, 14,6 m Länge

MARIA

Hollow Shore

Fischkutter/Gloucester oyster dredger, 1902, Harris, Rowhedge

MARIANNE

Gweek

Lotsenkutter, 1889, Hambly, Cardiff, 15,2 m Länge, 26 tons

MARIE MAY (127270)

Woolston

Frachtsegler/spritsail barge, 1920, Huston, Maidstone, 26,2 m x 6,7 m, 83 tons

MARJORIE (113753)

Ipswich

Frachtsegler/spritsail barge, 1902, Orvis, Ipswich, 25,6 m x 5,9 m x 1,9 m, 56 tons

MARSA

Irvine

Frachtschiff/Clyde puffer, 1944, Dunston, Thorne, 25,9 m x 5,5 m x 2,6 m, 145 BRT, ex VIC 85

MASCOTTE

Gloucester

Lotsenkutter/Pilot cutter, 1904, Cox, Newport, 22,4 m (18,2 m) Länge

MASSEY SHAW

Milwal/London

Feuerlöschboot, 1935, Cowes, 22,9 m x 3,8 m x 1,1 m, 51 BRT, ursprünglich 400-PS-Dampfmaschine, heute 165-PS-Dieselantrieb

MATTHEW

Bristol

Karavelle, 1995, Nachbau von John Cabot's Segler MATTHEW aus dem Jahr 1497, 24,0 m (22,3 m) x 6,2 m x 1,8 m, 80 tons 202 qm Segel, 170-PS-Diesel

MAY (97 680)
London, St. Katherine's Dock
Frachtsegler/spritsail barge, 1891, Cann, Harwich, 57 BRT

MEDUSA
Southampton
Patrouillenboot/HD Motor launch, 1943, Newman, Poole, 22,0 m Länge, 56 tons, ex ML 1387

MEDWAY QUEEN
Damhead Creek, River Medway
Passagier-Dampfschiff, 1924, Alisa, Troon, Glasgow, 54,9 m x 14,9 m x 2,3 m, 316 BRT, 828 Passagiere, Medway Queen Preservation Society

MELISSA
Pin Mill
Frachtsegler/sailing barge, 1899, Fay, Southampton, 25,9 m Länge

MINCARLO (LT 412)
Lowestoft
Fischkutter/Trawler, 1961, 166 BRT, 500-PS-Diesel

MIROSA (96488)
Faversham
Frachtsegler/spritsail barge, 1892, Howard, Maldon, 27,3 m Länge, 49 tons, ex READY

MONTREAL
London
Frachtsegler/spritsail barge, 1902, Sittingbourne, 2,8 m x 7,2 m x 2,1 m, 89 tons

No. 3
Gloucester
Bagger, Bucket dredger, 1934, Hill, Bristol, 30,5 m Länge, ex JOHN BRADLEY

NANCY
Rochester
Frachtsegler/sailing barge, 1939, Shuttlewood, Paglesham

NELLIE (114 452)
Maldon
Frachtsegler/spritsail barge, 1901, Cremer, Faversham, 24,2 m x 5,3 m, 43 tons

NORADA
Wroxham
Frachtsegler/Wherry, 1912, Collins, Wroxham, 16,2 m x 3,7 m x 1,1 m, 15 tons, ex LADY EDITH

NUNEHAM
Old Windsor/Themse
Passagierdampfschiff, 1898, Clark, Brimscombe, 26,2 m x 4,1 m x 0,9 m, 31 BRT, Dampfmaschine, 150 Passagiere, Eigner: Thames Steam Packet Boat

OAK
Maldon
Frachtsegler, spritsail barge, 1881, Howard, Maldon, 50 tons

OLIVE
Wroxham
Frachtsegler/Wherry, 1909, Collins, Wroxham, 14,3 m x 4,2 m, 21 tons

ORINOCO (104862)
Faversham
Frachtsegler/spritsail barge, 1895, Hughes, Greenwich, 70 tons, Holzrumpf

OSBORNE No. 291
London
Polizeiboot/Police patrol boat, 1950, Osborne, 15,2 m Länge, 80-PS-Diesel, 11 kn

OUR BOYS (FY 221)
Axmouth
Fischkutter/Cornish lugger, 1904, Pearce, Looe, 12,8 m Länge

OUR DADDY
Lugger
1921, Pearce, Looe, 14,5 m Länge

PAM (BN 56)
Colchester
Fischkutter/Boston smack, 1908, Worfolk, Boston, 15,9 m Länge, 100-PS-Diesel

PANURGIC
Hull
Arbeitsboot/Hopper barge, 1935, Watson, Gainsborough, 27,5 m Länge 102 tons

PEGGY
Bristol
Lotsenkutter/Pilot cutter, 1903, Rowles, Pill, ex WAVE

PHOENICIAN (146700)
London
Frachtsegler/spritsail barge, 1922, Wills & Packham, Sittingbourne

PHOENIX
Bristol
Brigantine, 1929, Hjørne & Jacobsen, Frederikshavn, Dänemark, 31,0 m (26,5 m) x 6,6 m x 2,0 m, 78 BRT, Segel, 240-PS-Diesel, ex GABRIEL, ex ADELLA, ex SKIBLADNER, ex KARMA, ex JØRGEN PETER, ex PALMETO, ex ANNA

PILGRIM (BM 45)
Fischkutter/Brixham trawler, 1895, Upham, Brixham

PORTLIGHT (145 405)
Hollowshore/Faversham
Frachtsegler/spritsail barge, 1925, Horlock, Mistley, 68 tons

PORTWEY
London, North Quay, West India Dock
Dampfschlepper, 1927, Harland & Wolff, Glasgow, 24,5 m x 5,5 m x 2,7 m, 94 BRT, 330-PS-Dampfmaschine, 12 Passagiere, Eigner: The Steam Tug Portwey Trust

PROVIDENT (BM 28)
Salcombe
Fischkutter/Brixham trawler, 1924, Sandes, Galmpton, Devon, 28,0 m (21,3 m) x 5,5 m x 2,9 m, 39 BRT

PUDGE (127 274)
London
Frachtsegler/spritsail barge, 1922, London & Rochester, Frindsbury, 25,0 m x 7,3 m x 2,2 m, 68 tons, Thames Barge Sailing Club

PUFFIN
Bristol
Hafendienstboot/Harbour service launch, 1919, Cramton, Portsmouth, 16,0 m Länge, ex HSL 256

QUEEN GALADRIEL (TS K 431)
Ipswich
Frachtsegler, 1937, Ring-Andersen, Svendborg, Dänemark, 31,4 m (22,9 m) x 6,7 m x 2,1 m, 86 BRT, 387 qm Segel, 190-PS-Diesel, ex ELSE OF THISTED, ex ELSE

RATHO PRINCESS
Edinburgh
Fahrgastschiff, 1924, Brunn, Wooxham, 12,5 m Länge

RAVEN
Glenridding
Fahrgastschiff, 1889, Seath, Rutherglen, 34,1 m Länge, 63 tons

RAYBEL (145058)
London
Frachtsegler/sailing barge, 1920, Wills & Packham, Sittingbourne, 80 tons

REGAL LADY
Scarborough, Fahrgastschiff, 1930, Fellows, Yarmouth, 22,6 m Länge, 72 tons, ex OULTON BELLE

REMERCIE (123936)
Harwich
Frachtsegler/spritsail barge, 1908, McLearon, Harwich, 37 tons

REMINDER (161033)
Maldon
Frachtsegler/spritsail barge, 1929, Horlock, Mistley, 79 tons

REPERTOR (145404)
Faversham
Frachtsegler/spritsail barge, 1924, Horlock, Mistley, 69 tons

RETURN OF MARCO POLO
Hull
Dreimast-Gaffelschoner, Buhl, Frederikshavn, Dänemark, 1905, 48,5 m (36,3 m) x 6,6 m x 3,7 m, 117 BRT, 647 qm Segel, 450-PS-Diesel, ex FYRSKIB XIX

RIKKE RUBY
Südengland
Fischkutter, 1950, Thyborøn, Dänemark, 16,3 m x 5,0 m x 2,3 m, 35 BRT, 230-PS-Diesel, 10 kn

ROBIN
London, Docklands
Fracht-Dampfschiff, 1890, Mackenzie, MacAlpine, Blackwall, 43,6 m x 6,7 m x 4,0 m, 366 BRT, 47-PS-Dampfmaschine, ex MARIA

SABRINA
London
Kanalinspektionsboot/Inspection launch, 1870, Fielding & Platt, Gloucester, 16,5 m Länge, Dampfmaschine

SALLIE
Maldon
Fischkutter/Oyster smack, 1907, Aldous, Brightlingsea, 13,4 m Länge, 18 tons

SEAGULL II
London
Frachtsegler, spritsail barge, 1901, Gill, Rocheste, 13,1 m Länge

SHAMROCK
Windermere
Dampfboot/Saloon launch, 1906, Shepherd, Windermere, 13,9 m Länge

SHIELDHALL
Southampton, Ocean Village
Passagier/Fracht-Dampfschiff, 1955, Lobnitz, Renfrew, 81,7 m x 13,6 m x 4,1 m, 1792 BRT, 1600-PS-Dampfmaschine, 100 Passagiere, Eigner: The Solent Steam Packet

SIR WALTER SCOTT
Loch Katrine, Trossachs Pier
Dampfschiff, 1899, Denny, Dumbarton, 33,5 m x 5,8 m x 1,5 m, 115 BRT, 140-PS-Dampfmaschine, 350 Passagiere

SØREN LARSEN
Charleston
Brigantine, 1949, Larsen, Nykøbing/M., Dänemark, 44,0 m (32,2 m) x 7,7 m x 3,0 m, 125 BRT, 627 qm Segel, 240-PS-Diesel

SOLACE
Norfolk
Frachtsegler/Wherry, 1903, Hall, Reedham, 40 BRT, 20,7 m x 4,9 m x 1,3 m

SOUTHSEA
Portsmouth
Fährschiff, 1948, Denny, Dunbarton, 968 BRT

SOUVENIR D'ANTAN
London
Barkasse/Saloon launch, 1901, Bourgoine, Hampton Wick, 13,7 m x 0,6, ex ATALANTA, ex HAMPTON

SPIRIT OF BRITANNIA
Cowes
Fischkutter, 1915, Norfolk, Kings Lynn, 16,8 m Länge, 25 tons

STINA
Ipswich
Zweimast-Gaffelschoner, 1946, Sipoo, Finnland, 32,5 m x 6,7 m x 1,9 m, 110 tons, 370 qm Segel, 100-PS-Diesel

STORMY PETREL (71 FM)
Gillingham
Fischkutter/Oyster smack, 1890, Perkins, Whitstable, 12,2 m Länge

STREATLEY
Marlow, Themse
Passagier-Dampfschiff, 1905, Salter, Oxford, 25,9 m Länge, 120 Passagiere

SUNDOWNER
Ramsgate
Marine-Barkasse/Naval Pinnace, 1912, 15,9 m lang, 26 tons

SWAN
Windermere
Fahrgastschiff, 1938, 41,5 m Länge, 251 tons

SWAN (LE 243)
Lerwick
Fischkutter/Fife, 1900, Hay, Lerwick, 20,4 m Länge, 57 tons

TID 172
Harwich
Dampfschlepper, 1946, Scarr, Hessle, 22,3 mx 5,3 m 2,4 m, 54 tons, ex PALLION, ex TID 172

TEAL
Windermere
Fahrgastschiff, 1936, 41,5 m Länge, 251 tons

TELEGRAPH
Maldon
Fischkutter/Smack, 1906, Gostelow, Boston, 16,0 m Länge, 38 tons

TERN
Windermere
Fahrgastschiff, 1891, Forrest, Wyvenhoe, 42,7 m Länge, 120 tons

THALATTA (116 179)
Maldon
Frachtsegler/spritsail barge, 1906, McLearon, Harwich, 27,1 m 6,3 m x 2,2 m, 67 tons

THALITA G.
Southampton
Motoryacht, 1930, Krupp Germania Werft, Kiel, 82,5 m Länge, 1100 BRZ, ex REVELER, ex BEAUMONT

THAMES ESPERANZA
Themse
Fahrgastschiff, 1898, Bond, Maidenhead, 15,9 m Länge

THE THREE BROTHERS
Bridlington
Fiscchkutter/Coble, 1912, Baker & Sildall, Bridlington, 12,2 m Länge

THISTLE (105 727)
Shotley
Frachtsegler, spritsail barge, 1895, Hamilton, Port Glasgow, Scotland, 200 tons

THOMAS
Port Talbot
Schlepper/Tug, 1937, Cochrane, Selby, ex C 10, ex DESTINY, ex INFLUENCE

TORQUE
Maryport
Schlepper/Tug, 1943, 232 BRT

TURMOIL
Ely
Schlepper, 1945, Peaks, Stanground, 9,1 m Länge, ex THETIS

VIC 32
Crinan
Frachtdampfer/Clyde puffer, 1943, Dunston, Thorne, 20,4 m x 5,6 m x 2,4 m, 96 BRT, 12 Passagiere

VIC 56
London
Frachtschiff/Clyde puffer, 1945, Pollock, Faversham, 25,9 m x 6,1 m x 2,6 m, 140-PS-Dampfmaschine

VICTOR (105 762)
Bucklers Hard/London
Frachtsegler/spritsail barge, 1895, Shrubsall, Ipswich, 25,0 m x 6,2 m x 2,0 m, 82 BRT

VIGILANCE (BM 76)
Brixham
Fischkutter/Brixham trawler, 1926, Upham, Brixham, 34,1 m Länge, 39 tons

VIGILANT (BM 273)
Brixham
Fischkutter/Brixham trawling smack, 1926, 29 tons

VIGILANT
Shoreham
Zollkreuzer, 1902, Cox, Falmouth, 30,5 m x 4,9 m, 140 tons, Dampfmaschine, ex EILEEN SIOCHT

VIGILANT (116 176)
Maldon
Frachtsegler/spritsail barge, 1904, Orvis & Fuller, Ipswich, 73 tons

VIGILIO
St. Sampson
Dreimast-Schoner, 1890, Garis, St. Peter

W.D. ALPHA
London
Arbeitsboot/Hopper barge, 1946, Fleming & Ferguson, Paisley, 51,1 m, 686 tons

WAVERLEY
Glasgow, Anderston Quay
Raddampfer, 1947, Inglis, Glasgow, 73,2 m x 17,4 m x 2,0 m, 693 tons, 2.100-PS-Dampfmaschine, 1.350 Passagiere, Eigner: Paddle Steamer Preservation Society

WESTERN LADY III
Torbay
Marine-Barkasse/Fairmile B motor launch, 1941, Southampton, 34,1 m Länge, 108 tons, ex RML 497

WILL (148 176)
Rochester
Frachtsegler/spritsail barge, 1925, Fellows, Yarmouth, 32,5 m x 7,2 m x 3,0 m, 150 BRT, ex WILL EVERAD

WILLIAM AND KATE JOHNSON
Ipswich
Rettungsboot, 1923, S. White, Cowes, 18.9 m Länge

WINDSOR BELLE
Wargrave/Themse
Passagier-Dampfschiff, 1901, Burgoine, Windsor, 18,1 m x 3,5 m, 23 BRT, 20-PS-Dampfmaschine, 40 Passagiere

WYVENHOE (110012)
London, St. Katherine's Dock
Frachtsegler/spritsail barge, 1898, Forrest, Wyvenhoe, 27,4 m Länge, 63 tons

XYLONITE (145 408)
Maldon
Frachtsegler/spritsail barge, 1926, Horlock, Mistley, 26,5 m Länge, 68 tons, ex BX

YARMOUTH BELLE
London
Fahrgastschiff/Raddampfer, 1892, Bradley, Yarmouth, 22,6 m x 4,9 m, 56 tons

YARMOUTH NAVIGATOR
Dartmouth
Admiralitätsboot, 1943, Richrads Ironworks, Lowestoft, 29,6 m Länge, 115 tons, ex MFV 1502

YSOLT
Helensburgh
Dampfyacht, 1893, Strickland, Dartmouth, 16,1 m x 2,3 m, 50-PS-Dampfmaschine

ZAMOURA
London
Barkentine, 1927, 44,0 x 7,0 m x 2,9 m, 250 tons, 700 qm Segel, 800-PS-Diesel

ZEBU
Southampton
Brigantine, 1938, Holms, Raa, Schweden, 31,0 m (21,9 m) x 6,1 m x 2,3 m, 395 qm Segel, 84-PS-Diesel, ex ZIBA

SCHIFFAHRTSMUSEEN

ARKLOW

Arklow Maritime Museum
St. Mary's Road, Arklow
Tel.: 04 02 - 3 28 68
www.elsas.demon.nl/ierland.htm

Lokale Schiffahrtsgeschichte, Untergang der LUSITANIA

Stationäres Schiff

ALBATROS, Feuerschiff 1925, Robb, Leith, heutige Nutzung: Pfadfinderheim

CORK

1796 Bantry French Armada Exhibition Centre
East Stables, Bantry House
Bantry, Cork
Tel.: 0 27 - 5 17 96
www.cork-guide.ie/bantry/attractions.html

Modell der französischen Fregatte »La Surveillante«

Cobh Museum
High Road, Cobh, Co. Cork
Tel.: 0 21 - 4 81 42 40
www.cobhharbourchamber.ie

Schiffsmodelle

Irish Naval Service Museum
Haulbowline Naval Base
Ringaskiddy, Co Cork
Tel.: 0 21 - 37 87 77
Marinegeschichte

The Queenstown Story
Cobh Heritage Centre, Cobh, Cork
Tel.: 0 21 - 48 1 35 91
www.cobhheritage.com/

Hafengeschichte, Geschichte der Auswanderung

Stationäres Schiff

LV No. 14 (HAVEN), Castletown Bearhaven, Bantry Bay, Feuerschiff, 1959, Cook, Welton & Gemmel, Beverly

DONEGAL

Greencastle Maritime Museum
Greencastle, Inishowen, Donegal
Tel.: 0 77 8 13 63
www.elsas.demon.nl/ierland.htm

Modelle, Gemälde, Fotos, Seenotrettung, Bootssammlung

DUBLIN

National Maritime Museum of Ireland
Haigh Terrace, Dun Laoghaire, Dublin
Tel.: 01 2 80 09 69
www.dun-laoghaire.com/dir/maritime.html

Irische Seefahrtsgeschichte, Erinnerungsgegenstände an das deutsche U-Boot U-19

Museumsschiffe

(-) Bantry-Boot, französische Schaluppe, 1790, ca. 13 Meter lang
(-) Lough Lene, Wrack, ca 100 v. Chr.

Kilmainham Museum
Inchicore Road, Dublin 8
Tel.: 01 453 59 84

Museumsschiff

ASGARD, Yacht, 1905

Waterways Visitor Centre
Grand Canal Quay, Dublin
Tel.: 01 - 6 77 75 10
Binnenschiffahrt

Museumsschiff

NAOMH EANNA, Fährschiff, 1958

DUN LAOGHAIRE

Stationäres Schiff

SOUTH ROCK, Feuerschiff, 1877, heutige Nutzung: Trainingsschiff

Projekt

PEGGY BAWN, Kutter, 1894

GOLEEN

The Mizen Visitor Centre
Mizen Head Signal Station, Goleen
West Cork
Tel.: 0 28 - 3 52 25
www.mizenhead.net

Leuchtfeuer, Wracks vor Fastnet

KERRY

The Skelling Experience Heritage Centre
Valentia Island, Ring of Kerry, Kerry
Tel.: 0 66 - 7 63 06
Leuchtfeuer-Geschchte

LIMERICK

Limerick Museum
Castle Lane, Limerick
Tel.: 0 61 41 78 26
Schiffsmodelle, Taucherei, Navigation, Ruder eines LUSITANIA-Rettungsbootes

WEXFORD

Kilmore Quay Maritime Museum
Kilmore Quay, Wexford
Tel.: 0 53 2 96 55
http://kehoes.com/index.html

Schiffsmodelle, Gemälde

Museumsschiff

GUILLEMOT, Feuerschiff, 1922

WICKLOW

Avondale House and Forrest Park
Rathdrum, Wicklow
Tel.: 04 04 - 4 61 11
www.heritageisland.com

Ausstellung über Admiral Charles Stewart der während des Kriegs 1812 die USS CONSTITUTION bemannte.

MUSEUMS-SCHIFFE

ASGARD
Dublin
Kilmainham Museum
Yacht, 1905, Colin Archer, Larvik,/Norwegen, 18 tons, 13,4 m x 3,9 m x 2,3 m

(-) Bantry-Boot
Dublin
National Maritime Museum of Ireland
Schaluppe, ca. 1790, ca. 13 Meter lang. Das Boot wurde bei der fehlgeschlagenen französischen Invasion 1796 erbeutet.

GUILLEMOT (II)
Wexford
Feuerschiff, 1922, Cran & Sommerville, Leith, Schottland, 31,1 m x 7,3 m x 3,8 m, ohne eigenen Antrieb, 1968 außer Dienst gestellt und seitdem Museumsschiff

LOUGH LENE
Dublin
National Maritime Museum of Ireland
Wrack eines Fischerboots, 100 v. Chr., 8,0 m x 1,5 m x 0,8 m

NAOMH EANNA
Dublin
Grand Canal Bassin
Passagier-Fähre, 1958, Liffey Dockyard, Dublin, 483 tons, 41,8 m x 8,3 m x 2,6 m, Eigner: Irish National Trust

AKTIVE VETERANEN

DUNBRODY
New Ross/Wexford
(Liegeplatz: South Quay, Tel.: 0 51 - 4 25 39)
Bark, 2001, Nachbau eines Auswandererschiffs aus dem Jahr 1845, 53,7 m (36,6 m) x 8,5 m x 3,5 m, 786 qm Segel, 440 tons, 2 x 212-PS-Diesel

JEANIE JOHNSTON
Blennerville/Tralee, Bark, 2000, Nachbau eines Auswandererschiffs aus der Zeit um 1850, 45,0 m (37,5 m) x 8,0 m x 4,2 m, 643 qm Segel, 2 x 280-PS-Diesel

Island

SCHIFFAHRTSMUSEEN

ARBORG

**Sjominjasafnid a Eyrabakka/
Eyrarbakki Schiffahrts-Museum**
Tungata 59, Eyrarbakka, 820 Arborg
Tel.: 4 83 11 65
www.selfoss.is/maritimemuseum/und
www.arborg.is/maritimemuseum/
Fischerei-Ausstellung
Museumsschiff
FARSAELL, Fischerboot, 12 Ruderer

HAFNARFJÖRDUR

Sjominjasafn Islands/Schiffahrtsmuseum
Vesturgata 8, 220 Hafnarfjördur
Tel.: 5 65 - 42 42
www.natmus.is/syningar/sjominjasafnid
Schiffahrt, Fischerei, Bootssammlung

HNJOTUR/ÖRLYGSHÖFN

Fischereimuseum

SIGLUFJORD

Sildehistoriske museet i Siglufjord

TASIILAQ

Ammassalik Museum
3913 Tasiilaq
Tel.: 2 99 98 13 11
Kayak-Ausstellung

Barkentine PALINURO, La Maddalena

MAS 96 in voller Fahrt

SCHIFFSPORTRÄT

MIGNATTA (S 2)
La Spezia, Museo Tecnico Navale,

Bemannte Torpedos

Der Erste Weltkrieg war praktisch beendet, als die italienische Marine am Morgen des 1. November 1918 mit einem bemannten Torpedo das österreichische Schlachtschiff VIRIBUS UNITIS (22.550 tons) sowie das Depotschiff WIEN im Hafen von Pola versenkte. Nach jahrelanger geheimer Entwicklungsarbeit konnten die Italiener eine neue Waffe einsetzen: Korvettenkapitän (Ing.) Raffaele Rosetti und Marinearzt Raffaele Paolucci wurden von einem Torpedoboot vor der Hafeneinfahrt von Pola abgesetzt, um mit dem 4,5 Meter langen Torpedo MIGNATTA S 1 (»Blutegel«) zwei Sprengladungen (je 175 Kilogramm schwer) an dem österreichischen Schlachtschiff VIRIBUS UNITIS zu befestigen und zu zünden. Nach der Fahrt durch das Hafenbecken und dem Festmachen der ersten Ladung am Schlachtschiff wurden die Italiener von österreichischen Wachmannschaften entdeckt und mußten MIGNATTA aufgeben. Der Torpedo lief unkontrolliert durch den Hafen bis er schließlich unter dem Depotschiff WIEN explodierte, das kurz darauf sank. Wenig später zerriß die Explosion der Haftladung die Bordwand des Schlachtschiffs, das sofort starke Schlagseite erhielt und ebenfalls sank. Die beiden Italiener blieben bis zu ihrer Befreiung durch italienische Truppen am 5. November 1918 in Haft. Sie wurden später mit hohen Auszeichnungen geehrt. In La Spezia wird der »Schwester-Torpedo« MIGNATTA S 2 ausgestellt.

SCHIFFAHRTSMUSEEN

ALBENGA
(Liguria)

Museo Navale Romano
Palazzo Peloso Cepolla
Piazza San Michele 11, 17031 Albenga
Tel.: 01 82 - 5 12 15
Schiffbruch und Fracht eines römischen Schiffs aus dem ersten Jahrhundert nach Christi

AMALFI
(Campania)

Museo Civico
Piazza Municipio 1, 84011 Amalfi
Tel.: 0 89 - 87 10 66
Schiffahrtsgeschichte
(»Tabula Amalphitana«)

Museo della Carta
Via delle Cartiere, 84011 Amalfi
Tel.: 0 89 - 87 26 15

ANZIO
(Lazio)

Museo dello Sbarco di Anzio
Via di villa Adele, 00042 Anzio
Tel.: 06 - 98 45 147
Ausstellung zur Schlacht und Landung bei Anzio, Exponate von den britischen Schiffen JANUS, SPARTAN und ST. DAVID

AQUILEIA
(Friuli-Venezia-Giulia)

Museo Archeologico Nazionale
Villa Cassis, Via Roma 1
33051 Aquilea
Tel.: 0 431 - 91 035

Museumsschiffe
Wrack von Monfalcone
römisches Lastschiff, 2. Jahrhundert nach Chr., 10,7 m x 3,8 m
Wrack von Aquileia
1–2. Jahrhundert nach Chr.
(bisher nicht restauriert)

AUGUSTA
(Sicilia)

Museo della Piazzaforte
S. Giacomo del Castello Svevo
96011 Augusta
Marine-Geschichte

BATTAGLIA TERME
(Veneto)

Museo della Navigazione Fluviale
Via Ortazzo 63
35041 Battaglia Terme
Tel.: 0 49 - 52 51 70
Binnenschiffahrt, Modelle, Navigation, Schiffbau, Bootssammlung

BOLOGNA
(Emilia Romagna)

Musei di Palazzo Poggi
Museo delle Navi e delle Antiche Carte Geografiche
Via Zamboni 33, 40126 Bologna
Tel.: 0 51 - 20 99 360
www.commune.bologna.it/frame_artecultura
Schiffsmodelle, Karten, Kanonen

CAGLIARI
(Sardegna)

Museo Archeologico Nazionale
Citadella die Musei
Piazza Arsenale, Cagliari
Tel.: 0 70 - 65 59 11
Nuragische Modellschiffe
(1600 v. Chr bis 600 v. Chr.)

CAMOGLI
(Liguria)

Museo Marinaro »Gio Bono Ferrari«
Via Gio Bono Ferrari 41
16032 Camogli
Tel.: 01 85 - 72 90 49
www.museionline.it
Schiffahrt, Navigation, Gemälde

CARAVAGGIO/Bergamo
(Lombardia)

Museo Navale »Ottorino Zibetti«
Via le Giovanni XXIII. 17
24043 Caravaggio
Tel.: 03 63 - 5 12 26
Schiffsmodelle, Torpedos, Schrauben

CARMAGNOLA

(Piemonte)

Museo Civico Navale
Piazza Mazzini 1, 10022 Carmagnola
www.marinai.it/anmi/museo.htm

Modell-Sammlung

CERVO

(Liguria)

Museo Etnografico del Ponente Ligure
Piazza Santa Caterina 2
18010 Cervo
Tel.: 01 83 - 40 81 97
Regionale Schiffahrt

CESENATICO

(Emilia Romagna)

Museo della Marineria
Porto Canale e Palazzo delle Scuole
Via C. Armellini, 47042 Cesenatico
Tel.: 05 47 - 7 92 64
www.commune.cesenatico.fo.it

Boote im Museumshafen Porto Canale
ALDINA, Lancia/Fischerboot, Cattolica, 1949
BIGHELLONE, Trabaccolo da pesca (Barchèt)/Zweimast-Fischerboot, 1925
CRISTINA, Topo/Segler, Duilio, Chioggia, 1950
GIOVANNI PASCOLI, Trabaccolo da trasporto/Zweimast-Frachtsegler, 1936
MIRELLA, Paranza/Segler, Filippo, S. Vito, 1951
RAFFAELE, Barchèt navigante/ Zweimast-Fischerboot, 1925, Cattolica
SALMONE, Bragozzo/Zweimast-Fischerboot, Schiavon, Chioggia, 1960
SAN MARCO, Bragozzo d'altura, Zweimast-Segler, Chioggia, 1956
SAN NICOLÒ, Bragozzo avigante/Zweimast-Fischerboot, Chioggia, 1954
VIENNA, Battana/Fischerboot, Adolfo, Bellaria, 1963

CHIAVARI

(Liguria)

Museo Marinaro »Tommasino-Andreatta«
Antica Casa Gotuzzo
piazza Gagliardo 19, 16043 Chiavari
Tel.: 01 85 - 31 44 03
Regionale Schiffahrt, Modelle

COMACCHIO

(Emilia Romagna)

Museo della Nave Romana
Palazzo Bellini, via della Pescheria 2
44022 Comacchio
Tel.: 05 33 - 31 13 16
www.comune.comacchio.ferrara.it.htm

Museumsschiff
Wrack von Comacchio
1. Jahrhundert nach Chr., ursprüngliche Größe: 21,0 m x 5,6 m (in Restauration)

FIUMICINO/ROMA

(Lazio)

Museo delle Navi Romane di Fiumicino
Via Alessandro Guidoni 35
00054 Fiumicino/Roma
(Aeroporto Leonardo da Vinci)
Tel.: 06 - 6 01 10 89

Museumsschiffe
Wrack 1
flachbodiges Lastschiff, 13,8 m x 1,5 m
Wrack 2
flachbodiges Lastschiff, 13,9 m x 4,5 m
Wrack 4
Lastschiff, 3. Jahrhundert nach Chr., 7,9 m x 2,8 m, ursprüngliche Abmessungen: 17,0 m x 3,5 m
Wrack 5
römisches Fischerboot, 2. Jahrhundert n. Chr., 5,2 m x 1,5 m

FURCI SICULO

(Sicilia)

Museo del Mare
Strada Panoramica
98023 Furci Siculo
Fischerei

GARDONE RIVIERA/Lago di Garda

(Lombardia)

Il Vittoriale degli Italiani
Via Vittoriale, 25083 Gardone Riviera
Tel.: 03 65 - 29 65 11
www.vittoriale.it

Museumsschiffe
MAS 96, Torpedoboot, 1917
PUGLIA, Kleiner geschützter Kreuzer (Vorschiff)

GENOVA

(Liguria)

Museo Navale
Villa Doria, Piazza Bonavino 7
16156 Genova-Pegli
Tel.: 0 10 - 69 6 98 85
www.commune.genova.it

Seefahrtsgeschichte Genuas

Padiglione del Mare e della Navigazione
Magazzini del Cotone, Area Porto Antico
Magazini del Cotone
Modulo 1, 16128 Genova
Tel.: 0 10 - 2 46 36 78
www.aquario.ge.it

Seefahrtsgeschichte, Modelle, Schiffbau

Stationäres Schiff
NEPTUNE, 1985 Nachbau einer spanischen Galeone aus dem 16. Jahrhundert

IMPERIA

(Liguria)

Museo Navale Internazionale del Ponente Ligure
Piazza Duomo 11, 18100 Imperia
Tel.: 01 83 - 65 15 41
Modelle, Seekarten, Marine, Schiffbau

ISCHIA PONTE

(Campania)

Museo del Mare
Via Giovanni da Procida
80077 Ischia Ponte
Tel.: 0 81 - 98 11 24
www.giardinoweb.it

Nautische Instrumente, Fischerei, Modelle

Palazzo dell 'orologico
Via L. Mazzella, 7
80070 Ischia Ponte
Tel.: 0 81 - 98 11 24
www.giardinoweb.it

Fischerei

LAIVES

(Alto Adige/Südtirol)

Piccolo museo navale
Via Fabio Filzi 7, 39055 Laives
Tel.: 04 71 - 95 02 02
Schiffsmodelle

LA MADDALENA

(Sardegna)

Museo Navale Archeologico
»Nino Lamboglia«
Loc. Mongiardino
07024 La Maddalena
Tel.: 07 89 - 79 06 60
Wrack eines römischen Schiffs

LA SPEZIA

(Liguria)

Museo Tecnico Navale della Marina Militare
Arsenale, Piazza Domenico Chiodo/
Via le Giovanni Amendola 1
19100 La Spezia
Tel.: 01 87 - 78 30 16
Geschichte der italienischen Marine,
über 150 Modelle

Museumsschiffe
MIGNATTA (S 2),
Bemannter Torpedo, 1918
MAIALE (SLC), Bemannter Torpedo, 1944
MTM, Sprengboot/barchino esplosivo
MB 1029, Typ SMA, Schnellboot

LIPARI

(Sicilia)

Museo Archeologico Regionale Eoliano
Via del Castello, 98055 Lipari
Tel.: 0 90 - 98 80
http://web.tin.it/museolipari/Welcome.
Wrackteile

LIVORNO

(Toscana)

Accademia Navale di Livorno
Viale Italia, 57100 Livorno
Tel.: 05 86 - 23 89 00
Geschichte der italienischen Marine und
der Akademie

Associazione Galeone Livorno
Tel.: 03 68 - 31 7 74 43
Nachbau einer Galeone aus dem
17. Jahrhundert

MAGIONE

(Umbria)

Museo della Pesca del Lago Trasimeno
Via Lungolago della Pace e del Lavoro
06060 S. Feliciano (fraz. di Magione)
Tel.: 0 75 - 8 47 92 61

MARCIANA/Isola d'Elba

(Toscana)

Museo Civico Archeologico
e Fortezza Pisana
Via del Pretorio, 66, Marciana
Tel.: 05 65 - 90 12 15
Wrack eines römischen Schiffs aus
dem 2. Jahrhundert n. Chr.

MARSALA

(Sicilia)

Museo Archeologico Regionale Baglio Anselmi
Lungomare Boeo, Via Capo Lilibello 34
91025 Marsala
Tel.: 09 23 - 95 25 35

Museumsschiffe
(-) Wrack Marsala 1
punisches Kriegsschiff/Rudergaleere,
3. Jahrhundert nach Chr., ursrpüngliche
Abmessungen: 35,0 m x 4,8 m, 68 Ruderer
(-) Wrack Marsala 2
punisches Kriegschiff, 3. Jahrhundert nach
Chr., ursprüngliche Abmessungen: 35,0 m
x 4,8 m

MILANO

(Lombardia)

Museo Nazionale della Scienza
e della Tecnologia »Leonardo da Vinci«
Via S. Vittore 21, 20123 Milano
Tel.: 02 - 48 55 51
www.museoscienza.org

Italienische Schiffahrtsgeschichte,
Schiffsmodelle, Nautische Instrumente

Museumsschiffe
EBE, Brigantine/Segelschulschiff, 1921
NAIMA, Segelboot
U 1, Rennboot

Projekt
ENRICO TOTI (S-506), U-Boot, 1968

Museo di Arte Marinara Ugo Mursia
Via S. Andrea 6, 20121 Milano
Tel.: 02 - 76 00 41 43
Maritime Kunst, Bibliothek, Galionsfiguren,
Modelle Navigations-Instrumente

MILAZZO

(Sicilia)

Museo della Tonnara
Via Tono, 98057 Milazzo
Tel.: 0 90 - 9 22 28 65
Fischerei

MINORI

(Campania)

Antiquarium – Villa Maritima
Villa Maritima Romana, Via S. Lucia
84010 Minori
Tel.: 0 89 - 85 28 93
Amphoren, Anker

NAPOLI

(Campania)

Museo Navale
Via Acton 38, 80100 Napoli
Tel.: 0 81 - 54 75 52 09
Schiffsmodelle

Museo Dittatico del Mare Istituto Tecnico
Nautico »Duca degli Abruzzi«
via Pozzuoli, 5, 80100 Napoli
Tel.: 0 81 - 5 70 39 24
Historische Seefahrtschule aus
dem Jahr 1623

NARDÒ

(Lecce)

Museo del Mar
Via Marinai d'Italia, 73048 Nardò
Tel.: 08 33 - 87 13 88
Römische Schiffsfunde

NEMI

(Lazio)

Museo delle Navi Romane
Via del Tempio di Diana, 00040 Nemi
Tel.: 06 - 9 39 80 40
Schiffsmodelle

PALERMO

(Sicilia)

Arsenale Borbonico oggi Museo del Mare
Via Cristoforo Colombo, 140
90100 Palermo
Fischerei, regionale Schiffahrt

L'Antiquarium di Imera
Termini Imerese, Loc. Buonfornello S.S.
113, Imera, 90100 Palermo
Tel.: 0 91 - 8 14 01 28
Anker, Unterwasser-Archäologie

PESARO

(Marche)

Museo del Mare
Villa Molaroni, Viale Pola
61100 Pesaro
Tel.: 07 21 - 3 35 97
www.commune.pesaro.it

Hafengeschichte, Seemannsleben

Museumsschiff
(-) Gabbana/Fischerboot

PESCARA

(Abrzzo)

Museo Ittico
Lungofiume Paolucci, 65100 Pescara
Tel.: 0 85 - 4 28 35 81
Segeln, Fischerei

PIANELLO DEL LARIO/ Lago di Como

(Lombardia)

Museo della Barca Lariana
Frazione Calozzo, Via Statale 139
22010 Pianello del Lario
Tel.: 03 44 - 8 72 35
www.fvnet.it/sitofv/storia/il%20museodella%20barca/home.htm

Bootssammlung, 130 Schiffs-Modelle

Museumsschiff
(-) Prachtgondel aus dem 18. Jahrhundert

PISA

(Toscana)

Arsenale di Medicei
56100 Pisa
www.navipisa.it

Museumsschiffe
Ausgrabung von 16 historischen Schiffen aus der Zeit zwischen 100 v. Chr bis 600 n. Chr., darunter
(-) Schiff A, Frachtsegler, 200 v. Chr.
(-) Schiff B, Frachtsegler, 20 v. Chr.
(-) Schiff C, Fischerboot, 100 v. Chr.
(-) Schiff D, Kriegsschiff, 200 v. Chr.
(-) Schiff E, Frachtsegler, 100 n. Chr.
(-) Schiff F, Flußschiff, 200 n. Chr.
(-) Schiff G, Kriegsschiff

PIZZO

(Calabria)

Muso del Mare
Via Riviera Prangi, 89812 Pizzo
(Vibo Valentia)
Tel.: 09 63 - 53 49 03
Lokale Schiffahrt

PONTECCHIO MARCONI

(Emilia-Romagna)

G. Marconi Museo
Villa Griffone, Via Celestini, 1
40044 Pontecchio Marconi
Tel.: 0 51 - 84 62 22
www.fgm.it

Seefunk

PORTOFERRAIO/Isola d'Elba

(Toscana)

Museo Civico Archeologico
Linguella, Fortezza Medicea
Calata Buccari, 57037 Portoferraio
Tel.: 05 65 - 93 73 70
Amphoren, Anker, Wrackteile

PORTO S. STEFANO

(Toscana)

Museo della Subacquea
Lungo Mare die Navigatori 44/48
58019 Porto S. Stefano
Tel.: 05 64 - 81 59 33
Unterwasser-Archäologie, Fischerei

RAVENNA

(Emilia-Romagna)

Museo Nazionale delle Attività Subacquee
via le IV Novembre, 86 A
48023 Marina di Ravenna
Tel.: 05 44 - 53 10 13
www.racine.ra.it/pergliatri/hdsitalia

Unterwasser-Archäologie, Marinegeschichte

Zona Archeologica di Classe
Via Marabina, 48100 Ravenna
Tel.: 05 44 - 3 96 95
Ausgrabung des bedeutendsten römischen Kriegshafens zur Zeit Kaiser Augustus an der Adriaküste

Stationäres Schiff an Land in Marina di Ravenna
MS 472, Torpedoboot, 1942

REGGIO CALABRIA

(Calabria)

Museo Nazionale della Magna Grecia
Piazza de Nava 26
89100 Reggio Calabria
Tel.: 09 65 - 81 22 55
Griechische Schiffsfunde

ROMA

(Lazio)

Museo Sacrario delle Bandiere
Via dei Fori Imperiale, 00186 Roma
Tel.: 06 - 47 35 50 02

Museumsschiffe
MAS 15, Torpedoboot, 1917
MAIALE (SLC), Bemannter Torpedo, 1944

Museo Storico delle Poste e Telecommunicazioni
Ministero P. et T., v. le Europa, 190
00100 Roma
Tel.: 06 - 5 94 28 97
Seefunk, Gugliemo Marconi

Palazzo Marina »Persorso Storico«
Lungotevere delle Navi 17
00100 Roma
Tel.: 8 00 - 86 20 32
Marinegeschichte

SAN BENEDETTO DEL TRONTO

(Marche)

Museo della Pesca e della Civiltà Marinara
Viale A. de Gasperi
63039 San Benedetto del Tronto
Tel.: 07 35 - 8 68 55
Seekarten, Fischerei, Amphoren

SAN VITO LO CAPO

(Sicilia)

Museo del Mare
Via Savoia, 57
91010 San Vito lo Capo
Tel.: 09 23 - 97 24 64
Unterwasser-Archäologie, Amphoren, Anker

SAUBADIA

(Lazio)

Museo del Mare e della Costa
Via Verbania, 04016 Saubadia
Tel.: 07 73 - 51 13 40
www.saubadia.net/cultura/musei

Unterwasser-Archäologie

STINTINO

(Sardegna)

Museo della Tonnara
Porto Nuovo, 07040 Stintino
Tel.: 0 79 - 52 30 53
Thunfischfang

TARANTO

(Apulia)

Museo Oceanografico
Via Roma, 3, 74100 Taranto
0 99 - 4 54 21 11
Fischerei

TERRASINI/Palermo

(Sicilia)

Museo Civico
Palazzo D'Aumale
lungomare P. Impastato, 90049 Terrasini
Tel.: 0 91 - 8 68 31 78
Anker, Unterwasser-Archäologie

TORTORETO LIDO

(Abruzzo)

Museo della Cultura Marinara
Via Nazionale Adriatica Nord, 1
64019 Tortoreto Lido
Tel.: 08 61 - 78 91 80
Fischerei

TRAPANI

(Sicilia)

Museo di Preistoria e del Mare
Torre di Ligny, via Torre di Ligny
91100 Trapani
Tel.: 09 23 - 2 23 00
Amphoren, Anker

TRIESTE

(Friuli-Venezia-Giulia)

Civico Museo del Mare
Via Campo Marzio 1, 34142 Trieste
Tel.: 0 40 - 30 49 87
Schiffsmodelle, Navigation

Civico Museo di Guerra per la Pace »D. de Henriquez«
Via Cumano, Via Revoltella 29
34138 Trieste
Tel.: 0 40 - 94 84 30

Museumsschiffe
CB 22, italienisches Klein-U-Boot
MOLCH, deutsches Klein-U-Boot, 1944

Museo del Lloyd Triestino
Piazza dell'Unita d'Italia 1
34123 Trieste
Tel.: 0 40 - 77 85 - 4 93
Reedereigeschichte

Associazione Marinara Aldebaran
Molo Bandiera 17, 34123 Trieste
Tel.: 0 40 - 30 34 05
Schiffsmodelle

VENEZIA

(Veneto)

Museo Storico Navale
Castello 2148, 30122 Venezia
Tel.: 0 41 - 2 70 93 95
Venezianische Seefahrtgeschichte, Bootssammlung im Arsenal, darunter die Boden- und Maschinensektion des Forschungsschiffs ELLETTRA (1904, Ramage & Ferguson, Leith, 63,4 m x 8,3 m x 4,9 m, 127-PS-Dampfmaschine, ex ROVENSKA) von G. Marconi.

Museumsschiffe im Museum
MAIALE (SLC), bemannte Torpedos, 1944 (zwei Exemplare)
MTM, Barchino esplosivo/Sprengboot, 1936
(-) Ruderschiff, 18. Jahrhundert, 9 Ruderpaare
(-) Rettungsboot der Fregatte RE D'ITALIA, 1861
(-) Ruderboot (Fert), 8 Riemen
(-) drei Gondeln aus Venedig

Museumsschiffe in der Schiffshalle
ASSO, Rennboot/Baglietto Cattaneo, 1932
ASTEMIO, Frachtsegler, 1948
GALLILEO, Ruderboot mit Petroleummotor, 1898
MARIA LOUISA, Fischerboot, 1950
MS 473, Schnellboot, 1942
NAV (NO 1497 CO), Fischerboot
P.E. 48, Schlepper, 1902
PIERO FOSCARI, Ruderschiff, 1925
S. ANNA (2 L 3158), Flußkahn, 19. Jahrhundert
SCALE-REALE, Ruderschiff, 19. Jahrhundert
105, Rettungsboot des deutschen Torpedoboots S 105, 1887
(-) Barca Somala, Ruderboot, 19. Jahrhundert
(-) Fassone, Grasboot,
(-) Gondola, Typ »Coa de Gambero«, 19. Jahrhundert
(-) Gondola, Typ »da Fresco«, D. Tramontin, 1883
(-) Gondola, Typ »Ca' Venier dei Leoni«
(-) Gondola, Beerdigungs-Gondel, 1870
(-) Lancia da regata, Typ Scappavia, 1950
(-) Motoscape Reale, 1920
(-) Mototopo, Segelboot, ca. 1920
(-) Ruderboot, Battellunico, 1925
(-) Taucherbarge, 1840
(-) Walfangboot
Kapitänsboot der AMERIGO VESPUCCI, 1929

Projekt
Aus dem historischen Marine-Arsenal von Venedig soll in den kommenden Jahren ein nationales Museum für Geschichte und Unterwasser-Archäologie entstehen.

Museumsschiff-Projekt im Arsenal
ENRICO DANDOLO (S 506), U-Boot, 1968

Museo Correr
Piazza San Marco, 30100 Venezia
Tel.: 0 41 - 5 22 56 25
Schiffahrtsgeschichte Venedigs, Seekarten, nautische Instrumente und Handbücher, Schiffsmodelle

Istituzione per la Conservazione della Gondola et la tutela del Gondoliere
San Marco 3613, 30124 Venezia
Tel.: 0 41 - 5 28 50 75
www.gondolavenezia.it

VENTOTENE

(Roma)

Museo archeologico di Ventotene
Piazza Castello, 04020 Ventotene
Tel.: 07 71 - 8 50 14
Unterwasser-Archäologie, antike Anker und Geräte

VILLASIMIUS

(Sardegna)

Museo Archeologico
Via A. Frau, 3, 09049 Villasimius
Tel.: 0 70 - 79 00 23
Unterwasser-Archäologie

MUSEUMSSCHIFFE

ALDINA (4 RM 212)
Cesenatico
Museo della Marineria
Lancia/Fischerboot, 1949, Cattolica, 7,7 m x 2,2 m, ein Mast, Segel

ASSO
Venedig
Museo Storico Navale
Rennboot/Baglietto Cattaneo, Motoscafo da Competizione, 1932, C.A.B.I., Cattaneo, Mailand, 5,4 m x 2,5 m, 250-PS-Diesel

ASTEMIO
Venedig
Museo Storico Navale
Frachtsegler/Bragozzo, 1948, Chioggia

BIGHELLONE (RM 430 D)
Cesenatico
Museo della Marineira
Zweimast-Fischerboot/Trabaccolo da pesca (Barchèt), 1925, Pietro, Cattolica, 13,1 m x 3,7 m, ex QUATTRO FRATELLI

CB 22
Triest
Civico Museo di guerra et de la pace »Diego de Henriquez«
Italienisches Klein-U-Boot, CB-Klasse, 1944, Caproni, Mailand, Verdrängung an der Oberfläche: 35,9 tons, getaucht: 45 tons, Abmessungen: 14,9 m x 2,8 m x 2,0 m, 80 PS Diesel-/80 PS Elektro-Motoren, Aktionsradius an der Oberfläche: 450 sm bei 7,5 kn, getaucht: 40 sm bei 5 kn oder 50 sm bei 3 kn, Geschwindigkeit an der Oberfläche: 7,5 kn, getaucht: 6,6 kn, Tauchtiefe: 50 m, Besatzung: 4 Mann, Bewaffnung: 2 Torpedorohre mit 2 Torpedos oder 2 Minen.
Vom italienischen Klein-U-Boottyp CB wurden 22 Einheiten gebaut: Nur zwei Exemplare sind erhalten geblieben – CB 22 und CB 20 in Kroatien. Das Klein-U-Boot CB 22 wurde 1944 auf seiner Bauwerft in Mailand von Fliegerbomben beschädigt. Später ist es per Eisenbahn nach Triest transportiert und bei einem Luftangriff versenkt worden. Das im Oktober 1950 gehobene Boot stand fast zwei Jahrzehnte im Freien, 1969 ein Triester Konsortium ein Museum gründete.

CRISTINA (5 RA 1439)
Cesenatico
Museo della Marineria
Topo/Segler, 1950, Duilio, Chioggia, 9,4 m x 2,6 m, ein Mast, ohne Deck, Segel, Fischfang mit Angelschnüren in der Lagune von Venedig

EBE
Mailand
Museo Nazionale della Scienza e della Tecnica »Leonardo da Vinci«
Frachtsegler/Brigantine, 1921, Benedetti, Viareggio, 54,6 m x 9,6 m x 9,0 m, 600 BRT, ex SAN GIORGIO
EBE ist weltweit eines der größten Schiffe, das in einem Museum bewahrt wird. Allein der Rumpf wurde 1958 in 90 Teilen von La Spezia nach Mailand transportiert

GALLILEO
Venedig
Museo Storico Navale
Ruderboot mit Petroleummotor, 1898, gebaut an der Thyrrenischen Küste.
GALLILEO war eines der ersten mit Maschine ausgerüsteten Experimental-Boote

GIOVANNI PASCOLI (VE 002 ND)
Cesenatico
Museo della Marineiro
Zweimast-Frachtsegler/Trabaccolo da trasporto, 1936, Cantiere Randolini, Cattolica, 20,5 m x 6,5 m x 2,1 m, 61 BRT, 140 tdw.
GIOVANNI PASCOLI ist das größte der in Cesenatico ausgestellten Küstenboote

(-) Kleinkampfmittel
MAIALE (SLC)
Venedig
Museo Storico Navale, La Spezia
Museo Tecnico Naval, Rom
Museo Sacrario delle Bandierre
Bemannter Torpedo, 1944, Länge: 8,4 m mit Gefechtskopf, Durchmesser: 53,3 cm, Elektro-Motor (1,6 PS), Aktionsradius an der Oberfläche: 15 sm bei 2,3 kn, 4 sm bei 4,5 kn, Geschwindigkeit an der Oberfläche: 4,5 kn, getaucht: 2 kn, Einsatzdauer bis zu 10 Std., Tauchtiefe: 30 m, Besatzung: 2 Mann, Bewaffnung: 250–300 kg Sprengstoff. Diese Spezialwaffe basiert auf einem 1935 nach den Erfahrungen aus dem Ersten Weltkrieg in Italien entwickelten, von zwei Froschmännern gefahrenen Torpedo.
Mit diesen Torpedos sollten Sprengsätze an feindlichen Schiffen angebracht werden. Sie wurden zwischen 1940 und 1943 in Gibraltar, Alexandria, Malta, Haifa und Algier eingesetzt. Bei diesen Einsätzen versenkten sie sechzehn Schiffe mit 210.000 Tonnen Tragfähigkeit, darunter die britischen Kriegsschiffe HMS QUEEN ELIZABETH und HMS VALIANT. Im Museo Storico Navale, Venedig, wird außerdem ein wasserdichter Transportbehälter gezeigt, mit dem MAIALE auf dem Oberdeck von Träger-U-Booten in ihre Einsatzgebiete gefahren wurden.

MARIA LOUISA
Venedig
Museo Storico Navale
Fischerboot, 1950, Chioggia

MAS-15
Rom
Museo Sacrario delle Bandiere e Cimeli delle Forze Armate
Torpedoboot, 1917, Arsenal, Venedig, 16,0 m x 2,6 m x 1,2 m, 16 tons, 450-PS-Petroleummaschinen.
Dieses Boot versenkte 1918 das österreichisch-ungarische Schlachtschiff SVENT ISTVAN

MAS-96
Gardone Riviera
Vittoriale degli Italiani
Torpedoboot, 1917, Orlando, Livorno, 15,5 m x 2,8 m x 1,3 m, 11,0 tons, 2 x 225-PS-Petroleummaschinen, 25 kn, Reichweite von 170 sm bei 24 kn, Holzrumpf, 2 Torpedos

MB 1029
La Spezia
Museo Tecnico Navale
Schnellboot, Typ SMA, 7,0 m x 2,3 m, 4 tons, 160-PS-Benzinmotor, 30 kn, zwei Mann Besatzung, zwei Wasserbomben, ein Torpedo, Holzrumpf, zwei Propeller

MIGNATTA (S 2)
La Spezia
Museo Tecnico Navale
Bemannter Torpedo B 57 (35,6 cm), 1918, Arsenale Marina Militare, La Spezia, Verdrängung: 2 tons, 4,5 m x 0,6 m x 0,5 m, Torpedo-Kühlluftmaschine, Pressluft (205 atü), Aktionsradius: 8–10 sm bei 3–4 kn, Geschwindigkeit: 2 kn, Besatzung: 2 Mann, Bewaffnung: Zwei 175 kg Sprengladungen

MIRELLA (PG 0129)
Cesenatico
Museo della Marineria
Paranza/Segler, 1951, Filippo, S. Vito, 8,5 m x 2,9 m, ein Mast, Segel

(-) Klein-U-Boot MOLCH
Triest
Civico Museo di guerra et de la pace »Diego de Henriquez«
Deutsches Klein-U-Boot, 1944, Verdrängung an der Oberfläche: 11 tons, 10,8 m x 1,8 m x 1,4 m, Torpedo-Elektromotor (13 PS), Aktionsradius an der Oberfläche: 50 sm bei 4,3 kn, getaucht: 45 sm bei 5,0 kn, Geschwindigkeit an der Oberfläche: 4,3 kn, getaucht: 5 kn, Tauchtiefe: 25–30 m, Besatzung: 1 Mann, Bewaffnung: 2 Torpedos.
Von diesem Bootstyp wurden 383 Stück abgeliefert, die in fünf Flottillen in Italien, im Englischen Kanal, vor der niederländischen Küste, vor Norwegen (Harstad) und von Helgoland aus eingesetzt werden sollten. Die erste Flottille mit 60 MOLCH-Booten wurde 1944 in Italien stationiert.

MS-473
Venedig
Museo Storico Navale
Schnellboot, 1942, Riunti dell‘ Adriatico, Monfalcone, 27,9 m x 4,3 m x 1,6 m, 63 tons, 3 x 750-PS-Petroleummaschinen, 32 kn, drei Schrauben, Holzrumpf, Bewaffnung: 2 Torpedos, eine Bordkanone, ex MS-613, ex MS-31

MTM
La Spezia
Museo Tecnico Navale
Sprengboot/barchino esplosivo, 5,2 m x 1,9 m, 1,5 tons, 80-PS-Benzinmotor, 34 kn, 60 sm Reichweite, Holzrumpf, Bewaffnung: 300-Kilo-Bombe, ein Propeller

MTM
Venedig
Museo Storico Navale
Sprengboot/barchino esplosivo, 1936, AMM Aimone di Savoia, Aosta, 5,3 m x 1,9 m, Holzrumpf, Bewaffnung: 300 Kilo-Bombe

NAV (NO 1497 CO)
Venedig
Museo Storico Navale
Fischerboot, 1954, Moste, Como

P.E. 48
Venedig
Museo Storico Navale
Schlepper/Pirobarca, 1902, Genua, 14,3 m x 3,4 m, 60-PS-Dampfmaschine, 14 kn

PIERO FOSCARI
Venedig
Museo Storico Navale
Ruderschiff, 1925, Cantiere navale Fratelli Carraro, 24,2 m x 1,7 m, 18 Riemen, die von 18 stehenden Ruderern bedient wurden, bis 1973 im Einsatz.

PUGLIA
Gardone Riviera
Vittoriale degli Italiani
Kleiner geschützter Kreuzer, Bugsektion, 2.500 tons, 1921 abgewrackt

RAFFAELE
Cesenatico
Museo della Marineria
Barchèt navigante/Zweimast-Fischerboot, 1925, Cantiere Storani, Cattolica, 13,4 m x 3,8 m, Segel, Motor

S. ANNA (2L3158)
Venedig
Museo Storico Navale
Flußkahn mit Flachboden und Hütte, Typ Magrano del Po, 19. Jahrhundert, Ferrara, 18,8 m x 4,5 m

SALMONE (RM 1082 D)
Cesenatico
Museo della Marineria
Bragozzo/Zweimast-Fischerboot, 1960, Schiavon, Chioggia, 10,6 m x 2,9 m, Segel, Motor. Fischerboote dieses Typs haben Flachböden und stellen die wichtigste regionale Fischerboot-Gattung dar

SAN MARCO (VE 6101)
Cesenatico
Museo della Marineria
Bragozzo d'Altura/Zweimast-Segler, Chioggia, 13,6 m x 4,2 m, Segel, ex ANGELO B. Mit diesem Boot wurde Hochsee-Fischfang betrieben

SAN NICOLÒ (4 RM 152 D)
Cesenatico
Museo della Marineria
Bragozzo navigante/Zweimast-Fischerboot, 1954, Cantiere Ranzato Orasta, Chioggia, 12,0 m x 3,1 m, Segel, Motor

SCALE REALE
Venedig
Museo Storico Navale
Repräsentatives Ruderschiff, erste Hälfte des 19. Jahrhunderts, Arsenal, Venedig, 18,0 m x 3,2 m.
Das Ruderschiff wurde von König Vittorio Emanuele II. 1866 anläßlich der Integration Venedigs in den italienischen Gesamtstaat zum Einzug in die Lagunenstadt genutzt. Zum letzten Mal wurde es 1959 zur Überführung der sterblichen Überreste von Papst Pius X., der vorher Patriarch von Venedig war, zur Beisetzung in San Marco eingesetzt

VIENNA (4 RM 604)
Cesenatico
Museo della Marineria
Battana/Fischerboot, 1963, Adolfo, Bellaria, 9,5 m x 2,8 m, Segel

105
Venedig
Museo Storico Navale
Rettungsboot des deutschen Torpedoboots S 105, 1887, Schichau, Elbing.
Das deutsche Torpedoboot S 105 ist am 17. Oktober 1890 in einem Sturm vor Elba mit der gesamten Mannschaft verloren gegangen, lediglich dieses Rettungsboot wurde geborgen

(-)
Venedig
Museo Storico Navale
Barca Somala, Ruderboot, 5,9 m x 1,5 m x 0,9 m.
Am 13. Februar 1926 brachte das italienische Kriegsschiff CAMPANIA dieses Boot mit sechs Söhnen des Sultans Osman Mahmud auf, die auf der Flucht nach Britisch-Somalia waren

(-)
Venedig
Museo Storico Navale
Fassone, Grassboot, das die Fischer von Cabras auf Sardinien nutzten

(-)
Venedig
Museo Storico Navale
Lancia da regata, Typ Scappavia, 1950, 14 Riemen

(-)
Venedig
Museo Storico Navale
Pracht-Ruderschiff, Typ Felucce, 18. Jahrhundert, 9 Riemenpaare, vermutlich auf Malta gebaut, letzter Einsatz 1921 auf einer Prozession in Amalfi

(-)
Venedig
Museo Storico Navale
Rettungsboot der Fregatte RE D'ITALIA, 1861

(-)
Venedig
Museo Storico Navale
Motoscape Reale, 1920, Holzrumpf, zwei Schrauben

(-)
Venedig
Museo Storico Navale
Gondola/Beerdigungs-Gondel, 1870, Arsenal, Venedig, 11,0 m x 2,2 m, 4 Ruderer, bis 1940 im Einsatz

(-)
Venedig
Museo Storico Navale
Mototopo, Segelboot, ca. 1920, 7,4 m x 1,9 m, Segel

(-)
Venedig
Museo Storico Navale
Taucherbarge, 1840, Arsenal, Venedig, Holzrumpf

(-)
Venedig
Museo Storico Navale
Walfangboot/Kapitänsboot der AMERIGO VESPUCCI, 1929, 8 Riemen, bis 1973 im Einsatz

(-)
Pisa
Schiff A, Frachtsegler, 200 v. Chr., ursprünglich ca. 25–30 Meter Länge, bisher geborgen: 15 Meter, in Restaurierung

(-)
Pisa
Schiff B, Frachtsegler, ca. 10–20 v. Chr., geborgenes Bootsteil: 8 Meter Länge, in Restaurierung

(-)
Pisa
Schiff C, Fischerboot, 100 v. Chr., ca 10,0 m x 2,8 m, Ruder, in Restaurierung

(-)
Pisa
Schiff D, Kriegsschiff, 200 v. Chr., ca. 14,0 m x 6,0 m, in Restaurierung

(-)
Pisa
Schiff E, Frachtsegler, 100 n. Chr., in Restaurierung

(-)
Pisa
Schiff F, Flußschiff, 200 n. Chr., ca. 7,0 x 1,0 m, in Restaurierung

(-)
Pisa
Schiff G, Kriegsschiff, in Restaurierung

(-) Wrack von Monfalcone
Aquileia
Archeologico Nazionale di Aquileia
Römisches Lastschiff, 2. Jahrhundert n. Chr., 10,7 m x 3,8 m

(-) Wrack von Aquileia
Aquileia
Archeologico Nazionale di Aquileia
Lastschiff, 1–2. Jahrhundert n. Chr. (nicht restauriert)

(-) Wrack von Comacchio
Comacchino
Palazzo Bellini
Lastschiff, 1. Jahrhundert n. Chr., ursprüngliche Größe: 21,0 m x 5,6 m, ein Mast, Rahsegel, 1981 in Valle Ponti ausgegraben (in Restaurierung)

(-) Wrack Fiumicino 1
Fiumicino
Museo delle Navi Romane di Fiumicino
Flachbodiges Lastschiff, 13,8 m x 1,5 m

(-) Wrack Fiumicino 2
Fiumicino
Museo delle Navi Romane di Fiumicino
Flachbodiges Lastschiff, 13,9 m x 4,5 m

(-) Wrack Fiumicino 4
Fiumicino
Museo delle Navi Romane di Fiumicino
Lastschiff, 3. Jahrhundert nach Chr., 7,9 m x 2,8 m, ursprüngliche Abmessungen: 17,0 m x 3,5 m

(-) Wrack Fiumicino 5
Fiumicino
Museo delle Navi Romane di Fiumicino
Römisches Fischerboot, 2. Jahrhundert n. Chr., 5,2 m x 1,5 m

(-) Wrack Marsala 1
Marsala
Museo Archeologico
Regionale Baglio Anselmi
Punisches Kriegsschiff/Rudergaleere, 3. Jahrhundert n. Chr., ursrpüngliche Abmessungen: 35,0 m x 4,8 m, 68 Ruderer

(-) Wrack Marsala 2
Marsala
Museo Archeologico
Regionale Baglio Anselmi
Punisches Kriegsschiff, 3. Jahrhundert nach Chr., ursprüngliche Abmessungen: 35,0 m x 4,8 m

STATIONÄRE VETERANEN

BISBINO
Tremezzo/Comer See
Raddampfer, 1907, Escher-Wyss, Zürich, 34,7 m lang, Nutzung: Discothek/Bar

LOMBARDIA
Arona/Lago Maggiore
Personen-Raddampfer, 1908, Odero, Genua, 52,0 m lang, Nutzung: Schwimmendes Restaurant

MAS 472
Marina di Ravenna
Piazzale delle Marina
Torpedoboot, 1942, Cantiere Riunti, Monfalcone, 28,0 m x 4,3 m x 1,6 m, 62 tons, Holzrumpf, 3.540-PS-Benzinmotor

NEPTUNE
Genua
Porto Antico
Nachbau einer spanischen Galeone aus dem 16. Jahrhundert, 1985, Bizerta, Tunesien, 62,0 m x 16,4 m x 2,2 m, 2 x 400-PS-Diesel, 450 qm Segel, 5 kn. Der Segler wurde für den Film »Piraten« von Roman Polanski für 8,2 Millionen US-Dollar gebaut, Nutzung: Ausstellungsschiff

NUOVO AIUTO DI DIO
Sestri Levante
Leudo vinnacciere, 1924, Muzio, Sestri Levante, 15,5 m x 5,0 m, 180 qm Segel

PLINIO
Colico/Comer See
Raddampfer, 1903, Escher-Wyss, Zürich, 51 m lang, Nutzung: Restaurant

RESTAURIERUNGS-PROJEKTE

DOMINICA NINA
Lavagna
Leudo vinacciere, 1922, 17,3 m x 5,6 m, 43 tons, ex SAN MARCO

ENRICO DANDOLO (S-513)
Venedig
Museo Storico Navale
Unterseeboot, Toti-Klasse, 1968, CRDA Monfalcone, Verdrängung an der Oberfläche: 535 tons, getaucht: 593 tons, 46,2 m x 4,7 m x 4,0 m, 2 Diesel- (1.620 PS)/1 Elektro-Motor (1.620 PS), Max. Aktionsradius an der Oberfläche: 3.000 sm bei 5 kn, Geschwindigkeit an der Oberfläche: 9,7 kn, getaucht: 15 kn, Max. Tauchtiefe: 150 m, Besatzung: 22 Mann, Bewaffnung: 4 Torpedorohre, 4 Torpedos. Von diesem Typ wurden Ende der sechziger Jahre vier Einheiten gebaut. S-513 wurde im Juni 1999 außer Dienst gestellt.

ENRICO TOTI (S-506)
Mailand
Museo Nazionale della Scienza e della Tecnica »Leonardo da Vinci«
Unterseeboot, Toti-Klasse, 1968, CRDA Monfalcone, Verdrängung an der Oberfläche: 536 tons, getaucht: 593 tons, 46,2 m x 4,7 m x 4,0 m, 2 Diesel- (1.620 PS)/1 Elektro-Motor (1.620 PS), Max. Aktionsradius an der Oberfläche: 3.000 sm bei 5 kn, Geschwindigkeit an der Oberfläche: 9,7 kn, getaucht: 15 kn, Max. Tauchtiefe: 150 m, Besatzung: 22 Mann, Bewaffnung: 4 Torpedorohre, 4 Torpedos

FELICE MANIN
La Spezia
Arsenal
Leudo vinacciere, 1891, Ghio, San Michele, 22,6 m (15,5 m) x 5,6 m, 180 qm Segel, ex GIOVANNI E PAOLO CASTAGNOLA, ex PADRE CARLO

PATRIA
Como
Passagier-Raddampfer, 1926, Odero, Sestri Ponente, 53,8 m x 6,4 m x 1,4 m, 276 BRT, 600-PS-Maschine, 600 Passagiere, ex SAVOIA

AKTIVE VETERANEN

AMERIGO VESPUCCI
La Spezia
Vollschiff, 1930, Castellamare di Stabia, 101,0 m (82,0 m) x 15,5 m x 6,5 m, 4.100 tons, 2.100 qm Segel, 2 x 950-PS-Diesel

ANNAMARIA
Chioggia
Fischerboot/Bragana, 1951, Ranzato, Chioggia, 12-PS-Diesel

CATHOLICA
Venedig
Zweimast-Schoner/Golette, 1936, Chiaravaglia e Tarisi, 19,5 m x 5,0 m x 2,6 m

CONCORDIA
Como
Passagier-Raddampfer, 1927, Odero, Sestri Ponente, 53,7 m x 11,6 m, 600-PS-Dampfmaschine, 600 Passagiere, ex XXVIII OTTOBRE

EOLO
Venedig
Fischerboot/Bragozzo, Chioggia, 16 m lang

FERNANDO BREGANTE
Sestri Levate
Leudo vinacciere, 1921, Figallo, Levante, ex FERDINANDO PADRE

FLORETTE
S. Stefano
Frachtsegler/Brigantine, 1922, Pichiotti, La Tinaia, 36,0 m x 7,0 m x 2,6 m, 120 BRT, Segel, Hilfsdiesel

FORTUNA
Lago Maggiore
Passagier-Motorschiff, 1938, Sulzer, Wintterthur, 23,2 m x 3,4 m x 1,3 m, 110-PS-Diesel, 140 Passagiere

IL NUOVO TRIONFO
Venedig/Wien
Frachtsegler/Trabbaculo, 1926, 26,0 m x 6,0 m x 2,0 m

ISLA EBUSITANA
Imperia
1994, Nachbau einer Goletta di Ibiza von 1856

ITALIA
Peschiera/Gardasee
Personen-Raddampfer, 1909, Odero, Genua, 52,5 m x 11,6 m x 1,7 m, 371 BRT, 600-PS-Dampfmaschine, nach Luftangriff 1945 vor Sirmione gesunken und wieder gehoben

MARINARETTO
Venedig
Fischkutter, 1956, IPIAM G. Cini, Venedig, 21,8 m x 5,3 m x 2,4 m, Eigner: Istituto Prof. di Stato G. Cini

NUOVO AQUILONE
La Maddalena
Leudo suraire, 1912, Sestri Levante, ex ARTURO

PALINURO
La Maddalena/Sardinien
Barkentine/Schulschiff, 1934, Dubigeon, Nantes, 68,9 m (50,0 m) x 10,1 m x 4,9 m, 858 BRT, 898 qm Segel, 450-PS-Hilfsdiesel, 111 Mann Besatzung, ex JEAN MARC ALINE, ex COMMANDANT LOUIS RICHARD

PIEMONTE
Arona/Lago Maggiore
Personen-Raddampfer, 1904, Escher-Wyss, Zürich, 51,2 m x 11,6 m, 301 BRT, 440-PS-Maschine, 500 Passagiere, ex REGINA MADRE

PIETRO MICCA
Fiumicino
Dampfschlepper, 1895, Rennoldson, South Shields, England, 31,1 m x 6,4 m x 4,0 m, 134 BRT, 500-PS-Dampfmaschine, ex DILWARA

SAVIOLINA
Riccione
Frachtsegler/Bragozzo, 1928

ST 80
Genua
Schlepper, 1943, Welding, Brooklyn, New York, 74 ft x 20 ft x 9 ft, Diesel, ehemaliger Eigentümer: War Department der US-Army

STELE DE NOVILARA
Pesaro
2000, Nachbau eines Ruderschiffs aus dem 8. Jahrhundert v. Chr., 25,0 m x 4,9 m x 0,7 m, 32 Ruderer, 44 qm Segel, 12 tons

TIMOTEU
Venedig
Binnenschiff/Burrico, 1920, Gagnola, Padua, 30,0 m x 6,5 m x 1,4 m

ZANARDELLI
Peschiera/Gardasee
Personen-Raddampfer, 1904, Escher-Wyss, Zürich, 47,0 m x 11,6 m x 1,7 m, 278 BRT, 600-PS-Dampfmaschine, ex G. ZANARDELLI

EBE, Mailand

GIOVANNI PASCOLI, Cesenatico

SCHIFFAHRTS-MUSEEN

DUBROVNIK

Schiffahrtsmuseum

ZAGREB

Tehnieki musej
Savska cesta 18, 1000 Zagreb
Tel.: 4 84 - 0 50

MUSEUMS-SCHIFF

MALISAN (P 601, ex CB 20)
Zagreb
Tehnieki musej
Klein-Unterseeboot, Bootsklasse: CB, 1942, Caproni, Mailand, Verdrängung an der Oberfläche: 35,4 tons, getaucht: 45 tons, 14,9 m x 2,8 m x 2,7 m, 1 Diesel-(90PS)/1 Elektro-Motor (60 PS), max. Aktionsradius an der Oberfläche: 1.400 sm bei 5 kn, getaucht: 50 sm bei 3 kn, Geschwindigkeit an der Oberfläche: 7,5 kn, getaucht: 7,0 kn, Tauchtiefe: 70 m, Besatzung: 4 Mann, Bewaffnung: 2 Torpedorohre mit 2 Torpedos, später auch 1 MG.
Zur Zeit der italienischen Kapitulation, im September 1943, befand sich das Boot in halbfertigem Zustand in Triest. Im April 1945 wurde das Boot in Pola, durch die jugoslawische Armee erbeutet, die es an ihre Marine weitergab. CB 20 wurde nach Reparaturen unter dem Namen MALISAN (»Knirps«) und der Bezeichnung P 601 als Schulboot für U-Bootbesatzungen sowie zur Ausbildung von U-Jagdeinheiten eingesetzt. Das Tauchboot wurde im September 1959 per Eisenbahn nach Zagreb transportiert und im Technischen Museum ausgestellt.

STATIONÄRER VETERAN

ISTRANKA
Split
Dampfyacht, 1896, Stabilimento Tecnico Triestino, 44,9 m x 6,1 m x 2,5 m, 270 tons, 178 qm Segel, 419-PS-Dampfmaschine, ex OSSERO, heutige Nutzung: Restaurant

AKTIVER VETERAN

JADRAN
Bakar
Segelschulschiff, Dreimast-Toppsegelschoner, 1931, Stülcken, Hamburg, 700 tons, 58,0 m x 8,9 m x 4,0 m, 800 qm Segel, 375-PS-Diesel, 188 Mann Besatzung, ex MARCO POLO, ex JADRAN

Malta

SCHIFFAHRTS-MUSEEN

LA VALETTA

Maritime Museum
Old Naval Bakery, Vittoriosa
La Valetta
Tel.: 3 56 - 80 52 87
Maltas Marinegeschichte

National War Museum
Fort St. Elmo, Republic Street
La Valetta
Museumsschiff
Italienisches Schnellboot

AKTIVE VETERANEN

AMAZON
Valetta
Dampfschiff, 1885, Chamberlaine, Southampton. 27,8 m x 4,6 m x 2,4 m
CHARLOTTE LOUISE

CHARLOTTE LOUISE
Valetta
Zweimast-Toppsegelschoner, 1942, Fraser, Schottland, 33,3 m (22,3 m) x 6,0 m x 2,2 m, 65 BRT, 480 qm Segel, 360-PS-Diesel

SEA CLOUD
Valetta
Viermast-Bark, 1931, Krupp Germaniawerft, Kiel, 107,5 m (96,1 m) x 14,9 m x 5,0 m, 3160 qm Segel, vier Diesel mit zusammen 5.000 PS

Monaco

SCHIFFAHRTS-MUSEEN

MONTE CARLO

Musée Oceanographique
Avenue Saint Martin
MC 98000 Monaco
Tel.: 3 77 93 15 36 00
www.monaco.mc/monaco/places/ocean.html
Museumsschiffe
(-) Forschungs-Tauchboot, 1966, Perona, Verdrängung an der Oberfläche: 2,7 tons, Elektro-Motor (3,5 PS), Geschwindigkeit an der Oberfläche: 4 kn, getaucht: 2 kn, Tauchtiefe: 100 m, Besatzung: 2 Mann
SEA SHARK II, Tauchboot/Sousmarin de loisir/propulseur, 1960, Societe Cosmos, Livorno, Elektro-Motor (1,8 PS), Geschwindigkeit an der Oberfläche: 4 kn, getaucht: 3 kn, Tauchtiefe: 30 m, Besatzung: 2 Mann
(-) Walfangboot, 19. Jahrhundert, Holzrumpf, Riemen, Segel, Harpune

Salon Naval de Monaco/Musée Naval
Les Terrasses de Fontvieille
98000 Monaco
Schiffsmodelle

Ostindienfahrer BATAVIA, Lelystad

Rammturmschiff BUFFEL, Rotterdam

SCHIFFSPORTRÄT

BUFFEL, Rotterdam

SCHORPIOEN, Den Helder

Entwicklung zum modernen Panzerschiff

Das gepanzerte Rammturmschiff BUFFEL ist eines von fünf Schiffen seiner Klasse und wurde 1867 auf der Werft Napier im schottischen Glasgow gebaut. Das Schiff trägt seine Bezeichnung wegen seines stark vorspringenden Rammbugs, mit dem feindliche Schiffe im Nahkampf versenkt werden sollten, ebenso wie wegen seines gepanzerten und drehbaren Geschützturmes mit zwei schweren 230 mm-Armstrong-Kanonen, aus denen allerdings nie ein Schuß auf feindliche Schiffe abgefeuert wurde.
Nach seinem Ausscheiden aus dem aktiven Marinedienst 1894 wurde der BUFFEL bis 1920 als Kasernenschiff in Hellevoetsluis und bis 1926 als Wachschiff in Vlissingen festgemacht. Danach wurde das Schiff der Seepolizei in Den Helder unterstellt, wo es bis 1975 als Wohnschiff mit 350 Plätzen lag. Seit 1979 ist der BUFFEL Museumsschiff in Rotterdam.
Mit dem 1868 bei der Compagnie des Forges et Chantiers de la Mediterranée in Toulon gebauten SCHORPIOEN wird in den Niederlanden ein zweites von noch drei existierenden Rammturmschiffen in Den Helder gezeigt. Das dritte Schiff dieser Gattung ist die HUASCAR, die in Talcahuano (Chile) liegt.
Rammturmschiffe waren zu ihrer Zeit Vorreiter der technischen Entwicklung des internationalen Marineschiffbaus – auf halbem Weg vom Linienschiff des 19. Jahrhunderts zum Panzerschiff am Anfang des 20. Jahrhundert. Dieses Epoche war außerdem durch den Übergang vom Holz zum Eisen, von Kanonen mit glattem zu solchen mit gezogenen Lauf, von massiven Kugeln zu Granaten gekennzeichnet.

SCHIFFAHRTSMUSEEN

ALMERE

Energie en Scheepvaartmuseum
Vlotbrugweg, Almere
Tel.: 0 36 - 5 33 81 10
Regionale Schiffahrt

ALKMAAR

Stads- en Streekmuseum Hans Brinker
Voordam 6, 1811 MA Alkmaar
Tel.: 0 72 - 5 11 12 17
Schiffsmodelle

AMELAND

Reddingsmuseum Abraham Fock
Oranjeweg 18, 9162 CC Hollum,
Tel.: 05 19 - 55 42 43
www.ameland.nl/toerisme/musea/vvvnlred.

160 Jahre Rettungswesen

Museumsschiff
ABRAHAM FOCK, Rettungsboot

Cultuur-Historischmuseum Sorgdrager
Herenweg 1, 9161 AM Hollum
Tel.: 05 19 - 55 44 77
www.ameland.nl/toerisme/musea/

Walfang

AMSTERDAM

Nederlands Scheepvaartmuseum
Kattenburgerplein 1, 1018 KK Amsterdam
Tel.: 0 20 - 5 23 22 22
www.scheepvaartmuseum.nl

Niederländische Seefahrtsgeschichte, Navigation, Fischerei, Wassersport

Bootsammlung, darunter
(-) Zaansche Tentyacht, ca. 1800, 7,0 m x 2,2 m
(-) Trekyacht, ca. 1750, 8,3 m x 2,7 m

Museumsschiffe
AMSTERDAM, Ostindienfahrer
BALDER (VL 92), Heringslogger, 1912,
CHRISTIAAN BRUNINGS, Direktionsboot, 1900
INSULINDE, Motorrettungsboot, 1926
KONINGSSLOEP, Ruderschiff, 1818

Stationäre Schiffe
LV No. 12, Feuerschiff, 1952
LV No. 94, Feuerschiff, 1939

Open Haven Museum
KNSM-Laan 311
1019 LE Amsterdam
Tel.: 0 20 - 4 18 55 22
Leben und Arbeit im Amsterdamer Hafen

Rijksmuseum Amsterdam
Stadhouderskade 42
1071 ZD Amsterdam
Tel.: 0 20 - 6 73 21 21
www.museumkwartier.nl/culture/rijks

Schiffahrts-Gemälde und Modelle

Woonbootmuseum
Prinsengracht t.o. 296
1016 HW Amsterdam
Tel.: 0 20 - 4 27 07 50
www.home.wxs.nl/~ houseboatmuseum

Museumsschiff
HENDRIKA-MARIA, Binnenschiff, 1914

Museumswerft Werf 't Kromhout
Hoogte Kadijk 147
1018 BJ Amsterdam
Tel.: 0 20 - 6 27 67 77
Museumswerft

Vereniging Museumhaven Amsterdam

Museumsschiffe
SEVILLE, Schlepper
MAATJE, Tjalk, 1893, Leiden
IJZER (SB 152), Kranschute
ALBATROS, Tjalk, 1906, Harl. Liede, 120 tons
ANNA SOPHIA, Schlepper, 1907, Wilmink, Gideon, 18,6 m x 4,8 m, 205-PS- Dieselmotor
WATERGEUS, Tjalk,1903, v. Goor, Zwaartluis, 17,6 m x 4,4 m, 73 tons
EEMS, Schlepper, 1938, Vos & Zoon, Groningen, 19,5 m x 5,1 m, 200-PS-Dieselmotor
GOEDE VERWACHTING, Klipperaak, 1915, Eikelenboom, Hoogeveen, 25,2 m x 4,8 m, 128 tons
MARIA, Stevenaak, ca. 1890, Moerdijk, 22,7 m x 4,4 m, 86 tons, Dieselmotor
MORGENSTOND, Tjalk, 1904, Boerema, Martenshoek, 24,9 m x 4,7 m, 96 tons
ANNA MARGRIETHA, Steilsteven, 1923, Werf, Smilde, 25,7 m x 5,0 m, 153 tons
STERN, Klipperaak, 1910, Zwolsman, Makkum, 25,7 m x 5,1 m, 125 tons,
JOHANNES, Groninger Boltjalk, 1916, De Boer, Oude Pekela, 25,1 m x 4,8m, 80 tons
SAMENWERKING, Zaandaakje, ca. 1900, 11,6 m x 2,5 m, 13 tons
REHOBOTH, Klipperaak, 1911, Mol, Dedemsvaart, 25,8 m x 4,9 m, 134 tons
ZUIDERZEE, Klipper, 1911, Gebr. De Boer, Lemmer, 29,0 m x 5,4 m, 156 tons, 168-PS-Dieselmotor
TROTS ALLES, Luxemotor, 1940, Voorwaarts, West Graftdijk, 30,4 m x 5,4 m, 170 tons

EBENHAEZER, Tjalk, 227 tons
DE HOOP, Luxemotor 1922, Barkmeyer, Alsum, 34,0 m x 5,4 m, 226 tons, Dieselmotor
IJ-VECTOR (GT 13), Botter, 1902, Muiden, 13,0 m x 4,5 m
ZES GEBROEDERS, paviljoentjalk, 1921, Boot, Gouwsluis, 20,5 m x 4,0 m, 67 tons
VERWISSELING, Groninger Tjalk, 1908, Stadskanal, 22,8 m x 4,6 m, 91 tons

ARNEMUIDEN

Oudheidkundig Museum
Spoorstraat 14, 4341 AM Arnemuiden
Tel.: 01 18 - 60 16 68
www.zeelandnet.nl/vvv/uitgaan/musea/arne-n

Schiffsmodelle von Arnemuider hoogaars (Fischerboote)

ARNHEM

Nederlands Openluchtmuseum
Schelmseweg 83, 6816 SJ Arnhem
Tel.: 0 26 - 3 57 61 11
www.openluchtmuseum.nl

Historische Schiffswerft aus Marken, Bootsammlung

BEVERWIJK

Stationäres Schiff
T' SCHIP, Passagierschiff, Restaurant

BRESKENS

Visserijmuseum Bresekens
Kaai 1, 4511 RC Breskens
Tel.: 01 17 - 38 20 44
www.zeelandnet.nl/vvv/uitgaan/musea/bres-n.

Fischerei, Rettungswesen, Modelle

BROEK OP LANGEDIJK

Museum Broeker Veiling
Museumweg 2
1721 BW Broek op Langedijk
Tel.: 02 26 - 31 38 07
www.broekerveiling.nl

BROUWERSHAVEN

Brouws Museum
Haven Zuidzijde 14–15
4318 AJ Brouwershaven
Tel.: 01 11 - 69 13 42

BRUINISSE

Visserijmuseum Bruinisse
Oudestraat 23, 4311 AV Bruinisse
Tel.: 01 11 - 48 14 12
www.zeelandnet.nl/vvv/uitgaan/musea/bru-n.

Fischereigeschichte, Bootsantriebe

DE RIJP

Museum in't Houten Huis
Jan Boonplein 2, 1483 BL De Rijp
Tel.: 02 99 - 67 12 86
www.noord-holland-tourist.nl/mwtrl7

Walfang, Heringsfischerei

Museum Jan Boon
Rechtstraat 146, 1483 BG De Rijp
Tel.: 02 99 - 67 14 51
Schiffahrt, Navigation

DELFT

Techniek Museum Delft
Ezelsveldlaan 61, 2611 RV Delft
Tel.: 0 15 - 2 13 83 11
www.museum.tudelft.nl

Schiffahrt

DELFZIJL

Zeeaquarium AquariOm
Zeebadweg 7, 9933 AV Delfzijl
Tel.: 05 96 - 61 23 18
www.aquariom.nl
Geschichte des Hafens von Delfzijl

DEN HAAG

Institut voor Maritieme Historie
Jan van Nassaustraat 112
2596 BW Den Haag
Tel.: 0 70 - 31 62 853

DEN HELDER

Marinemuseum/Rijkswerf Den Helder
Hoofdgracht 3, 1781 AA Den Helder
Tel.: 02 23 - 65 75 34
www.marinemuseum.nl

Geschichte der niederländischen Marine

Museumsschiffe
ABRAHAM CRIJNSSEN, Minensuchboot, 1936
L 9515, Landungsboot, ca. 1962
SCHORPIOEN, Rammschiff, 1868
TONIJN, U-Boot, 1966

Oude Rijkswerf Willemsoord
Weststraat1, 1781 BW Den Helder
Tel.: 02 23 - 61 61 00
www.museumhavenwillemsoord.nl

Nautischer Themenpark

Museumsschiffe
TX 33, Texelse blazer, Segler
Y 8122, Dampfschlepper
DOMBO Y 8017, Motorschlepper
HOLLAND, Bergungsschlepper
LICHTSCHIP No. 10 (TEXEL), Feuerschiff, 1952
VROUWE ELIZABETH (RD 28), Westwalbotter, Segler

Projekt
BONAIRE, Dreimastsegler, Dampfschiff, 1877, ex ABEL TASMAN

Nationaal Reddingmuseum Dorus Rijkers
Weststraat1, 1781 BW Den Helder
www.hollandmuseums.nl/ukinfo/reddingmuseum

Rettungsdienst, Schiffsmodelle

Museumsschiffe
PRINS HENDRIK, Motorrettungsboot, 1950
TWENTHE, Motorrettungsboot, 1942
UBBO, Motor-Strandrettungsboot, 1958

Stationäres Schiff
U 111, sowjetisches U-Boot, Zulu – Klasse, 1956

DEN HOORN/Texel

Zee- en Scheepvaaartmuseum
Diek 11a, 1797 AA Den Hoorn/Texel
Schiffahrt

DORDRECHT

Museum Mr. Simon van Gijn
Nieuwe Haven 29, 3311 AP Dordrecht
Tel.: 0 78 - 6 13 37 93
www.simonvangijn.nl

Schiffsmodelle/Museumshafen

EARNEWALD

Historische scheepswerf en skutsje museum »De Stripe«
De Stripe 12, Earnewald
Tel.: 05 11 - 46 13 58

EGMONT AAN ZEE

Prins Hendrik der Zeevaarder
Voorstraat 41
1931 AH Egmont aan Zee
Tel.: 0 72 - 5 06 12 24
Seefahrtgeschichte

ELBURG

Visafslag Elburg
Havenkade, 8081 GP Elburg
Tel.: 05 25 - 68 45 95
www.veluwe_info.nl/

Fischerei, Schiffsmodelle

ENKHUIZEN

Zuiderzeemuseum
Wierdijk 12–22, 1601 LA Enkhuizen
Tel.: 02 28 - 35 11 35
www.zuiderzeemuseum.nl

Schiffahrt, Fischerei, Segelmacherei, Reepschlägerei

Bootssammlung
SPERWER, Eissegler
KIJK UIT, Segelboot, Friesland
WILHELMINA, Segelboot
VN 95, Fischerboot, Oostwal
WILHELMINA, tjotter, Marken
(-) Jagersjol, Waterland
(-) Frachtschiff, Friesland
GRIETJE, Frachtsegler, Friesland
(-) Punter, Overijssel
(-) Fischerboot, Friesland
(-) Fischerboot, Zuidwal
WR 3, Wieringer aak/Fischerboot
MK 53, Fischerboot, Zuidwal
WR 78, Fischerboot
BIW 5, Horne schouw, Fischerboot
DE JONGE PIETER (EB 39) Fischerboot, Oostwal
TWEE GEBROEDERS (ST 22), staverse jol, Fischerboot (Nachbau),
BAR 51Fischerboot, Friesland
BAR 59, Fischerboot, Friesland
(-) Tjotter, Fischerboot, Friesland
RD 67, Fischerboot, Waterland
VN 21, zeepunter, Fischerboot, Overijssel
BU 211, kubboot, Fischerboot, Zuidwal
(-) Giek, Westfriesland
(-) Praam, Utrecht
(-) Veldschuit, Westfriesland
(-) Hooivlet, Marken
(-) Assendelfter schuit, Westfriesland
(-) Bessenschuit, Westfriesland
(-) Boerenboot, Waterland
(-) Vlot, Overijssel
(-) Aardappelpraam, Friesland
(-) Schouw, Süd-Holland
(-) Hollandse roeiboot, Overijssel
(-) Somp, Overijssel
WULP, tjotter/Segelboot, Friesland
(-) Hellingschouw, Marken
MARJAN, parlevinker
DE ZEESTER, aalboot
(-) Opduwer
(-) Vlieger, kleines Fährboot
(-) Waterlandse jol
(-) Visjol, Waterland
(-) Visboot, Wieringen
(-) Kaarpunter, Overijssel
(-) Melkschuit, Nordholland
(-) Boot, Waterland
(-) Punter, Overijssel
(-) Veldschuit, Westfriesland
(-) Sliedrechtse boot
SPERWER, Friese schouw, Segelboot, (Nachbau)
(-) Boatsje, Friesland
(-) Veldschuit, Friesland
TJET RIXT, boeier, Segelboot, Friesland
(-) Ijsvlet, Urk
SPERWER, boeier, Segelboot, Friesland
HOU MOED, tjotter, Segelboot, Friesland
(-) Hasselter vlet
(-) Wildschieter, Friesland
HK 72, kubboot, Fischerboot, Oostwal
(-) Brabantse boot
(-) Herftsjol, Friesland
No 6, Ruderrettungsboot
(-) Groninger sloep

Museumsschiffe
DE DRIE GEBROEDERS (TX II), Fischkutter, 1894/1980, (Nachbau)
DE HOOP, Fischerboot, 1901
DE VIER GEBROEDERS, Tjalk, 1890

Flessenscheepjesmuseum
Zuiderspui 1, 1601 GH Enkhuizen
Tel.: 02 28 - 31 85 83
Über 600 Flaschenschiffe

ENS

Museum Schokland
Middelbuurt 3, 8307 RR Ens
Tel.: 05 27 - 25 13 96
Zuiderzee-Schiffahrt

ENTER

Zompenmuseum
Hoge Brink 4, 7468 CB Enter
Tel.: 05 47 - 38 38 54
Schiffahrt auf der Regge

ERMELO

Stationäres Schiff
P 6398, Fischkutter, Holzrumpf

GASSELTERNIJVEEN

Scheepvaartmuseum
Hoofdstraat 48, 9514 BG Gasselternijveen
Tel.: 05 99 - 51 22 70
Schiffbau-Ausstellung

GIETHOORN

Museumboerderij t'Olde Maat Uus
Binnenpad 52, 8355 BT Giethoorn
Tel.: 05 21 - 36 22 44

HIST-MOBIL
Cornelisgracht 42, 8355 CH Giethorn
Tel.: 05 21 - 36 14 98

GOEDEREEDE

Torenmuseum
Domtoren, 3252 BP Goedereede
Tel.: 01 87 - 49 24 80
Fischrei auf Goeree und Overflakee

GOUDA

Binnenhavenmuseum
Vest 252, 2801 TZ Gouda
Tel.: 01 82 - 58 42 30
Schiffahrt, Schiffbau

s'-GRAVENHAGE/ SCHEVENINGEN

Museum Scheveningen
Neptunusstraat 92
2586 GT s'-Gravenhage
Tel.: 0 70 – 3 50 08 30
Fischerei-Ausstellung

Museumsschiff
MERCUUR (A 856), Minensuchboot, 1953, Liegeplatz: Dr. Lelykade 21

Projekt
TRIX, Heringslogger, 1903

GRONINGEN

Noordelijk Scheepvaartmuseum
Brugstraat 24–26
9711 HZ Groningen
Tel.: 0 50 - 3 12 22 02
noordelijkscheepvaartmuseum.nl

Schiffahrt, Modelle, Schiffsantriebe

Museumsschiffe
ALIDA, Tjalk, 1903
SAARTJE, Barkasse/Schubboot, ca. 1930

Stationäres Schiff
RUMULUS, Küstenmotorschiff, 1955

HAARLEM

NZH Bedrijfsmuseum
Leidsevaart 396, 2014 HM Haarlem
Tel.: 0 23 - 5 71 51 40
Schiffahrt

HARDERWIJK

Veluws Museum
Donkerstraat 4, 3841 CC Harderwijk
Tel.: 03 41 - 41 44 68
Fischerei

HARLINGEN

Gemeentemuseum het Hannemahuis
Voorstraat 56, 8861 BM Harlingen
Tel.: 05 17 - 41 36 58
www.veluwe_info.nl

Schiffsmodelle, Walfang

HEEG

Bezoekerscentrum De Helling
Bau und Geschichte traditioneller Holzschiffe in Friesland

HEEREWAARDEN

Bezoekerscentrum »De Grote Rivieren«
Langestraat 38, Heerewaarden
Telefon: 04 87 - 57 28 31

Museumsschiff
Aalschokker

HELLEVOETSLUIS

Droogdok Jan Blanken
Industriehaven 50
3221 AD Hellevoetsluis
Tel.: 01 81 - 31 01 97
www.droogdok.nl

Schiffbau, historische Marinewerft mit dem ältesten in den Niederlanden gebauten Trockendock (1802)

Oudheidkamer Hellevoetsluis
Industriehaven 8A
3221 AD Hellevoetsluis
Tel.: 01 81 - 3 11 10 84
Regionale Schiffahrtsgeschichte

Museumsschiff
LICHTSCHIP No. 12 (NOORDHINDER), Feuerschiff, 1963

HOEK VAN HOLLAND

Nationaal Veerdienstmuseum
Badweg 2a
3151 HA Hoek van Holland
Tel.: 01 74 - 38 37 14
Fährschiff-Museum

Museumsschiff
REDDINGBOOT 1, Motorrettungsboot, 1948

Nederlands kustverdedigingsmuseum
Stationsweg 82
3150 AA Hoek van Holland
Tel.: 01 74 - 3 10 128
http://kabelfoon.nl/

Museumsschiff
(-) Klein-U-Boot BIBER, 1945

Expo-Info Paviljoen
Waterwegcentrum
Konigin Emmaboulevard 5
3151 HG Hoek van Holland
01 74 - 38 74 94

Het Jagershuis
Badweg 1
3151 HA Hoek van Holland
Tel.: 01 74 – 38 22 51

Nederlands Kustverlichtingsmuseum
Willem van Haoutenstraat 102
3151 AC Hoek van Holland
Tel.: 0 70 - 3 91 24 48
Leuchtfeuer, Schiffahrt

HOORN

Westfries Museum
Rode Steen 1, 1621 CV Hoorn
Tel.: 02 29 - 28 00 28
www.wfm.nl
Regionale Schiffahrt

Oudheidkammer der Kaap-Hoornvaarders
Achterom 17, Hoorn
Telefon: 0 72 - 5 71 10 57

HUIZEN

Huizer Museum
Het Schoutenhuis, Achterbaan 82
1271 TZ Huizen
Tel.: 0 35 - 5 25 02 23
Fischerei

IJMUIDEN

IJmuiderstichting Zee- en Havenmuseum, De Visserijschool
Havenkade 55, 1973 AK IJmuiden
Tel.: 02 55 - 53 80 07
www.noord-holland-tourist.nl/nl/museumplein/msmzk7

Hafen, Schleusen, Fischerei

Stationäres Schiff
POLLUX, Segelschulschiff, 1940

Pieter Vermeulen Museum
Moerbergplantsoen 20
1972 XG IJmuiden
Tel.: 0 55 – 53 67 26
http://home.multiweb.nl/pvm

Fischerei

KAMPEN

Stedelijk Museum Kampen
Oudestratt 158, 8261 CZ Kampen
Tel.: 0 38 - 3 31 73 61

Museumsschiff
Kamper Kogge, Nachbau 1998

KATWIJK AAN ZEE

Katwijks Museum
Voorstraat 46, 2225 ER Katwijk
Tel.: 0 71 – 4 01 30 47
Fischerei, Schiffsmodelle

KIJKDUIN

Stationäres Schiff, auf der Strandpromenade
MERULA, 1907, Schlepper

KOLHORN

De Turfschuur
Westfriesedijk 66b, 1767 CS Kolhorn
Tel.: 02 24 - 53 32 47
Schiffsmodelle

KRIMPEN a. d. IJSSEL

Streekmuseum Crimpenerhof
IJsseldijk 312, 2922 BM Krimpen
Tel.: 01 80 - 51 4 8 66

LEERDAM

Museum het Oude Raadhuis
Kerkstraat 18, 4141 AW Leerdam
Tel.: 03 45 - 61 44 33

LEEUWARDEN

Museum Nanning Hendrik Bulthuis
Huizum Dorp 11
8934 BP Leeuwarden
Tel.: 0 58 - 2 88 18 79
Schiffsmodelle

Museumsschiffe
ANNA, Plattbodenschiff, ca. 1880,
STEDFLECHT, Tjotter (rondboden), ca. 1840

Stationäres Schiff
IMPALA, 1925, Binnenschiff

LEIDEN

Modelbouwmuseum
Nordeinde 2a, 2311 CD Leiden
Tel.: 0 71 - 5 12 45 67
Schiffbau, Modelle

LELYSTAD

Nationaal Scheepshistorisch Centrum »Batavia Werf«
Oostvaardersdijk 01–09
8244 PA Lelystad
Tel.: 03 20 - 26 14 09
www.bataviawerf.nl

Museumswerft

Museumsschiff
BATAVIA, Ostindienfahrer, 1628, Nachbau 1995

Projekt
DE ZEVEN PROVINCIEN, Nachbau, ca 2005, Admiralitätsschiff aus dem Jahr 1665

LELYSTAD

Nederlands Instituut voor Scheeps- en onderwater Archeologie (NISA)
Oostvaardersdijk 01–04
8244 PA Lelystad
Tel.: 03 20 - 26 97 00
Relikte von gesunkenen Schiffen aus dem Gebiet der früheren Zuiderzee

Museumsschiff
B 71, Wrack eines Beurtschip/ Frachtseglers, der 1620 in der Zuiderzee untergegangen ist

Nieuw Land Poldermuseum
Oostvaardersdijk 01–13
8244 PA Lelystad
Tel.: 03 20 - 26 07 99
www.hollandmuseums.nl/nlinfo/nieuw landpoldermuseum

LEMMER

Museum Lemster-Fiifgea
Nieuwburen 1, 8531 EE Lemmer
Tel.: 05 14 - 56 75 95
Schiffahrt, Fischerei

MAASBRACHT

Maas- en Scheepvaartmuseum
Havenstraat 28, 6051 CS Maasbracht
Tel.: 04 75 - 46 58 73
Maas- und Rheinschiffahrt, Modelle

MAASSLUIS

Nationaal Sleepvaartmuseum
Hoogstraat 1, 3142 EA Maassluis
Tel.: 0 10 – 591 24 74
www.maasluis.nl/sleepvaartmuseum

Modelle und Fotos der Schleppschiffahrt

Museumsschiff
FURIE, Dampf-Seeschlepper, 1916

Gemeentemuseum
Zuiddijk 16, 3143 AS Maasluis
Tel.: 0 10 - 5 91 38 13
Fischerei

MARKEN

Marker Museum
Kerkbuurt 44, 1156 BL Marken
Tel.: 02 99 - 60 19 04
www.noord-holland-tourist.nl/nl/ museumplein/mwtrl6

Fischerhaus

MEDEMBLIK

Nederlands Stoommachinemuseum
Oosterdijk 4, 1671 HJ Medemblik
Tel.: 02 27 - 54 47 32
www.noord-holland-tourist.nl/nl/ museumplein/mwtrl6

Schiffs-Dampfmaschinen

MODDERGAT

Museum t' Fiskershuske
Fiskerspad 4–8a, 9142 VN Moddergat
Tel.: 05 19 - 58 94 54
www.friesnet.nl/musea/ned/mod/fis/index

Schiffsmodelle, Fischerwohnungen

MONNICKENDAM

Museum de Speeltoren
Noodeinde 4, 1141 EB Monnickendam
Tel.: 02 99 - 65 22 03
Schiffsmodelle

NEELTJE JANS

Delta-Expo
Oosterscheldedam
4328 ZG Burgh-Haamstede
Tel.: 0 11- 15 27 02
www.zeeland.nl/vvv/uitgaan/musea/njans-n.

Museumsschiffe
NEELTJE (WR 103), Kutter, 1939
VERTROUWEN, Fischkutter, ca. 1948

NIEUWE PEKELA

Kapiteinshuis Pekela
Ds. S. Tjadenstraat 95
9663 RD Nieuwe Pekela
Tel.: 0 50 - 3 13 97 69
Geschichte der Schiffahrt in den Veengebieten

Museumsschiff
FAMILIETROUW, Frachtsegler, 1894

NIEUWEGIEN

Oudheidkamer Vreeswijk
Fort Vreeswijk 1b
3433 ZZ Nieuwegien
Tel.: 0 30 - 6 06 00 90
Geschichte des Fischerdorfes Vreeswijk

NIJKERK

Stoomgemaal Hertog Rijnout
Zeedijk 6, 3861 MD Nijkerk
Tel.: 0 33 - 2 45 77 57

NOORDWIJK

Museumsboerderij Oud-Noordwijk
Jan Kroonsplein 4, 2202 JC Noordwijk
Tel.: 0 71 - 3 61 78 84
Fischerei

OUDESCHILD/Texel

Maritiem en Jutters Museum
Barentszstraat 21
1792 AD Oudeschild
Tel.: 02 22 - 31 49 56
www.texelsmaritiem.nl

Strandfunde, Schiffahrt, Fischerei, Lotsen- und Rettungswesen

OUWERKERK

Minischeepvaartmuseum
Viane 1, 4305 RL Ouwerkerk
Tel.: 01 11 - 64 14 80
Schiffsmodelle

OVERLOON

Nationaal Oorlogs- en Verzetsmuseum
Museumspark 1, 5825 AM Overloon,
Tel.: 04 78 - 64 18 20
www.oorlogsmuseum-overloon,nl

Militärmuseum

Museumsschiffe
(-) Klein-U-Boot BIBER, 1944/45
(-) Klein-U-Boot,Typ Molch, 1944/45

RIDDERKERK

Oudheidkamer Ridderkerk
Kerksingel 26, 2981 EH Ridderkerk
Tel.: 01 80 - 43 06 15
Regionale Schiffahrt

ROTTERDAM

Het Havenmuseum
Leuvehaven 50–72
3011 EA Rotterdam
Tel.: 0 10 - 4 04 80 72
www.havenmuseum.nl

Schiffahrt, Hafen, Schiffbau, Bootsammlung

Museumsschiffe
ALLES HEEFT EEN TIJD, Frachtsegler, 1914
ANNIGJE, hasselter aak, Lastkahn, 1908
BINKIE, Barkasse, parlevinker, 1925
DE HOOP, Dektjalk, Frachtsegler, 1890
DOCKYARD V, Dampfschlepper, 1947

DOCKYARD IX, Dampfschlepper, 1939
DRIE GEBROEDERS, Zandaak, Frachtsegler, ca. 1900
GEERTRUIDA, Sleepkast, Binnenschiff, 1906
GRAANELEVATOR ANTWERPEN No. 19, Getreideheber, 1926
GRUNO, friese tjalk, Frachtsegler, 1900
HAVENDIENST 20, Sleepboot Motorschlepper, 1941
JANTINA, bok, Frachtsegler, 1895
JORIS II, Bok, Schwimmkran, 1937
KOESCHOUW, Koeschouw
LENA, paviljoenkraak, Frachtsegler, 1878
LOODSJOL, Lotsenboot, 1968
MIJL OP ZEVEN, Westlandse praam, Pram, zw. 1880 und 1916
PIER BOELE, Stoomsleepboot, Rhein-Schlepper, 1893
R 12, Zalmschow, ca. 1900
RVE 1, Festmacherboot, 1976
SIMSON, Bok, Schwimmkran, 1958
STOMPIE, opduwer, Schubboot/ Barkasse, ca. 1930
VOLHARDING I, Stoomsleepboot, Dampfschlepper, 1930
VOORWAARTS I, Motorbeurtschip, Binnenschiff, 1906
ZEEMEEUW, Kustvaarder, Küstenmotorschiff, 1937
(-) Arbeitsboot, ca. 1900, Woerden, 12,3 m x 2,1 m

Stationäre Schiffe
LV No. 8, HEAVEN, Feuerschiff, Wijnhaven
LV No. 11, BREEVEERTIEN Feuerschiff, 1952, Wijnhaven, Restaurant

Maritiem Museum Prins Hendrik
Leuvehaven 1, 3011 EA Rotterdam
Tel.: 0 10 - 4 13 26 80
www.maritiemmuseum.nl

Schiffahrtsgeschichte, Modelle, Gemälde

Museumsschiff
BUFFEL, Rammturmschiff, 1867

Museum Schepen uit Verre Landen
Wijnhaven 20a, 3011 WR Rotterdam
Tel.: 0 10 - 4 13 83 51
Ausstellung ausländischer Boote, z.B. einer venezianischen Gondel, eines vietnamesischen Fischerbootes, eines Walfangbootes, einer chinesischen Dschunke, eines Papyrusbootes eines Sampans u.a. mehr

Mariniersmueum der Koninklijke Marine
Wijnhaven 7–9, 3011 WG Rotterdam
Tel.: 0 10 - 4 12 96 00
Niederländische Marinegeschichte

Museumsschiffe
HOUTEPEN (M 882), Minensuchboot, 1961
L 9512, Landungsboot, 1962

Openlucht Binnenvaartmuseum
Koningsdam 1, 3011 TN Rotterdam
Tel.: 0 10 - 4 11 88 67
Museumswerft Koningspoort, Oude Haven

Museumschiff
JAN VAN DER HEYDE, Feuerlöschboot, 1930

Scheepswerf De Delft, Delfshaven
Schiehaven 15, 3004 EA Rotterdam
Tel.: 0 10 - 2 76 01 15

SCHEVENINGEN

siehe s'-GRAVENHAGE

SLIEDRECHT

Nationaal Baggermuseum
Molendijk 204, 3361 ER Sliedrecht
Tel.: 01 84 - 41 41 66
www.baggermuseum.nl

Baggerei-Geschichte

Museumsschiff
FRIESLAND, Dampf-Schwimmbagger, 1936

SNEEK

Fries Scheepvaartmuseum
Kleinzand 14, 8601 BH Sneek
Tel.: 05 15 - 41 40 57
www.friesscheepvaartmuseum.nl

Geschichte der friesischen Schiffahrt, Schiffbau, Gemälde und Modelle

Museumsschiffe
IJSBEER, Eissegler, 1846
JANNETJE, Fischerboot, 1921

SOMMELSDIJK

Streekmuseum Goeree – Overflakkee
Kerkstraat 2–12
3245 AK Sommelsdijk
Tel.: 01 87 - 48 37 78
Schiffahrt

SPAKENBURG

Klederdracht- en Visserij-Museum
Kerkstraat 20, 3751 AR Spakenburg
Tel.: 0 33 - 2 98 46 34
Fischerei

Spakenburgs Museum t' Vurhuus
Oude Schans 47–56
3752 AH Spakenburg
Tel.: 0 33 - 2 98 33 19
Regionale Schiffahrt

STADSKANAAL

Streekhistorisch Centrum
Ceresstraat 2, 9502 EA Stadskanaal
Tel.: 05 99 - 61 26 49
Schiffahrt, Modelle

TERSCHELLING

Terschellings Museum 't Behouden Huys
Commandeurstraat 30
8881 BB West-Terschelling
Tel.: 05 62 - 44 23 89
Walfang, Bergungs-, Rettungs- und Lotsenwesen

URK

Museum Het Oude Raadhuis
Wijk 2, 8321 EP Urk
Tel.: 05 27 - 68 32 62
Fischerei-Ausstellung

UTRECHT

Centraal Museum
Agnietenstraat 1, 3512 XA Utrecht
Tel.: 0 30 - 2 36 23 62
www.centraalmuseum.nl

Museumsschiff
Utrecht-Boot, Frachtsegler, ca. 1100/1200 n. Chr.

VEENDAM

Veenkoloniaal Museum
Winkler Prinsstraat 5
9641 AD Veendam
Tel.: 05 98 - 61 63 93
www.veenkoloniaalmuseum.nl

Schiffahrt

Museumsschiff
EBENHAEZER, Bolschip, 1928

VLAARDINGEN

Visserijmuseum
Westhavenkade 53–54
3131 AG Vlaardingen
Tel.: 0 10 - 4 34 87 22
www.hollandmuseums.nl/ukinfo/ visserijmuseum

Fischerei, Schiffsmodelle, Kran aus dem 17. Jahrhundert

VLIELAND

De Noordwester
Dorpstraat 150, 8899 AN Vlieland
Tel.: 05 62 - 45 17 00
Schiffswracks, Strandungen

VLISSINGEN

Attractiecentrum Het Arsenaal
Arsenaalplein 1, 4381 BL Vlissingen
Tel.: 01 18 - 41 54 00
www.arssenaal.com

Schiffahrtsgeschichte, Modelle

Stedelijk Museum Vlissingen
Bellamypark 19, 4381 CG Vlissingen
Tel.: 01 18 - 4 12 498
Fischerei, Lotswesen, Schiffsmodelle

Zeeuws Maritiem muZEEum Vlissingen
Nieuwendijk 11, 4381 BV Vlissingen
Tel.: 01 18 - 41 24 98
www.muzeeum.nl

Fischerei, Schiffahrt

VOLENDAM

Volendams Museum
Zeestraat 41, 1131 ZD Volendam
Tel.: 02 99 - 36 92 58
Schiffsmodelle, Fischereitechnik

VOLLENHOVE

Oudheidkamer Brederwiede
Bischopstraat 24
8325 BC Vollenhove
Tel.: 05 27 - 24 21 44
Schiffbau, Fischerei

WARFFUM

Openluchtmuseum
Het Hoogeland, Schoolstraat 2
9989 AG Warffum
Tel.: 05 95 - 42 22 33
Fischerei

WARTENA

It Earmhus
Hellingpaed 3, 9003 LW Wartena
Tel.: 0 58 - 2 55 18 78
Fischerei

WORKUM

Museum Warkums Erfskip
Merk 4, 8711 CL Workum
Tel.: 05 15 - 54 31 55
Schiffsmodelle

WOUDRICHEM

Visserij- en Cultuurhistorsch Museum
Kerkstraat 41, 4285 BA Woudrichem
Tel.: 01 83 - 30 33 36
Geschichte der niederländischen Flußfischerei, Schiffsmodelle, Reepschlägerei

Museumsschiff
Fischerboote aus Bergenaar, vor 1900 gebaut

Historisch Stadshaven Woudrichem, Historischer Hafen

ZAANDAM

Czaar Peterhuisje
Krimp 23, 1506 AA Zaandam
Tel.: 0 75 - 6 16 03 90
www.noord-holland-tourist.nl/nl/museum plein/mwtr12

Stichting De Zaanse Schans/ Bezoekercentrum Vrede
Schansend 1, 1509 AW Zaandam
Tel.: 0 75 - 6 16 82 18
http://valley.interact.nl/zaanseschans

Schiffahrt, Schiffbau, Bootsammlung

ZAANDIJK

Zaans Historisch Museum
Lagedijk 80, 1544 BJ Zaandijk
Tel.: 0 75 - 6 21 76 26
www.noord-holland-tourist.nl/nl/museum plein/mwtrl1

Schiffsmodelle

ZALTBOMMEL

Stoom- en Energiemuseum
Gamersedijk 8
5301 HL Zaltbommel
Tel.: 04 18 - 51 23 53
Dampf- und Diesel-Schiffsantriebe aus der Binnenfahrt

ZANDVOORT

Zandvoorts Museum
Swaluestraat 1, 2042 KA Zandvoort
Tel.: 0 23 - 5 74 02 80
www.noord-holland-Tourist.nl/nl/museum plein/msmzk11

Schiffsmodelle

ZIERIKZEE

Maritiem Museum
Mol 25, 4301 JC Zierikzee
Tel.: 01 11 - 45 44 64
www.zeeland.nl/vvv/uitgaan/musea/zzee-n

Schiffahrtsgeschichte von Zierikzee

Museumhaven Zeeland
Nieuwe Haven 17, 4301 DJ Zierikzee
Tel.: 01 11 - 41 64 51
Museumshafen

Museumsschiffe
DE GROENE WELP, Hollandse boot, Nieuwendorp, Sliedrecht
DE VROUW ADRIANA (ARM 17), hoogaars/Fischerboot, 1878
LEENDERT ABRAHAMPOLDER, Peilboot, 1953
MEEUW, Botter, 1895, Kater, Monnickendam, ex GANS, ex ZEEMEEUW,
MIJN GENOEGEN, Flußschiff, 1899
VABEL, Boeier, 1895
VERWISSELING, Zeeuwse Poonschuit, 1880, Duivendijk, Ouderkerk
ZUIDVLIET, Fährboot, 1913, Boot, Alphen/Rijn

ZOUTKAMP

Visserijmuseum Zoutkamp
Reitdiepskade 11, 9974 PJ Zoutkamp,
Tel.: 05 95 - 40 70 75
www. lauwersmerkoerier.nl

Fischerei

ZWOLLE

Machinemuseum Hogeland
Hogeland 5, 8024 AZ Zwolle
Tel.: 0 38 - 4 44 15 90
Schiffsmaschinen

Stationäres Schiff
THOR, Minensuchboot, Restaurant

MUSEUMSSCHIFFE

ABRAHAM CRIJNSSEN (A 925)

Den Helder

Minensuchboot, 1936, Gusto, Schiedam, 55,8 m x 7,8 m x 2,1 m, 450 tons, zwei Triple- Expansionsmaschinen je 800 PS, 20 Mann Besatzung.
ABRAHAM CRIJNSSEN hat niederländische Marinegeschichte geschrieben, als das Boot 1942 aus Indonesien der japanischen Invasionsmacht spektakulär entkommen konnte. Mit Ästen und Buschwerk hatte man das Minensuchboot als »tropische Insel« getarnt, wodurch es der Besatzung gelang, unerkannt nach Australien zu fliehen.

ABRAHAM FOCK

Ameland/Hollum

Dieses letzte von zehn Pferden gezogene Ruderrettungsboot der Niederlande wurde 1988 außer Dienst gestellt.

ALIDA

Groningen

Tjalk, 1903, Draaisma, Franeker, 13,1 m x 2,9m x 0,7 m, 15 tons, 40 qm Segel, ex ANTONIE, ex GERLI, ex NOOIT VOLMAAKT.
ALIDA wurde für den Transport von Käse gebaut. 1914/5 wurde sie zunächst provisorisch zu einer Segelyacht und 1920 zu einem Wohnschiff umgebaut. 1986 erhielt das Groninger Museum das Schiff in verwahrlostem Zustand und ließ die Tjalk bis 1991 von Grund auf restaurieren.

ALLES HEEFT EEN TIJD

Rotterdam

Hagenaar/Frachtsegler, 1914, De Bock & Meyer, Oude Wetering, 19,0 m x 3,9 m x 0,4 m, 59 tons, Segel, ohne Motor, ex AAN GODS ZEGEN IS ALLES GELEGEN.
Haagenaars wurden vor allem für den Transport von Baumaterialien in die Innenstadt von Den Haag benötigt. Dadurch wurden die maximalen Abmessungen durch Fahrwassertiefe sowie Höhe und Breite der zu passierenden Brücken bestimmt.

AMSTERDAM

Amsterdam

Ostindienfahrer, 1784/Nachbau 1990, VOC-werf, Oostenburg, Amsterdam, 48,0 m (42,5 m) x 11,7 m x 4,5 m, 1.100 tons, 1950 qm Segel.
Nachdem der Ostindienfahrer AMSTERDAM am 8. Januar 1749 auf seiner ersten Asienreise mit 230 Seeleuten, 127 Soldaten und fünf Passagieren an Bord im Verband mit fünf weiteren Seglern die Insel Texel passiert hatte, brach eine Epidemie aus. Fünfzig Mann starben, vierzig erkrankten schwer. Diese Verluste, sowie ein Orkan mit einer verheerenden Springflut machten die Situation des Schiffs unbeherrschbar. Kapitän Willem Klump entschied deshalb am 26. Januar 1749 die AMSTERDAM in der Nähe von Hastings an der englischen Südküste auf den Strand zu setzen, um Crew, Ladung und im besten Fall das Schiff zu retten. Tatsächlich gelang es der Mannschaft sich mit Silber im Wert von 300.000 Gulden in Sicherheit zu bringen. Das Schiff versank jedoch so schnell im Treibsand, daß es mit seiner wertvollen Ladung aufgegeben werden mußte. Teile des Wracks sind bei Niedrigwasser heute noch am Strand zu sehen. Bergungspläne konnten bisher nicht realisiert werden. Schiffsarchäologische Untersuchungen haben bereits zahlreiche Informationen über das Schiff sowie Leben und Arbeit an Bord der AMSTERDAM erbracht. Mitte der achtziger Jahre wurde in Amsterdam der Beschluß gefaßt, einen Nachbau des historischen Seglers herzustellen, der als Flaggschiff der SAIL 1990 die Schiffsparade von IJmuiden nach Amsterdam anführte. Ein Verlust, wie der der AMSTERDAM, war auch seinerzeit die Ausnahme: Im 17. und 18. Jahrhundert unternahmen Ostindien-Segler über 4.800 Reisen nach Asien.

ANNA

Leeuwarden/Branburren

Plattbodenschiff, ca. 1880, 0,75 tons 3,4 m 1,7 m x 0,6 m, Segel, Ruder.
Das typisch friesische Plattbodenschiff ANNA wurde als Arbeits- oder Fischerboot eingesetzt.

ANNIGJE

Rotterdam

Lastkahn/Hasselter aak, 1908, Van Goor, Kampen, 22,3 m x 4,7 m x 0,4 m, 108 tons, Segel
Hasselteraaken wurden vornehmlich in den Nord-Provinzen Hollands für den Torftransport eingesetzt. Die Bodenplatte wird an der Spitze hochgebogen und erfüllt die Funktion des Stevens. ANNIGJE ist vollständig restauriert und für die Öffentlichkeit zugänglich. Das Schiff ist 1969 vom Museum angekauft worden.

B 71

Lelystad

Wrack eines Beurtschip/Frachtseglers (17,9 m x 5,2 m x 1,9 m), der 1620 in der Zuiderzee untergegangen und 1980 bei Lelystad geborgen worden ist.

BALDER (VL 92)

Amsterdam

Heringslogger, 1912, De Jong, Vlaardingen, 105 tons, 23,9 m x 6,5 m x 3,1 m, Segel, Motor, ex ZEEAREND, ex OCEEAN I
Ursprünglich ist der Logger kein niederländischer Schiffstyp, er wurde vielmehr in Frankreich entwickelt und kam im 18. Jahrhundert vor allem im Gebiet des Englischen Kanals im Küstenhandel, Zolldienst – und der Schmuggelfahrt – in Gebrauch.
Dieser Typ ist durch einen steilen Steven, einen gestreckten Rumpf und eine Takelung sowohl als Zwei- wie als Dreimaster gekennzeichnet. Die BALDER VL 92 hat seit 1921 als Segellogger Dienst getan und wurde 1929 an eine Scheveninger Reederei verkauft, die das Schiff um 5,25 Meter verlängern und einen Dieselmotor einbauen ließ. Bis zum Zweiten Weltkrieg fuhr es als Motorlogger OCEAAN 1 (SCH 14). Während des Krieges wurde BALDER von der deutschen Marine u.a. als Vorpostenboot AUGUST BROHAHN auf der Ostsee eingesetzt. Nach dem Krieg wurde das Boot an eine Scheveninger Reederei zurückgegeben. 1962 nahm sie ihren Dienst als Schulschiff ZEEAREND für die Fischereischule von Den Haag und Katwijk auf, bis sie 1976 als Museumsschiff übernommen wurde. Bei der anstehenden Restaurierung wurde der Rumpf wieder auf seine ursprüngliche Länge verkürzt.

(-) Klein-U-Boot BIBER

Hoek van Holland und Overloon

Deutsches Klein-U-Boot BIBER, 1945, Verdrängung an der Oberfläche: 6,2 tons, 9,0 m x 1,6 m x 1,6 m, Sechs-Zylinder-Benzinmotor (32 PS)/Torpedo-E-Motor (13 PS), Aktionsradius an der Oberfläche: 130 sm bei 6 kn, getaucht: 8,6 sm bei 5 kn, Geschwindigkeit an der Oberfläche: 6,5 kn, getaucht: 5,3 kn, Tauchtiefe: 25 m, Besatzung: 1 Mann, Bewaffnung: 2 Torpedos.
Vom Bootstyp BIBER wurden 324 Einheiten gebaut, die vor allem im Englischen Kanal Frachtschiffe angreifen

sollten, um die Versorgung der in Nordfrankreich gelandeten alliierten Invasionstruppen zu stören. Bis Anfang 1945 kamen über 110 BIBER an der belgischen Scheldemündung zum Einsatz, bis sie von den technisch weiterentwickelten Booten des Typs SEEHUND abgelöst wurden.

BINKIE

Rotterdam

Barkasse/parlevinker, 1925, 7,6 m x 2,3 m x 1,6 m, 9-PS-Diesel.
»Parlevinker« waren schwimmende »Tante-Emma-Läden«, die in den Häfen ihre Waren den Schiffern zum Kauf angeboten haben.

BUFFEL

Rotterdam

Rammturmschiff, 1867, Napier, Glasgow, 59,6 m x 12,2 m x 4,7 m, 2135 tons, zwei Dampfmaschinen mit 2200 PS, 12 kn, 117 Mann Besatzung.
(siehe Schiffsportrait)

DE DRIE GEBROEDERS (TX II)

Enkhuizen/Oudeschild

Fischkutter, Original: 1894, Nachbau: 1980, Zwolsman, Workum, 14,5 m x 3,5 m, 15 tons, Segel, ex HD 305, ex LE 7, ex WR 76, ex UK 14.

DE HOOP

Rotterdam

Frachtsegler, 1890, Fernhout, Smilde, 20,9 m x 4,9 m x 0,5 m, 96,2 tons.
Tjalken erkennt man an ihrer rechteckigen Form, dem gekrümmten Vorsteven, den einfallenden »boeisels« (Oberseiten der Bordwände) am Vor- und Achterschiff und am angehängten Ruder. Der Schiffsboden ist flach, wie bei größeren Binnenschiffen. Die Bezeichnung »dektjalk« stammt daher, daß diese Boote keine Kammer haben und das Deck hinter dem Lukendeckel durchläuft.

DE HOOP

Enkhuizen

Frachtsegler/boeierpraam, 1901, v. Goor, Meppel, 17,9 m x 3,8 m, 42,8 BRT, Segel, ex NOOIT VOLMAAKT.
Typisches Arbeitsfahrzeug, das vor allem auf Flüssen und Kanälen eingesetzt wurde.

DE VIER GEBROEDERS

Enkhuizen

Hektjalk, 1890, Ruytenberg, Waspik, 20,7 m x 5,0 m x 2,1 m, 110 BRT, Segel.

DE VROUW ADRIANA (ARM 17)

Zierikzee

hoogaars/Fischerboot, 1878, Meerman, Arnemuiden, Länge: 13,9 m, Segel, ex MARIA PIETERNELLA, ex CORNELIA, ex DE VROUW CLASINA, ex VROUW ALIZE, ex JACOBA ELIZABETH.
DE VROUW ADRIANA ist bis 1948 zum Fischfang eingesetzt worden, nach 1948 wurde sie zur Yacht umgebaut und nach 1974 wieder in den ursprünglichen Zustand versetzt. Seit 1993 gehört die DE VROUW ADRIANA der Stichting Museumhaven Zierikzee (siehe ANDRIES JACOB).

DRIE GEBROEDERS

Rotterdam

Frachtsegler, ca. 1900, 11,5 m x 3,4 m x 0,3 m, 20 tons, Segel.
Dieser Schiffstyp wurde für den Transport von Sand und Kies auf größeren Flüssen eingesetzt. Seit 1970 Museumsschiff.

EBENHAEZER

Veendam

Binnenschiff/Bolschip, 1928, Velthuis, Groningen, 20,9 m x 4,1 m x 0,7 m, 64,5 tons, Segel, seit 1989 Museumsschiff.

FAMILIETROUW

Nieuwe Pekela

Frachtsegler/spitse praam, 1894, Stadskanaal, 16,5 m x 4,0 m x 0,5 m, 33 BRT, Segel, Diesel.

FRIESLAND

Sliedrecht

Dampf-Schwimmbagger, 1936, Holthuis, Veendam, 25,7 m x 6,9 m x 1,5 m, 15 tons, Baggerantrieb 125 PS, Eigner: Stichting Stoombaggerrmolen Boskalis Westminster.

GEERTRUIDA

Rotterdam

Binnenschiff, 1906, Boot, Leiderdorp, 43,6 m x 7,3 m x 2,2 m, 424 tons, 110-PS-Diesel.
Eines der letzten aus Eisen gebauten holländischen Binnenschiffe, das noch geschleppt wurde, ist seit 1984 Museumsschiff. Der ehemalige Heimathafen war Bergen op Zoom.

GRAANELEVATOR ANTWERPEN No. 19

Rotterdam

Dampfgetreideheber, 1926, NV Chantier Naval J. Cockerill, Hoboken/Belgien, 30,5 m x 10,5 m, 560 tons, ohne Antrieb, Dampfmaschine mit 275 PS, Förderleistung: 200 to/Std.
Getreideheber waren eine wichtige Weiterentwicklung zum Umschlag von loser Ladung. Eine Dampfmaschine treibt zwei starke Luftpumpen an, die ein Vakuum herstellen, mit dem das Getreide aus den Laderäumen gesaugt wird.
Auf diesem dampfgetriebenen Getreideheber wird die Ladung auch gewogen, bevor sie an andere Transportmittel weitergegeben wird.
Da diese Fahrzeuge über keine eigenen Antriebsmaschinen verfügen, wurden sie zu den Schiffen geschleppt.

GRUNO

Rotterdam

Frachtsegler/friese tjalk, 1900, Barkmeyer, Sneek, 22,5 m x 4,8 m x 0,6 m, 120 tons, Segel, 20-PS-Diesel.
Ein auffälliges Kennzeichen der friesischen Tjalk ist, daß die Außenhaut-Platten vorne und hinten sehr schmal sind.

HAVENDIENST 20

Rotterdam

Motorschlepper, 1941, Gebr. Paans, Rodevaart, 18,3 m x 4,5 m x 1,9 m, 10 tons, eine Schraube, 240-PS-Diesel.
Dieser Motorschlepper ist 1950 von den Gebr. Paans an die Hafenverwaltung Rotterdam abgeliefert worden. 1955 wurde er zum Feuerlöschboot umgebaut, 1963 zum Eisbrecher umgerüstet und ist seit 1990 Museumsschiff.

HENDRIKA-MARIA

Amsterdam

Binnenschiff/Wohnboot, 1914, Doodewaard, 86 tons, Segel.

HOUTEPEN (M 882)

Rotterdam

Minensuchboot, 1961, De Noord, Alblasserdam, 33,1 m x 6,8 m x 1,8 m, 151 tons, 1.100-PS-Dieselmotor, 13 kn, Bewaffung: eine 20 mm Kanone, Besatzung: 14 Mann.
HOUTEPEN stammt aus einer Serie von 16 Schiffen. Diese Hochsee-Minensucher waren in den sechziger Jahren als Squadron 205 in dem damals

noch an der offenen Haringvliet gelegenen Hellevoetsluis stationiert. Nach der Schließung dieses Meereszugangs wurden die Schiffe in die größeren Minensuch-Einheiten nach Vlissingen und Den Helder verlegt. In den achtziger Jahren wurde die Serie außer Dienst gestellt und eine Anzahl dieser Einheiten an andere Marinen oder als Forschungsschiffe verkauft.

IJSBEER

Sneek

Eissegler, 1846, 5,0 m x 1,3 m, Segel.
Bereits im Januar 1848 nahm IJSBEER an einem Wettbewerb für Eissegler in Langweer teil, einer damals völlig neuen Form des Eissports.

INSULINDE

Amsterdam

Selbstaufrichtendes Motorrettungsboot, 1926, Gebr. Niestern, Delfzijl, 18,8 m x 4,1 m x 1,3 m, zwei Dieselmotoren, je 60 PS.
INSULINDE war das neunte Motorrettungsboot der Nord- und Südholländischen Rettungsgesellschaft. Das Geld für den Bau gab eine Stiftung von Niederländern, die in Nierderländisch-Ostindien (Indonesien) gelebt hatten. zwischen 1927 und 1965 fuhr INSULINDE 334 Einsätze. Insgesamt rettete das Boot 332 Menschen das Leben. Im Jahr 1969 hat die Vereinigung Niederländisches Historisches Schiffahrtsmuseum die INSULINDE gekauft.

JANNETJE

Sneek

Fischerboot, 1921, v. d. Anke, Joure, 4,0 m x 1,5 m x 0,2 m, Segel.
Der Segler JANNETJE wurde 1921 gebaut, 1955 auf der Werft von J.A. van der Meulen in Joure restauriert und am 1. März 1993 in das Stammbuch der Plattbodenyachten eingeschrieben.

JANTINA

Rotterdam

Frachtsegler/bok, 1895, Vermeulen, Woerden, 17,9 m x 3,4 m x 0,3 m, 34 tons, Segel, nach 1942: 8-PS-Glühkopfmotor.
Dieses Schiff (Eisenrumpf) wurde für die Frachtfahrt auf den Binnengewässern im Randstad-Gebiet benötigt. Es wurde 1942 um eineinhalb Meter verlängert, nach dem Zustand von 1942 restauriert und 1985 vom Museum angekauft.

JORIS II

Rotterdam

Schwimmkran, 1937, De Klop, Sliedrecht, 17,1 m x 7,4 m x 0,5 m, Diesel.
Dieser Schwimmkran hat vorne zwei von Scharnieren gehaltene Beine, an denen der Takelblock befestigt ist. Die Neigung der Beine kann mittels des dritten Beins verändert werden. JORIS II verfügt über keinen eigenen Antrieb. Das Fahrzeug wurde 1993 dem Museum geschenkt.

KOESCHOUW

Rotterdam

Koeschouw, Maas, Leiden, 6,5 m x 1,8 m Segel.
Dieses Schiff wurde zum Viehtransport benötigt und ist heute auf dem Kai ausgestellt.

KONINGSSLOEP

Amsterdam

Ruderschiff, 1818, Rijkswerf, Rotterdam, 17,1 m x 2,7 m, 6 tons, Ruder, Holzrumpf
KÖNIGSSLOEP stand bei offiziellen Anlässen dem Staatsoberhaupt zur Verfügung. Die schlanke Rumpfform ist Schiffstypen des Mittelmeers entlehnt. Der erste Einsatz des Bootes fand 1841 anläßlich des Besuchs von König Wilhelm II. in Rotterdam statt. Zum letzten Mal wurde es bei der Silberhochzeit von Königin Juliana und Prinz Bernhard 1962 eingesetzt. 1983 wurde die Sloop von der Königlichen Marine an das Museum abgegeben.

L 9512

Rotterdam

Landungsboot, 1962, Rijkswerf, Den Helder, 14,5 m x 3,6 m x 1,4 m, 200-PS-Dieselmotor.
Fahrzeug zum Ausschiffen von Mannschaften, leichten Fahrzeugen und Waffen aus größeren Schiffen oder an Küsten.

L 9515

Den Helder

Landungsboot, ca. 1962, 14,5 m x 3,6 m x 1,4 m, 200-PS-Diesel.

LEENDERT ABRAHAMPOLDER

Zierikzee

Peilboot/helders vlet, 1953, Arnemuiden, Länge: 7,2 m, 3 cyl. Lister Dieselmotor.
Peilboote wurden anfänglich gerudert, später mit einem Motor ausgerüstet. Dieses rund gebaute Schiff wurde an die Stichting Museumhaven Zierikzee ausgeliehen.

LENA

Rotterdam

Frachtsegler/paviljoenkraak, 1878, v.d. Giessen, Krimpen a/d IJssel, 20,1 m x 3,7 m x 0,4 m, 60 BRT, Segel, ex EERSTE ZORG, ex JAN, ex NICO, ex NOOIT GEDACHT, ex DE VROUW WILHELMINA.
Eine Kraak ist ein klipperähnliches Schiff. Das Schiff verdankt seinen Namen dem pavillonartigen Aufbau auf dem Achterdeck. LENA ist in ihren ursprünglichen Zustand von 1928 zurückgebaut worden. Sie wurde 1983 vom Museum angekauft.

LICHTSCHIP No. 10 (TEXEL)

Den Helder

Feuerschiff, 1952, Rijkswerf Willemsoord, Den Helder, 45,4 m x 7,9 m x 2,9 m, o. Antrieb.
Das erste niederländische Feuerschiff wurde 1858 auf der Position Noordhinderbank verankert. Ab 1881 erhielten diese Schiffe keine eigenen Namen mehr, sondern nur noch laufende Nummern. Diese Ära endete im März 1994 mit dem Abzug des Lichtschip No. 12 (NOORDHINDER). Die Stadt Den Helder übernahm das Lichtschip No. 10 (TEXEL), während die Stichting Historie der Kustverlichting, Alkmaar, die museale Verantwortung für das Lichtschip No. 12 in Hellevoetsluis erhielt. Lichtschip No. 10 (11 Mann Besatzung) lag nach fast 20jährigen Einsatzzeit vor der Insel Texel von 1971 bis 1975 auf der Position Terschellingerbank. Nach einer technischen Umrüstung auf vollautomatischen Betrieb kam das Schiff 1977 wieder auf die Stationen Texel und Noordhinder. 1991 wurde es schließlich durch eine Großtonne ersetzt. 1995 begann die »Stichting Historie der Kustverlichting« mit der Restaurierung, am 8. Juni 1996 wurde Lichtschip No. 10 in der historischen Marinewerft Willemsoord als Museumsschiff eröffnet.

LICHTSCHIP No. 12 (NOORDHINDER)

Hellevoetsluis

Feuerschiff, 1963, De Waal, Zaltbommel, 46,0 m x 8,0 m x 3,0 m, ohne Antrieb.
Dieses Feuerschiff wurde 1963 auf der Position Noordhinder ausgelegt, 1980/81 automatisiert und als unbemanntes Boot danach abwechselnd auf den Positionen Texel und Noordhinder bis 1994 eingesetzt.

LOODSJOL

Rotterdam

Lotsenboot, 1968, Wester, Woubrugge, 6,1 m x 2,3 m, Diesel.
Diese Jolle wurde zum Übersetzen von Seelotsen auf die zu lotsenden Seeschiffe auf der Reede von Hoek van Holland eingesetzt.

MERCUUR (A 856)

Scheveningen

Hochsee-Minensuchboot, 1953, Peterson, Sturgeon Bay, USA, 52,4 m x 10,9 m x 3,2 m, 735 tons, zwei Diesel mit je 1.600 PS, 15,5 kn, ex ONVERSCHROKKEN.
Im Zuge der Nachkriegs-Aktion »Mutual Defence Assistance Pact« wurde das Schiff 1954 unter dem Namen ONVERSCHROKKEN in die niederländische Marine eingegliedert, im Jahr 1972 zu einem Torpedowerkstattschiff umgebaut und in MERCUUR umbenannt. Seit 1991 liegt MERCUUR als Museumsschiff in Scheveningen.

MIJL OP ZEVEN

Rotterdam

Pram/westlandse praam, zw. 1880 und 1916, 11,0 m x 2,3 m x 0,2 m, 10 tons, Segel.
Dieser Pram wurde im Westland zum Transport von Dünger, Gemüse, Sand und Torf benötigt. Es ist ein kleineres Fahrzeug als der »Westlander« und es hat im Unterschied zu diesem Boot weder Takelage noch Schwerter. Das Boot wird durch Staken fortbewegt (1983 vom Museum angekauft).

MIJN GENOEGEN

Zierikzee/Enkhuizen

Flußschiff/rivierklipper, 1899, Geertruidenberg, Länge: 21,6 m, 159 tons, Segel, ex NOOIT VOLMAAKT, ex VAN KINSBERGEN, seit 1992: Stichting Museumhaven Zierikzee.

(-) Klein-U-Boot MOLCH

Overloon

Deutsches Klein-U-Boot,Typ Molch, 1944/45, AG Weser, Bremen oder Flender-Werke, Lübeck, 11 Kubikmeter Wasserverdrängung, 10,8 m x 1,8 m x 1,4 m, Torpedo-Elektromotor (13 PS) Tauchtiefe: 40–60 m, max. Aktionsradius an der Oberfläche: 50 sm bei 4,3 kn, getaucht: 45 sm bei 5,0 kn, Besatzung: 1 Mann, Bewaffnung: 2 Torpedos, Geschwindigkeit über Wasser: 4,3 kn, unter Wasser: 5 kn.
Von diesem Bootstyp wurden 383 Stück abgeliefert, die in fünf Flottillen in Italien, im Englischen Kanal, vor der niederländischen Küste, vor Norwegen (Harstad) und von Helgoland aus eingesetzt werden sollten. Die erste Flottille mit 60 MOLCH-Booten kam 1944 in Italien zum Einsatz. Bei der zweiten Flottille in Holland gingen 1945 zahlreiche Boote verloren.

NEELTJE (WR 103)

Oosterscheldedam/Neeltje Jans

Delta-Expo

Kutter/mosselkotter, 1939, v.d. Beldt, West-Graftdijk, 25,4 m x 4,3 m x 1,0 m, 140-PS-Diesel.

PIETER BOELE

Rotterdam

Rhein-Dampfschlepper, 1893, Wed. Boele, Slikkerveer, 30,9 m x 5,9 m x 2,0 m, 33,2 tons, Dampfmaschine, 450 PS, ex WACHT AM RHEIN 8, ex SPECULANT, DIREKTOR JOH. KNIPSCHER, ex MATHILDE.
Anfänglich fuhr dieser Dampfschlepper für einen deutschen Eigner. Als SPECULANT hat das Schiff von 1919 bis 1965 Dienst getan. 1968 kaufte ein amerikanischer Regisseur den Schlepper für Filmaufnahmen, 1970 ging er in das Eigentum von Boeles Schiffswerft in Bolnes über und wurde PIETER BOELE getauft. Durch ihre schlanke Rumpfform und den geringen Tiefgang konnte dieser Schiffstyp auch bei geringen Wasserständen fahren.

PRINS HENDRIK

Den Helder

Selbstaufrichtendes Motorrettungsboot, 1950, Schouten, Muiden, 20,4 m x 4,0 m x 1,4m, 4,6 tons, zwei Diesel mit 120 PS.
Im Jahr 1951 wurde PRINS HENDRIK in Dienst gestellt, in IJmuiden stationiert, 1952 nach Den Helder verlegt, 1968 in Den Helder durch das neue MRB SUZANNA ersetzt und als Reserveboot nach Amsterdam verlegt. 1996 wurde das Boot aus der Flotte genommen und als Leihgabe an das Nationale Rettungsmuseum gegeben.

R 12

Rotterdam

Zalmschow, ca. 1900, 5,6 m x 1,7 m, Segel (10 qm). Dieses Boot wurde als Fischerboot auf Flüssen verwendet

REDDINGBOOT 1

Hoek van Holland

Motorrettungsboot (Typ Watson III), 1948, J. Samuel White & Co Cowes, Isle of Wight, 14,2 m x 3,9 m x 1,3 m, 25 tons, zwei Dieselmotoren je 40 PS, 8 kn (siehe REDDINGBOOT 2 und REDDINGBOOT 3 unter Belgien).
Nachdem REDDINGBOOT 1 im Jahr 1986 aus einem Krangeschirr gerutscht und beschädigt worden war, wurde es zur Verschrottung verkauft. Ein niederländische Shiplover rettete das Boot und gab es an das Museum in Hoek van Holland weiter.

RVE 1

Rotterdam

Festmacherboot, 1976, Slieker, Sliedrecht, 9,1 m x 2,6 m x 0,8 m, Motor.
Dieses Boot ist eines der letzten Stevenboote der »Koninklijke Roeiersvereeniging Eendracht«.
Früher waren fünfzig Boote dieses Typs im Rotterdamer Hafen tätig.
Die »Roeiers« sorgten für das Festmachen oder Loswerfen der Trossen von Seeschiffe. Außerdem wurden sie für den Personen-Transport benötigt.
RVE 1 ist seit 1995 Museumsschiff.

SAARTJE

Groningen

Barkasse/Schubboot, ca. 1930, 4,5 m x 1,5 m x 0,7 m, 1,5 tons, Lister Diesel, 5 PS.
SAARTJE hat bis in die 60er Jahre in den nördlichen Provinzen als Barkasse Dienst getan, wurde danach als Freizeitschiff eingesetzt.

SCHORPIOEN

Den Helder

Rammturmschiff, 1868, Compagnie des Forges et Chantiers de la Mediterranée, Toulon, Frankreich, 62,6 m x 11,5 m x 4,9 m, 2175 tons, Dampfmaschine, 2.225 PS.
SCHORPIOEN ist das älteste schwimmende Marineschiff der Niederlande und eines von drei weltweit noch existierenden Rammschiffen – die anderen beiden sind BUFFEL in Rotterdam und HUASCAR in Talcahuano (Chile).
SCHORPIOEN war ein Vorreiter der technischen Entwicklung des internationalen Marineschiffbaus – auf halbem Weg vom Linienschiff des 19. Jahrhunderts zum Panzerschiff am Anfang des 20. Jahrhundert.
Das 19. Jahrhundert war außerdem

durch den Übergang vom Holz zum Eisen, von Kanonen mit glattem Lauf zu solchen mit gezogenen Lauf, von massiven Kugeln zu Granaten gekennzeichnet. SCHORPIOEN hatte eine Panzerung aus ca. 15 cm starken schmiedeeisernen Platten, einen dampfgetriebenen Geschützturm, sowie zwei zweiblättrige Schrauben. Das Schiff wurde 1868 für die Niederländische Marine zur Küstenverteidigung gebaut. Nach zahlreichen Einsätzen in niederländischen Gewässern wurde es im Zweiten Weltkrieg nach Hamburg geschleppt und als Quartierschiff eingesetzt. Zwischen 1947 und 1951 lag es als Unterstützungsschiff für Unterseeboote in Den Helder, ab 1982 als Restaurant in Vlissingen und ab 1989 mit der gleichen Verwendung in Middelburg, bevor SCHORPIOEN als Museumsschiff restauriert wurde.

SIMSON

Rotterdam

Schwimmkran, 1958, Smit, Kinderdijk. Dieser Schwimmkran (ohne eigenen Antrieb) wurde z.B. zum Bau von Kaianlagen, für Bergungsarbeiten, das Laden und Löschen von Ladung und zur Unterstützung beim Schiffbau eingesetzt. Der Kran wurde dem Museum 1993 geschenkt.

STEDFLECHT

Leeuwarden

tjotter (rondboden), ca.1840, Anke v.d. Zee, IJlst, 4,4 m x 1,8 m x 0,9 m. Dieser Tjotter ist der älteste der Niederlande und eines der wichtigsten Dokumente historischer Schiffbautechnik.

STOMPIE

Rotterdam

opduwer/Schubboot und Barkasse, ca. 1930, 6,2 m x 1,8 m, 15-PS-Motor. »Opduwer« sind kleine Boote, die nichtmotorisierte Binnenschiffe schieben können. STOMPIE wurde 1985 vom Museum angekauft.

TONIJN (S 805)

Den Helder

U-Boot, 1966, Wilton, Fijenoord, Verdrängung an der Wasseroberfläche: 1.510 tons, unter Wasser: 1.826 tons, 79,5 m x 7,8 m x 4,8 m, Dieselmotoren: 2 x 1.250 PS, Elektromotoren: 2 x 2.200 PS, Geschwindigkeit an der Wasseroberfläche: 14,5 kn, unter Wasser: 17 kn, 200 m Tauchtiefe, Bewaffnung: 8 Torpedorohre, 67 Mann Besatzung.
Das Unterseeboot TONIJN (Thunfisch) gehört zu den vier Booten der Dolfijn-Klasse, die in den sechziger Jahren als Drei-Zylinder-Boote entwickelt und in Dienst gestellt wurden. Diese Einheiten zeichneten sich durch ihre besondere Tauchfähigkeit aus. Die TONIJN wurde als letztes Boot der Klasse 1991 außer Dienst gestellt und im Juli 1994 als Museumsschiff in Den Helder eröffnet. Das Boot wird von der »Stichting Instandhouding Submarines en Targets« (INST) betreut.

TWENTHE

Den Helder

Motorrettungsboot, 1942, Witsen, Alkmaar, 14,9 m x 3,6 m x 1,1 m, 25 tons, zwei Vierzylinder-Dieselmotoren mit je 40 PS, 8 kn.
Von 1942 bis 1975 war das Rettungsboot TWENTHE von Harlingen aus im IJsselmeer und im Wattenmeer, sowie auf den Stationen Terschelling, Oostmahorn und IJmuiden im Dienst.

U-111

Den Helder

U-Boot, Zulu-Klasse (Project 611), 1956, Sudomekh, Leningrad, Verdrängung an der Oberfläche: 1.900 tons, getaucht: 2.350 tons, 90,0 m x 7,5 m x 6,0 m, Antrieb: 3 Diesel-(6.000 PS), 3 Elektro-Motoren (5.300 PS), Max. Aktionsradius an der Oberfläche: 20.000 sm, getaucht: 9.000 sm, Geschwindigkeit an der Oberfläche: 18 kn, getaucht: 16 kn, Tauchtiefe: 210 m, Besatzung: 75 Mann, Bewaffnung: 6 Torpedorohre im Bug, 4 Torpedorohre achtern, 22 Torpedos oder 8 Torpedos und 32 Minen, in der ZULU V-Version zwei ballistische Raketen SSN-4.
Der erste sowjetische Unterseeboot-Typ zur Fernaufklärung, der von 1943 an geplant wurde, war die Zulu-Klasse. Zwischen 1951 und 1957 wurden 26 Boote gebaut, die einen Aktionsradius von 20.000 Seemeilen bei bis zu 60 Tagen Einsatzdauer hatten. Diese Entwicklung ging auf die russische K-Klasse zurück und wurde nach Ende des Zweiten Weltkrieg um Erkenntnisse deutscher U-Boot-Technologie aus dem Typ XXI (siehe U 2540 – DEUTSCHLAND) ergänzt. Aus diesem Typ wurde Anfang der fünfziger Jahre das Projekt 641, die Foxtrot-Klasse (siehe BELGIEN – U 480/B 143), entwickelt.
U 111 wurde 1991 nach Den Helder verkauft, wo es seitdem als Restaurant und Museum genutzt wird.

UBBO

Den Helder

Motor-Strandrettungsboot, 1958, Gebr. Taat, Katwijk, 10,3 m x 2,9 m x 0,6 m, 5 tons, 50-PS Dieselmotor, 7,5 kn.
UBBO, 1958 in Dienst gestellt, war bis 1986 in Egmont aan Zee stationiert. Danach zwei Jahre Reserveboot, bevor es 1988 ins Rettungsmuseum kam. UBBO hat in den 28 Jahren in Egmont aan Zee 45 Einsätze gefahren und dabei 24 Seeleute gerettet.

UTRECHT-BOOT

Utrecht

Mittelaterlicher Frachtsegler, ca. 1100/1200 n. Chr., 17,8 m x 3,8 m, 10,4 tons, Segel.
Am 8. Dezember 1930 wurde der Fund eines jahrhundertealten Schiffes in Utrecht bekannt, das zur Konservierung in einen Kellerraum des Utrechter Centraalmuseums gebracht wurde.
Erste Untersuchungen ergaben, daß es sich um ein Römerschiff aus dem 2. oder 3. Jahrhundert handeln sollte. Moderne Holzanalysen erwiesen aber, daß das Schiff eher 800 nach Christi gebaut worden war. Heute wird angenommen, daß es aus dem 11. oder 12. Jahrhundert stammt. Das Utrechter Schiff ist eine Hulk, d.h. daß die Bodenplatte aus einem Stamm geschlagen wurde. Mit 18 Metern Länge ist es damit eines der größten dieser Art. Es wird angenommen, daß das Schiff, mit dem vor allem lose Ladung transportiert worden sein soll, eine komplette Takelage besaß, sowie Vorrichtungen zum Treideln, d.h. daß es vom Ufer aus gezogen worden ist.

VERTROUWEN

Neeltje Jans/Delta-Expo

Fischkutter, ca. 1948, Amsterdam, Länge: 18,0 m, 150-PS-Dieselmotor. Von diesem Schiffstyp (»spekkotter«), der sowohl für die Garnelenfischerei wie für die allgemeine Fischerei geeignet ist, sind etwa zehn Exemplare gebaut worden. Die beiden Fischereiarten ergänzten sich je nach Jahreszeit, weshalb dieser Kuttertyp an der gesamten Nordseeküste zu finden ist. 1969 wurde die VERTROUWEN nach England verkauft, wo sie bis 1992 gefahren ist.

VOORWAARTS I

Rotterdam

Binnenschiff, 1906, de Dageraad, Woubrugge, 19,9 m x 3,8 m x 0,6 m, 60,3 tons, eine Schraube, Petroleummotor mit 20 PS.
Dieses Schiff fuhr die Route zwischen Amsterdam und Gooi nach festem Fahrplan. Es wurde 1973 vom Museum angekauft.

ZEEMEEUW

Rotterdam

Küstenmotorschiff, 1937, Noord Nederlandse Scheepswerven, Groningen, 35,9 m x 6,4 m x 2,4 m, 199,99 BRT/ 250 tdw, 190 PS Dieselmotor.
Eines der ältesten deutschen Küstenmotorschiffe, die 1937 in Groningen unter dem Namen ZEEMEEUW zu Wasser gelassene LOTA ist im August 1997 an das Rotterdamer Buitenmuseum verkauft worden. Das Schiff war seit vielen Jahren zur Baustoff-Versorgung und Müll-Entsorgung der Insel Helgoland eingesetzt und ist jetzt durch eine größere Einheit ersetzt worden.

STATIONÄRE VETERANEN

BREEVERTIEN

Rotterdam/Wijnhaven

Feuerschiff, 1952, ex LV No. 11, (GOWAN), heutige Nutzung: Restaurant, Heimathafen Katwijk aan Zee

IMPALA

Leeuwarden

Binnenschiff, 1925, W. Mulder, Stadskanaal, 250 tons, 38,5 m x 5,1 m x 2,2 m, 185-PS-Diesel, ex VERTROUWEN. Dieses Schiff hat bis 1990 Fracht gefahren. Vermutlich 1957 ist es um 11 Meter verlängert und 1991 umgebaut worden. Heutige Nutzung: Wohn- und Atelierschiff.

KAATJE (III)

Enkhuizen, Zeevaartschool

Trainings-Segelschiff an Land, 26,9 m (20,2 m) x 5,3 m, 70 tons, 235 qm Segel. KAATJE ist das letzte voll aufgeriggte, landbasierte Trainingsschiff in Europa. Die Ursprünge des Schiffs gehen auf das Jahr 1785 zurück. Der heutige, 70 Tonnen schwere Schonerrumpf stammt aus dem Jahr 1935.

LV No. 8 (HEAVEN),
Rotterdam/Wijnhaven,
Feuerschiff, 1949, ex LV No. 8 (SMITH KNOLL),
1991 aus England in die Niederlande verkauft, danach als Disko »Barocca« genutzt, seit 2001 geschlossen.

LV No. 12 (OUTER GABBARD)

Amsterdam/Grasweg

Feuerschiff, 1952, Lightvessel No. 12 hat acht Mann Besatzung, lag ab 1968 auf der Station »Outer Gabbard« und wurde 1988 außer Dienst gestellt. In Amsterdam gab es Pläne dieses Schiff als Restaurant wieder in Dienst zu stellen. Es liegt aber seit mehreren Jahren dort auf.

MERULA

Kijkduin

Strandpromenade, Schlepper, 1907, 20,4 m x 3,1 m

P 6398

Ermelo/Jachthaven/Strand Horst, Fischkutter, Holzrumpf

POLLUX

Ijmuiden

Rahsegler, Schulschiff, 1940, Verschure, Amsterdam, 61,4 m x 11,0 m x 0,6 m, 747 BRT.
POLLUX wurde als flachbodige Barge mit nur 0,6 Metern Tiefgang gebaut, um von der Wasserlinie an ein (stationäres) Segelschulschiff zu »simulieren«

RUMULUS

Groningen

Küstenmotorschiff, 1955, 52,0 m x 8,5 m, heutige Nutzung: Büroschiff eines Yachtmaklers

PRINSES MARGRIET

Terschelling

Passagierschiff, 1966, Vuyck & Zonen, Capelle a/d Ijsel, 1648 BRT, 69,0 m x 12,0 m x 4,5 m.
Dieses Passagierschiff wurde 1965/66 von den Ingenieuren der KNSM entworfen und später als Trainingsschiff für den seemännischen Nachwuchs umgebaut.

THOR

Zwolle/Thorbeckegracht

Schlepper/Minensuchboot, 1918, Den Haag. 1918–1940: M 4, 1940–45: LAZ 47, BS 9, 1946–92: RS 23, RS 7, A847, Y8262.

Als Schlepper PAULINE gebaut, 1918 von der niederländischen Marine angekauft und als Minenräumboot Nr. 4 in Dienst gestellt. Heutige Nutzung: Restaurant.

T' SCHIP

Beverwijk/Handelskade 1

Passagierschiff,
heutige Nutzung: Restaurant

ZEEBURG

Amsterdam/Noord-Haven 1

Feuerschiff, 1939, ex LV No. 94, heutige Nutzung: Privatschiff

AKTIVE VETERANEN UNTER SEGELN

Auswahl aus 700 segelnden Veteranenschiffen und Nachbauten

AAGTJE
Zweimasttjalk, 1902, Martenshoek, 23,9 m x 5,0 m x 1,2 m, 18 Passagiere

AALTJE
Zwartsluis
Tjalk, 1903, v. Aller, Hasselt, 26,0 m x 4,8 m x 0,9 m, 129 tons, 250 qm Segel, 22 Passagiere

AALTJE
Den Haag
Tjalk, 1903, Aller, Hasselt, 129 BRT, 25,7 m x 4,8 m x 0,9 m

ABEL TASMAN
Groningen
Zweimast-Gaffelschoner, 1913, Pattje, Waterhuizen, 40,5 m (31,0 m) x 6,7 m x 2,6 m, 420 qm Segel, 318-PS-Diesel, ex HERMANN, ex LAKSEN, ex ATLANTIS

ABEL TASMAN
Hoorn
Barkentine, 1920, Krupp Germaniawerft, Kiel, 49,0 m (40,0 m) x 6,8 m x 1,8 m, 620 qm Segel, 340-PS-Diesel

ACTIEF
Harlingen
Zweimat-Klipper, 1899, Duivendijk, Lekkerkerk, 35,0 m x 5,5 m x 1,3 m, 375 qm Segel ex JOHANNA CRISTINA, 30 Passagiere

ALBATROS
Amsterdam/Malta
Zweimast-Gaffelschoner, 1899, Kalkman, Capelle a. d. Ijssel, 29,8 m x 6,0 m x 2,1 m, 127 BRT, 160-PS-Diesel

ALBATROS
Amsterdam
Seetjalk, 1906, de Bos, Lemmer, 22,7 m x 4,9 m x 1,2 m, 190 qm Segel, 90-PS-Diesel

ALBERDINA
Zweimast-Klipperaak, 1925, Veendam, 24,0 m x 5,0 m x 1,0 m, 15 Passagiere

ALBERT JOHANNES
Scheveningen
Dreimast-Gaffelschoner, 1928, Gebr. v. Diepen, 66 BRT, 48,2 m x 5,6 m x 1,5 m, 66 BRT, 360 qm Segel, 120-PS-Diesel, 26 Passagiere, ex MARTHE, ex EILAND

ALDEBARAN
Medemblik
Klipper, 1893, 36,3 m x 6,5 m, 370 qm Segel, 29 Passagiere

ALEXANDRA
Zweimast-Flußklipper, 1895, Duivendijk, Lekkerkerk, 27,0 m x 5,3 m x 1,3 m, 20 Passagiere

ALIDA
Lemmer
Keen-Aak, 32,0 m x 5,2 m x 0,7 m, 24 Passagiere

AMAZONE
Rotterdam
Zweimast-Schoner, 1929, 42,0 m x 6,8 m x 2,7 m, 132 BRT, 440 qm Segel, 24 Passagiere, ex MATADOR II, ex AMAZONE II

AMICITIA
Zweimast-Klipper, Ombret, Belgien, 24,3 m x 4,8 m x 1,0 m, 14 Passagiere

AMORE VICI
Klipper, 24,0 m x 5,5 m x 1,1 m, 18 Passagiere

ANDRIES JACOB (YE 36)
Veere-Sluis/Middelburg
Tholense hoogaars, 1900, v. Duivendijk, Tholen, 14,9 m x 4,9 m x 0,7 m, Segel, ex DRIE GEBROEDERS, ex VROUWE ANTHONIE. Eigner: Stichting Behoud Hoogaars.
Der Typ der hoogaars wurde in Seeland entwickelt. Diese Boote sind das Gegenstück zu Zuiderzee-Bottern, die unter anderem ein niedrigeres Achterschiff aufweisen. Keine zwei hoogaars gleichen einander wirklich, da sowohl die »Handschrift« der Schiffbauer, als auch die Wünsche der Eigner zu immer neuen Varianten führten. Man unterscheidet grundsätzlich zwischen den Arnemuidener und Tholenser hoogaars. Das erste Boot dieses Typs soll bereits 1742 in Kinderdijk gebaut worden sein. Vor hundert Jahren zählte die Flotte der hoogaars noch rund 800 Schiffe. Die ANDRIES JACOB war bis 1968 im Dienst und wurde zwischen 1976 und 1978 restauriert.

ANITA JACOBA
Hellevoetsluis
Klipper, 1892, Ruitenberg, Waspik, 24,0 m x 5,4 m x 1,1 m, 123 BRT, 210 qm Segel, 18 Passagiere, ex RISICO, ex EMANUEL, ex EBENHAEZER, ex LIA

ANNA
Dordrecht
Klipper, 1896

ANNA
Harlingen
27,5 m x 5,6 m x 1,4 m, 250 qm Segel, 160-PS-Diesel

ANNA CATHARINA
Enkhuizen
Zweimast-Klipperaak, 1914, Zwartsluis, 26,6 m x 5,4 m x 1,2 m, 20 Passagiere

ANNA CORNELIA
Pavilloentjalk, 1904, de Boer, Lemmer, 21,0 m x 4,6 m x 1,2 m, 14 Passagiere

ANNA TRINTJE

Zweimast-Klipper, 1902, Delft, 25,0 m x 5,5 m x 1,1 m

ANNA VAN NIEUWKOOP

Tjalk, 1897, Boot, Alphen a.d. Rijn, 24,0 m x 5,0 m x 0,7 m, 20 Passagiere ex ANNA ROOSJE

ARBEID ADELT

Groningen

Stevenaak, 1884

ARTEMIS

Franeker

Bark, 1926, 60,0 m (43,0 m) x 7,0 m x 3,5 m, 1050 qm Segel, 550-PS-Diesel, ehemaliger norwegischer Walfänger

ASTRID

Harlingen

Brigg, 1918, v. Leeuwin, Scheveningen, 42,0 m (32,9 m) x 6,7 m x 2,5 m, 488 qm Segel, 290-PS-Diesel, ex WUTA

ATLANTIS

Groningen

Zweimast-Gaffelschoner, 1913, Pattje, Waterhuizen, 137 BRT, 38,5 m (31,0 m) x 6,6 m x 2,4 m, 420 qm Segel, 320-PS-Diesel, 22 Passagiere

ATLANTIS

Hoorn

Barkentine, 1905, Wichhorst, Hamburg, 57,0 m (49,7 m) x 7,4 m x 4,7 m, 742 qm Segel, Diesel, ex Feuerschiff BÜRGERMEISTER BARTELS

AVONTUUR

Hoorn

Lemsteraak, 1913, Stapel, Enkhuizen, 13,8 m x 4,3 m x 1,1 m, 111 qm Segel, 120-PS-Diesel

AVONTUUR

Hellevoetsluis

1914, 37,5 m 6,4 m, 350 qm Segel, 24 Passagiere

AVONTUUR

Amsterdam

1909, Haezer, Hardinxveld, 26,3 m x 5,7 m x 1,4 m, 290 qm Segel, 110-PS-Diesel

AVONTUUR

Goes

Zweimast-Klipper, 1911, Boot, Leiderdorp, 31,5 m x 5,4 m x 1,0 m, 650 qm Segel, ex WIJ GAAN VORBIJ, 24 Passagiere

BATAVIA

Lelystad

Ostindienfahrer, 1628, Nachbau 1995, Bataviawerf, Lelystad, 1.200 tons, 56,6 m (45,3 m) x 10,5 m x 5,1 m, 1.190 qm Segel. Die erste BATAVIA wurde 1628 im Auftrag der Vereinigten Ostindischen Kompagnie in Amsterdam gebaut. Bereits auf seiner ersten Reise im Juni 1629 ging das Schiff mit 341 Menschen an Bord vor der Küste Westaustraliens verloren. 1963 wurde das Wrack vom australischen Taucher Max Cramer wiederentdeckt und Teile der gesunkenen BATAVIA für das Schiffahrtsmuseum in Fremantle geborgen. Mit dem Nachbau der zweiten BATAVIA wurde 1985 in Lelystad am IJsselmeer unter der Leitung des Schiffbaumeisters Willem Vos begonnen. Am 7. April 1995 taufte Königin Beatrix den Dreimaster. Der Stapellauf war eine besondere technische Leistung: Das 620 Tonnen schwere Schiff wurde an seinem Bauplatz von 24 computergesteuerten Hydraulik-Pumpen um einen Meter angehoben, auf einen Schwerlasttransporter mit 24 Achsen und 96 Rädern gesetzt und auf einen am nahen Ufer liegenden Ponton gerollt.
Als Decksfracht wurde die BATAVIA nach Amsterdam geschleppt, wo sie ins Wasser abgesenkt und mit 235 Tonnen Ballast bestückt wurde. Danach kehrte der Segler nach Lelystad zurück. Zu den Olympischen Spielen im Jahr 2000 wurde die BATAVIA nach Sydney verschifft und segelte ein Jahr lang vor der australischen Küste.

BISSCHOP VAN ARKEL

Kampen

Zweimast-Toppsegelschoner, 1900 Pattje, Waterhuizen, 33,0 m (26,0 m) x 5,6 m x 1,9 m, 79 BRT, 700 qm Segel, 200-PS-Diesel, 16 Passagiere, ex ADELHEIT VAN ENKHUIZEN, ex ANTJE ADELHEID, ex ADELHEID

BOREAS

Harlingen

Seetjalk, 1897, Sappemeer, 24, 0 m x 5,0 m x 1,0 m, 280 qm Segel, 20 Passagiere

BORNRIF (HZ 84)

Harlingen

Botter, 1914, Kok, Muiden, 17,0 m x 5,2 m x 1,5 m, 200qm Segel, 10 Passagiere

BRACKSAND

Zierikzee

Klipper, 1899, Groningen, 36,1 m x 6,6 m x 1,2 m, 225-PS-Diesel, ex SUZA

BRANDARIS

Elburg

Dreimast-Gaffelschoner, 1905, Sander, Delfzijl, 45,0 m (33,0 m) x 6,0 m x 2,1 m, 500 qm Segel, 220-PS-Diesel, ex HOOP OP ZEGEN, ex DELIANA

BRAVE HENDRIK

Lemsteraak

1917, v.d. Werff, Buitenverlaat, 17,5 m x 5,2 m x 1,2 m, 120-PS-Diesel, 191 qm Segel, 9 Passagiere

BREE SANT

Hoorn

Klipper, 1905, 32,1 m x 6,1 m, 400 qm Segel, 28 Passagiere

BROEDERTROUW

Hoorn

Stevenklipper, 1882, 34,0 m x 6,3 m, 300 qm Segel, 30 Passagiere

CATHERINA

Rotterdam

Zweimast-Gaffelschoner, 1920, Deutsche Marinewerft, 39,5 m (31,0 m) x 6,2 m x 2,9 m, 97 BRT, 440 qm Segel, 220-PS-Diesel, ex VLIELAND, ex KAMINA

CONDOR

Frachtsegler, 1912, Vrijenban, 129-PS-Diesel, 380 qm Segel, 24 Passagiere

COURAGE
Harlingen
1896, v. d. Adel, Papendrecht, 21,0 m x 4,7 m x 0,9 m, 180 qm, 16 Passagiere

CYRIAFORN
Amsterdam
Haikutter, 1922, Skagen, 17 Meter lang, 30 tons

DAEDALUS
Hoorn
Steilsteven, 1927, 25,0 m x 5,5 m, 290 qm Segel, 25 Passagiere

DE ALBERTHA
Lemster
Groninger Seetjalk, 1891, 26,5 m x 5,6 m x 1,1 m, 280 qm Segel

DE LIEFDE
Kampen
Dreimast-Toppsegelschoner, 1916, 50,1 m (42,0 m) x 7,0 m x 2,5 m, 720 qm Segel, 520-PS-Diesel, ex THALATTA

DE TUKKER
Enschede
Schoneraak, 1912

DE TWEE GEBROEDERS
Amsterdam
Boltjalk, 1907, Muntendam, Fikkers, 21 Meter Länge, 62 tons

DE UTRECHT
Utrecht
Statenjacht, 2003, 23,4 m (19,1 m) x 5,6 m x 1,4 m, 80 tons, 156 qm Segel

DE VLIETER
Tjalk, 1905, 20,0 m x 4,6 m, 185 qm Segel, 16 Passagiere

DE VROUWE ELISABETH
Amsterdam
Hagenaar, 1900, 21,0 m x 4,1 m

DE VROUWE ELISABETH (RD 28)
Den Helder
Zuiderzee Fischerboot/Westwal botter, 1909, Baas Kater, Durgerdam, 12,7 m x 3,9 m x 0,9 m, 16 tons, 19 BRT, 122 qm Segel, 39-PS-Dieselmotor.
Dieses aus Eichenholz gebaute Fischerboot ist auf Fangfahrt nach Hering, Aalen und Zander mit Stand- oder Schleppnetzen gegangen. Die Besatzung bestand aus zwei oder drei Mann.

DWAELSTER
Lelystad
Mosselaak, 1914, 14,0 m x 4,4 m, 120 qm Segel, 8 Passagiere

EBENHAEZER
Lemmer
Tjalk, 1924, 23,9 m x 4,9 m x 1,2 m, 240 qm Segel, 16 Personen

EENDRACHT
Tjalk, 1890, Schepsman, Kampen, 25,5 m x 5,1 m x 1,0 m, 16 Passagiere

EENDRACHT
Amsterdam
River Clipper, 1903, Millingen/Rijn, 26,7 m x 4,9 m

EENHOORN
Hoorn
Klipper, 1903, Zeeland, 31,4 m x 6,4 m x 1,5 m, 400 qm Segel, 26 Passagiere

EENSGEZINDHEID
Zweimast-Klipper, 1885, Sliedrecht, 36,0 m x 6,3 m x 1,3 m, 420 qm Segel, 29 Passagiere

EERSTELING
Zweimast-Hektjalk, 1908, 28,0 m x 5,4 m x 1,5 m

ELBRICH
Aak, 19,7 m x 4,5 m x 0,9 m, 160 qm Segel, 12 Passagiere

ELEGANT
Lemmer
Zweimast-Klipper, 37,8 m x 6,3 m x 1,5 m, 440 qm Segel, 30 Passagiere

ELEKTRA
Schoner, 1903, Emden, 29,9 m x 6,6 m x 2,8 m, 370 qm Segel, 24 Passagiere

ELISABETH LOUW
Hoorn
Zweimast-Toppsegelschoner, 1910, Haarlem, 160 tons, 40,1 m x 6,6 m x 2,7 m, 520 qm Segel, 300-PS-Diesel, 23 Passagiere

ELIZABETH
Lemmer
Dreimast-Gaffelschoner, 1914, de Boer, Rode Vaart, 225 tons, 51,5 m (39,9 m) x 6,5 m x 1,4 m, 475 qm Segel, 200-PS-Diesel, 30 Passagiere

ELIZABETH SMIT
Amsterdam
Barkentine, 1939, M. Kinsey, 52,0 m (35,0 m) x 7,4 m x 3,0 m, 240 tons, 1.050 qm Segel, 560-PS-Diesel, 75 Passagiere, ex Z. S. MARKEN

EMMA
Lemmer
1889, 24,5 m x 4,8 m x 1,1 m, 225 qm Segel, 20 Passagiere

EMMA
Lelystad
Segler/Sontvaarder, 1931

ENGELINA
Stavoren
koftjalk, 1909

ESTHER JENSEN
Kutter, 1939, Dänemark, 24,2 m x 5,0 m x 2,3 m, 270 qm Segel, 10 Passagiere

EUROPA
Amsterdam
Bark, 1911, Stülcken, Hamburg, 55,0 m (45,4 m) x 7,5 m x 4,0 m, 1.020 qm Segel, 2 x 450-PS-Diesel, 50 Passagiere, ex Feuerschiff SENATOR BROCKES

FRISIUS VAN ADEL
Stavoren
Dreimast-Gaffelschoner, 1906, 46,8 m (38,8 m) x 6,1 m x 1,4 m, 300 BRT, 485 qm Segel, 165-PS-Diesel

FRISO
Klipper, 1898, 23,5 m x 5,6 m, 275 qm Segel, 20 Passagiere

FROUKE
Tjalk, 1893, 17,0 m x 4,1 m, 10 Passagiere

FRYA
Amsterdam
Dreimast-Toppsegelschoner, 1906, Marstal, Dänemark, 85 BRT, 27,5 m x 5,6 m x 2,5 m, 242 qm Segel, 100-PS-Diesel

GAIA
Lemmer
34,2 m x 6,1 m x 1,4 m, 360 qm Segel, 30 Passagiere

GALLANT
Logger, 1916, 28,2 m x 6,6 m, 450 qm Segel, ex JANNIGJE MARGARETHA, 19 Passagiere

GEESJE VAN URK
Rotterdam
Zweimast-Logger, 1916

GOEDE VERWACHTING
Hoorn
Tjalk, 1902, 23,0 m x 5,0 m x 0,8 m, 220 qm Segel, 14 Passagiere

GROTE BEER
Botterjacht, 1939, Kok, Huizen, 16,4 m x 5,8 m, 38 tons

GROOTVORST
Enkhuizen
Dreimast-Gaffelschoner, 1895, Bodewes, Martenshoek, 46,0 m (40,0 m) x 6,8 m x 1,3 m, 160 tons, 500 qm Segel, 250-PS-Diesel, 29 Passagiere, ex CORNELIA, ex PIETERNELLA, ex LEENTIE, ex ONDERNEMING

GUDSEKOP
Akkrum
Frachtsegler, 1908, v. d. Zee, Joure, 13,2 m x 3,0 m x 1,0 m, 18,5 BRT, Segel, ex FRIESLAND

HEER LEO
Zweimast-Klipper, 1885, Bodewes, Martenshoek, 26,7 m x 5,3 m x 1,2 m, 24 Passagiere

HEILTJE
Amsterdam
Hagenaar, 1895

HELENA
Rotterdam
Frachtsegler/Stevenaak, 1876, Jonker, Kinderdijk, 35,0 m Länge, ex ARGUS

HENDRIKA BARTELDS
Amsterdam
Dreimast-Gaffelschoner, 1917, Vlaardingen, 49,0 m (36,4 m) x 6,7 m x 3,0 m, 167 BRT, 390-PS-Diesel, 645 qm Segel, ex ELISE, ex DOLFYN, ex JOHAN LAST

HOGE WIER
Muiden
25,0 m x 5,2 m x 1,0 m, 230 qm Segel, 150-PS-Diesel

HOLLANDIA
Harlingen
Zweimast-Klipper, 30,0 m x 6,6 m x 1,4 m, 378 qm Segel, 25 Passagiere

HOOP DOET LEVEN
Groningen
Zweimast-Gaffelschoner, 1892, Valk, Groningen, 158 BRT, 33,0 m (27,9 m) x 5,8 m x 1,3 m, 450 qm Segel, 165-PS-Diesel, 24 Passagiere, ex JAWEG, ex HERZOGIN ILSE IRENE

HOOP GELEID ONS
Klipper, 1898, 24,0 m x 4,5 m x 0,9 m, 200 qm Segel, 15 Passagiere

HOOP OP ZEGEN
Lelystad
Wieringer Aak, 1926, 16,9 m x 5,0 m, 140 qm Segel, 10 Passagiere

IDEAAL
Beneden-Rijn
Frachtsegler/Friese maatkast, 1926

JACOB MEINDERT
Makkum
Zweimast-Toppsegelschoner, 1952, Jadewerft Wilhelmshaven, 36,5 m (29,0 m) x 7,3 m x 2,4 m, 630 qm Segel, 260-PS-Diesel, ex OLDEOOG

JACOB VAN BERLIJN
Klipper, 1910, 29,6 m x 5,6 m, 340 qm Segel, 25 Passagiere

JACOBA
Klipper, 1902, Boom, Belgien, 25,0 m x 5,0 m x 1,2 m, 18 Passagiere

JANNIE AMELIA
Amsterdam
Hagenaar, 1900, 21 Meter Länge

JANTJE
IJmuiden
Zweimast-Toppsegelschoner, 1929, v. Goor, Monnickendam, 28,0 m (20,0 m) x 5,9 m x 2,4 m, 54 BRT, 380 qm Segel, 180-PS-Diesel,12 Passagiere, ex ZWARTE RAT, ex JOHANNA MARIA, ex ENNIE & APPIE

JOHANNA
Hellevoetsluis
Klipper, 1897, 26,5 m x 5,0 m, 190 qm Segel, 14 Passagiere

JOHANNA ENGELINA
Enkhuizen
Zweimast-Klipper, 37,5 m x 6,5 m x 1,3 m, 455 qm Segel, 28 Passagiere

JONATHAN
Harlingen
1914, Zaandam, 22,0 m x 5,2 m x 0,9 m, 180 qm Segel, 12 Passagiere

JONGE PIETER
Ter Aar
Frachtsegler/westlander, 1911

KAMPER KOGGE
Kampen
Kogge, 1998, Nachbau eines Schiffes aus der Zeit um 1330, 21,6 m x 7,3 m x 1,9 m, 70 tons, 140 qm Segel, Hilfsmotor

KL 26
Schokker, 1885, Smit, Kinderdijk, 17,5 m x 5,1 m x 1,4 m, 12 Passagiere

KOH-I-NOOR
Harlingen
Zweimast-Toppsegelschoner, 1909, Thormählen, Elmshorn, 37,0 m (27,0 m) x 6,9 m x 2,5 m, 540 qm Segel, 320-PS-Diesel, ex PETRUS

LA BOHEME
Stevenaak, 1876, 28,0 m x 5,8 m x 1,0 m, 22 Passagiere

LABOR SANITAS
Groninger Tjalk, 1896, Smilde, 24,0 m x 5,0 m x 1,1 m, 200 qm Segel, 150-PS-Diesel, ex EXCELSIOR

LACNEIA
Groninger Tjalk, 1897, Groningen, 22.0 m x 4,8 m x 1,0 m, 16 Passagiere

LARUS
Harlingen
Tjalk, 1893, Pattje, Waterhuizen, 24,3 m x 5,0 m x 1,0 m, 245 qm Segel, 22 Passagiere

LE 50
Lemmer
1901, Fischerboot

LIBERTÉ
Hoorn
Tjalk, 1891, 24,0 m x 4,8 m, 215 qm Segel, 18 Personen

LINDE
Stavoren
Dreimast-Gaffelschoner, 1910, v. d. Adel, Papendrecht, 50,0 m (39,7 m) x 6,4 m x 1,4 m, 306 BRT, 425 qm Segel, 296-PS-Diesel, 30 Passagiere, ex RIVAL, ex QUO VADIS

LINDØY
Zierikzee
Kutter, 1939, 19,2 m x 5,0 m, 240 qm Segel, 12 Passagiere

LIS
Tjalk, 1902, 24,9 m x 5,2 m, 230 qm Segel, 19 Passagiere

LISA
Kutter, 1935, Woubrugge, 21,5 m x 5,6 m x 2,4 m, ex VERTROUWEN, 12 Passagiere

LITRA
Harlingen
Tjalk, 1897, 24,0 m x 5,0 m x 1,3 m, 250 qm Segel, 19 Passagiere

LOOSE FIT
Amsterdam
Hagenaar, 1910, 20 Meter Länge, 62 tons

LOTH LORIEN
Amsterdam
Zweimastschoner, 1907, Asselem & Karsten, Bergen, Norwegen, 37,6 m x 5,8 m x 2,8 m, 148 BRT, 450 qm Segel, 365-PS-Diesel, 34 Gäste, ex NJORD

LUCIANA
Rotterdam
Zweimast-Gaffelschoner, 1916, Pot, Elshout, 39,0 m (29,0 m) x 6,5 m x 2,5 m, 485 qm Segel, 150-PS-Diesel, ex FRISIANA, ex SJOBORRUN, ex KERSTIN, ex TWEE GEBROEDERS II, ex MARCUS AURELIUS, ex CORNELIA EN PETRONELLA, ex KATWIJK 66, ex VL 173

MALLEJAN
Zweimast-Pavilloentjalk, 1907, 22,0 m x 5,0 m x 0,8 m, 14 Passagiere

MANNA
Hoorn
Klipper, 1897, 42,0 m x 6,5 m, 405 qm Segel, 29 Passagiere

MARE FRISIUM
Harlingen
Dreimast-Toppsegelschoner, 1916, Weert, 52,0 m (40,0 m) x 6,7 m x 2,8 m, 650 qm Segel, 359-PS-Diesel, ex HELMUT

MARIE GALANTE
Zweimastschoner, 1915, Lühring, Hammelwarden, 36,5 m x 6,5 m x 2,7 m, 425 qm Segel, ex O.E. ELSFLETH

MEANDER
Zweimast-Stagsegelschoner, 1949, 25,2 m x 6,2 m x 2,4 m, 300 qm Segel, 14 Passagiere

MENTOR
Medenblik
Klipper, 1904, 22,0 m x 4,9 m, 165 qm Segel, 16 Passagiere

MERCURIUS
Harlingen
Groninger Tjalk, 1885, Martenshoek, 23,5 m x 5,0 m x 1,1 m, 200 qm Segel, 19 Passagiere

MINERVA
Scheveningen
Dreimast-Gaffelschoner, 1935, Lühring, Hammelwarden, 50,0 m (40,0 m) x 7,1 m x 2,3 m, 250 tons, 900 qm Segel, 180-PS-Diesel, ex UWE URSULA

MINERVA
Harlingen
Stevenaak, 1878, 29,5 m x 5,7 m x 1,1 m, 330 qm Segel, 148-PS-Diesel, 24 Passagiere

MK-63
Hoorn
Fischkutter, 1912, de Haas, Monnickendam, 13,5 m x 4,2 m x 1,0 m, 15 tons

MOEKE ZORN
Klipperaak, 1910, 26,4 m x 5,0 m, 270 qm Segel, 20 Passagiere

MON DESIR
Akkrum
Zweimast-Gaffelschoner, 1903, Duyvendijk, Lekkerkerk, 37,5 m (29,7 m) x 5,6 m x 1,2 m, 87 BRT, 300 qm Segel, Diesel, 25 Passagiere, ex VERTROUWEN, ex HOOP, ex BERENDINA, ex ADRIANA-JOHANNA

MORGANA
Harlingen
Dreimast-Gaffelschoner, 1924, 43,3 m (35,9 m) x 6,4 m x 1,3 m, 450 qm Segel, 340-PS-Diesel, ex DE HOOP

MORGENSTER
Enkhuizen
Lemsteraak, 1917, v. d. Zee, Joure, 14,3 m x 4,9 m x 1,1 m, 110 qm Segel, 80-PS-Diesel

NEERLANDIA
Kampen
koftjalk, 1910

NESCIO
Zwartsluis
Klipper, 1903, De Hoop, Leiden, 23,5 m x 4,9 m x 1,2 m, 180 qm Segel, 20-PS-Diesel, 16 Passagiere, ex TRUUS DELTA - 8

NIETS BESTENDIG
Klipper, 1914, Boot, Alphen a. d. Rijn, 24,3 m x 5,1 m x 1,2 m, 16 Passagiere

NIEUWE ZORG
Lemmer
Tjalk, 1890, 21,7 m x 4,8 m x 1,0 m, 140 qm Segel, 18 Passagiere

NIEUWE ZORG
Zwartsluis
Tjalk, 1903, 22,4 m x 4,8 m, 230 qm Segel, 18 Passagiere

NIEUWE ZORG
Kampen
Frachtsegler/Friese Tjalk, 1901, v. d. Werf, Drachten, 22,4 m x 4,8 m x 1,1 m, 86 BRT

NIL DESPERANDUM
Woubrugge
Dreimast-Gaffelschoner, 1894, Duyvendijk, Lekkerkerk, 45,0 m (35,5 m) x 6,3 m x 1,2 m, 130 tons, 430 qm Segelfläche, 110-PS-Diesel, 28 Passagiere

NOOIT VOLMAECKT

Zweimast-Klipper, 1893, 25,4 m x 5,2 m x 0,9 m, ex THEODORA, 20 Passagiere

NOORDERLICHT

Enkhuizen

Zweimast-Gaffelschoner, ehemaliges deutsches Feuerschiff, 1910, Flensburger Schiffbau-Gesellschaft, 140 BRT, 46,2 m (36,5 m) x 6,5 m x 3,1 m, 550 qm Segel, 320-PS-Diesel, 20 Passagiere, ex KALKGRUND, ex FLENSBURG

NOORDFRIIS

Harlingen

Seetjalk, 1896, Zwartsluis, 265 qm Segel, 120-PS-Diesel, 20 Passagiere, ex MARGRITA HENDRIKA

NOORD FRIESLAND

Lemmer

Zweimast-Klipper, 32,0 m x 6,5 m x 1,4 m, 445 qm Segel, 26 Passagiere

NOORDSTAR

Hoorn

Tjalk, 1910, 25,0 m x 5,0 m, 160 qm Segel, 20 Passagiere

NOORDVAARDER

Harlingen

Segler, v. d. Boer, Lemmer, 30,0 m x 5,2 m x 1,3 m, 300 qm Segel, 26 Personen

NOVA CURA

Hoorn

Tjalk, 1907, 24,7 m x 5,5 m, 300 qm Segel, 22 Passagiere

ØRN

Harlingen

Logger, 1910, 198 BRT, ex WILHELMINA V

ONDERNEMING

Lemmer

Segler, 1899, Papendrecht, 27,8 m x 5,4 m x 1,4 m, 300 qm Segel

ONDERNEMING

Harlingen

Kopftjalk, 25,0 m x 25,0 m x 5,1 m x 1,3 m, 200 qm Segel, 24 Passagiere

ONVERWACHT

Zwartsluis

Klipperaak, 1908, 25,0 m x 5,0 m, 245 qm Segel, 20 Passagiere

OOSTERSCHELDE

Rotterdam

Dreimast-Toppsegelschoner, 1918, Appel, Zwartsluis, 50,0 m (40,1 m) x 7,5 m x 3,3 m, 260 BRT, 891 qm Segel, 360-PS-Diesel, 24 Passagiere, ex SYLVAN, ex FUGLEN, ex FUGLEN II, ex OOSTERSCHELDE

OOSTVOGEL

Rotterdam

Dreimast-Gaffelschoner, 1898, Kalkman, Capelle, 48,0 m (39,1 m) x 6,3 m x 1,4 m, 47 BRT, 1010 qm Segel, 220-PS-Diesel, ex GEZUSTERS, ex ALDOR, ex KARINO, ex CHRISTA

ORION

Harlingen

Tjalk, 1892, Dedemsvaart, 25,0 m x 5,0 m x 1,0 m, 120-PS-Diesel, 220 qm Segel, 20 Passagiere

ORTOLAN

Harlingen

Zweimast-Klipper, 32,0 m x 6,0 m x 1,3 m, 440 qm Segel, 30 Passagiere

PAARD VAN MARKEN

Hoorn

Tjalk, 1894, 21,6 m x 4,6 m, 230 qm Segel, 15 Passagiere

PACIFIC SWIFT

Hoorn

Brigantine, 1904, Alesund, Norwegen, 39,0 m (31,0 m) x 5,2 m, 600 qm Segel, 210-PS-Diesel, ex BARMNES, ex SANSIBAR, ex TERJE VIKEN

PALLIETER

Tjalk, 1899, Draaisma, Franeker, 20,0 m x 5,0 m x 0,9 m, 12 Passagiere

PARODIE

Zwartsluis

Tjalk, 1898, v. d. Adel, Papendrecht, 20,0 m x 4,6 m x 1,5 m, 51 tons, 155 qm Segel, 14 Passagiere

PASSAAT

Harlingen

Klipper, 1900, Boot, Leiderdorp, 33,0 m x 6,0 m x 1,3 m, 400 qm Segel, 200-PS-Diesel, 28 Passagiere

PAULINE ELISABETH

Amsterdam

Zeeland Klipper, 1908, Hardinxfeld

PHOENIX

Hoorn

Hagenaar, 1912, 24,8 m x 5,0 m, 220 qm Segel, 20 Passagiere

PIETER BEL

Den Haag

Fischkutter/kwak, 1917

POOLSTER

Harlingen

Segler, 1903, Duyvendijk, Papendrecht, 36,0 m x 6,0 m x 1,3 m, 350 qm Segel, 30 Passagiere, ex LIQUENDA

QUO VADIS

Zweimast-Klipper, 1894, Ruitenberg, Waspik, 25,0 m x 4,8 m x 1,1 m, 25,0 m x 4,8 m x 1,1 m, 16 Passagiere

RADBOUD

Medemblik

Dreimast-Gaffelschoner, 1909, Boot, Leiderdorp, 52,0 m (46,6 m) x 7,6 m x 1,6 m, 525 qm Segel, 360-PS-Diesel, ex PHILIPPINA JOHANNA, ex HOOP OP ZEGEN

REMBRANDT VAN RIJN

Middelburg

Dreimast-Gaffelschoner, 1924, Boot, Leiderdorp, 56,0 m (45,0 m) x 6,8 m x 2,9 m, 654 qm Segel, 2 x 370-PS-Diesel, ex KLAUS D., ex MINDE, ex ANNA MARTA

RES NOVA

Zwartsluis

Tjalk, 1895, 24,0 m x 5,0 m, 200 qm Segel, 19 Passagiere

SAMENWERKING

Wijk/Duurstede

Fischkutter, ca. 1900, Sliedrecht, 11,5 m x 2,6 m x 0,5 m, 30 BRT

SANNE SOPHIA

Muiden

Klipper, 1886, 53,0 m x 7,0 m, 1.000 qm Segel

SELENE

Harlingen

Seetjalk, 1902, Groningen, 230 qm Segel, 138-PS-Diesel, 22Passagiere

SILHOUET

Zweimas-Pavilloentjalk, 1893, Groningen, 22,0 m x 4,8 m x 0,8 m, 16 Passagiere

SKYLGE

Zweimast-Klipper, 1910, Raamsdonkveer, 32,0 m x 6,1 m x 1,3 m, 24 Passagiere

SPERWER

Zweimast-Klipper, 1893, Duyvendijk, Papendrecht, 28,1 m x 5,4 m x 1,1 m, 20 Passagiere, ex RES NOVA ADRIANA, ex JOGRA

SPES MEA

Harlingen

Tjalk, 1902, Martenshoek, 25,0 m x 5,0 m x 1,3 m, 325 qm Segel, 20 Passagiere

STAD AMSTERDAM

Amsterdam

Nachbau Klipper, 1854/ca. 2000, 1854: v. Vlissingen en v. Heel, Oostenburg/ Amsterdam, 1997: Shipdock/Oranje-werf/Werf t' Kromhout, Amsterdam, 870 tons, 600 BRT, 78,5 m (60,5 m) x 10,5 m x 4,6 m, 1680 qm Segel, 1.060-PS-Diesel.

1854 war die AMSTERDAM der erste eiserne und genietete Klipper (799 tons), der in der holländischen Hauptstadt vom Stapel lief. Der Segler unternahm sieben Reisen, bevor er bereits 1865 zwischen den Azoren und England auf dem Atlantik verloren ging. Das Schiff war Teil einer Flotte von 70 Klipper-Fregatten und -Barken in den Niederlanden (1850–890). Der Nachbau der AMSTERDAM, die heutige STAD AMSTERDAM, (Baukosten: 24 Mio. Gulden) soll diese Blütezeit der niederländischen Segelschiffahrt repräsentieren.

STEDEMAEGHT

Bark, 1926, Nylands Versted, Oslo, 58,9 m (44,1 m) x 7,1 m, 299 BRT, 900 qm Segel, 450-PS-Diesel, ex ALF, ex BENT FLINOT, ex A. FABRICIUS, ex CITO, ex VISKAN, ex GALEON, ex KINNEKULLE, ex GRIBB II, ex POOL, ex POL IV

STORE BÆLT

Monnickendam

Zweimast-Gaffelschoner, 1928, Vos, Groningen, 43,0 m (34,5 m) x 6,3 m x 2,1 m, 190 BRT, 400 qm Segel, 325-PS-Diesel, ex DRITTURA

SWAENSBORGH

Monnickendam

Dreimast-Toppsegelschoner, 1907, Jacobs, Mooreege, 47,0 m (41,0 m) x 5,9 m x 2,3 m, 165 BRT, 500qm Segel, 380-PS-Diesel, 30 Passagiere, ex MIRA II, ex ADELE RAAP, ex ELEONORE, ex ANNA

SWANRAD

Amsterdam

Skutsje, 1909

SYBARIS

Hoorn

Klipper, 1891, 32,0 m x 5,8 m, 360 qm Segel, 24 Passagiere

TECLA

Enkhuizen

Logger, 1915, de Jong, Vlaardingen, 28,0 m x 6,7 m x 2,5 m, 20 Passagiere, ex GRAAF VAN LIMBURG, ex STIRIUM

TIJDGEEST

Zweimast-Klipper, 1906, Bodewes, Martenshoek, 25,1 m x 5,0 m x 1,0 m, 18 Passagiere, ex RISICO

TIJDLOOS

Stevenaak

1885, Jonker, Kinderdijk, 26,0 m x 4,8 m x 1,0 m, 20 Passagiere

TRUI

Delft

Fischkutter/botter, 1875

TSJERK HIDDES

Franeker

Dreimast-Gaffelschoner, 1881, Kinderdijk, 50,1 m (40,0 m) x 6,3 m x 1,6 m, 240 tons, 540 qm Segel, 240-PS-Diesel, 30 Passagiere, ex LINQUENDA, ex AVONTUUR

TWEE GEBROEDERS

Muiden

1901, 24,0 m x 5,5 m x 1,1 m, 109 tons, 235 qm Segel

TWEE GEZUSTERS

Hoorn

Tjalk, 1898, 24,4 m x 5,3 m x 240 qm Segel, 19 Passagiere

TX 58

Delft

Fischkutter/Wieringer Aak, 1902

VALKELDA

Rotterdam

Zweimast-Schoner, 1936, 14,5 m x 4,2 m, 160 qm Segel, 8 Passagiere

VD 17

Enkhuizen

Volendammer Kwak, 1919, 16,0 m x 5,2 m, 23 Passagiere

VERANDERING

Zweimast-Klipper, 1898, Papendrecht, 27,0 m x 6,1 m x 1,0 m, 22 Passagiere

VERANDERING

Amsterdam

Ijsselaak, 1914, van Duijvendijk, Krimpen a/d Lek, 21 Meter Länge

VERTROUWEN

Lemmer

Tjalk, ca. 1911, 22,3 m x 4,7 m x 1,1 m, 210 qm Segel, 16 Passagiere

VICTORIA – S

Harlingen

Segler, 1898, Roodevaart, 28,5 m x 5,3 m x 1,1 m, 271 qm Segel, 24 Passagiere, ex VIOS II

VLIEGENDE HOLLANDER

Lemmer

Zweimast-Toppsegelschoner, 1892, Geertman, Zwartsluis, 50,0 m (40,0 m) x 6,1 m x 1,3 m, 540 qm Segel, 260-PS-Diesel, ex MARTHA, ex BROEDERSTROUW, ex JATUM JERENDA

VLIELAND
Schoner, 1927, 30,0 m x 6,3 m, 12 Passagiere

VOORWAARTS
Lemmer
Tjalk, 21,5 m x 4,8 m x 2,1 m, 230 qm Segel, 17 Passagiere

VOORWAARTS VOORWAARTS
Groningen
Koftjalk, 1899, Verstockt, Martenshoek, 26,9 m x 5,4 m x 2,3 m, 105 BRT, ex SÜDFALL, ex SAHLENBURG, ex OSTE, ex VORWÄRTS

VORUITGANG
Medemblik
Kraak, 1890, 24,6 m x 4,6 m, 210 qm Segel, 18 Passagiere

VRIENDSCHAP
Zweimast-Klipper, 1905, v. d. Tak, s'Gravenmoer, 27,0 m x 5,9 m x 1,2 m, 20 Passagiere

VRIENDSCHAP
Monnickendam
1898, Martenshoek, 32,0 m x 5,9 m x 1,6 m, 155 tons, 450 qm Segel

VROUWE BERENDINA
Tjalk, 1908, Groningen, 19,5 m x 4,0 m x 0,9 m, 8 Passagiere

VROUWE FORTUNA
Pavilloentjalk, 1895, Raamsdonkveer, 19,5 m x 4,3 m x 0,8 m, 14 Passagiere ex VROUWE MAARTJE

VROUWE GEERTRUIDA MAGDALENA
Zweimast-Gaffelschoner, 1910, Bodewes, Groningen, 37,1 m x 6,2 m x 3,2 m, 128 BRT, 550 qm Segel, 375-PS-Diesel, 14 Passagiere, ex FLEVO, ex WESER NR. 3

VROUWE GESINA
Harlingen
Tjalk, 1907, Duyvendijk, Krimpen, 20,0 m x 4,8 m x 1,0 m, 160 qm Segel, 120-PS-Diesel

VROUWE JOHANNA
Lemmer
Stroaak, 22,5 m x 4,0 m x 0,9 m, 170 qm Segel, 14 Passagiere

VROUWE ZAND
Lemmer
Seetjalk, 1903, Worst, Meppel, 23,7 m x 5,0 m x 1,1 m, 255 qm Segel, 20 Passagiere

WAECKSAEMHEIT
Lemmer
Zweimast-Klipper, 1931, 21,8 m x 4,6 m x 1,6 m, 225 qm Segel, 14 Passagiere

WAERDT VAN CATWIJCK
Tjalk, 1910, 20,1 m x 4,4 m, 250 qm Segel, 14 Passagiere

WAKEND OOG
Pavilloentjalk
1897, 20,0 m x 3,8 m x 0,9 m, 10 Passagiere

WESTENWIND
Zweimast-Klipper, 1910, 24,5 m x 5,0 m x 1,0 m, 18 Passagiere

WILLEM BARENTSZ
Enkhuizen
Dreimast-Gaffelschoner, 1931, 49,7 m (39,7 m) x 6,1 m x 1,8 m, 166 BRT, 460 qm Segel, 300-PS-Diesel, 22 Passagiere

WILLEM JACOB
Hoorn
Klipper, 1889, 26,0 m x 5,8 m, 300 qm Segel, 20 Personen

ZEELANDIA
Rotterdam
Dreimast-Gaffelschoner, 1931, Vuyck, Capelle a. d. Ijssel, 40,0 m (33,0 m) x 7,0 m x 2,9 m, 142 BRT, 780 qm Segel, 120-PS-Diesel, 10 Passagiere, ex OCEAAN II (SCH 47)

ZEEMEEUW
Harlingen
Zweimast-Logger, 1924, Vuyk, Capelle a.d. Ijssel, 35,5 m x 6,6 m x 1,6 m, 380 qm Seggel, 30 Passagiere

ZEVEN WOUDEN
Lemmer
Zweimast-Klipper, 1899, Hoogezand, 26,0 m x 5,4 m x 1,2 m, 230 qm Segel, 22 Passagiere

ZORG MET VLIJT
Tjalk, 1907, Drachten, 24,0 m x 5,0 m x 0,9 m, 17 Passagiere

ZUID HOLLAND
Harlingen
Klipper, 1896, v. d. Adel, Papendrecht, 28,0 m x 5,7 m x 1,2 m, 270 qm Segel, 26 Passagiere

ZUIDERZEE
Enkhuizen
Zweimast-Gaffelschoner, 1909, Pattje, Waterhuizen, 40,0 m (31,0 m) x 6,9 m x 2,4 m, 540 qm Segel, 300-PS-Diesel, ex ERNST-WILHELM, ex HANS, ex PETER, ex PIRAT, ex GENIUS

ZWARTE BONSEM
Zweimast-Klipper, 1889, 27,0 m x 4,5 m x 1,0 m, 18 Passagiere

ZWARTE HAAN
Harlingen
Tjalk, 1891, 22,2 m x 4,7 m x 1,1 m, 200 qm Segel, 18 Passagiere

ZWARTE VALK
Stevenaak, 1889, Kalkman, Capelle a. d. IJssel

RESTAURIERUNGS-PROJEKTE

BONAIRE

Den Helder

Rijkswerf Willemsoord

Dampf-Barkentine/Schraubendampfschiff, 1877, Nederlandse Stoombootmaatschappij, Feyenoord, Rotterdam, 53,6 m x 8,9 m x 3,5 m, 824 tons, Dampfmaschine, 350 PS, 9 kn, 746 qm Segel, ex ABEL TASMAN, ex BONAIRE. BONAIRE ist das älteste in den Niederlanden gebaute und heute noch existierende Marineschiff. Es gehörte zu einer Serie von neunzehn Schiffen für allgemeine Aufgaben in der Marine und in den Kolonien. Weltweit gibt es heute nur noch eine Handvoll dieser segeltragenden Schraubendampfschiffe wie zum Beispiel die englischen WARRIOR und GANNET sowie die argentinische URUGUAY. Dieses Schiff wurde zu einer Zeit gebaut, in der Dampf noch als zweitrangiger Antrieb galt. So war der Schornstein einziehbar, damit mehr Wind in die Segel fallen konnte. Beim Segeln wurde die zweiblättrige Schraube angehoben, um den Wasserwiderstand zu verringern. Ein Bunker-Vorrat von 110 Tonnen Kohle genügte für eine Reichweite von 4.500 Seemeilen bei sechs Knoten Geschwindigkeit. BONAIRE (Eisenrumpf, 85 Mann Besatzung, vier Kanonen) lag vornehmlich in Curacao, zeigte aber auch in Spanien, Ägypten, Kolumbien oder Surinam Flagge. Das Schiff wurde später zum Schutz der Fischereiflotte in der Nordsee und vor der norwegischen Küste eingesetzt. Nach der Jahrhundertwende wurde es zunächst in Hellevoetsluis, später in Dordrecht Marine-Wohnschiff. 1924 kam es als Internatsschiff der Seefahrtschule nach Delfzijl und wurde in ABEL TASMAN umgetauft. Zur Zeit wird das Schiff (seit 1995) in Den Helder restauriert

DE ZEVEN PROVINCIEN

Lelystad

Bataviawerf

Admiralitätsschiff (Nachbau), 1665/ ca. 2005, Bataviawerf, Lelystad, 46,1 m x 12,1 m, ca. 1.800 qm Segel. Das Admiralitätsschiff DE ZEVEN PROVINCIEN war als Zweidecker das seinerzeit größte Marineschiff Hollands (72–84 Bronze-Kanonen, 420 Mann Besatzung). Es wurde als Flaggschiff der Admiralität Amsterdam unter Admiral de Ruyter 1666 in Dienst gestellt. Im gleichen Jahr nahm es bereits an der Vier-Tage-Schlacht vom 11. bis 14. Juni teil. Im Jahr darauf blockierte die DE ZEVEN PROVINCIEN die Themse, eine Aktion, die letztendlich zum Frieden von Breda (21. Juli 1667) führte. Bereits 1672 kam es jedoch zu neuen Auseinandersetzungen: De Ruyter griff mit seinem Flaggschiff die englisch-französische Flotte an, um die Landung von Truppen in Holland zu verhindern. Nach der Besteigung des englischen Throns durch Wilhelm von Oranien wurde das Schiff 1692 in einer Seeschlacht vor La Houge leck geschossen. Zwei Jahre später mußte der nunmehr fast dreißig Jahre alte Segler abgebrochen werden.

ELBE

Rotterdam Maritiem Buitenmuseum

Bergungsschlepper, 1959, Smit, 826 BRT, 2 x 1390-PS-Diesel

(-) Römisches Militär-Transportschiff

De Meern/Utrecht

ca. 140 n. Chr., 25 Meter Länge, Eichenrumpf, ein Mast www.romeinsschip.nl

LOODSSCHOONER NR. 1

Rotterdam

Lotsenschoner, 1916, Smit, Rotterdam, 28,0 m x 6,3 m x 1,6 m, 99 tons

MAASHAVEN

Rotterdam

Schlepper, 1915, 12,1 m x 3,3 m x 1,5 m, 5,5 BRT

TRIX

Scheveningen, Tweede haven

Heringslogger, 1903, Vuyk, Capelle a/d IJssel, 27,8 m x 6,7 m x 2,9 m, 100 BRT, 425-PS-Dieselmotor, ex MACHIEL (KW 33). Der Fischlogger TRIX arbeitete in holländischen Gewässern, wurde 1953 nach Norwegen verkauft und dort zum Frachtschiff umgebaut. 1993 kam das Schiff nach Terschelling zurück und wird seit 1996 von der Stichting »De Nieuwe Aanpak« restauriert

AKTIVE VETERANEN UNTER DAMPF ODER MOTOR

ADELAAR

Beverwijk

Schlepper, 1925, Hubertina, Haarlem, 20,6 m x 5,3 m x 1,8 m, 150 PS Dampfmaschine. Von 1925 bis 1965 fuhr ADELAAR als Hafenschlepper in Rotterdam. 1965 wurde das Boot nach Vlaardingen verkauft und BOTLEK genannt. 1973 kam es dann wieder als ADELAAR in Fahrt. 1973 wurde es von seinen Eignern übernommen.

ADVANCE

Dordrecht

Lastschiff/Englischer Clyde puffer, 1942, R. Dunston, Thorne, Großbritannien, 20,4 m x 5,8 m x 2,6 m, 125 tons, Dampfmaschine, 110 PS, ex VIC 24. Dieser Leichter stand ursprünglich in Diensten der englischen Marine für Munitions- und andere Transporte. Mitte der achtziger Jahre wurde er nach Holland verkauft.

ANNA SOPHIA

Amsterdam

Schlepper, 1907, Wilmink, Gideon, 18,6 m x 4,8 m, 205-PS-Diesel

BLUE BIRD

Rotterdam

Motoryacht, 1938, 31,0 m x 6,0 m, 10 Passagiere

BURLY

Leiden

Schlepper, 1924, Alkmaar, 15,3 m x 3,8 m x 1,5 m, 180-PS-Diesel

CHRISTIAAN BRUNINGS

Amsterdam

Eisbrecher, Direktionsboot, 1900, Meursing, Amsterdam, 29,2 m x 6,3 m x 2,8 m, 52 tons, Dampfmaschine, 375 PS. Das Dampfschiff CHRISTAAN BRUNINGS wurde überwiegend als Inspektionsboot, ebenso im Winter als Eisbrecher eingesetzt. Im ersten Weltkrieg fuhr es als Versorgungsschiff der Marine zwischen Hellevoetsluis und Vlissingen. Danach kam es für den Waterloopkundigen Dienst der Deltawerke in Fahrt. Da Bunkerkohle immer schlechter zu bekommen war, wurde 1968 ein

Motorschiff für den Dampfer in Dienst gestellt. CHRISTIAAN BRUNINGS wurde zum Schrottwert an eine Vereinigung verkauft, die das Schiff in Fahrt hält.

CORTEZ

Schlepper, 1920, t' Hondsbosch, Alkmaar, 15,4 m x 3,3 m x 1,7 m, 155-PS-Maschine ex JUPITER, ex ONDERNEMING 5, ex DENNIS LANGENBERG

DE HOOP

Neder Hardinxsveld

Schlepper, 1929, 21,3 m x 4,9 m x 2,1 m, 175-PS-Dampfmaschine

DOCKYARD V

Rotterdam

Dampfschlepper, 1947, Rotterdamse Droogdok Maatschappij, Rotterdam (R.D.M.), 25,1 m x 6,3 m x 2,9 m, 230 tons, 800-PS-Dampfmaschine.
DOCKYARD V hat immer im Dienst der RDM gestanden. Der Schlepper ist allein für die Binnenfahrt zugelassen und wurde niemals registriert. Das Stahlrumpfschiff war Teil einer Schlepper-Flotte, die außer zur Assistenz von Seeschiffen für den Transport von Werft- und Hafenarbeitern sowie Materialien gebraucht wurden. DOCKYARD V gehört seit 1978 zum Museumshafen.

DOCKYARD IX

Rotterdam

Dampfschlepper, 1939, Rotterdamse Droogdok Maatschappij, Rotterdam, 25,0 m x 6,3 m x 3,0 m, 230 tons, Dampfmaschine, 500 PS.
Siehe DOCKYARD V. Im Gegensatz zur »V« hat die »IX« einen kohlebefeuerten Kessel.

DWAAL IK, WACHT U

Amsterdam

Luxury motor, 1925, van Duijvendijk, de Ijssel, 33 Meter Länge, 165 tons

EEMS

Amsterdam

Schlepper, 1938, Vos & Zoon, Groningen, 19,5 m x 5,1 m, 214-PS-Diesel

ELFIN

Zaanstad/Wormerveer

Torpedo-Bergungsfahrzeug/ Dampf-Arbeitsschiff, 1933, S. White, Cowes, Isle of Wight, 32,9 m x 7,6 m x 2,3 m, zwei Verbunddampfmaschinen mit je 125 PS, ex TCA 1, ex HOM 7, ex DROOGDOK 18.
ELFIN wurde als Torpedo-Bergungsschiff für die englische Marine gebaut und tat dort bis 1957 Dienst. Danach wurde sie nach Amsterdam verkauft und als Dampfreinigungsschiff eingesetzt.

FINLAND

Rotterdam

Schlepper, 1921, P. Smit, Rotterdam, 22,5 m x 5,3 m x 2,5 m, Dampfmaschine, 225 PS, ex DELFSHAVEN, ex HERCULES, ex ARABE.
Dieses Boot fuhr bis 1931 als Hafenschlepper, wurde dann als ARABE verchartert, kehrte 1936 unter seinem alten Namen in den Schleppdienst zurück und fuhr ab 1943 Fracht von Lemmer nach Amsterdam. Ab 1949 ging es nach Rotterdam, wurde in HERCULES umbenannt. Ab 1965 fuhr es als DELFSHAVEN in Vlaardingen. Seit 1976 gehört die FINLAND der Stoomstichting Nederland.

FURIE

Maassluis

Dampf-Seeschlepper, 1916, Bodewes, Martenshoek, 30,3 m x 6,1 m x 3,1m, 158 BRT, Dampfmaschine mit 450 PS, ex HOLMVIK, ex HOLMEN III, ex GEBR. BODEWES VI. Eigner: Stichting Hollands Glorie, Maasluis.
Der aus Stahl gebaute Dampf-Hochseeschlepper wurde bereits 1919 nach Schweden verkauft und war dort bis 1976 im Dienst. Danach kam das Schiff als Filmobjekt für die TV-Serie »Hollands Glorie« nach Holland zurück. Vor der Verschrottung wurde es von der Shiplover-Vereinigung Stichting Hollands Glorie 1978 gerettet.

GABRIELLE

De Woude

Dampfschlepper, 1903, Gebr. Wiemann, Brandenburg, 19,5 m x 4,4 m x 1,7 m, 125-PS-Dampfmaschine, ex AMALIE, ex ODETTE, ex RACHAEL, ex WILLY

GEBR. BEVER

Dordrecht

Dampfschlepper, 1941, Rotterdamse Droogdok Maatschappij, Rotterdam, 25,1 m x 6,3 m x 2,7 m, 500 PS, ex DOCKYARD III.
Dieses Boot wurde durch Bombentreffer im Zweiten Weltkrieg schwer beschädigt und kam 1946 nach seiner Bergung als Hafenschlepper bis 1981 in Fahrt.

GREVELINGEN

Ouwekerk

Fahrgastschiff, 1959, J. Oelkers, Hamburg, 30,1 m x 8,2 m x 3,2 m, 266 tons, ex NIENDORF

HARDI

Dordrecht

Schlepper, 1949, Biesbosch, Dordrecht, 41,5 m, ex ANKE LAGNBERG, ex RONNY, ex HARDI.
Das Schiff fuhr auf dem Rhein oder im Rotterdamer Hafen. Nach einem Umbau diente es dann Anfang der neunziger Jahre in Rotterdam als Tankreinigungsschiff.

HENDRIJKE

Amsterdam

Groningen Luxury motor, 1924, 36-PS-Diesel

HERCULES

Schiedam

Dampfschlepper, 1915, Bodewes, Martenshoek, 21,7 m x 5,6 m x 2,3 m, Dampfmaschine, 225 PS, ex FREMAD, ex GEBR. BODEWES.
1915 wurde dieser Schlepper an die dänische Marine verkauft und dort bis 1964 eingesetzt. Seit 1983 wird es von der Stichting Calorische Werktuigen in Schiedam betrieben.

HOLLAND

Den Helder

Bergungsschlepper, 1950, Smit, Foxhol, 57,6 m x 9,5 m x 3,7 m, 580 BRT, 3.100-PS-Diesel, 17 kn.
Das Schiff war zwischen 1952 und 1976 an 160 Bergungsunternehmungen beteiligt.

HUDSON

Rotterdam

Seeschlepper, 1939, P. Smit, Rotterdam, 37,6 m x 7,4 m x 3,5 m, 268 BRT, 600-PS-Diesel, ex EBRO.
HUDSON kam kurz vor dem Zweiten Weltkrieg in Fahrt und machte mehrere Schleppreisen für französische Rechnung. Das Schiff wurde 25 Jahre als Schlepper und die gleiche Zeit als schwimmende Eisfabrik (!) eingesetzt.

HUGO

Zaandam

Dampfschlepper, 1929, Botje & Ensing, Groningen, 18,5 m x 5,2 m x 2,4 m, Dampfmaschine, 150 PS, ex HUGO HEDRICH.
Dieses Boot hat seine gesamte Fahrzeit als Hafenschlepper im Hamburger Hafen verbracht und wurde erst 1977 nach Holland verkauft.

HYDROGRAAF

Amsterdam

Vermessungsschiff, 1910, Fijenoord, Rotterdam, 40,5 m x 7,2 m x 1,8 m, 280 BRT, 2 x 410 PS Diesel.
Dieser ehemalige Dampfer stand von 1910 bis 1964 im Dienst der Königlichen Marine. Seine wichtigste Aufgabe war die Kartierung der niederländischen Küstengewässer. Der HYDROGRAAF war bekannt als das »Schiff der Königin«, da er in den zwanziger und dreißiger Jahren von den Königinnen Emma, Wilhelmina und Juliana zu Besuchen der holländischen Inseln benutzt wurde. Das Schiff wurde 1985 vollständig restauriert, erhielt einen Dieselmotor und bietet heute Platz für 200 Passagiere auf Charterfahrten.

JACOB LANGENBERG

Medemblik/Wormerveer

Dampfschlepper/Eisbrecher, 1902, Schichau AG, Elbing, 26,8 m x 6,6 m x 3,2 m, ex VON BÖTTICHER.
Dieser Schlepper war ursprünglich in Kiel im Einsatz beim Wasser- und Schiffahrtsamt. Er wurde erst 1970 nach Holland verkauft. Heutiger Eigner ist die Stichting tot Behoud van het Stoomschip, Medemblik.

JAN DE STERKE

Gorinchem

Dampfschlepper, 1913, v. Straaten en v.d. Brink, s' Gravenhage, 14,4 m x 3,9 m x 1,7 m, Dampfmaschine, 65 PS, ex SNEL, ex MARIETTE, ex HENDRINA II.
Das Boot kam für den Dampfschlepp-dienst Volharding in Rotterdam in Fahrt. Es wurde 1949 nach Belgien und 1977 wieder nach Holland verkauft. Seit 1995 ist es im Besitz der Gorcumse Stichting »De Compound« in Gorinchem.

JAN VAN DER HEYDE

Rotterdam

Feuerlöschboot/Eisbrecher, 1930, A. Pahl, Hamburg, 17,0 m x 3,8 m x 1,3 m, zwei Dieselmotoren, Eigentümer: Nationaal Brandweermuseum Hellevoetsluis.
Das in Hamburg gebaute Feuerlöschboot JAN VAN DER HEYDE wurde im Januar 1931 zum ersten Mal bei einem Großbrand in Amsterdam eingesetzt. In den darauffolgenden 52 Dienstjahren kam es zu 351 weiteren Einsätzen. Für einen symbolischen Gulden wurde das Boot 1983 an die Stichting Nationaal Brandweermuseum in Hellevoetsluis verkauft. Drei Jahre später übernahm es die Rotterdamer Stichting Openlucht Binnenvaartmuseum.
1990 wurde die JAN VAN DER HEYDE auf Dauer an die Stichting Blusboot »Jan van der Heyde« ausgeliehen. Im Mai 1997 kam das Boot per Tieflader zum ersten Mal wieder nach Hamburg, um an den Feierlichkeiten zum 125jährigen Jubiläum der Hamburger Feuerwehr teilzunehmen.

JOHANNES

Westzaan

Dampfschlepper, 1908, C. Wollheim, Cosel/Breslau, 15,5 m x 4,5 m x 1,6 m, Dampfmaschine, 95 PS, ex SCHILL.
Der Schlepper kam für den Berliner Lloyd in den Häfen von Hamburg und Stettin in Fahrt. Im Zweiten Weltkrieg wurde er als Schlepper und Eisbrecher bei Berlin eingesetzt. Nach einem Bombentreffer 1945 konnte er sich mit eigenen Pumpen über Wasser halten und wurde in eine Berliner Werft geschleppt. 1949 wurde das Schiff in JOHANNES umbenannt und 1971 nach Holland verkauft.

KAPITEIN KOK

Amsterdam, Oostelijke Handelskade

Raddampfer, 1912, J.&K. Smit, Krimpen, 57,9 m x 13,7 m x 1,5 m, Dampfmaschine, heute 650-PS-Diesel, 375 Passagiere, ex REDERIJ OP DE LEK No. 6.
Bis 1948 hat das Schiff als REDERIJ OP DE LEK No. 6 zwischen Schoonhoven und Rotterdam Dienst getan. Kurz vor der Verschrottung 1976 wurde es aus Deutschland, wo es zuletzt als Restaurantschiff KURPFALZ in Ludwigshafen gelegen hatte, nach Holland zur Restaurierung geschleppt. Den Namen erhielt der Raddampfer nach seinem letzten Kapitän. Das Schiff konnte 1911 1.200 Personen und 131 Tonnen Fracht transportieren.

KLIFRAK

Friesland

Fahrgastschiff, 1926, Ertel, Woltersdorf, 31,6 m x 5,3 m x 1,1 m, 144-PS-Diesel, 200 Passagiere, ex RATSPONA, ex WILLY, ex WELTENBURG, ex JOCHENSTEIN

LUNE

Amsterdam

Barkasse, 1957, 12,5 Meter Länge

MAARTEN

Leeuwarden

Dampfschlepper, 1926, v.d. Werf, Deest, 19,5 m x 4,7 m x 2,1 m, Dampfmaschine, 150 PS.
Das Boot wurde als CORADRI in Fahrt gebracht, 1943 in HOLLAND umgetauft und von 1959 bis 1965 fuhr es als LUISE in Duisburg. Ab 1967 wurde es als IDO II eingesetzt und wird seit 1980 von der Stichting Stoomboot Maarten in Leeuwarden in Fahrt gehalten.

MAJESTEIT

Rotterdam

Raddampfer, 1926, Gebr. Sachsenberg, Köln-Deutz, 82,5 m x 15,7 m, 750-PS-Dampfmaschine, 600 Passagiere, ex RÜDESHEIM, ex RHEINLAND, ex PRINS DER NEDERLANDEN.
Das Schiff war bis 1983 im Linienverkehr auf dem Rhein eingesetzt und ist seit 1999 auf niederländischen Gewässern in Fahrt. Liegeplatz: Maasboulevard.

NOBILING

Eisbrecher, 1951, Jadewerft, Wilhelmshaven, 30,0 m x 7,0 m x 1,2 m, 200 tons, 2 x 250-PS-Diesel

NOORDHINDER

Amsterdam

Belgischer Luxury motor/Binnenschiff.

NOORDZEE

Medemblik

Seeschlepper, 1922, Schiffswerft & Maschinenfabrik, vorm. Janssen & Schmilinsky, Hamburg, 22,8 m x 5,8 m x 2,9 m, Dampfmaschine, 320 PS, ex TAUCHER SIEVERS IV, ex B & V XII.
Der Schlepper kam als B&V XII in Hamburg in Fahrt und wurde 1959 nach Cuxhaven verkauft.

RATASBONA

Sneek

Passagierschiff, 1926, Berlin-Waltershof, 31,5 m x 4,7 m, 200 Passagiere, ex WILLY

ROEK

Enkhuizen

Dampfschlepper, 1930, Gebr. v. d. Windt, Vlaardingen, 20,3 m x 4,9 m x 2,2 m, Dampfmaschine, 165 PS, ex JACOMIEN.
Von 1930 bis 1960 in Dordrecht in Fahrt gewesen, 1960 als ROEK nach Rotterdam verkauft und seit 1988 in Enkhuizen.

ROSALIE

Enkhuizen

Dampfschlepper, 1889, Smit, Kinderdijk, 19,0 m x 4,2 m x 1,8 m, Dampfmaschine, 95 PS, ex DEN BRIEL, ex NIEUWE ZORG, ex JACOBA, ex WILLEM III, exWILLEM IV.
Dieser wahrscheinlich älteste niederländische Dampfschlepper fuhr bis 1924 für den Torpedodienst und wurde danach nach Schiedam verkauft.

SCHEELENKUHLEN

Zaandam

Dampfschlepper, Eisbrecher und Bergungsfahrzeug, 1927, Johann Oelkers, Neuhof, Hamburg, 21,4 m x 5,6 m x 1,8 m, Dampfmaschine, 220 PS.
Dieser Schlepper hat bis 1975 bei seinem ersten Eigentümer, dem Wasser- und Schiffahrtsamt Cuxhaven im Bereich Elbmündung und Deutsche Bucht Dienst getan. 1976 wurde er nach Holland verkauft und dort restauriert.

SHIPDOCK 1

Amsterdam

Barkasse, 1910, t Kromhout, 4,6 tons, 14,2 m x 3,2 m x 0,9 m

SPES

Nieuwersluis

Schlepper, 1930, Rijke, Rotterdam, 16,0 m x 4,3 m x 1,8 m, 150-PS-Diesel

SUCCES

Kampen

Dampf-Fahrgastschiff, 1897, Huiskens en v. Dijk, Dordrecht, 38,4 m x 7,1 m x 2,0 m, Dampfmaschine, 250 PS, ex SUCCES I, ex SLEIPNER.
Bis 1985 als SUCCES, SLEIPNIR und SUCCES I in Rotterdam in Fahrt, danach nach Enkhuizen verkauft und zum Passagierschiff umgebaut.

SUCCES

Maasbracht

Dampf-Flußschlepper, 1909, Huiskens en v. Dijk, Dordrecht, 21,5 m x 4,8 m x 2,2 m, Dampfmaschine, 275 PS.
Bis 1973 als Flußschlepper eingesetzt, bis 1984 in Amsterdam aufgelegt und danach von Maasbrachter Dampffreunden wieder in Fahrt gesetzt.

TRINTJE I

Maurik

Dampfyacht, 1920, 6,5 m x 2,0 m x 1,0 m, Dampfmaschine, 10 PS, ex STELLA MOASE

VOLHARDING I

Alblasserdam/Rotterdam

Dampfschlepper, 1930, De Hoop, Neder-Hardinxveld, 20,3 m x 4,8 m x 2,2 m, 20,2 tons, 170-PS-Dampfmaschine, eine Schraube, ex HARMONIE IV.
Dieses Schiff wurde für die N.V. Sleepboot Maatschappij Harmonie in Vreeswijk gebaut. Im Jahr 1952 wurde es von der Reederei N.V. Verenigde Onafhankelijke Sleepdienst in Rotterdam übernommen und in VOLHARDING I umgetauft. Diese Gesellschaft beschäftigte das Schiff bis 1967.

Y 8017 (DOMBO)

Den Helder

Hafenschlepper/Eisbrecher, 1955, Rijkswerf, Den Helder, 16,6 m x 4,6 m, 300-PS-Diesel. Dieses Schiff ist mit einer Bergungspumpe ausgerüstet.

Y 8122

Den Helder

Dampfschlepper, 1936, Rijkswerf Willemsoord, 19,3 m x 4,9 m x 1,4 m, 20,5 tons, 115-PS-Dampfmaschine, ex SLEEPDIENST 2, ex SLEEPDIENST 4, 1947: RS 4, 1949: RK 23, 1950: Y 837, 1953: Y 8590, 1956: Y 8122.
Als SLEEPDIENST 42 wurde das Boot zwischen Den Helder und Texel als Marine-Verbindungsboot eingesetzt.
Im Zweiten Weltkrieg diente es der deutschen Marine als Minenleger.
Bereits 1944 kehrte der Schlepper nach Den Helder zurück. 1992 wurde das Schiff der Stichting Nautische Monumenten zur Restaurierung übergeben.

Die norwegischen Rettungskutter CHRISTIANIA und COLIN ARCHER vor Risør

SCHIFFSPORTRÄT

OSEBERG - und GOKSTAD- Schiff
Oslo, Vikingskipshuset

Die Wikinger-Boote in Oslo – Zeugen einer vergangenen Epoche

In Oslo werden mit dem Oseberg- und dem Gokstadschiff bedeutende Wikingerschiffs-Funde ausgestellt.
Das Oseberg-Schiff ist ein 22 Meter langes Grabschiff, das ungefähr im Jahr 820 in Süd-Norwegen gebaut worden ist. Um das Jahr 850 wurde eine »hochgestellte« Frau in Oseberg in diesem Boot beerdigt. Mit ihr wurden Pferde, Hunde, eine weibliche Begleiterin und zahlreiche persönliche Gegenstände, die nach damaligem Brauch und Verständnis wesentlich für das Leben nach dem Tod waren, beigesetzt. Das Grab ist mit großer Wahrscheinlichkeit im Laufe der Jahrhunderte mehrfach beraubt worden. Von dem zu vermutenden wertvollen Schmuckbeigaben ist bei der Graböffnung im Jahr 1903 nichts mehr aufgefunden worden. Aufgrund der besonderen Bodenbeschaffenheit am Grabplatz blieben besonders viele Holz-, Leder- und Textilteile gut erhalten. Das Oseberg-Schiff wird seit 1927 in Oslo ausgestellt.
Das etwas jüngere Gokstad-Schiff (ca. 890) wurde als Grabschiff für einen hochrangigen Wikingerfürsten gebaut. Mit drei kleinen Beibooten wurde es 1880 bei Gokstad/Sandefjord aus einem Grabhügel geborgen. Eine originalgetreue Kopie segelte 1893 über den Atlantik zur Weltausstellung nach Chicago, wobei es bei stürmischem Wetter Geschwindigkeiten bis 12 kn erreichte. Seit 1930 wird das Gokstad-Schiff in Oslo ausgestellt.

SCHIFFAHRTSMUSEEN

ÅKREHAMN
(Rogaland)

Rogaland fiskerimuseum
Buktavegen 19, 4270 Åkrehamn
Tel.: 52 83 52 65
Fischerei- und Schiffahrts-Ausstellung

ÅLESUND
(Møre og Romsdal)

Sunnmøre Museum og Borgund-Kaupangen
Borgundgavlen, 6015 Ålesund
Tel.: 70 17 40 00
www.sunnmore.museum.no

In drei Hallen befindet sich eine Bootssammlung von über 30 regionalen Arbeitsbooten, darunter der Nachbau eines Wikingerbootes, sowie Exponate zu den Bereichen Fischerei, Seefahrt und Küstenkultur.

Museumsschiffe
BORGUNDKNARREN, Nachbau des Wikingerbootes, 1994
HELAND, Fischkutter, 1937
KVALSUND-Boot, Nachbau, 18 m lang

Ålesunds Museum
R. Rønnebergs gate 16
6002 Ålesund
Tel.: 70 12 31 70
www.museumnett.no/aam

Fischfang

ALTA
(Finnmark)

Alta Museum
Alataveien 10, 9500 Alta
Tel.: 78 45 63 30
Bootsammlung

Museumsschiff
VALLY, Fischkutter, 1947

ANDENES
(Nordland)

Andøymuseene/ Polar- og Fiskerimuseet
Richard With gt. 9, 8483 Andenes
Tel.: 76 14 20 88
Fischereigeschichte in Risøyhamn im Freilichtmuseum, sowie Polarforschung und Walfang im Museum in Andenes, Bootsammlung.

Museumsschiff
(-) Fembøring, Nordlandboot

ARENDAL
(Aust-Agder)

Aust-Agder-Museet
Langsæ Gard, Parkveien 16
4838 Arendal
Tel.: 37 07 35 00
www.aust-agder.museum.no

Seefahrts-Ausstellung und Bootsammlung

Merdøgaard
Merdø, 4848 Arendal
Tel.: 37 07 35 00
www.aust-agder.museum.no

Historisches Schifferhaus aus dem Jahre 1736

AVERØY
(Møre og Romsdal)

Gamle Kvernes Bygdemuseum
Kvernes, 6530 Averøy
Tel.: 71 51 40 66
Freiluftmuseum mit Bootshäusern und Bootsammlung

Håholmen
Fischerdorf, 18. Jahrhundert mit Wikinger-Ausstellung, Bootsammlung

Museumsschiff
KVITSERK, Nachbau Wikingerboot, 1994

BERGEN
(Hordaland)

Bergens Sjøfartsmuseum
Haakon Sheteligs plass 15
5007 Bergen
Tel.: 55 32 79 80
www.bsj.uib.no

Geschichte der norwegischen Seefahrt und des Schiffbaus mit Schiffsmodellen, insbesondere von Wikingerbooten, sowie Wrackstücke des KVALSUND-Bootes, Bootsammlung.

Museumsschiffe
BINDALINGEN, Nordlandboot/Nachbau, 1994
(-) Mahagoni-Jolle,
1924, 13 ft, Giles, Teynmouth, England

Norges Fiskerimuseet
Bontelabo 2, 5003 Bergen
Tel.: 55 32 12 49
Fischerei, Fangtechniken, Meeresbiologie, Schiffsmodelle

Bryggens Museum
Dreggsallmenning 3, 5003 Bergen
Tel.: 55 58 80 10
www.uib.no/bmn
Schiffahrts-Ausstellung

Haakonsvern Orlogsstasjon
Museumsschiffe
B 2,
Turm des Unterseebootes B 2, 1923
(-) BIBER, Deutsches Klein-U-Boot, 1944/45
(-) MARDER,
Deutsches Klein-U-Boot, 1944/45

BERLEVÅG

(Finnmark)

Berlevåg Havnemuseum
Havnegata, Varnes, 9980 Berlevåg
Tel.: 78 98 08 97
www.berlevag.kommune.no/havnemuseum
Fischereigeschichte, Seefahrt, Hafenbau
Museumsschiffe
BERLEVÅG,
Fracht-/Passagierschiff, 1946
VESTVAER (F 28 B),
Fischkutter, 1965

BJUGN

(Sør-Trøndelag)

Bjugn Bygdatun
Mølnargården, 7159 Bjugn
Tel.: 72 52 89 56
Bootssammlung, Motoren, Fischerei

BODØ

(Nordland)

Nordlandsmuseet
Prinsensgt. 116, 8005 Bodø
Tel.: 75 52 16 40
Fischerei und Fanggeräte, Freilichtmuseum, Bootssammlung am Bodøsjøen

Museumsschiff-Projekt
ANNA KAROLINE, Rahsegler, 1876

BØSTAD/LOFOTR

(Nordland)

LOFOTR - Vikingmuseet på Borg
Prestegårdsveien 59, 8360 Bøstad
Tel.: 76 08 49 00
Museumsschiff
LOFOTR, Nachbau des Gokstad-Bootes, 1992

Vestvågøy Museum
Idrettsgt. 120, Fygleveien, Fygle
8360 Bøstad
Tel.: 76 08 49 00
http://home.sol.no/~vvmuseum
Lofotfischerei-Ausstellung, Sammlung von Nordland-Booten

BOKN

(Rogaland)

Bokn Bygdemuseum
Vestre Bokn, 5561 Bokn
Tel.: 52 74 85 00
Maritime Sammlung

BORHAUG

(Vest-Agder)

Listeskøyta - Stiftelsen
4563 Borhaug, Lista, Farsund
Tel.: 38 39 34 39
www.listaskoyta.org
Museumsschiff
LISTASKØYTA, Fischerboot, 1900

BRANDAL

Ishavsmuseet AARVAK
6062 Brandal
Tel.: 70 09 20 04
www. museumsnett.no/ishavsmuseet
Exponate aus der Fischerei, Schiffsmodelle
Museumsschiff
AARVAK, Ishavkutter/Eismeerkutter, 1912

EGERSUND

(Rogaland)

Dalane Folkemuseum
Slettebø, 4379 Egersund
Tel.: 51 49 14 79

Sjøfarts og fiskerimuseum Sokndal
Bootshaus mit Booten am Sokndalstrand

ELVERUM

Norsk Skogbruksmuseum
2401 Elverum
Tel.: 62 40 90 00
www.skogbruk.museum.no/
Fischerei
Museumsschiff
TRYSILKNUT, Schlepper, 1914

FÆRVIK

Bratteklev Skibsværft og S.H. Smith-Sörensens Samlinger
Bratteklev, Tromøy, 4852 Færvik
Tel.: 37 08 52 11
Schiffbau

FANA

(Hordaland)

Hordamuseet
Hordnesvn. 24, 5244 Fana
Tel.: 55 11 29 00
Fischerei

FARSUND

(Vest-Agder)

Museum Farsund
Spindsodden,
Kapitänshäuser und Funde aus Schiffswracks

Listafyr informasjonssenter
Borhaug, 4551 Farsund
Tel.: 38 39 77 76

FETSUND

(Akershus)

Fetsund Lenser, fløtningsmuseum og naturinformasjonssenter
Lundveien 3, 1900 Fetsund
Tel.: 63 88 09 11
Flößereimuseum mit Bootsammlung
Museumsschiffe
GAHN, Schlepper, 1861
MØRKFOSS, Schlepper, 1912

FINNSNES

(Troms)

Lenvik Bygdemuseum
Bjorelvnes, 9301 Finnsnes
Tel.: 77 84 74 89
Fischerei-Ausstellung und Bootsammlung

FLEKKEFJORD

(Vest-Agder)

Flekkefjord Museum
Dr. Kraftsgate 15–17, 4400 Flekkefjord
Tel.: 38 32 26 59
Historische Bootshäuser

Museumsschiff
SOLSTRAND,
Fischereifahrzeug, 1936

FLORØ

(Sogn og Fjordane)

Kystmuseet i Sogn og Fjordane
Brendøya, 6901 Florø
Tel.: 57 74 22 33
http://sognfjordane.kulturnett,no/kystmuseet
Bootsammlung mit einem der ältesten norwegischen Boote, einem 200 Jahre alten Holmedal-Küstensegler

Museumsschiffe
ATLØY
Passagier-/Frachtschiff, 1931
SVØMMIANNA, Segler, 1896

FOLKESTAD/BJØRKEDAL

(Møre og Romsdal)

Museumswerft
Holzbootwerft, 20 km nördlich von Nordfjordheid

Museumsschiffe
Wikingerboote EMBLA und BJARKA

FREDERIKSTAD

siehe KRAKERØY (Østfold)

FYRESDAL

(Telemark)

Fyresdal Bygdemuseum
3870 Fyresdal
Tel.: 35 04 12 63
Maritime Sammlung

Museumsschiff
TEISNER, Schlepper, 1874

GAMVIK

(Finnmark)

Gamvik Museum 71 N.
Strandveien 63, 9775 Gamvik
Tel.: 78 49 79 49
www.museumsnett.no/gamvikmuseum

Walfang, Fischerei und Küstenkultur

Museumsschiff
GAMVIK, Expeditions-Pram, 1971

GRATANGEN

(Troms)

Nord-Norsk Fartøyvernsenter og båtmuseum
Gratangsbotn 94, 9470 Gratangen
Tel.: 77 02 03 70
www.troms.kulturnett.no/nnfb

Ausstellung zur Entwicklung des Fischfangs und Sammlung von sechzig Booten, von denen das älteste aus dem Jahr 1845 stammt.

Museumsschiffe
BLONNY, Segler, 1907
BRAND, Kutter, 1911
BRØDRENE, Kutter, 1912
BROTTSJØ, Fischerboot, 1936
FUGLØ, Frachtsegler, 1877
GRYTIR, Wikingerboot,
Nachbau 1992
HEIDRUN, Segler, 1905
HENKO, Fischerboot
KJETIL (N 31), Fischkutter, 1959
LAILA 1, Frachtsegler, 1911
STRAUMNES, Fischkutter, 1908

GRIMSTAD

(Aust-Agder)

Grimstad Bymuseum
Henrik Ibsens gate 14, 4890 Grimstad
Tel.: 37 04 46 53
Schiffbau-Ausstellung

Hasseldalen Maritime Samling/ Seilskipsverft i Hasseldalen
Eine der drei historischen Werften (1842), die in Norwegen erhalten werden; Bootsammlung.

GURKSØY

(Møre og Romsdal)

Herøy kystmuseum
Herøygard, 6080 Gurksøy
Tel.: 70 08 52 90
Küstenkultur. Fischerei-Ausstellung, Nachbau des Kvalsund-Bootes aus dem Jahr 600 n. Chr.

Museumsschiffe
GOKSØRBÅTEN,
Trerøring/Fischerboot, 1870
KVALSUNDBÅTEN,
Færing (Nachbau), 1974
KYRKSEBÅTEN,
Trerøring, Ruderboot, 1880
LEIKONGBÅTEN,
Nordfjordsfæring, 1920
(-) Nordfjordfæring, 1906, 5,5 m lang
(-) Storfæring, ca. 1900, 5,7 m lang
(-) Gavlbåt, ca. 1900, 5,9 m lang

HALDEN

(Østfold)

Halden historiske Samlinger
Rød Herregård, 1771 Halden
Tel.: 69 18 54 11
www.museumsnett.no/hhs

Seefahrts-Ausstellung

HARSTAD

(Troms)

Kvaefjord Museum
Trondanesveien 122, 9404 Harstad
Tel.: 77 09 20 64
Fischerei, Seefahrt, Bootswerft

HAUGE

(Rogaland)

Nesvåg Sjø- og Motormuseum
4380 Hauge i Dalane
Tel.: 51 47 95 23

Museumsschiff
SJØDIS, Fischkutter, 1966

HAUGESUND

(Rogaland)

Karmsund Folkemuseum
Skåregt. 142, 5527 Haugesund
Tel.: 52 70 93 60
Schiffahrts-Ausstellung, sowie Heringsfischerei des 18. Jahrhunderts, Bootsammlung

HAVØYSUND

Måsøy Museum
Kirkeveien 3, 9690 Havøysund
Tel.: 78 42 37 66
www.museumsnett.no/masoy

Fischerei

HIDRASUND

(Vest-Agder)

Fedrenes Minne, Kystmuseet
Rasvåg, 4432 Hidrasund
Tel.: 38 37 22 04
Fischerei- und Seefahrts-Ausstellung, Postruderboot

HITRA

(Sør-Trøndelag)

Kystmuseet i Sør-Trøndelag
Fillan, 7239 Hitra
Tel.: 72 44 40 10
www.museumsnett.no/st-kystmuseet

Maritime Sammlung

HOL

(Buskerud)

Hol Bygdemuseum
Kulturkontoret, 3576 Hol
Tel.: 32 08 81 40
Dokken in Sundalen

HOLMESTRAND

(Vestfold)

Holmestrand Museum
Nils Kjærsgate 4, 3081 Holmestrand
Tel.: 33 05 39 22
Schiffsreeder- und Kaufmannshof aus dem Jahr 1756

HOMMELSTØ

(Nordland)

Velfjord Bygdetun
Strøm i Velfjord, 8960 Hommelstø
Tel.: 75 02 43 34
Fischerei

HONNINGSVÅG

(Finnmark)

Nordkappmuseet
Fiskeriveien 4, 9751 Honningsvåg
Tel.: 78 47 72 00
www.museumsnett.no/nordkappmuseet

Historisches Fischerdorf

HØNEFOSS

Norsk kartmuseum
Kartverksveien 21, 3504 Hønefoss
Tel.: 32 11 81 00
www.statkart.no/info/museum/index.html

Seekarten

HORTEN

(Vestfold)

Marinemuseet
Karljohansvern, 3191 Horten
Tel.: 33 03 34 52
www.fmu.mil.no/marine

Ausstellung zur norwegischen Marinegeschichte, Schiffsmodelle

Museumsschiffe
(-) BIBER, deutsches Klein-U-Boot, 1944/45
(-) MARDER, deutsches Klein-U-Boot, 1944/45
NO. 48, engl. Klein-U-Boot, 1943
RAP, Torpedoboot, 1872
SLEEPING BEAUTY, Motorised submersible canoe (MSC), 1942
UTSTEIN, U-Boot, 1965

Marineschule Horten
KOBBEN (A 1), Turm des Unterseeboots, 1907

Redningsselskapets Museum
Magasin B, Karljohansvern
3191 Horten
Tel.: 33 04 70 66
Geschichte der norwegischen Seenotrettung bis zur Gegenwart, zwei Rettungsboote.

HVALSTAD

Vollen Kystkultursenter
Bruksveien 5, Vollen, 1395 Hvalstad
Tel.: 66 79 00 11
Bootbau, Seefahrt, Fischerei

KABELVÅG/LOFOTR

(Nordland)

Lofot-Museum
Storvågan, 8310 Kabelvåg
Tel.: 76 07 82 23
http://home.sol.no/lofotmus/index.hatm

Fischerei-Ausstellung, Sammlung von zehn Nordland-Booten

Aktives Museumsschiff
GAMLE LOFOTFERGA, Fähre, 1956

KAPP

(Oppland)

Toten Økomuseum
Kapp Melkefabrikk, 2558 Kapp
Tel.: 61 16 95 00
Holzbootbau am Mjøsa-Strand

Museumsschiff
START, Motorboot, 1920

KÅRVÅG

Håholmen Havstuer
Saga-Siglar-Halle, 6533 Kårvåg
Tel.: 71 51 24 12
www.haholmen.no/oppleved.html

Segelfahrten von Wikingerbooten

KAUPANGER

(Sogn og Fjordane)

Sogn Fjordmuseum
Kaupanger Ferjekai, 6854 Kaupanger
Tel.: 57 67 85 55
www.sognfjordane.kulturnett.no/museumsnett/sognfolkemus/heimeside

Sogn Fjordmuseum/ De Heidbergske Samlinger
Vestreim, 6854 Kaupanger
Tel.: 57 67 82 06
Bootsammlung, Ausstellung zur Fjordschiffahrt, Bootsbauerwerkstatt

KJØLLEFJORD

Foldalbruket
Strandvegen 41, 9790 Kjøllefjord
Tel.: 78 49 87 34
Fischerei, Tranverarbeitung

KOKELV

Kokelv Sjøsamiske Museum
9715 Kokelv
Tel.: 78 41 66 37
Maritime Sammlung

KRÅKERØY

(Østfold)

Frederikstad Fartøyvernsenter
Trosvikbrygga

Frederikstad Museum
Isegran, Gamle Frederikstad
1670 Krakerøy
Tel.: 69 30 68 75
www.hiof.no/frederikstad-museum/

Maritime Kultur, Boote des Yachtkonstrukteurs Bjarne Aas, Bootsammlung

Museumsschiffe
FIX, Schlepper, 1891
FREDERIKSTAD, Lotsenboot, 1968
HUTTETU, Segler (One Design), 1958, Konstruktion: Bjarne Aas
JELSA, Segler, 1840

KRISTIANSAND

(Vest-Agder)

Vest-Agder Fylkesmuseum
Kongsgård, Vigeveien 22B
4689 Kristiansand
Tel.: 38 09 02 28
Maritime Sammlung

Bredalsholmen dokk og fartøyvernsenter
Bredalsholmen, 4623 Kristiansand
Tel.: 38 08 76 77
Neben dem Nord-Norsk Fartøyvernsenter, Gratangen und dem Hardanger Fartøyvernsenter, Norheimsund ist dies das dritte historische Boots- und Schiffbauzentrum Norwegens.

KRISTIANSUND

(Møre og Romsdal)

Nordmøre Museum
Knudtzondalen, Dalaveien 17
6511 Kristianssund
Tel.: 71 67 15 78
www.nordmore.museum.no

Fischerei-Ausstellung

Mellemvaerftet
Kranaveien 22–24, 6500 Kristiansund
Tel.: 71 67 71 95
www.nordmore.museum.no

Historische Schiffswerft, die heute noch Schiffsrestaurierungen durchführt, Bootsammlung.

KYRKSÆTERØRA

(Sør-Trøndelag)

Hemne Bygdemuseum
Trondheimsveien 1
7200 Kyrksæterøra
Tel.: 72 45 10 11
Fischerei-Sammlung

LANGESUND

(Telemark)

Bamble Museum, Cudrio Sjøbod
Sundby, 3971 Langesund
Tel.: 35 96 52 98
Bootshaus »Cudrios Sjøbod«, Schiffahrts- und Fischerei-Ausstellung sowie Exponate zum Holzbootbau.

LARVIK

(Vestfold)

Larvik Sjøfartsmuseum
Kirkestredet 5, 3264 Larvik
Tel.: 33 13 04 04
Zollgebäude aus dem 18. Jahrhundert, Colin Archer Sammlung, Thor Heyerdals Expeditionen, Walfang

Museumsschiff
FRITHJOFF II, Lotsenboot, 1896

Fritzøe Museum
N. Fritzøegt. 3, 3255 Larvik
Tel.: 33 12 11 00
Schiffbau-Ausstellung

LEKA

(Nord-Trøndelag)

Leka Bygdemuseum
Skei i Leka, 7994 Leka
Tel.: 74 39 98 94
Kanonen der gestrandeten französischen Korvette L'ENFANT DE LA PATRIES (1798), sowie eine Bootsammlung

LILLESAND

(Aust-Agder)

Lillesand By- og Sjøfartsmuseum
Nygardsgaten 1, 4790 Lillesand
Tel.: 37 27 04 30
Seefahrt- und Schiffbau-Ausstellung, Segelmacherei, Werkstätten

MALØY

Fiskerimuseum i Maløy
6700 Maløy
Tel.: 57 85 11 50
Maritime Sammlung

MANDAL

(Vest-Agder)

Mandal Bymuseum
Store Elvegate 5–6, 4502 Mandal
Tel.: 38 27 30 00
Schiffahrts- und Fischerei-Exponate, Modelgalerie

MELBU

(Nordland)

Vesterålsmuseet
Maren Frederiksens allé 1
8445 Melbu
Tel.: 76 15 75 56
Maritime Sammlung

Norsk Fiskeindustrimuseum
Neptunveien, 8459 Melbu
Tel.: 76 15 98 25
http://nofi.museum.no

Fischerei

MINNESUND

(Akershus)

Mjøssamlingene
2092 Minnesund
Tel.: 63 96 81 19
Schiffahrtsmuseum für den Mjøsa-See, Werft/Slip für SKIBLADNER

Museumsschiff
HELGØYA, Autofähre, 1937

MO i RANA

(Nordland)

Rana Museum/Stenneset Museum
Fridtjof Nansens gate 22
8602 Mo i Rana
Tel.: 75 15 13 84
Küstenkultur-Ausstellung und Bootssammlung, darunter ein Fembøring/Nordlandboot (Abmessungen: 11,6 m x 2,9 m) aus dem Jahr 1840.

MOEN

(Troms)

Skrolsvik Fiskebruksmuseum/ Sør-Senja Museum
Skrolsvik, 9329 Moen
Tel.: 77 85 46 77
www.senja.museum.no

Seefahrts- und Fischerei-Ausstellungen

Senjehesten Kystforsvarsmuseum
Skrolsvik, 9329 Moen
Tel.: 77 85 46 77
www.senja.museum.no

Marine, Küstenbefestigung

MOLDE

(Møre og Romsdal)

Romsdalsmuseet,
Fiskerimuseet på Hjertøya
Museumveien 14, 6413 Molde
Tel.: 71 20 24 60
Fischerei in Hjertøja, Küstenkultur und Bootssammlung

NAMSOS

(Nord-Trøndelag)

Namdalmuseet
Kjaerlighetsstien 1, 7800 Namsos
Tel.: 74 27 40 72

Museumsschiff
Nordlandboot/fembøring, 12 Riemen, 44 Meter lang, nur fünf dieser Boote sind noch erhalten.

NARVIK

(Nordland)

Nordland Røde Kors Krigsminnemuseum
Torghallen, 8501 Narvik
Tel.: 76 94 44 26
Schiffsglocken der deutschen Zerstörer ERICH KOELLNER und GEORG THIELE, Anker des Küstenpanzerschiffs NORGE, Schiffsmodelle

NORHEIMSUND

(Hordaland)

Hardanger Fartøyvernsenter
Kaldestad, Kvam, 5601 Norheimsund
Tel.: 56 55 22 77
www.bns.no/hfs

Nationales Zentrum für Bau und Restaurierung traditioneller Holzboote, Museumswerft, Reepschlägerei, Schiffsschmiede, Segelmacherei, Bootsammlung (s. Gratangen, Kristiansand)

Museumsschiffe
BLÅMANN, Gaffelsegler, 1890
BRØDRENE, Ryfylkeyacht, 1850
FAUN, Motoryacht, 1916
FRI, Kutter, 1917
MATHILDE, Frachtsegler/Hardangerjakt, 1884
PADDY, Motorboot, 1916
TYSSO, Motoryacht, 1917
VIKINGEN, Hardangerkutter, 1915

OSLO

Norsk Sjøfartsmuseum
Bygdøynesveien 37, 0286 Oslo
Tel.: 24 11 41 50
www.norsk-sjofartsmuseum.no

Ausstellung zur norwegischen Schiffahrtsgeschichte, Querschnittsektion des Küstendampfers SANDNAES, Schiffsmodelle, Kapitänsbilder, Navigation,

Museumsboote in der Bootshalle
(-) Floss, Gausdal, 1958, 4,1 m x 1,6m
(-) Einbaum/Stokkebåt, Kongsberg, 3,6 m x 0,7 m
(-) Skoltebask, Petsamo, ca. 1900, 4,9 m x 1,3 m
(-) Pram, Holmsbu, ca. 1920, 5,8 m x 1,1 m
(-) Lillebåt, Søgne, Anfang 19. Jhr., 4,5 m x 1,9 m
(-) Kirkebåt, Hardanger, ca. 1850, 7,2 m x 1,9 m
(-) Skyssbåt, Sunnfjord, ca. 1800, 7,4 m x 1,8 m
(-) Sekskeiping, Nordfjord, ca. 1850, 9,5 m x 2,2 m
(-) Trerøring, Sunnmøre, ca. 1850, 7,7 m x 2,1 m
(-) Femring, Nordmøre, 1884, 8,3 m x 2,0 m
(-) Firing, Åfjord, 9,2 m x 6,6 m
(-) Færing, Nord-Trøndelag, 1870, 5,0 m x 1,4 m
(-) Straumbåt, Saltstraumen, 1920, 4,7 m x 1,5 m
OPREISNINGER, Fembøring, Rana, 1901, 14,1 m x 3,3 m
(-) Jolle, Rana, 1901, 3,1 m x 1,7 m
(-) Krumstevning, Misvær, ca. 1800, 8,7 m x 2,0 m
(-) Elvebåt, Nordreisa, 1920, 9,4 m x 0,9 m
(-) Schnjaka, Kola, ca. 1910, 11,6 m x 2,7 m
(-) Tiggjumanafør, Faröer, ca 1800, 8,4 m x 2,0 m
DIVA, Draken/Drachen, Vejle/Dänemark, 1964, 8,9 m x 2,0 m
(-) Jolle, 1894, Konstruktion: Colin Archer, 3,1 m x 1,3 m
(-) Shetlandboot, 1899, 7,2 m x 1,7 m
(-) Gibraltarboot, 1941, 5,6 m x 2,0 m

Museumsschiff im Freigelände
GJØA, Polarforschungsschiff/Jakt, 1873

Aktive Museumsschiffe
COLIN ARCHER (R/S 1), Rettungskutter, 1893
SVANEN, Dreimast-Toppsegel-Schoner, 1916
VENUS, Gaffelkutter, 1916

Vikingskipshuset
Huk Aveny 35, Bygdøy, 0287 Oslo
Tel.: 22 43 83 79
www.ukm.uio.no/vikingskipshuset

Ausstellung von Wikinger-Grabfunden mit Grabbooten.

Museumsschiffe
GOKSTADSKIPET, Wikinger-Grabschiff, ca. 890 n. Chr.
GOKSTADFÆRINGEN, Ruderboot, ca. 890 n. Chr.
GOKSTADSEKSÆRINGEN, Ruderboot, ca. 890 n. Chr.
OSEBERGSKIPET, Wikinger-Grabschiff, ca. 820 n. Chr.
TUNESKIPET, Wikinger-Grabboot, ca. 890 n. Chr.

Kon-Tiki Museet
Bygdøynesveien 36, 0286 Oslo
Tel.: 23 08 67 67
www.kon-tiki.no

Museumsschiffe
KON-TIKI, Balsa-Floß, 1947
RA II, Papyrusboot, 1970

Frammuseet
Bygdøynesveien 36, 0286 Oslo
Tel.: 23 28 29 50
www.fram.museum.no

Museumsschiff
FRAM, Polarforschungsschiff, 1892

Forsvarsmuseet
Akershus festning, Bygning 62
0015 Oslo
Tel.: 23 09 35 82
Militärhistorisches Museum

Museumsschiffe
ALTA, Minenräumboot, 1953
HITRA (SC-718), U-Jagdboot, 1943

Universitets Oldsaksamling
Frederiksgt. 2, 0164 Oslo
Tel.: 22 85 99 12
www.hf.uio.no/iakn/oldsak

Teil des Historischen Museums, Wikingersaal

Lingard Skuteminne
Bjørn Hansen, N. Vollgt. 1, 0158 Oslo
Tel.: 22 47 93 33
Schiffsmodellsammlung

ØRJE

(Østfold/Halden-Kanal)

Haldensvassdragets kanalmuseum
1871 Ørje
Tel.: 69 81 10 21
Flößerei, Kanalschiffahrt

Museumsschiffe
METTE MENG, Schlepper
PASOP, Schlepper, 1908

ØRNES/SALTEN

(Nordland)

Meløy Bygdemuseum
Øde, Reipå, 8151 Ørnes
Tel.: 75 72 16 94
Ausstellung zur Fischerei und zum Leben der Küstenbauern, Bootsammlung

Museumsschiffe
SVOLVÆRING, Fischkutter, 1944
TEISTEN, Nordlandboot, 1938

PORSGRUNN

(Telemark)

Porsgrunn Bymuseum og Sjøfartsmuseet
Tollbodgaten 1, 3921 Porsgrunn
Tel.: 35 55 57 97
Ausstellung zur Segelschutenzeit (»Skomvaer«) und zum Schiffbau

Museumsschiff
HANS MARTIN, Schlepper/Betonschiff, 1918

RANDABERG

(Rogaland)

Tungenes fyr
Tungenesv. 213, 4096 Randaberg
Tel.: 51 41 96 45
Leuchtturm mit Schiffahrtsmuseum

RISØR

(Aust-Agder)

Risør Museum
Prestegt. 9, 4951 Risør
Tel.: 37 15 23 22
Bootsbau

RØRVIK/VIKNA

(Nord-Trøndelag)

Kystmuseet i Nord-Trøndelag/ Woxengs Samlinger
Museumsgata 3, 7901 Rørvik
Tel.: 74 39 04 41
Fischerdorf Sør-Gjæslingan, Follahavet

Museumsschiff
SØBLOMSTEN, Segler, 1864

ROGNAN

(Nordland)

Saltdal bygdetun
Saltnes, 8251 Rognan
Tel.: 75 69 06 60
Bootsammlung, Fischerei

Museumsschiff
VICTORIA, Fischkutter, 1860

RONG

Kystmuseet i Øygarden
Ovågen, 5337 Rong
Tel.: 56 38 50 50
Maritime Sammlung

ROSENDAL

Skaalurensamlinga – Skipsbyggingsmuseet i Rosendal
Skålfjæro 13, 5470 Rosendal
Tel.: 53 48 32 31
www.kvinnherad.kommune.no/kultur/skaalurensamlinga.htm

Bootshaus aus dem Jahr 1870 mit einer Werkzeug-Sammlung, Halbmodellen und Exponaten zum Holzschiffbau.

SAND

(Rogaland)

Ryfylkemuseum
Nordenden 14, 4230 Sand i Ryfylke
Tel.: 52 79 29 50
Bootshaus am Nessasjø

SANDANE

(Sogn og Fjordane)

Nordfjord Folkemuseum
Gota 16, 6823 Sandane
Tel.: 57 86 61 22

Museumsschiff
SANDANE, Segler/Holvik Jekt, 1890

SANDEFJORD

(Vestfold)

Sandefjord Sjøfartsmuseum
Prinsensgate 18, 3210 Sandefjord
Tel.: 33 48 46 55
www.gaialink.no/museum/museene

Ausstellung zur Schiffahrt der Wikinger, Gokstad-Færing, Walfang

Museumsschiffe an der Museumsbrygga
GAIA, Wikingerboot (Nachbau), 1990
SOUTHERN ACTOR, Walfangschiff, 1950

SANDEFJORD

Kommandør Chr. Christensens Hvalfangst-museum
Museumsgata 39, 3210 Sandefjord
Tel.: 33 48 46 50
http://gaialink.no/museum/museene.htm

Fischerei, Walfang

SØRVÅGEN/Å i LOFOTR

(Nordland)

Norsk Fiskeværsmuseum
Moskenes, 8392 Sørvågen
Tel.: 76 09 14 88
www.lofoten-info.no/fiskmus.html
Bootsammlung, historisches Fischerdorf, Fischfang und -verarbeitung

SON

Son Kystkultursenter
Storgaten 19, 1555 Son
Tel.: 64 95 82 13
Bootsbau, Museumshafen für Holzboote

STADSBYGD

(Sør-Trøndelag)

Museet Kystens Arv
Stavaeringen, Reins Kloster
7105 Stadsbygd
Tel.: 73 85 55 60
www.museumsnett.no/mka

Küstenkultur, Historischer Bootsbau, Bootsammlung

STAVANGER

(Rogaland)

Stavanger Sjöfartsmuseum
Nedre Strandgt. 17–19
4005 Stavanger
Tel.: 51 84 27 00
www.stavanger.museum.no/sjofart

In historischen Lagerhäusern aus dem Jahr 1770 wird die maritime Geschichte der Stadt und ihres Hafenwesens gezeigt.

Museumsschiffe
ANNA AF SAND, Frachtsegler, 1848
WYVERN, Segler, 1896

Stavanger Museum
Musegaten 16, 4005 Stavanger
Tel.: 51 52 60 35
www.stavanger.museum.no/

Walfang und Fischereigeschichte

Norsk Oljemuseum
Kjeringholmen, 4004 Stavanger
Tel.: 51 93 93 00
www.norskolje.museum.no

Geschichte der norwegischen Ölförderung und des Transports

STEINKJER

Egge Museum
Fylkesmannsgården, 7715 Steinkjer
Tel.: 74 16 31 10
www.eggemuseum.no

Maritime Sammlung

Museumsschiff
PAULINE, Jekt/Segler

STOKKE

(Vestfold)

Stokke Bygdetun
Bokemoa, 3161 Stokke
Tel.: 33 33 78 48
Harpunierkanone vom Walfang in der Antarktis.

STOKMARKNES

(Nordland)

Hurtigrutemuseet
Richard Withs plass
8455 Stokmarknes
Tel.: 76 11 81 90
http://home.sol.no/~hurtisol/index

Geschichte der Schiffahrtslinie Hurtigruten

Museumsschiff
FINNMARKEN, Passagierschiff, 1956

STORD

(Hordaland)

Sunnhordland Folkemuseum
5401 Stord
Tel.: 53 41 38 99
Schiffbau, Werkzeug, Fischerei

SUND/LOFOTR

(Nordland)

Sund Fiskerimuseet
Flakstad, 8384 Sund
Tel.: 76 09 37 90
Maritime Exponate, Bootsmotoren, Fischerei

SVELVIK

(Vestfold)

Svelvik Museum
Kirkegt. 2, 3061 Svelvik
Tel.: 33 77 22 33
Seefahrt-Sammlung

TANANGER

(Rogaland)

Kystkultursamlingen i Tananger
Havnealleen 2, 4056 Tananger
Küstenmuseum in einem Gebäude von 1732

TØMMERVÅG

Kråksundet Notnaust og Sjøbruksmuseum
Tustna, 6590 Tømmervåg
Tel.: 71 52 26 00
www.tustna.kommune.no

Seefahrt-Ausstellung

TØNSBERG

(Vestfold)

Vestfold Fylkesmuseum
Farmannsvn. 30, 3111 Tønsberg
Tel.: 33 31 29 19
wwwvfm.no

Ausstellung zu den Themen Seefahrt und Walfang sowie ein Wikingerboot-Monument.

Museumsschiff
KLÅSTADSKIPET, Wikingerboot
ca. 800 n. Chr.

Gokstad-Haugen
Grabhügel, in dem 1880 das Gokstad-Schiff entdeckt wurde.

Oseberg-Haugen
Grabhügel eines Königsgrabes, in dem das Oseberg-Schiff lag.

TROMSØ

(Troms)

Polarmuseet i Tromsø
Søndre Tollbugate 11, 9251 Tromsø
Tel.: 77 68 43 73
Fischfang im Polargebiet, arktische Fangstation

Museumsschiff
POLSTJERNA (T 80 TD), Fischkutter, 1949

TRONDHEIM

(Sør-Trøndelag)

Trondhjems Sjøfartsmuseum
Fjordgaten 6A, 7420 Trondheim
Tel.: 73 89 01 00
www.trondheim.com/trondheim/turist/museum/

Museum im Sklavenhaus von 1725 mit einer Sammlung zur regionalen Seefahrtsgeschichte

Museumsschiff
HANSTEEN, Dampfschiff, 1866

UTSIRA

(Haugeland)

Sjøfartsmuseet
5515 Utsira
Tel.: 52 74 91 32
Bootsammlung, Leuchtturm von 1844, Mikal L. Klovnings Seehaus

VÅG

(Nordland)

Steigen Bygdetun
Laskestad, Engeløya, 8289 Våg
Tel.: 75 77 79 34
Fischerei-Ausstellung

VÅGLAND

Geitbåtmuseet i Halsa
Enge, Halsa, 6683 Vågland
Tel.: 71 55 62 04
www.halsa.kommune.no

Bootsammlung von über fünfzig Einheiten, Ausstellung zum Bootsbau

VANSE

(Vest-Agder)

Lista-Museum
Listeveien 50, 4551 Vanse
Tel.: 38 39 34 40
Schiffahrtsammlung

ØSTHASSEL, Rettungsmuseum mit Rettungsboot

VARDØ

(Finnmark)

Vardøhus Museum
Per Larsens gate 32, 9950 Vardø
Tel.: 78 98 80 75
http://home.c2i.net/vardomuseene

Fischerei-Ausstellung

Museumsschiff
EINAR II, Fischkutter, 1934

VARHAUG

(Rogaland)

Varden Redningsmuseum
Ogna, Brusand, 4368 Varhaug
Tel.: 51 43 61 50
Museum für Seenotrettung auf Jaeren

VEDAVÅGEN/KARMØY

(Haugaland)

Karmøy Fiskerimuseet
Sletten, 4295 Vedavågen
Tel.: 52 81 74 55
www.museumsnett.no

Fischerei-Sammlung und Hafenanlage Solhålå

VEGA

(Nordland)

Vega Bygdemuseum
Gladstad, 8980 Vega
Tel.: 75 03 58 00
Fischerei-, Bootsmotoren- und Küstenkultur-Sammlung, sowie Sammlung von Nordlandbooten

VESTERØY

(Østfold)

Kystmuseet Hvaler
Skjærhalden, 1684 Vesterøy
Tel.: 69 37 66 47
www.museumsnett.no/hvaler

Fischerei- und Seefahrts-Ausstellung, Sammlung historischer Hvalerboote

VEVELSTAD

(Nordland)

Vevelstad Bygdetun
8976 Vevelstad
Tel.: 75 03 71 13
Fischerei-Ausstellung mit zwei Nordland-Booten

VIK i SOGN

(Sogn og Fjordane)

Kristianhus Motormuseum
5860 Vik i Sogn
Tel.: 57 69 82 00
Bootsmotoren-Sammlung

VIK i HELGELAND

(Nordland)

Sømna Bygdetun
Tel.: 75 02 92 83
Fischerei-Sammlung

OSEBERG-Schiff, Oslo

MUSEUMSSCHIFFE

AARVAK

Brandal

Eismeerkutter/Ishavkutter, 1912, Dekke, Bergen, 30,8 m x 6,2 m, 122 BRT, ursprünglich Dampfmaschine, 74 PS, (heute: 680-PS-Dieselmotor), Holzrumpf

ALTA (M 314)

Oslo

Minenräumboot, Sauda-Klasse, 1953, Hodgeson Bros. Gowdy & Stevens, East Boothbay, Maine (USA), 44,0 m x 8,5 m x 2,6 m, 383 tons, 2 Diesel mit je 450 PS, 13,5 kn, 2 x 20 mm Oerlikon-Kanonen, 8-10 Offiziere, 30 Mann Besatzung, ex ARLON (M 915), ex MSC 103.
Das Hochsee-Minensuchboot wurde am 23. Mai 1966 von der belgischen Marine an Norwegen abgegeben. Es fuhr mit 38 Mann Besatzung und war mit zwei 20-mm-Kanonen bewaffnet. ALTA wurde völlig restauriert, ist weiterhin voll einsatzfähig und seit dem 23. Mai 1996 Museumsschiff.

ANNA AF SAND

Stavanger

Jakt/Frachtsegler, 1848, Staumberg, Ryfylke, 15,8 m x 5,5 m x 2,2 m, 24 BRT, 166 qm Segel, 72-PS-Diesel, Holzrumpf, ex HAABET, ex ANNA.
ANNA AF SAND ist der älteste schwimmende Frachtsegler Norwegens.

ATLØY

Florø

Passagier-Frachtschiff, 1931, Bergens M.V., Bergen, 26,6 m x 5,5 m x 2,9 m, 153 BRT, 300-PS-Diesel, 10,5 kn, 75 Passagiere, ex ATLØY, ex LATØY

B 2

Bergen

Turm des Unterseebootes B 2, B-Klasse (Einhüllen-Küsten-Unterseeboot), 1923, Marinewerft, Horten, Verdrängung an der Oberfläche: 420 tons, getaucht: 545 tons, 51,0 m x 5,3 m x 3,5 m, 2 Diesel-(900 PS)/2 E-Motoren (700 PS), Geschwindigkeit an der Oberfläche: 14,5 kn, getaucht: 11 kn, Besatzung: 23, Bewaffnung: 4 Torpedorohre vorn.
B 2 ist von seiner Mannschaft 1940 vor den anrückenden deutschen Truppen selbst versenkt worden.

BERLEVÅG

Berlevåg

Fracht-Passagierschiff, 1946, Andreas Svoldal, Aenes i Kvinherrad, 45,6 ft x 17,3 ft x 7,2 ft, 33 BRT, Dieselmotor.
Das Boot dient als Ausstellungsraum für eine Dokumentation der historischen Frachtfahrt in Norwegen.

(-) Klein-U-Boot Biber

Horten und Bergen

Deutsche Klein-U-Boote, 1944/45, Verdrängung an der Oberfläche: 6,2 tons, 9,0 m x 1,6 m x 1,6 m, Sechs-Zylinder-Benzinmotor (32 PS), Torpedo-E-Motor (13 PS), max. Aktionsradius an der Oberfläche: 130 sm bei 6 kn, getaucht: 8,6 sm bei 5 kn, Geschwindigkeit an der Oberfläche: 6,5 kn, getaucht: 5,3 kn, Tauchtiefe: 25 m, Besatzung: 1 Mann, Bewaffnung: 2 Torpedos
Vom Bootstyp BIBER wurden 1944/45 324 Einheiten gebaut. Von Norwegen aus wurde versucht, BIBER mit VII-C-Unterseebooten in das Operationsgebiet vor Murmansk zu transportieren und zum Einsatz gegen russische Einheiten zu bringen. Trotz vorangegangener positiv verlaufener Tests in der Ostsee, mißlang das Unternehmen aus technischen Gründen.

BINDALINGEN

Bergen

Nordlandboot/faering, 1994 (Nachbau), Johansen, Bindal, Länge: 16 ft, Segel, Ruder. Nachbau eines Bootstyps aus der Zeit um 500 bis 800 n. Chr.

BLONNY

Gratangen

Fischerboot, 1907, Länge: 57 ft

BORGUNDKNARREN

Ålesund

Nachbau des Wikingerbootes Skuldelev 1 aus Roskilde/Dänemark, 1994, Bjoerkedal og Soenner, Folkestad, 17 BRT

BRAND (T-18-G)

Gratangen

Fischkutter, 1911, Länge: 45 ft

BRØDRENE (N 93)

Gratangen

Fischkutter, 1912, Saltdal, 37 ft x 21 ft, 95-PS-Diesel

BROTTSJØ

Gratangen

Fischkutter, 1936, Stensen og Sønner, Hemnesberget, Länge: 45 ft, 42-PS-Diesel

COLIN ARCHER (R/S 1)

Oslo

Rettungskutter, 1893, Colin Archer Verft, Larvik, 13,9 m x 4,7 m x 2,3 m, 28 tons, 110 qm Segelfläche, 136-PS-Hilfsdiesel, Holzrumpf, 3–4 Mann Besatzung, Konstruktion: Colin Archer.
R/S 1 war das erste Boot der norwegischen Seenotrettungsgesellschaft. Es war bis 1933 an 1522 Rettungseinsätzen beteiligt, bei denen 237 Menschen aus Seenot gerettet wurden.

DEN SISTE VIKING

Stavaeringen

Fischkutter, 1930, Saether, Leksvik

EINAR II

Vardø

Fischkutter, 1934, Hemmesberget, 41 ft x 12 ft, Dieselmotor

FAUN

Norheimsund

Motoryacht, 1916, Damsgaards Baatbyggeri og Motorforetning, Laksevåg, 16,1 m x 3,5 m x 1,5 m, 15 BRT.
FAUN ist ein Freizeitboot vermögender Norweger um die Jahrhundertwende. Dieses Boot gehörte dem ersten Ministerpräsidenten Norwegens und war ein Prunkboot mit Mahagony-Einbauten, Plüschbezügen und einem eigenen Bridgeraum.

FINNMARKEN

Stokmarknes

Passagierschiff, 1956, Blohm + Voss, Hamburg, 81,3 m x 12,6 m x 4,5 m, 2.189 BRT, 10-Zylinder-Diesel, 2.960 PS, 15 kn, 585 Passagiere.
FINNMARKEN ist bis 1993 auf der Hurtigrute gefahren. Seit August 1994 war es schwimmendes Museum, das von mehr als 10 000 Menschen jährlich besucht wurde. 1999 wurde das Schiff an Land gesetzt.

FIX

Krakerøy/Frederikstad

Schlepper, 1891, 16,0 m x 3,4 m x 2,3 m, 26 BRT, 65-PS-Dampfmaschine

FRAM

Oslo

Polarforschungsschiff/Dreimast-Toppsegelschoner, 1892, Colin Archer Verft, Larvik, 39,0 m (34,5 m) x 11,0 m x 4,7 m, 402 BRT, 600 qm Segel, 220-PS-Dampfmaschine, 7 kn, Holzrumpf.
Der Segler FRAM ist das erste speziell für Polar-Expeditionen gebaute Schiff und das mit 80 Zentimeter starken Bordwänden stabilste Holzschiff der Welt. Es nahm an drei Polarexpeditionen teil: Mit Fridtjof Nansen (1893–1896), mit Otto Sverdrup (1898–1902) und mit Roald Amundsen (1910–1912). Auf diesen Reisen führte die Route der FRAM nördlicher und südlicher als es anderen konventionellen Schiff je gelungen ist.

FREDERIKSTAD

Krakerøy/Frederikstad

Lotsenboot, 1968, B. Aas, Frederikstad, 11,5 m x 3,8 m x 1,8 m, 17 BRT, 250-PS-Diesel.
FREDERIKSTAD war von 1968 bis 1983 Lotsenboot in Frederikstad, seit 1997 ist es Museumsschiff.

FRITHJOF II

Larvik

Segel-Lotsenboot, 1896, Thor Jensen, Knardalstrand, Konstrukteur Colin Archer, 41,9 ft (16,9 m) x 14,9 ft x 6,4 ft, 20 tons, 129 qm Segel, Segelzeichen: Larvik 8

FUGLØ

Gratangen

Frachtsegler, 1877, Neshamn, Hardanger, 78 ft x 20 ft x 9 ft, 300-PS-Diesel, ex ANNE MARIE

GAHN

Fetsund

Schlepper, 1861, Nylands Mek. Verksted, Christiania, 15,5 m x 3,9 m x 1,3 m, 10-PS-Dampfmaschine

GAIA

Sandefjord

Wikingerboot (Nachbau), 1990, J. Bjoerkedal, Bjørkedalen, Sunnmøre, 23,6 m x 5,3 m, 26 BRT, 16 Riemen, Segel, 57-PS-Diesel, 30 Passagiere.
GAIA ist ein Nachbau des Gokstad-Bootes (siehe Oslo), das 1880 in einem Grabhügel entdeckt wurde. Nachdem bereits im Jahr 1893 ein Nachbau des Gokstad-Schiffes in 28 Tagen zur Weltausstellung nach Chicago gesegelt war, wiederholte GAIA die Reise über den Atlantik im Frühjahr 1991.

GAMLE LOFOTFERGA

Kabelvåg

Fähre, 1956, Moen & Søns, Risør, 25,2 m x 8,0 m x 2,5 m, 96 BRT, 242-PS-Diesel, 10 kn, 85 Passagiere, ex LOFOTFERJE II, ex LOFOTPEL

GAMVIK

Gamvik

Expeditions-Pram, 1971, J. R. Aas, Vestnes, 46,6 ft x 16,2 ft, 27 BRT, Dieselmotor, Holzrumpf

GJØA

Oslo

Polarforschungsschiff/Jakt, 1873, Johanneson, Skaale, 21,0m x 6,3 m x 2,7 m, 67 BRT, 284 qm Segel, Hilfsmotor, Holzrumpf.
Dieses Boot benutzte Roald Amundsen für seine erste Reise zur Nordwest-Passage (1903–1906). Es wurde später in San Francisco an Land ausgestellt und kehrte erst 1974 nach Norwegen zurück.

GOKSTADSKIPET

Oslo

Wikinger-Grabschiff, ca. 890 n. Chr., Süd-Norwegen, 23,5 m x 5,2 m x 0,9 m, 110 qm Segel, 32 Ruderer.
Dieses Boot wurde als Grabschiff für einen hochrangigen Wikingerfürsten gebaut. Es wurde mit drei kleinen Beibooten 1880 bei Gokstad/Sandefjord aus einem Grabhügel geborgen (siehe GAIA) . Eine originalgetreue Kopie segelte 1893 über den Atlantik zur Weltausstellung nach Chicago, wobei es in stürmischem Wetter Geschwindigkeiten bis 12 kn erreichte.
Seit 1930 wird das Gokstad-Schiff in Oslo ausgestellt.

GOKSTADFÆRINGEN

Oslo

Ruderboot aus der Wikingerzeit, 890 n. Chr., Süd-Norwegen, 6,5 m x 1,4 m x 0,3 m, Riemen, 1880 entdeckt, seit 1945 ausgestellt.

GOKSTADSEKSÆRINGEN

Oslo

Ruderboot aus der Wikingerzeit, 890 n. Chr., Süd-Norwegen, 10 m x 1,9 m x 0,3 m, Riemen, 1880 entdeckt, seit 1940 ausgestellt.

GOKSØRBÅTEN

Gurksøy

Trerøring/Fischerboot, ca. 1870, Björkedal, 7,2 m x 1,9 m

GRYTIR

Gratangen

Fembøring (Wikingerschiff), Nachbau 1992, Eldjarn, Eidkjosen, 44 ft x 10 ft x 3 ft, Rahsegel, 28-PS-Diesel

HANS MARTIN

Porsgrunn

Schlepper, 1918, Porsgrund Cementstøperi, 15,0 m x 5,0 m x 2,5 m, 28 BRT, 100-PS-Glühkolbenmotor, Betonrumpf.
HANS MARTIN gehört zu den Schiffen, die wegen Stahlmangels am Ende des Ersten Weltkriegs in Norwegen aus Beton gebaut wurden.

HANSTEEN

Trondheim

Dampfschiff, 1866, Nylands Mek. Verksted, 31,0 m x 5,0 m x 2,3 m, 114 BRT, 125-PS-Dampfmaschine, Segel, ex IVAR ELIAS, ex HAAREK.
Dieser Segelschoner mit Hilfsmaschine war Norwegens erstes Forschungsschiff gewesen.

HEIDRUN

Gratangen

Fischkutter, 1905, Wroldsens, Tvedestrand, 60 ft x19 ft x 7 ft, 160-PS-Diesel

HELAND

Ålesund

Fischkutter, 1937, Helland, Vestnes, Romsdal, 19,2 m x 4,9 m x 3,3 m, Petroleummotor, 140 PS-Diesel, Holzrumpf, »Shetlandbus« (siehe - HITRA)

HELGØYA

Minnesund/Hamar

Passagier/Autofähre, 1938, Gideon, Molde, 14,0 m x 5,2 m, 25 BRT, 40-PS-Diesel, 6 kn, drei Autos und 50 Passagiere, ex HELGØYA, ex STORØEN

HENKO

Gratangen

Fischerboot, 29 ft Länge, Diesel

HITRA (SC-718)

Oslo

U-Jagdboot, 1943, Sparkman & Stephens N.Y., 34,0 m x 5,7 m x 1,8 m, 125 tons, zwei Dieselmotoren, 2.500 PS, 22 kn, Reichweite: ca. 1.800 sm, 23 Mann Besatzung, Bewaffnung: 4 Kanonen.
Während des Krieges hielten zwischen 1940 und 1945 sogenannte »Shetland-Busse« den Kontakt zwischen der norwe-

gischen Exilregierung in England und der Widerstandsbewegung in Norwegen aufrecht. Zunächst wurden hierfür einfache Fischerboote eingesetzt. Als die Verluste bei diesen Booten zu schwer wurden, lieh US-Admiral Nimitz drei U-Jagdboote (HITRA, HESSA, VIGRA) an die Norweger aus. Diese Boote brachten Untergrundkämpfer nach Norwegen und retteten Flüchtlinge nach England. Nach dem Krieg wurden die Boote zu Küsten-Patrouillen eingesetzt und 1958 außer Dienst gestellt.

JELSA

Krakerøy/Frederikstad

Segler, 1840–45, Jelestanda, Ryfylke, 20,0 m x 5,0 m x 2,0 m, 150 tons, Segel, Motor

KJETIL (N-31)

Gratangen

Fischkutter, 1959, Lieng, Rognan, Saltdal, 12,7 m x 4,7 m x 1,9 m, 19,6 BRT, 210-PS-Diesel, ex KVERN BØEN, ex HANS KRISTIAN, ex JAKOB JENSEN

KLÅSTAD-SKIPET

Tønsberg

Wikingerboot, ca. 990 n. Chr., Süd-Norwegen, 21 m x 4,8 m x 1,7 m, Segel, Riemen, 8–10 Mann Besatzung.
Das Boot konnte etwa 10 Tonnen Last transportieren, wurde 1970 geborgen und wird seit 1977 ausgestellt.

KOBBEN (A 1)

Horten

Turm des Unterseeboots, A-Klasse, 1907, Germaniawerft, Kiel, Verdrängung an der Oberfläche: 256 tons, 34,2 m x 3,7 m x 2,9 m, 2 Körting Petroleum-(450 PS)/ 2 Elektro-Motoren (300 PS), Geschwindigkeit an der Oberfläche: 11,9 kn, getaucht: 9 kn, Tauchtiefe: 50 m, Besatzung: 12 Mann, Bewaffnung: 2 Torpedorohre vorn, 1 Rohr achtern, 4 Torpedos.
Vom ersten norwegischen Unterseeboot, das 1907 auf der Kieler Germaniawerft (Baukosten: 936.000 norwegische Kronen) vom Stapel lief und das dem ersten deutschen U-Boot U 1 ähnelte, ist der Turm in der Marineschule von Horten erhalten. Das Boot wurde 1933 verschrottet.

KON-TIKI

Oslo

Balsa-Floß, 1947, Peru, 14,0 m x 7,5 m, 12–14 tons, Segel.
Mit sechs Mann segelte Forscher Thor Heyerdahl 1947 von der südamerikanischen Westküste, aus dem peruanischen Callao, zur polynesischen Insel Raroia. In 101 Tagen legte er mit seinem Floß über 8.000 Kilometer zurück. Für seinen Dokumentarfilm von dieser Expedition erhielt Heyerdahl 1951 den Oscar, sein Buch wurde in 66 Sprachen übersetzt.

KVALSUNDBÅTEN

Gurksøy

Faering (Nachbau), 1974, Björkedal, 9,5 m x 1,5 m. Kopie eines Fundes aus dem 7. Jahrhundert n. Chr. in Nerlandsøy aus dem Jahr 1920.

KVITSERK

Averøy, Haholmen

Nachbau Wikingerboot, 1994

KYRKSEBÅTEN

Gurksøy

Trerøring, ca. 1880, Volda, 8,1 m x 2,4 m, Riemen

LAILA 1

Gratangen

Skøyte, Frachtsegler, 1911, Ottesen, Sagvåg, Stord, 61 ft x 19 ft x 8 ft, 170-PS-Diesel

LEIKONGBÅTEN

Gurksøy

Nordfjordsfæring, ca. 1920, (Gloppen), 5,3 m x 1,5 m

LISTASKØYTA

Borhaug

Fischerboot, 1900, Tonnessen, Vatne, 36 ft x 14 ft x 3 ft, Segel

LOFOTR

Bøstad

Nachbau des Gokstad-Bootes, 1992, Museumswerft, Länge: 23 m, Segel, Riemen

(-)

Kleinkampfmittel Marder

Horten und Bergen

Deutsche Klein-U-Boote, 1944/45, Torpedoversuchsanstalt, Eckernförde, Verdrängung an der Oberfläche: 5,5 tons, 8,3 m x 0,5 m, Elektromotor, 12 PS, Max. Aktionsradius an der Oberfläche: 30 sm bei 3 kn, Geschwindigkeit an der Oberfläche: 4,2 kn, getaucht: 3,2 kn, Besatzung: 1 Mann, Bewaffnung: 1 Torpedo.
Insgesamt wurden 300 der »Ein-Mann-Torpedos« vom Typ MARDER gebaut. Der MARDER konnte bis auf zehn Meter Wassertiefe abtauchen. Im Trägertorpedo war die Sprengladung entfernt und Platz für den Steuerer geschaffen worden.

MATHILDE

Norheimsund

Frachtsegler/Hardangerjakt, 1884, O. Nerhus, Kvinnherad, 22,9 m x 6,6 m x 3,0 m, 71 BRT, 395 qm Segel, 240-PS-Diesel, 9 kn, 50 Passagiere, ex KARI LOUISE,
MATHILDE war bis 1942 als Fischerboot und als Frachtsegler an Norwegens Küsten im Einsatz und wurde zwischen 1984–89 restauriert.

MØRKFOS

Fetsund

Schlepper, 1912, Glommens Mekaniske Verksted, Frederikstad, 22,3 m x 4,3 m x 2,3 m, 48 BRT, Motor

NR. 48

Horten

Britisches Klein-U-Boot, Typ Welman III, 1942/44, Bauwerft: London (Station 9), Verdrängung an der Oberfläche: 2,1 tons, getaucht: 2,5 tons, 6,1 m x 1,1 m x 1,7 m, 1 E-Motor, 2,5 PS, Reichweite: ca. 40 sm, Geschwindigkeit an der Oberfläche: 4 kn, getaucht: 3 kn, Tauchtiefe: 90 m, Besatzung: 1 Mann, Bewaffnung: 535 kg Sprengstoff.
Der Einsatz von englischen Klein-U-Booten des Welman III-Typs blieb in Norwegen ohne militärische Bedeutung. Das englische Klein-U-Boot Nr. 48 wurde mit drei anderen Booten gleichen Typs (Nr. 45, Nr. 46, Nr. 47) am 19. Oktober 1943 zum ersten Mal bei einem – erfolglosen – Angriff auf das Schwimmdock in Bergen eingesetzt. Nr. 48 konnte von deutschen Truppen gehoben und repariert werden. Angeblich soll dieses Boot 1944 mit deutschem Sprengkopf vom K-Verband Versuchskommando in der Ostsee getestet worden sein.

OPREISNINGEN

Oslo

Fembøring, 1900, 13,4 m Länge, Segel

OSEBERGSKIPET

Oslo

Wikinger-Grabschiff, ca. 820 n. Chr., Süd-Norwegen, 22 m x 5,1 m x 0,8 m, 90 qm Segel, Riemen, ca. 30 Ruderer.

PADDY
Norheimsund
Motorboot für Frachtfahrt und Fischfang, 1916, Mandal, Sörlandet, Länge: 58 ft, 42 tons, 50-PS-Motor.
PADDY war bis 1958 vor allem in der Fischerei eingesetzt und wurde danach umgebaut.

PASOP
Ørje
Schlepper, 1908, Glommens Mek. Verk., Sarpsborg, 13,3 m x 3,1 m x 1,4 m, 14,3 BRT, 38-PS-Dampfmaschine

PAULINE
Steinkjer
Egge Museum
Jekt/Frachtsegler, 1897, Ovesen, Nordsileiret, ex NAEVRA

POLSTJERNA (T 80 TD)
Tromsø
Fischkutter, 1949, K. Christensen, Risør, 95 ft x 22 ft, 129 BRT, Dieselmotor, Holzrumpf.
Auf ihrer ersten Reise überstand POLSTJERNA einen schweren Orkan und rettete die Besatzung eines anderen norwegischen Kutters, der in Seenot geraten war. Das Boot wurde 33 Jahre lang zum Fischfang im Eismeer eingesetzt.

RA II
Oslo
Papyrusboot, 1970, Marokko, 12,0 m x 5,0 m, ca. 15 tons, Segel.
Nach alten Überlieferungen und Wandmalereien aus ägyptischen Grabstätten bauten Schiffbauer aus dem Tschad Ende der sechziger Jahre ein Papyrusboot, das nach dem Sonnengott Ra benannt wurde. Mit ihm wollte Forscher Thor Heyerdahl beweisen, das man mit einem Strohboot die Meere befahren kann. Die erste Expedition mit RA I mußte eine Woche vor Ankunft nach 5.000 Kilometern zurückgelegter Strecke abgebrochen werden, da der Achtersteven den Belastungen des Seegangs nicht standhielt. Zehn Monate später benötigte RA II für die 6.100 Kilometer lange Strecke nach Barbados 57 Tage – das Experiment war geglückt.

RAP
Horten
Torpedoboot, 1872, Thorneycroft, Chiswick/England, 18,2 m x 2,4 m x 0,9 m, 10 tons, Dampfmaschine, 155 PS, 14 kn, 14 Mann Besatzung, ex MAELSTROM.
Dieses aus Stahl gebaute Fahrzeug (Baukosten: 7.000 Speciedaler) war das erste Torpedoboot der Welt. Es wurde zunächst mit Schlepptorpedos ausgerüstet, die sich als wenig effektiv erwiesen. Später erhielt das Boot Stangentorpedos. RAP ist seit 1920 Museumsboot.

SANDANE
Sandane
Segler/Holvik Jekt, 1881, Sandane

SJØDIS
Hauge
Fischkutter, 1965, Folkedal, Koppervik, 57 ft x 17 ft x 8 ft, 25 BRT, 210-PS-Diesel

SLEEPING BEAUTY
Horten
Motor-Kanu/Motorised submersible canoe (MSC), 1944, 5,0 m x 1,0 m, Elektro-Motor, Tauchtiefe: 10 m, ein Mann Besatzung, Bewaffnung: Maximal sechs Sprengladungen.
Dieser »Sabotage-Kajak« wurde im Zweiten Weltkrieg von Einzelkämpfern genutzt, um unter Wasser magnetische Sprengladungen mit Zeitzündern an Schiffen zu befestigen.

SØBLOMSTEN
Rørvik
Segler, 1864

SOLSTRAND
Flekkefjord
Fischereifahrzeug, 1936, Svege Båtbyggeri, Flekkefjord, 14,9 m x 5,2 m x 1,9 m, 25 BRT, 70-PS-Dieselmotor

SOUTHERN ACTOR
Sandefjord
Walfangschiff, 1950, Smith's Dock, Middlesbrough, 47,8 m x 8,3 m x 5,2 m, 428 BRT, 1.800-PS-Dampfmaschine, 16 kn, 17 Mann Besatzung, 52 Passagiere, ex ITAXAS III, ex IB SA DOS, ex POLARBRIS 8, ex SOUTHERN ACTOR.
SOUTHERN ACTOR war bis 1962 unter britischer Flagge in der Antarktis, bis 1970 unter norwegischer Flagge im Nordmeer und danach für spanische Eigner als Walfänger im Einsatz. Seit 1989 gehört das Schiff zum Museum in Sandefjord.

START
Kapp
Motorboot, 1920, Christiania Tömmerdireksjon, 9,5 m x 2,6 m, 15-PS-Dampfmaschine

STRAUMNES I
Gratangen
Fischkutter, 1908, Drage, Saltdalen, Rognan, 56 ft x 16 ft x 7 ft, 210-PS-Diesel, ex LYSHEI, ex AGNES

SVØMMIANNA
Florø
Jakt/Frachtsegler, 1896, Dingen, Frivik, 210-PS-Diesel, 70 BRT, ex SOLO

TEISNER
Arendal
Passagierschiff, 1876, Akers Mek. Verk., Oslo, 21,7 m x 3,6 m x 1,7 m, 52 BRT, 35-PS-Dampfmaschine, später 50-PS-Diesel, ex FYRESDAL, ex FYRISDAL

TEISTEN
Ørnes
Nordlandboot, 1938, Länge 8,2 m.
Seit 1990 Museumsschiff.

TRYSILKNUT
Elverum
Schlepper, 1914, Glommens Mek. Verk., Frederikstad, 17,7 m x 3,7 m x 1,7 m, 30 BRT, 135-PS-Diesel, 10 kn, 20 Passagiere

TUNESKIPET
Oslo
Wikinger-Grabboot, ca. 890 n. Chr., Süd-Norwegen, 20 m x 4,5 m x 1,0 m, Segel, Riemen.
Dieses 1867 entdeckte Boot, von dem nur ein geringer Teil erhalten blieb, wird seit 1930 ausgestellt.

TYSSO
Norheimsund
Motoryacht, 1917, Ole Oma, Stord, 18,3 m x 3,4 m x 2,5 m, 240-PS-Diesel.
TYSSO wurde 1917 für den dänischen Konsul in Bergen gebaut.

UTSTEIN (S-302)
Horten
U-Boot, 1965, Typ 207/Ula-Klasse, Rheinstahl-Nordseewerke, Emden, Verdrängung an der Oberfläche: 1040 tons, getaucht: 1.150 tons, 59,0 m x 5,4 m x 4,6 m, 2 Diesel- und 2 E-Motoren, max. Aktionsradius an der Oberfläche: 5.000 sm bei 8 kn, Geschwindigkeit an der Oberfläche: 11 kn, getaucht: 23 kn, Tauchtiefe: 180 m, Besatzung: 20 Mann, Bewaffnung: 8 Torpedos.
Die Kobben-Klasse, zu der UTSTEIN

gehört, entspricht der deutschen Klasse 207, die aus der Klasse 205 entwickelt wurde. 1991 wurde UTSTEIN außer Dienst gestellt und ist seit Juni 1998 Museumsboot in Horten.

VALLY
Alta
Fischkutter, 1917, Hemnesberget, Segel, 55-PS-Diesel

VENUS
Oslo
Dreimast-Toppsegel-Schoner, 1916, Ring Andersens Skibsværft, Svendborg/Dänemark, 29,9 m x 6,9 m x 2,5 m, 102 BRT, 315 qm Segel, Dieselmotor, 210 PS, ex JASON, ex AINA, ex SMART

VESTVÆR (F 28 B)
Berlevåg,
Fischkutter, 1965, Rana Skipsbyggeri, Hemnesberget, 17,4 m x 5,5 m x 2,6 m, 45 BRT, 65-PS-Diesel, 12 Passagiere

VICTORIA
Rognan
Fischkutter, 1860, Rana Skipsbyggeri, Hemnesberget, 17,4 m x 5,5 m x 2,6 m, 45 BRT, 365-PS-Diesel

VIKINGEN
Norheimsund
Hardangerkutter, 1915, Hauge, Gjermundshamn, 48 ft x 13 ft x 6,5 ft, 20 BRT, Segel, 36-PS-Diesel

WYVERN
Stavanger
Segler, 1897, Porsgrund Bådbyggeri, 18, 2 m x 5,4 m x 3,2 m, 43 BRT, 270 qm Segel, 170-PS-Diesel, Konstruktion: Colin Archer, ex HAVFRUEN III

RESTAURIERUNGSPROJEKTE

ANNA KAROLINE
Bodø
Rahsegler (»Shetlandbus«), 1876, Mosvik, Nord-Trøndelag, 90 tons, 60 ft x 21 ft x 6 ft, Segel, Hilfsmotor

BORGENES
Kristiansund
Trawler, 1942, Collingwood Shipyards, Georgian Bay, Canada, 770 tons, 50,0 m x 8,4 m x 4,3 m, 850-PS-Dampfmaschine, ex HMS CAILIFF, ex T-276 (Nordmøre Museum)

BOY LESLIE
Arendal
Fischkutter, 1911, Galmpton, Großbritannien, ex EKSTRAND

ELIS
Tromsø
Skøyte, 1914, ex SAULA, ex IDUN

GJØA,
Oslo
Nachbau der gleichnamigen Jagt, 2005, Frederikstad

HAABET
Haugesund
Frachtsegler/Seilskøyte, 1925, Jelsa, Ryfylke, 35,0 ft x 15,0 ft x 5,6 ft

HESTMANDEN
Oslo
Küstenfrachtschiff, 1911, Laxevåg Maskin og Jernskibsbyggeri, 755 BRT, 59,4 m x 9,2 m x 4,6 m, Dampfmaschine, 11 kn, ex HESTMANDEN, ex VEGAFJORD, (Restaurierung Kristiansand, Bredalsholmen)

IRIS I
Florvag
Frachtsegler, 1887, 46 tons

SALTSKAAREN
(SF 339 SU)
Bergen
Fischkutter, 1937, Nordtveit Skipsbyggeri, 45,8 BRT, Länge: 21,4 m, 275-PS-Dieselmotor

SKANEVIK
Hordaland
Fähre, 1967, Ulstein, 372 BRT, zwei Diesel mit zusammen 900 PS

STABBEN
Florø
Eismeer-Fischkutter

STAVENES
Kinsedal/Sogn
Passagierschiff, 1904, Bergens Mek. Verksted, 32,0 m x 6,0 m x 3,5 m, 187 BRT, ursprünglich Dampfmaschine, später 350-PS-Diesel

STORD I
Bergen
Passagierschiff, 1913, Laxevaag Maskin & Jernskibsbyggeri, Bergen, 47,3 m x 10,3 m, 469 BRT, 470-PS-Dampfmaschine, ex O.T.MOE, ex STORD

VAERDALEN
Trondheim
Dampfschiff, 1891, Trondhjems mek. Verksted, 25,1 m x 4,9 m x 1,8 m, 50 BRT, 220-PS-Diesel

AKTIVE VETERANEN

ADELLA

Farsund

Frachtsegler, 1864, Ålesund, Norwegen, 22,0 m x 6,5 m x 2,4 m, 62 BRT, Segel, Motor, ex GISKE, ex MISJONÆR SKREVSRUD

AGDAR

Arendal

Toppsegel-Schoner, Risør

ALFEN

Oslo

Passagierschiff, 1893, Christiansands Mek.Verk., Kristiansand, 133 BRT. ALFEN befuhr vor allem die Route Arendal – Kristisansand an der norwegischen Südküste bis Anfang der fünfziger Jahre. 1952 wurde das Schiff vom Dampf- auf Dieselantrieb umgestellt.

AMMONIA

Skien

Auto-/Eisenbahn-Fähre, 1929, Moss Verft og Dokk, Moss, 73,4 m x 10,9 m x 3,0 m, 929 BRT, 2x 420-PS- Dampfmaschine, 9 kn, 15 Autos, Spurlänge 125 m, 150 Passagiere

ANDHOLMEN

Ulsnes/Stavanger

Fischkutter, 1937, Brattvåg Verft, Sunnmøre, 54 BRT, 72 ft Länge

ANNA AF SAND

Stavanger

Frachtsegler, 1848, Staumberg, Ryfylke, 15,8 m x 5,5 m x 2,2 m, 24 BRT, 166 qm Segel, 72-PS-Diesel, Holzrumpf, ex HAABET, ex ANNA, www.stavanger.museum.no/sjofart/anna

ANNA KRISTINA

(TSN 443)

Oslo, Hardanger-Jakt, 1889, Børve, Stangvik, 32,0 m (23,0) x 6,4 m x 2,8 m, 80 BRT, 402 qm Segel, 240-PS-Dieselmotor, 16 Passagiere, ex DYRAFJELD

ANSNES

Trondheim

Küstenfrachtschiff, 1926, Salten, 21,9 m x 5,0 m, 55 BRT, 320-PS-Diesel, 9 kn, 30 Passagiere

ANNA ROGDE

Harstad

Zweimast-Toppsegelschoner, 1868, Bangsund Skipsverft, Namsos, 28,4 m x 6,6 m x 3,0 m, 92 BRT, 440 qm Segel, 400-PS-Diesel, 36 Passagiere

ANNE BRO

Kabelvåg

Lofotkutter, 1911, ex ANNA BRAA, ex ANNA

ARA

Ørje

Passagierschiff, 1911, Wermbergs Mek. Verksted, Karlstad, 17,5 m x 3,6 m, 47-PS-Dampfmaschine, ex REGNVALD BØDTKER, ex ALSTER

ARCTIC SECTOR

Horten

Passagierschiff, 1914, Haugesund, 22,3 m x 4,6 m, 38 BRT, 185-PS-Diesel, 8 kn, 38 Passagiere, ex SIMRAD SONAR

ATLØY

Sognefjord

Auto-Passagierfähre, 1931

AUNO,

Trondheim

Segler, 1943, Eide, 20,4 m x 4,9 m x 2,4 m, 27 BRT, 200-PS-Diesel, 10 kn, 202 qm Segel, 30 Passagiere

BILFERGEN

Mandal

Auto-/Passagierfähre, 1921, Nerhus, Ølve, Hardanger, 19,3 m x 4,9 m x 2,1 m, 34 BRT, 96-PS- Diesel, 7,5 kn, fünf Autos, 40 Passagiere

BITIHORN

Bygdin

Frederikstad, Passagierschiff, 1912, Glommens Mek. Verk., Frederikstad, 19,8 m x 3,6 m x 1,2 m, 32 BRT, 140-PS-Diesel, 100 Passagiere

BJOREN

Evje/Kristiansand

Fahrgastschiff, 1866, Akers Mek. Verk., Oslo, 22,0 m x 3,5m x 1,3 m, 27 BRT, 42-PS-Dampfmaschine, 55 Passagiere

BØRØYSUND

Oslo

Passagierschiff, 1908, Trondhjems M.V., Trondheim, 33,1 m x 5,6 m x 2,6 m, 179 BRT, 256-PS-Dampfmaschine, 9 kn, 100 Passagiere, ex BORØRØYSUND, ex HYMA, ex ODIN, ex SKJERGAR

BRANDBU

Oslo

Fischkutter, 1907, Drammen Jernstøperi og mek. Verk., 65,8 ft x 16,6 ft x 5,5 ft, 48 BRT, 25-PS-Diesel, ex DAMP

BRØDRENE

Melbu

Nordlandsjekt, 1996, Nachbau, Saltdalsverftet, 21,7 m x 8,3 m x 3,7 m, 134 tons, 84 BRT, 280 qm Segel, 400-PS-Diesel, 10 kn, 50 Passagiere
http://home.no.net.brodrene

BRUVIK

Bergen

Passagierschiff, 1949, Glommens Mek. Verk., Frederikstad, 45,1 m x 7,4 m x 3,1 m, 291 BRT, 810-PS-Diesel, 15 kn, 286 Passagiere, ex BRUVIK, ex GAMLE BRUVIK

CARNIVAL

Drammen

Passagierschiff, 1933, Odense Staalskibsværft, 32,2 m x 6,1 m x 2,2 m, 138 BRT, 300-PS-Diesel, 10 kn, 80 Passagiere, ex FJORDLYS, ex GEFION, ex LYSEFFJORD, ex SUNDØY

CHRISTIAN BØRS

Bergen

Passagierschiff, 1937, Gravdal Skibsb., Sunde, 18,6 m x 5,5 m, 46 BRT, 220-PS-Diesel, 9 kn, Segel, 30 Passagiere, ex R/S 45, ex ULEFOSS

CHRISTIAN RADICH

Oslo

Dreimast-Vollschiff, 1937, Framnæs Mek. Verksted, Sandefjord, 72,5 m (62,5 m) x 9,7 m x 4,7 m, 696 BRT, 1234 qm Segelfläche, 450-PS-Dieselmotor, 12 kn, 14 Mann Besatzung, bis zu 100 Kadetten

CHRISTIANE
Drammen
Ketsch, 1879, 21,3 m x 6,2 m x 1,8 m

CHRISTIANIA
Oslo
Dreimast-Gaffelschoner, 1948, Grönquist, Vålax Bruket, Finnland, 45,7 m (33,2 m) x 7,5 m x 2,6 m, 123 BRT, 550 qm Segel, 365-PS-Diesel, 8,5 kn, 150 Passagiere, ex HELGA

CHRISTIANIA (R/S 10)
Oslo
Rettungskutter, 1895, Christiania Batbyggeri, 13,9 m x 4,7 m x 2,3 m, 30 tons, 111 qm Segel, 105-PS-Dieselmotor

COURIER
Holmestrand
Frachtsegler, 1877, Hammeraas, Vestnes, 48 tons

DAGMAR LOS
Kristiansand
Risørskøyte, 1900, N. Eriksen, Narvik, Länge: 36 ft, 14 tons, 95 qm Segel

DRETT
Kopervik
Logger, 1916, Windt, Vlaardingen, 32,9 m x 6,6 m x 3,0 m, ex WILHELMINA

EDØY,
Kristiansund
Fährschiff, 1949, Stord Verft, Stord, 34,6 m x 7,9 m x 2,5 m, 168 BRT, 460-PS-Diesel, 10 kn, 18 Autos, 150 Passagiere, ex GJEMNES, ex LOFOTFERJE II

ELIDA
Kristiansand
Frachtsegler, 1892, Frederikshavn Vaerft, 25,0 m x 5,4 m x 3,0 m, 99 BRT, 320-PS-Motor, 8 kn, 60 Passagiere

ELIDA FRAM
Horten
Segler, 1914, Länge: 149 ft, ex FRAMVIK, ex ZEPHYR, ex GRETCHEN

ENGEBRET SOOT
Ørje
Passagierschiff, 1861, Nylands Mek. Verksted, Oslo, 24,0 m x 3,8 m x 2,0 m, 32 BRT, 60-PS-Dampfmaschine, 9 kn

ERIK
Skien
Schlepper, 1901, Porsgrunn, 17,9 m x 4,9 m x 2,3 m, 44 BRT, 260-PS-Diesel, 9 kn, 25 Passagiere

FAEMUND II
Trondheim
Passagierschiff, 1905, Ørens Mek.Verk., Trondheim, 25,7 m x 5,3 m x 1,9 m, 108 BRT, 160-PS- Diesel, 10 kn, 100 Passagiere

FALKØY
Kristiansund
Passagierschiff, 1937, Moen Båtbyggeri, Risør, 22,9 m x 5,2 m x 3,0 m, 72 BRT, 420-PS-Diesel, 12 kn, 44 Passagiere, ex ROGALAND, ex SJØFALK

FARMAND I
Larvik
Hardangerkutter, 1919, Nerhus, Ølve, Hardanger, 19,4 m x 5,3 m x 2,8 m, 44 BRT, 230-PS-Diesel, 10 kn, 45 Passagiere, ex OCTOPUSS

FORLANDET
Sandefjord
Schlepper, 1921, Bokerøens Skibsbyggeri, Svelvik, 32,5 m x 6,6 m x 3,8 m, 200 BRT, 660-PS-Dampfmaschine, 10 kn, ex FEMEREN, ex FOCA

FRAM
Vrådal/Nissersee
Passagierschiff, 1909, Frederikstad Mek. Verk., 18,8 m x 4,4 m x 1,7 m, 43 BRT, Diesel, 9 kn, 90 Passagiere

FREDERIKSHALD
Halden
Passagierschiff, 1893, Frederikstad M.V., Frederikstad, 26,1 m x 5,5 m, 138 BRT, 500-PS-Diesel, 12 kn, 100 Passagiere, ex HAVDER, ex HØVDING, ex HILFDING, ex MÄLARÖ, ex ZAR

FRØIA,
Oslo
Hardanger Jakt, 1857, 17,0 m x 5,5 m x 2,5 m, 40 tons, 320 qm Segel, 220-PS-Diesel, 40 Passagiere

FRØYA CHARTER
Oslo
Hardanger-Kutter, 1857, Hardanger, 17,0 m x 5,5 m x 2,5 m, 39 BRT, 220 PS- Diesel, 320 qm Segel, 40 Passagiere, ex FRØYA, ex V HANSEN SENIOR

FYRESDOLEN
Fyresdal
Passagierschiff, 1913, Kristiansand Mek. Verk., 68 ft x 15 ft x 10 ft, 69 BRT, 75-PS-Dampfmaschine, 75 Passagiere

GÅ PÅ
Haugesund
Passagier-Frachtschiff, 1938, Farsund, 26,8 m x 6,1 m x 2,3 m, 104 BRT, 280-PS-Diesel, 9 kn, 98 Passagiere

GALTESUND
Arendal
Passagierschiff, 1950, Stord Verft, Stord, 49,5 m x 7,7 m x 3,5 m, 551 BRT, 1.400-PS-Diesel, 13 kn, ex AURE, ex TRØNDELAG, ex VIKINGFJORD

GAMLE OKSØY
Kristiansand
Passagier-/Frachtschiff, 330 BRT

GAMLE SALTEN
Stavanger
Passagierschiff, 1953, Trosvik mV., Brevik, 53,3m x 8,6 m x 5,6 m, 630 BRT, 870-PS-Diesel, 13 kn, 100 Passagiere, ex SALTEN, ex SJØSKOLE, ex SJØKURS

GANN
Stavanger
Personen-Frachtschiff/Ausbildungsschiff, 1956, Blohm+Voss, Hamburg, 81,3 m x 12,6 m x 4,5 m, 2191 BRT, 2.960-PS-Diesel, 16 kn, 425 Passagiere, ex RAGNHALD JARL

GLOMMEN
Fredrikstad
Fracht-Schulschiff, 1949, Trosvik, Brevik, 50,6 m x 8,5 m, 637 BRT, 690-PS-Diesel, ex SKULE, ex SØRØY, ex ØSTFOLD

GRACE
Oslo
Motoryacht, 1927, Whits, Southampton, 36,3 m x 5,9 m x 2,2 m, 169 BRT, 2 x 360-PS-Diesel, 24 Passagiere

GRANVIN

Bergen

Passagier-Fracht-Dampfer, 1931, Mjellem & Karlsen, Bergen, 27,4 m x 5,7 m x 3,0 m, 115 BRT, 300-PS-Dampfmaschine, 10 kn, 100 Passagiere

HANKØ

Frederikstad

Passagierschiff, 1945, Risør, 16,3 m x 4,3 m, 32 BRT, 240 PS Diesel, 9 kn, 60 Passagiere, ex RAFI

HAVNØY

Tønsberg

Eismeer-/Ishavkutter, 1890, Tromsø, 72 ft x 21 ft x 9,5 ft, 78 BRT, 330 qm Segel, 315-PS-Dieselmotor, 40 Passagiere, ex BERNTINE

HEKKINGEN

Versorgungsschiff, 1913, Moss Verft, 33,2 m x 6,5 m x 3,4 m, 165 BRT, 64-PS-Dampfmaschine

HELENA

Oslo

Zweimast-Segler, 1946, Moen Båtbyggeri, Risør, 30,5 m x 7,5 m x 3,0 m, 147 BRT, 300-PS-Diesel, 10 kn, 180 Passagiere, ex LARS HAGERUP, ex POLARIS

HELT

Kristianssand

Segler, 1932, Nerhus, Ølve, Hardanger, 34,1 m x 5,8 m, 71 BRT, 320-PS-Diesel, 18 kn, 55 Passagiere

HENRIK IBSEN

Skien

Fahrgastschiff, 1907, Eriksbergs Mek. Verk., Göteborg, 30,9 m x 6,5 m x 4,1 m, 186 BRT, 360-PS-Diesel, 12 kn, 270 Passagiere, ex STYRSØ

HUNDVAAG I

Stavanger

Fahrgastschiff, 1939, Gravdal, Sunde, 17,4 m x 5,0 m x 2,6 m, 49 BRT, 50-PS-Diesel, 60 Passagiere

HVITE ØRN

Oslo

Fahrgastschiff, 1948, Nordtveitgrend, 30,0 m x 6,0 m x 2,9 m, 183 BRT, 450-PS-Diesel, 10 kn, 100 Passagiere, ex SJØVERN

IDSAL

Tau/Sandnes

Fahrgastschiff, 1874, ex CHRISTINE

IDUN

Oslo

Rettungskutter, 1937, K. Christensen, Risør, 18,5 m x 5,7 m x 3,2 m, 242-PS-Diesel

IDSAL

Strand; Ryfylke

Motorkutter, 1874, Yarmouth, Grossbritannien, ex CHRISTINE

ISNÆS

Frederikstad

Schlepper/Fahrgastschiff, 1908, Glommens Mek. Verk, Frederikstad, 15,9 m x 3,9 m x 1,6 m, 29 BRT, 150-PS-Diesel, 10 kn, 20 Passagiere

J. M. JOHANSEN

Tromsø

Schlepper/Fahrgastschiff, 1949, Strandard Båtbyggeri., Drammen, 23,7 m x 6,1 m x 3,3 m, 93 BRT, 2 x 220-PS-Diesel, 12 kn, 40 Passagiere, ex ISKONGEN

JOHANNA

Ålesund/Oslo

Brigantine, 1892, Øvrevik, Tustna, Nordmøre, 38,1 m (28,3 m) x 6,7 m x 2,8 m, 115 BRT, 260-PS-Diesel, Segel, 200 Passagiere, ex STOR-JOHANNA

JOHANNE MARIE

Oslo

Schoner, 1924, Thurø, Dänemark, 19,1 m x 5,4 m, 39 BRT, Diesel, 40 Passagiere

JOMFRUEN

Oslo

Zweimast-Segler, 1917, 28,3 m x 5,3 m x 2,6 m, 49 BRT, Diesel, Segel, 65 Passagiere, ex BLÅVEIS

KYRKJEBATEN

Jondal

femböring, Nachbau

KYSTEN I

Tønsberg

Küsten-Frachtschiff, 1909, Trondhjem Mek. Verksted, Trondheim, 45,1 m x 6,4 m x 4,7 m, 383 BRT, 2 x 380-PS-Dampfmaschine, 9 kn, 150 Passagiere, Stahlrumpf, ex ASKÅS, ex KYSTEN

LADY MACK

Oslo

Dreimast-Segler, 1944, England, 34,8 m x 6,8 m, 182 BRT, 400-PS-Diesel, 9,5 kn, 350 Passagiere, ex SKULØY, ex TAFTØY, (Ehemaliges Minenräumboot)

LANTERNEN

Runde

Hardanger Jakt

LARVIK (R/S 33)

Rettungskutter, 1920, Lindstøl, Risør

LEGEND

Oslo

Fracht-Passagierschiff/Zweimast-Rahsegler (Brigg), 1915, Scheveningen, 30, 2 m x 6,6 m x 3,5 m, 131 BRT, 360-PS-Diesel, 10 kn, Segel, 225 Passagiere, ex HIDRA, ex INDUSTRIE, ex LAREDO, ex MODELL, ex MOSTRING

LEVANG

Bergen

Passagierfähre, 1949, Moen, Risør, 16,1 m x 5,1 m, 29 BRT, 180-PS-Diesel, 7,5 kn, 62 Passagiere

LINDESNES

Oslo

Passagierschiff, 1943, Nordtveit, 23,6m x 5,8 m, 95 BRT, 160-PS-Diesel, 9,5 kn, 142 Passagiere

LIV (R/S 5)

Oslo

Rettungskutter, 1893, Larvik, 13,9 m x 4,7m x 2,3 m, 30 tons, 111 qm Segel, 105-PS-Dieselmotor

LOYAL

Korsfjord

Brigantine, 1877, Hardanger, 37,5 m Länge

LUSTRAFJORD

Florø

Fahrgastschiff, 1949, Kristiansand, 25,8 m x 5,6 m, 73 BRT, 3 x 185-PS-Diesel, 11 kn, 233 Passagiere, ex FJORDBUSS, ex SAGANA, ex SÆBØ, ex WASA LEJON

MADONNA

Kristiansand

Zweimast-Schoner, 1892, Frederikshavn Værft, 25,0 m x 5,4 m x 3,0 m, 100 BRT, 320-PS-Diesel, 8 kn, Segel, 60 Passagiere, ex ELIDA, ex ELIDA I

MIDTHORDLAND

Bergen

Passagierschiff, 1947, Stord Værft, Stord, 42,8 m x 6,0 m x 2,8 m, 197 BRT, 350-PS-Diesel, 12 kn, 187 Passagiere, ex MARINA, ex MIDTLAND, ex MIDTHORDLAND, ex MIDTLAND, ex ST.LUCY, ex SUNRISE II

MIDT-NORGE

Ausflugsschiff, 1966, ex VEGTIND, ex HEILHORN

MOHAWK

Zweimastsegler mit Bermudarigg, 1904, 29,3 m x 4,5 m x 2,5 m, 68-PS-Diesel, 260 qm Segel

NANNY

Oslo

Galeasse, 1917, Hemnesberget, Nordland, 15,3 m x 4,1 m x 2,1 m, 17 tons, 132 qm Segel, 117-PS- Diesel

NORDSOL

Sandefjord

Fahrgastschiff, 1917, Lindstøl Skips og Båtbyggeri, Risør, 23,3 m x 5,2 m x 3,4 m, 98 BRT, 225-PS-Diesel, 10 kn, 120 Passagiere

NORGE

Oslo

Yacht des norwegischen Königshauses, 1937, Camper & Nicholson, England, 76,3 m x 11,6 m x 4,6 m, 1628 BRT, 2 x 1.500-PS-Diesel, 17 kn, 50 Mann Besatzung, ex PHILANTE

NORTUN (AE 87)

Kopervik

Logger, 1905, Nordseewerke, Emden, 24,1 m Länge, 540 qm Segel, 260-PS-Diesel, 14 Fahrgäste

ODINS RAVN

Oslo

Wikingerboot, 1957 (Nachbau), Moen & Sønns, Risør, 30,5 m x 7,4 m x 3,0 m, 98 BRT, 186 qm Segel, 248-PS-Diesel, ex INNHERREDSFERJA, ex REINCO

OLD SMUGGLER

Farsund

Passagierschiff, 1948, Larsen, Sæbøvik, 18,3 m x 5,2 m, 41 BRT, 470-PS-Diesel, 8 kn, 50 Passagiere, ex NUSVAAG

OLE WILLASSEN

Fischkutter/Schulschiff, 1948, Mandal, 29,4 m x 6,4 m x 3,4 m, 122 BRT, 425-PS-Diesel, 10,5 kn, ex EIDSFJORD, ex SØRTRAL

OLINE

Jakt, 1865, Hardanger, 13,7 m x 4,9 m, 30-PS-Diesel

OSTER

Bergen

Passagier-Frachtschiff, 1908, Kristiansands Mek.Verksted, 38,2 m x 6,6 m x 3,2 m, 202 BRT, 300-PS-Diesel, 10 kn, 265 Passagiere, ex GAMLE OSTER, ex OSTER, ex VAKA

ØISANG

Risør

Autofähre, 1950, Moen, Risør, 16 BRT, 175-PS-Dieselmotor, Holzrumpf, 3 Autos, 60 Passagiere

ØSTER RIISØER 3

Risør

Nachbau eines Kanonenbootes aus dem Jahr 1810, 9,8 m x 2,2 m, 18 Riemen, eine 24-Pfund-Kanone.
Das Originalboot (Baujahr 1794) gehörte zwischen 1800 und 1870 zur norwegischen Küstenverteidigung. Fünf dieser Kanonenboote waren in dieser Zeit in Risør stationiert.

OSCAR TYBRING (R/S 8)

Horten, Rettungskutter, 1895, Colin Archer, 13,9 m x 4,7 m x 2,3 m, 35 tons, 110 qm Segel

PAULINE

Trondheim

Nordlandboot, 1897, Ovesen, Steinkjer, 17,7 m x 6,0 m x 2,0 m, 49 BRT, 210-PS-Diesel, 6 kn, 241 qm Segel, 36 Passagiere, ex NÆVRA, ex PAULINE

PIBERVIGEN

Oslo

Passagierschiff, 1951, Trosvik, Brevik, 46,6 m x 6,9 m x 3,7 m, 457 BRT, 419-PS-Diesel, 288 Passagiere, ex HAMARØY

PIPPI

Oslo

Fahrgastschiff, 1882, Motala Mek Verksted, 14,0 m x 3,8 m, 15 tons, 18-PS-Dampfmaaschine, 6 kn, 62 Passagiere, ex PELLE

POLARIS

Svolvaer

Frachtsegler, 1946, Moen Batbyggeri, Risør, 35,0 m x 6,7 m x 3,3 m, 147 BRT, 300-PS-Dieselmotor 10 kn, 180 Passagiere

RANDSFJORDFERJA II

Oslo

Fähre, 1950, Sarpsborg, 30,0 m x 9,0 m x 2,8 m, 153 BRT, 2 x 290-PS-Diesel, 10 kn, 16 Autos, 95 Passagiere, ex MJØSFERGEN

REINE

Stokmarknes

Passagierschiff, 1949, Moen, Risør, 28,5 m x 6,9 m, 176 BRT, 470-PS-Diesel, 10 kn

RINGNES

Skien

Fahrgastschiff, 1942, Kristiansands m.V., 27,9 m x 5,6 m x 1,9 m, 107 BRT, 2 x 450-PS-Diesel, 12 kn, 180 Passagiere, ex SNAPP, ex TOMMA, ex VILDANDEN

RISKAFJORD II

Stavanger

Passagierschiff, 1864, Keiller, Göteborg, 24,0 m x 4,2 m x 2,4 m, 88 BRT, 225-PS-Diesel, 12 kn, 164 Passagiere, ex BYELFEN, ex LØFSTAD, ex OLAVA, ex OLDEVIG, ex SYLFID, ex SÆRØ, ex WITTUS

RISØR II (R/S 30)

Risør

Rettungskutter, 1914, Risør Batbyggeri, 47 ft x 16 ft x 8 ft, 24 BRT, 131 qm Segel, 115-PS-Diesel.
Das Boot war bis 1937 im Einsatz vor der norwegischen Küste.

ROGALAND

Stavanger

Passagierschiff (Hurtigruten), 1929, Stavanger Stoeperi & Dokk, 57,4 m x 9,5 m x 4,1 m, 851 BRT, 1.700-PS-Diesel, 11 kn, 200 Passagiere, ex ROGALAND, ex STAUPER, ex TUNGENES

RUBB

Flekkefjord

Fischkutter, 1932, Tjørre Baatbyggeri, Farsund, Länge: 57 ft, 39 BRT, 260-PS-Dieselmotor

SÆVAT

Oslo

Schlepper, 1919, Glommens Mek. Verk., Frederikstad, 17,5 m x 4,0 m, 30 BRT, 220-PS-Diesel, 10 kn

SANDEFJORD (R/S 28)
Oslo
Rettungskutter, 1913, Risør, 18,9 m x 5,2 m x 2,4 m, 24 BRT, 131 qm Segel, 115-PS-Diesel

SJØKURS
Kristiansand
Schulschiff, 1950, Nyland V., Oslo, 72,5 m x 10,9 m x 4,9 m, 1432 BRT, 1.800-PS-Diesel, 13 kn, 399 Passagiere, ex GANN, ex SANDNES, ex VIKINGFJORD

SKARSFORS
Skien/Langesund
Personenfähre, 1908, Fevigs Jernskibsbyggeri

SKIBLADNER
Eidsvoll
Raddampfer/Fahrgastschiff, 1856, Motala Mek Verk. Bolag/Schweden, 50,1 m x 5,1 m x 2,5 m, 264 BRT, 600-PS-Dampfmaschine, 12 kn, Eisenrumpf, 230 Passagiere

SKJÆLØY II
Larvik, Fahrgastschiff, 1943, 15,4 m x 4,3 m, 180-PS-Diesel, 9 kn, 50 Passagiere

SLEIPNER
Halsa/Nordland
Nordland-Boot, Nachbau, 1995, Per Hansen, Halsa, Länge: 28 ft, Segel, Hilfsmotor, 3 PS, vier Riemen

SØGNE
Tvedestrand
Fracht/Fahrgastschiff, 1935, Høllen, 17,5 m x 5,2 m, 37 BRT, 160-PS-Diesel, 75 Passagiere

SØNNAVIND
Langesund
Passagierschiff, 1917, 63 BRT

SØRLANDET
Kristiansand
Dreimast-Vollschiff, 1927, Høivolds Mek. Verksted, Kristiansand, 65,0 m (56,8 m) x 9,6 m x 4,4 m, 568 BRT, 1.000 qm Segel, 564 PS Diesel, 11 Mann Besatzung, 80 Kadetten, Stahlrumpf

STATSRAAD LEHMKUHL
Bergen
Segelschulschiff, Bark, 1914, J.C. Tecklenborg, Geestemünde, 98,0 m (87,5 m) x 12,6 m x 5,1 m, 1.701 BRT, 2.200 qm Segelfläche, 450-PS-Dieselmotor, Stahlrumpf, 24 Mann Besatzung, 150 Kadetten, ex WESTWÄRTS, ex STATSRAAD LEHMKUHL, ex GROSSHERZOG FRIEDRICH AUGUST

STORSJØ
Oslo
Schlepper, 1914, Glommens M.V., Frederikstad, 19,4 m x 4,2 m x 1,8 m, 33 BRT, 10 kn

STYRBJØRN
Oslo
Schlepper, 1910, Götaverken, Göteborg, 28,4 m x 6,8 m x 3,8 m, 166 BRT, 550-PS-Dampfmaschine, 12,5 kn, 50 Passagiere, ex ATLET, ex STYRBJØRN

SULDAL
Kolbeinsveit/Suldal
Fahrgastschiff, 1885, Stavanger Støperi & Dokk, 20,8 m x 4,3 m x 2,5 m, 39 BRT, 60-PS-Diesel, 8 kn, 75 Passagiere

SVALBARD
Oslo
Fahrgastschiff, 1936, Unterweser-Schiffbau, Bremerhaven, 33,3 m x 6,9 m, 247 BRT, 400-PS- Diesel, 9 kn, ex MAKRELE, ex SJØVEIEN

SVANEN
Oslo
Dreimast-Toppsegelschoner, 1916, Ring Andersens Skibsværft, Svendborg/Dänemark, 33,0 m (29,9 m) x 6,8 m x 2,5 m, 102 BRT, 375 qm Segel, 240-PS-Dieselmotor, ex JASON, ex AINA, ex SMART

SVANHILD
Florø
Jaktegaleas/Frachtsegler, 1889, 76 ft x 21 ft x 8 ft, 120 tons, 75 BRT

TELEMARKEN
Skien
Fahrgastschiff, 1951, Västervik, 26,0 m x 5,6 m x 1,6 m, 61 BRT, 2 x 210-PS-Diesel, 13 kn, 140 Passagiere, ex FRØYA, ex KÄRSØN

THERESE KLAVENESS
Tønsberg
Passagierschiff, 1951, Kittilsen, Risør, 18,8 m x 5,8 m, 75 BRT, 400-PS-Diesel, 10 kn, 25 Passagiere, ex WIGGO WIKING

THOMAS FEARNLEY
Frederikstad
Fahrgastschiff, 1938, Christensen, Risør, 19,0 m x 5,5 m, 46 BRT, 240-PS-Diesel, 10 kn, 120 qm Segel, 45 Passagiere, ex LISE-ANDREE, ex POLAR-EKVATOR, ex THOMAS FEARNLEY

THOROLF
Ålesund
Frachtschiff, 1911, Svoldal, Hardanger, 18,3 m x 4,4 m x 3,0 m, 27 BRT, 75-PS-Dampfmaschine, 7,5 kn, 40 Passagiere

TRYGG
Halden
Schlepper, 1904, Brevigs Vaerft, Halden, Länge: 10,7m,

VALENTINE
Frederikstad
Schoner, 1942, Kristiansund, 70 ft x 15 ft x 8 ft, 86 tons, 460 qm Segel, 250-PS-Diesel

VALHALLA
Oslo
Segler, 1934, Snilstvetøy, 27,8 m x 5,9 m, 112 BRT, ex HAVBLINK

VICTORIA
Skien
Fahrgastschiff, 1882, Akers mV, Oslo, 30,8 m x 5,5 m x 2,1 m, 152 BRT, 240-PS-Dieselmotor, 11 kn, 180 Passagiere

VIKINGFJORD
Stavanger
Fahrgastschiff, 1950, Stord Verft, 49,2 m x 7,7 m x 3,5 m, 557 BRT, 1.400-PS-Diesel, 12,5 kn, ex AURE, ex TRØNDELAG

VOLLAN
Oslo
Zweimast-Schoner, 1945, Spillersboda, Schweden, 24,8 m x 6,8 m, 99 BRT, Diesel, 195 Passagiere

WHITE LADY
Bergen
Fahrgastschiff, 1944, Bremerhaven, 27,5 m x 5,0 m x 2,6 m, 93 BRT, 2 x 300-PS-Diesel, 12 kn, 100 Passagiere

Raddampfer KAISER FRANZ JOSEPH, Wolfgangsee

Dampfschiff STADT INNSBRUCK, Achensee

SCHIFFSPORTRÄT

K.u.k. U 20
Wien, Heeresgeschichtliches Museum,

44 Jahre verschollen

Das Unterseeboot U 20 (1916 in Pola gebaut) galt in der k.u.k. Marine als »Unglücksboot«: Bereits bei seiner Probefahrt im März 1917 wurde es während einer Tauchfahrt vom Kreuzer ADMIRAL SPAUN gerammt und schwer beschädigt. Am 3. Juli 1918 lief U 20 unter dem Kommando des Linienschiffsleutnants Ludwig Müller aus Triest gemeinsam mit U 10 aus, um gegnerische Kräfte vor der Tagliamento-Mündung aufzuklären. Während dieses Einsatzes wurde das Boot vom italienischen Unterseeboot F 12 gesichtet. Nach mehreren Versuchen kam das italienische Boot in der Nacht zum 5. Juli unbemerkt in Schußposition und feuerte aus 650 Metern Entfernung einen Torpedo ab. Das Achterschiff des österreichischen Bootes wurde getroffen, danach sank es sieben Seemeilen vor der Tagliamento-Mündung. Die zwölf Besatzungsmitglieder kamen bei diesem Angriff ums Leben. Erst im Sommer 1962 stießen Fischer auf das seit 44 Jahren verschollene Wrack, das bei seiner Bergung im Juli des gleichen Jahres in zwei Teile zerbrach. Dabei wurde festgestellt, daß es nach dem Untergang des Bootes noch Überlebende gegeben haben muß, die qualvoll erstickt sind. Die sterblichen Überreste der Besatzungsmitglieder wurden im Park der Militärakademie in Wien beerdigt. Der Turm und ein Anker von U 20 werden im Heeresgeschichtlichen Museum in Wien gezeigt. Der Kompaß befindet sich im Museo Storico Navale, Venedig.

SCHIFFAHRTSMUSEEN

GMUNDEN

Kammerhofmuseum
Kammerhofgang 11, 4810 Gmunden
Tel.: 0 76 12 - 33 81
Schiffahrt auf dem Traunsee

GREIN

Oberösterreichisches Schiffahrtsmuseum Grein
Schloß Greinburg, 4360 Grein
Tel.: 0 72 68 - 70 07
Binnenschiffahrt auf Donau, Inn, Enns und Salzach, Modelle, Gemälde

HALLEIN

Keltenmuseum Hallein
Pflegerplatz 5, 5400 Hallein
Tel.: 0 62 45 - 8 07 83
Salzach-Schiffahrt

KORNNEUBURG

Museum der Stadt Kornneuburg
Dr. Max-Burckhard-Ring 11
2100 Kornneuburg
Tel.: 0 22 62 - 7 25 53
Schiffahrt, Schiffbau und Fischerei auf der Donau

MAUTHAUSEN

Heimatmuseum Schloß Pragstein
4310 Mauthausen
Tel.: 0 72 38 - 22 55
Donau-Schiffahrt

OBERNDORF

Heimatmuseum Bruckmannhaus
Stille-Nacht-Platz 7
5110 Oberndorf/Salzburg
Tel.: 0 62 72 - 75 69
www.salzburg.at/kultur/museum

Salzach-Schiffahrt, Plätten-Modelle

ORTH/Donau

Fischerei- und Donaumuseum
2304 Orth an der Donau
Tel.: 0 22 12 - 25 55
www.noe.gv.at/service/k/kl/landesmuseum_aussenstellen.htm

Donauschiffahrt, Fischerei

Schiffsmühle
2304 Orth
Tel.: 0 22 12 - 31 57
(Überfahrt vom Gasthaus Uferhaus)
www.schiffsmuehle.at

PERSENBEUG

Heimatmuseum Persenbeug
Rathausplatz 1, 3680 Persenbeug
Tel.: 0 74 12 - 5 22 06
www.wvnet.at/gemeinden/Persenbeug

Wirken des Schiffermeisters Matthias Feldmüller (»Donau-Admiral«)

SCHÄRDING

Heimatmuseum
Schloßgasse 10, 4780 Schärding
Tel.: 0 77 12 - 26 03
Inn-Schiffahrt

SEEBODEN

Kärtner Fischereimuseum
Fischerhaus
9871 Seeboden/Millstädter See
Tel.: 0 47 62 - 8 14 58
Fischerei, Bootsammlung

SPITZ/Donau

Schiffahrtsmuseum Spitz an der Donau
Auf der Wehr 21
3620 Spitz an der Donau
Tel.: 0 27 13 - 22 46
www.pro-krems.co.at/spitz/city/museum

Ruder- und Floßschiffahrt auf der Donau, Modelle, Schiffsarchäologie

Museumsschiffe
Altenwöhrder Schiffsfund, 1810,
Donaulastkahn
Holzrollfähre

STADL-PAURA

Schiffsleutmuseum Stadl-Paura
Fabrikstraße 13, 4651 Stadl-Paura
Tel.: 0 72 45 - 80 11
Salzach-Schiffahrt, Traunschiffahrt

STEYR

Museum der Stadt Steyr
Grünmarkt 26, 4400 Steyr
Tel.: 0 72 52 - 25 7 11
Schiffahrt

WEYER

Ennsmuseum Weyer
Steyrerstraße 27, 3335 Weyer
Tel.: 0 74 47 - 2 55
Flößerei

WIEN

Heeresgeschichtliches Museum
Arsenal, 1030 Wien
Tel.: 01 - 79 56 10
www.blmv.gv.at/hgm

Österreichische Marinegeschichte, Modelle, Gemälde, Uniformen

Museumsschiff
K.u.k. U 20, Unterseeboot, Turm

Technisches Museum für Industrie und Gewerbe in Wien mit Österreichischem Eisenbahnmuseum und Post- und Telegraphenmuseum
Mariahilfer Str. 212, 1140 Wien
Tel.: 01- 8 99 98 11 11
www.tmw.ac.at/home. schiffahrt

Österreichisches Staatsarchiv
Nottendorfer Gasse 2, 1030 Wien
Tel.: 02 22 - 79 54 03 17

K.u.K. Marine

Projekte
FREDERIC MISTRAL, Dampfschlepper
PASCAL, Dampfschlepper

YBBS/Donau

Stadtmuseum Ybbs an der Donau
Herrengasse 23
3370 Ybbs an der Donau
Tel.: 0 74 12 - 5 44 00
Donauschiffahrt

MUSEUMS-SCHIFFE

K.u.k. U 20

Wien

Heeresgeschichtliches Museum

1916, Unterseeboot, Turm, »Havmanden«-Typ, Seearsenal Pola, Verdrängung an der Oberfläche: 173 tons, getaucht: 210 tons, 38,7 m x 3,6 m x 2,7m, 1 Diesel- (450 PS)/1 Elektro-Motor (300 PS), Max. Aktionsradius an der Oberfläche: 1.700 sm bei 8 kn, getaucht: 40 sm bei 6 kn, Geschwindigkeit: an der Oberfläche: 13,2 kn, getaucht: 9 kn, Besatzung: 12–18 Mann, Bewaffnung: 2 Bugtorpedorohre, 4 Torpedos, 1 Geschütz (siehe Schiffsportrait)

(-)

Altenwöhrder Schiffsfund

Spitz an der Donau

Schiffahrtsmuseum

1810, Donau-Lastkahn, ca. 15,1 m x 3,1 m, ca. 15,6 tons

STATIONÄRE VETERANEN

STADT WIEN

Tulln

Raddampfer, 1939, Werft Kornneuburg, 600 tons, 77,7 m x 16,2 m x 1,4 m, 2 x 460-PS-Diesel, 550 Fahrgäste, heutige Nutzung: Spielcasino in Tulln

JOHANN STRAUSS

Wien

Raddampfer, 1950, Schiffswerft Linz, 68,3 m x 7,9 m 1,6 m, heutige Nutzung: Restaurant

RESTAURIERUNGS-PROJEKTE

FREDERIC MISTRAL

Wien

Dampfschlepper, 1914, Schipper & van Dongen, Gertruidenburg/NL, 26,4 m x 5,4 m x 1,8 m, 145 tons, 250-PS-Dampfmaschine, ex COLUMBIA

PASCAL

Wien

Dampfschlepper, 1907, Gebr. Wiemann, Brandenburg, 21,8 m x 4,4 m x 1,4 m, 170-PS-Dampfmaschine, ex WEST HAVELLAND, ex BERTHA ANNA, ex LEINE

AKTIVE VETERANEN

GISELA

Traunsee

Raddampfer, Passagierschiff, 1871, Ruston, Wien-Florisdorf, 52,0 m x 9,4 m x 1,5 m, 187 tons, 143-PS-Dampfmaschine 300 Passagiere

HOHENTWIEL

Bodensee

Passagier-Raddampfer, 1913, Escher-Wyss, Zürich, 56,8 m x 13,0 m x 1,4 m, 385 tons, 700 Passagiere. Eigner: Internationales Bodenseemuseum, Bregenz

IL NUOVO TRONFO

Mittelmeer

Trabakel, 1926, Cesenatico, 12-PS-Diesel

KAISER FRANZ JOSEF I.

Wolfgangsee

Raddampfer, 1872, Passagierschiff, Mayer, Linz, 33,0 m x 8,6 m x 0,8 m, 67 tons, ursprünglich 116-PS-Dampfmaschine, heute 120-PS-Diesel, 225 Passagiere

KAISERIN ELIZABETH

Wolfgangsee

Schraubendampfer, 1873, Pest-Fiumer, Budapest, 24,0 m Länge, 135-PS-Dampfmaschine, 100 Personen, ex PANNONINA

RUDOLF IPPISCH

Traunsee

Passagierschiff, 1928, Schouten, Muiden/NL, 21,8 m x 4,3 m, 110-PS-Diesel, 140 Passagiere

ST. JOSEF

Achensee

Dampfschiff, 1887, Mayer, Linz, 26,4 m x 4,4 m x 1,6 m, 62 tons, heute Diesel, 108 PS

SCHÖNBRUNN

Doanau/Wien

Raddampfer, 1912, Altofen, Budapest, 74,6 m x 15,8 m x 1,3 m, 566 tons, 600 Passagiere

STADT INNSBRUCK

Achensee

Dampfschiff, 1911, Stabilimento Technico Triestino/Schiffswerft Linz, 37,0 m x 5,3 m x 1,7 m, 180 tons, heute 200-PS-Diesel

THALIA

Wörthersee

Passagierschiff, 1909, Dresdner Maschinenfabrik & Schiffswerft, 38,5 m x 5,5 m x 1,5 m, 160 tons, 160-PS-Dampfmaschine, 400 Passagiere, ex KLAGENFURT

SCHIFFSPORTRÄT

DAR POMORZA
Gdynia

Ausbildungsschiff für die polnische Seefahrtschule

Im Jahr 1909 baute die Hamburger Werft Blohm + Voss nach der GROSSHERZOGIN ELIZABETH (das Schiff liegt heute als schwimmendes Museum unter dem Namen DUCHESSE ANNE im französischen Dünkirchen) das zweite Schiff für den Deutschen Schulschiff-Verein, das als PRINZESS EITEL FRIEDRICH am 6. April 1910 in Dienst gestellt wurde. Nach dem Ersten Weltkrieg mußte der Segler an Frankreich abgegeben werden, wo er bis 1926 unter dem Namen COLBERT zumeist auflag. Erst 1929 erwarb die polnische Seefahrtschule den Dreimaster, der 1930 als DAR POMORZA in Dienst gestellt wurde und bis 1939 mehrere Ausbildungsreisen absolvierte. Während des Zweiten Weltkriegs lag das Vollschiff in Stockholm auf und wurde nach 1945 an Polen zurückgegeben. Seit 1982 liegt die DAR POMORZA in Gdynia als Museumsschiff.

SCHIFFAHRTSMUSEEN

GDANSK/DANZIG

Centralne Muzeum Morskie/
Polnisches Schiffahrtsmuseum
ul. Olowianka 9–13, 80–751 Gdansk
Tel.: 3 20 33 58
www.abc.se/m10354/mar/musmorsk

Schiffahrt, Schiffbau, Unterwasser-Archäologie, Bootsammlung, Seenotrettung, Fischerei, Hafenentwicklung, Oceanographie, maritime Kunst

Museumsschiffe
SOLDEK, Frachtschiff
(-) Gotland-Boot, Slawenboot
8. Jahrhundert, 4,3 m Länge

Muzeum Archeologiczne/
Archäologisches Museum
ul. Mariacka 25, Gdansk
Tel.: 3 01 50 31

Museumsschiffe
(-) Wrack Orunia 1, Slawenboot aus dem 12. Jahrhundert, 12,7 m x 2,4 m x 0,7 m
(-) Wrack Orunia 2, Slawenboot aus dem 12. Jahrhundert, 11,0 m x 2,3 m x 0,9 m
(-) Wrack Orunia 3, Slawenboot aus dem 12. Jahrhundert, 13,3 m x 2,5 m x 0,7 m
(Nicht restauriert)

GDYNIA/GDINGEN

Muzeum Marynarki Wojennej/
Marine Museum
Bulwar Szwedzki, 80–800 Gdynia
Tel.: 27 37 27

Museumsschiffe
BLYSKAWICA (H 34), Zerstörer, 1936
DAR POMORZA, Bark, 1909

Stationäres Schiff
SAMARYTANKA, Sanitätsboot, 1931

HEL

Bulwar Nadmorski/Fischerei-Museum
Portowa, Hel (Außenstelle des Centralne Muzeum Morskie, Danzig)
Bootsbauer-Werkstatt

Museumsschiff
BATORY, Patrouillenboot, 1932

LETNICA

Lubuskie Muzeum Wojskowe
Drzonow 54, 66–014 Letnica
Tel.: 3 21 18 29
http://free.polbox.pl/l/leszekch/p_info.

Sammlung von Schiffsgeschützen

SZCZECIN/STETTIN

Oddzial Muzeum Morskie
ul. Waly Chrobrego 3, Szczecin
www.muzeum.szczecin.pl/

Schiffahrts-Geschichte, Reste eines Slawenschiffs aus dem 12. Jahrhundert, sowie ein Fischkutter im Freigelände

Museumsschiff
GRYFIA, Eisenbahnfähre

TCZEW

Oddzial Muzeum Wisly/
Museum des Flusses Vistula
ul. Stycznia 4, Tczew
Tel.: 31 - 07 05
Fischerei

TORUN

Muzeum Etnograficzne/
Etnographisches Museum
Waly Gen. Sikorskiego 19
87–100 Torun,
Tel.: 56 - 6 22 89 43
www.man.torun.pl/

Fischerei-Ausstellung

WARZAWA/WARSCHAU

Muzeum Wojska Polskiego/
Polnisches Militär Museum
Aleje Jerozolimskie 3, Warzawa
Tel.: 6 29 - 52 71
www.dyras.waw.pl/muzeum/index.

Marine-Exponate

MUSEUMS-SCHIFFE

BATORY
Hel, Marine-Basis
Patrouillenboot, 1932, Stocznia Modlinska, Modlin, 21,2 m x 3,6 m x 1,4 m, 28 tons, Diesel, ex HEL, ex LISTOPADA, ex DZIERSYNSKI, ex KP-1

BLYSKAWICA (H 34)
Gdynia
Zerstörer, 1936, White & Co. Cowes/England, 114,0 m x 11,3 m x 3,2 m, 2.144 tons, 54.000-PS-Dampfturbinen, 40 kn

DAR POMORZA
Gdynia
Vollschiff, 1909, Blohm + Voss, Hamburg, 91,0 m (72,6 m) x 12,6 m x 5,7 m, 1.561 BRT, 1900 qm Segel, 430-PS-Diesel, ex POMORZE, ex COLBERT, ex PRINZESS EITEL FRIEDRICH

GRYFIA
Szczecin
Eisenbahnfähre

SOLDEK
Gdansk
Frachtschiff, 1949, Zjednoczenie Stoczni Polskich, Gdansk, 86,7 m x 12,4 m x 5,4 m, 2005 BRT, 1.300-PS-Dampfmaschine, 11 kn

STATIONÄRER VETERAN

SAMARYTANKA
Gdynia
Sanitätsboot, 1931, Stocznia Gdynska, Gdynia, 15,0 m x 4,0 m x 1,5 m, 28 tons, Liegeplatz an Land vor der Werft

AKTIVE VETERANEN

GENERAL ZARUSKI
Gdansk
Segelschulschiff, 1939, Lund, Ekenäs/Schweden, 28,0 m (25,3 m) x 5,8 m x 3,5 m, 71 BRT, 310 qm Segel, 150-PS-Diesel

KAPITÄN GLOWACKI
Gdansk
Segelschulschiff/Brigantine, 1944, Swinemünde, 29,7 m (24,3 m) x 6,4 m x 3,2 m, 337 qm Segel, 121-PS-Diesel, ex HENRYK RUTKOWSKI

NADBOR
Dampfschlepper, 1947, Gorinchem, Niederlande, 250-PS-Dampfmaschine

ZAWISZA CZARNY II
Kolobrzeg
Dreimast-Stagsegelschoner, 1952, Stocznia Polnocna, Gdansk, 42,0 m (35,5 m) x 6,8 m x 4,6 m, 164 BRT, 550 qm Segel, 300-PS-Diesel

Prunkschiff BERGANTIM REAL, Lissabon

SCHIFFSPORTRÄT

DOM FERNANDO II e GLORIA
Lissabon

Ein Schiff für Siedler und Soldaten in die Kolonien

Mit dieser letzten segelnden Fregatte der portugiesischen Marine, die 1843 im indischen Goa gebaut wurde, mit 50 Kanonen bewaffnet und als Dreimast-Vollschiff getakelt war, wurden nicht nur Soldaten, sondern auch Siedler in die portugiesischen Kolonien verschifft – so befanden sich nicht selten über 600 Personen an Bord! Das Schiff, das niemals einen Motor besaß, konnte über 2050 Quadratmeter Segelfläche tragen. Nach 35 Jahren wurde der aus Teakholz gebaute Dreimaster aus dem aktiven Dienst genommen und diente bis 1938 als Artillerie-Schulschiff. Danach wurde der einst stolze Segler Wohnheim für mittellose Familien. 1963 sank DOM FERNANDO nach einem Feuer, wurde 1992 gehoben, in Aveiro restauriert und liegt seit 1998 in Lissabon als Museums- und Ausstellungsschiff.

SCHIFFAHRTSMUSEEN

ALMADA
(Lissabon)

Nucleo Naval
Olho de boi, 2800 Almada
Tel.: 01 - 2 74 41 15

CASCAIS
(Lissabon)

Museo do Mar
Rua Julio Pereira de Mello
2750 Cascais
Tel.: 01 - 4 86 13 77
www.portugalvirtual.pt/_tou...costadelisboa/estoril/museums.

Fischerei-Sammlung

FARO
(Faro)

Museo Maritimo Almirante Ramalho Ortigao
Rua da Communidade Lusiada
8000 Faro
Tel.: 0 89 - 80 36 01
Maritime Gemälde, Fischerei, Modelle

ILHAVO
(Aveiro)

Museo Maritimo e Regional de Ilhavo
Av. Dr. Rocha Madail, 3830 Ilhavo
Tel.: 0 34 - 32 17 97
www.geocities....nsetStrip/Towers/2364/m_m_ilha.

Schiffsmodelle, Gemälde

LAJES DO PICO
(Azoren)

Museu dos Baleeiros
Rua dos Baleeiros
9930 Lajes do Pico
Tel.: 0 92 - 9 72 76
http://alfa.ist.utl.pt/~135622/e_pico.html

Walfang-Museum mit Original-Walfangboot

LISBOA/LISSABON

Museo da Marinha
Praca do Imperio, 1400 Lisboa
Tel.: 01 - 3 62 00 19
www.museumarinha.pt/

Portugiesische Marinegeschichte, Modelle, Navigation, Uniformen, Bootsammlung

Museumsschiffe in der Halle
BERGANTIM REAL, Prunkschiff
ESCALER DE DOM LUIS, Kutter
GALEOTA GRANDE, Prunkschiff
GALEOTA PEQUENA, Prunkschiff
GALEOTA DE DOM MIGUEL, Prunkschiff
MARIA EULALIA (N 2188L), Ruderboot
PATEIRA, Ruderboot
RABAO DE RABO BAIXO, Ruderboot
SAVEIRA DOIRADA, Prunkschiff
SAVEIRO (TR 306L), Ruderboot
SERRANA, Frachtboot
SIRIUS, Zweimast-Schoner
VASCO DA GAMA, Rettungskutter

Museumsschiff im Wasser
DOM FERNANDO II e GLORIA, Segelfregatte

Museu de Arte Popular
Avenida da Brasilia, 1300 Lisboa
Tel.: 01 - 3 01 12 82
http://erpedia.msn.com/wg/Europe/Portugal/P15658.asp

Museumsschiff
FRAGATA DO TEJO, Frachtsegler

MACHICO
(Madeira)

Museo da Baleia
Canical, 9200 Machico
Tel.: 0 91 - 96 14 07
Walfang-Museum

MOITA
(Setubal)

Museumsschiffe
A POMBINHA, Frachtsegler
BOA VIAGEM, Frachtsegler

MONTIJO
(Setubal)

Museu Etnografico do Pescador Montijense
Avenida dos Pescadores 132
2870 Montijo
Tel.: 01 - 2 30 11 17
http://redein.com/pagept/costazul/museus/museus.htm

Fischerei-Ausstellung

PENICHE
(Leiria)

Museu de Peniche
2520 Peniche
Tel.: 0 62 - 78 18 48
Ausstellung zur Fischerei und zum Schiffbau, Untergang der spanischen Galeere SAN PEDRO DE ALCANTARA (1786, 130 Tote)

POVAO DE VARZIM

(Porto)

Museu Municipal de Etnografica e Historia
Rua de Visconde de Azevedo
4490 Povao de Varzim
Tel.: 0 52 - 61 62 00
Bootsammlung, Fischerei, Seenotrettung, regionaler Schiffbau

Museumsschiffe
CEGO DO MAIO, Rettungsboot
DIVINA PROVIDENSSA, Fischerboot
NOVO TRIUNFO, Fischerboot
46 (NEPTUNO), Fischerboot/Dori, Beiboot des Fischkutters NEPTUNO

Aktives Museumsschiff
FE EM DEUS, Lancha Poveiro do Alto, Segler, Nachbau 1991

SEIXAL

(Setubal)

Nucleo Naval Historico
Arrentela, 2840 Seixal
Tel.: 01 - 2 21 36 77
http://redein.com/pagept/costazul/museus/museus.htm

Museumsschiffe
AMOROSO, Frachtsegler
BAIA DO SEIXAL, Frachtsegler
GAIVOTAS, Frachtsegler

SEIXAL

Eco museo do Seixal
Praceta Francisco Adolfo Coelho, Torre da Marinha, 2480 Seixal
Tel.: 3 51 - 2 12 21 75 96
Schiffahrt

SETUBAL

(Setubal)

Museu Oceanografico
Portinho da Arrabida, 2900 Setubal
Tel.: 0 65 - 52 40 32
http://setubal.com/museums. html
Schiffsmodelle

VILA FRANCA DE XIRA

(Santarem)

Museumsschiff
LIBERDADE, Barco Varino

MUSEUMSSCHIFFE

AMOROSO
Seixal
Frachtsegler

A POMBINHA
Moita
Frachtsegler, 19,3 m x 5,4 m, Holzrumpf

BAIA DO SEIXAL
Seixal
Frachtsegler, 20,0 m x 5,0 m, Holzrumpf

BERGANTIM REAL
Lissabon
Prunkschiff für Königin Maria I., 1778, Königliche Werft, Lissabon, 29,3 m x 4,0 m, 80 Ruderer. Der letzte Einsatz des Bootes erfolgte 1957 beim Besuch von Königin Elizabeth II. von England

BOA VIAGEM
Moita
Frachtsegler, 1930, 19,9 m x 5,4m, Holzrumpf

CEGO DO MAIO
Povao de Varzim
Rettungsboot, ca. 1900, England

DIVINA PROVIDENSSA (PV 77 C)
Povao de Varzim
Fischerboot, Riemen, Segel

DOM FERNANDO II e GLORIA
Lissabon
Fregatte, 1843, Damao, Goa/Indien, 83,4 m x 12,8 m x 6,4 m, 1.850 tons, 2.052 qm Segel, bis 380 Mann Besatzung, 50 Geschütze
www.cidadevirtual.pt/fragata

ESCALER DE DOM LUIS
Lissabon
Kutter, 1862, 12 Ruderer

FRAGATA DO TEJO
Lissabon
Frachtsegler, 22,0 m x 6,1 m x 3,0 m, 100 tons, Holzrumpf

GAIVOTAS
Seixal
Frachtsegler

GALEOTA DE DOM MIGUEL
Lissabon
Prunkschiff von Prinz Miguel, 1831, Oporto, 16 Ruderer

GALEOTA GRANDE
Lissabon
Prunkschiff, 1711, 40 Riemen

GALEOTA PEQUENA
Lissabon
Prunkschiff, 1750, 26 Riemen

LIBERDADE
Vila Franca de Xira, Barco Varino

MARIA EULALIA (N 2188L)
Lissabon
Ruderboot zum Transport von Passagieren und Fracht, 1967, Nazaré

NOVO TRIUNFO (PV 33)
Povao de Varzim
Fischerboot, 4,1 m x 1,5 m x 0,5 m, 0,9 tons, Riemen, Segel

PATEIRA
Lissabon
kleines Ruderboot zur Entenjagd aus Süd-Portugal, vom Fluß Guadiana

RABAO DE RABO BAIXO
Lissabon
Ruderboot vom Douro

SAVEIRA DOURADA
Lissabon
Prunkschiff, 1790, 14 Ruderer

SAVEIRO (TR 306L)
Lissabon
Ruderboot, 12 Ruderer, von der Atlantikküste

SERRANA
Lissabon
Frachtboot vom Montego, Zentral-Portugal

SIRIUS
Lissabon
Zweimast-Schoner, Yacht von König Luis, 1877, seit 1983 Museumsschiff

VASCO DA GAMA
Lissabon
Rettungskutter

46 (NEPTUNO)
Povao de Varzim
Fischerboot/Dori, Beiboot des Fischkutters NEPTUNO

BOA ESPERANCA
Lissabon
Kararvelle 15. Jahrhundert, Nachbau 1989, Samuel & Filhos, Vila do Conde, 23,2 m (21,7 m) x 6,6 m x 3,3 m, 220 qm Segel, Diesel

Rumänien

SCHIFFAHRT-MUSEEN

BUKAREST
Muzeul Militar National
str. Mircea Vulcanescu nr. 125–127
sector 1, Bucuresti
Tel.: 01 - 6 37 38 30
Marinegeschichte

CONSTANZA
Muzeul Marinei Romane
Str. Traian 53, Constanza 8700
Tel.: 40 - 41 - 61 90 35
www.cjc.ct.ro/institutii-regii/cultura/m-marinei/muzmar

GALATZ
Stationäres Schiff
TUDOR VLADIMIRESCU
Seitenrad-Dampfschiff, 1854

SIBIU
Wissenschaftsmuseum

MUSEUMS-SCHIFF

PRIBOESTI-MARAMURES
Sibiu
Wissenschaftsmuseum
Schwimmende Mühle, 12,8 m x 13,2 m

STATIONÄRER VETERAN

TUDOR VLADIMIRESCU
Galatz
Seitenrad-Dampfschiff, 1854, Altofen, Budapest, 64,8 m x 14,4 m, 600-PS-Dampfmaschine, ex GRIGORE MANU, ex SARMISEGETUZA, ex CROATIA, z. Zt. in Galatz/Donau aufgelegt

Kreuzer AURORA, St. Petersburg

Tauchboot DRZEWIECKI No. 3, St. Petersburg

SCHIFFSPORTRÄT

AURORA
St. Petersburg

Das Schiff, auf dem die Revolution begann

Der 1900 in St. Petersburg gebaute und 1903 in Dienst gestellte Kreuzer nahm 1905 bei seinem ersten Einsatz in der Schlacht von Tsushima am Russisch-Japanischen Krieg teil. Im Ersten Weltkrieg wurde das Schiff in der Ostsee eingesetzt, im Februar und Oktober 1917 begann auf der AURORA die bolschewistische Revolution in St. Petersburg. Von 1922 bis 1940 war der Kreuzer Ausbildungsschiff. Im Zweiten Weltkrieg diente das Schiff als Flugabwehr-Batterie in Oranienbaum, wo es nach schweren Treffern sank und 1944 wieder gehoben wurde. Von 1948 bis 1956 wurde AURORA wieder als Kadetten-Ausbildungsschiff genutzt, seitdem liegt es als Museumsschiff auf der Newa und wurde seitdem von über 30 Millionen Menschen besichtigt.

SCHIFFAHRTSMUSEEN

ARCHANGELSK

Schiffahrts-Museum

Museumsschiff
NICOLAI KNIPOVICH,
Forschungsschiff

CHABAROVSK

Stationäres Schiff
»302«,
Schnellboot, 1940, 24,4 m x 4,3 m, Diesel

IRKUTSK

Irkutsk-Museum

Museumsschiff
ANGARA, Dampfschiff, 1899

KALININGRAD/ Königsberg

Muzei Mirovogo Okeana
(Museum der Weltmeere)
Naberezhnaya Petra Velikogo
1236006 Kaliningrad
Tel.: 7 01 12 43 05 06
www.vitiaz.ru

Museumsschiffe
B- 413, Unterseeboot, 1968
VITYAZ, Frachtschiff, 1939

KRASNODAR

Siegesmuseum
Krasnodar

Museumsschiff
M 261, U-Boot

MOSKAU

Zentrales Kriegsmuseum 1941–1945
Bratiev Fontenko 11, Moskau
Poklonnaya Gora Memorial

Museumsschiffe
L-3 (U-Boot-Turm)
TRESKA (U-Boot-Turm)

MURMANSK

Gremicha-Ostrownoi, Murmansk

Museumsschiff
S 51, U-Boot, 1940

ST. PETERSBURG

Aurora-Museum
Petrogradskaya Embankment
197046 St. Petersburg
Tel.: 7 81 22 30 84 40
www.aurora.org.ru

Museumsschiff
AURORA, Kreuzer, 1900

Zentrales Marinemuseum
4, Birzhevaya Square, St. Petersburg

Museumsschiffe
DRZEWIECKI No. 3, U-Boot
(-), Boot vor Zar Peter,
17. Jahrhundert
YUZHNOBUGSKIY, Einbaum

Kriegsmarine-Ingenieurschule
Pushkin, St. Petersburg

Museumsschiff
M 361, U-Boot, 1957

Museumsschiff
D 2 (Narodovolez), U-Boot, 1929
Shkipersky protok, 10, St. Petersburg

Stationäres Schiff
KRONWERK,
Barkentine, 1949, Laivateollisuus, Abo, Finnland, 44,0 m (37,5 m) x 8,8 m x 3,5 m, 322 BRT

SEVEROMORSK

Museum der Nördlichen Flotte
Severomorsk 184600

Museumsschiff
K 21, U-Boot, 1939

SEWASTOPOL

Kommunhoz Friedhof No.3
Ul. Pozarskogo, Sewastopol

Museumsschiff
Kambala (U-Boot-Turm), 1906

WLADIWOSTOK

Pacific Flottenmuseum
Karabelnaya Naberezhnaya, Wladiwostok

Museumsschiffe
KRASNYI VYIMPEL,
Dampf-Yacht, 1910
S-56, U-Boot, 1939

WOLGAGRAD

Wolgagrad Museum

Museumsschiff
GASETEL, Dampfschlepper, 1901

MUSEUMSSCHIFFE

ANGARA

Irkutsk

Dampf-Fahrgastschiff, 1899, Armstrong, Newcastle, Großbritannien, 61,0 m x 10,7 m x 6,4 m, 1215-PS-Dampfmaschine, ex ZARIST.
Das in England vorgefertigte Dampfschiff liegt auf dem Baikalsee.

AURORA

St. Petersburg

Kreuzer, Pallada-Klasse, 1897/1900, Galerni, St. Petersburg, 126,8 m x 16,8 m x 6,4 m, 6731 tons, 11610-PS-Dampfmaschine, 19 kn, Reichweite: 4000 sm bei 10 kn, 590 Mann Besatzung, Bewaffnung: 40 Kanonen, ein Überwasser- und zwei Unterwasser-Torpedorohre.

B-413

Kaliningrad (Königsberg)

Unterseeboot, Foxtrot-Klasse (Projekt 641), 1968, Novoadmiraltaysky, Leningrad (No. 235), Verdrängung an der Oberfläche: 1950 tons, getaucht: 2475 tons, 91,3 m x 7,5 m x 5,1 m, 3 Diesel- (5965 PS)/ 3 E-Motoren (5400 PS), Aktionsradius an der Oberfläche: 20000 sm bei 8 kn, getaucht: 350 sm bei 2 kn, Geschwindigkeit an der Oberfläche: 18 kn, getaucht: 15,5 kn, Tauchtiefe 280 m, Besatzung: 75 Mann, Bewaffnung: 10 Torpedorohre (6 vorne, 4 achtern) 22 Torpedos oder 44 Minen

DRZEWIECKI No. 3

St. Petersburg

Unterseeboot/Einhüllenboot, 1881, Newa-Werk, St. Petersburg, Verdrängung an der Oberfläche: 3,3 tons, getaucht: 11 tons, 5,9 m x 1,1 m x 1,6 m, Antrieb: Zuerst Pedal-Antrieb, später Versuche mit Dampf-Maschinen, Geschwindigkeit an der Oberfläche: 3,5 kn, getaucht: 2,5 kn, Max. Reichweite an der Oberfläche: 175 sm, Tauchtiefe: 12 m, Besatzung: 3 Mann, Bewaffnung: 2 x 50 Pfund Minen mit Elektro-Zünder.
No. 3 ist der Entwurf des russischen U-Boot-Pioniers Stepan Drzewiecki. Fünfzig Einheiten dieses Typs sollen 1881/82 gebaut worden sein. Ein Teil wurde mit der Eisenbahn zum Schwarzen Meer gebracht, der Rest in Kronstadt stationiert.
No. 3 wurde am 20. Juli 1891 aus dem Bestand der Marine gestrichen. Das Boot diente danach zur Erprobung von neuen Antrieben. Im Jahr 1929 wurde No. 3 aus der Lehrabteilung für Unterwasser-Seefahrt an das Museum abgegeben.

GASETEL

Wolgagrad

Dampfschlepper, 1901, 36,7 m x 6,1 m, ex TSAREV

K 21

Severomorsk

Unterseeboot, Katjusa-Klasse/ XIV-Serie, 1939, Werk No. 196, Leningrad, Verdrängung an der Oberfläche: 1480 tons, getaucht: 2117 tons, 97,7 m x 7,4 m x 4,5 m, 2 Diesel- (2 x 4200 PS)/ 2 Elektro-Motoren (2 x 1200 PS), Aktionsradius an der Oberfläche: 16 500 sm bei 9 kn, getaucht: 175 sm bei 2,9 kn, Geschwindigkeit an der Oberfläche: 22,5 kn, getaucht: 10,5 kn, Tauchtiefe: 100 m, Besatzung: 62 Mann, Bewaffnung: 10 Torpedorohre (6 vorne, 4 achtern), 22 Torpedos, 4 Geschütze, 22 Seeminen.
K 21 wurde am 17. September 1941 in der Nördlichen Flotte in Dienst gestellt. Das Boot, von dessen Typ sechs Einheiten für Fernaufklärungs-Aufgaben mit bis zu 50 Tagen Einsatzdauer gebaut wurden, erhielt für zwölf Feindfahrten den »Orden der Roten Fahne«. 1982 wurde es von der Nordflotte als Denkmal aufgestellt.

KRASNYI VYIMPEL

Wladiwostok

Dampf-Yacht, 1910, 58,6 m x 8,5 m

M – 261

Krasnodar

Unterseeboot, Projekt 615A/Quebec-Klasse, 1955, Werk No. 1070, Leningrad, Verdrängung an der Oberfläche: 503 tons, getaucht: 405 tons, 56,8 m x 4,5 m x 3,6 m, 3 Diesel- (3 x 900 PS)/ 1 Elektro-Motor (2000 PS), Aktionsradius an der Oberfläche: 7 000 sm, getaucht: 360 sm bei 3,5 kn, Geschwindigkeit an der Oberfläche: 16,0 kn, getaucht: 15,0 kn, Tauchtiefe: 120 m, Besatzung: 29 Mann, Bewaffnung: 4 Bugtorpedorohre, 1 Geschütz.
M-261 wurde 1981 nach 25 Dienstjahren Exponat im Siegesmuseum von Krasnodar.

M-361

Pushkin/St. Petersburg

Unterseeboot, Projekt 615 A/Quebec-Klasse, 1954, Werk No. 196, Leningrad, Verdrängung an der Oberfläche: 503 tons, getaucht: 405 tons, 56,8 m x 4,5 m x 3,6 m, 3 Diesel- (3 x 900 PS)/ 1 Elektro-Motor (2000 PS), Aktionsradius an der Oberfläche: 7 000 sm, getaucht: 360 sm bei 3,5 kn, Geschwindigkeit an der Oberfläche: 16,0 kn, getaucht: 15,0 kn, Tauchtiefe: 120 m, Besatzung: 29 Mann, Bewaffnung: 4 Bugtorpedorohre, 1 Geschütz.
M-361 ist seit 1962 als Lehrboot auf dem Gelände der höheren Kriegsmarine-Ingenieurschule in Pushkin, einem Vorort von St. Petersburg, aufgestellt.

NARODOVOLEC (D-2)

St. Petersburg

Unterseeboot, Dekabrist-Klasse, 1929, No. 189, Leningrad, Verdrängung an der Oberfläche: 940 tons, getaucht: 1240 tons, 76,6 m x 6,4 m x 3,6 m, 2 Diesel- (2200 PS)/ 2 Elektro-Motoren (1050 PS), Max. Aktionsradius an der Oberfläche: 8950 sm bei 8,9 kn, getaucht: 158 sm bei 4 kn, Geschwindigkeit an der Oberfläche: 15,3 kn, getaucht: 8,7 kn, Tauchtiefe: 90 m, Besatzung: 53 Mann, Bewaffnung: 8 Torpedorohre (6 vorne, 2 achtern), 14 Torpedos, 2 Geschütze, 8 Seeminen.
1936 gehörte NARODOVOLEC (maximale Einsatzdauer 28 Tage) zu den ersten U-Booten, die die Matotschkin-Meerenge zur Karasee (Nowaja Semlja) durchquerten. Das Boot wurde 1937 der Nordflotte unterstellt, 1939 generalüberholt und 1941 kam es zur Baltischen Flotte „Rote Fahne“. 1941 erhielt das Boot einen Bombentreffer durch die deutsche Luftwaffe. Nach dem Krieg wurde es von 1956 bis 1987 als Trainingsschiff für U-Bootbesatzungen genutzt. Seit 1989 ist es als Denkmal der Russischen Flotte und des Schiffbaus in St. Petersburg ausgestellt. Seit 1994 ist das Boot zu besichtigen.

NICOLAI KNIPOVICH

Archangelsk

Forschungsschiff, Segel, Diesel

S-56

Wladiwostok

Unterseeboot, Stalinec-Klasse, IXbis-Serie, 1939, Werk No. 194, A. Marti (Sudomekh), Leningrad/ Werk No. 202, Wladiwostok, Dalzavod, Wladiwostok, Verdrängung an der Oberfläche: 856 tons, getaucht: 1090 tons, 77,7 m x 6,4 m x 4,0 m, 2 Diesel- (4400 PS)/ 2 Elektro-Motoren (1100 PS), Aktionsradius an der Oberfläche: 9500 sm bei 8,5 kn, getaucht: 135 sm bei 3 kn, Geschwindigkeit an der Oberfläche: 18,9 kn, getaucht: 8,5 kn, Tauchtiefe: 100 m, Besatzung/ Crew: 45 Mann, Bewaffnung: 6 Torpedorohre (4 vorne, 2 achtern) 12 Torpedos, 2 Geschütze. Vier Boote der IX-Klasse wurden in Leningrad gebaut und per Eisenbahn in Teilen nach Wladiwostok transportiert, wo der Zusammenbau erfolgte. Die sowjetische Regierung unterzeichnete 1933 mit dem in den Niederlanden ansässigen und von deutschen U-Bootspezialisten geführten Unternehmen Ingenieurskantoor voor Scheepsbow einen Vertrag zur Entwicklung eines mittelgroßen U-Boottyps. Unter Einbeziehung sowjetischer Ingenieure wurde nach dem Vorbild der bereits für Spanien entwickelten E-2-Klasse die IX-Serie entworfen. Am 31. Oktober 1941 ging S-56 in den Bestand der sowjetischen Pazifik-Flotte über. Auf sieben Feindfahrten versenkte es dort vier Schiffe. In Wladiwostok wurde es 1955 zur schwimmenden Ladestation und 1964 zum Trainingsboot umgerüstet. Seit 1975 ist das Boot als Denkmal aufgestellt.

VITYAZ

Kaliningrad (Königsberg)

Frachtschiff, 1939, Seebeck, Geestemünde, 109,4 m x 14,6 m x 4,7 m, 3550 tons, 3000-PS-Diesel, 17 Mann Besatzung, seit 1994 Museumsschiff, ex MARS, ex EMPIRE FORTH, ex EQUATOR

AKTIVE VETERANEN UNTER SEGELN

ALLEVTINA

St. Petersburg

Zweimast-Toppsegelschoner, Origibal: Mitte 18. Jahrhundert, Nachbau 1995, 29,5 m (18,7 m) x 4,7 m x 2,3 m, 58 tons, 240 qm Segel 145-PS-Diesel (ALVETINA, ELENA MARIA BARBARA und TUY sind Schwesterschiffe).

ALPHA

St. Petersburg

Barkentine, 1948, Finnland, 44,0 m x 8,9 m x 3,3 m

COURIER

St. Petersburg

Original: Küstenfregatte des 18. Jahrhunderts, Nachbau: 1993, Avantgarde-Werft, Petrosawodsk, 26,5 m x 5,2 m x 1,8 m, 57 tons, 260 qm Segel, 100-PS-Diesel

ELENA MARIA BARBARA

St. Petersburg

Zweimast-Toppsegelschoner, Original: Küstensegler des 18. Jahrhunderts, Nachbau: 1995, Askold, Petrosawodsk, 29,4 m (19,4 m) x 4,6 m x 2,3 m, 58 tons, 234 qm Segel, 145-PS-Diesel (ALVETINA, ELENA MARIA BARBARA und TUY sind Schwesterschiffe).

HORISONT

Barkentine, 1948, Laivateollisuus, Abo, Finnalnd, 39,4 m x 8,9 m x 3,4 m, Diesel

KRUZENSHTERN

Kaliningrad/Königsberg

Viermast-Bark, 1926, Tecklenborg, Wesermünde, 114,5 m (95,0 m) x 14,0 m x 7,8 m, 3545 BRT, 3400 qm Segel, ex PADUA

SEDOV

Murmansk

Viermast-Bark, 1921, Germania-Krupp, Kiel, 117,5 m (109,0 m) x 14,6 m x 8,1 m, 3476 BRT, 4192 qm Segel, 1160-PS-Diesel

SHTANDART

St. Petersburg

Original: Fregatte, 18. Jahrhundert, Nachbau: 1999, Shtandart-Werft, St. Petersburg, 34,5 mx 7,0 m x 2,5 m, 134 BRT, 820 qm Segel, 2x 250-PS-Diesel. Das Schiff ist ein Nachbau des Flaggschiffs von Zar Peter dem Großen, das 1703 in Dienst gestellt wurde.

SVIATITEL NIKOLAI

Petrosawodsk

Original: Handelsschiff des 17. Jahrhunderts, Nachbau: 1991, NPK Karelien, 21,0 m (16,1 m) x 5,2 m x 1,9 m, 53 BRT, 185 qm Segel, 40-PS-Diesel

TRIUMPH

St. Petersburg

Brigg, 1954, Petrosawodsk, 25,0 m (21,8 m) x 5,4 m x 1,9 m, 55 BRt, 220 qm Segel

TUY

St. Pertersburg

Zweimast-Toppsegelschoner, Original: Mitte 18. Jahrhundert, Nachbau 1995, 29,5 m (18,7 m) x 4,7 m x 2,3 m, 58 tons, 240 qm Segel, 145-PS-Diesel (ALVETINA, ELENA MARIA BARBARA und TUY sind Schwesterschiffe).

ZARJA

St. Petersburg

Dreimast-Gaffelschoner, 1952, Finnland, 333 BRt, 300-PS-Diesel

AKTIVER VETERAN UNTER DAMPF ODER MOTOR

KRASSIN

St. Petersburg
Eisbrecher, 1916, Armstrong-Whitworth, Newcastle-upon-Tyne/ Großbritannien, 98,5 m x 21,5 m x 7,9 m, 8730 tons, ex SVYATOGOR.
1920 rettete KRASSIN den Eisbrecher LENIN, der mit 85 Personen an Bord in Seenot geraten war. Im gleichen Jahr kam er dem deutschen Passagierschiff MONTE CERVANTES zur Hilfe, das mit 1835 Passagieren an Bord auf einen Eisberg gelaufen war und zu sinken drohte. Zwischen 1941 und 1945 geleitete der Eisbrecher Geleitzüge durch das Arktische Meer.

SCHIFFAHRTS-MUSEEN

BRATISLAVA

Schiffahrtsmuseum an Bord von MS KRIVAN
04 21 - 2 62 41 22 27

Fregatte VASA, Stockholm

SCHIFFSPORTRÄT

VASA
Stockholm

Nach dem Stapellauf gesunken

Als größtes Kriegsschiff ihrer Zeit sollte die 54,8 Meter lange Fregatte VASA am 10. August 1628 zu ihrer Jungfernfahrt auslaufen. Bereits kurz nach dem Ablegen begann das Schiff bei geringem Wind stark zu krängen. Durch offene Kanonenpforten lief Wasser in den Rumpf, so daß die VASA wenig später vor der Insel Beckholmen kenterte und mit wehenden Segeln (1.275 qm Fläche) im Stockholmer Hafen auf 32 Meter Wassertiefe versank. Von den 150 Menschen an Bord ist ein Drittel bei diesem Unglück ums Leben gekommen. Das Schiff ist ein Opfer seiner eigenen Größe geworden, für die die damaligen Schiffbauer keine Erfahrungen oder wissenschaftliche Unterlagen besaßen. Erst 1956 wurde das Wrack entdeckt – am 24. April 1961, genau 333 Jahre nach ihrem Untergang, wurde die VASA gehoben. Seit 1990 ist das Schiff Mittelpunkt eines eigenen Museums in Stockholm, das mittlerweile mit 800.000 Besuchern jährlich das größte Skandinaviens geworden ist.

SCHIFFAHRTSMUSEEN

BERGKVARA

Bergkvara Sjöfartsmuseum
Hamnamagasinet, 38542 Bergkvara
Tel.: 0 48 62 05 84
www.sjofararkusten.h.se

Sammlung zur regionalen Schiffahrt

BRANTEVIK

Sjöfartmuseet Hoppet
Brantevik
Tel.: 04 14 - 2 22 27
www.turistbyra,simrishamn.se/sevardheter

Seefahrt

DEGERHAMN

Södra Möcklebys Hembygdsförening
F.d. Företagsskolan i hamnområdet
38085 Degerhamn
Tel.: 04 85 - 66 01 58
Schiffahrts-Sammlung

ESKILSTUNA

Faktorimuseet
Faktoriholmarna, 63186 Eskilstuna
Tel: 0 16 - 10 23 75
www.eskilstuna.se/museer

Museumsschiff
GERDA, Fahrgastschiff, 1865

FALSTERBO

Falsterbo Museum
Sjögatan, 23940 Falsterbo
Tel.: 0 40 - 47 05 13
www.foteviken.se/falsterbo/sj.

Reste des Falsterbo-Bootes, Schiffahrt, Fischerei

Museumsschiffe
Falsterbobåten, Reste eines Handelsschiffes

Skanör-Falsterbo Lifbåts Roddarelag

Museumsschiff
LIFBÅT 416, Rettungsboot

Projekt
Malmö-Kogge, Nachbau einer Skanör-Kogge

FIGEHOLM

Figeholms Sjöfartsmuseum
Hamnmagasinet, 57275 Figeholm
Tel.: 04 91 - 3 14 56
www.wpab.se/turism

Ausstellung zur Segelschiffahrt zwischen 1850 und 1950, Hafengeschichte, Schärenschiffahrt

FORSHAGA

Dyvelstens Flottningsmuseum
Flottarevägen, 667 91 Forshaga
Tel.: 0 54 - 87 12 26
www.wermlandsmuseum.se/utgaard/dyvelk

Flößerei, Bootsammlung

Museumsschiff
LUSTEN 8, Schlepper

GAMLEBY

Träskeppsvarvet i Gamleby
Loftagatan 5, 59432 Gamleby
Tel.: 04 93 - 1 21 64
www.gamdat.se/linnea

Historische Holzboot-Werft

GÖTEBORG

Göteborgs Maritima Centrum
Packhuskajen, 41104 Göteborg
Tel.: 0 31 - 10 10 35
www.gmtc.se

Weltweit umfangreichste Sammlung von Originalschiffen

Museumsschiffe
ADOLF BRATT, Motorrettungsboot, 1934
DAN BOSTRÖM, Fähre, 1963
ESAB IV, Barkasse, 1920
FÄRDIG, Bergungsboot, 1942
FÄRJAN 4, Doppelend-Fähre, 1920
FLADEN (No.29), Feuerschiff, 1915
FLODSPRUTAN II, Feuerlöschboot, 1931
FRYKEN, Frachtschiff, 1938
GÖTEBORGSPRAM, Schlepp-Pram
GUNHILD (GG 413), Fischkutter, 1936
HERKULES, Schlepper, 1939
NORDKARPAREN, Unterseeboot, 1962
SMÅLAND, Zerstörer, 1952
SÖLVE, Monitor, 1875
STORMPRINCESS, Hafenschlepper, 1908
TV 253, Zollboot, 1960
VALBORG II, Frachtsegler, 1902

Projekt
TUSS, Verkehrsboot, 1914

Stationäre Schiffe
MARIEHOLM, Passagierdampfer, 1933
SEASIDE, Passagierschiff, 1953
VIKING, Viermast-Bark, 1907, heutige Nutzung: stationäres Ausbildungsschiff der Handelsmarine und Restaurant

Sjöfartsmuseet i Göteborg med Akvariet
Karl Johansgatan 1–3, 41459 Göteborg
Tel.: 0 31 - 24 61 82
www.sjofartsmuseum.goteborg.se

Das Museum beschreibt die Entwicklung der Handelsschiffahrt vom 17. Jahrhundert bis zur Gegenwart, Sammlung von Galionsfiguren und Schiffsmodellen, Ausstellungen zu Schiffbau und Fischindustrie

Göteborgs Stadsmuseum
Norre Hamngatan 14, 41114 Göteborg
Tel.: 0 31 - 61 27 70
www.gbg.stadsmuseum.se

Museumsschiff
ÄSKEKARR-Boot, ca. 1000 n. Chr., Wikinger-Boot

Projekt
GÖTHEBORG III, Nachbau, Ostindiensegler, Bauplatz: Terra Nova, Eriksberg

GULLHOLMEN

Skepparhuset
47414 Gullholmen
Tel.: 03 04 - 5 70 70
www.nosnas.stenungsund.se/

In dem 1893 errichteten Gebäude mit seinem nahegelegenen Bootshaus werden Ausstellungen zur Segelschiffahrt und Segelmacherei gezeigt

GYSINGE

Dalälvarnas Flottningsmuseet
Gysinge bruk
81021 Gysinge
Tel.: 02 91 - 2 10 00/2 10 27
www.sandviken.se/gysinge/flott

Flößerei-Museum mit Boothaus

Museumsschiff
LAXEN, Schlepper

HÄLLEVIK

Hälleviks Fiskemuseum
Tel.: Tel.: 04 56 - 5 29 46
www.visit-sweden.com

Fischerei, Bootsammlung

HALLSTAHAMMAR

Kanalmuseet Skantzen
Skantzen, 734 40 Hallstahammar
Tel.: 02 20 - 1 74 09
www.ekomuseum.se/hemsida 98/46.skantzen

Ausstellung zur zweihundertjährigen Geschichte des Strömholm-Kanals

HALMSTAD

Museet i Halmstad
Tollsgatan, 30231 Halmstad
Tel.: 0 35 - 16 04 00
www.museet.halmstad.net

Schiffahrt, Schiffsmodelle, Galionsfiguren

Museumsschiff
NAJADEN, Segelschulschiff, Liegeplatz: Slottskajen

Flottans Män – Marineausstellung
Dragvägen, 30230 Halmstad

HÖLLVIKEN

Fotevikens Museum
Maritima Centrum
Halörsvägen, 23622 Höllviken
Tel.: 0 40 - 45 68 40
www.foteviken.se

Maritime Archäologie, Geschichte der Wikinger

Museumsschiffe
ERIK EMUNE, Wikingerboot
LAPOURI-Wrack

JÖNKÖPING

Jönköpings Läns Museum
Dag Hammarskjölds plats, 1, Jönköping
Tel.: 0 36 - 30 18 00
www.visit-sweden.com

Fischerei, Schiffahrt

KALMAR

Kalmar Sjöfartsmuseum
Södra Långgatan 81, 39231 Kalmar
Tel.: 04 80 - 1 58 75
www.kalmar.se/turism.sjofart

Über 5.000 Exponate zu den Themen Schiffahrt, Schiffbau und Navigation

Kalmar Läns museum
Ångvarnen, Skeppsbrogatan 51
39124 Kalmar
Tel.: 04 80 - 45 13 00
www.kalmarlansmuseum.se

Überreste des 1676 in der Schlacht bei Öland explodierten und gesunkenen schwedischen Flaggschiffs KRONAN. In einer der weltweit umfassendsten marine-archäologischen Bergungsaktionen wurden Ausrüstungsgegenstände dieses Seglers geborgen.

Museumsschiff im Hafen
U 194, ehemaliges sowjetisches Unterseeboot
www.submarinebrothers.com

KARLSHAMN

Karlshamns museum
Vinkelgatan 8, 37438 Karlshamn
Tel.: 04 54 - 1 48 68
www.karlshamnsmuseum.se

Bootmodelle, Fischerei, Gemälde

KARLSKRONA

Marinmuseum
Stunholmen, Admiralitetsslätten
37132 Karlskrona
Tel.: 04 55 - 5 39 02
www.marinmuseum.se

Nationales Marinemuseum, große Sammlung einzigartiger Galionsfiguren, die der Bildhauer Johan Törnström Ende des 18. Jahrhunderts für schwedische Linienschiffe entworfen hat. Historische Werft- und Hafenmodelle, Schiffsmodelle, Waffen-Sammlung

Museumsschiffe
BREMÖN (55), Minensuchboot, 1940
DJÄRV, A-slupen, 1947
HAJEN (1), Unterseeboot, 1904
HERKULES (A 322), Schlepper, 1969
JARRAMAS, Segelschulschiff, 1900
KBV 238, Küstenwachboot, 1962
T-38 (ÖCKERÖ), Torpedoboot, 1952
VÄSTERVIK (R 136)
Schnellboot/Robotbåt, 1975

Bootsammlung im Wasser
ANDEN (S 34), 1852, 8,5 m x 2,5 m x 0,8 m, von der Fregatte VANADIS
BISKOPEN (S 8), Transportboot, 1843, 8,8 m x 2,5 m x 0,9 m, 41 qm Segel
BISKOPINNAN (S 22), 1843, 8,8 m x 2,5 m x 0,9 m, 39 qm Segel
DEN HVITE (S 30), 1872, 8,4 m x 2,5 m x 0,9 m, von der Fregatte VANADIS
EJDERN (S 50), 1882, 9,3 m x 2,8 m x 0,3 m, 36 qm Segel, von der Fregatte NORRKÖPING
FALKEN (S 73), 1830, 7,4 m x 2,1 m x 0,9 m, 31 qm Segel, vom Linienschiff FÖRSIKTIGHEDEN
LINA (S 70), 1851, 9,3 m x 2,5 m x 0,9 m, von der Fregatte DESIREE
ÖRNEN (S 143), 1852, 9,3 m x 2,6 m x 0,9 m, 39 qm Segel, von der Fregatte DESIREE
TÄRNAN (S 3), 1861, 8,8 m x 2,5 m x 0,8 m, 30 qm Segel, von der Fregatte VANADIS
TÖSEN (S 156), 1855, 9,3 m x 2,4 m x 0,9 m, 40 qm Segel, von der Fregatte NORRKÖPING

Nachbauten
ALUETT, Fracht-Segler, 1995
HIORTEN, Nachbau eines Postseglers

Blekinge Läns Museum
Fisketorget 2, 37122 Karlskrona
Tel.: 04 55 - 30 49 60
www.blekingemuseum.k.se/

Umfangreiche Sammlung von regionalen Küstenfischerei- und Gebrauchsbooten. Das größte Fahrzeug (vrakekan) ist die ÖLAND mit 28 fot (ca. 9 Metern) Länge. Modell der Schiffswerft von Pukavik. Bootsbau.

KATTHAMMARSVIK

Albatrosmuseet
Østergarns bygdegård
62023 Romakloster
Tel.: 04 98 - 5 30 51
http://home.swipnet.se

Photos und Objekte vom deutschen Minensuchboot ALBATROS, das 1915 vor Østergarn sank

KUKKULAFORSEN

Kukkola fiskemuseum
95300 Haparanda
Tel.: 09 22 - 3 11 20
www.haparanda.se/kulfri/fiskemus

Ausstellung zur Fischerei, Bootsammlung

LIDKÖPING

Vänermuseet
Framnäsvägen 2, 53117 Vänersborg
Tel.: 05 10 - 2 82 60
www.lidkoping.se/vanermuseet

Geschichte der Schiffahrt auf dem Väner-See

LOFTAHAMMAR

Lofthammars Hembygdsgården
Trägårdsmästarvägen 22
59095 Loftahammar
Tel.: 04 93 - 6 12 21
www.gamdat.se/tjust/loftaham/loftaham.htm

Schiffahrt, Fischerei

MALMÖ

Teknik- og Sjöfartsmuseet
Malmöhusvägen, 20124 Malmö
Tel.: 0 40 - 34 44 38
www.museer.malmo.se/museer

Ausstellung zur südschwedischen Schiffahrtsgeschichte

Museumsschiffe
SCHEBO, Dampfbarkasse, 1874
U 3, Unterseeboot, 1942

MOTALA

Kanal- och Sjöfartsmuseum
Hamnen, 59121 Motala
Tel.: 01 41 - 5 35 10
www.motala.se

Geschichte der Schiffahrt auf dem Göta-Kanal und dem Vättern-See. Dokumentation des Kanalbaus. Schiffsmodelle

MÖNSTERÅS

Stranda Hembygds Museum
Mönsterås hembygdsgård
Hembygdsgården Elgerum, Kvarngatan 26, 38332 Mönsterås
Tel.: 04 99 - 1 00 01
Schiffbauer-Werkzeuge, Fischerei-Geräte

NORRTÄLJE

Roslagsmuseet
Hantverkaregatan 23, 76130 Norrtälje
Tel.: 01 76 - 5 76 30
www.norrtalje.se/kultur/muse

In einer Waffenfabrik aus dem 17. Jahrhundert werden Exponate zur Schiffahrtsgeschichte der Region gezeigt.

Stationäres Schiff
NORRTELJE, Passagierschiff, 1900, heutige Nutzung: Restaurantschiff
76175 Norrtälje
Tel.: 01 76 - 1 91 40

ONSALA

Bat og sjöfartsmuseet
Onsala, Kungsbacka
Tel.: 03 00 - 6 47 60
www.visit-sweden.com

Fischerei, Schiffahrt

OSKARSHAMN

Sjöfartsmuseum
Kulturhuset, Hantverksgatan 18
57223 Oskarshamn
Tel.: 04 91 - 8 80 45
www.sjofartsforeningen.se

Exponate zu Schiffahrt, Schiffbau und Fischerei der Region

PATAHOLM

Ålems Hembygdsförening
Hullgrensgården/Harbergska gården
38492 Pataholm
Tel.: 04 99 - 2 30 30
www.monsteras.se/turism/resebyran/pataholm

Regionale Schiffahrt

RÅÅ

Råämuseum för fiske og sjöfart
Hamnplan, 25270 Råå
Tel.: 0 42 - 26 11 31
http://home.swipnet.se/raamuseum

Fischerei und Segelschiffahrt des 19. Jahrhunderts

SIMRISHAMN

Österlens Museum
Storgatan 24, Hafreborg
272 00 Simrishamn
Tel.: 04 14 - 1 90 00
www.turistbyra.sinrishamn.se/sevardheter

Schiffahrt, Fischerei

SJÖTORP

Kanalmuseet,
Götakanal, Sjötorp
Tel.: 05 01 - 5 14 34
www.visit-sweden.com

Geschichte des Götakanals und Schiffbau in Sjötorp

SKÄRHAMN

Skärhamns Sjöfartsmuseum
Djurgardsvägen, Skärhamn
www.visit-sweden.com

Schiffahrt

SKELLEFTEÅ

Stackgrönnans Båtmuseum
93122 Skellefteå
Tel.: 09 10 - 8 60 47
www.museet.skelleftea.se/2002/stackgr/stack1

Größte Sammlung hölzerner Gebrauchs- und Fischerei-Boote in Schweden, Ausstellung von Bootsmotoren, Robbenjagd und Fischerei

Museumsschiff
NORDKUST 1, Schlepper, 1885

SKYLLINGE

Sjöfartsmuseet Skyllinge
Tel.: 04 14 - 3 03 59
www.turistbyra.simrishamn.se/sevardheter

STAVSNÄS

Skårgårdsmuseet
Stavsnäs
Tel.: 08 - 57 15 01 15
http://hotel.telemuseum.se/fsm/oppet

Schiffahrt und Fischerei im Schärengarten

STOCKHOLM

Sjöhistoriska Museet
Djurgårdsbrunnsvägen 24
10252 Stockholm
Tel.: 08 - 6 66 49 00
www.sjohistoriska.nu

Im Nationalen Schiffahrtsmuseum Schwedens werden Exponate und Modelle zu Schiffahrt, Schiffbau und Marine ebenso wie das Heck des Schoner AMPHION von König Gustav III. gezeigt. In der BÅTHALL 2 (Galärvarvet) befindet sich eine der größten europäischen Bootsammlungen mit Exponaten aus der Zeit von 1400–1900

Vasamuseet
Djurgården, 10252 Stockholm
Tel.: 08 - 6 66 48 00
www.vasamuseet.se

Museumsschiffe
VASA, Fregatte
Taucherglocke, 1663

Museumsschiffe an der Galärvarvet (vor dem Vasa-Museum)
FINNGRUNDET (No. 25)
Feuerschiff, 1903
SANKT ERIK, Eisbrecher, 1915

Post-Museum
Lilla Nygatan 6, 10311 Stockholm
Tel.: 08 - 7 81 17 55
www.posten.se/museng/

Posttransport über See

Museumsschiff
SIMPAN, Eisboot

Stockholms Medeltidsmuseum
Strömparterren, Norrbro
10012 Stockholm
Tel: 08 – 50 83 18 08
www.medeltidsmuseet.stockholm.se

Mittelalterliche regionale Schiffahrt

Museumsschiffe
Nr. X, Ruderboot
Ridderholm-Boot, Kanonenboot

Historiska Museet
Narvavägen 13–17, 11484 Stockholm
www.historiska.se

Museumsschiff
Arby-Boot, Wikinger-Grabboot

Båtsamlingarna på Fjäderholmarna
Föreningen Almoge Båtar, Stockholm
Tel.: 08 - 6 12 20 97
21 nordische Arbeitsboote von 11 bis 28 ft. Länge

Stationäre Schiffe
AF CHAPMAN, Dreimast-Vollschiff, 1888, heutige Nutzung: Jugendherberge, Liegeplatz: Skeppsholmen
MÄLARDROTTNINGEN, Dampfschiff, 1924, heutige Nutzung: Hotel
BISKOPSUDDEN, Feuerschiff, 1899, Liegeplatz: Djurgarden, heutige Nutzung: Wohnschiff

STRÄNGNÄS/Mälaren-See

Stationäres Schiff
VISHOLMEN, Passagierschiff, heutige Nutzung: Restaurantschiff

SUNDSVALL

Hantverks- och Sjöfartsmuseum
Norra Stadsberget, 85640 Sundsvall
Tel.: 0 60 - 61 17 48
www.sundsvall.norraberget.se/Fornmin nesforening/museer2

Schiffahrt

SÄFFLE

Säffle Marinmotor Museum
Tel.: 46 53 31 27 80
http://home2.swipnet.se

Ausstellung von über 200 Bootsmotoren

Museumsschiff
ROLF, Schlepper

TOREKORV

Torekorvs sjöfarts- och hembygdsmuseum
26093 Torekorv
www.torekorvturism.net

TRELLEBORG

Sjöfartsmuseum
Regionale Schiffahrt

TROLLHÄTTAN

Kanalmuseet
Åkerbergsvägen, 46129 Trollhättan
Tel.: 05 20 - 47 22 06
www.thu.htn.se/wg5thu98/dokument/ trollhat

Geschichte des Trollhättan-Kanals, über 40 Schiffsmodelle, Taucherausrüstungen aus dem 19. Jahrhundert

UDDEVALLA

Båtsamlingarna på Bassholmen
451 06 Udevalla
Tel.: 05 22 - 65 13 60
www.algonet.se/-petersson/fab

Große Sammlung von Fischerei- und Arbeits-Booten sowie Ausstellungen zum Bootsbau und zur Fischerei

Sveriges sjömanshusmuseum
Stora Hellevigsgatan 4
45100 Uddevalla
Tel.: 0 52 21 34 60
www.seatime.se/shmuseum

Bohusläns museum
Museigatan 1, 45119 Uddevalla
Tel.: 05 22 - 65 65 00
www.bohusmus.se//utstall

Regionale Schiffahrt

UMEÅ

Holmöns Båtmuseum
Tallvägen 19, 90738 Umeå
www.kultur.umea.se/batmus

Ausstellung zu den Bereichen Schiffahrt, Fischerei, Bootsbau, Bootsammlung

Västerbottens museum
Gammlia, 90603 Umeå
Tel.: 0 90 - 17 18 00
http://gammlia.museet.umu.se/museum/

Seefahrt, Schiffbau, Küstenfischerei, Bootsammlung

VÄDDÖ

Sjöfartsmuseet Älmsta
Kaplansbakken, 76040 Väddö
Tel.: 01 76 - 5 02 59
www.veddo.se
oder
www.norrtale.se/kul tur/muse

Schiffahrts-Geschichte, Leuchtfeuer, Zoll- und Lotswesen

VÄSTERAS

Stationäres Schiff
ALMAGRUNDET, Feuerschiff

Aktives Museumsschiff
BORE, Eisbrecher

VÄSTERVIK

Kulbackens Museum
Kulbacken, 59538 Västervik
Tel.: 04 90 - 2 11 77
Seefahrt-Sammlung

VÄXJÖ

Smålands Museum
Södra järnvägsgatan 2
351 04 Växjö,
Tel.: 04 70 - 4 51 45
http://hotel.telemuseum.se/smalandsmuseum

Museumsschiff
THOR, Fahrgastschiff, 1887

VARBERG

Båtmuseum i Galtabäck
Galtabäcks Hamn, 43244 Varberg
Tel.: 03 40 - 1 85 20
www.museum.varberg.se/index

Diese Sammlung umfasst zwölf Original-Holzboote, die in der Provinz Halland gebaut und benutzt wurden, ebenso wie zwölf Schiffsmodelle

Museumsschiff
GALTABÄCK-Boot, Handelsschiff, 12. Jahrhundert

VIKEN

Vikens Sjöfartsmuseum
Hamnplan, 26040 Viken
Tel.: 0 42 - 23 77 66
Ausstellung zu Vikens maritimer Geschichte

MUSEUMSSCHIFFE

ARBY-Boot
Stockholm
Wikinger-Grabboot, 600 n. Chr.

ÄSKEKARR-Boot
Göteborg
Wikinger-Boot, ca. 1000 n. Chr.

ADOLF BRATT
Göteborg
Motorrettungsboot, 1934/35, H. Grufstedt, Ystad, 10,7 m x 3,3 m x 0,7 m, 40-PS-Diesel.
Dieser Bootstyp ersetzte Mitte der dreißiger Jahre herkömmliche Ruderrettungsboote. Das leichte Motorrettungsboot ADOLF BRATT wurde 1935 in der Rettungsstation Falkenberg stationiert.

BREMÖN
Karlskrona
Minensuchboot, 1940, Eriksbergs Mek. Verkstad, Göteborg, 56,6 m x 7,6 m x 2,0 m, 460 tons, 2 x 1.600-PS-Dampfturbinen, 18 kn, Besatzung: 50 Mann, Bewaffnung: 2 x 10,5-cm-Kanonen, 40 Minen, 50 Wasserbomben, bis 1966 im Dienst.
BREMÖN gehörte zu den »Arbeitstieren« der schwedischen Marine: Sie wurde zu unterschiedlichen Aufgaben eingesetzt, darunter Minensuchen, Eskort- und Begleitfahrten sowie Bewachungsaufgaben. BREMÖN war außerdem Mutterschiff des einzigen schwedischen Klein-U-Boots SPIGGEN. Dieses Boot war in England unter dem Namen STICKLEBACK in Dienst gestellt worden und ist heute im englischen Cambridge (Duxford Airfield) ausgestellt.

DAN BOSTRÖM
Göteborg
Fähre, 1963, Bröderna Larsson Varv, Kristinehamn, 27,5 m x 8,1 m, Diesel.
Das Schiff war auf der Route Rosenlund-Lindholm eingesetzt.

DJÄRV
Karlskrona
A-slupen, 1947, Larsson varv, Kristinehamn, 17,7 m x 3,7 m x 1,7 m, 19 tons

ERIK EMUNE
Höllviken
Nachbau Wikingerboot, 10,6 m lang, Segel, 12 Ruderer

ESAB IV
Göteborg
Barkasse, 1920, Elektriska Svetsnings Aktiebolaget ESAB, 15,8 m x 4,0 m x 2,1 m, 31 BRT, 210-PS-Dieselmotor.
Dieses Boot gilt als eines der ersten komplett nahtlos geschweißten Schiffe der Welt und ist seit 1988 Museumsschiff.

FALSTERBO-BOOT
Falsterbo
Reste eines Handelsschiffes aus dem 11. Jahrhundert, die 1932 entdeckt wurden und seit 1972 in der Schiffshalle ausgestellt sind.

FÄRDIG
Göteborg
Bergungsschiff, 1942, Tees Side Bridge & Eng., Middlesborough, drei Diesel, 250-Tonnen-Kran

FÄRJAN 4
Göteborg
Doppelend-Fähre, 1920, Motala Verkstad, Motala, 20,5 m x 5,3 m x 2,3 m, 94 BRT, 70-PS-Dampfmaschine, 7 kn, max. 190 Passagiere, eisverstärkter Rumpf, 3 Mann Besatzung.
FÄRJAN 4 war mehr als 30 Jahre als Hafenfähre in Göteborg eingesetzt.

FINNGRUNDET
Stockholm
Feuerschiff, 1903, Gefle Mek. Verkstad, Gävle, 30,4 m x 6,9 m x 3,7 m, Leuchtweite: 11 sm, acht Mann Besatzung, ex FYRSKEPP No. 25.
Das Schiff war bis 1969 im Dienst und wurde darauf Museumsschiff.

FLADEN (No. 29)
Göteborg,
Feuerschiff, 1915, Bergsunds Verft, Stockholm, 378 tons, 32,8 m x 7,4 m x 3,6 m, 2x 120-PS-Dieselmotoren, Leuchtweite: 11 sm, ex FYRSKEPP No. 29, ex HÄVRINGE, ex ÖLANDS REV.
Das Feuerschiff wurde zur Zeit des Ersten Weltkriegs erst 1919 vor Ölands Küste auf Station gelegt, 1927 sowie 1959 wurde es modernisiert und 1969 außer Dienst gestellt. Heutige Nutzung: Museum.

FLODSPRUTAN II
Göteborg
Feuerlöschboot, 1931, Lindholmen/ Motola A/B, Göteborg, 26,0 m x 5,8 m x 2,1 m, 136 BRT, 2 Dieselmotoren, je 240 PS, 11 kn, vier Mann Besatzung, Pumpleistung: 6.000 Liter pro Minute, ex BRANDBÅT II. Das Boot wurde 1977 außer Dienst gestellt.

FRYKEN
Göteborg
Frachtschiff, 1938, Aalborg Værft, Dänemark, 63,4 m x 10,1 m x 4,4 m, 1.024 BRT, 800-PS-Diesel, 10 kn, 19 Mann Besatzung, ex ISVANIA, ex SVANO.
Das Schiff verkehrte meist zwischen der schwedischen Westküste und England.

GALTABÄCK-BOOT

Galtabäck

Handelsschiff, um 1100, 13,0 m x 3,6 m, Segel, sechs Riemen. Die Reste dieses Handelsschiffs wurden 1928 ca. 300 Meter von der Ostsee entfernt im Land gefunden. 1998 wurde ein zweites, mit ca. 20 Metern Länge und sechs Metern Breite bedeutend größeres Boot entdeckt.

GÖTEBORGSPRAM

Göteborg

Offener Schlepp-Prahm aus Holz für den Gütertransport im Göteborger Hafen, Ende 19. Jhr., 15,9 m x 5,2 m x 1,8 m, 10 tons Ladekapazität. Insgesamt wurden rund 3.600 Prahme im Göteborger Hafen bis in die sechziger Jahre eingesetzt.

GUNHILD (GG 413)

Göteborg

Fischkutter/Bohustrawler, 1936, Bergs Varv, Hälsö, 16,4 m x 5,7 m x 2,1 m, 42 BRT, 150-PS-Glühkopfmotor, Holzrumpf. Der Kutter wurde früher auf der Nordsee und im Skagerak eingesetzt.

HAJEN

Karsrlskrona

Unterseeboot, 1904, Örlogsvarvet, Stockholm, Verdrängung an der Oberfläche: 111 tons, 23,4 m x 3,6 m x 3,0 m, Avance-Petroleum-Motor, 200 PS, Elektromotor, 70 PS, Aktionsradius an der Oberfläche: 640 sm, Geschwindigkeit an der Oberfläche: 9,5 kn, getaucht: 6,5 kn, Tauchtiefe: 30 m, Besatzung: 12 Mann, Bewaffnung: 1 Torpedorrohr, 3 Torpedos.
Dieses erste Unterseeboot der schwedischen Marine wurde nach Unterlagen des amerikanischen Konstrukteurs John P. Holland gebaut. Bereits 1903 hatte der schwedische Reichstag 400.000 Kronen bewilligt. Nach dreizehn Dienstjahren wurde HAJEN 1916 umgerüstet: Statt des technisch überholten Avance-Fotogenmotors, der eine Fahrgeschwindigkeit von neun Knoten und eine Einsatzdauer von 640 Minuten ermöglichte, erhielt es einen seinerzeit modernen 135-PS-Dieselantrieb, für den der Rumpf um 1,8 Meter verlängert werden mußte. Sechs Jahre später wurde das Boot außer Dienst gestellt und für zehn Jahre aufgelegt. Seit 1932 ist es Museumsschiff.

HERKULES (A322)

Karlskrona

Schlepper/Eisbrecher, 1969, ASI-verken, Amal, 20,0 m x 6,5 m x 3,8 m, 3 x 205-PS-Diesel, 11 kn, 127 tons

HERKULES

Göteborg,

Schlepper und Eisbrecher, 1939, Öresunds Verft, Landskrona, 23,4 m x 6,2 m x 2,7 m, 102 BRT, 765-PS-Diesel, 12 kn

JARRAMAS

Karlskrona

Vollschiff, Segelschulschiff, 1900, Polhamsdocken, Karlskrona, 49,0 m (39,2 m) x 8,4 m x 3,2 m, 350 tons, 1.002 qm Segelfläche, 119 Mann Besatzung.
Nach NAJADEN wurde JARRAMAS als das zweite schwedische Segelschulschiff der Jahrhundertwende gebaut. Der Segler machte 1950 seine letzte Reise und liegt seitdem als Museum und schwimmendes Cafe in Karlskrona.

KBV 238

Karlskrona

Küstenwachboot, 1962, Djupvigs Varv, 16,0 m x 3,7 m, 2 x 200-PS-Dieselmotoren, 3 Mann Besatzung, ex TV 238
KBV 238 ist seit 1997 Museumsboot.

LAPOURI-Wrack

Höllviken

Bootswrack, 12,5 m lang, 800 kg Gewicht

LAXEN

Gysinge

Schlepper, 1899, Gefle M.V., Gävle, Länge: 17,4 m

LIFBÅT 416

Falsterbo

Rettungsboot, ca.1910, Forrest, London, 9,8 m x 2,3 m x 1,3 m, 3 tons, zehn Riemen, zwei Masten, 20 qm Segel, Platz für 36 Personen.
Das Boot war bis 1946 im Einsatz und wurde im gleichen Jahr an das Museum abgegeben. 1991 wurde es umfassend renoviert.

LUSTEN 8

Forshaga

Schlepper

NAJADEN

Halmstad, Slotsbroen

Vollschiff, Segelschulschiff, 1897, Königliche Marinewerft, Karlskrona, 48,8 m (40,0 m) x 8,4 m x 3,7 m, 350 tons, 740 qm Segelfläche, 122 Mann Besatzung.
Als Segelschulschiff war das kleine Vollschiff NAJADEN bis 1938 im Einsatz, danach diente es abgetakelt als Wohnschiff und sollte nach dem Zweiten Weltkrieg zunächst abgewrackt werden. Seit 1946 liegt NAJADEN als schwimmendes Cafe und Museum in Halmstad.

NORDKARPAREN

Göteborg

Unterseeboot, 1962, Draken-Klasse, Kokums Mek. Verkstad, Malmö, Verdrängung an der Oberfläche: 835 tons, 69,3 m x 5,1m x 5,3 m, Diesel-, Elektromotoren, 1.600 PS, 1 Propeller, Tauchtiefe: 175 m, Besatzung: 36 Mann, Bewaffnung: 4 Torpedorohre, 10 Torpedos.
Dieses Boot der Draken-Klasse unterscheidet sich gegenüber den älteren schwedischen Hajen-Modellen vor allem durch eine leistungsfähigere Maschinenanlage und modernere Bewaffnung. Das Achterschiff ist stromlinienförmig konstruiert und weist ein Kreuzruder auf. Das Boot hatte eine Anlage zur Drahtlenkung von Torpedos sowie ein modernes Torpedo-Lagerungssystem (»Revolver-Magazin«) im Bugraum.
NORDKAPAREN wurde 1984 außer Dienst gestellt.

NORDKUST I

Skellefteå

Schlepper, 1885, Gefle M.V., Gävle, ex OPHELIA, seit 1982 Museumsschiff

NR. X

Stockholm

Boot aus dem 14. Jahrhundert, das als eines von elf Booten 1981 bei Baggerarbeiten im Zentrum von Stockholm entdeckt wurde.

ÖLAND

Karlskrona

Segler (vrakekan), ca. 9 m Länge

RIDDERHOLM-BOOT

Stockholm

Kanonenboot, 1525, 20 m lang

ROLF

Säffle

Schlepper, 1906, Thorskogs M.V., 16,4 m x 4,4 m, 29 BRT, 18-PS-Dampfmaschine/ 170-PS-Diesel, 11 kn

SANKT ERIK

Stockholm

Eisbrecher, 1915, Finnboda Varv, Stockholm, 60,9 m x 17,0 m x 6,5 m, 1.616 BRT, 4.000-PS-Diesel, 30 Mann Besatzung, ex ISBRYTAREN II.
SANKT ERIK war Schwedens erster Hochsee-Eisbrecher. Das Schiff wurde 1958 modernisiert, 1977 außer Dienst gestellt und ist seit 1980 Museumsschiff.

SCHEBO

Malmö

Dampfbarkasse, 1874, Kockums, Malmö, 12,8 m x 3,4 m x 1,4 m, 17 tons, 20 Passagiere, Dampfmaschine, 24 PS, 6 kn, ex FRITHIOF, ex GULLAN, ex SCHEBO

SIMPAN

Stockholm

Eisboot, Mitte des 19. Jahrhunderts wurde es zu den Åland-Inseln eingesetzt.
Es konnte geschleppt, gesegelt oder gerudert werden. Die Post wurde in schwimmfähigen Holzkisten transportiert.

SMÅLAND (J 19)

Göteborg

Zerstörer, 1952, Eriksbergs Mek. Verkstad, Göteborg, 121,0 m x 12,6 m x 4,3 m, 3.344 tons, 2 x 29.00-PS-Dampfturbinen, über 37 kn, 272 Mann Besatzung, Bewaffnung: vier 120-mm-Kanonen in zwei Doppeltürmen, zwei 57-mm-Kanonen in einem Doppelturm, sechs 40 mm Flugabwehrgeschütze, zwei U-Jagd-Raketenwerfer, acht Torpedos, Minen, Wasserbomben, Anti-Schiffsraketen.
Dieser Zerstörer, der 1979 außer Dienst gestellt wurde, verfügte als eines der ersten Marineschiffe weltweit über See-See-Raketen.

SÖLVE

Göteborg

Monitor, 1875, Motala Warf, Norrköping, 39,8 m x 8,0 m x 2,5 m, 460 tons, Konstruktion: Ericsson-d'Ailly, zwei Dampfmaschinen mit 115-PS, 7,8 kn, 48 Mann Besatzung, eine 24-cm-Kanone, ex PEGASUS.
Dieser Monitor gehört zu einer Bauserie von sieben Einheiten, die eine 24-cm-Kanone in einem Panzerturm bugwärts fest eingebaut hatten. Einerseits boten Montiore mit einem nur einen halben Meter aus dem Wasser ragenden Rumpf geringe Angriffsflächen, andererseits waren sie dadurch aber nicht besonders seetüchtig. 1921 wurde SÖLVE von der Marine zum Tankleichter umgebaut. 1984 wurde dieser letzte Monitor vor dem Verschrotten gerettet und dem Maritima Centrum übergeben.

STORMPRINCESS

Göteborg

Hafenschlepper, 1908, Wilhelmsbergs Mek. Verkstad, Göteborg, 16,6 m x 4,2 m x 2,4 m, 29 BRT, 210-PS-Dieselmotor, zwei Mann Besatzung

T - 38 (ÖCKERÖ)

Karlskrona

Torpedoboot, 1952, Kockums Mek. Verkstad, Malmö, 23,0 m x 5,6 m x 1,4 m, 39 tons, drei Dieselmotoren mit 4.500 PS, 50 kn, 16 Mann Besatzung, Bewaffnung: 1x 40-mm-Kanone, zwei Torpedorohre, Wasserbomben.
Nach 22 Einsatzjahren kam T 38 zunächst ins Malmöer Schiffahrtsmuseum. Seit 1998 liegt das Boot in Karlskrona.

THOR

Växjö

Passagierschiff, 1887, Bergsunds M.V., Stockholm, 15,4 m x 3,5 m x 1,5 m, 12 BRT, 70 Passagiere, 2 Mann Besatzung, 15-PS-Dampfmaschine, seit 1957 Museumsschiff.

TV 253

Göteborg

Zollboot, 1960, Djupviks Varv, Tjörn, Schweden, 15,0 m x 3,7 m x 1,0 m, 10 tons, 2 x 230-PS-Dieselantrieb mit zwei angelagerten Benzinmotoren, 22 kn, drei Mann Besatzung.
Das Boot wurde zur Überwachung gegen Schmuggler und zum Fischereischutz eingesetzt.

U 3

Malmö

Unterseeboot, 1942, Najad-Klasse, Karlskrona Örlogsvarv, Verdrängung an der Oberfläche: 367 tons, getaucht: 400 tons, 49,6 m x 4,7 m x 3,7 m, Diesel-Elektroantrieb, 1.350 PS, 2 Propeller, Geschwindigkeit an der Wasseroberfläche: 14 kn, getaucht: 9 kn, Tauchtiefe: 110 m, 26 Mann, 3 Torpedorohre, 3 vorne, 1 achtern, 6 Torpedos, 1 Geschütz.
U 3 gehört zu einer Serie von neun kleineren Küsten-Unterseebooten, die in Schweden entwickelt und gebaut wurden U 3 ist seit 1969 Museumsschiff in Malmö.

U 194

Kalmar

Unterseeboot, 1954, Whiskey-Klasse (Project 613), Krasnoye Somovo, Gorkij (No. 315), Verdrängung an der Oberfläche: 1.080 tons, getaucht: 1.350 tons, 75,2 m x 6,3 m x 4,8 m, 2 Diesel- (4.600 PS)/ 2 Elektro-Motoren (2.500 PS), Geschwindigkeit an der Oberfläche: 17 kn, getaucht: 13,5 kn, Reichweite aufgetaucht: 12–15.000 sm, Tauchtiefe: 200–250m, Besatzung: 58 Mann, Bewaffnung: 6 Torpedorohre (4 vorne, 2 achtern), 10 Torpedos, 24 Minen.
Die »Whiskey«-Klasse ist der erste sowjetische Entwurf nach dem Zweiten Weltkrieg für Patrouillen- und Angriffs-Unterwasserboote. Zwischen 1951 und 1956 wurden insgesamt 236 (von 340 geplanten) Einheiten dieses Typs gebaut. U 194 war seit 1992 Museumsschiff in Stockholm und wurde im Mai 1999 nach Norrköping verlegt.

VASA

Stockholm

Fregatte, 1627, Königliche Werft, Stockholm, 54,8 m x 11,6 m x 4,8 m, 1.210 tons, 1.275 qm Segelfläche, Bewaffnung: 64 Kanonen, Besatzung: 145 Seeleute und 300 Soldaten (siehe Schiffsportrait)

VÄSTERVIK

Karlskrona

Schnellboot, 1975, Karlskrona Varvet, 43,6 m x 7,1 m x 2,4 m, 225 tons, drei Gasturbinen mit 4.308 PS, 40 kn, 30 Mann Besatzung

STATIONÄRE VETERANEN

AF CHAPMAN
Stockholm, Skeppsholmen

Dreimast-Vollschiff, 1888, Shipbuilding Co., Whitehaven, England, 85,4 m (71,3 m) x 11,4 m x 5,6 m, 1.425 BRT, 2.300 tons, 2.207 qm Segel, Hilfsdiesel, ex G.D. KENNEDY, ex DUNBOYNE, heutige Nutzung: Jugendherberge

ALMAGRUNDET
Västeraas, Tullhus-Kai

Feuerschiff, 1895, Brodins Werft, Gävle, Schweden 23,5 m (20,3 m) x 6,6 m x 2,9 m, 197 tons, Besatzung: 8 Mann, ohne eigenen Antrieb, ex FYRSKEBB Nr. 2B, ex HÄVRINGE, ex MALMÖ REDD. Einsätze: 1896–1912 Station Almagrundet, 1913–1915 Station Kopparsternarne, 1916–1926 Reserve-Feuerschiff, 1927–1951 Station Hävringe, 1952–1969 Station »Malmö Redd«, 1969–1989 Museumsschiff in Malmö, Schweden, seit 1989 liegt das Schiff in Västeraas.

BISKOPSUDDEN
Stockholm, Djurgarden

Feuerschiff, 1899, Kockums Mekaniska Verkstad, Malmö, 23,9 m (18,0 m) x 5,8 m x 2,0 m, 144 tons, Besatzung: 6 Mann, ex FYRSKEBB Nr.21, ex TRELLEBORGS REDD, ex OSKARSGRUNDET. Das Schiff wurde 1963 außer Dienst gestellt, heutige Nutzung: Pivatschiff. Einsätze: 1899–1900 Reserveschiff, 1901–1930 Station Trelleborgsredd, 1931 Reserveschiff, 1932–1961 Station Oskarsgrundet, 1962 Außerdienststellung und Verkauf, 1988–1992 Umbau zu einem Wohn- und Büroschiff, Umbenennung in BISKOPSUDDEN.

MÄLARDROTTNINGEN (LADY HUTTON)
Stockholm, Riddarholmen

Dampfschiff, 1924, Kiel, 75,0 m x 10,7 m x 5,9 m, 1.598 BRT, 350 Passagiere, ex VIKINGFJORD, ex GANN, ex MARINA, ex BRAND IV, ex CORT ADELER, ex KING, ex TROUBADOUR, ex WARRIOR, ex VANADIS, heutige Nutzung: Hotel

MARIEHOLM
Göteborg

Passagierdampfschiff, 1933, A.P. Møller, Odense, Dänemark, 64,6 m x 9,9 m x 4,3 m, 1057 BRT, 950-PS-Dampfmaschine, 12 kn, 148 Passagiere. Das Schiff wurde für die Schweden-Amerika-Linie gebaut, im Zweiten Weltkrieg diente es der Marine als Stabsschiff. Heute findet es als Restaurantschiff Verwendung.

NORRTELJE
Norrtälje

Passagierschiff, 1900, Länge: 44,2 m, 800-PS-Maschine, seit 1968 Restaurantschiff.

PATRICIA
Stockholm

Fahrgastschiff, 1938, Middlesborough, Großbritannien, 70,7 m x 10,9 m x 4,9 m, 1.073 BRT, ex PATRICIA, ex LADY PATRICIA, heutige Nutzung: Restaurantschiff.

RYGERFJORD
Stockholm, Södra Mälarstrand

Passagierschiff, 1950, Bergen, ex BRAND VII, ex TRANØY, ex KVINHERRAD, heutige Nutzung: Restaurant

SEASIDE
Göteborg

Passagierschiff, 1953, Drammen, Norwegen, 50,3 m x 8,1 m, 483 BRT, 120 Passagiere, bis 1981 Hurtigruten-Schiff, ex PADDAN, ex SEASIDE, ex SKOGØY, heutige Nutzung: Restaurant

STORMPRINCESS
Göteborg

Passagierschiff, 1953, Drammen, Norwegen, 120 Passagiere, bis 1981 Hurtigruten-Schiff, heute Restaurant

VIKING
Göteborg

Viermast-Bark, 1907, Burmeister & Wain, Kopenhagen, 104,5 m (97,6 m) x 13,9 m x 7,0 m, 2.760 BRT, 3.690 qm Segelfläche. Der Segler wurde als frachtfahrendes Schulschiff für die dänische Handelsmarine gebaut. 1929 kaufte der finnische Reeder Gustaf Erikson in Mariehamn das Schiff, das bis 1948 in der Frachtschiffahrt eingesetzt war. Seitdem wird der Segler als stationäres Ausbildungsschiff der Handelsmarine und als Restaurant genutzt.

VISHOLMEN
Strängnäs

Passagierschiff, 1901, Brandenburg, Hamburg, 123 BRT, 27,4 m x 6,0 m x 1,8 m, zwei Dieselmotoren mit 200 PS, 10 kn, max. 325 Passagiere, fünf Mann Besatzung, ex LANGEOOG III, ex GRET PALUCCA, ex LÄCKÖ, heutige Nutzung: Restaurantschiff

RESTAURIE-RUNGS-PROJEKTE

CHRISTINE AF BRO
Kristinehamn
Replik eines Frachtseglers, 2003, Kristinehamn, 29,0 m (21,5 m) x 5,8 m x 1,7 m, 269 qm Segel, 380-PS-Diesel

EUREKA
Udevalla
Trawler, 1880, Yarmouth, Großbritannien, 20,0 m x 5,2 m x 2,6 m, 39 BRT, 180-PS-Diesel

GLADAN
Stockholm
Skeppsholmen, Stockholms Briggen Nachbau einer Brigg aus dem Jahr 1850, 34,5 m x (28,5 m) x 7,8 m x 3,2 m, 350 tons, 700 qm Segel

GÖTHEBORG III
Göteborg
2005, Nachbau eines Ostindiensegler der Svenska Ostindiska Companiet, der am 12.9.1745 im Hafen von Göteborg gesunken ist, Bauwerft: Terra Nova, Eriksberg, Göteborg, 58,5 m (40,1 m) x 11,0 m 5,3 m, 1.900 qm Segel, 1.150 tons, 80 Mann Besatzung, 2 x 550-PS-Diesel

ISOLDA
Göteborg
Dreimast-Schoner, Lödöse, 1902, 37,1 m x 7,9 m x 3,4 m, 272 BRT, 265-PS-Diesel

Malmö-Kogge
Falsterbo
Nachbau einer Skanör-Kogge aus dem Jahr 1390, 23 m x 7,8 m

MINA
Stockholm
Fischkutter/Zweimast-Schoner, 1876, Fågelö/Torsö, 25,2 m x 6,9 m x 3,0 m, 99 BRT, 360 qm Segel, 127-PS-Diesel, Vänermuseet, Lidköping

TUSS
Göteborg
Verkehrsboot, 1914, Lödöse Varv, 8,5 m x 2,5 m x 1,2 m, 15-PS-Dieselmotor, seit 1990 Museumsboot

VEGA
Gamleby
Dreimast-Schoner, 1909, Viken, 30,0 m x 7,7 m x 2,8 m, 148 BRT

AKTIVE VETERANEN

ÄLVA
Stockholm
Dreimast-Schoner, 1939, Lödöse-Varv, Göteborg, 52,0 m (44,1 m) x 7,2 m x 3,1 m, 286 BRT, 500 qm Segel, 400-PS-Diesel

ÄNGÖ
Göteborg
Tankfahrzeug, 1924, Kiel, 33,7 m x 6,9 m x 3,0 m, 223 BRT, ex AEROB, ex ÄNGÖ, ex MASUT

ÄRAN AV STOCKHOLM
Stockholm
Zweimast-Schoner, 1903, Viken, 32,0 m (23,3 m) x 6,3 m x 2,3 m, 75 BRT, 300-PS-Diesel

AGNES
Born i Dalarna
Fahrgastschiff, 1890, Södra Varvet, Stockholm, 10,6 m x 2,5 m, 12-PS-Dampfmaschine, 12 Passagiere

ALMA AF STAVRE
Stavre
Passagier-Frachtschiff, 1873, Lindbergs Varv, Stockholm, 17,3 m x 3,8 m, 80-PS-Dampfmaschine, 31 Passagiere, ex ALMA

ALUETTE
Karlskrona
Segler, Nachbau

ALVINA
Trollhättan
Jakt, 1908, Skredsvik, 12,9 m x 5,5 m x 1,8 m, 23 BRT, 100 qm Segel

AMALIA
Muskö
Zweimast-Frachtsegler/Galeasse, 1899, Viken, 18,0 m x 5,9 m x 1,9 m, 36 BRT, 180 qm Segel, 99-PS-Diesel

AMBER
Stockholm
Galeasse, 1911, 17,9 m x 6,2 m x 2,2 m, 56 BRT, 195 qm Segel, 120-PS-Diesel, ex SAGA

AMORINA
Stockholm
Barkentine, 1934, Götaverken, Göteborg, 48,5 m (34,3 m) x 7,7 m x 4,1 m, 530 tons, 650 qm Segel, 420-PS-Diesel

ANNA AF WESTERBROEK
Stockholm
Frachtsegler, 1904, Westerbroek, Niederlande, 25,4 m x 5,0 m x 1,7 m, 95 BRT, 120-PS-Diesel, ex GRÖNÖ, ex DALSJÖ, ex ERNEST, ex ELSE, ex LIZZI AF OMMEL, ex ELSE AF VEJLE, ex JOHANNE, ex CATHARINA, ex ANNA

ANNA-SOFIA
Södertälje
Jagt, 1913, Skagen, 15,1 m x 4,3 m x 2,0 m, 19 BRT, 275-PS-Diesel, ex KAREN, ex NORDVEST

ANNE-MON
Nyköping
Galeasse/Frachtsegler, 1910, Strömstad, 16,0 m x 5,9 m x 2,5 m, 40 BRT, 215 qm Segel, 220-PS-Diesel, ex ROALD, ex BRIS

ARIADNE
Stockholm
Schoner, 1946, Nederlandse Scheepsbouw Maatschappij, Amsterdam, 19,5 m x 5,1 m x 2,3 m, 40 BRT, 136-PS-Diesel

ARIEL
Dalarö
Frachtsegler, 1917, Molde, Norwegen, 28,0 m (21,7 m) x 5,7 m x 2,6 m, 45 BRT, 251 qm Segel, 150-PS-Diesel, ex HOLMEN

ARTICI
Göteborg
Kutter, 1944, 20,4 m x 6,0 m x 2,0 m, 50 BRT

ASTRID FINNE (R/S 43)
Ockerö
Rettungsboot, 1937, Anker, Vollen, Norwegen, 26,0 m (18,5 m) x 5,4 m x 2,8 m, 45 BRT, 200 qm Segel, 200-PS-Diesel, ex ÖSTERGARN, ex R/S 43 ASTRID FINNE

ATENE

Skärhamn

Zweimast-Schoner, 1909, Svendborg, Dänemark, 33,0 (24,2 m) x 5,9 m x 2,2 m, 61 BRT, 267 qm Segel, 150-PS-Diesel, ex WANDA, ex ANNA-LISA, ex MULL, ex EMANUEL

ATLAS

Schlepper, 1930, Trosvik, Brevik, Norwegen, 25,8 m x 6,4 m x 2,5 m, 97 BRT, 3 x 210-PS-Diesel, ex POLLUX, ex TINFOS

BÄSINGEN

Borlänge

Schlepper 1905, Geffle Verk., Gäffle, 17,4 m

BALTIC BEAUTY

Ronneby

Toppsegel-Ketsch, 1926, Capello, Zwartsluis, Niederlande, 75 BRT, 40,0 m (29,3 m) x 5,0 m x 2,5 m, 345 qm Segel, 245-PS Diesel, 20 Fahrgäste, ex DOMINIQUE FREDION, ex SVEN WILHELM, ex HANS II

BAROQUE

Ljusterö

Bristol Channel pilot cutter, 1902, Cardiff, Wales

BELLE AMIE

Stocksund

Logger, 1915, Vlaardingen, Niederlande, 27,0 m x 6,3 m x 2,8 m, 83 BRT, 317 qm Segel, 280-PS-Diesel, ex PRINS AXEL, ex HELGA, ex MARIA CATHARINA, ex WILHELMINA KLEIN

BENITA

Hudiksvall

Zweimast-Frachtsegler/Galeasse, 1946, Borga, 27,2 m x 7,1 m x 2,4 m, 88 BRT, 335 qm Segel, 185-PS-Diesel

BERTINA

Kutter 1932, Donsö, Schweden, 16,8 m x 5,9 m x 2,8 m,50 tons, 196-PS-Diesel

BJÖRKFJÖRDEN

Stockholm

Fahrgastschiff, 1925, Eriksbergs Mek. Verk., Göteborg, 37,5 m x 6,9 m x 2,1 m, 249 BRT, Dampfmaschine, ex SALTSJÖN

BJØRNSUND

Göteborg

Galeasse, 1929, Esbjerg, Dänemark, 26,0 m (18,3 m) x 4,8 m x 2,8 m, 34 BRT, 250 qm Segel, 200-PS-Diesel, ex VIKEFJORD

BLÅ MARITÉ AF PRIPPS (TSS 467)

Stockholm

Dreimast-Toppsegelschoner, 1921, Fécamp, Frankreich, 47,0 m (35,0 m) x 8,0 m x 4,2 m, 170 BRT, 600 qm Segel, 460-PS-Diesel

BLIDÖSUND

Norrtälje

Passagierdampfer, 1911, Eriksbergs Mek. Verk., Göteborg, 35,3 m x 6,9 m x 2,4 m, 318 BRT, 320-PS-Dampfmaschine, 250 Passagiere, ex EXPRESS II

BOHUSLÄN

Göteborg

Passagier-Frachtschiff, 1914, Eriksbergs Mek. Verk., Göteborg, 43,1 m x 7,3 m x 2,7 m, 304 BRT, 700-PS-Dampfmaschine, 300 Passagiere

BONDEVENNEN

Södertälje

Galeasse, 1904, Skånevik, Norwegen, 17,4 m x 5,3 m x 2,3 m, 32 BRT, 230 qm Segel, ex GULVIK, ex BONDEVENNEN

BORE

Västeras

Eisbrecher, 1894, Kockums, Malmö, 39,8 m x 8,9 m x 5,5 m, 374 BRT, 605-PS-Dampfmaschine, 8 kn, 100 Fahrgäste

BOXHOLM II

Tranas, Sommen

Fahrgastdampfschiff, 1904, Ljungrens Mek. Verk., Kristiansstad, 20,6 m x 4,8 m x 1,9 m, 37 BRT, 85-PS-Dampfmaschine, 116 Fahrgäste

BRISON

Stockholm

Fischkutter, 1909, Esbjerg, 16,9 m x 4,5 m x 2,5 m, 27 BRT, 60-PS-Diesel, ex BETHANIA, ex GRETEL

CARMEN

Stockholm

Schlepper, 1915, Ahlström, Varkaus, Finnland, 22,1 m

CONSTANTIA (TSS 599)

Stockholm

Zweimast-Schoner, 1908, Marstal, Dänemark, 33,0 m (23,0 m) x 6,1 m x 2,5 m, 72 BRT, 150-PS-Diesel, ex MARINA, ex PER OLOF, ex ALTAIR, ex MINDE

DAWN OF DAY

Stockholm

Fischkutter, 1893, Lowestoft, Großbritannien, 20,5 m x 5,3 m x 2,8 m, 38 BRT, ex DAG-GRY

DEODAR

Stockholm

Fischkutter/Brixham trawler, 1911, Brixham, England, 33,0 m (24,0 m) x 5,8 m x 2,7 m, 57 BRT, 262 qm Segel, 210-PS-Diesel, ex RIGMOR, ex DEODAR

DIANA

Göteborg

Fahrgastschiff, 1931, Nacka, 31,7 m x 6,9 m x 2,9 m, 269 BRT, 150 Fahrgäste, 460-PS-Diesel, 10 kn

DICKSON

Stockholm

Minensuchboot, 1940, Marstrand, 25,0 m x 5,1 m x 1,5 m, 59 BRT, Diesel, 14 kn, ex MASEN, ex M 3

DJURGARDEN 3

Stockholm

Doppelend-Fährschiff, 1897, Brodins Varvet, Gäffle, 20,8 m x 5,4 m, 55-PS-Diesel, 99 Fahrgäste, ex NYBRON I., ex STADSGARDEN I.

DOGGEN

Lulea

Schlepper, 1902, Niederlande, 31,3 m x 6,0 m x 3,2 m, 153 BRT, ex ELLWE, ex DOGGEN, ex DIRECTOR LOUIS GUTJAHR VI

DOLLY

Karlstad

Galeasse, 1919, Lysekil, 20,0 m (15,2 m) x 5,9 m x 2,4 m, 35 BRT, 140 qm Segel, Diesel

DOMNARFVET
Borlänge
Fahrgastschiff, 1863, Södra Varvet, Stockholm, 18,3 m x 41 m, 33 BRT

DONIA
Skaftö
Dreimast-Schoner, 1938, Karlstad, 33,5 m x 5,3 m x 2,8 m, 700 qm Segel, 2 x 270-PS-Diesel

DROTTNINGHOLM
Stockholm
Fahrgastschiff, 1909, Motala Mek. Verk., 22,7 m x 5,4 m, 128 BRT, 85-PS-Dampfmaschine, 150 Fahrgäste, ex NYA STROMMA KANAL, ex VALKYRIAN

DUEN
Göteborg
Galeasse, 1940, Frederiksund, 23,0 m (17,1 m) x 4,9 m x 2,4 m, 34 BRT, 200-PS-Diesel

EJDERN
Södertälje
Fahrgastschiff, 1880, Göteborgs Mek. Verk., 22,4 m x 4,5 m x 1,7 m, 38 BRT, 65-PS-Dampfmaschine, 110 Passagiere

EJDERN
Groto
Lotsenboot, 1895, Lundberg, Göteborg, 12,0 m x 4,5 m x 1,9 m, 17 BRT, Segel, Diesel

EJDERN
Seenotrettungskreuzer, 1946, Djurgardsvarvet, 13,0 m x 3,8 m x 1,4 m, 17 tons, 20 BRT, ex GUSTAV, ex FIKUSEN

ELFDALEN
Leksand
Schlepper, 1888, Södra Varvet, Stockholm, 21,4 m x 5,1 m, 60 BRT, 110-PS-Dampfmaschine

ELIDA
Karlstad
Galeasse, 1907, Södra Garns Varv, 21,0 m (16,3 m) x 5,9 m x 2,3 m, 39 BRT, 134 qm Segel, 22-PS-Diesel

ELLEN (TSS 606)
Stockholm
Zweimast-Schoner, 1898, Bom, Thurø, Dänemark, 32,0 m (21,8 m) x 6,0 m x 2,3 m, 60 BRT, 335 qm Segel, 253-PS-Diesel, ex WILLIAM

ELVIRA MADIGAN
Stockholm
Fahrgastschiff, 1930, Elmshorn, 36,9 m x 7,0 m x 1,7 m, 251 BRT, ex NIGE OOGE, ex HAVSVINDEN, ex NIGE OOGE, ex PELLWORM

ELVIRA
Stockholm
Jakt, 1930, Titärsaari, Finnland, 16,3 m x 5,3 m x 2,2 m, 120 qm Segel, 38-PS-Diesel

EMMA
Kalmar
Galeasse, 1900, Landskrona, 17,5 m x 5,8 m x 2,5 m, 47 BRT, 200 qm Segel, 55-PS-Diesel, ex ULLA, ex EMMA

ENGELBREKT
Falun
Schlepper, 1903, Sjöströms Mek. Verk., Gävle, 17,1 m Länge

ENGELBREKT
Leksand, Siljan
Fahrgastschiff, 1866, Lindholmens Varvet, Göteborg, 24,1 m x 4,5 m x 1,8 m, 58 BRT, 80-PS-Dampfmaschine, 66 Passagiere

EUREKA
Uddevalla
Kutter, 1880, Yarmouth, Großbritannien, 20,0 m x 5,2 m x 2,6 m, 39 BRT, 180-PS-Diesel

EVERT TAUBE
Göteborg
Fahrgastschiff, 1958, Stockholm, 29,6 m x 6,5 m x 2,8 m, 160 BRT, ex VITSGARN

EWA
Smedjebacken
Fahrgastschiff, 1920, 9,5 m x 2,6 m, 6-PS-Dampfmaschine, 10 Fahrgäste

FÄRJAN 4
Göteborg
Doppelend-Fährschiff, 1920, Motala Mek. Verk., 20,5 m x 5,4 m x 2,3 m, 94 BRT, 86-PS-Dampfmaschine, 100 Passagiere, Eigner: Sjöfartsmuseum Göteborg

FALKEN
Karlskrona
Segelschulschiff/Zweimast-Gaffelschoner, 1946, Marinewerft, Stockholm, 39,3 m x 7,2 m x 4,2 m, 22 tons, 519 qm Segel, 128-PS-Diesel

FLOTTISTEN
Leksand
Inspektionsboot, 1890, Härnösands Mek. Verk., 37,8 m x 18,6 m x 4,0 m, 110-PS-Dampfmaschine

FORRSVIK
Forsvik, Göta-Kanal
Fähre, 1867, Lindahl & Runer, Gäffle, 9,5 m x 2,0 m, 12 Passagiere

FORTUNA
Hudiksvall
Schlepper, 1857, Dellenlakes, Helsingland, 16,2 m Länge, Dampfmaschine, ex FORT UNNA

FREJA AF FRYKEN
Fryksta
Fahrgastschiff, 1868, Motala Verk., 20,2 m x 4,2 m, 40 BRT, 30-PS-Dampfmaschine, 55 Passagiere, ex FREJA, ex KALMARSUND Nr. 3

FRITHIOF
Stockholm
Fahrgastschiff, 1897, Södra Varvet, Stockholm, 19,9 m x 4,8 m, 55-PS-Diesel, 60 Fahrgäste

FYRSKPP No. 23 (VÄSTRA BANKEN)
Stockholm
Feuerschiff, 1900, Bergsunds Varv, Stockholm, 28,1 m x 7,0 m x 3,1 m, 260 tons, 175-PS-Diesel, ex KOPPARSTEARNE

GEFION
Halmstad
Galeasse, 1910, Dänemark, 16,8 m x 4,8 m x 2,2 m, 29 BRT, 110-PS-Diesel

GERDA
Eskilstuna
Fahrgastschiff, 1865, Lindholmens Varf, Göteborg, 13,6 m x 3,3 m, 10-PS-Dampfmaschine, 40 Fahrgäste, ex HANEBERG, ex GERDA, Eigner: Faktorimuseet Eskilstuna

GLADAN
Karlskrona
Segelschulschiff/Zweimast-Gaffelschoner, 1947, Marinewerft, Stockholm, 39,3 m x 7,2 m x 4,2 m, 22 tons, 519 qm Segel, 128-PS-Diesel

GODNOK
Göteborg
Galeasse, 1913, Bergen, Norwegen, 22,5 m (18,0 m) x 4,4 m x 2,5 m, 28 BRT, 200 qm Segel, 250-PS-Diesel

GRATIA
Göteborg
Zweimast-Gaffelschoner, 1900, Camper & Nicholson, Gosport, England, 29,9 m x 5,1 m x 3,3 m, 43 BRT, 350 qm Segel, 164-PS-Diesel, ex BLUE SHADOW, ex CINDERELLA

GRATIA
Danderyd
Küstenmotorschiff, 1946, Groningen, Niederlande, 41,1 m x 7,0 m x 2,7 m

GRATITUDE
Göteborg
Logger/Schulschiff, 1903, Port Leven, England, 29,1 m (23,0 m) x 5,9 m x 2,8 m, 55 BRT, 360 qm Segel, 184-PS-Diesel, ex ÖSTERVAG

GRETEL
Stockholm
Dreimast-Schoner, 1946, Gustafson, Borga, Finnland, 27,3 (23,5 m) m x 6,4 m x 2,1 m, 160 tons, 230 qm Segel, 120-PS-Diesel

GUNHILD AF LINDINGÖ
Stockholm
Galeasse, 1905, Sjötorp, 20,5 m x 6,4 m x 2,9 m, 66 BRT, 200 qm Segel, 260-PS-Diesel, ex MANANA, ex GUNHILD

GUNILLA
Öckerö
Bark/Schulschiff, 1939, Oskarsham, 61,0 m (50,0 m) x 8,2 m x 3,2 m, 405 BRT, 1.040 qm Segel, 550-PS-Diesel, ex MONICA, ex GUNILLA

GUSTAVSBERG VII
Stockholm
Fahrgastschiff, 1912, Oskarshamn Mek. Verk., 34,7 m x 7,1 m x 2,5 m, 266 BRT, 365 Fahrgäste, ex SAXAREN

HAMLET
Skärhamn
Zweimast-Gaffelschoner, 1936, Sjötorp, 34,0 m (24,7 m) x 6,8 m x 3,1 m, 114 BRT, 280 qm Segel, 210-PS-Diesel, 14 Fahrgäste

HARGE
Ljusterö
Schlepper, 1907, Wennbergs Mek. Verk., Karlstad, 20,1 m Länge, ex RANNICK, ex BLIDO, ex KIND, ex WULF, ex HARGE, ex HARGE II

HAVDEN
Stenungssund
Dreimast-Schoner, 1943, Sjötorp, 37,0 m (26,5 m) x 6,9 m x 2,7 m, 119 BRT, 390 qm Segel, 235-PS-Diesel, ex LIDAN, ex VÄNERVIK, ex LIDAN

HAVHELD
Stockholm
Fischkutter, 1944, Dybsland, Gjuvsland, Hardanger, Norwegen, 17,4 m x 4,8 m x 2,3 m, 32 BRT, 130-PS-Diesel

HAVRESTRÖM VI
Haverud
Schlepper, 1867, Lindholmens Varv, Göteborg, 12,1 m, ex NESTOR, ex JÄRNSJÖN, ex TEODOR, Eigner: Haveruds Kanal Museum

HAWILA
Öckerö
Frachtsegler/Galeasse, 1935, Lindstöl Varv, Risør, Norwegen, 36,8 m (25,6 m) x 6,2 m x 3,0 m, 87 BRT, 330 qm Segel, 370-PS-Diesel

HEBE
Rönnöfors
Schlepper, 1889, Wilhelmsbergs Mek. Verk., Göteborg, 15,6 m

HELENE
Ystad
Zweimast-Schoner, 1916, Ystad, 37,0 m (24,5 m) x 6,3 m x 2,9 m, 90 BRT, 350 qm Segel, 200-PS-Diesel

HELMI
Blidö
Einmast-Segler/sandkil, 1886, Svartlöga, 15,8 m x 5,2 m x 1,5 m, 150 qm Segel, 8 BRT, 100-PS-Diesel

HERBERT
Alingsas
Passagierdampfer/Schlepper, 1905, Eriksberg Mek. Verk., Göteborg, 15,2 m x 3,7 m, 45-PS-Dampfmaschine, 25 Fahrgäste

HERMES
Stockholm
Schlepper, 1925, Aalborg, Dänemark, 27,1 m x 7,5 m x 3,7 m, 154 BRT, ex TORNEN, ex BULBIDER, ex HERMES

HOPPET AF SALTVIK
Stockholm
Galeasse, 1927, Spithamn, Estland, 21,7 m x 6,1 m x 2,1 m, 58 BRT, 250 qm Segel, 260-PS-Diesel

HULDA
Drottningholm
Zweimast-Schoner, 1905, Sjötorp, 25,4 m x 6,7 m x 3,0 m, 95 BRT, 220 qm Segel, 120-PS-Diesel

HVITFELDT
Mönsterås
Frachtsegler, 1903, Esbjerg, Dänemark, 19,2 m x 5,2 m x 2,5 m, 37 BRT, 160 qm Segel, 90-PS-Diesel

INGO
Göteborg
Dreimast-Toppsegelschoner, 1922, Sjötorp, 38,0 m (27,9 m) x 7,1 m x 3,2 m, 116 BRT, 440 qm Segel, 220-PS-Diesel

INSJÖN I.
Leksand
Schlepper, 1873, Erriksbergs Mek. Verk. Göteborg, 17,5 m Länge

ISOLDA
Göteborg
Dreimast-Schoner, 1902, Lödöse, 37,1 m x 7,9 m x 3,4 m, 272 BRT, 265-PS-Diesel

IVAN
Stockholm
Zweimast-Kutter, 1922, Lowestoft, Großbritannien

J. M. JOHANSEN
Seenotrettungekreuzer, 1949, Standard Båtbyggeri, Drammen, Norwegen, 23,8 m x 6,1 m x 3,0 m, 150 tons, 2 x 220-PS-Diesel, ex R/S 53, ex ISKONGEN

JULIANE
Bällästsjö
Frachtsegler, 1911, Hoogezand, Niederlande, 22,0 m x 5,5 m x 2,0 m, 92 BRT

JUNO
Göteborg
Fahrgastschiff, 1874, Motala Mek. Verk., 31,5 m x 6,7 m x 2,7 m, 254 BRT, 125 Fahrgäste, 440-PS-Diesel, 10 kn

JUSTUS
Gotland
Galeasse, 1919, Lysekil, 18,1 m x 5,5 m x 2,8 m, 40 BRT, 150 qm Segel, 200-PS-Diesel, ex JUSTUS A. WALLER

JYLLAND
Stockholm
Haikutter 1914, Skagen, Dänemark, 15,1 m x 4,4 m x 2,2 m, 20 BRT, 118-PS-Diesel

KALMARSUND III
Kalmar
Motorfähre, 1963, Kalmar Varv, 42,4 m x 10,7 m x 3,7 m, 376 BRT, 1.250-PS-Diesel, 12 kn, 650 Passagiere, 30 Autos, ex KOMIZA

KAREN MARIE
Stockholm
Fischkutter, 1921, Hansen & Nielsen, Esbjerg, 16,4 m x 4,2 m x 1,8 m, 25 BRT

KLABACK
Stockholm
Dampfschlepper, 1918, Motala Mek. Verk., 27,7 m x 6,9 m x 3,4 m, 167 BRT, ex SPANGAREN

KLARA MARIE AF SKILLINGE
Skillinge
Zweimast-Schoner/Bornholms-Klipper, 1884, Rönne, 19,1 m x 4,9 m x 2,0 m, 37 BRT

KOLBJÖRN
Schlepper, 1917, Bergsunds Varv, Stockholm, 31,0 m x 8,5 m x 4,2 m, 207 BRT, 650-PS-Dampfmaschine

KUNG ERIK
Stockholm
Fahrgastschiff, 1881, Göteborg, 37,3 m x 6,1 m x 2,7 m, 235 BRT, 292 Fahrgäste, ex ST. ERIK

KURIREN
Stockholm
Schlepper, 1874, Eriksbergs Mek. Verk., Göteborg, 15,1 m Länge

KUSTTRAFIK
Ullanger
Fahrgastschiff, 1908, Göteborg, 31,2 m x 5,5 m x 2,4 m, 158 BRT, 200 Fahrgäste, ex TURISTEN

KVARTSITA (TSS 391)
Skaftö
Frachtsegler/Zweimast-Schoner, 1945, Raa, 23,1 m x 7,0 m x 2,7 m, 88 BRT, 380 qm Segel, 240-PS-Diesel, ex BONO

LAGAHOLM
Laholm
Fahrgastschiff, 1888, 9,4 m x 2,4 m, 15-PS-Diesel, 12 Fahrgäste

LAXEN
Gysinge
Schlepper, 1899, Geffle Mek. Verk., Gäffle, 17,4 m, Eigner: Dalälvarnes Flotnings Museum, Gysinge

LINNEA
Gamleby
Zweimast-Schoner, 1915, Sjötorp, 25,6 m x 7,0 m x 2,7 m, 97 BRT, 420 qm Segel, 130-PS-Diesel

LISSABON AF GRYT
Stockholm
Fischkutter 1950, Pukavik, 22,2 m x 6,5 m x 3,1 m, 84 BRT, 550-PS-Diesel

LORD NELSON
Strömstad/Orust
Fischkutter/Trawler, 1885, Smith, Grimsby, GB, 25,6 m x 6,0 m x 3,1 m, 79 BRT, 290 qm Segel, 120-PS-Diesel

LYCKESAND
Vaxholm
Frachtsegler, 1903, Papenburg, 26,0 m x 5,8 m x 3,0 m, 96 BRT

MÄLAREN 3
Stockholm
Doppelend-Fährschiff, 1903, Södra Varvet, Stockholm, 15,5 m x 4,5 m x 1,7 m, 46 BRT, 34-PS-Dampfmaschine, 150 Fahrgäste, ex SEXAN

MALMÖ
Malmö
Schulschiff, 1943, Helsingborg, 37,1 m x 8,9 m, 317 BRT

MARIA
Södermälarstrand
Segler, 1890, Jönköppings Mek. Verk., 19,5 m (16,5 m) x 3,8 m x 1,9 m, ex TRIO

MARIA SOFIA
Tyresö
Fischkutter, 1950 Hälklkeviksstrands Varv, 22,3 m x 6,3 m x 2,7 m, 79 BRT, 230-PS-Diesel, ex METEOR, ex GULLSKÄR

MARIEFRED
Stockholm
Fahrgast-Dampfschiff, 1903, Södra Varvet, Stockholm, 31,9 m x 6,1 m x 3,0 m, 178 BRT, 298-PS-Dampfmaschine, 334 Fahrgäste

MARIETTA
Küstenmotorschiff, 1950, Schiffbau Gesellschaft Unterweser AG, Bremerhaven, 42,3 m x 7,5 m x 3,0 m, 284 BRT, 350-PS-Diesel, ex FRIEDA MORGENROTH

MARITA AF BORGÅ
Stockholm
Galeasse, 1947, Borgå, 27,8 m x 7,3 m x 2,3 m, 94 BRT, 350 qm Segel, 320-PS-Diesel, ex MARITA

MARITÉ
Stockholm
Dreimast-Toppsegelschoner/ Neufundlandschoner, 1923, Fécamp, Frankreich, 35,0 m x 8,5 m x 4,2 m, 200 BRT, 650 qm Segel, 450-PS-Diesel

MIA
Tankschiff, 1923, Danzig, 41,5 m x 7,3 m x 3,1 m, 299 BRT, Diesel, ex HJUVIK, ex SINVIK, ex BREVIK, ex BODIL

MINA
Lidköping
Galeasse, 1876, Fagelö, Torsö, 25,3 m x 6,9 m x 2,8 m, 100 BRT, 160-PS-Diesel

MISTRAL

Taucherschiff, 1941, Johansens Båtvarv, Långedrag, 27,8 m x 5,0 m x 1,6 m, 70 tons, 180-PS-Diesel, ex M 15

MOTALA EXPRESS

Motala

Passagierdampfschiff, 1895, Jönköpping Mek. Verk., Jönköpping, 35,6 m x 6,6 m x 3,0 m, 249 BRT, 360-PS-Dampfmaschine, 250 Passagiere

MYRA

Upsala

Zweimast-Schoner, 1914, Romsdal, Norwegen, 15,0 m x 4,0 m x 2,1 m, 15 BRT, 100 qm Segel, 90-PS-Diesel, ex VIKING

NAJADEN

Stockholm

Dreimast-Toppsegelschoner, 1918, Pattje, Waterhuizen, Niederlande, 45,0 m (33,5 m) x 7,1 m x 2,9 m, 172 BRT, 600 qm Segel, 353-PS-Diesel, ex NORA, ex HARLINGEN, ex MÖWE, ex VADDER GERRIT, ex IN SPE ex UTSKÄR, ex NORA, ex NAJADEN

NANNY

Göteborg

Jakt, 1917, Hemnesberget, Norwegen, 15,3 m x 4,1 m x 2,1 m, 17 BRT, 131 qm Segel, 100-PS-Diesel

NELL-BRITT

Västervik

Frachtsegler/Zweimast-Schoner, 1929, Raa, 22,5 m x 6,1 m 2,3 m, 67 BRT, 250 qm Segel, 125-PS-Diesel, ex TRYGGÖ

NJORDEN

Bunkerboot/Segler, 1947, Holms Yacht Yard, Gamleby, 15,4 m x 5,3 m x 2,3 m, 38 BRT, ex SHELL S 17, ex BJÖRN II, ex KARIN II

NORDANVIND

Värmdö

Küstenmotorschiff, 1894, Stockholm, 45,2 m x 6,0 m x 2,4 m, 207 BRT, ex TROLLÖ, ex KARJAVA, ex HAPARANDA

NORRSKÄR

Stockholm

Fahrgast-Dampfschiff, 1910, Eriksbergs Mek. Verk., Göteborg, 34,8 m x 6,9 m x 3,5 m, 227 BRT, 320-PS-Dampfmaschine, 389 Fahrgäste, ex SANDHAMN EXPRESS

NOSSAN AF STALLAHOLM

Nossebro

Fahrgastschiff, 1933, Dalarna, 7,1 m x 2,1 m, 5-PS-Diesel, 12 Fahrgäste

NYA SKÄRGÅRDEN

Motala

Fahrgastschiff, 1915, Motala, 32,1 m x 6,3 m x 2,1 m, 187 BRT, ex LINDA AF TINNINGÖ, ex REPARATÖREN AF TINNINGÖ, ex LINDA II, ex TOR II, ex TINNINGÖ, ex TOR II, ex TOR, ex TORSBYFJÄRD, ex NYA SKÄRGÅRDEN

OBERON

Fischkutter, 1943, Gustavvson, Landskrona, 19,9 m x 6,0 m x 2,8 m, 58 BRT, 350-PS-Diesel, ex SD 19

ÖRNEN-ETTAN

Vesteras

Schlepper, 1903, Lundby Mek. Verk., Göteborg, 16,5 m Länge

ORION

Bergungsfahrzeug, 1929, Helsingborg, 32,4 m x 6,0 m x 3,0 m, 155 BRT, Dampfmaschine, ex ORION, ex KALMAR

ÖSTA

Akersberga

Schlepper/Fahrgastschiff, 1898, Gefle Verk., Gäffle, 17,4 m x 4,1 m, 55-PS-Dampfmaschine, 12 Fahrgäste

ÖSTANA I

Stockholm

Passagierdampfschiff, 1906, Bergsunds Mek. Verk., Stockholm, 35,0 m x 6,9 m x 2,7 m, 194 BRT, Diesel

ÖSTERSUND

Arvedsund

Passagier-Frachtschiff, 1874, Oskarshamn Mek. Verk. 25,2 m x 4,5 m, 120-PS-Dampfmaschine, 100 Passagiere, ex LAS VEGAS, ex ÖSTERSUND

PÄRLAN

Stockholm

Tankschiff, 1937, Stockholm, 36,2 m x 6,9 m x 2,8 m, 216 BRT, ex BT IV

PILGRIMMEN

Malmö

Brixham trawler, 1895, Brixham, Großbritannien, 20,0 m x 5,4 m x 2,7 m, 51 BRT, 340 qm Segel, 150-PS-Diesel

PLUTO

Göteborg

Tankschiff, 1903, Torskrog, 31,6 m x 5,3 m x 3,1 m, Diesel, ex DYKAREN, ex SVEA

PINERO

Fischkutter, 1935, Halsö, 17,9 m x 6,0 m x 2,7 m, 48 BRT, 250-PS-Diesel, ex PINERO II

POLAR

Schlepper, 1918, Bergsunds Mek. Verk., Stockholm, 31,7 m x 9,3 m x 4,3 m, 244 BRT, 1.600-PS-Diesel, ex THOR II, ex POLAR AF PITTEA

POLSTJÄRNAN

Karlstad

Inspektionsboot, 1929, Lindholmens Varv, Göteborg, 30,1 m x 5,8 m, 115 BRT, 190-PS-Dampfmaschine, 80 Fahrgäste, ex POLSTJÄRNAN AF VÄNERN, ex NORDSTJÄRNAN, ex POLSTJÄRNAN

PRIMUS

Sundsvall

Fahrgastschiff/Schlepper, 1875, Södra Varvet, Stockholm, 19,2 m x 4,5 m, 65-PS-Dampfmaschine, 50 Fahrgäste

PRINS CARL PHILIPP

Stockholm

Fahrgastschiff, 1901, Stockholm, 32,8 m x 6,1 m x 2,5 m, 194 BRT, ex BAYARD, ex HÖNÖ, ex BAYARD, ex NYA HILLERSJÖ

REX

Hallstahammar

Schlepper, 1902, Torskogs Mek. Verk., 15,2 m x 3,9 m, Dampfmaschine

RICKTOR

Saltsjö-Duvnäs

Galeasse, 1835, Harge, 21,3 m x 6,5 m x 2,3 m, 62 BRT, 115-PS-Diesel

RIDDARHOLMEN

Stockholm

Fahrgastschiff, 1916, Motala, 31,8 m x 6,9 m x 2,8 m, 289 BRT, ex MOTALASTRÖM, ex VÄTTERÖ, ex ARNÖ, ex VIELLE MONTAGNE III

ROBERT

Stockholm

Schlepper, 1866, Bergsunds Varvet, Stockholm, 13,9 m x 3,0 m x 1,8 m, 20 tons, ex HUDIK

RUTH

Stockholm

Galeasse, 1914, Råå, Schweden, 30,0 m (20,0 m) x 5,8 m x 2,7 m, 51 BRT, 200 qm Segel, 96-PS-Diesel

RUTIS

Gotland, Farösund

Fahrgastschiff, 1939, 28,6 m x 5,7 m, 195 BRT, ex BRAINWARE, ex MUL 10

SAGAN

Borgholm

Fahrgastschiff, 1915, Stockholm, 23,6 m x 6,8 m x 2,7 m, ex SAGAN, ex AGA III, ex GASACCUMULATOR III

SALTSJÖN

Stockholm

Passagierdampfer, 1925, Eriksbergs Mek. Verk., Göteborg, 37,5 m x 7,0 m x 2,3 m, 249 BRT, 550-PS-Dampfmaschine, 300 Passagiere, ex BJÖRKFJÄRDEN, ex SALTSJÖN

SANDÖN

Askersund

Fahrgastschiff, 1910, Göteborg, 29,8 m x 6,4 m x 2,6 m, 158 BRT, ex SANDÖN AF KARLSBORG, ex SANDÖN, ex AURORA BOREALIS, ex BORE

SANKT ERIK

Stockholm

Eisbrecher, 1915, Finnboda Varv, Stockholm, 1616 BRT, 60,9 m x 17,0 m x 6,5 m, 4.000-PS-Dieselmaschine, 30 Mann Besatzung, 200 Fahrgäste, Eigner: Statens Sjöhistoriska Museer, ex ISBRYTAREN II.

ST. ERIK

Göteborg

Fahrgastschiff, 1881, Göteborg, 38,6 m x 6,2 m x 2,7 m, 246 BRT, ex KUNG ERIK, ex ST. ERIK, ex SOLÖ, ex ST. ERIK

SARPEN (TSS 402)

Simrishamn

Galeasse, 1892, Nykøbing/Falster, Dänemark, 27,0 m (20,0 m) x 5,9 m x 2,1 m, 46 BRT, 225 qm Segel, 180-PS-Diesel, ex FREJA

SHALOM (JOH 316)

Oskarshamn

Zweimast-Schoner, 1906, Vegesack, ex ST. MAGNUS (BV 8), ex BERTHA, ex THELLEF, ex TV 015

SHAMROCK

Stockholm

Zweimast-Schoner, 1915, Vlaardingen, Niederlande, 40,0 m (28,4 m) x 6,7 m x 2,9 m, 160 BRT, 450 qm Segel, 230-PS-Diesel

SIERRA CONDOR

Seenotrettungskreuzer, 1948, Djurgardsvarvet, Stockholm, 19,1 m x 5,8 m x 2,6 m, 66 tons, 2 x 225-PS-Diesel, ex A. E. APPELBERG

SILJAN

Leksand

Schlepper, 1868, Södra Varvet. Stockholm, 20,8 m, ex SILJAN II, ex SIJAN

SILVA

Öckerö

Küstenmotorschiff, 1939, Karlstad, 33,1 m x 7,3 m x 3,3 m, 199 BRT, Diesel

SIR WILLIAM ARCHIBALD

Stockholm

Trawler, 1927, Great Yarmoth, Großbritannien, 25,9 m x 6,1 m x 3,1 m, 71 BRT, 185-PS-Diesel, ex RYDNING, ex SIR W. A.

SJÖSTJÄRNAN

Fahrgastschiff, 1890, Göteborgs Mek. Verk., 23,7 m x 4,6 m x 2,9 m, 59 BRT, 270-PS-Diesel, ex POLSTJERNAN, ex POLSTJERNAN I

SKIBLADNER

Stockholm

Jakt, 1911, Romsdal, Norwegen, 22,0 m (15,1 m) x 4,3 m x 2,3 m, 24 BRT, 150-PS-Diesel, ex NORDKOSTER, ex HEIMDAL

SOFIERO

Laholm

Fahrgast-Dampfschiff, 1888, 9,4 m Länge, 12 Fahrgäste

SPERANZA

Stockholm

Fischkutter 1891, Lowestoft, Großbritannien, 23,9 m x 5,2 m x 2,7 m, 41 BRT

SPRÄNGAREN

Stockholm

Schlepper, 1918, Motala Mek. Verk., 26,0 m, ex KLABACK, ex SPRÄNGAREN

START

Fahrgastschiff/Schlepper, 1882, Kristinehamn, 17,4 m x 3,4 m x 2,0 m, 29 BRT, 150-PS-Diesel, ex AXEL

STOCKHOLM

Stockholm

Fahrgast-Fährschiff, 1931, Oskarshamn Varv, 48,7 m x 8,5 m x 2,8 m, 658 BRT, 725-PS-Dampfmaschine und 1.100-PS-Diesel, 385 Fahrgäste, ex KORSHOLM III, ex ÖLAND

STOCKVIK

Stocka

Schlepper, 1930, Frederikshavn Værft & Flydedok, Dänemark, 28,0 m x 7,7 m x 3,1 m, 138 tons, 550-PS-Dampfmaschine, ex ST. CANUTE, ex ST. KNUD, ex ORTHONA

STORSKÄR

Stockholm

Fahrgast-Dampfschiff, 1908 Lindholmens Varvet, Göteborg, 38,9 m x 7,0 m x 3,0 m, 235 BRT, 660-PS-Dampfmaschine, 13 kn, 320 Fahrgäste, ex STRENGNÄS EXPRESS

STRAND
Göteborg
Schlepper, 1890, Bolinders Mek. Verk., Stockholm, 21,3 m, ex WULFF II, ex LINDAS, ex URANUS, ex STRAND

STYRSÖ
Göteborg
Fahrgastschiff, 1907, Göteborg, 30,1 m x 6,1 m x 2,4 m, 184 BRT, 273 Fahrgäste

SUNBEAM
Uppsala
Zweimast-Trawler, 1905, Lowestoft, Großbritannien, 23,6 m x 5,9 m x 2,8 m, 68 BRT, 170 qm Segel, 240-PS-Diesel

SVALAN AV JUNGFRUSUND
Ingarö
Galeasse, 1924, Jungfrusunds Varv, 27,3 m (20,3 m) x 5,2 m x 1,8 m, 43 BRT, 230 qm Segel, ex SORINA, ex SVALAN

SVANEFJORD
Hjo
Küstenmotorschiff, 1912, Torskrog, 31,7 m x 6,9 m x 3,3 m, 238 BRT, Diesel, ex TV 068, ex TV 051, ex SVANEFJORD, ex GULLFJORD, ex VRAKAREN, ex HANESTRÖM I, ex TORGNY

SVANEVIK
Stockholm
Galeasse, 1914, Sappemeer, Niederlande, 22,1 m x 5,6 m x 2,1 m, 84 BRT, 60-PS-Diesel

SVEDEN
Borlänge
Schlepper, 1942, Lindvalls Varv, Leksand, 13,2 m Länge

SVEPAREN
Stockholm
Schlepper, 1918, Motala Mek. Verk., 26,0 m Länge

SYDFART
Öland
Küstenmotorschiff, 1879, Torskrog, 31,7 m x 6,5 m x 3,0 m, 198 BRT, ex STIGFJORD, ex HAMNFJORD, ex OLOF TRÄTÄJA

T 26
Torpedoboot, 1942, Kockums, Malmö, 20,0 m x 5,0 m, 27 tons, 2 x 1.500-PS-Diesel, 52 kn, 11 Mann Besatzung, zwei Torpedorohre, ein MG

T 46
Torpedoboot, 1956, Kockums, Malmö, 23,0 m x 5,9 m, 45 tons 2 x 1.500-PS-Diesel, 50 kn, 16 Mann Besatzung, zwei Torpedorohre, 1 MG

T 121 (SPICA)
Stockholm/Karlskrona
Torpedoboot, 1967, Götaverken, Göteborg, 42,5 m x 7,2 m x 2,6 m, 210 tons, drei Gasturbinen mit 4.250 PS, 40 kn, 57 mm Kanone, sechs Torpedos, Raketen, 30 Mann Besatzung. SPICA war das erste einer Serie von sechs Torpedobooten, die zwischen 1965 und 1968 gebaut wurden.

TÄRNAN
Stockholm
Passagierdampfer, 1901, Södra Varvet, Stockholm, 20,1 m x 4,9 m, 47-PS-Dampfmaschine, 83 Passagiere, ex AMARANTH, ex TÄRNAN

TÄRNAN
Göteborg
Frachtsegler/Zweimast-Schoner, 1913, Karlshamn, 31,0 m (22,0 m) x 5,9 m x 2,4 m, 65 BRT, 320 qm Segel, 240-PS-Diesel

THOMÉE
Östersund
Passagier-Frachtschiff, 1875, Motala Mek. Verk., 26,9 m x 4,9 m x 2,2 m, 106 BRT, 150-PS-Dampfmaschine, 130 Passagiere

THOR
Helgasjön, Växjö
Schlepper, 1887, Bergsunds Mek. Verk. Stockholm, 15,4 m 3,4 m x 1,5 m, 12 BRT, 35-PS-Dampfmaschine, 70 Fahrgäste, Eigner: Smalands Museum, Växjö

TOMTEN
Leksand
Schlepper, 1862, Södra Varvet, Stockholm, 16,1 m Länge, Dampfmaschine

TRAFIK
Hjo, Vättern
Fahrgast-Frachtschiff, 1892, Bergsunds Mek. Verk., Stockholm, 31,7 m x 6,3 m x 2,6 m, 162 BRT, 240-PS-Dampfmaschine, 180 Fahrgäste

TRITON
Stockholm
Zweimast-Schoner, 1911, Viken, 23,8 m x 6,8 m x 2,7 m, 78 BRT, 80-PS-Diesel, ex INGRID, ex NURTAN, ex ELSA CARLSVIK, ex TRITON

TV 243
Stockholm
Patrouillenboot, 1964, Djupiks Varv, 16,2 m x 3,7 m x 1,2 m, 2 x 275-PS-Diesel, ex KBV 243

VÄSTAN
Vaxholm
Fahrgastschiff, 1900, Motala, 32,5 m x 5,9 m x 3,1 m, 166 BRT, ex NYA SVARTSJÖLANDET

VÄSTTANK
Göteborg
Tankschiff, 1907, Torskrog, 31,8 m x 6,8 m x 3,1 m, 222 BRT, ex VÄSTMANNLAND, ex SIGVARD

VALBORG
Sjötorp
Frachtsegler/Väner-Ewer, 1902, Sjötorps Varv, 26,9 m x 6,9 m x 3,3 m, 134 BRT, Diesel-Hilfsmotor, ex VALBORG II, ex GERD, ex NINA. Das Boot segelte als Galeasse zunächst auf dem Väner-See und auf der Ostsee.

VALKYRIEN AF HÖGANÄS
Höganäs
Haikutter, 1935, Jensen, Nyborg, Dänemark, 20,0 m (14,1 m) x 4,1 m x 2,0 m, 16 BRT, 180 qm Segel, 74-PS-Diesel

VERTROUWEN
Stockholm
Klipper Aak, 1910, Groningen, Niederlande, 26,5 m x 5,0 m x 1,2 m, 91 BRT, 120-PS-Diesel

VIDA
Stockholm
Dreimast-Toppsegelschoner, 1916, Vlaardingen, Niederlande, 42,4 m (34,0 m) x 6,6 m x 2,7 m, 138 BRT, 660 qm Segel, 360-PS-Diesel, ex SPIRIT OF MERSEYSIDE, ex MARIE, ex SUDERSAND, ex GRIMSÖ, ex ELSA

VIRAN
Stockholm
Küstenmotorschiff, 1939, Hamburg, 38,4 m x 6,8 m x 2,6 m, 198 BRT, ex ORMSJÖ, ex TORSJÖ, ex HOIEVARDE, ex FRILAND, ex HJELMEN, ex ex STRANDØY, ex PRESIDENT TUBMAN

WARPEN
Bollnäs
Passagierdampfer, 1873, Södra Varvet, Stockholm, 20,5 m x 4,8 m, 70-PS-Dampfmaschine, 57 Passagiere, ex NORSBRO

WAXHOLM III
Stockholm
Fahrgastschiff, 1903, Stockholm, 37,3 m x 6,9 m, ex SKÄRGÅRDEN

WELLAMO
Stockholm
Zweimast-Schoner, 1949, Happisalu, Finnland, 26,0 m (20,8 m) x 5,8 m x 1,9 m, 67 BRT, 200-PS-Diesel, ex AMPHION

WESTKUST
Orust
Dreimast-Toppsegelschoner, 1932, Sjötorp, 40,0 m (28,6 m) x 7,2 m x 3,2 m, 137 BRT, 463 qm Segel, 385-PS-Diesel

WESTVIND AF GÖTEBORG
Göteborg
Galeasse, 1914, Kungsviken, Orust, 20,0 m (14,6 m) x 5,6 m x 2,3 m, 31 BRT, 120 qm Segel, 150-PS-Diesel, ex VERA, ex VESTVIND

WILHELM THAM
Stockholm
Fahrgastschiff, 1912, Motala, 31,5 m x 6,7 m x 2,7 m, 268 BRT, 130 Fahrgäste

YRSA
Lidköping
Zweimast-Schoner, 1901, Marstal, Dänemark, 25,0 m (18,1 m) x 5,0 m x 2,0 m, 40 BRT, 198-PS-Diesel, ex YRSA AF MARSTAL, ex YRSA, ex DANNEBROG

ZEBRON
Stockholm
Tankfahrzeug, 1914, Queensferry, Großbritannien, 39,2 m x 6,4 m x 3,0 m, 254 BRT, ex ÄLVTANK, ex TANKER, ex FELITA, ex SIR WILLIAM

NACHBAUTEN

ALUETT
Karlskrona
Fracht-Segler, 1995, Original: 1200–1300, 11,6 m x 4,6 m

ATLANTICA
Göteborg
Schoner/Schulschiff, Skagen, 1981, 26,2 m x 6,5 m x 3,2 m, 74 BRT, 540 qm Segel

HIORTEN
Karlskrona
Nachbau eines Postseglers aus dem Jahr 1692, Galiot, 15,0 m x 4,0 m x 2,2 m, 130 qm Segel, drei Mann Besatzung. Die historische See-Postlinie ließ König Gustav II. Adolf während des Dreißigjährigen Krieges einrichten, um Südschweden mit den eroberten Gebieten auf der anderen Seite der Ostsee zu verbinden. HIORTEN segelte zwischen 1693 und 1701 zwischen Ystad und Stralsund.

HOPPET AF BRANTEVIK
Brantevik
Jagt, 2001 (Nachbau), 23,3 m (16,0 m) x 4,6 m x 2,2 m, 154 qm Segel

SOFIA LINNEA
Stockholm
Jakt, Roslag-Kulla, 1988, Nachbau, 31,0 m (20,0 m) x 6,7 m x 1,7 m, 33 BRT, 300 qm Segel

U-Boot HAJEN, Karlskrona

Raddampfer LA SUISSE, Genfer See

Raddampfer RIGI, Luzern

SCHIFFSPORTRÄT

RIGI

Luzern, Verkehrshaus der Schweiz

105 Jahre unter Dampf

Der vierzig Meter lange Eindeck-Salon-Raddampfer RIGI (90 tons) wurde 1847 auf der Werft Ditchborne & Mare in Greenwich bei London für die »Postdampfschiffahrtsgesellschaft auf dem Vierwaldstädter See« gebaut. Das Schiff wurde per Schiff und Bahn in Einzelteilen in die Schweizer Alpen transportiert. Dort blieb der Dampfer, der 200 Fahrgäste transportieren konnte und mit fünf Mann Besatzung fuhr, bis 1952 im Betrieb. Nach dieser 105 jährigen Fahrenszeit wurde RIGI 1958 im Innenhof des Luzerner Verkehrshauses der Schweiz aufgestellt, wo er heute als Exponat und Restaurant dient. Die oszillierende Zwei-Zylinder-Dampfmaschine (ehemals 155 PS stark) und das Backbordrad lassen sich durch einen elektrischen Antrieb in Bewegung setzen. Dampfer RIGI ist das älteste erhaltene Schiff der Schweiz.

SCHIFFAHRTSMUSEEN

BASEL

Verkehrsdrehscheibe Schweiz
Westquaistraße 2, 4057 Basel
Tel.: 0 61 - 6 31 42 65
www.museenbasel.ch/d/vds.htm

Rheinschiffahrt

GENF

Stationäre Schiffe
LE BATEAU GENEVE (ex GENEVE), Zweideck-Salon-Raddampfer, 1896
LE BATEAU (ex VALAIS), Zweideck-Salon-Raddampfer, 1913

KREUZLINGEN

Seemuseum Kreuzlingen
8280 Kreuzlingen
Tel.: 0 72 - 75 52 42
www.de1.emb.net/seemuseum

Schiffahrt und Fischerei auf dem Bodensee, Sportboot-Sammlung

LAUFENBURG

Museum zum Schiff
Fluhgasse 156, 5080 Laufenburg
Tel.: 0 62 - 8 74 22 43
Rhein-Schiffahrt und -Fischerei, Gemälde

LAUSANNE

Projekt
AUGUSTE-PICCARD, Passagier-Tauchboot, 1964

LUZERN

Verkehrshaus der Schweiz
Lidostraße 5, 6006 Luzern
Tel.: 0 41 - 31 44 44
www.verkehrshaus.ch

Schweizer Schiffahrtsgeschichte, Schiffahrt auf Schweizer Gewässern, Schiffbau-Technik, Bootsammlung

Museumsschiffe
RIGI, Eindeck-Salon-Raddampfer, 1847
RETTUNGSBOOT Nr. 1, 1964
VOGEL GRYFF, Rhein-Fährschiff, 1962
SCHULZ-HYDRO, Speedboot, 1970
SEIKO DA GRINDELWALD, Einmannboot
SPIEZ (41), Patrouilenboot, 1944
THALWIL, Motorschiff, 1892

LUZERN

Stationärer Veteran
WILHELM TELL, Zweideck-Salon-Raddampfer, 1892, seit 1970 schwimmendes Restaurant

MORGES

Projekt
LA LIBERTÉ, Nachbau einer Galeere aus dem 17. Jahrhundert

NEUCHATEL

Stationäres Schiff
NEUCHATEL, Salon-Raddampfer, 1912, heutige Nutzung: Restaurant

NYON

Musée du Léman
8, quai Louis-Bonnard, 1260 Nyon 1
Tel.: 0 22 - 3 61 09 49
www.nyon.ch/

Modelle historischer Segelschiffe auf dem Genfer See, Maschine des Dampfschiffs HELVETIE.

PORTALBAN

Stationäres Schiff
FRIBOURG, Salon-Raddampfer, 1913, Liegeplatz: Am Hotel St. Louis, Portalban, heutige Nutzung: Restaurant

ROMANSHORN

Kleines Museum am Hafen
8590 Romanshorn
Tel.: 0 7 1- 4 63 27 04
Schiffsmodelle

SAINT-GINGOLPH

Musée des Traditipns et des Barques du Léman
Place du Chateau,
1898 Saint-Gingolph
Tel.: 0 24 - 4 81 82 33
Schiffahrt auf dem Genfer See, Modelle von Seglern (barques)

WALENSTADT

Ortsmuseum
Im alten Rathaus, 8880 Walenstadt
Tel.: 0 81 - 7 35 22 22
Dokumente vom Untergang des Passagierdampfers DELPHIN auf dem Walensee im Jahr 1850

WINTERTHUR

Technorama
Technoramastraße 1, 8404 Winterthur
0 52 - 2 43 05 05
www.technorama.ch/

Zwei Dampfmaschinen aus den Jahren 1899 und 1910

ZUG

Fischerei-Museum
Ammannsmatt 43, 6300 Zug
Tel.: 0 41 - 7 41 87 19
Einbaum eines Fischers

MUSEUMS-SCHIFFE

RETTUNGSBOOT Nr.1

Luzern

Rettungsboot vom Frachtschiff MS CARONA, 1964, Schweizerische Reederei, Basel

RIGI

Luzern

Eindeck-Salon-Raddampfer, 1847, Ditchborne & Mare, Greenwich, 40,2 m x 8,2 m x 1,2 m, 90 tons, 155-PS-Dampfmaschine, 200 Passagiere, fünf Mann Besatzung, seit 1958 im Museum

SCHULZ-HYDRO

Luzern

Speedboot, 1970, 4,1 m x 1,7 m, 120-PS-Außenbordmotor, 200 km Geschwindigkeit, 100 kg Gewicht

SEIKO DA GRINDELWALD

Luzern

Einmannboot, 6,5 m x 1,5 m, Gewicht: 250 kg, Rumpf: Mahagoni mit Fiberglas, 2,5-PS- Außenbordmotor.
Mit diesem Boot überquerte der Japaner Seiko Nakajima den Atlantik. Die 20.000-km-Reise begann er am 10. September 1994 in Basel.
Am 30. April 1995 erreichte er New York.

SPIEZ (41)

Luzern

Patrouillenboot der Schweizer Armee, 1944

THALWIL

Luzern

Passagier-Motorschiff, 1892, ex NEU ZÜRICH

VOGEL GRYFF

Luzern

Rhein-Fährschiff, 1962, Waldmeier AG, Mumpf, 11,6 m x 2,9 m, 2 tons, 35-PS-Motor, ein Mann Besatzung, von 1862 bis 1883 im Einsatz

STATIONÄRE VETERANEN

BLÜMLISALP

Thuner See

Zweideck-Salon-Raddampfer, 1906, Escher-Wyss, Zürich, 350 tons, 63,4 m x 13,4 m, 800 Passagiere, Auflieger

FRIBOURG

Portalban

Salon-Raddampfer, 1913, Escher Wyss, Zürich, 46,0 m x 6,0 m, Liegeplatz: Am Hotel St. Louis, Portalban, heutige Nutzung: Restaurant

LE BATEAU GENEVE

Genf

Zweideck-Salon-Raddampfer, 1896,Gebr. Sulzer, Winterthur, 334 tons, 63,4 m x 13,9 m x 1,6 m, vormals 900-PS-Diesel und 850 Passagiere, ex GENEVE, Liegeplatz: Genf, See, heutige Nutzung: Jugendheim und Sozialstation

LE BATEAU

Genf

Zweideck-Salon-Raddampfer, 1913, Gebr. Sulzer, Winterthur, 63,0 m x 14,3 m, ex VALAIS, Liegeplatz: Genf, Pont du Mont-Blanc, heutige Nutzung: Restaurant

NEUCHATEL

Neuchatel

Salon-Raddampfer, 1912, Escher Wyss, Zürich, 46,0 m x 6,0 m, Liegeplatz: Neuchatel, heutige Nutzung: Restaurant

WILHELM TELL

Luzern

Zweideck-Salon-Raddampfer, 1908, Gebr. Sulzer, Winterthur, 63,0 m x 14,3 m, Heutige Nutzung: Seit 1970 schwimmendes Restaurant

RESTAURIERUNGS-PROJEKTE

AUGUSTE-PICCARD

Lausanne

Passagier-Tauchboot, 1964, 28,5 m x 7,4 m, Max. Tauchtiefe: 300 m, vier Mann Besatzung, 40 Passagiere.
Dieses Tauchboot wurde vom Forscher Jaques Piccard zur Expo 1964 in Lausanne entworfen und ist nach 34 Jahren in die Schweiz zurückgekehrt.
Während der Ausstellung unternahm es 1.100 Tauchfahrten bis in 300 Meter Tiefe mit 33.000 Reisenden. Im Jahr darauf wurde das Boot für 100.000 Dollar in die USA verkauft, 1972 für Forschungen im Golf von Alaska umgerüstet und ab 1980 für Forschungsreisen zu gesunkenen spanischen Galeonen vor der Küste Kolumbiens eingesetzt. Das seit 1984 aufgelegte Boot wurde im Frühjahr 1999 für 44.000 Franken in die Schweiz zurückgekauft, wo es für 800.000 Franken restauriert und im »Espace Piccard« in Bouveret am Ufer des Genfer Sees ausgestellt wird.

AURORE

Saint-Gingolph

Nachbau einer Barke (Cochére) aus dem 19. Jahrhundert, 10,0 m x 2,0 m, 4 tons, 27 qm Segelfläche, Hilfsmotor

WENGI

Raddampfer, 1899, ex GIURGIU

AKTIVE VETERANEN – SEGELSCHIFFE

BARQUE DES ENFANTS
Veyvey
Zweimast-Barke, Nachbau, 1999, 27,7 m x 8,7 m, 50 tons, 280 qm Segelfläche

LA LIBERTÉ
Morges
Nachbau einer Galeere aus dem 17. Jahrhundert, Länge: 55,0 m, 190 tons, 800 qm Segel, zwei Hilfsmotoren, 152 Ruderer, 25 Passagiere

LA VAUDOISE
Lausanne
Segelbarke, 1932, Chantier Naval, Bret-Locum, 17,0 m x 6,2 m x 1,0 m, 120-PS-Diesel, ex LA VIOLETTE

NEPTUNE
Genf
Segelbarke, 1904, Locom, Savoire, 70 tons, 27,5 m x 8,5 m, drei Segel, 250 qm Segelfläche, Diesel

AKTIVE VETERANEN – PASSAGIER-SCHIFFE

CERESIO
Luganer See
Motor-Passagierschiff, 1931, Vogt & Gut, 55,3 tons, 30,0 m x 6,3 m, 240 Passagiere

CYGNE
Neuenburger See
Motor-Passagierschiff, 1939, Bodanwerft, 74 tons, 34,0 m x 5,6 m x 1,2 m, 340-PS-Diesel, 250 Passagiere

ETZEL
Züricher See
Motor-Passagierschiff, 1934, Escher Wyss, 54 tons, 31,9 m x 5,4 m, 200 Passagiere

GALLIA
Vierwaldstätter See
Zweideck-Salon-Raddampfer, 1913, Escher-Wyss, Zürich, 328 tons, 62,9 m x 14,5 m, 1.080-PS-Dampfmaschine, 17,2 kn, 900 Passagiere

GANDRIA
Luganer See
Motor-Passagierschiff, 1938, Gebr. Sulzer, 16,3 tons, 20,6 m x 4,1 m, 95 Passagiere

GREIF
Greifensee
Motorschiff, 1895, Escher-Wyss, Zürich, 9,5 tons, 13,3 m x 3,2 m, 45-PS-Diesel, 24 Passagiere

HEIMAT
Greifensee
Motor-Passagierschiff, 1931, Burkhard, 10,2 tons, 14,7 m x 3,2 m, 60 Passagiere

HELVETIE
Genfer See
Zweideck-Salon-Radmotorschiff, 1926, Gebr. Sulzer, 429 tons, 78,5 m x 15,9 m x 1,4 m, 1400-PS-Diesel, 16,2 kn, 1.600 Passagiere

HOHENTWIEL
Bodensee
Zweideck-Salon-Raddampfer, 1913, Escher Wyss, Zürich, 295 tons, 56,9 m x 13,0 m, 700 Passagiere

ITALIE
Genfer See
Zweideck-Salon-Radmotorschiff, 1908, Gebrüder Sulzer, Winterthur, 263 tons, 64,0 m x 14,0 m x 1,3 m, 700-PS-Diesel, 15,4 kn, 900 Passagiere

JURA
Bieler See
Fahrgastschiff, 1933, 27,5 m x 5,1 m x 1,4 m, 170-PS-Diesel, 200 Personen

KONSTANZ
Bodensee
Motor-Passagierschiff, 1925, Bodanwerft, 38,0 tons, 22,6 m x 4,0 m, 60 Passagiere

LA SUISSE
Genfer See
Zweideck-Salon-Raddampfer, 1910, Gebr. Sulzer, Winterthur, 461 tons, 78,5 m x 15,9 m x 1,5 m, 1450-PS-Dampfmaschine, 15,6 kn, 1500 Passagiere

LAUSANNE
Genfer See
Zweideck-Salon-Raddampfer, 1900, Gebr. Sulzer, Winterthur, 204 tons, 60,0 m x 13,6 m x 1,2 m, 600-PS-Diesel, 900 Passagiere

LÉMAN
Genfer See
Zweideck-Salon, Motorschiff, 1857, Escher Wyss, Zürich, 185 tons, 57,0 m x 6,6 m x 1,4 m, 680-PS-Diesel, 450 Passagiere

LÖTSCHBERG
Brienzer See
Zweideck-Salon-Raddampfer, 1914, Escher-Wyss, Zürich, 260 tons, 55,6 m x 12,8 m, 450-PS-Dampfmaschine, 13,5 kn, 800 Passagiere

MILANO
Luganer See
Motor-Passagierschiff, 1927, Walsum, 60,0 tons, 30,0 m x 6,6 m, 150 Passagiere

MONTREUX
Genfer See
Zweideck-Salon-Radmotorschiff, 1904, Gebr. Sulzer, Winterthur, 66,3 m x 14,3 m x 1,5 m, 323 tons, 1.100-PS-Diesel, 15,6 kn, 1.000 Passagiere

MOUETTE
Neuenburger See
Motorpassagierschiff, 1939, Bodanwerft, 74 tons, 34,0 m x 5,6 m x 1,2 m, 240-PS-Diesel, 250 Passagiere

MYTHEN
Vierwaldstätter See
Motor-Passagierschiff, 1931, SGV, Luzern, 34,5 tons, 31,6 m x 5,0 m, 480-PS-Diesel, 200 Passagiere

NEPTUN
Vierwaldstätter See
Eindeck-Motorschiff, 1897, Escher Wyss, 17,9 m x 4,0 m, 110-PS-Diesel, 95 Passagiere

NIESEN
Thuner See
Motor-Passagierschiff, 1935, Escher Wyss, 31,7 tons, 25,5 m x 4,6 m, 155 Passagiere

PIEMONTE
Lago Maggiore
Raddampfer, 1904, Escher Wyss, 273 tons, 51,2 m x 6,2 m, 500 Passagiere

REUSS
Vierwaldstätter See
Motor-Passagierschiff, 1926, Sachsenberg, 29,0 tons, 22,5 m x 4,9 m, 135 Passagiere

RHONE
Genfer See
Zweideck-Salon-Raddampfer, 1927, Gebr. Sulzer, Winterthur, 364 tons, 65,5 m x 14,3 m x 1,5 m, 900-PS-Dampfmaschine, 14,8 kn, 1.000 Passagiere

RÜTLI
Vierwaldstätter See
Motor-Passagierschiff, 1929, Sachsenberg, 31,1 tons, 22,4 m x 4,9 m, 140 Passagiere

SAVOIE
Genfer See
Zweideck-Salon-Raddampfer, 1914, Gebr. Sulzer, Winterthur, 367 tons, 68,0 m x 14,3 m x 1,5 m, 900-PS-Dampfmaschine, 14,8 kn, 1000 Passagiere

SCHILLER
Vierwaldstätter See
Zweideck-Salon-Raddampfer, 1906, Gebr. Sulzer, Winterthur, 320 tons, 63,0 m x 14,3 m, 700-PS-Dampfmaschine, 15,4 kn, 900 Passagiere

SCHWAN II
Zugersee
Passagierschiff, 1920, Breuning & Söhne, Hamburg, ex MORGARTEN, ex HARDER

SEELAND
Bieler See
Fahrgastschiff, 1932, 27,5 m x 5,1 m x 1,2 m, 186-PS-Diesel, 150 Personen

SIMPLON
Genfer See
Zweideck-Salon-Raddampfer, 1916, Gebr. Sulzer, Winterthur, 474 tons, 78,5 m x 15,9 m x 1,5 m, 1.400-PS-Dampfmaschine, 15,9 kn, 1.500 Passagiere

SPIEZ
Thuner See
Eindeck-Motor-Passagierschiff, 1901, Gebr. Sulzer, 530tons, 30,0 m x 5,1 m, 220-PS-Diesel, 200 Passagiere

STADT LUZERN
Vierwaldstätter See
Zweideck-Salon-Raddampfer, 1928, Gebr. Sachsenberg, 415 tons, 63,5 m x 15,2 m, 1.300-PS-Dampfmaschine, 14,2 kn, 1.200 Passagiere

STADT RAPPERSWIL
Züricher See
Zweideck-Salon-Raddampfer, 1914, Escher-Wyss, Zürich, 262 tons, 59,1 m x 13,1 m, 14,6 kn, 850 Passagiere

STADT ZÜRICH
Züricher See
Zweideck-Salon-Raddampfer, 1909, Escher-Wyss, Zürich, 262 tons, 59,2 m x 13,1 m, 500-PS-Dampfmaschine, 14,6 kn, 850 Passagiere

THURGAU
Bodensee
Motorpassagierschiff, 1932, Bodanwerft, 241 tons, 49,0 m x 8,0 m, 500 Passagiere

TITLIS
Vierwaldstätter See
Motorschiff, 1951, Vierwaldstätter See, 136 tons, 43,2 m x 8,3 m, Diesel, 300 Fahrgäste

TORINO
Lago Maggiore
Raddampfer, 1913, Bacigalupo, 203 tons, 44,3 m x 5,8 m, 500 Passagiere

UNTERWALDEN
Vierwaldstätter See
Zweideck-Salon-Raddampfer, 1902, Escher-Wyss, Zürich, 294,5 tons, 61,0 m x 13,7 m, 650-PS-Dampfmaschine, 14,8 kn, 800 Passagiere

URI
Vierwaldstätter See
Zweideck-Salon-Raddampfer, 1901, Gebr. Sulzer, Winterthur, 293 tons, 61,9 m x 14,0 m, 650-PS-Dampfmaschine, 15,2 kn, 800 Passagiere

VEDETTA
Luganer See
Motor-Passagierschiff, 1908, Deurer & Kaufmann, 6 tons, 10,2 m x 2,4 m, 40 Passagiere

VENOGE
Züricher See
Zürich, Frachtschiff, 1904, Sulzer, Diesel

VEVEY
Genfer See
Zweideck-Salon-Radmotorschiff, 1907, Gebr. Sulzer, Winterthur, 268 tons, 64,0 m x 14,0 m x 1,3 m, 700-PS-Diesel, 15,4 kn, 750 Passagiere

ZÜRICH
Bodensee
Motor-Passagierschiff, 1933, Bodanwerft, 241 tons, 49,0 m x 8,0 m, 500 Passagiere

Tauchboot PERAL, Cartagena

Tauchboot ICTINEO II, Barcelona

SCHIFFSPORTRÄT

ICTINEO
Barcelona, Museo Maritim

Im Holzboot getaucht

Um die Arbeit der Korallenfischer wirtschaftlich attraktiverer zu gestalten, entwickelte der spanische Physiker und Erfinder Narcis Monturiol y Estarriol (1819–1885) mehrere Tauchboote mit Holzrümpfen und seitlich angebrachten Tauchtanks.

ICTINEO I wog acht Tonnen und hatte Platz für fünf Mann Besatzung. Die Schraube wurde über Handkurbeln von vier Mann angetrieben, der fünfte übernahm das Ruder. Vom Jahr 1859 an tauchte Monturiol mit diesem Boot über fünfzig Mal bis in zwanzig Meter Tiefe. Die Weiterentwicklung ICTINEO II (20 Mann Besatzung, von denen 16 Mann eine Schraube über Handkurbeln bewegten) wurde 1864 zu Wasser gelassen. Bereits zwei Jahre später erhielt das Boot zwei Dampfmaschinen mit 6 und 2 PS Leistung und unternahm in Barcelona und Alicante bis 1862 angeblich fünfzig Tauchfahrten bis in 30 Meter Tiefe. ICTINEO II wurde 1868 abgebrochen. Der Nachbau von Nr. I wird heute im Museo maritim, der von Nr. II im Port Veil in Barcelona ausgestellt.

SCHIFFAHRTSMUSEEN

ARANJUEZ

Palacio Real/Casa de Marinos
Jardin del Principe, 28300 Aranjuez
Tel.: 9 18 91 13 44
www.tourspain.es/turespai/Ci25-32/ci280131

Museumsschiffe
(-) Königliches Ruderschiff von König Carlos II., 17. Jahrhundert,
(-) Ruderschiff von Carlos IV, ca. 1790
(-) Ruderschiff von Königin Maria Cristina, 1815
(-) Ruderschiff von Königin Isabella II, 1861
(-) Ruderschiff, Ende des 18. Jahrhunderts

BARCELONA

Museu Maritim
Av. de les Drassanes s/n
08001 Barcelona
Tel.: 3 18 32 45
www.diba.es/museus/maritim

Spanische Schiffahrts- und Marinegeschichte, Schiffbau, Fischerei, Bootsammlung

Museumsschiffe
BUEUL (3F84),
Fischerboot, Dorna, 4,1 m x 1,7 m
GALERA REAL,
Königliche Galeere, Nachbau, 1971
JANGADA DEL BRASIL,
Fischerfloß, Segel
JEAN ET MARIE,
Fischerboot, 1906, Banyuls
JOSE, Fischerboot,
Polveiro, 4,0 m x 1,7 m
MADRONA,
Feluke/Fischerboot, 1924
MARIA DEL CARMEN,
Fischerboot
PAPET,
Caraba, Fischerboot, 1907
ICTINEO I,
Unterseeboot (1864), Nachbau

Stationäres Schiff
ICTINEO II, Unterseeboot (1882), Nachbau

Museo de la Ciencia
Teodor Roviralta, 55, 08022 Barcelona
Tel.: 2 12 60 50

Museumsschiff
TIBURON I (SA-51),
Unterseeboot, 1964

BERMEO

Museo del Pescador
Torre Ercilla, Bermeo
Fischerei

BILBAO

Museo Maritim
Alameda Recale 50, 48008 Bilbao
Tel.: 9 44 76 19 30
www.museo.ria-bilbao.org

Schiffahrt, Schiffbau

Museumsschiffe
AUNTZ, Schlepper, 1928
CAROLA, Schwimmkran, 1958
EUSKADI EUROPA (93 BBK),
Segelyacht
NUEVO ANTXUSTEGUI,
Fischkutter, 1958
PORTU, Frachtschiff, 1902
TITAN, Bagger, 1923

Museo Basco
Plaza del Miguel Unamuno, Bilbao
Fischerei

CADIZ

Museo Maritimo
Baluarte de la Candelaria, Cadiz
Schiffahrt

CARTAGENA

Museo Naval de Cartagena
Menéndez y Pelaya, 8
30205 Cartagena
Tel.: 9 68 50 20 00
Schiffs-Modelle, Nautische Instrumente, Gemälde

Museo Nacional de Arqueologia Maritima y Centro Nacional de Investigationes Arqueologicas submarinas
Dique de Navidad, 30 290 Cartagena
Tel.: 9 68 50 84 15
Unterwasser-Archäologie

Museumsschiff
MAZARRON I, Wrack eines phönizischen Frachtseglers,
7. Jahrhundert vor Chr.

Stationäre Schiffe
OBRAS DEL PUERTO, Fischerboot
PERAL, Unterseeboot, 1887,
Liegeplatz: Paseo de Alfonso XII
FOCA II (S 42), Klein-U-Boot, 1964,
Liegeplatz: Base de Submarinos
TIBURON II (SA – 52), Unterseeboot, 1964, Liegeplatz: Base de Submarinos

EL FERRO

El Museo Naval de El Ferrol
Cuartel de San Campio, Arsenal
15490 El Ferrol/La Coruna
Tel.: 9 81 33 60 76
Schiffahrt

EL VISO DEL MARQUÉS

Archivo Museo »Don Alvaro de Bazan«
Plaza de José Antonio, 11
13770 El Viso del Marqués
Tel.: 9 26 33 60 08
Spanische Marine-Geschichte

GOZÓN

Museo Maritimo de Asturias
Gozón
Tel.: 9 85 88 01 01
Schiffahrt

LLORET DE MAR

Museu de Lloret de Mar
Sant Carles 16, 17310 Lloret de Mar
Tel.: 97 - 2 36 53 98
Regionale Schiffahrt, Fischerei

MADRID

Museo Naval
Paseo del Prado 5, 28071 Madrid
Tel.: 9 13 79 52 99
Nationales spanisches Schiffahrtsmuseum. Darstellung der nautischen Wissenschaften und der spanischen Marine.

MALAGA

Castillo de Gibralfaro
Malaga
Ausstellung zur Kartographie und Seefahrtsschule von San Telmo

Museo de artes y costumbres populares
Pasilklo de Santa Isabel 10
29005 Malaga
Tel.: 9 52 21 71 37
Fischerei

Museumsschiff
VICTORIA M., Fischerboot

MENORCA

Stationäres Schiff
FOCA I (S 41), Klein-U-Boot, 1963, Liegeplatz: Estacion Naval Mahon

PALOS DE LA FRONTERA

Muelle de las Carabelas
Carretera a Huelva, La Rabida
Palos de la Frontera
Tel.: 35 04 11

Museumschiffe
NINA, Karavelle, 1989 Nachbau des Kolumbus-Seglers von 1492
PINTA, Karavelle, 1989 Nachbau des Kolumbus-Seglers von 1492
SANTA MARIA, Karracke, 1989 Nachbau des Kolumbus-Seglers von 1492

PONTEVEDRA

Museo Provincial
Plaza La Lena, Pontevedra
Nachbildung der Kajüte von Admiral Mendez Nunez vom Flaggschiff NUMANICA

SAN FERNANDO

Museo Naval de San Fernando
11110 San Fernando/Cadiz
Tel.: 9 56 59 90 52
Modelle, nautische Instrumente

SAN SEBASTIAN

Museo Naval/Untzi Museoa
Paseo del Muelle 24
20004 San Sebastian
Tel.: 9 43 43 00 51
www.gipuzkoa.net/kultura/museos/um/castella/01untzi.

Schiffahrtausstellung, Bootsammlung

Museumsschiffe
JAIZKIBEL, Bagger, 1933
LAGUN ARTEAN, Fischerboot, 1969

SANTANDER

Museu Maritimo del Cantabrico
Calle San Martin de Bajamar
39004 Santander
Tel.: 9 42 27 57 49
www.cultura-cantabria.org/cultura/museos/maritim

Schiffahrt, Fischerei, Marinegeschichte

SANTA CRUZ/Teneriffa

Museo Historica Naval
Casa Iriartre, Puerto de la Cruz

Stationäres Schiff
LA PALMA,
Fracht-/Passagierschiff, 1911, Harkess, Middlesborough, 64,0 m x 9,1 m, 870 BRT, 139-PS-Dampfmaschine, 11 kn. Das Schiff wird z. Zt, restauriert und soll zukünftig als schwimmendes Hotel und Museum genutzt werden.

SANTA POLA

Museo del Mar
Acuario, Pl. Castillo s/n
03130 Santa Pola
Tel.: 96 6 69 27 72
Schiffahrt, Fischerei

SEVILLA

Museo Militar Regional de Sevilla/ Museo Naval de San Fernando
Escuela de Suboficiales de la Armada San Fernando, 41000 Sevilla
Tel.: 9 56 59 90 52
Ausstellung zur Schiffahrt und Marine

Museo Maritimo »Torre del Oro«
Paseo de Cristobal Colon s/n
41001 Sevilla
Tel.: 9 54 22 24 19
Schiffahrt, Marine

VALENCIA

Museo Maritimo
Torres de Serramas, Valencia
Regionale Schiffahrt

VIGO

Funditesa Sanjurjo
Romeu 19, 36 330 Vigo

Museumsschiff
El Submarino Portaminas Antonio Sanjurjo, Minentragendes Unterwasserfahrzeug, 1898

VILANOVA

Museu de Curiositades Marineiras
Pintor Alexandre de Cabanyes 2
08800 Vilanova
Tel.: 9 38 15 42 63
Fischerei

VILASSAR DE MAR

Museu de la Marina
Regionale Schiffahrtsgeschichte

MUSEUMSSCHIFFE

AUNTZ

Bilbao

Schlepper, 1928, Euskalduna, 29,5 m x 5,3 m x 2,7 m, ex AUNTZ-MENDI

CAROLA

Bilbao

Schwimmkran, 1958, 30 tons

El SUBMARINO PORTAMINAS

ANTONIO SANJURJO

Vigo

Boya Lanzatorpedos (Minentragendes Unterwasserfahrzeug), 1898, Astilleros Antonio Sanjurjo Badia, Verdrängung an der Oberfläche: 4,3 tons, 5,2 m x 1,1 m x 3,7 m, Antrieb: Handgetriebener Propeller, Max. Aktionsradius an der Oberfläche: 5 Std., Geschwindigkeit an der Oberfläche: 2 kn, Tauchtiefe: 20 m, Besatzung: 3 Mann, Bewaffnung: 2 Minen mit 100 Litern Sprengstoff

EUSKADI EUROPA

(93 BBK)

Bilbao

Segelyacht, 18,3 m x 5,8 m, Aluminiumrumpf. Mit diesem Boot umsegelte José Luis Ugarte einhand die Welt.

GALERA REAL

Barcelona

Museu Maritim

Königliche Galeere (1568), Nachbau (1971), 60,0 m x 8,4 m, 236 Riemen, 400 Mann Besatzung.
Das Original dieser Galeere nahm an der Schlacht von Lepanto teil.

ICTINEO I

Barcelona

Nachbau, Unterseeboot (1859) Barrio de la Barceloneta, Barcelona Verdrängung: 8 tons, ca 7 m x ca. 2,5 m, Antrieb: Handangetriebene Schraube, Tauchtiefe: ca. 10 m, Holzrumpf, Besatzung: 5–8 Mann

JAIZKIBEL

San Sebastian

Bagger, 1933

LAGUN ARTEAN

San Sebastian, Fischerboot, 1969

MADRONA

Barcelona

Feluke/Fischerboot, 1924, Badalona

MARIA DEL CARMEN

Barcelona

Fischerboot, Malaga, 9,5 m x 2,3 m

(-) MAZARRON I

Cartagena

Wrack eines phönizischen Frachtseglers, 7. Jahrhundert vor Chr., 8,1 m x 2,1 m, Segel

NINA

Palos de la Fronterra

Karavelle, Nachbau der Kolumbus-Karavelle von 1492, 1989, Marinewerft Cartagena, 21,4 m x 6,3 m, 179 qm Segel, 100 tons, 16 Mann Besatzung

NUEVO ANTXUSTEGUI

Bilbao

Fischkutter, 1958, Astilleros Arriola, Ondarroa, 24,0 m x 6,1 m

PAPET

Barcelona

Caraba/Strand-Fischerboot, 1907, Vieta, Blanes, 8,5 m x 2,3 m x 0,6 m

PINTA

Palos de la Fronterra

Karavelle, Nachbau des Kolumbus-Seglers von 1492, 1989, Reunidos-Werft, Huelva, 22,8 m x 6,6 m, 115 tons, 187 qm Segel, 17 Mann Besatzung

PORTU

Bilbao

Frachtschiff, 1902, Euskalduna, 38,0 m x 7,0 m x 3,5 m

SANTA EULALIA

Barcelona

Dreimast-Gaffelschoner, 1918, Astilleros Mari, Torrevieja, 46,0 m (34,0 m) x 8,5 m x 3,5 m, 167 BRT, 515 qm Segel, 400-PS-Diesel, ex CARMEN FLORES, ex PUERTO DE PALMA, ex CALA SAN VICENC, ex SAYREMAR UNO

SANTA MARIA

Palos de la Fronterra

Karracke, Nachbau des Kolumbus-Seglers von 1492, 1989, Viudes, Barcelona, 29,6 m x 8,0 m, 224 tons, 270 qm Segel, 26 Mann Besatzung

TIBURON I (SA-51)

Barcelona

Unterseeboot, 1964, Empresa Nacional Bazan, Cartagena, Verdrängung an der Oberfläche: 76,8 tons, getaucht: 79,3 tons, 19,8 m x 2,7 m x 2,7 m, Antrieb: 2 Diesel-(400 PS)/2 E-Motoren (480 PS), Max. Aktionsradius an der Oberfläche: 1800 sm bei 6 kn, getaucht: 180 sm bei 2,5 kn, Geschwindigkeit an der Oberfläche: 10 kn, getaucht: 15 kn, Tauchtiefe: 100 m, Besatzung: 5 Mann,Bewaffnung: 2 Torpedorohre

TITAN

Bilbao

Bagger, 1923, Southampton, 54,0 m x 10,7 m x 3,7 m

VICTORIA M.

Malaga

Fischerboot

(-) Königliches Ruderschiff

Aranjuez

Königliches Ruderschiff von König Carlos II., 17. Jahrhundert, gebaut in Neapel, 17,0 m x 2,6 m, 6–8 Ruderer

(-) Ruderschiff

Aranjuez

Casa de Marinos

Ruderschiff von Carlos IV, ca. 1790, 14 Ruderer

(-) Ruderschiff

Aranjuez

Ruderschiff von Königin Maria Cristina, 1815, Valencia, 12 Ruderer

(-) Ruderschiff

Aranjuez

Ruderschiff von Königin Isabella II, 1861, 14 Ruderer

(-) Ruderschiff

Aranjuez

Ruderschiff, Ende des 18. Jahrhunderts, 11,3 m x 2,7 m, 14 Ruderer

STATIONÄRE VETERANEN

FOCA I (S 41)

Menorca

Klein-U-Boot, 1963, Empresa Nacional Bazan, Cartagena, Verdrängung an der Oberfläche: 17,8 tons, getaucht: 18,6 tons, 13, 7 m x 1,7 m x 2,8 m, Antrieb: 1 Diesel- (160 PS)/1 E-Motor (100 PS), Max. Aktionsradius an der Oberfläche: 600 sm bei 6 kn, getaucht: 72 sm bei 3 kn, Geschwindigkeit an der Oberfläche: 9,5 kn, getaucht: 11,5 kn, Tauchtiefe: 80 m – max. 120 m, Besatzung/Crew: 2 Mann, Bewaffnung: 2 Torpedos

FOCA II (S 42)

Cartagena

Klein-U-Boot, 1964, technische Daten s. FOCA I

ICTINEO II

Barcelona

Nachbau (1992), Unterseeboot (1882), Barrio de la Barceloneta, Barcelona, Verdrängung: 77 tons, 17 m x 3,5 m, Antrieb: 2 Dampfmaschinen, 6 und 2 PS, Reichweite: 396 sm bei 3 kn oder 132 sm bei 6 kn, Geschwindigkeit 2–7 kn, Holzrumpf, Max. Tauchtiefe: ca. 30 m, Besatzung: 10–20 Mann

OBRAS DEL PUERTO

Cartagena,

Fischerboot

PERAL

Cartagena, Paseo de Alfonso XII

Unterseeboot, 1887, La Carraca, Cadiz, Verdrängung an der Oberfläche: 78 tons, getaucht: 85 tons, 21,3 m x 2,9 m x 2,8 m, Antrieb: 2 E-Motoren (2 x 30 PS), Max. Aktionsradius an der Oberfläche: 396 sm bei 3 kn,, Geschwindigkeit an der Oberfläche: 7,8 kn, getaucht: 3 kn, Tauchtiefe: 30 m, Besatzung: 6 Mann, Bewaffnung: 1 Torpedorohr, 3 Torpedos

TIBURON II (SA – 52)

Cartagena

Unterseeboot, 1964, Empresa Nacional Bazan, Cartagena, Verdrängung an der Oberfläche: 76,8 tons, getaucht: 79,3 tons, 19,8 m x 2,7 m x 2,7 m, Antrieb: 2 Diesel- (400 PS)/2 E-Motoren (480 PS), Max. Aktionsradius an der Oberfläche: 1800 sm bei 6 kn, getaucht: 180 sm bei 2,5 kn, Geschwindigkeit an der Oberfläche: 10 kn, getaucht: 15 kn, Tauchtiefe: 100 m, Besatzung: 5 Mann, Bewaffnung: 2 Torpedorohre

AKTIVE VETERANEN

GEFION

Las Palmas

Zweimast-Toppsegelschoner, 1894, Sölvesborg, Schweden, 40,0 m x 7,5 m x 2,9 m, 92 BRT, 500 qm Segel, 120-PS-Diesel

JUAN SEBASTIAN DE ELCANO

Cadiz

Viermast-Toppsegelschoner, 1927, Echevarrieta y Larringa, Cadiz, 106,8 m x 13,1 m x 6,9 m, 3750 tons, 2468 qm Segel, 1500-PS-Diesel

PASQUAL FLORES

Torre Vieja

Dreimast-Schoner, 1917, Mari, Torre Vieja, 29,3 m x 8,5 m, 169 BRT

RAFAEL VERDERA

Palma de Mallorca

Frachtsegler, 1841, Mallorca, 22,3 m x 5,8 m x 2,7 m, 53 BRT, 200-PS-Diesel

AKTIVE VETERANEN

VLATAVA

Prag

Fahrgastschiff/Raddampfer, 1940, Lodenice, Praga, 53,1 m Länge, 300 Passagiere, ex MOLDAU, ex VLATAVA

VYSEHRAD (IV)

Prag

Fahrgastschiff/Raddampfer, 1938, Aussig, 62 m Länge, 400 Passagiere, ex DEVIN, ex T.G. MASARYK, ex KARLSTEIN, ex ANTON SVEHLA

RESTAURIERUNGSPROJEKTE

LANNA 1

Holesovice

Schlepp-Raddampfer, 1890

VYSEHRAD (III)

Fahrgastschiff/Raddampfer, 1938, Aussig, 62 m Länge, 350 Passagiere, ex DR. EDVARD BENES, ex WISHERAD, ex LABE, ex DR. EDVARD BENES

SCHIFFAHRTSMUSEEN/MARITIME GEDENKSTÄTTEN

BERDJANSK

Museumsschiff
(-) Torpedoboot, Komsomoletzk-Klasse

IZMAIL

Museumsschiff
BKA-134, Flußkanonenboot

JEVPATORIA

Museumsschiff
(-) Torpedoboot

KERTCH

Museumsschiff
BKA-81, Flußkanonenboot

KHERSON

Am Ufer des Dnepr
Museumsschiff
BKA-334, Flußkanonenboot

KIEV

Moryakiv-Park
Museumsschiffe
BKA-550, Flußkanonenboot
ZHELEZNYAKOV, Flußmonitor, 1936

Park des Großen Patriotischen Krieges 1941-1945
Museumsschiff
No. 555, Flußkanonenboot

MARIUPOL

Museumsschiff
BKA-44, Flußkanonenboot

ODESSA

Historisches Regional Museum
Battery 411 Memorial
Museumsschiffe
M-305, Unterseeboot, 1956
No. 729, Binnenminensuchboot

OTCHAKOV

Museumsschiff
TKA-383, Motortorpedoboot

SEVASTOPOL

Museumsschiffe
TKA-52, Motortorpedoboot
TKA-725, Motortorpedoboot

TSCHERKASSI

Museumsschiff
BKA-41, Flußkanonenboot

MUSEUMSSCHIFFE

BKA-41
Tscherkassi
Flußkanonenboot

BKA-44
Mariupol
Flußkanonenboot

BKA-81
Kertch
Flußkanonenboot

BKA-134
Izmail
Flußkanonenboot

BKA-334
Kherson
Flußkanonenboot

BKA-550
Kiev
Flußkanonenboot

M-305
Odessa
Unterseeboot, Malyutka-Klasse
(Project A 615), 1956, Sudomekh, Leningrad, Verdrängung an der Oberfläche: 350 tons, getaucht: 420 tons, 53,3 m x 4,9 m x 3,6 m, Antrieb: 2 Diesel- (1.000 PS)/2 E-Motoren (800 PS), Aktionsradius an der Oberfläche: 4000 sm bei 8 kn, Geschwindigkeit an der Oberfläche: 15 kn, getaucht: 10 kn, Tauchtiefe: 75 m, Besatzung: 33 Mann, Bewaffnung: 4 Torpedorohre (2 vorne, 2 achtern), 4 Torpedos.
Von diesem Bootstyp wurden zwischen 1950 und 1957 dreißig Einheiten gebaut. Obwohl dieser Bootstyp über einen für seine Zeit weitentwickelten Kreislauf-Dieselantrieb verfügte, gab es zahlreiche technische Probleme. Feuer und Explosionen waren an der Tagesordnung. Deshalb mußten alle Einheiten bereits Anfang der siebziger Jahre außer Dienst gestellt werden. M-305 ist 1957 mit seiner gesamten Besatzung nahe Talinn in der Ostsee gesunken. Nach der Bergung wurde das Boot 1984 als Denkmal in Odessa aufgestellt.

No. 555
Kiev
Flußkanonenboot

No. 729
Odessa
Binnenminensuchboot, Typ T-301, zwei Dieselmotoren, 12,5 kn. 250 Boote dieses Typs wurden zwischen 1944 und 1956 gebaut

TKA-52
Sevastopol
Motortorpedoboot, U-Bootjäger aus dem Torpedoboot-Typ D-3 entwickelt

TKA-383
Otchakov
Motortorpedoboot, U-Bootjäger aus dem Torpedoboot-Typ D-3 entwickelt

TKA-725
Sevastopol
Motortorpedoboot, U-Bootjäger aus dem Torpedoboot-Typ D-3 entwickelt

ZHELEZNYAKOV
Kiev
Flußmonitor, 1936, leninskaya Kruzniya, 48 m Länge, 240 tons, 300-PS-Diesel, Letztes von sechs Booten dieses Typs, Einsatz in der sowjetischen Dnepr-Flußflotille

SCHIFFAHRTSMUSEEN

BALATON/ALSOÖRS

Stationäres Schiff
VISEGRAD,
Raddampfer, 1896,
Schoenichen-Hartmann, Budapest,
ex IMRE (Auflieger)

BALATONFURED

Museumsschiff an Land
HELKA,
Raddampfer, 1891,
Schoenichen-Hartmann, Ujpest, 35,2 m x 4,9 m.
Die Original-Dampfmaschine wird ebenso wie die des Schwesterschiffs KELEN im Budapester Transport-Museum ausgestellt.

BUDAPEST

Közlekedesi Muzeum/ Transport Museum
Varosligeti krt 11, 1146 Budapest
Tel.: 36 - 1 - 3 43 - 05 65
www.km.iif.hu/index2

Donauschiffahrt, Dampfmaschine aus dem Jahr 1920, Ruder des Luxusdampfers ZSOFIA

Museumsschiff
KOSSUTH,
Raddampfer, 1914, 60,1 m x 15,6 m, ex FERENCZ FERDINAND FOHERCZEG
Liegeplatz: Auf der Donau
(Nutzung: Restaurant und Museum)

Stationäres Schiff
DUNAPART, Motorschiff, 1937, Ganz, ex ETELE, Nutzung als Hotelschiff

Projekte
STADT PASSAU, Raddampfer, 1940, Werft Kornneuburg, 920-PS-Diesel, 650 tons, 77,7 m x 15,2 m.
Das Schiff stand bis 1995 im Dienst der Donau-Dampfschiffahrts-Gesellschaft, war danach in Passau aufgelegt und ist im Jahr 2001 nach Ungarn verkauft worden.

PETÖFI, Raddampfer, 1920, MFTR, Komarom, 60 m Länge, ex SZENT LASZLO

ESZTERGOM

Stationäres Schiff
KORNEUBURG,
Zugschiff, 1955, Schiffswerft Korneuburg, 51,0 m x 7,8 m, 2 x 630-PS-Diesel, ex RIGA, ex F.K. 342, Nutzung als Restaurantschiff

KOMAROM

Ungarisches Schiffahrtsmuseum
Komarom, Abteilung des Klapka Gyögy Museums

Projekt
LEITHA/LAJTA,
Flußmonitor, 1871, 50 m Länge, 310 tons, Eigner: Ungarisches Kriegsmuseum

SZEGED

Stationäres Schiff
SZOKE TISZA, Raddampfer, 1917, ex FELSZABADULAS, ex IV KAROLY, ex SZENT IMRE, Nutzung als Restaurant

SZENTENDRE

Inselmuseum Szentendre

Museumsschiff
RECKEVE, Schwimmende Mühle, 12,9 m x 9,1 m

QUELLENVERZEICHNIS

Jürgen Blunck,
Geschichte der Alsterschiffahrt,
Husum Druck, 1985

Norman J. Brouwer,
Historic Ships, The International
Register, Sea History Press, 1999

Gert Uwe Detlefsen, Stefan Lipsky,
Heinz Trost,
Veteranen- und Museumsschiffe, Verlag
Gert Uwe Detlefsen, 1997

Arne Gotved,
Og de sejler de gamle træskibe,
Skib forlag, 1996

Sven Grope,
Die schönsten Museumssegelschiffe Nordeuropas,
Christians, 1988

Morten Hahn-Petersen,
Danish North Sea Lightships,
Fiskeri- og Sjøfartsmuseum, Esbjerg, 1991

Christian Heine,
Militärmuseen in aller Welt,
Eigenverlag, 2000

Klaus Herold,
Der Kieler Brandtaucher,
Bernard & Graefe Verlag, 1993

Klaus-Peter Kiedel, Uwe Schnall (Hg.),
Die Hanse-Kogge von 1380,
Föderverein DSM, 1989

Arnold Kludas,
Die großen Passagierschiffe der Welt, Koehler, 1997

Max Kuhn,
Dampfschiff-Register, Eigenverlag, 1995/2002

Florian und Stefan Lipsky,
Faszination U-Boot, Museums-Unterseeboote
in aller Welt, Koehler Verlag, 2000

Florian und Stefan Lipsky,
CLASSIC SHIPS No. 1, Dänemark: Museumsschiffe &
Schiffahrtsmuseen, Verlag Gert Uwe Detlefsen, 1996

Florian und Stefan Lipsky,
CLASSIC SHIPS No. 2, Belgien & Niederlande:
Museumsschiffe & Schiffahrtsmuseen,
Verlag Gert Uwe Detlefsen, 1997

Kristiane Müller-Urban, Eberhard Urban,
Nostalgie auf dem Wasser, Steiger, 2000

Kristiane Müller-Urban, Eberhard Urban,
Schiffahrtsmuseen – Museums- und Traditionsschiffe,
Delius Klasing, 2001

Bo Nyman,
Vasaorden, CB Marinlitteratur, 1996

Barbara Pferdehirt,
Das Museum für Antike Schiffahrt,
Verlag des Römisch-Germanischen
Zentralmuseums, 1995

Eric Rieth,
Des bateaux et des fleuves,
edition errance, 1998

Otmar Schäuffelen,
Die letzten großen Segelschiffe,
Delius Klasing, 1997

Eckhard Schinkel (Hg.),
Museumsführer Altes Schiffshebewerk Henrichenburg,
1992

Max Vinner,
Vikingeskibsmuseets Både/Viking Ship Museum Boats,
Roskilde, 2002

Weyers Flottentaschenbuch,
Sonderausgabe, Bernard & Graefe, 1985

Jahrbuch Traeskibs Sammenslutningen 2001, 2002

Der Reiz liegt im Detail...

Karsten Kunibert Krüger-Kopiske

Die Schiffe von Hapag-Lloyd

Wie kaum ein anderes Unternehmen haben die Hapag-Lloyd *und deren Vorläufer die Entwicklung der Handelsschifffahrt in Deutschland geprägt. Im Jahre 1970 entstand die* Hapag-Lloyd AG *durch Fusion der beiden Reedereien* Hamburg-Amerikanische Packetfahrt-Actien-Gesellschaft *und* Norddeutscher Lloyd, *die beide zu diesem Zeitpunkt bereits seit mehr als hundert Jahren in der Seeschifffahrt tätig waren.*

In diesem Band werden – nach einem Überblick über die Nachkriegsgeschichte der Hamburg-Amerika Linie, *des* Norddeutschen Lloyd *und der* Hapag-Lloyd *– die Biografien sämtlicher 212 Stückgut-, Container- und Passagierschiffe sowie Schlepper der Reederei(en) in einer illustrierten Flottenliste von der Nachkriegszeit bis in die Gegenwart dokumentiert. Der besondere Reiz des Buches liegt in der Abbildung der Flotte in 132 maßstäblichen (1:1250) Zeichnungen aller Typschiffe, die einen Vergleich der Einheiten ermöglichen.*

ISBN 3-7822-0861-7

Koehler/Mittler
www.koehler-mittler.de